国家级精品资源共享课程配套教材
职业教育智能制造专业群系列教材

机械制图与 CAD

（第二版）

主 编 王志明 周 璇
副主编 吴晓莲 金晶晶 古家希
主 审 马 广

科学出版社
北 京

内 容 简 介

本书是在行业、企业专家和课程开发专家的指导下，校企“双元”联合，根据职业教育人才培养要求和最新国家标准编写的，主要目的是培养学生绘制、阅读工程图样的能力和运用计算机绘图的技能。

本书分为 12 个单元，包括机械制图的基本知识与技能、投影法与基本几何元素的投影、基本立体三视图的绘制、组合体三视图的绘制与阅读、轴测图的绘制、机件的常见表达方法、标准件与常用件的表达方法、零件图的绘制与识读、装配图的绘制与识读、计算机绘图基础知识、AutoCAD 2018 基本绘图、绘制平面图形等内容。

本书可作为应用型本科、职业本科、高等职业院校机械工程类和近机械类专业教学用书，也可作为专业技术人员、绘图人员的参考书。

图书在版编目(CIP)数据

机械制图与 CAD /王志明，周璇主编. —2 版. —北京：科学出版社，2021.9
国家级精品资源共享课程配套教材・职业教育智能制造专业群系列教材
ISBN 978-7-03-069330-3

Ⅰ. ①机… Ⅱ. ①王… ②周… Ⅲ. ①机械制图-AutoCAD 软件-职业教育-教材 Ⅳ. ①TH126

中国版本图书馆 CIP 数据核字（2021）第 134806 号

责任编辑：张振华 / 责任校对：赵丽杰
责任印制：吕春珉 / 封面设计：东方人华平面设计部

科学出版社 出版
北京东黄城根北街 16 号
邮政编码：100717
http://www.sciencep.com
新科印刷有限公司 印刷
科学出版社发行 各地新华书店经销
*
2014 年 8 月第 一 版 开本：787×1092 1/16
2021 年 9 月第 二 版 印张：25 1/4
2021 年 9 月第五次印刷 字数：583 000

定价：58.00 元

（如有印装质量问题，我社负责调换〈新科〉）
销售部电话 010-62136230 编辑部电话 010-62135120-2005

前　言

“机械制图与 CAD”是职业院校机械类和近机械类专业的重要技术基础课。识图和绘图能力是该类专业学生必须掌握的核心技能之一。学好本课程，对学生职业技能的掌握和提升起着关键性和基础性的作用。

本书是以职业教育倡导的能力目标为主线，以职业教育的学生实际能力要求为依据，以培养和提高职业院校模具、数控、机电专业学生对图样识读的专业技能为目的而编写的。全书突出实用性和针对性。

本书分为 12 个单元，前 9 单元为基本内容，包括机械制图的基本知识与技能、投影法与基本几何元素的投影、基本立体三视图的绘制、组合体三视图的绘制与阅读、轴测图的绘制、机件的常见表达方法、标准件与常用件的表达方法、零件图的绘制与识读、装配图的绘制与识读。最后 3 单元为计算机绘图操作内容。本书附有必要的技术标准以供查阅。

本书主要具有以下几个方面的突出特点。

1. 校企“双元”联合开发，编写理念新颖

本书由校企“双元”联合开发，行业特点鲜明。编者均来自教学或企业一线，具有多年的教学或实践经验，编写经验丰富，理念新颖。

本书编写根据职业院校机械类、近机械类等专业的教学需求，以“简明实用”为原则，以单元为核心，以工作过程为导向，通过问题的引导，在教师的启发下，边讲边练，边学边做，由浅入深，培养学生的制图基本技能、空间想象能力、抽象思维能力、动手能力与综合素质。

2. 标准新、内容新，与实际工作岗位完全对接

本书编写采用最新的技术制图与机械制图国家标准及与制图有关的其他标准。

本书尝试将基本概念、基本原理和基本分析方法融入实例之中，内容选材新、资料新，实例、图片选择紧密结合实际生产需求，以提高学生的学习兴趣和学习效果。

本书知识体系的构建对接了岗位职业能力要求和国家职业标准，倡导“课证融合”。

3. 结构清晰，重、难点突出，实用性强

本书每个单元开头都有学习要求，使学生在每一阶段学习新内容之前能够做到“心中有数”，有的放矢。学生通过难易分层学习及知识的扩展，检验学习效果。

本书以生产中的典型零部件为实例，突出模具、数控、机电专业的特点，具有很强的实用性。

4. 配套立体化的教学资源，方便教学

本书穿插有丰富的二维码资源链接，读者通过手机等终端扫描后可观看微课视频。

本书附有各项目实践操作及技能拓展的参考答案，便于课堂教学；另配有习题集，以便课下巩固提高；除此之外，本书相关实例的源文件及素材（图片、动画、视频等）可通过 www.abook.cn 下载。

5. 强化课堂思政教育，践行行业道德规范

本书充分发挥教材承载的思政教育功能，建立起课堂思政教育教学案例库，凝练案例的思政教育映射点，并融入精益化生产管理理念，将思政教育和职业素养与教学内容相结合，使学生在学习专业知识的同时，通过潜移默化的效果，把握各个思政教育映射点所要传授的内容。

本书可作为应用型本科、职业院校机械类和近机类专业教学用书，参考学时为 110～140 学时。

本书由金华职业技术学院王志明、周璇担任主编，金华职业技术学院吴晓莲、金晶晶、重庆电信职业学院古家希担任副主编。

由于编者水平有限，书中难免存在疏漏和不妥之处，恳请同行专家和读者批评指正。

目　录

课程导入

1. 本课程的性质及其研究对象

本课程是一门研究绘制和阅读工程图样的基础技术课，主要是以正投影法和机械制图国家标准的规定画法为基础，研究工业生产中产品图样的绘制和阅读。

在机械制造工业中，机械设备是根据图样来加工和制造的。在工程中，若要生产某一机械产品，首先必须画出表达该机械的装配图和所有的零件图，然后根据零件图制造出全部零件，再按装配图装配成机器。

在工程技术中，工程图样是现代工业生产必不可少的重要技术资料，图样是用来表达设计意图、指导生产和技术交流的重要载体，是每一个工程技术人员必须掌握的“工程界的语言”。

机械图样的内容，包括表达机械（或零部件）的结构形状、尺寸大小、材料、加工要求、检验指标等，这些内容都涉及机械设计、制造工艺、材料、公差等有关专业知识。在本课程中，主要学习图样的表达方法，关于机械设计和制造工艺等知识，有待在后续课程及工作中深入学习，本书只做一般介绍。

2. 学习本课程的目的和任务

本课程是工科院校学生必修的一门技术基础课。学习本课程的主要目的是培养绘制和阅读机械图样的能力及空间想象的能力，本课程的主要任务如下：

1）掌握平行投影法，特别是正投影法的基本理论。

2）能够正确地使用绘图仪器和工具，掌握使用仪器和徒手作图的技能；掌握使用计算机绘图的技能；初步具备查阅常用标准零件、标准结构、公差与配合等国家标准的能力。

3）能够绘制和看懂较简单的零件图和装配图。所绘制的图样应该做到投影正确、视图选择和配置恰当、尺寸齐全、字体工整、图面整洁，符合机械制图国家标准。

4）培养认真细致的工作作风。

3. 本课程的学习方法

本课程是一门实践性较强的课程，学习时应注意以下几点：

1）扎实掌握基本理论。要注意空间几何元素（点、线、面）和体与它们的投影图之间的联系。

2）认真独立完成作业。在完成作业的过程中，必须严格遵守国家标准规定；注意正确使用绘图工具和绘图仪器。采用正确的作图步骤和方法，培养耐心细致、严肃认真、一丝不苟的工作作风。作图不但要正确，而且图面要整齐清洁。

3）要注意结合生产实际，多看、多想、多练。学会多观察、多联想、多动手。

4）有意识地培养自己的工程素质，养成认真负责的工作习惯。

1 单元 机械制图的基本知识与技能

◎ **单元导读**

机械图样是生产过程中的重要技术资料和主要依据，要完整、清晰、准确地绘制出机械图样，除需要耐心细致和认真负责的工作态度外，还必须遵守国家标准《技术制图 通用术语》(GB/T 13361—2012) 和《机械制图》中的各项规定，掌握正确的作图方法和熟练使用绘图工具。

◎ **知识目标**

- ◆ 掌握国家标准中机械制图的基本规定。
- ◆ 掌握绘图工具和仪器的使用方法。
- ◆ 掌握几何作图方法。
- ◆ 掌握平面图形的画图步骤及尺寸标注方法。

◎ **技能目标**

- ◆ 熟练使用绘图工具和仪器。
- ◆ 能按比例正确绘制带有斜度、锥度、圆弧连接等较复杂的平面图形。
- ◆ 掌握徒手绘图的基本方法和技巧。

◎ **思政目标**

- ◆ 树立正确的学习观、价值观，自觉践行行业道德规范。
- ◆ 牢固树立质量第一、信誉第一的强烈意识。
- ◆ 遵规守纪，安全操作，爱护设备，钻研技术。
- ◆ 发扬一丝不苟、精益求精的工匠精神。

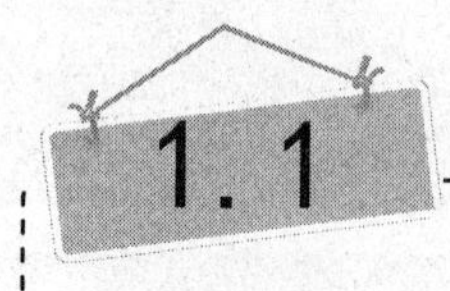

1.1 机械制图国家标准简介

通过本节的学习，应掌握国家标准中关于图纸幅面代号、格式、比例、图线、字体的规定和画法，以及尺寸标注的有关规定。

1.1.1 认知机械图样

现代社会，人们所从事的建筑、道路、桥梁、船舶、化工设备、机械的设计及制造都是以图样作为信息载体来进行的。工程图样是现代工业生产中必不可少的重要技术资料，它传递着设计的意图，是生产管理和技术交流的重要载体，是工程界共同的技术语言。

1. 机械图样的概念

机械图样是按照一定的投影方法，遵照国家标准绘制，能准确地表达物体的形状、尺寸及其技术要求，用于产品制造、装配或维修的图样。它作为一种工程技术语言，是表达设计意图和交流技术思想的工具。

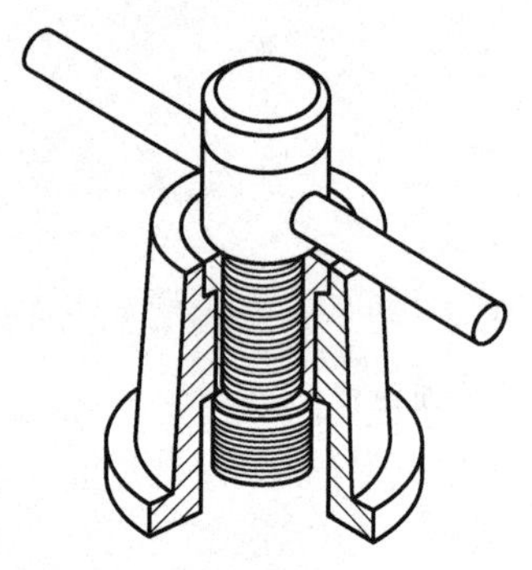

图 1-1　千斤顶剖切后的立体图

在机械设计、加工、装配、维修过程中，我们无法用有限的语言或文字对机器或零部件的形状、大小进行完整的描述，必须采用大家都能看得懂的图样进行沟通。通过图样，设计者可以告诉别人自己的设计意图，或者通过识读他人画好的图样了解他人希望制造的机器或零件的形状。如图 1-1 所示为千斤顶剖切后的立体图，可以清晰地表达千斤顶的形状，即使没有掌握专门绘图知识的人也能看懂。但是立体图不易绘制，而且难以将零件的内部结构和每个细节都表达清楚，更不便于尺寸标注。因此，工程上采用了正投影图样的方法，如图 1-2 所示的千斤顶装配图可以将千斤顶的内外结构表达得清清楚楚，而且还表达了零件之间的相互位置、装配关系和连接方式。这种图样绘制方便，标注的尺寸清晰，每个细节都能表达清楚；缺点是缺乏立体感，必须通过专门的训练才能看懂。

2. 机械图样的类型

在生产实际中，应用最广的工程图样是零件图和装配图。

（1）零件图

用于表示单个零件结构形状、尺寸和技术要求的图样称为零件图样，简称零件图。如图 1-3 所示为减速器从动轴的零件图。图中采用 3 个视图表达其形状，将轴清晰完整地表达出来，并且标注了完整的尺寸和技术要求。

零件图是生产制造和检验零件的依据。

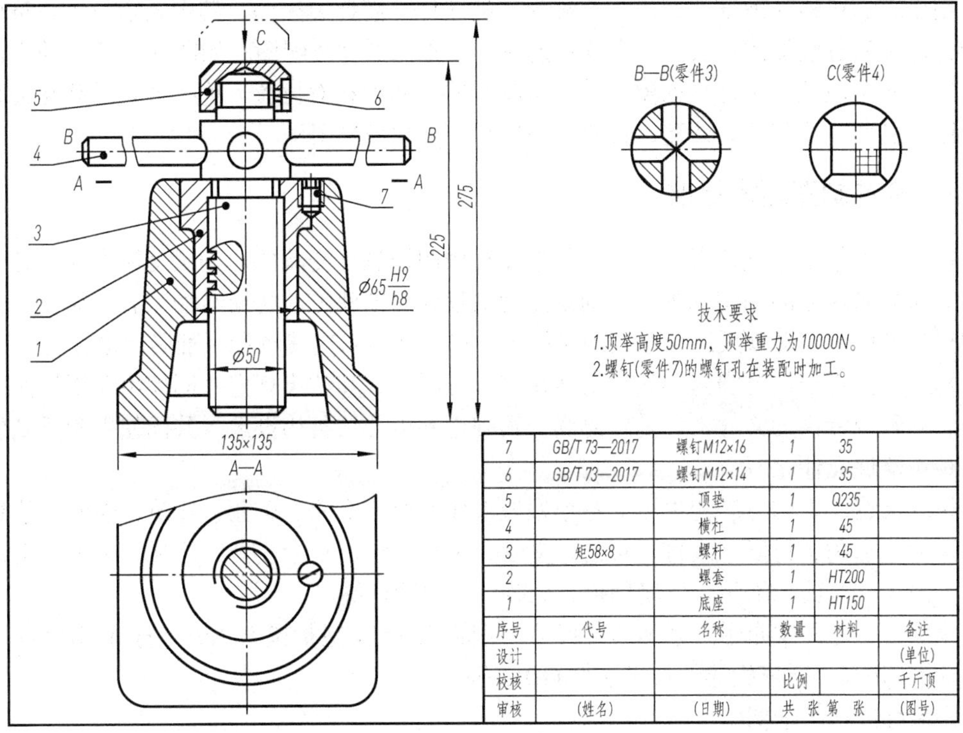

图 1-2　千斤顶装配图

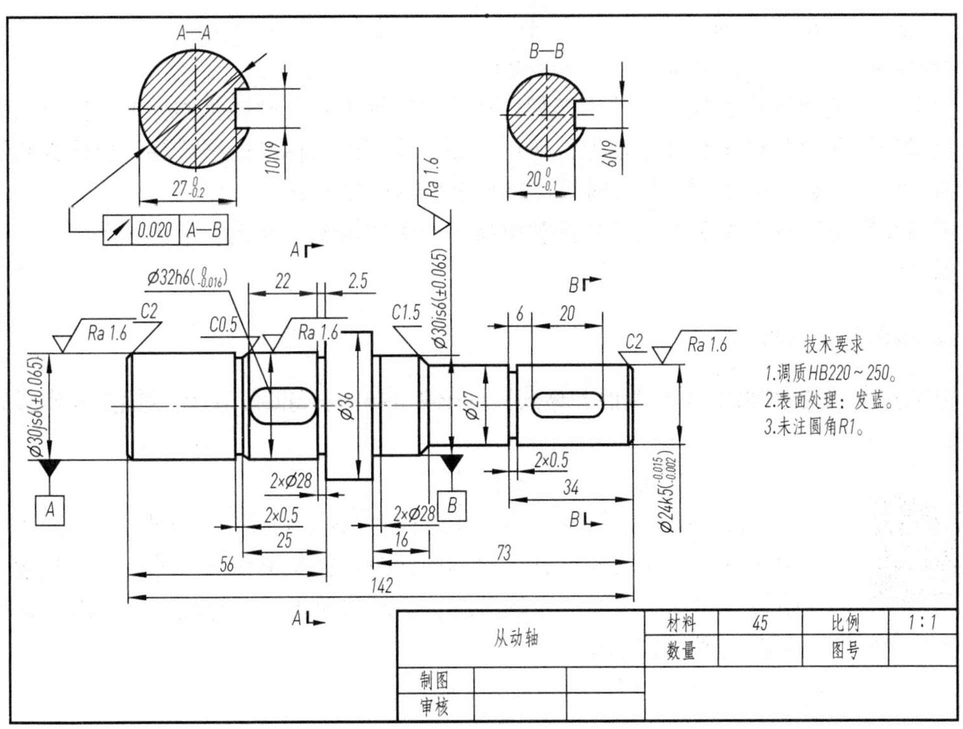

图 1-3　减速机从动轴的零件图

（2）装配图

用于表示机器（或部件）的图样称为装配图样，简称装配图。其中表示一台完整机器的图样，称为总装配图；表示一个部件的图样，称为部件装配图。如图 1-2 所示的千斤顶装配图，图中表达了千斤顶的整体结构形状和零件间的相对位置、连接方式及装配关系。装配图是机器（或部件）装配、检验、调试和维修的指导图样。

1.1.2 机械制图国家标准

在生产过程中，设计者与加工者是依靠机械图样进行交流的。为了交流方便，必须有一个大家共同遵守的制图规则，否则设计者的设计意图就无法传递给加工者。因此，在绘制图样的过程中，必须采用一系列国家标准，以保证技术交流顺利、准确地进行。

标准是指在一定范围内为获得最佳秩序，对活动或其结果规定共同使用和重复使用的规则、导则或特性的文件。它是经协商一致制定并由公认机构批准，共同使用和重复使用的一种规范性文件。

标准已遍及人们生产和生活的各个领域，如工业、农业、矿业、建筑、能源、信息、交通运输、水利、科研、教育、贸易、文献、劳动安全、社会安全、广播、电影、电视、测绘、海洋、医药、卫生、环境保护、金融、土地管理等。

我国已制定并发布了一系列国家标准，简称“国标”，包括国家强制性标准 GB（国标）、推荐标准 GB/T、国家指导性技术文件 GB/Z 等。

国家标准代号示例：

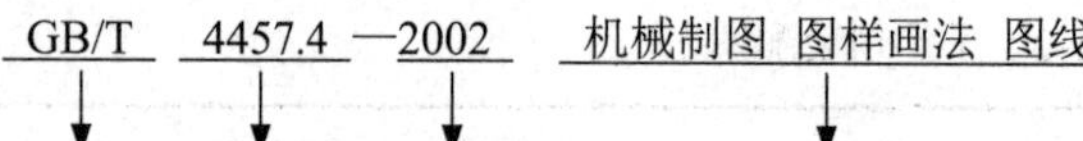

标准类别　序号　制定年份　　标准名称

国家标准统一规定了我国有关生产和设计部门共同遵守的制图基本标准，同时为国际间的技术交流和贸易往来打开了通道。所以，必须认识国家标准的严肃性、权威性和法制性，确立标准意识，在绘制工程图时，严格地遵守这些规定。

下面介绍国家标准中关于技术制图和机械制图中的图幅、比例、字体、图线、尺寸等的基本规定。

1. 图纸幅面及格式

国家标准《技术制图 图纸幅面和格式》（GB/T 14689—2008）对图纸幅面及格式做了规定。

微课：图纸幅面和格式

（1）图纸幅面尺寸及代号

图纸幅面是指图纸的宽度与长度（$B \times L$）围成的图纸面积。为了便于图纸管理、交流和装订，绘制图样时，图纸幅面尺寸应优先采用表 1-1 中规定的基本幅面。沿幅面的长边对裁即得下一号幅面的图纸，其尺寸关系如图 1-4 所示。

表 1-1　图纸幅面及图框格式尺寸　　（单位：mm）

<table>
<tr><th>幅面代号</th><th>B×L</th><th>e</th><th>c</th><th>a</th></tr>
<tr><td>A0</td><td>841×1189</td><td rowspan="2">20</td><td rowspan="2">10</td><td rowspan="2">25</td></tr>
<tr><td>A1</td><td>594×841</td></tr>
<tr><td>A2</td><td>420×594</td><td rowspan="3">10</td><td>10</td><td rowspan="3">25</td></tr>
<tr><td>A3</td><td>297×420</td><td rowspan="2">5</td></tr>
<tr><td>A4</td><td>210×297</td></tr>
</table>

图 1-4　5 种基本幅面的尺寸关系

（2）图框格式

图框是图纸上限定绘图区域的线框。图纸上必须用粗实线画出图框，图样画在图框内部。其格式分为不留装订边和留装订边两种，如图 1-5 和图 1-6 所示。但同一产品的图样只能采用一种格式。装订时，一般采用 A4 幅面竖装或 A3 幅面横装。图中 a、c、e 的尺寸根据图纸幅面大小不同而不同，其尺寸规格详见表 1-1。

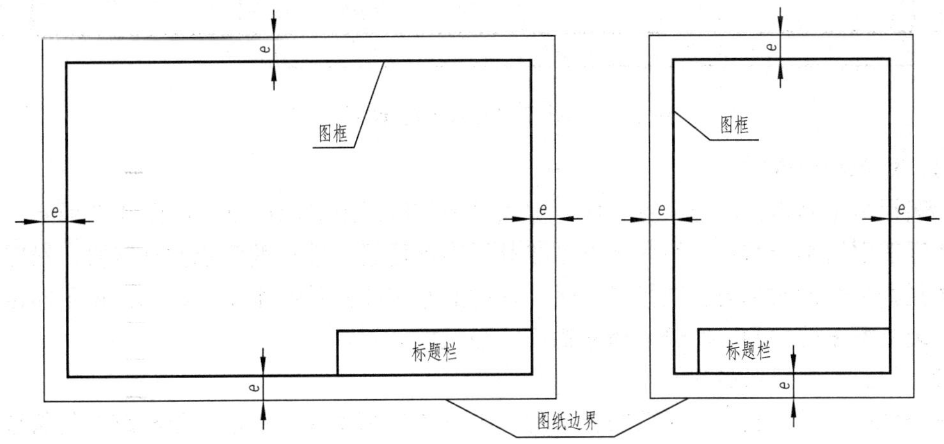

图 1-5　不留装订边图样的图框格式

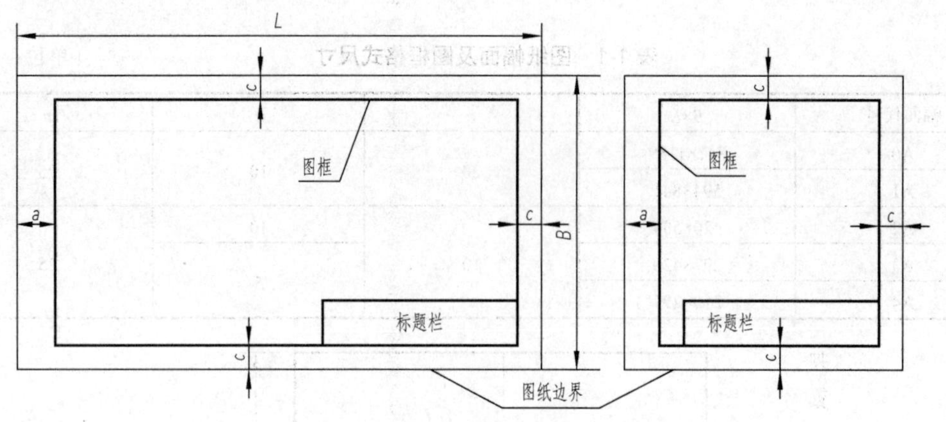

图 1-6　留装订边图样的图框格式

2．标题栏

国家标准《技术制图 标题栏》（GB/T 10609.1—2008）对标题栏的内容、格式和尺寸做了规定，如图 1-7 所示的标题栏是该标准提供的格式。

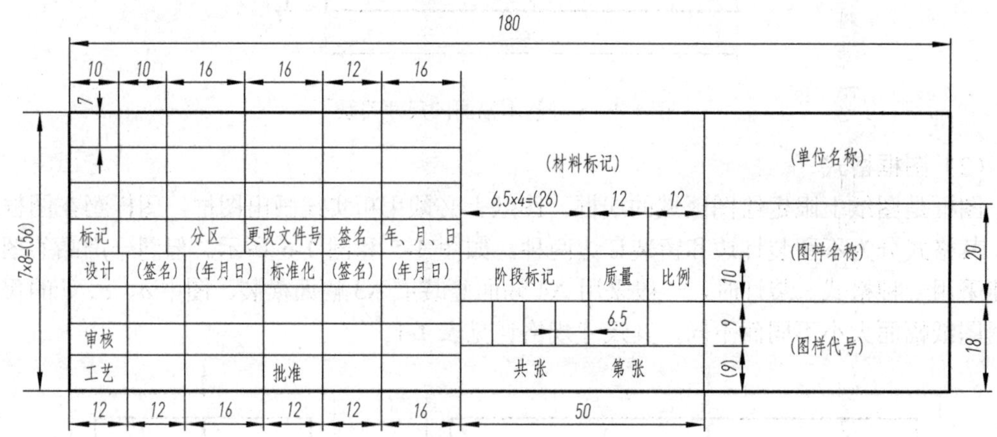

图 1-7　标准规定的标题栏规格与尺寸

（1）标题栏的内容

标题栏是由名称、代号、签字区、更改区和其他区组成的栏目，如图 1-7 所示，也可以按实际需要增加或减小。每张图纸都必须画有标题栏。根据教学的实际需要，对零件图的标题栏和装配图的标题栏进行了简化，在此推荐零件图采用如图 1-8（a）所示的格式与尺寸，装配图采用如图 1-8（b）所示的格式与尺寸。

（2）看图方向及附加符号

标题栏的位置一般位于图纸的右下角，如图 1-5 和图 1-6 所示。当标题栏的长边置于水平方向并与图纸的长边平行时，构成 X 型图纸；若标题栏的长边与图纸的长边垂直时，则构成 Y 型图纸。看图方向与标题栏方向一致为常见形式。为了充分利用预先印制的图纸，允许将 X 型图纸的短边置于水平位置使用（如 A3 竖放、竖画、竖看），或允许将 Y 型图纸的长边置于水平位置使用（如 A4 图纸横放、横画、横看的情况），如图 1-9 所示，这时看图方向与标题栏内文字填写方向不一致，必须使用方向符号指示看图方向。

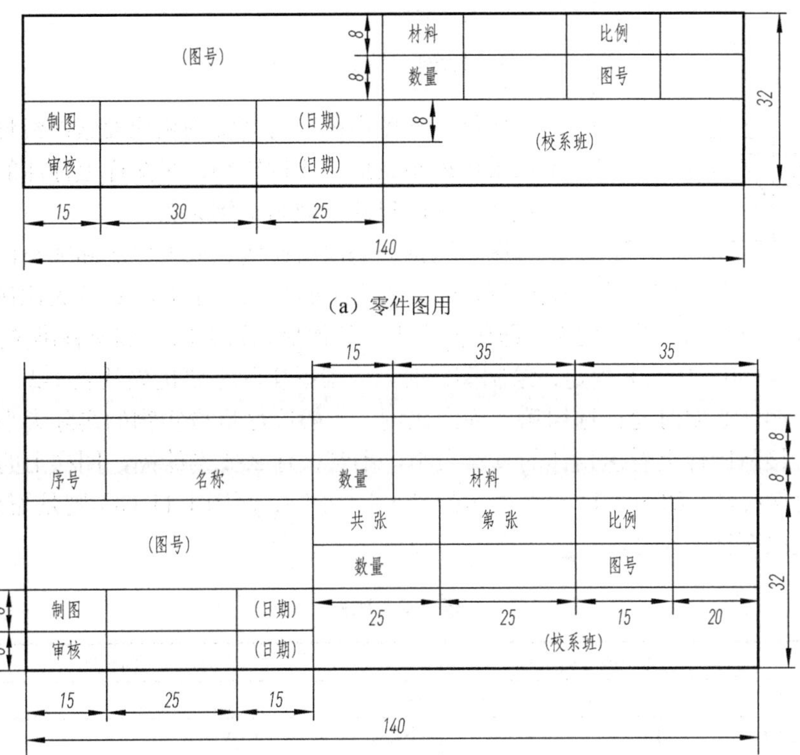

（a）零件图用

（b）装配图用

图 1-8　推荐教学使用的标题栏格式与尺寸

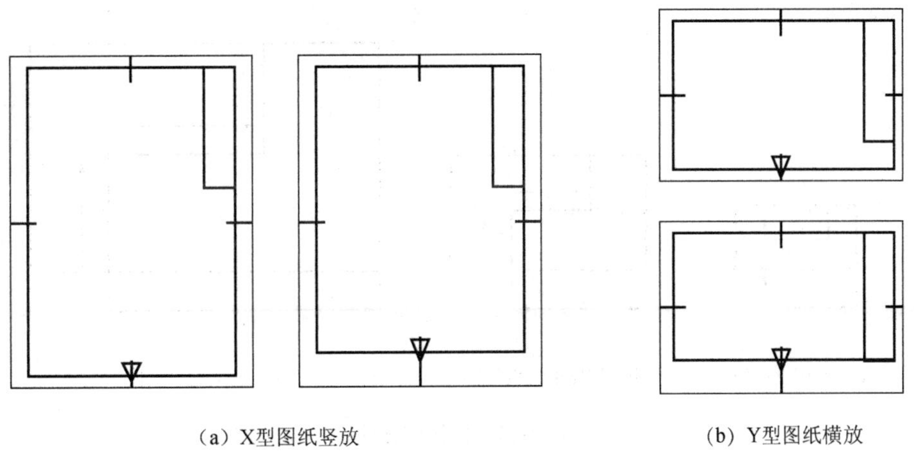

（a）X型图纸竖放

（b）Y型图纸横放

图 1-9　对中符号的画法

1）对中符号。为了使图样复制和缩微摄影时定位方便，对基本幅面（含部分加长幅面）的各号图纸，均应在图纸各边的中点处分别画出对中符号。对中符号使用粗实线绘制，线宽不小于 0.5mm，长度从纸边边界开始至伸入图框内约 5mm，当对中符号处在标题栏范围内时，伸入标题栏部分省略不画，如图 1-9 所示。

2）方向符号。方向符号是一个使用细实线绘制的等边三角形，其大小及所在位置如图 1-10 所示。

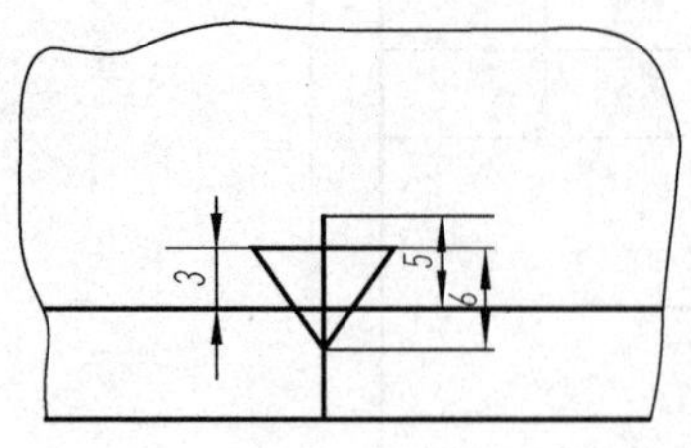

图 1-10　方向符号的大小和位置

3．比例

比例是指图中图形与其实物相应要素的线性尺寸之比。不论采用缩小或放大比例绘图，在图样上标注的尺寸均为机件设计要求的尺寸，而与比例无关。

图样比例分为原值比例、放大比例和缩小比例 3 种。原值比例，即比值为 1 的比例，如 1∶1；放大比例，即比值大于 1 的比例，如 2∶1；缩小比例，即比值小于 1 的比例，如 1∶2。国家标准《技术制图 比例》（GB/T 14690—1993）规定，绘制图样时，应根据实际需要优先从表 1-2 中的第一列选用适当的比例，必要时允许选用第二列的比例。一般应尽量按实物的实际大小（1∶1）画图，以便直接从图样上看出物体的真实大小。不管按什么比例绘图，图样上的尺寸数值均应按原值比例标注。如图 1-11（b）所示的是 1∶1 绘制，而图 1-11（a）则是缩小比例绘制，但均按原值比例标注尺寸。

表 1-2　比例

种类	优先选用的比例			允许选用的比例				
原值比例	1∶1			—				
放大比例	2∶1	5∶1		2.5∶1	4∶1			
	1×10^n∶1	2×10^n∶1	5×10^n∶1	2.5×10^n∶1	4×10^n∶1			
缩小比例	1∶2	1∶5	1∶10	1∶1.5	1∶2.5	1∶3	1∶4	1∶6
	1∶2×10^n	1∶5×10^n	1∶1×10^n	1∶1.5×10^n	1∶2.5×10^n	1∶3×10^n	1∶4×10^n	1∶6×10^n

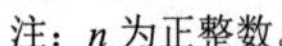

注：n 为正整数。

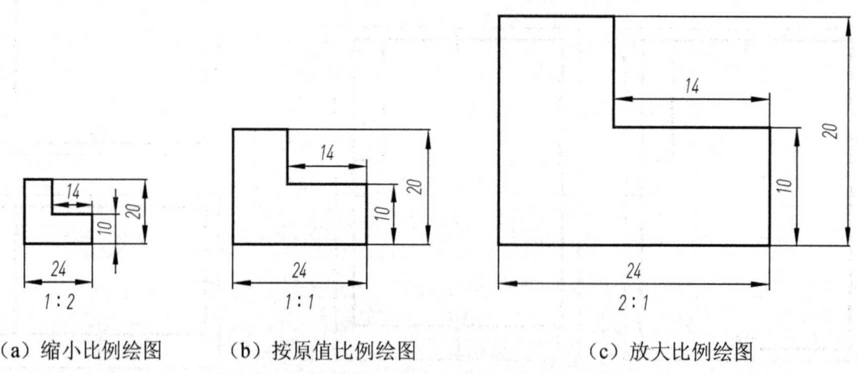

（a）缩小比例绘图　（b）按原值比例绘图　（c）放大比例绘图

图 1-11　比例的标注

同一物体的各视图应采用相同的比例，一般应在标题栏的比例栏内填写比例。当某个视图需要采用不同比例表达时，必须另行标注，可在视图名称的下方或右侧标注比例，如图 1-12 所示。

4．字体

图样中的字体书写必须做到“字体工整、笔画清楚、间隔均匀、排列整齐”。

字体高度（用 h 表示）的单位为 mm。国家标准《技术制图　字体》（GB/T 14691—1993）规定其公称尺寸系列为 1.8、2.5、3.5、5、7、10、14、20 这 8 种。字体高度代表字体的号数。如果需要更大的字，则其字体高度应按 $\sqrt{2}$ 的比率递增。

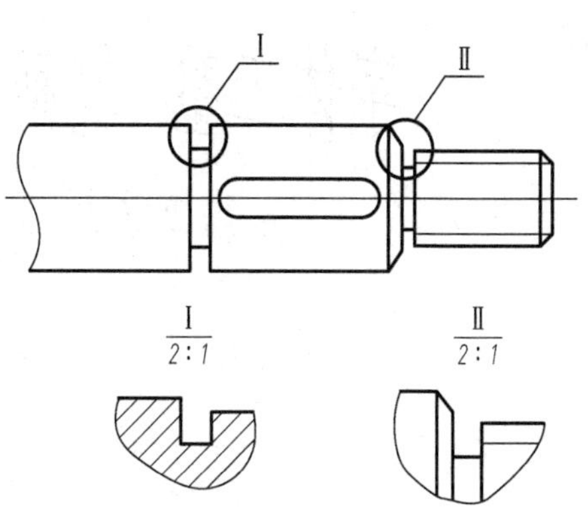

图 1-12　比例的另行标注

（1）汉字

汉字应写成直体长仿宋体，并应采用中华人民共和国正式公布推行的简化字。字的高度不应小于 3.5mm，字宽一般为 $h/\sqrt{2}$ 。

长仿宋体汉字的书写要领：横平竖直、注意起落、结构匀称、填满方格。其基本笔画有点、横、竖、撇、捺、挑、钩、折等。其书写过程和实际笔画如表 1-3 所示。长仿宋体的书写示例如表 1-4 所示。

表 1-3　长仿宋体的基本笔划

横	竖	钩	拐	撇	捺
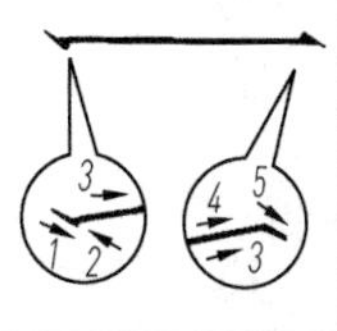	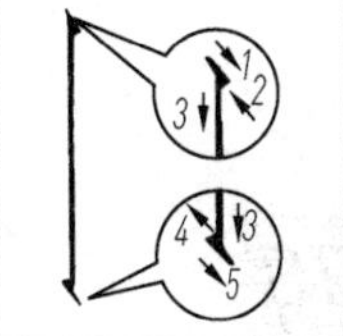		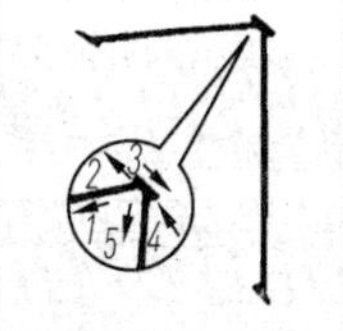		
顿笔 1 短小，3 可稍倾斜	同“横”类似	2 为圆弧，4 的倾角约 45°	1 与 5 在转角处接触	顿笔 1 与回笔 2 应短小	回笔 2 短小

表 1-4　长仿宋体的书写示例

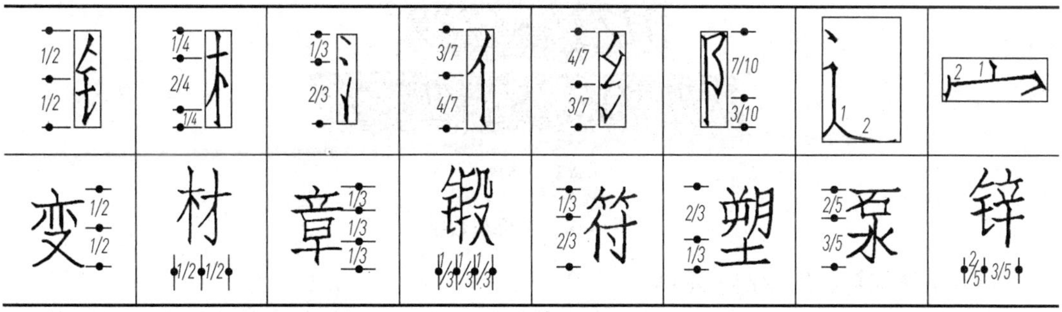

1/2 1/2	1/4 2/4 1/4	1/3 2/3	3/7 4/7	4/7 3/7	7/10 3/10	1 2	2 1
变 1/2 1/2	材 1/2 1/2	章 1/3 1/3 1/3	锻 1/3 1/3 1/3	1/3 2/3 符	2/3 1/3 塑	2/5 3/5 泵	锌 2/5 3/5

同一张图纸上只允许使用一种类型的字体。字体书写示例如图 1-13 所示。

10号字

字体工整 笔画清楚 间隔均匀 排列整齐

7号字

横平竖直 注意起落 结构匀称 填满方格

5号字

机械制图细线画法剖面符号专业技能工程技术表面粗糙度极限与配合

3.5号字

国家标准《技术制图》是一项基础技术标准国家标准《机械制图》是机械专业制图标准

图 1-13 不同字号的长仿宋体字

（2）字母和数字

字母和数字分为 A 型和 B 型两类，如图 1-14 所示。A 型字的笔画宽度（d）为字高（h）的 1/14（即 $d=h/14$）。B 型字的笔画宽度（d）为字高（h）的 1/10（即 $d=h/10$）。在同一张图样上，只允许选用一种形式的字体。

字母和数字均可写成直体或斜体。斜体字字头向右倾斜，与水平基准线成 75°。但是计量单位、化学元素应写成直体。

ABCDEFGHIJKLMNO

PQRSTUVWXYZ

abcdefghijklmnopq

rstuvwxyz

（a）A型斜体拉丁字母示例

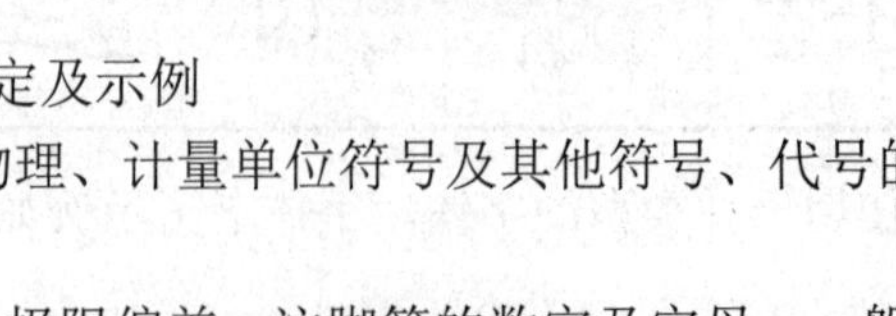

0123456789

I II III IV V VI VII VIII IX X

（b）A型斜体数字示例

图 1-14 字母与数字

（3）字体综合应用规定及示例

1）图样中的数学、物理、计量单位符号及其他符号、代号的字体应符合相应的规定，如图 1-15（a）所示。

2）用作指数、分数、极限偏差、注脚等的数字及字母，一般应采用小一号的字体，如图 1-15（b）所示。

3）各种字母和数字组合书写时，其排列格式和间距应符合规定，如图 1-15（c）所示。

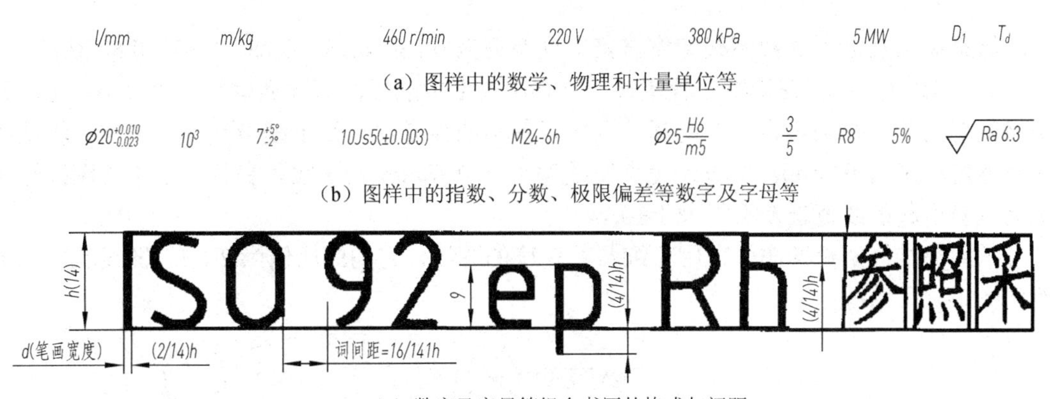

（a）图样中的数学、物理和计量单位等

（b）图样中的指数、分数、极限偏差等数字及字母等

（c）数字及字母等组合书写的格式与间距

图 1-15　字母数字组合的写法

5. 图线

微课：图样中的线型

国家标准《技术制图 图线》（GB/T 17450—1998）和《机械制图 图样画法 图线》（GB/T 4457.4—2002）规定了技术制图所用图线的名称、形式、结构、标记及画法规则。它用于各种技术制图，如机械、电气和土木工程图样等。表 1-5 给出了基本线型的名称、形式、代号。

表 1-5　机械制图的线型及其应用

图线名称	代码	线型	线宽	应用场合
细实线	01.0		d/2	① 尺寸线和尺寸界线； ② 剖面线； ③ 指引线和基准线； ④ 过渡线； ⑤ 重合断面的轮廓线
波浪线	01.1		d/2	① 断裂处边界线； ② 视图与剖视图的分界线
双折线	01.1	2～4　15～24　3～6　30°	d/2	断裂处边界线
粗实线	01.2		d	① 可见轮廓线； ② 剖切符号用线
细虚线	02.1	2～6　1	d/2	不可见轮廓线
粗虚线	02.2	2～6　1	d	允许表面处理的表示线
细点画线	04.1	15～30　3	d/2	轴线、对称中心线
粗点画线	04.2	15～30　3	d	有特殊要求的表面表示线
细双点画线	05.1	15～25　5	d/2	① 假想轮廓和极限位置轮廓线； ② 中断线

国家标准规定了 9 种图线宽度。其宽度系列为 0.13、0.18、0.25、0.35、0.5、0.7、1、1.4、2，单位为 mm。在绘制工程图时，所有图线宽度应根据图样类型、尺寸大小、比例和缩微复制的要求在上述系列中选择。为保证图样清晰易读，便于缩微复制，图样上粗实线的宽度建议采用 0.7mm，尽量避免采用线宽小于 0.18mm 的图线。另外，手工绘图因绘图工具偏差引起的线宽误差不得大于±0.1d。

国家标准规定机械图样采用粗细两种宽度的图线，它们的比例为 2∶1，图线的应用示例如图 1-16 所示。

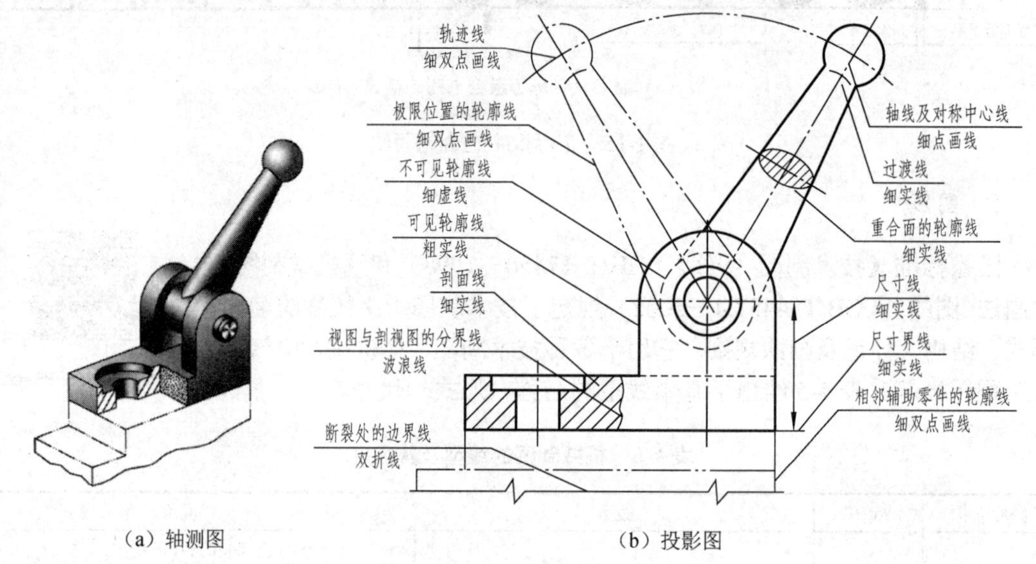

（a）轴测图　　（b）投影图

图 1-16　各种图线的应用示例

图线的画法应遵守下列要求：

1）在同一张图样中，同类图线的宽度应一致。虚线、点画线、双点画线的线段长度和间隔应各自大致相等。一般在图样中应保持图线的匀称协调。

2）虚线、点画线、双点画线的相交处应是线段相交，而不应是点或间隔处，如图 1-17 所示。

3）虚线在粗实线的延长线上时，虚线应留出间隙，如图 1-17 所示。

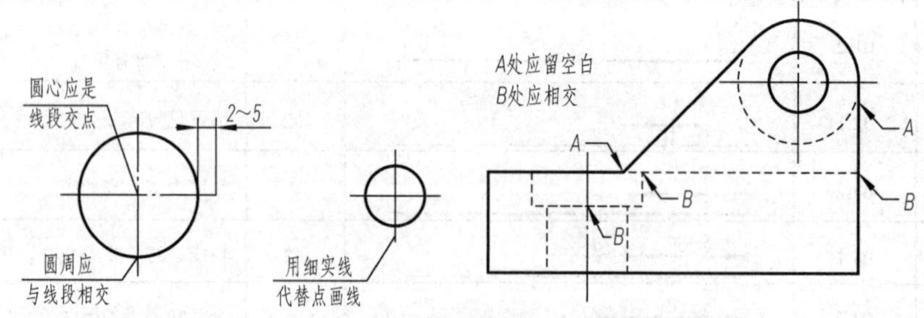

图 1-17　图线画法的注意事项

4）点画线伸出图形轮廓线的长度一般为 2～5mm。当点画线较短时，允许用细线代替点画线，如图 1-17 所示。

5）图线重叠时的绘制原则：当两种或两种以上的图线重叠时，其重合部分应用哪种线型表示，应视线型的优先顺序而定，如可见轮廓线（粗实线）和对称中心线（细点画线）重合时，应画粗实线；可见轮廓线（粗实线）与不可见轮廓线（细虚线）重合时，应画粗实线；不可见轮廓线（细虚线）与对称中心线（细点画线）重合时，应画细虚线。特殊用途的线型应尽量表达清楚。

1.1.3　机械图样的尺寸标注

在图样中，零件的结构形状用视图、剖视图和断面图等方法表示，零件上各部分结构的大小则通过标注尺寸来表达。因此，尺寸也是图样的重要组成部分，尺寸标注是否正确、合理、清晰，直接影响图样的质量和产品加工质量。国家标准《机械制图 尺寸注法》（GB/T 4458.4—2003）和《技术制图 简化表示法 第 2 部分：尺寸注法》（GB/T 16675.2—2012）对尺寸注法做了一系列的规定，如规则、符号和方法，在绘制图样时必须严格遵守。

1. 基本规则

1）图样中的尺寸以 mm 为单位时不需要标注单位，否则必须标注相应的单位，如图 1-18 所示。

2）机件的真实大小是以图样上所标注尺寸的数值为依据的，与图样绘制比例大小和绘图的准确度无关，如图 1-19 所示。

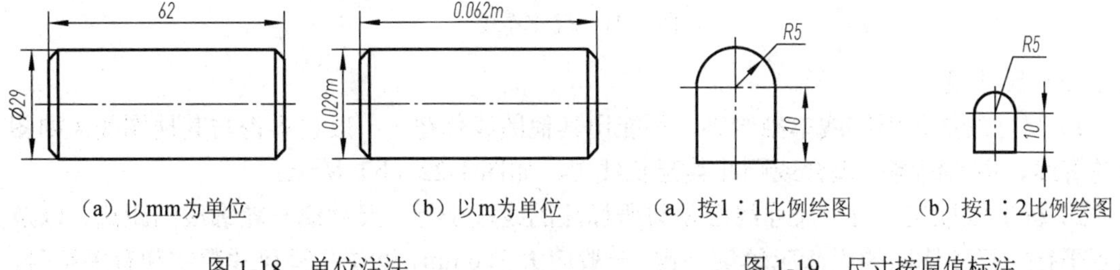

（a）以mm为单位　（b）以m为单位　（a）按1∶1比例绘图　（b）按1∶2比例绘图

图 1-18　单位注法　　图 1-19　尺寸按原值标注

3）机件的每一个尺寸，在图样上一般只标注一次，并且应标注在反映该结构最清晰的图形上。

4）图样中所注的尺寸，为该图样所示机件的最后完工尺寸，否则应另加说明。

2. 尺寸要素及其画法规定

一个完整的尺寸由尺寸界线、尺寸线、尺寸线终端和尺寸数字组成，如图 1-20 所示。

（1）尺寸界线

1）尺寸界线用细实线绘制，一般应由图形轮廓线、轴线或对称中心线处引出，一般超出尺寸线终端 2～3mm。也可以直接使用图形轮廓线、轴线或对称中心线作为尺寸界线，如图 1-21（a）所示。

2）尺寸界线一般与尺寸线垂直，必要时允许倾斜，即在光滑过渡处标注尺寸时必须使用细线将轮廓线延长，从它们的交点处引出尺寸界线，如图 1-21（b）所示。

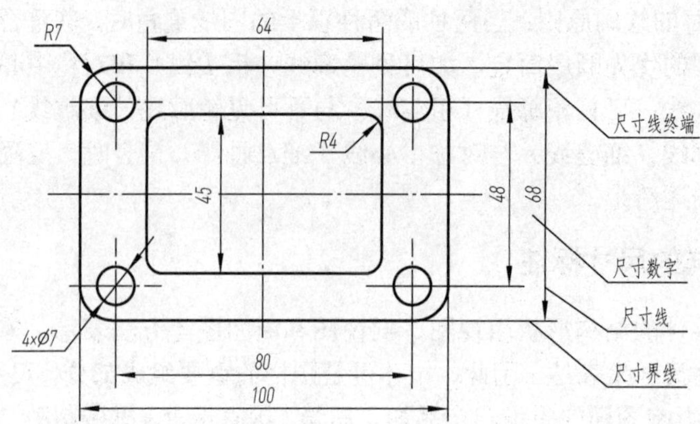

图 1-20　尺寸的组成要素

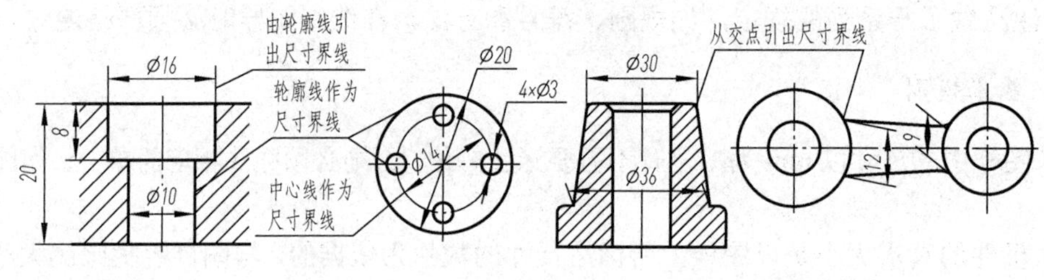

（a）与尺寸线垂直的尺寸界线　　（b）倾斜的尺寸界线

图 1-21　尺寸界线

（2）尺寸线

1）尺寸线必须用细线单独绘制，不能用其他图线代替，一般也不得与其他图线（如图形轮廓线、中心线等）重合或画在其延长线上，如图 1-22（b）所示。

2）标注线性尺寸时，尺寸线必须与所标注的线段平行。尺寸线与轮廓线的距离，以及相互平行的尺寸线间的距离应尽量一致，一般应大于 6mm，以便注写尺寸数字和有关符号，如图 1-22（a）所示。

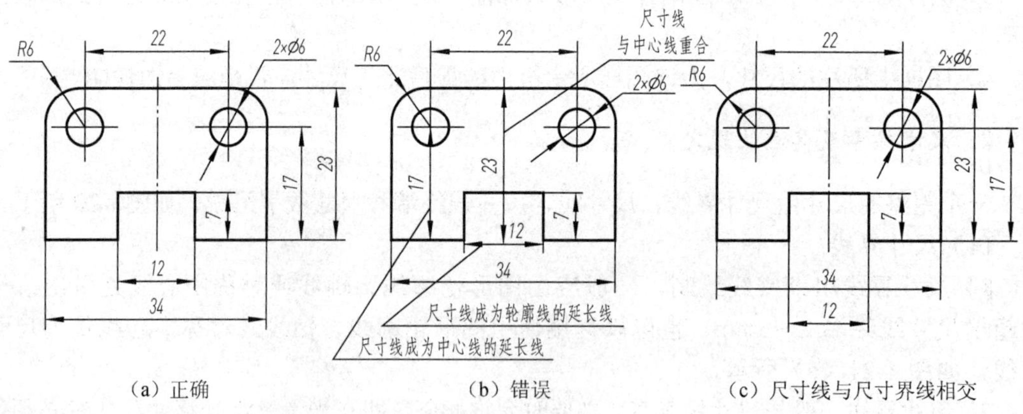

（a）正确　　（b）错误　　（c）尺寸线与尺寸界线相交

图 1-22　尺寸线

3）尺寸标注应尽量避免尺寸线之间及尺寸线与尺寸界线之间相交，如图 1-22（c）所示。尺寸线与尺寸界线相交，会造成标注不清晰。

4）相互平行的尺寸，小尺寸应靠近图形轮廓线，大尺寸应依次等距离地平行外移，如图 1-22（a）中的尺寸 12、34 和尺寸 17、23 的排列。

（3）尺寸线终端

尺寸线终端的几种形式如图 1-23 所示。机械图样的尺寸线终端有两种形式（箭头和细斜线形式），如图 1-23 所示。

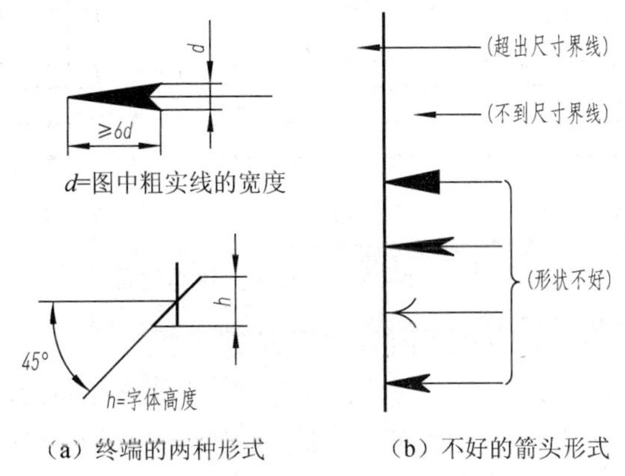

（a）终端的两种形式　　（b）不好的箭头形式

图 1-23　尺寸线终端的结构形式及画法

1）箭头形式：箭头的画法及大小如图 1-23（a）所示。机械图样一般采用箭头作为尺寸线的终端。

箭头与尺寸界线接触，不得超出也不得离开，如图 1-23（b）所示。在同一张图样上，箭头的大小要一致，箭头一般是由内向外指。但当尺寸界线内侧没有足够位置画箭头时，可将箭头画在尺寸界线的外侧，由外向内指；当尺寸界线内、外均无法画箭头时，可使用圆点或斜线代替，圆点必须画在尺寸线与尺寸界线的相交处，圆点的直径为粗实线的宽度 *d*。

2）尺寸线终端也允许使用细斜线代替箭头。当尺寸线终端采用斜线时，尺寸线与尺寸界线必须保持垂直。圆的直径或圆弧半径的尺寸线终端应画成箭头。

在同一张图样中，尺寸终端只能采用其中一种形式，如图 1-24 所示，一般不混合使用。

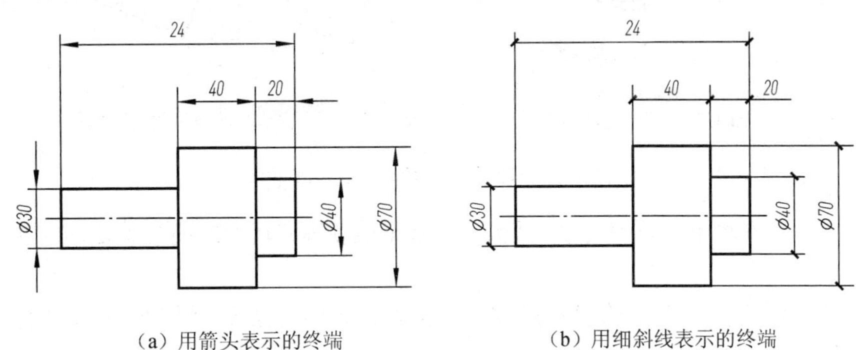

（a）用箭头表示的终端　　（b）用细斜线表示的终端

图 1-24　同一张图中尺寸终端形式应统一

（4）尺寸数字

尺寸数字的数值表示机件的真实大小，与绘图的比例和绘图精度无关。一般尺寸数字使用斜体字。

1）线性尺寸的尺寸数字一般注写在尺寸线的一侧，也允许注写在尺寸线的中断处，如图 1-25 所示。

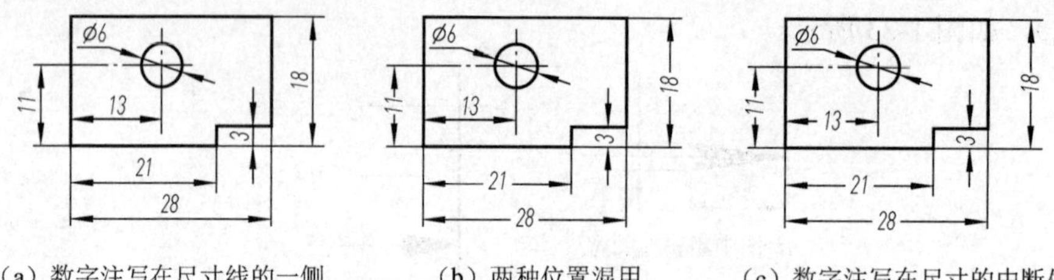

（a）数字注写在尺寸线的一侧　（b）两种位置混用　（c）数字注写在尺寸的中断处

图 1-25　线性尺寸数字的注写位置

2）线性尺寸数字的方向，有以下两种注写方法。

方法 1：数字应按图 1-25（a）所示的方向注写（水平方向的尺寸数字在尺寸线的上方，字头朝上；垂直方向的尺寸数字在尺寸线的左侧，字头朝左；倾斜方向的尺寸数字字头趋于朝上），并尽可能避免在图 1-26（a）所示的 30° 范围内注尺寸，因为尺寸数字的方向无法确定。无法避免时，可按图 1-26（b）所示的形式标注。其综合应用如图 1-27（a）所示。

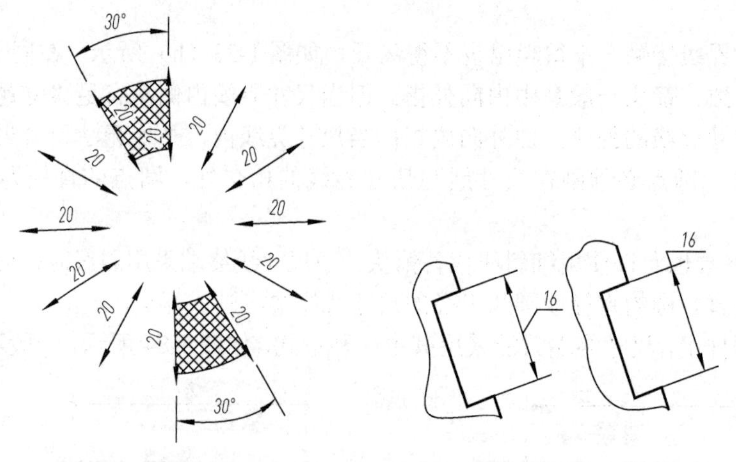

（a）尺寸数字的注写方向　（b）30° 范围内的尺寸数字的注写形式

图 1-26　线性尺寸数字的注写方向

方法 2：对于非水平方向的尺寸，其数字可水平地注写在尺寸线的中断处，如图 1-27（b）、（c）所示。

一般应采用方法 1，在不致引起误解时，也允许采用方法 2。但在同一张图样中，应尽可能采用同一种方法。

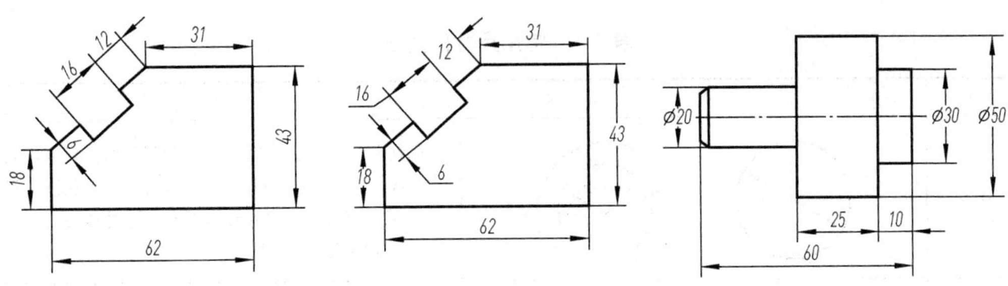

（a）线性尺寸注写方向方法1的应用　（b）非水平方向的尺寸注法的应用1　（c）非水平方向的尺寸注法的应用2

图 1-27　线性尺寸数字方向的两种注写方法的应用

3）尺寸数字前面的符号是对数字标注的补充与说明。当标注直径尺寸时，应在尺寸数字前加符号“ϕ”；标注半径尺寸时，应在尺寸数字前加字母“R”；国家标准中还规定了一些表示特定意义的符号和缩写词，如表 1-6 所示。标注尺寸时，应尽可能使用符号和缩写词。

表 1-6　尺寸符号的缩写词

名称	符号或缩写词	名称	符号或缩写词	符号的比例画法（h 为字体高度）
直径	ϕ	正方形	□	
半径	R	深度	↧	
球半径	SR	沉孔或锪平	⌴	
球直径	$S\phi$	埋头孔	∨	
厚度	t	弧长	⌒	
均布	EQS	展开长	○→	
45°倒角	C	表中符号的线宽为 $\frac{h}{10}$		

4）尺寸数字不得被任何图线通过，即当无法避免时，必须把图线断开，如图 1-28 所示。

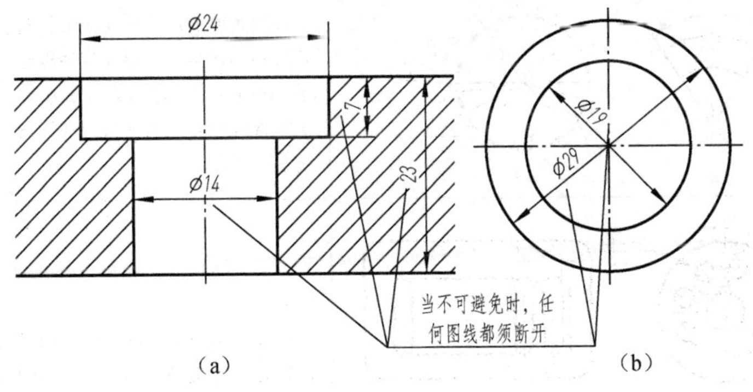

图 1-28　尺寸数字不得被任何图线通过

3．常用的尺寸注法示例

表 1-7 列出了机械图样中常用的尺寸注法，标注尺寸时应尽可能多地参照这些常用的尺寸注法。

表 1-7　常用尺寸的注法

项目	图例	尺寸注法
圆	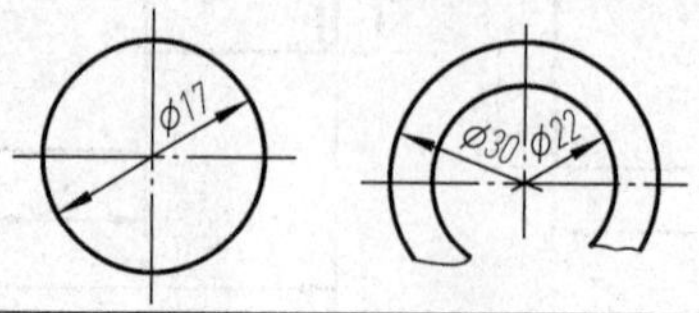 Ø17　Ø30 Ø22	标注整圆或大于半圆的圆弧直径尺寸时，以圆周为尺寸界线，尺寸线通过圆心，并在尺寸数字前加注直径符号“ϕ”，圆弧直径尺寸线应画至略超过圆心，只在尺寸一端画箭头指向圆弧
圆弧	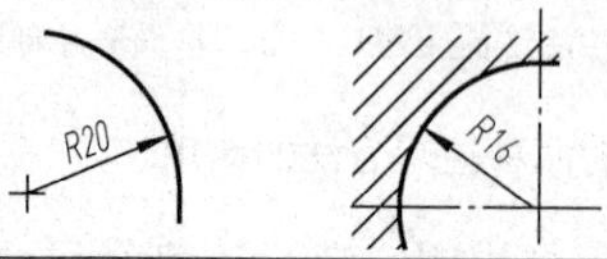 R20　R16	标注小于或等于半圆的圆弧半径尺寸时，尺寸线应从圆心出发引向圆弧，只画一个箭头，并在尺寸数字前加注半径符号“*R*”
	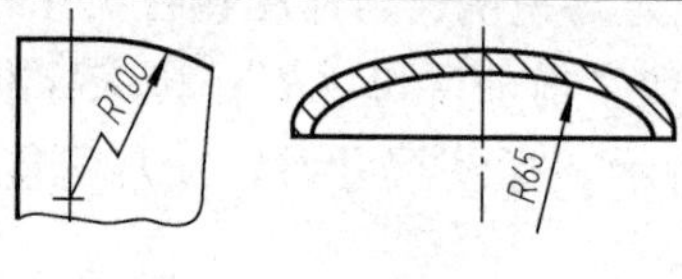 R100　R65 (a)　(b)	当圆弧的半径过大或在图纸范围内无法标出圆心位置时，可按图（a）的折线形式标注，当不需要标出圆心位置时，则尺寸线只画靠近箭头的一段，如图（b）所示
球面	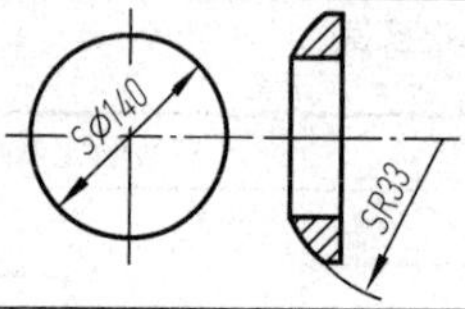 SØ140　SR33	标注球面直径或半径尺寸时，应在尺寸数字前加注符号“$S\phi$”或“*SR*”
小尺寸	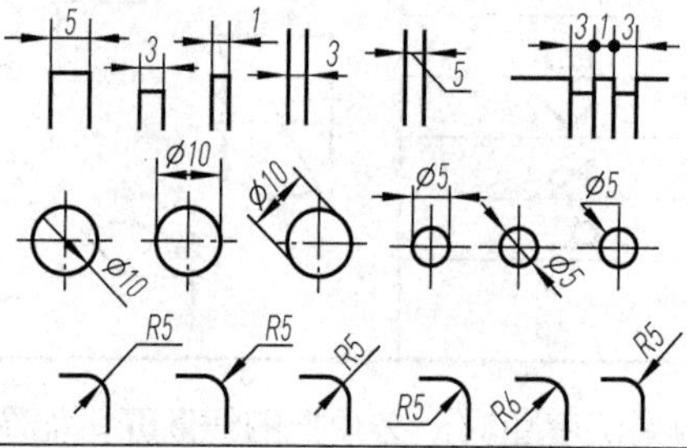 5　3　1　3　5　3 1 3 Ø10　Ø10　Ø10　Ø5　Ø5　Ø5 R5　R5　R5　R5　R6　R5	当在尺寸界线之间没有足够位置画箭头或注写尺寸数字的小尺寸时，可按图示形式进行标注。标注连续尺寸时，代替箭头的圆点大小应与箭头尾部宽度相同
角度	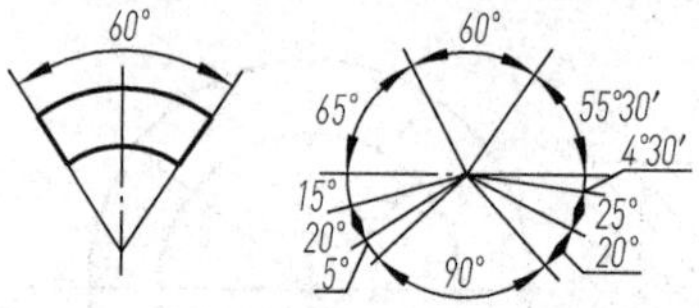 60°　60° 65° 55°30′ 4°30′ 15° 25° 20° 20° 5° 90° (a)　(b)	标注角度的尺寸界线应沿径向引出，尺寸画成圆弧，其圆心为该角的顶点，半径取适当大小，如图（a）所示；角度数字一律写成水平方向，一般注写在尺寸线的中断处或尺寸线的上方或外边，也可引出标注，如图(b)所示
相同的成组要素	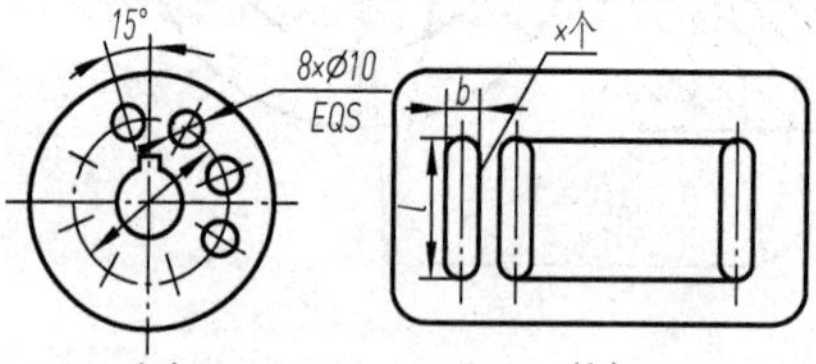 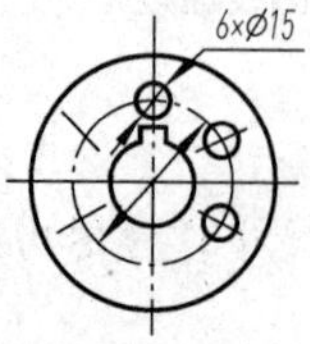 15°　8×Ø10 EQS　x个 b l (a)　(b) 6×Ø15 (c)	在同一图形中，对于尺寸相同的孔、槽等成组要素，可仅在一个要素上注出其尺寸和数量，如图（a）和图（b）所示； 当成组要素（如均布孔）的定位和分布情况在图中已明确时，可不标注其角度，并可省略“EQS”，如图（c）所示

续表

项目	图例	尺寸注法
相同的成组要素	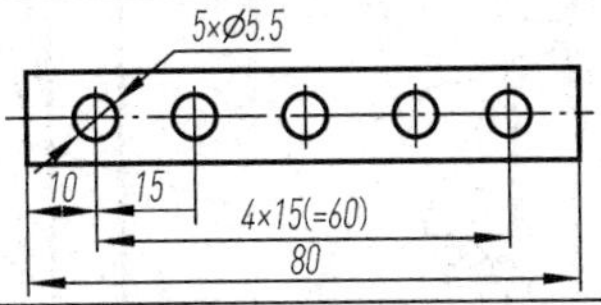	间隔相等的链式尺寸，可只注出一个间距，其余用“间距数量×间距=距离”的形式注写
	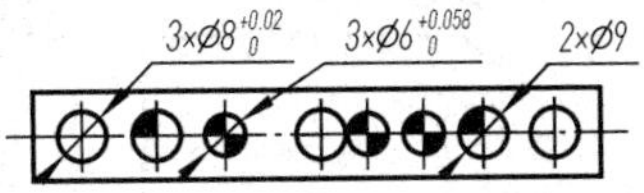	在同一图形中，其有几种尺寸数值相近而又重复的要素（如孔等）时，可采用标注（如涂色等）的方法来区别，如左图所示，也可采用标注字母或列表的方法来区别
对称机件	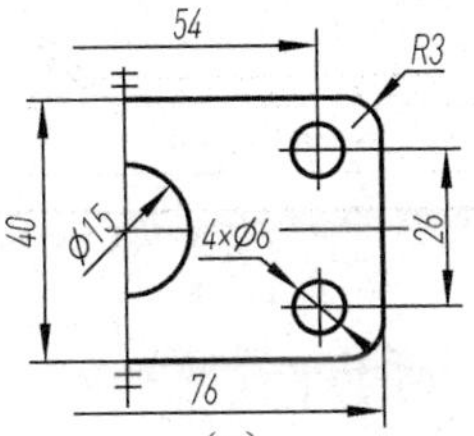 (a) 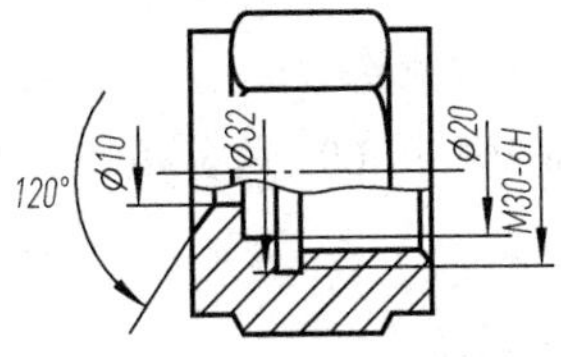 (b)	当不便画出尺寸的另一界线（如对称图形只画出一半、略大于一半或用局部剖视、半剖视表达）时，尺寸线应略超过对称中心线或断裂处的边界线，此时仅在尺寸线的一端画出箭头，如图（a）、图（b）所示； 对称图形中相同的圆角半径或壁厚等，只注一次，如图（a）所示中的 $R3$
板状零件	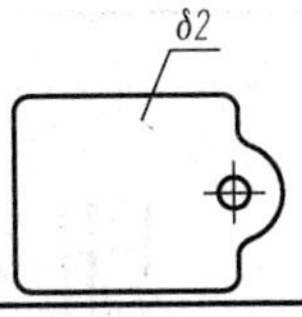	标注板状零件的厚度时，可在尺寸数字前加注符号“δ”

1.1.4　常用绘图工具的使用

微课：基本绘图工具的使用

熟练掌握绘图工具和仪器的使用方法，是保证绘图质量和速度的前提。本节主要介绍绘图工具和仪器的正确使用方法。

1．图板

画图前，首先应将图纸固定在图板上，如图 1-29 所示。图板是绘图时用来固定图纸的矩形木板，它的板面必须平坦光滑，图板的左右两边称为导边，必须光滑平直。其规格有 0 号（1200×900）、1 号（900×600）、2 号（600×400）等，以适用于不同幅面的图纸。不用时应竖立放置，保护工作表面，避免受潮或暴晒，以防变形。

2．丁字尺

丁字尺主要用来画水平线，它由互相垂直的尺头和尺身组成，如图 1-29 所示。尺头的内侧面必须平直。使用时紧贴图板的导边，上下移动即可按尺身的工作边画出水平线。

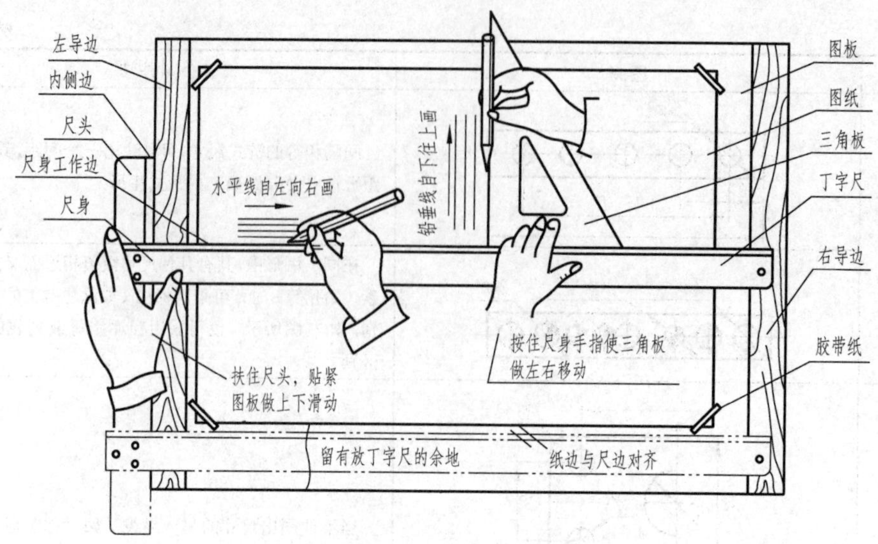

图 1-29　图板、丁字尺的使用

3．三角板

每副三角板有两块，一块为 45° 角，另一块为 30° 和 60° 角。两块三角板配合使用，可以方便地画出各种特殊角度的直线，如表 1-8 所示。

表 1-8　绘图工具用法

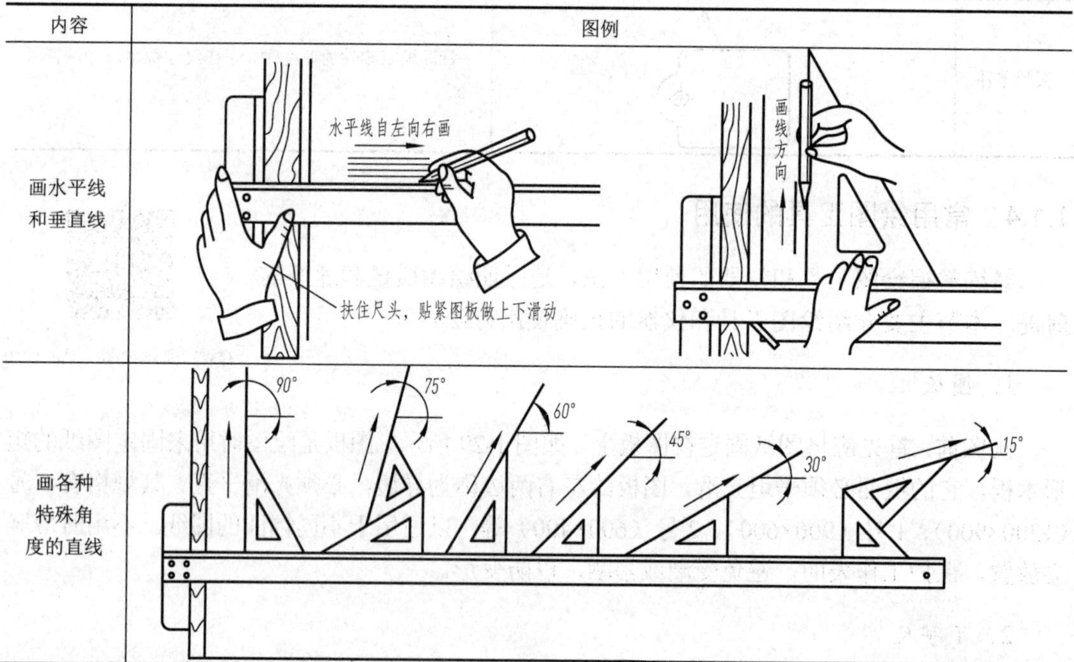

内容	图例
画水平线和垂直线	
画各种特殊角度的直线	

4．圆规和分规

圆规和分规的外形相近，但用途截然不同，应正确使用。

圆规是画圆和圆弧的工具。常用的有三用圆规（图 1-30）、弹簧圆规和点圆规（图 1-31）。圆规的一支腿上装插针，另一支腿上装铅芯或鸭嘴笔。使用时，应使插针、笔尖都与纸面大致保持垂直。画大圆弧时，可加上延伸杆。圆规上使用的铅芯，应比绘图时的铅芯软一号。弹簧圆规和点圆规是用来画小圆的，而三用圆规则可以通过更换插脚来实现多种绘图功能。

分规的结构与圆规相近，只是两头都是钢针。分规的用途是量取或截取长度、等分线段或圆弧，分规两腿并拢时，两针尖应能对齐。其使用方法如图 1-32 所示。

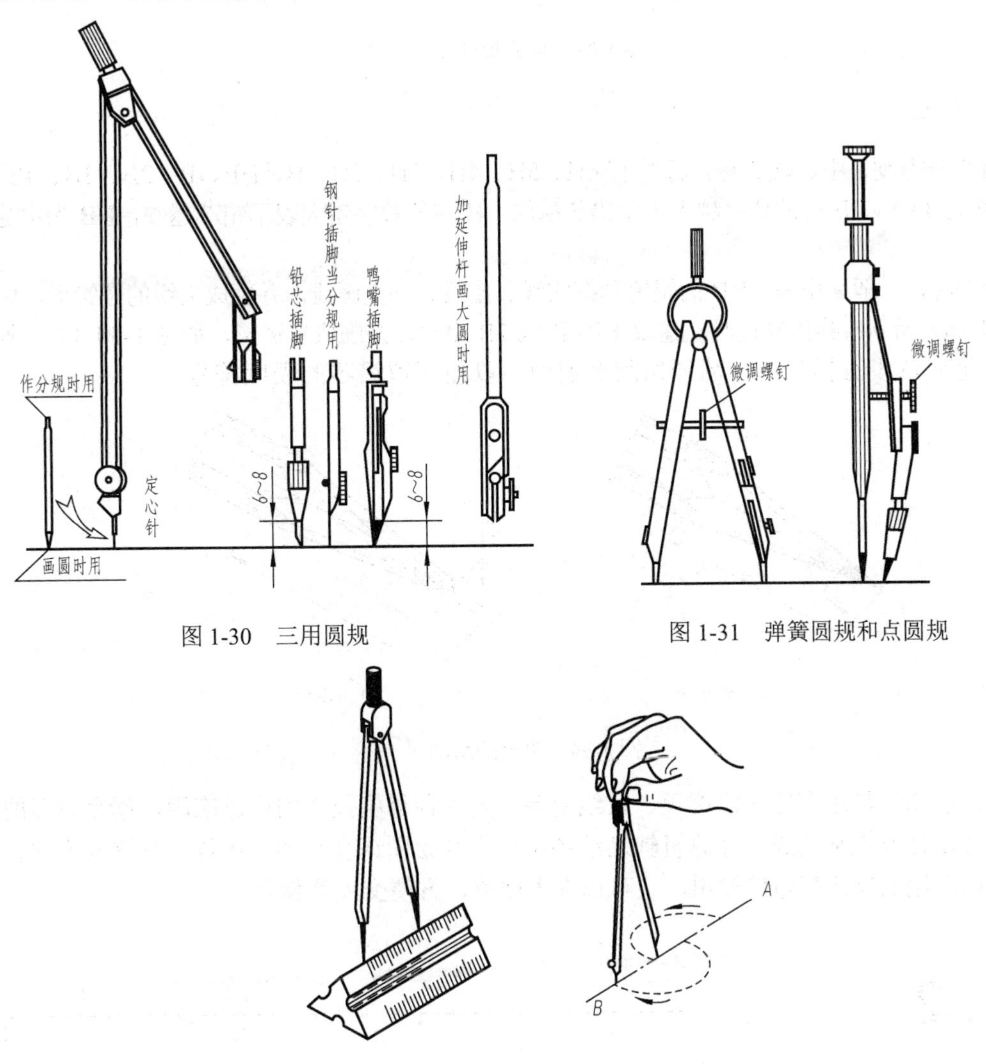

图 1-30　三用圆规

图 1-31　弹簧圆规和点圆规

图 1-32　分规的使用

5. 曲线板

曲线板用来描绘各种非圆曲线。使用时，首先应找出曲线上一系列的点，选用曲线板上一段与连续 4 个点贴合最好的轮廓，画线时只连前 3 个点，然后连续贴合后面未连线的 4 个点，仍然连前 3 个点，这样中间有一段前后重复贴合两次，如此依次逐段描绘，以便使整条曲线光滑，如图 1-33 所示。

图 1-33　曲线板的使用

6. 铅笔

铅笔分为硬、中、软 3 种，标号有 6H、5H、4H、3H、2H、H、HB、B、2B、3B、4B、5B、6B 这 13 种。B 前的数字越大表示铅芯越软，H 前的数字越大表示铅芯越硬，HB 为中等硬度。

绘图时，一般采用 H、HB 的铅笔画细实线、虚线、细点画线，并削成尖锐的圆锥形，如图 1-34（a）所示；描黑底稿时，建议采用 B 或 2B 铅笔，并削成扁铲形，如图 1-34（b）所示。铅笔应从没有标号的一端开始削磨使用，以便保留铅芯的硬度符号。

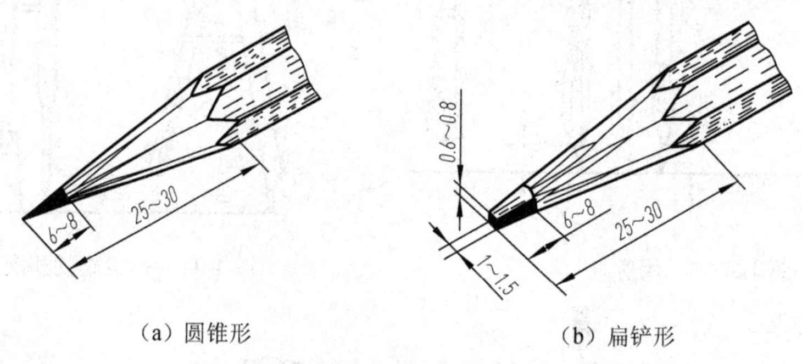

（a）圆锥形　　（b）扁铲形

图 1-34　铅笔的削法

其他绘图工具还有绘图比例尺、直线笔等。随着计算机技术的广泛应用，越来越多的工程图会用计算机来完成。计算机辅助绘图可以提高绘图速度和图面质量，且修改方便，图纸可以由绘图仪或打印机输出，还可以存入磁盘，方便交流和保存。

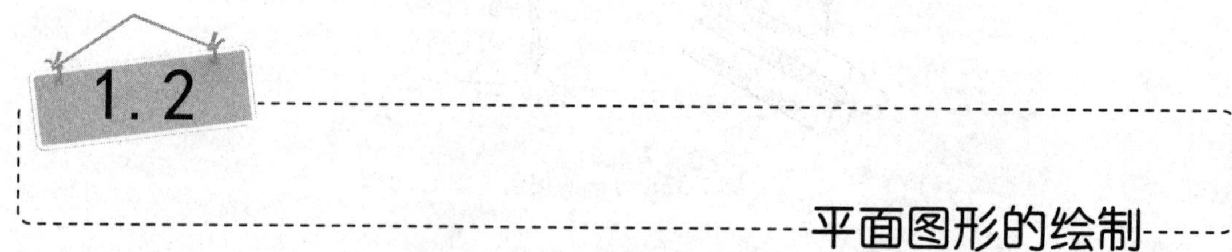

1.2 平面图形的绘制

平面图形是由许多线段连接而成的，这些线段间的相互位置和连接关系依靠给定的尺寸来确定，画平面图形的基础是几何作用。熟练掌握几何图形的正确作图，是提高绘图速度和绘图质量的重要技能。通过本节的学习，应掌握几何作图的画法、平面图形的画法及尺寸注法，为下一步绘图打下坚实的基础。

1.2.1　几何作图的基本技能

1．任意等分直线段的画法

使用平行线法对直线 *MN* 作任意等分的作图方法和步骤如表 1-9 所示。

表 1-9　将直线 *MN* 分成三等分

作图	方法和步骤
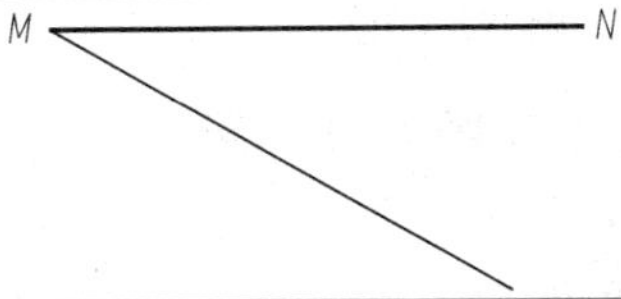	过 *M* 点作一条斜线，角度及长度随意
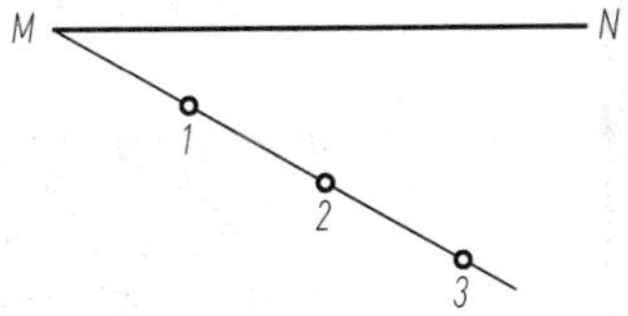	从 *M* 点开始以任意单位长度在斜线上取三等分
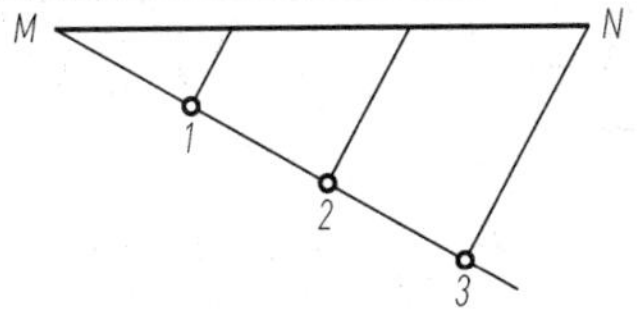	连接点 *N* 和点 3，过另两个等分点作 *N*3 的平行线，与 *MN* 的交点即为所求的等分点

2．等分圆周和正多边形的画法

（1）圆周的四、八等分和正四、八边形的画法

使用 45° 三角板和丁字尺配合作图，可直接将圆周进行四、八等分。将各分点依次连线，即可分别作出圆的内接四边形或内接八边形，如图 1-35 所示。

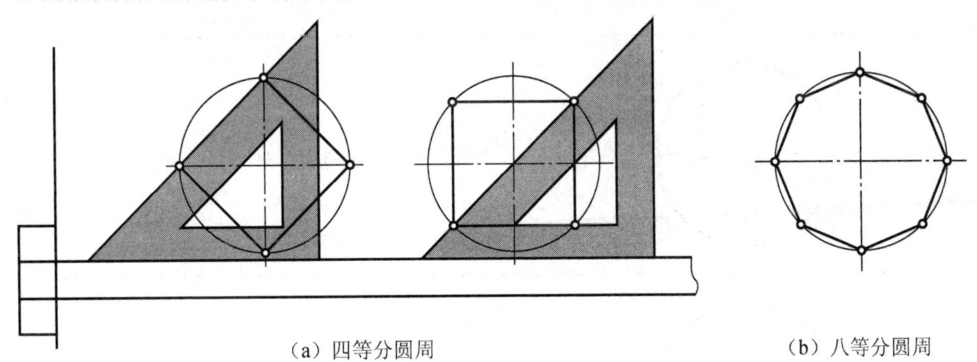

（a）四等分圆周　　（b）八等分圆周

图 1-35　四、八等分圆周（使用 45° 三角板和丁字尺作图法）

（2）圆周的三、六、十二等分和正三、六、十二边形的画法

圆周的三、六、十二等分有两种作图方法。

1）使用圆规作图的方法如图 1-36 所示。

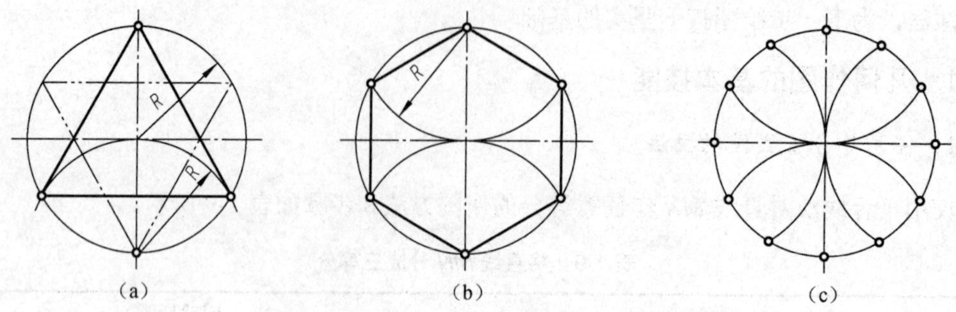

图 1-36　三、六、十二等分圆周（圆规作图法）

2）使用 30°、60°三角板和丁字尺配合作图的方法如图 1-37 所示。

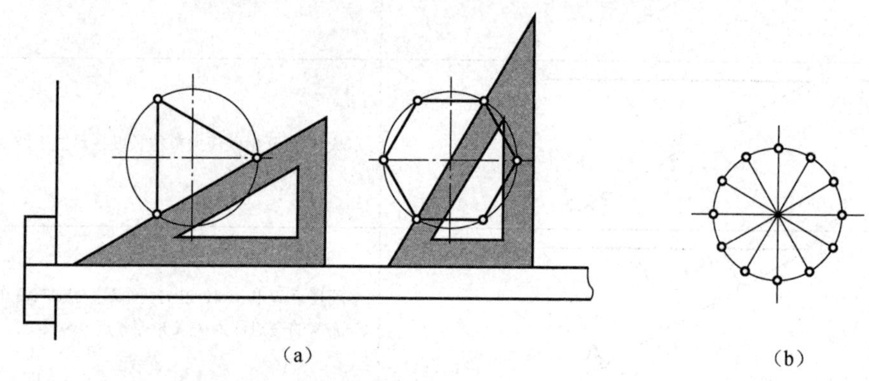

图 1-37　三、六、十二等分圆周（三角板、丁字尺作图法）

（3）圆周的五等分和正五边形的画法

圆周的五等分作图法如表 1-10 所示。

表 1-10　圆周的五等分作图法

作图	方法和步骤
C A B O M D	等分半径 OB 得点 M
C A B N O M D	以点 M 为圆心，MC 为半径，画弧交 AO 于点 N

续表

作图	方法和步骤
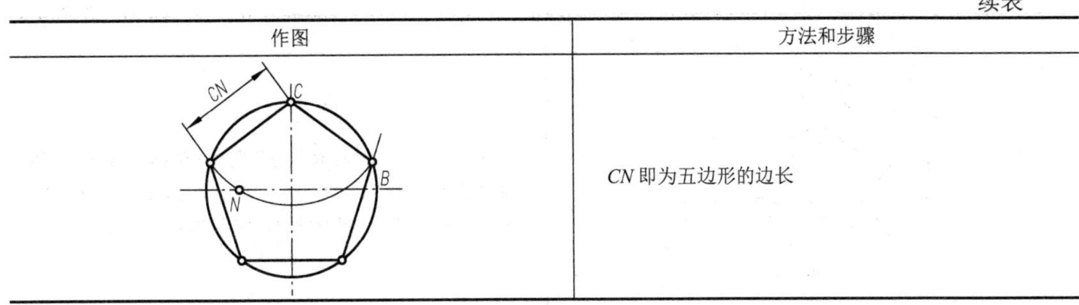	*CN* 即为五边形的边长

（4）圆周的任意等分和正 *n* 边形的作法（此处为正七边形）

圆周的七等分作图法如表 1-11 所示。

表 1-11　圆周的七等分作图法

作图	方法和步骤
	先将已知直径 *AK* 七等分，以 *K* 点为圆心、直径 *AK* 为半径画弧，交直径 *PQ* 的延长线于点 *M*、*N*
	自点 *M*、*N* 分别向 *AK* 上的各偶数点（或奇数点）连直线并延长，交圆周于点 *B*、*C*、*D* 和 *E*、*F*、*G*；依次连接各点，即得正七边形

3. 椭圆的画法

椭圆是常见的非圆曲线，在已知长、短轴的条件下，通常采用四心近似画法和同心圆画法来绘制椭圆。以四心近似画法为例。

已知相互垂直且平分的长轴 *AB* 和短轴 *CD*，其椭圆的近似画法如表 1-12 所示。

表 1-12　使用四心近似画法绘制椭圆

作图	方法和步骤
	画出长轴 *AB* 和短轴 *CD*，连接 *AC*，并在 *AC* 上截取 *CF*，使其等于 *AO* 与 *CO* 之差 *CE*

续表

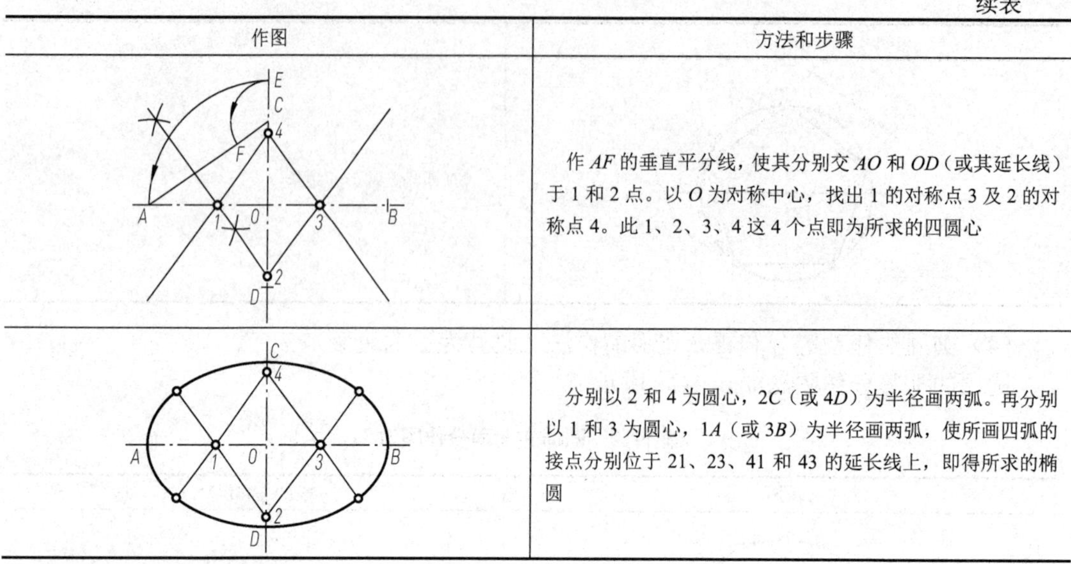

作图	方法和步骤
	作 AF 的垂直平分线，使其分别交 AO 和 OD（或其延长线）于 1 和 2 点。以 O 为对称中心，找出 1 的对称点 3 及 2 的对称点 4。此 1、2、3、4 这 4 个点即为所求的四圆心
	分别以 2 和 4 为圆心，$2C$（或 $4D$）为半径画两弧。再分别以 1 和 3 为圆心，$1A$（或 $3B$）为半径画两弧，使所画四弧的接点分别位于 21、23、41 和 43 的延长线上，即得所求的椭圆

4．斜度与锥度的画法

（1）斜度

斜度是指一直线（或平面）对另一直线（或平面）的倾斜程度，在图样上常用 1∶n（比值）形式标注。斜度符号所示的方向应与斜度方向一致，如图 1-38（a）中的 1∶7。

（2）锥度

锥度是指正圆锥的底圆直径与圆锥高度之比，在图样中以 1∶n 的形式标注。锥度所示的方向应与锥度方向一致，如图 1-38（b）中的 1∶3。

国家标准对斜度和锥度符号的画法做了严格规定，如图 1-39 所示，图中 h 为字高。

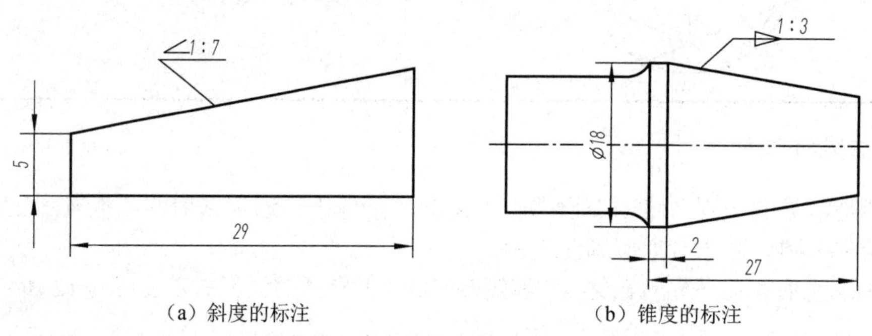

（a）斜度的标注　　（b）锥度的标注

图 1-38　斜度和锥度的标注

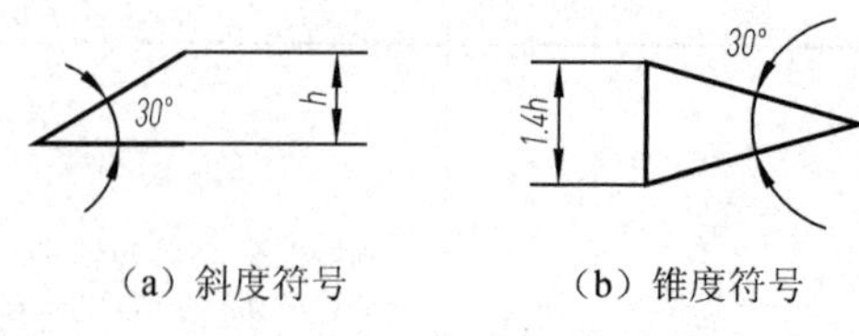

（a）斜度符号　　（b）锥度符号

图 1-39　斜度、锥度符号

斜度和锥度的画法如表 1-13 所示。

表 1-13　斜度和锥度的画法

类别	作图	方法和步骤
斜度		作一辅助直角三角形，两直角边长度分别为 1 和 7（即为斜度比值），让斜边方向和斜度倾斜方向一致
		过已知端点作直角三角形斜边的平行线，即获得斜度为 1∶7 的倾斜线
锥度		作辅助等腰三角形，其底边与高的长度分别为 1 和 3（即锥度的比值）；过已知端点作三角形两条腰的平行线，即获得所求锥度值的倾斜线

5. 图线连接的画法

在机械制图中，用一条图线（线段或圆弧）将两条已知图线（线段或圆弧）平滑连接起来称为图线连接。

图线连接有 4 种基本形式：用圆弧连接两条已知直线段；用圆弧连接两条已知圆弧；用圆弧连接已知一条直线和已知一条圆弧；用直线连接两条已知圆弧。圆弧连接的基本作图原理如表 1-14 所示，各种连接作图方法和步骤如表 1-15 所示。

表 1-14　圆弧连接的基本作图原理

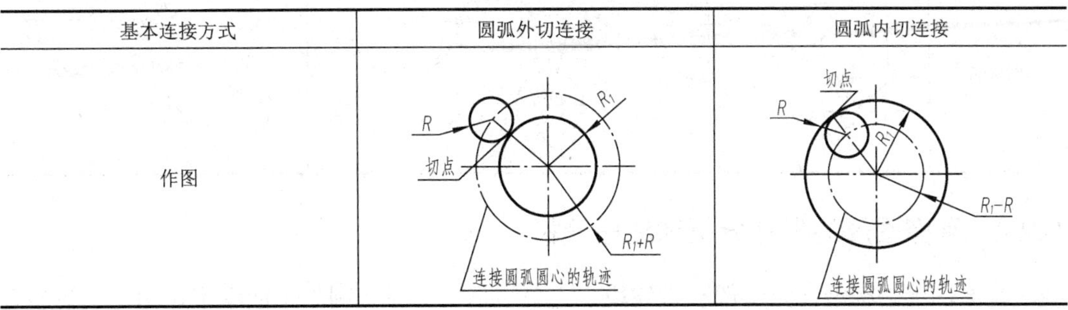

基本连接方式	圆弧外切连接	圆弧内切连接
作图		

续表

基本连接方式	圆弧外切连接	圆弧内切连接
基本原理	① 连接圆弧的圆心轨迹为一条与被连接弧（或圆）同心的圆，其半径为两圆弧的半径之和，即（R_1+R）； ② 两圆心的连线与已知弧的交点，即为切点	① 连接圆弧圆心轨迹为一条与被连接弧（或圆）同心的圆，其半径为两圆弧的半径之差，即（R_1-R）； ② 两圆心连线的延长线与已知弧的交点，即为切点

表 1-15　各种连接作图方法和步骤

连接要求	作图方法和步骤		
	求圆心 O（所求圆弧半径为 R）	求切点 K_1、K_2	画连接圆弧
连接相交两直线	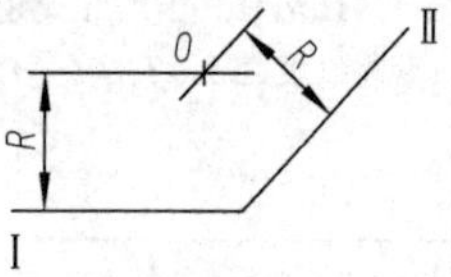	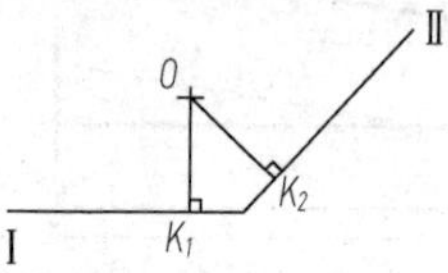	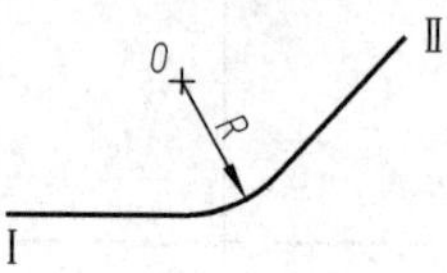
连接一直线和一圆弧	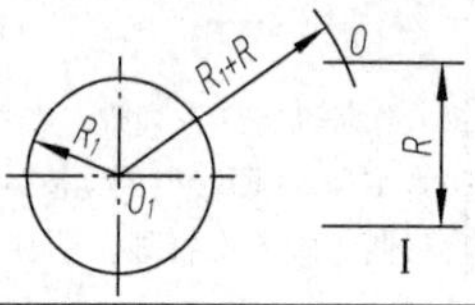	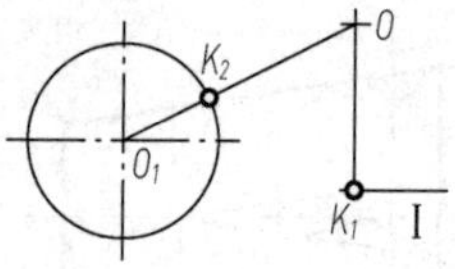	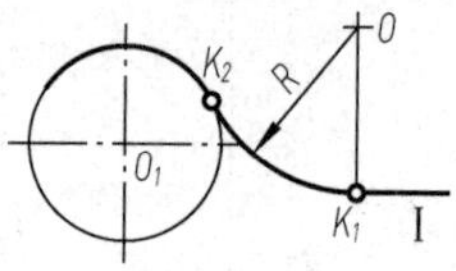
外接两圆弧	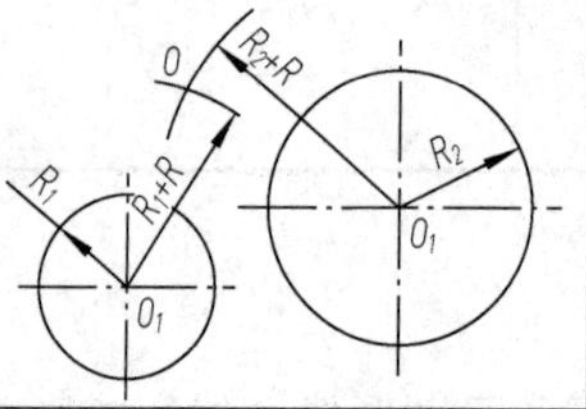	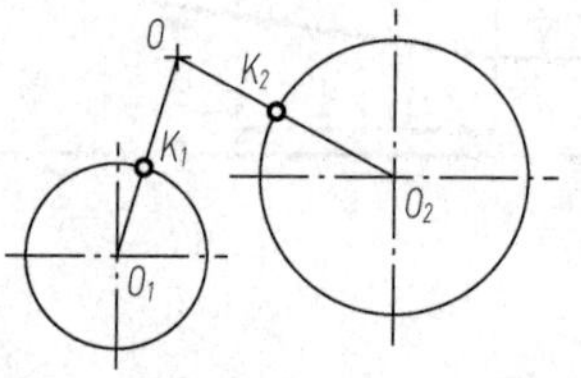	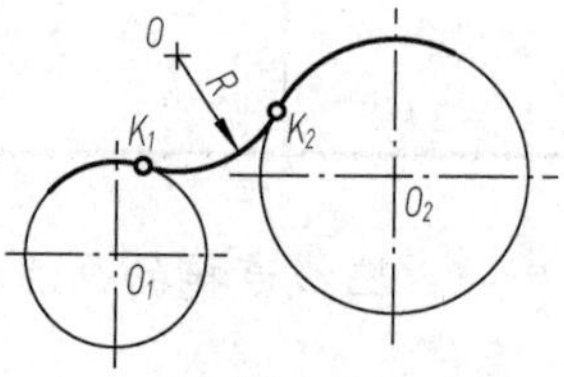
内接两圆弧	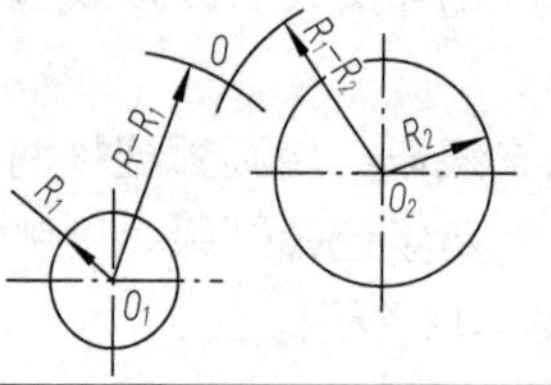	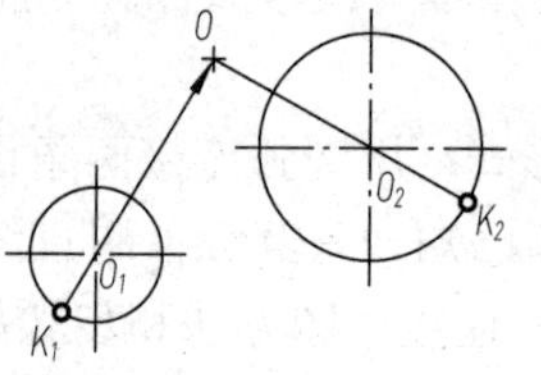	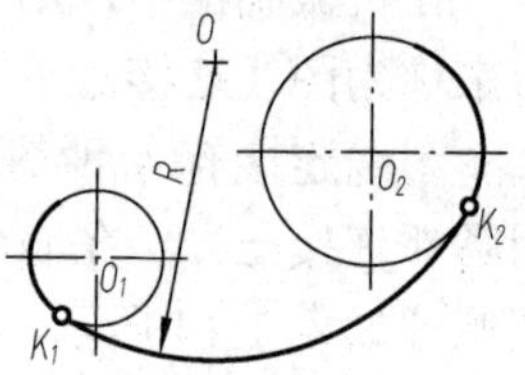
内外接两圆弧	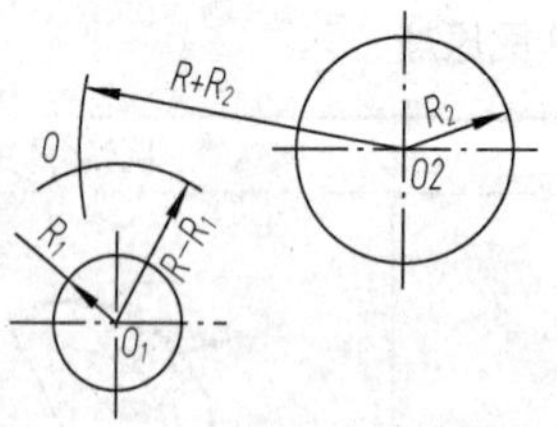	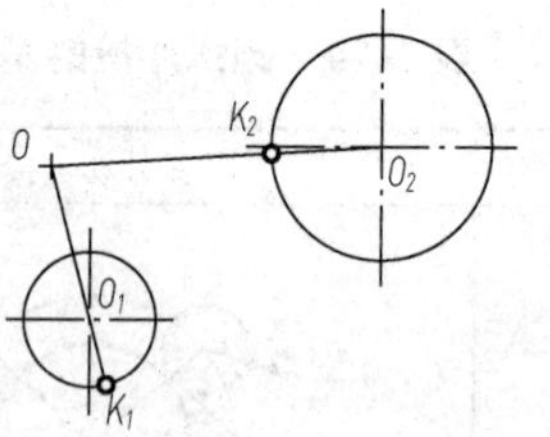	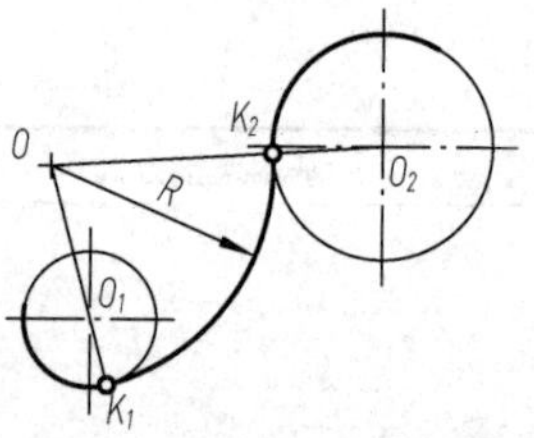

1.2.2　平面图形的尺寸分析和线段分析

平面图形的构型元素一般有直线段、正多边形、圆弧和圆。平面图形是由一个或多个线段组成的封闭图框。下面以图 1-40 所示手柄的平面图为例介绍平面图形的画法和尺寸注法。

1．平面图形的尺寸分析

平面图形的尺寸按作用可以分为定形尺寸和定位尺寸两类。

（1）定形尺寸

定形尺寸是指确定平面图形中各几何元素大小的尺寸，如线段的长度、圆的直径（或半径）等。如图 1-40 中的 15、ϕ5、*R*50、*R*12、ϕ20 等尺寸即为定形尺寸。

（2）定位尺寸

确定各几何元素相对位置的尺寸为定位尺寸，一般指圆心的 *X*、*Y* 两个方向的定位、线段的定位。例如，图 1-40 中的 8 确定了 ϕ5与圆心相对于 *X* 方向的位置、尺寸，75 是确定了 *R*10 圆心 *X* 方向的位置的尺寸。

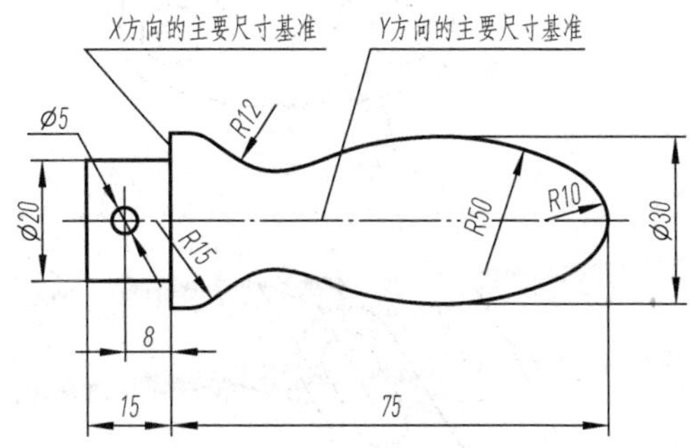

图 1-40　手柄的平面图形

（3）尺寸基准

尺寸基准是标注尺寸的起始点。一般平面图形中常以图形的轴线、对称中心线、长的轮廓直线作为尺寸基准。一个平面图形应有两个坐标方向（*X*、*Y*）的尺寸基准。在每个坐标方向上有一个主要尺寸基准，还可能有一个或几个辅助尺寸基准。如图 1-40 所示，有 *X*、*Y* 两个方向的主要尺寸基准。定位尺寸为零时不标注。

2．平面图形的尺寸标注

平面图形的尺寸是否标注齐全，决定着能否正确画出图形，因此必须注出全部的定形尺寸和定位尺寸。表 1-16 列出了几种平面图形的尺寸标注示例，以供参考。

表 1-16　平面图形的尺寸标注示例

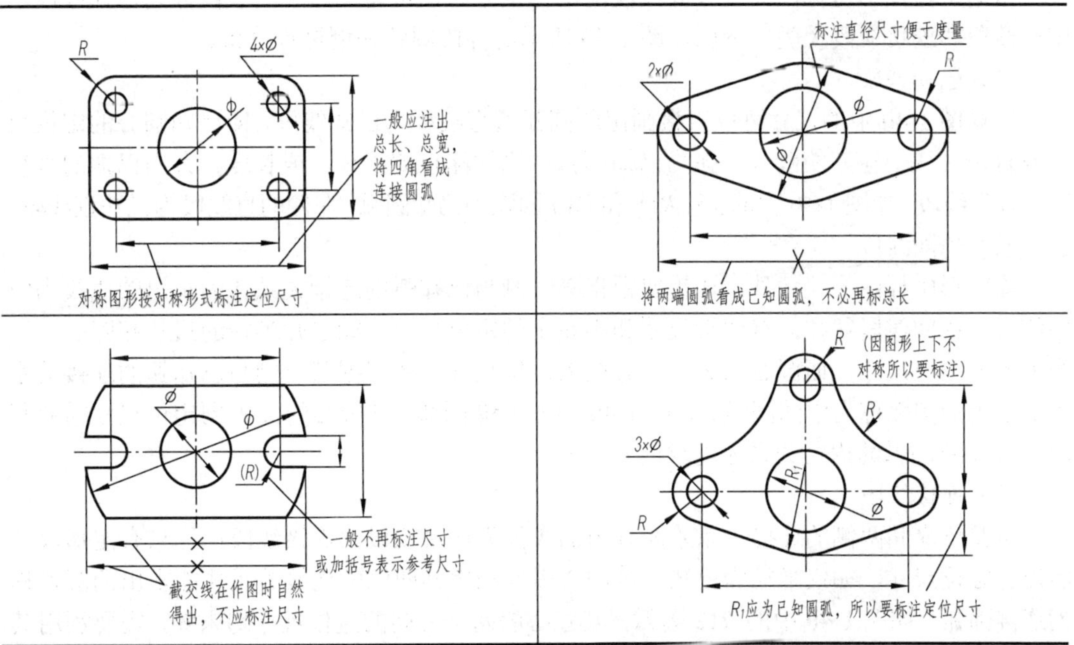

续表

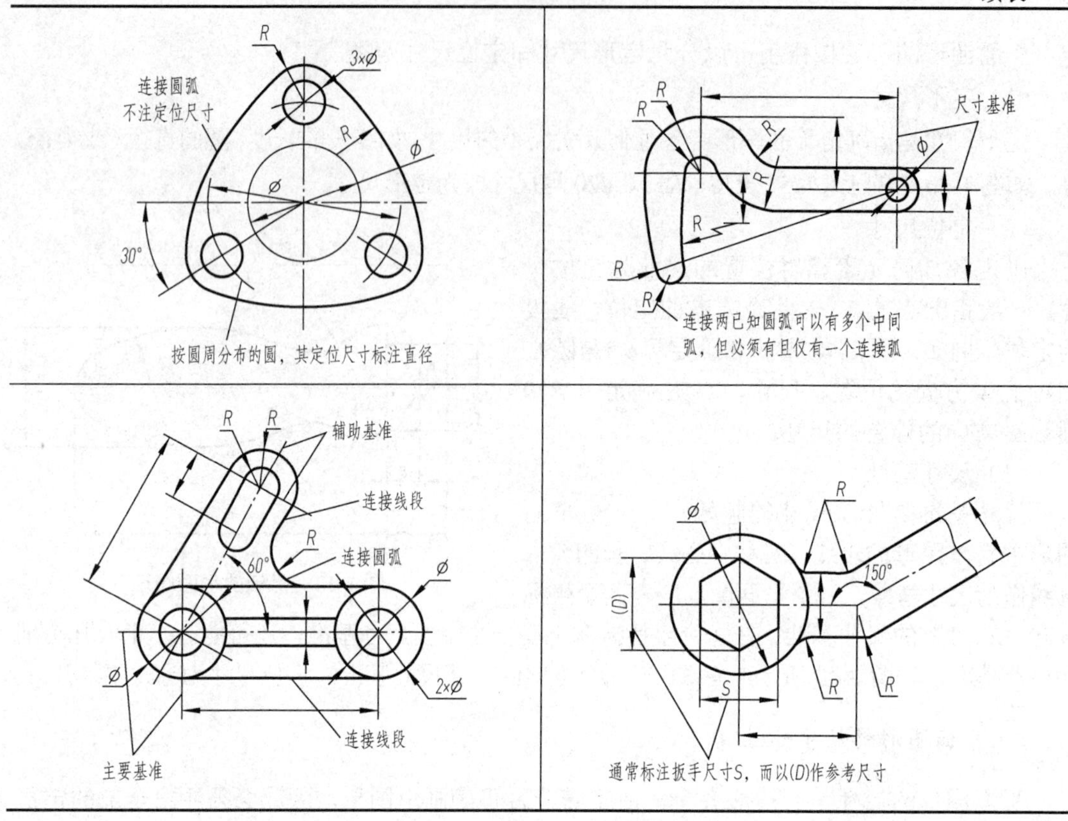

3．平面图形中的线段分析

根据平面图形所标注的尺寸和线段间的连接关系，可将图形中的线段分为已知线段、中间线段和连接线段 3 类。下面以图 1-40 所示的各段圆弧为例进行分析。

（1）已知线段

根据图 1-40 中的尺寸可以直接画出的圆弧或直线称为已知线段，即已知圆心的定位尺寸及直径（或半径）的圆或圆弧为已知圆弧；已知端点的坐标，或长度、方向已知的直线为已知直线段。如图 1-40 中的$\phi 5$、*R*15 和 *R*10 圆弧为已知圆弧，左侧的直线段为已知直线段。

（2）中间线段

除图形中标注的尺寸外，还需要根据其一侧与已知弧的连接关系才能画出的线段为中间线段。中间线段往往只有定形尺寸和不完全的定位尺寸，如已知半径的尺寸和圆心的一个方向的定位尺寸，而圆心的另一个方向的定位尺寸需要根据其一侧与已知弧的连接关系才能求出的圆弧称为中间圆弧。如图 1-40 中的 *R*50 圆弧，其圆心的 *X* 方向定位尺寸需要利用其与 *R*10 圆弧的内切关系才能求出。

（3）连接线段

需要依靠其两侧的连接关系才能画出的线段为连接线段。连接线段往往只有定形尺寸而没有定位尺寸，如仅半径为已知，其圆心需要利用其两侧的连接关系才能求出的圆弧称为连接圆弧。如图 1-40 中的 *R*12 圆弧，其圆心的两个方向的定位尺寸均未知，需要利用其

左侧与 $R15$ 外切、右侧与 $R50$ 外切的关系才能确定。

因此，画平面图形的顺序应是先画已知线段，再画中间线段，最后画连接线段。画中间线段和连接线段所缺的条件可由其连接条件补足，所以在画平面图形之前必须先对图形尺寸进行分析，以便确定正确的画图顺序。同一个平面图形的尺寸注法不同，画图的顺序也不同。

1.2.3　绘制平面图形

1．尺规绘图的基本步骤及注意事项

尺规绘图、徒手绘图和计算机绘图是工程设计绘图的 3 种主要手段。在尺规绘图和徒手绘图中，遵循正确的绘图顺序和习惯，不仅可以提高绘图速度，还可以提高绘图质量。对于初学者来说，养成良好的习惯是十分必要的。

（1）准备工作

1）将绘图工具及仪器擦拭干净，削磨好铅笔及铅芯，收拾桌面，洗净双手。

2）根据图形大小、复杂程度选取比例，确定图纸幅面。

3）鉴别图纸正反面，将图纸用胶带纸固定在图板左下方适当位置，图纸下方应留出放丁字尺的位置。固定图纸时，应先用胶带贴住图纸的一个角，然后用丁字尺校正图纸（使纸边与丁字尺尺身的工作边平齐对准），再固定其余 3 个角。

（2）画底稿

使用 2H 或 H 铅笔，按各类图线的长短规格用很细的线轻轻地画底稿。

1）画图框及标题栏。

2）布局，确定各图形在图框中的位置。图框与图形、图形与图形之间应留出适当的间隔。图形的布局通常是在水平或铅垂方向上，使图框与图形的间隔为全部间隔的 30%，两图形之间的间隔为 40%，这种布局方法简称 3∶4∶3 布局法，如图 1-41 所示。

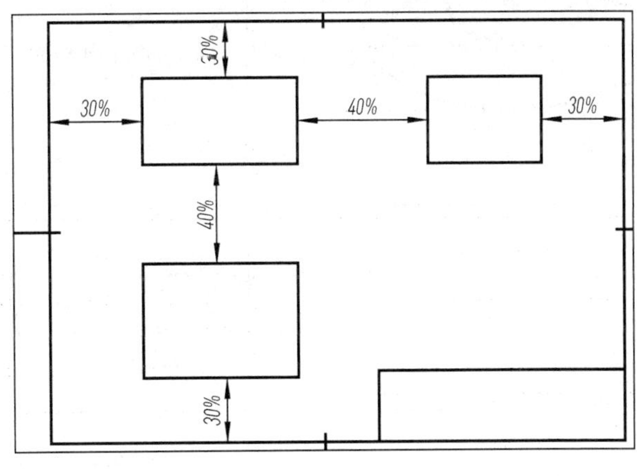

图 1-41　图形布局

3）画图形的底稿。

① 画出各个图形的主要基准线，如对称中心线、圆的中心线和图形主要轮廓线等，图形的位置就确定了。

② 画各个图形的已知线段，然后绘制中间线段及连接线段，完成主要轮廓。

③ 画细节，完成全部图形底稿。

④ 画出尺寸界线和尺寸线。

⑤ 检查，擦去多余的图线，完成全部底稿。

（3）加深图线

图样中的所有图线只有粗、细两种宽度，加深时应按照先细后粗的原则进行。每种宽度图线的加深顺序：先加深所有圆和圆弧，再由上而下加深所有水平线、由左向右加深所有铅垂线，最后加深所有倾斜线。

（4）注写文本

画箭头，注写尺寸数字，填写标题栏及其他文字。

（5）整理图纸

校核全图，取下图纸，沿图幅边框裁边。

所绘制的图样应该做到图形正确，尺寸标注符合国家标准，布局清晰，字体端正，线型分明，作图准确，图面整洁。

2．用尺规绘制平面图形举例

【例 1-1】绘制手柄的平面图形。

手柄的主要画图步骤如表 1-17 所示。

表 1-17　手柄的主要画图步骤

作图	方法和步骤
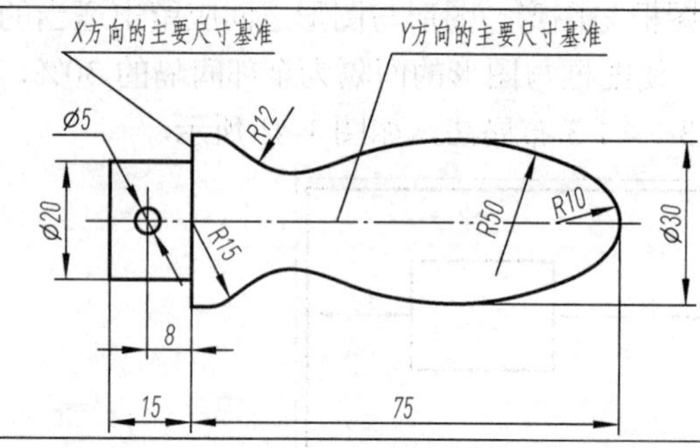	分析线段，确定基准
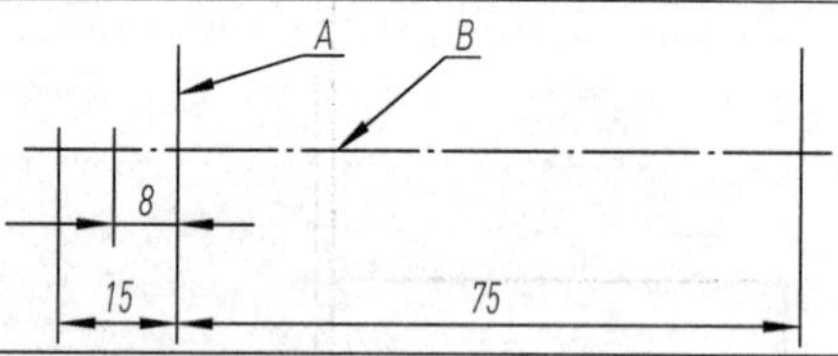	画基准线、对称中心线： ① 画主要基准线 *A*、*B*（点画线的长度=15+75+伸出轮廓线的量）； ② 画距离为 8、15、75 的 3 条垂直于 *B* 的直线
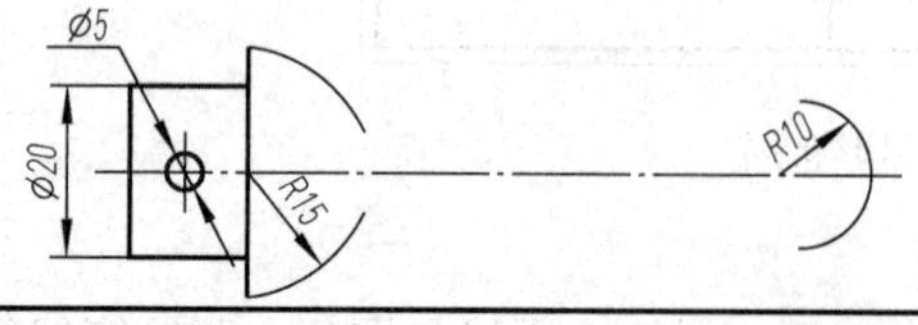	画已知直线段及已知圆弧： ① 画左侧矩形； ② 画已知弧 *R*15、*R*10 及圆 $\phi 5$

续表

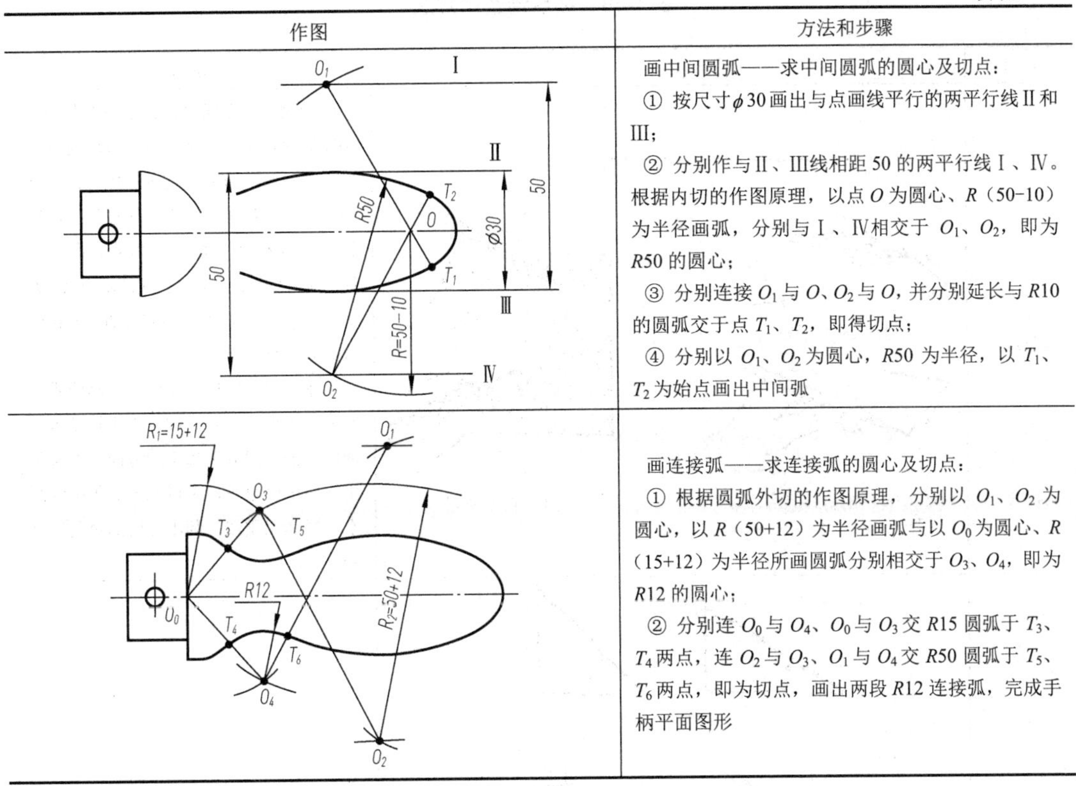

作图	方法和步骤
	画中间圆弧——求中间圆弧的圆心及切点： ① 按尺寸ϕ30画出与点画线平行的两平行线II和III； ② 分别作与II、III线相距 50 的两平行线 I 、IV。根据内切的作图原理，以点 O 为圆心、R（50-10）为半径画弧，分别与 I 、IV相交于 O_1、O_2，即为 R50 的圆心； ③ 分别连接 O_1 与 O、O_2 与 O，并分别延长与 R10 的圆弧交于点 T_1、T_2，即得切点； ④ 分别以 O_1、O_2 为圆心，R50 为半径，以 T_1、T_2 为始点画出中间弧
	画连接弧——求连接弧的圆心及切点： ① 根据圆弧外切的作图原理，分别以 O_1、O_2 为圆心，以 R（50+12）为半径画弧与以 O_0 为圆心、R（15+12）为半径所画圆弧分别相交于 O_3、O_4，即为 R12 的圆心； ② 分别连 O_0 与 O_4、O_0 与 O_3 交 R15 圆弧于 T_3、T_4 两点，连 O_2 与 O_3、O_1 与 O_4 交 R50 圆弧于 T_5、T_6 两点，即为切点，画出两段 R12 连接弧，完成手柄平面图形

3．徒手绘制草图的方法

徒手绘图是一种不用绘图仪器与工具，按目测比例徒手进行画图的方法。以目测估计图形与实物的比例，按一定画法要求，徒手（或部分使用绘图仪器）绘制的图称为草图。徒手绘图是一项基本技能，主要用于现场测绘、创意设计、设计方案讨论或技术交流等。由于徒手绘图快速简便，因此有很大的实用价值。

草图绝不是潦草的图，要求图样各部分比例匀称，图形正确，符合绘图标准；图线要清晰，字体要工整，尺寸标注要合理、无误，图面要整洁。

徒手绘制草图时，目测要准，手要稳，保证比例匀称、绘图准确和图线清晰；绘图速度要快，充分体现徒手绘图的高效、实用。这是工程技术人员应具备的一种能力。

（1）握笔的姿势

手握笔的位置要比用仪器绘图时稍高一些，手指距笔尖 4～5cm。握笔的力量不要过大，手腕悬空，笔杆与纸面成 50°左右。

（2）目测的方法

徒手绘图要尽量保证物体各部分之间的比例，尺寸尽量准确，这能反映出绘图者的目测能力。对于初学者来说，可多做一些绘制定长的水平、垂直和具有一定角度的倾斜线段的练习及线段等分的练习。

徒手绘图的方法如表 1-18 所示。

表 1-18　徒手绘图的方法

项目	图示	说明
徒手画直线	 A B （a）画水平长线 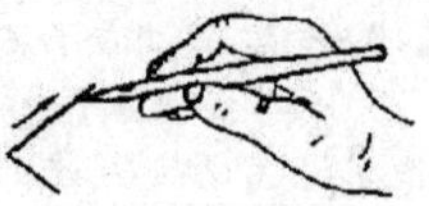 （b）画水平短线 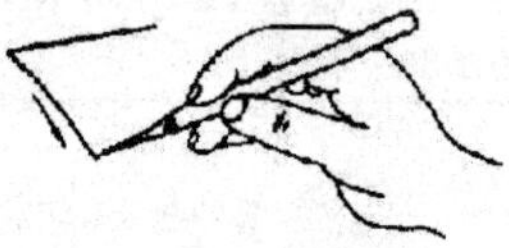 （c）垂直线画法 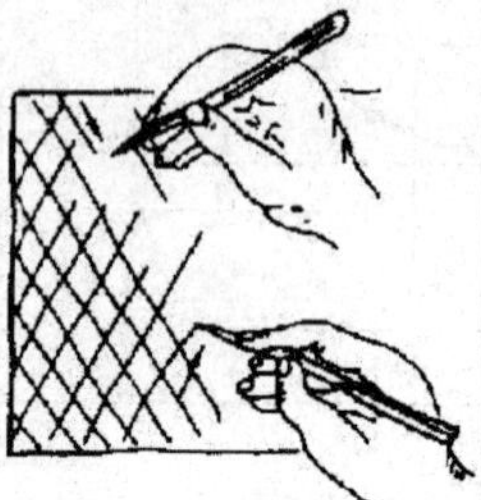 （d）斜线画法	画铅垂或水平线时，将纸略微左倾，画短线时用手腕运笔，眼视线段终点，便于控制画线方向。徒手绘图时，手腕和手指微触纸面，小手指压住纸面，轻轻缓慢地移动手腕沿要画的方向画直线。画长线时，先定出直线两端点 A、B，笔尖在点 A 上，眼睛转向点 B，平移画线，以手臂动作。 画水平直线时应自左向右，画铅垂线时应自上而下，画斜线时则可转动纸，使所画的斜线处于顺手的方向。如果利用方格纸画草图，则可充分利用格线画水平线和铅垂线，利用方格的对角线画45°斜线
徒手画特殊角度斜线	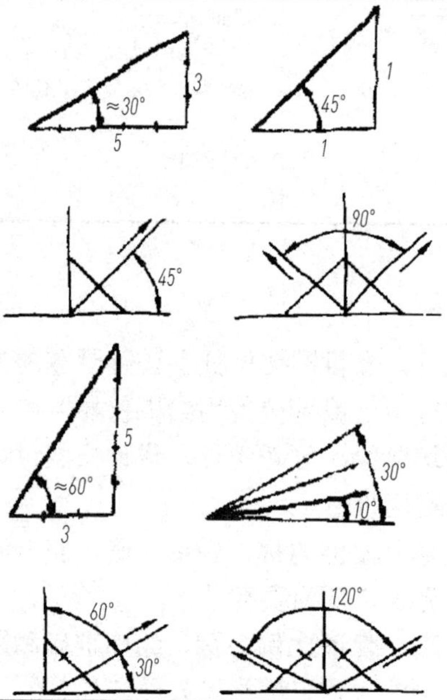 ≈30° 3 5　45° 1 1 45°　90° ≈60° 5 3　30° 10° 60° 30°　120°	对于 30°、60°等斜线，可利用直角三角形对应边的近似比例关系确定两边端点，即得到斜线的两端点
徒手画圆	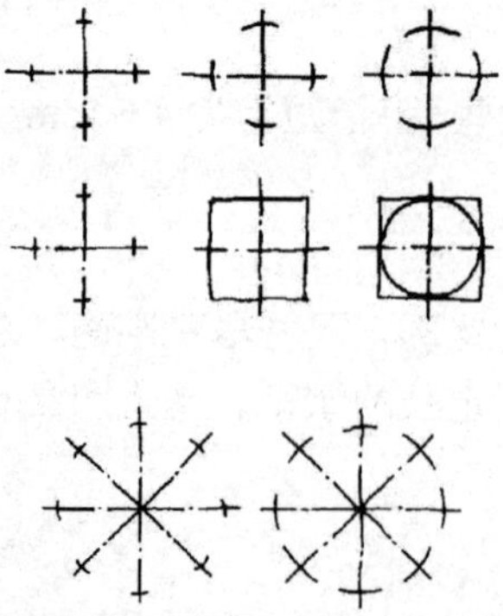	画图时应先确定圆心的位置，过圆心画对称中心线，用目测定出中心线上圆的点。画小圆时以 4 点为准画圆，画大圆时过圆心加画两条 45°的斜线，再定 4 个圆上的点，过 8 个点画圆，或借助于外切正方形的切点和中心线上圆的点（8 个点）画圆

续表

项目	图示	说明
徒手画圆弧	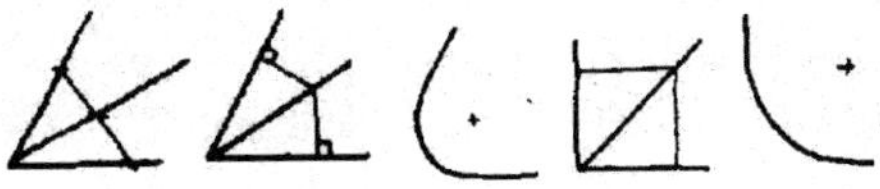	画圆弧时，先将两直线徒手画成相交，然后目测，在分角线上定出圆心的位置，使它与角两边的距离等于圆角半径的大小，过圆心向两边引垂线定出圆弧的起点和终点，并在分角线上也画一圆周点，然后过圆弧把 3 个点连接起来
徒手画椭圆	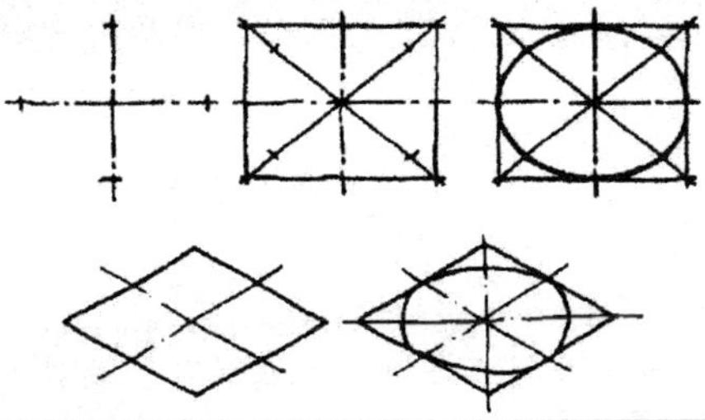	方法 1：先画出椭圆的长、短轴，再目测定出 4 个端点，然后过 4 个点画出矩形，最后作 4 个圆弧与此矩形相切 方法 2：先画椭圆的外切菱形，然后作两钝角、锐角的内切弧即得椭圆
等分线段	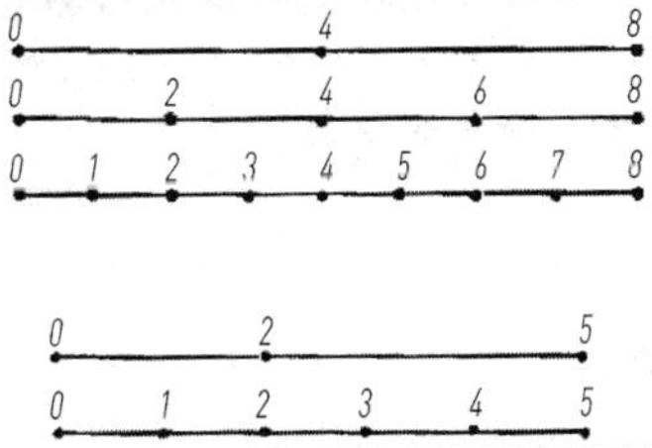 0 4 8 0 2 4 6 8 0 1 2 3 4 5 6 7 8 0 2 5 0 1 2 3 4 5	八等分线段：先目测等分中点 4，再取分点 2、6，最后取其余分点 1、3、5、7 五等分线段：凭目测等分为 2∶3，得分点 2，再得分点 3，最后取分点 1、4

2 单元 投影法与基本几何元素的投影

◎ **单元导读**

在实际生产中，设计和制造部门普遍使用技术图样来表达物体，而技术图样是通过投影方法获得的，了解正投影法的投影特性，掌握三视图的形成及投影“三等”规律是学习机械制图的基础。同时空间的任何几何形体都是由点、直线、平面三要素组成的，掌握点、直线、平面的投影规律和投影特性是学习机械制图的关键。

◎ **知识目标**

◆ 掌握正投影法的基本原理和基本特性。

◆ 理解三视图的形成过程，熟练掌握三视图之间的对应关系。

◆ 掌握点的投影规律和各种位置直线、平面的投影特性，并能借此准确判断直线、平面的空间位置。

◎ **技能目标**

◆ 熟练掌握绘制简单三视图的方法和步骤。

◆ 通过画图、读图练习，培养空间想象能力。

◎ **思政目标**

◆ 树立正确的学习观、价值观，自觉践行行业道德规范。

◆ 牢固树立质量第一、信誉第一的强烈意识。

◆ 遵规守纪，安全操作，爱护设备，钻研技术。

◆ 发扬一丝不苟、精益求精的工匠精神。

正投影法的概念与基本几何元素的投影

实际工程中的技术图样都是按一定的投影方法绘制的，机械工程图样通常用正投影法绘制。通过本节的学习，应了解投影法的概念、三视图的形成规律，为学习后面的内容奠定基础。

2.1.1　投影法的基本概念

在日常生活中，物体在光线（阳光或灯光）照射下会在地板、墙壁上留下影子，这就是一种投影现象。在长期的生产实践中，人们把物体和影子之间的关系进行科学的抽象，找出了物体与影子的几何关系，形成了投影和投影法，从而构建了几何投影这一科学体系。

投射线通过物体向选定的投影面投射，并在该投影面上得到图形的方法，称为投影法。所得到的图形称为该物体在这个投影面上的投影。

投影的构成要素如图 2-1 所示。其中：

投射中心——所有投射线的起源点。

投射线——发自投射中心且通过被表示物体上各点的直线，用细线表示。

投射方向——投射线的方向。

投影面——投影法中用于得到投影的平面，用大写拉丁字母标记，如图 2-1 中的“P”。

空间物体——需要表达的物体，用大写拉丁字母标记，如图 2-1 中的“$\triangle ABC$”。

投影（投影图）——根据投射法所得的图形，用相应的小写字母标记，如图 2-1 中的“$\triangle abc$”。

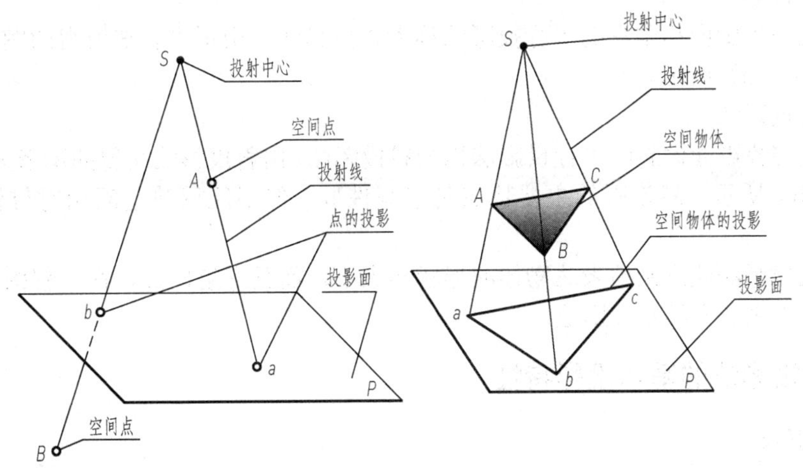

图 2-1　投影法及基本术语

2.1.2 投影法的分类

投影法可分为中心投影法和平行投影法。

微课：投影法及其分类

1．中心投影法

所有投射线汇交于一点的投影法（投影中心位于有限远处）称为中心投影法。日常生活中的摄影、放电影都是中心投影法的应用。中心投影法体系由投射中心、投射线、投影面和中心投影图组成，如图 2-1 所示。中心投影法的特点是投射线汇交于投射中心，投影图的大小随空间物体与投影中心的远近而变化，一般不反映空间物体的真实形状和大小。

中心投影法用于透视投影，如建筑效果图、航空摄影、摄影测量、影视摄影等。

2．平行投影法

投射线相互平行的投影法称为平行投影法，可看成将投射中心（有限位置的点）沿某一不平行于投影面的方向移至无穷远，投射线相互平行的投影法，如图 2-2 所示。

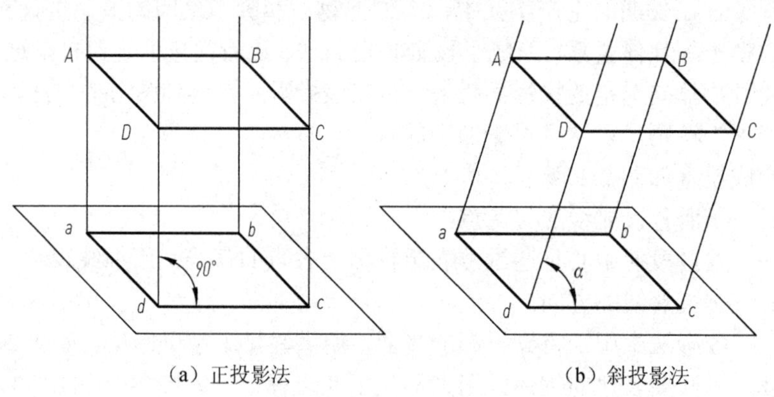

（a）正投影法　　（b）斜投影法

图 2-2　平行投影法

（1）正投影法

投射线与投影面相垂直的平行投影法称为正投影法。由正投影法所得的图形为正投影图，如图 2-2（a）所示。

（2）斜投影法

投射线与投影面倾斜的平行投影法称为斜投影法。由斜投影法所得的图形为斜投影图，如图 2-2（b）所示。斜投影的主要特点是直观性好，但不能反映空间相对位置及物体的实形。

由于正投影法能准确地表达物体的形状和大小，而且度量性好，在工程图中得到广泛的应用。这里主要介绍正投影法。

2.1.3 正投影法的基本投影特性

1．实形性

当平面（或直线）平行于投影面时，在该投影面的投影反映实形（或实长），如图 2-3（a）所示。

2．积聚性

当平面（或直线）垂直于投影面时，在该投影面的投影积聚成一直线（或积聚成一点），如图 2-3（b）所示。

3．类似性

当平面（或直线）倾斜于投影面时，平面在该投影面的投影面积变小，但投影的形状与原形间保持定比性；边数、平行性关系、直曲、凹凸不变；直线在该投影面的投影缩短，如图 2-3（c）所示。

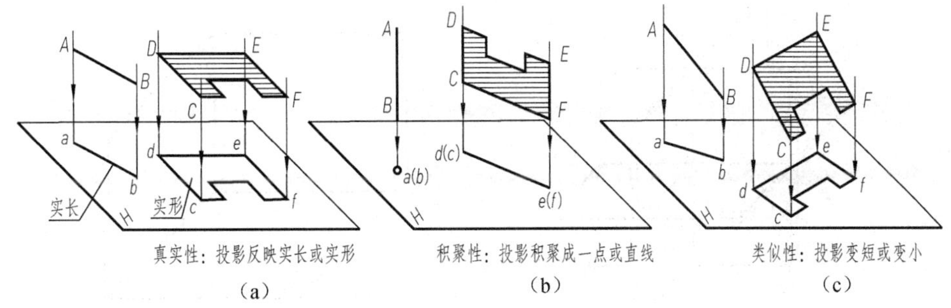

图 2-3　正投影法的基本投影特征

2.1.4　三视图的形成及投影规律

物体在一个投影面上的投影不能完全表示其形状、大小及位置，如图 2-4（a）所示，点 A 在投影面 P 上的正投影是唯一的，因为经过点 A 的投射线与投影面 P 相交，只有唯一的一个交点。但反过来，如果知道了点的一个投影，并不能唯一确定该点的空间位置。例如，投影点 a 的空间位置可能是 A、A_1、A_2。再如图 2-4（b）所示的几个物体，在正面上的正投影是一样的，但几个物体的空间形状却不相同。所以机械制图中一般采用多面正投影图来表示物体。

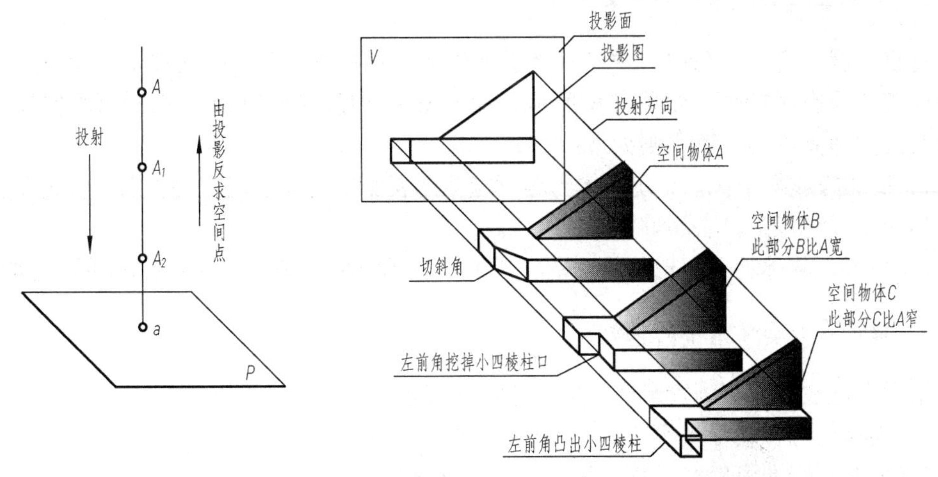

（a）由点的一个投影不能确定其空间位置　　（b）一个投影不能确定空间物体的形状和大小

图 2-4　一个投影面上的投影不能完全确定物体的形状、大小和位置

1．三投影面体系的形成

如图2-5（a）所示，3个相互垂直的投影面分别用V、H、W表示，彼此垂直相交得交线，分别称为投影轴*X*、投影轴*Y*、投影轴*Z*，三轴共交于一点称为原点*O*，构成了三投影面体系。

3个投影面将空间分成8个部分，每部分称为分角，分角的编排顺序如图2-5（a）所示的Ⅰ、Ⅱ、Ⅲ、Ⅳ、Ⅴ、Ⅵ、Ⅶ、Ⅷ。我国优先采用第一角投影，如图2-5（b）所示的第一分角。下面重点介绍第一角投影的画法。

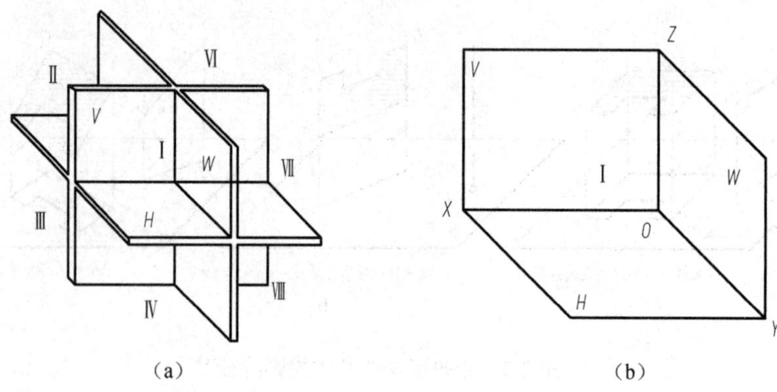

图2-5　三投影面体系的形成

第一角投影的3个相互垂直的投影面，如图2-5（b）所示。用大写字母“V”表示的投影面称为正立投影面，简称正面或V面；用大写字母“H”表示的投影面称为水平投影面，简称水平面或H面；用大写字母“W”表示的投影面称为侧立投影面，简称侧面或W面。V面与H面垂直相交于*OX*投影轴，W面与H面垂直相交于*OY*投影轴，V面与W面垂直相交于*OZ*投影轴。*OX*、*OY*、*OZ*分别表示物体的3个测量方向。

2．物体在三面体系中的放置原则

将物体置于第一分角内，并使其处于观察者与投影面之间，以观察者的视线作为投射线，向某个投影面投影，如图2-6所示。为了画图方便，应使更多的投影反映实形，因此物体在三面体系中的放置原则如下：

1）物体应放得平稳，并使物体上尽可能多的表面平行或垂直于投影面，以便得到反映实形的投影或使投影具有积聚性。

2）将反映物体的主要形状特征的投射方向作为物体的正面（V面）投影的投射方向。

3．物体在三面体系中的投影

采用上述放置原则画投影图时应注意以下几点：

1）物体的方位仍保持不变。

2）相互平行的投射线对每个投影面都是垂直的。

3）对任意一个投影面，均保持人—物—投影面的相对位置关系。物体在3个投影面上的投影名称及投射方向如表2-1和图2-6所示。

表 2-1　物体在 3 个投影面上的投影名称及投射方向

投射方向	投影图名称
自物体的前方向后方投射	主视图（正面投影）
自物体的上方向下方投射	俯视图（水平投影）
自物体的左方向右方投射	左视图（侧面投影）

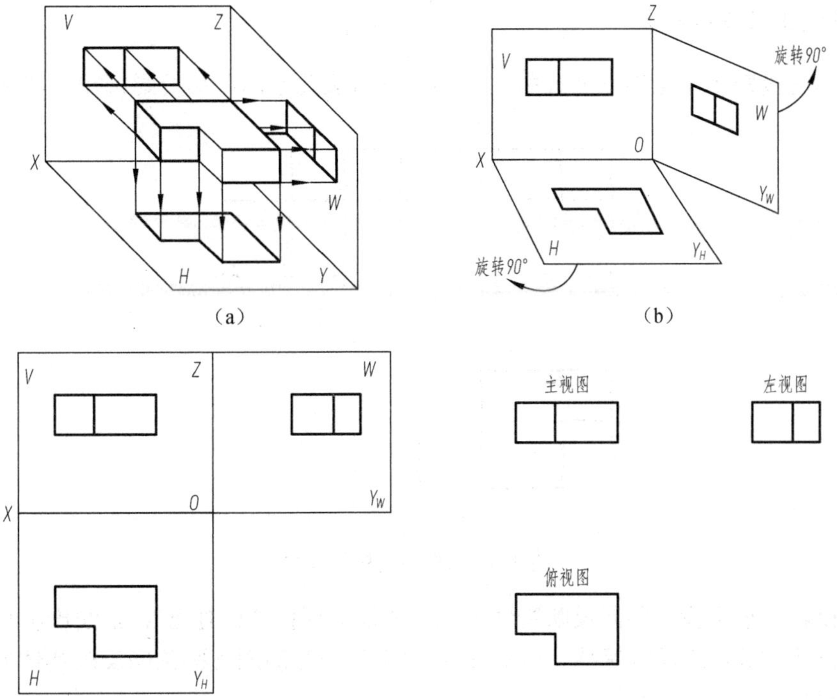

（a）

（b）

（c）

（d）

图 2-6　物体的三面投影图

4．投影与空间物体的对应关系

为了清楚地表示各个投影，我们对 3 个投影面上的投影表示方法做如下规定：

1）为了作图和表达方便，在 3 个投影面上作出形体的投影后，将空间 3 个投影面展开摊平在一个平面上，其展开的方法：V 面保持不动，将 H 面向下翻转 90°，将 W 面向右边翻转 90°，使 H 面和 W 面与 V 面处于同一平面，即得如图 2-6 所示的三面投影图。

2）物体的左右（沿 OX 轴方向）为长；前后（沿 OY 轴方向）为宽；上下（沿 OZ 轴方向）为高，如图 2-6（b）所示。

由图 2-6 中的 3 个投影可知，每个投影图反映物体的两个方向的尺寸，即

主视图——反映物体的长度（X）和高度（Z）。

左视图——反映物体的高度（Z）和宽度（Y）。

俯视图——反映物体的长度（X）和宽度（Y）。

由图 2-6 可以看出：

1）投影面展平前后，投影大小、位置、形状没有变化，投影到各投影面的距离也没有

变化。

2）投影轴没变，只有 OY 轴一分为二（分为 OY_H 和 OY_W）。

3）每个投影图与空间物体的方位对应关系不变。

4）投影面展平后，3 个投影的相对位置是固定的，正面投影保持不动，水平投影在正面投影的正下方，侧面投影在正面投影的正右方，如图 2-6（d）所示。

5．三视图的投影规律

三视图的投影规律是指三面投影之间的内在对应关系，简称投影规律（图 2-7）。

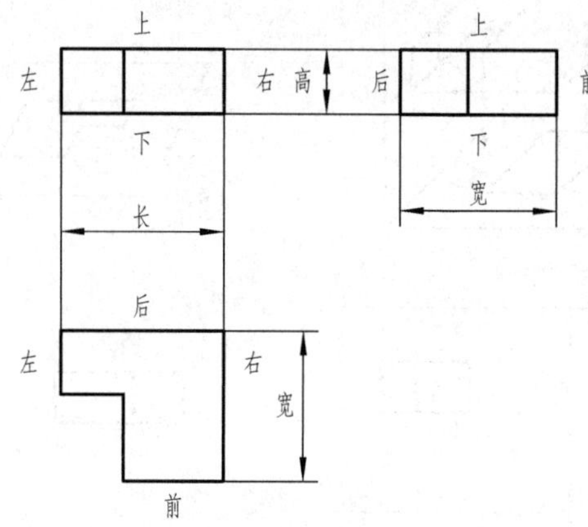

图 2-7　三视图的投影规律

正面投影与水平投影共同反映物体的长，所以应保持“长对正”；正面投影与侧面投影共同反映物体的高，所以应保持“高平齐”；水平投影与侧面投影共同反映物体的宽，所以应保持“宽相等”。

这就是三面投影的投影规律，简述为“长对正、高平齐、宽相等”。

【例 2-1】根据立体的轴测图画出其三视图，如表 2-2 所示。

表 2-2　绘制立体的三视图

作图	方法和步骤
13 11 16 7 21	立体图

续表

作图	方法和步骤
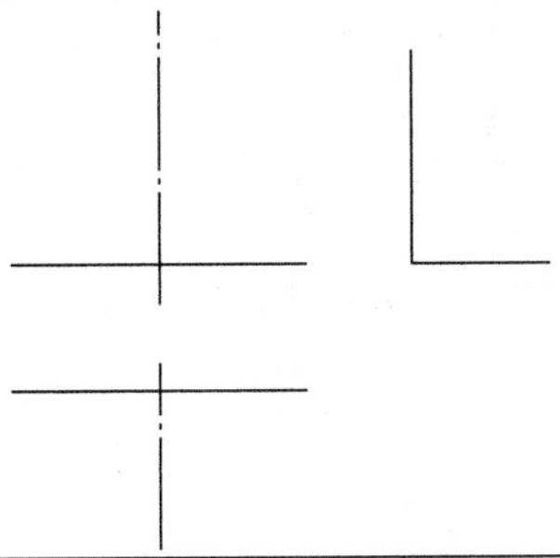	画基线，左右对称的图形画对称线（点画线）
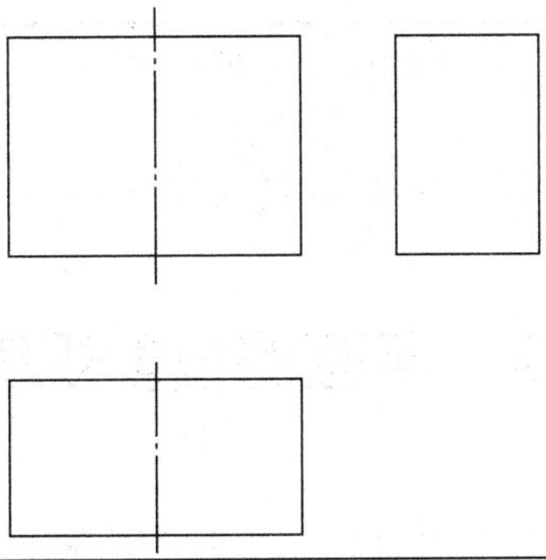	按尺寸（长 21、宽 11、高 16）画原形体（四棱柱）的 3 个投影
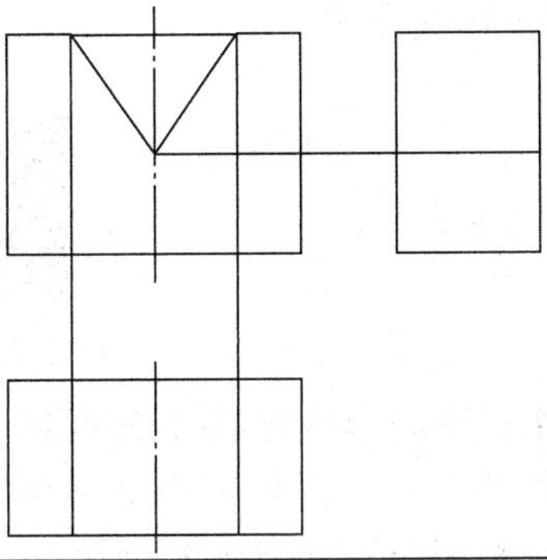	按 V 形槽的有关尺寸在正面投影上挖槽，并按照投影规律，将 V 形槽的侧面投影和水平投影画出来
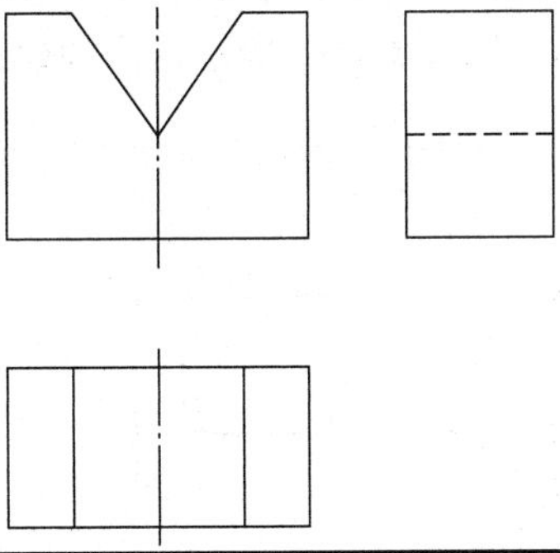	检查、校核，擦去多余的投影线和作图线

续表

作图	方法和步骤
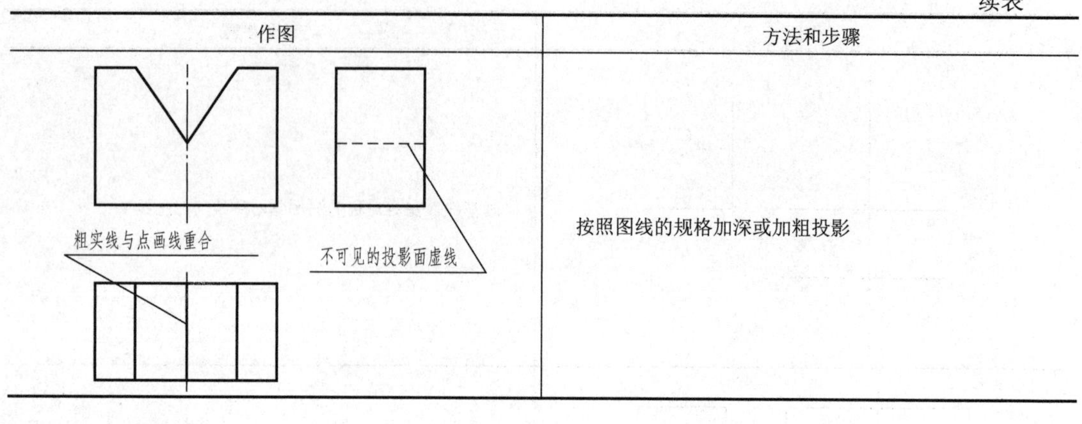	按照图线的规格加深或加粗投影

2.2 点、直线、平面的投影规律

点、直线、平面是构成物体的基本几何元素，掌握这些几何元素的投影规律是学习工程制图的基础。下面介绍点、直线和平面的投影规律和作图方法。

2.2.1 点的投影分析

点是最基本的几何元素，一切几何元素都可看作点的集合。

微课：点的三面投影

1．点的三面投影

点在3个投影面上的投影是过空间点A分别向3个投影面作投射线（投影面的垂直线），投射线与投影面的交点，即为空间点在3个投影面的投影，正面投影用小写字母加撇表示，如a'；水平投影用相应小写字母a表示；侧面投影用小写字母加两撇表示，如a''。如图2-8（b）所示是按规定投影面展平后点的投影图，图2-8（c）所示是去掉投影面边框的点的投影图。

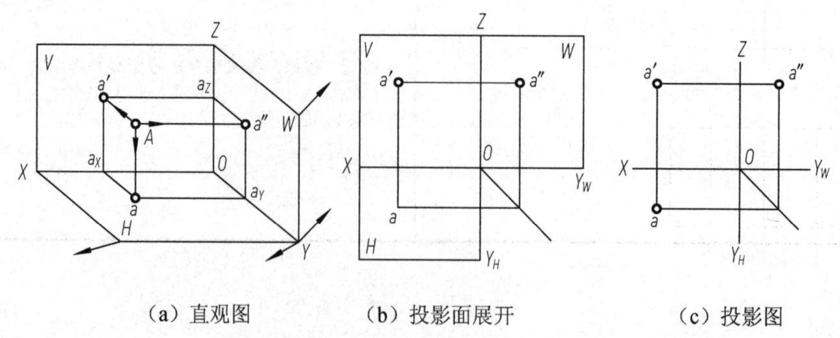

（a）直观图　（b）投影面展开　（c）投影图

图2-8　点在三投影面体系中的投影

2．点在三面投影体系中的投影规律

点的三面投影规律如下：

1）点的投影连线垂直于投影轴。

点的正面投影与水平投影的连线（aa'）垂直于 OX 轴，即 $aa' \perp OX$。

点的正面投影与侧面投影的连线（$a'a''$）垂直于 OZ 轴，即 $a'a'' \perp OZ$。

2）点的水平投影到 OX 轴的距离等于点的侧面投影到 OZ 轴的距离。

【例 2-2】已知图 2-9（a）中点 A 的正面投影 a'和侧面投影 a''，点 B 的水平投影 b 和侧面投影 b''，求点 A 的水平投影 a 和点 B 的正面投影 b'。

作图：如图 2-9（b）所示。

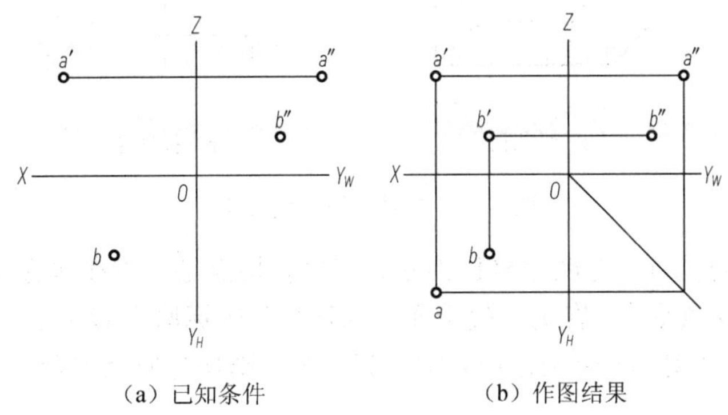

（a）已知条件　　（b）作图结果

图 2-9　求作点的三面投影

① 过原点 O 作 $\angle Y_H OY_W$ 的角平分线（45° 斜线）。

② 求点 A 的水平投影 a。过 a''作 OY_W 的垂线与 45° 斜线相交后再向左拐，作垂直于 OY_H 的垂线，与过 a'所作的 OX 轴的垂线相交，其交点即为所求的 a。

③ 求点 B 的正面投影 b'。过 b''作 OZ 的垂线与过 b 作 OX 的垂线相交，其交点即为 b'。

3．点的三面投影与直角坐标的关系

空间点的坐标等于该点到相应的投影面之间的距离，如图 2-8（a）所示，即

点 A 的 X 坐标为点 A 到 W 面的距离，如图中的 $a'a_Z=aa_Y=Aa''$；

点 A 的 Y 坐标为点 A 到 V 面的距离，如图中的 $aa_X=a''a_Z=Aa'$；

点 A 的 Z 坐标为点 A 到 H 面的距离，如图中的 $a'a_X=a''a_Y=Aa$。

点的每个投影反映了点的两个坐标，即 a（X,Y）、a'（X,Z）、a''（Y,Z）。每两个投影反映了点的一个共同坐标。

4．特殊位置点的投影

点在三面投影体系中的位置有下列几种情况：点在三面投影体系的空间中，如图 2-8 所示，这样的点为一般位置点；除此之外，还有点在投影面上（如图 2-10 中的点 A、B）、点在投影轴上（如图 2-10 中的点 C）、点在原点处，这些点为特殊位置点。点在不同的位置，其投影特点也不同。

点在投影面上的特点是有一个坐标为零。其投影特点：点在所在的投影面上的投影与

该点重合，另两投影面上的投影分别位于点所在投影面的两投影轴上。如图 2-10 所示，点 *A* 在 H 面上的投影 *a* 与该点 *A* 重合，*a'*在 *OX* 轴上，*a''*在 OY_W 轴上；点 *B* 在 V 面上的投影 *b'*与该点 *B* 重合，*b* 在 *OX* 轴上，*b''*在 *OZ* 轴上。水平投影面上点的侧面投影，在投影图中必须画在 OY_W 轴上，如图 2-10（b）中点 *A* 的侧面投影 *a''*。

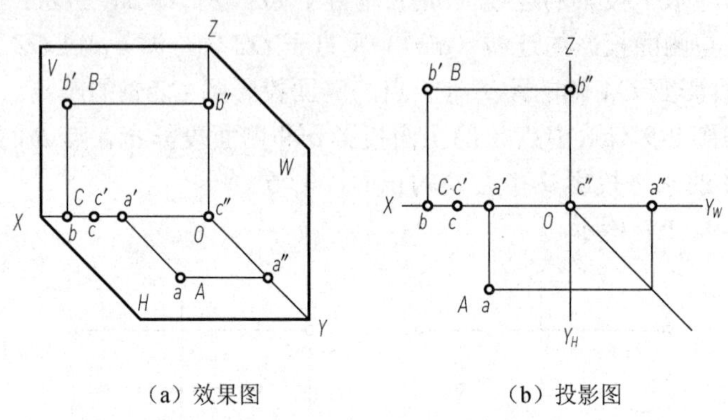

（a）效果图　　（b）投影图

图 2-10　特殊位置点的投影

点在投影轴上的特点是有两个坐标为零。其投影特点是，点在包含该投影轴的两个投影面上的投影都与该点重合，在另一投影面上的投影与坐标原点 *O* 重合，如图 2-10 中的点 *C*。点在原点处的特点是，3 个坐标均为零，其 3 个投影均与原点重合。

5．两点的相对位置

（1）两点的相对位置的确定

空间两点的相对位置是指两点间的前后、左右、上下的位置关系。两点在空间的相对位置由两点的坐标差来确定。如图 2-11 所示，水平投影反映出它们的左右、前后关系，正面投影反映出它们的上下、左右关系，侧面投影反映出它们的上下、前后关系。因此，在三面投影体系中，可用两点的同面投影间的坐标差来判断它们的相对位置。其左右位置关系由两点的 *X* 坐标差（X_a-X_b）来确定，坐标值大者在左边；其前后位置关系由两点的 *Y* 坐标差（Y_a-Y_b）来确定，坐标值大者在前边；其上下位置关系由两点的 *Z* 坐标差（Z_a-Z_b）来确定，坐标值大者在上边。

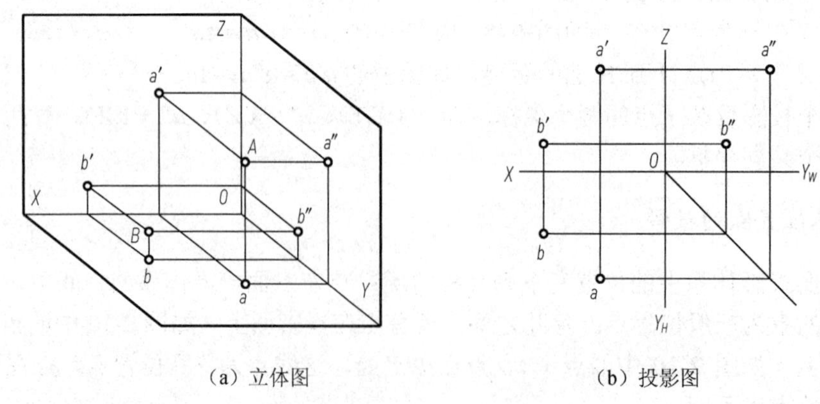

（a）立体图　　（b）投影图

图 2-11　两点的相对位置

【例 2-3】如图 2-12（a）所示，已知点 *B* 的投影，且点 *A* 在点 *B* 的左方 6 个单位，前方 2 个单位，上方 5 个单位。试求点 *A* 的投影。

分析：由已知条件可知，点 *A* 在点 *B* 的左方，则点 *A* 比点 *B* 的 *X* 坐标大，即$\Delta X=X_A-X_B=6$；点 *A* 在点 *B* 的前方，则点 *A* 比点 *B* 的 *Y* 坐标大，即$\Delta Y=Y_A-Y_B=2$；点 *A* 在点 *B* 的上方，则点 *A* 比点 *B* 的 *Z* 坐标大，即$\Delta Z=Z_A-Z_B=5$。

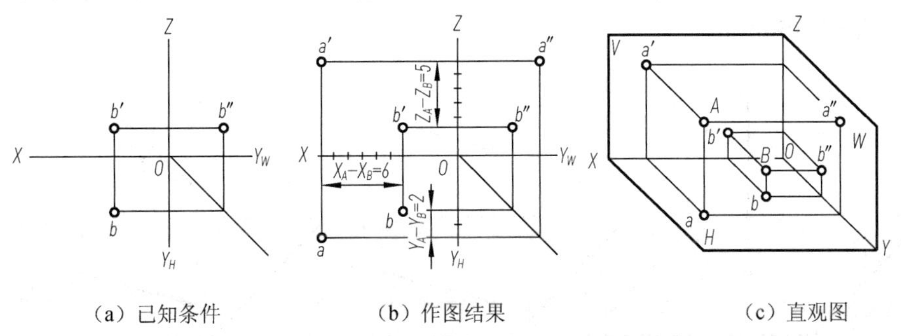

（a）已知条件　　（b）作图结果　　（c）直观图

图 2-12　求距离 *B* 点一定条件的 *A* 点的投影

作图：如图 2-12（b）所示，在 *bb′* 连线左侧偏移 6 个单位，画 *OX* 轴的垂线，在 *b′b″* 连线上方偏移 5 个单位画 *OZ* 轴的垂线，与前者相交，交点就是 *a′*；过 *b* 点向前偏移 2 个单位画 OY_H 轴的垂线，与在 *bb′*连线左侧偏移 6 个单位画的 *OX* 轴的垂线相交，交点就是 *a*；垂线向右延伸与 45° 斜线相交，过交点作 OY_W 的垂线，与在 *b′b″*连线上方偏移 5 个单位所画的 *OZ* 轴垂线相交，交点就是 *a″*。如图 2-12（c）所示为其直观图。

（2）重影点及可见性判断

当两点处于某一投影面的同一投射线上时，它们有两个相同的坐标，且在与该投射线所垂直的投影面上的投影重合，此两点称为对该投影面的重影点。重影点的可见性用坐标来判断，坐标大的点为可见。如图 2-13 所示的两点 *A*、*B*，正面投影为重影点，即正面投影重合。由于 *Y* 坐标不同，且 $Y_A>Y_B$，*a′*可见，*b′*不可见，*b′*用括号括起来。

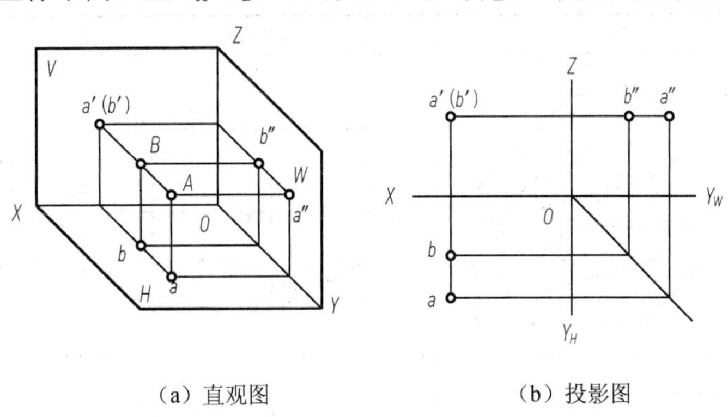

（a）直观图　　（b）投影图

图 2-13　重影点

由此不难推出，H 面上的重影点，*Z* 坐标不同，*Z* 坐标大的投影可见，*Z* 坐标小的投影不可见；W 面上的重影点，*X* 坐标不同，*X* 坐标大的投影可见，*X* 坐标小的投影不可见。两点的投影重合时，一般情况下不可见的投影加上括号，如图 2-13 中的（*b′*）。

2.2.2 直线的投影分析

直线的空间位置可由直线上的任意两点来确定，即只要确定直线上任意两点的位置，该直线的空间位置就确定了。因此，要作一直线段的三面投影，只需作出直线上任意两点的三面投影，然后用直线连接端点的同名投影即可。

由正投影法的基本投影特性可知，一般情况下直线的投影仍为直线，特殊情况下积聚为一点，如图 2-14 所示。

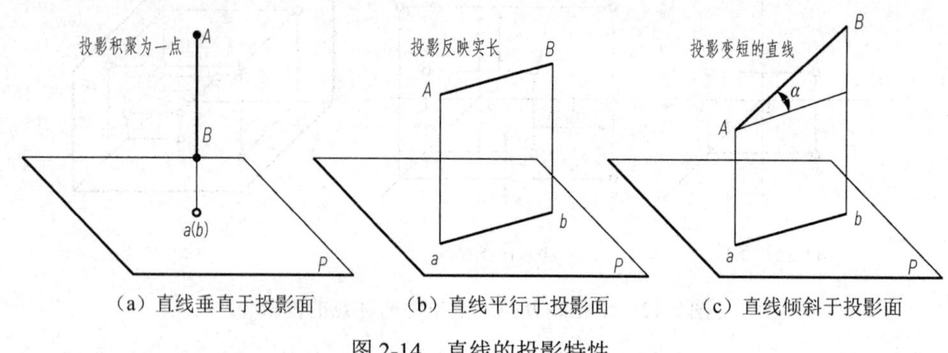

（a）直线垂直于投影面　（b）直线平行于投影面　（c）直线倾斜于投影面

图 2-14　直线的投影特性

1．各种位置直线的投影特点

（1）直线的分类

根据直线在三面投影体系中的位置，直线可分为 3 类：投影面平行线、投影面垂直线和一般位置直线。直线与 H、V、W 面的倾角分别用α、β、γ表示。

（2）各种位置直线的投影特点

1）投影面平行线。只平行于一个投影面的直线为投影面平行线，分为正平线、水平线和侧平线 3 种。各种投影面平行线的投影特点如表 2-3 所示。

表 2-3　投影面平行线的投影特征

直线的位置	立体图	投影图	特点
水平线 （平行于 H 面）			① $ab=AB$（水平投影反映实长）； ② 反映β、γ实角； ③ $a'b'//OX$，$a''b''//OY_W$
正平线 （平行于 V 面）			① $a'b'=AB$（正面投影反映实长）； ② 反映α、γ实角； ③ $ab//OX$，$a''b''//OZ$

续表

直线的位置	立体图	投影图	特点
侧平线 （平行于 W 面）	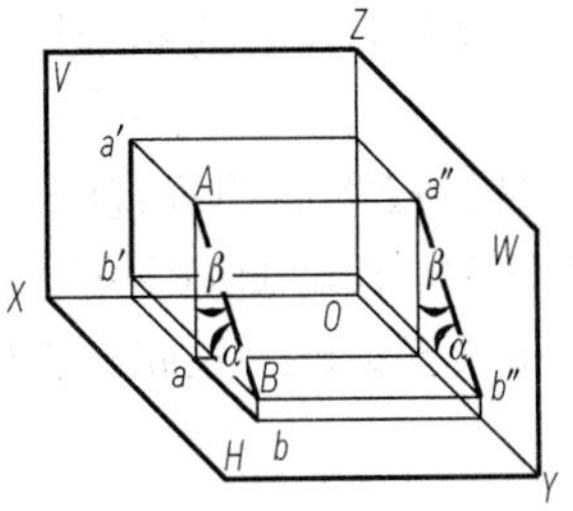	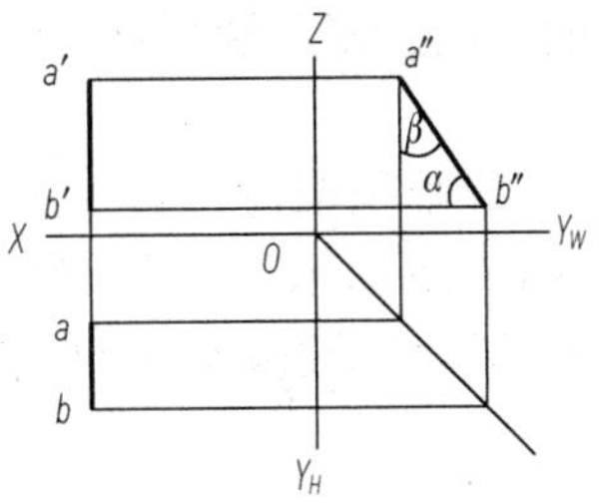	① $a''b''=AB$（侧面投影反映实长）； ② 反映α、β实角； ③ $ab//OY_H$，$a'b'//OZ$

投影面平行线的投影特点如下：

① 直线在它所平行的投影面上的投影反映该直线的实长。投影与投影轴的夹角分别反映直线对另外两个投影面的倾角的实际大小。

② 其余两个投影面的投影分别平行于该投影面所包含的两个投影轴，但长度缩短。

在读图时，凡遇到一个投影是平行于投影轴的直线，而另一个投影是倾斜的直线时，它就是倾斜投影所在的投影面平行线。

2）投影面垂直线。垂直于一个投影面的直线为投影面垂直线，分为正垂线、铅垂线、侧垂线 3 种。各种投影面垂直线的投影特点如表 2-4 所示。

表 2-4　投影面垂直线的投影特点

直线的位置	立体图	投影图	特点
铅垂线 （垂直于 H 面）	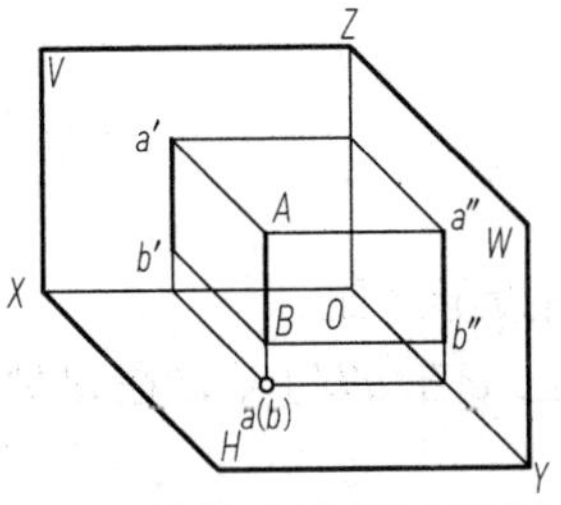	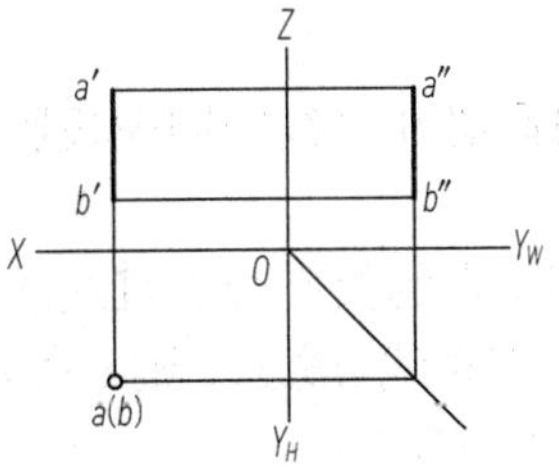	① ab 积聚成一点； ② $a'b'=a''b''=AB$； ③ $a'b'\perp OX$，$a''b''\perp OY_W$
正垂线 （垂直于 V 面）	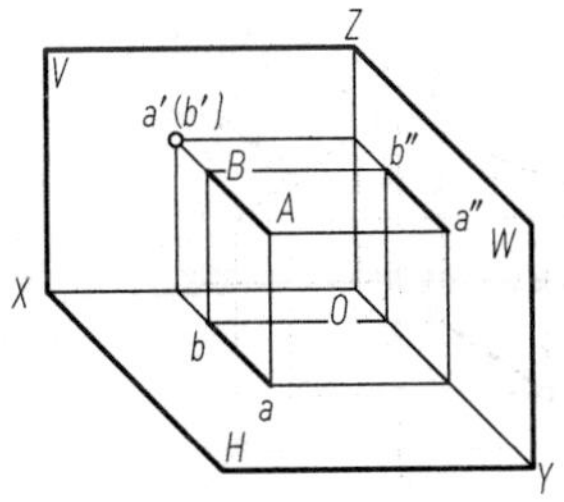	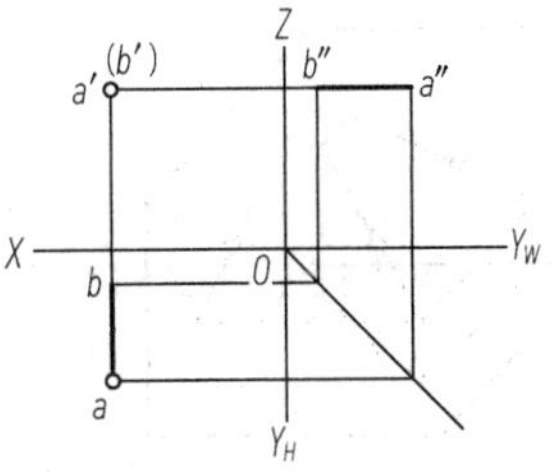	① $a'b'$积聚成一点； ② $ab=a''b''=AB$； ③ $ab\perp OX$，$a''b''\perp OZ$
侧垂线 （垂直于 W 面）	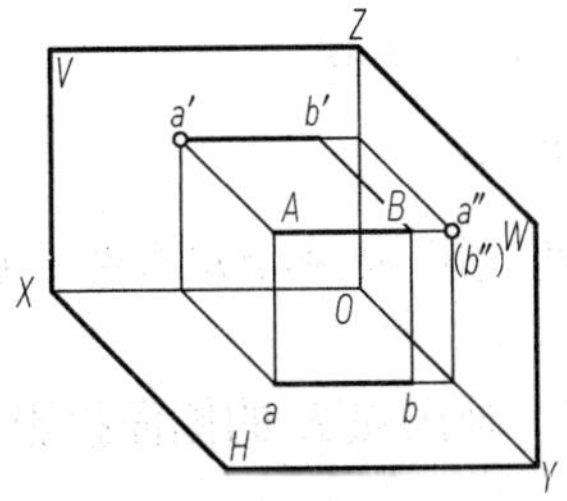	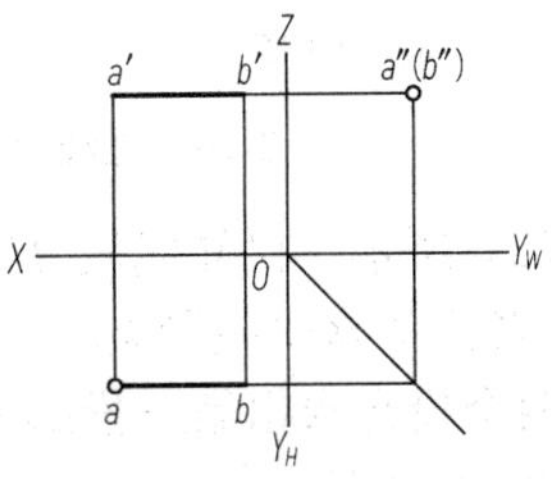	① $a''b''$积聚成一点； ② $ab=a'b'=AB$； ③ $ab\perp OY_H$，$a'b'\perp OZ$

投影面垂直线的投影特点如下：

① 在它所垂直的投影面上的投影积聚为一点。

② 在其他两个投影面上的投影分别平行于该投影面所不包含的那个投影轴，并反映该线段的实长。

在读图时，凡遇到一个投影积聚为一点，它必然是该投影面的垂直线。

3）一般位置直线。如图 2-15 所示，一般位置直线对 3 个投影面的倾角一般为 0°～90°；在各投影面的投影都是变短的倾斜于投影轴的直线段，3 个投影既不反映实长也没有积聚性。

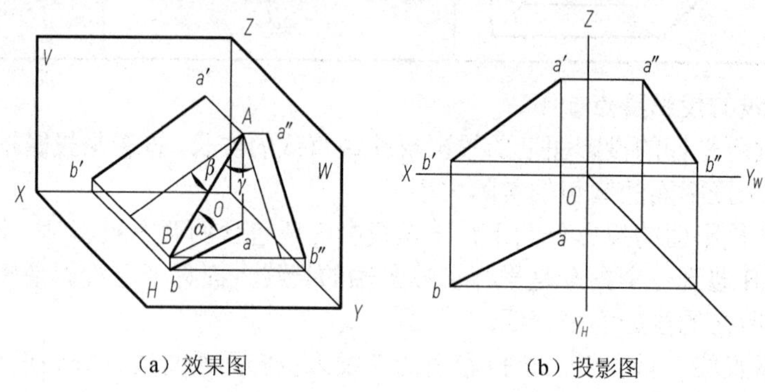

图 2-15　一般位置直线

2．直线上点的投影

直线上点的投影有以下特征。

（1）点线从属性

点在直线上，点的投影必在直线的同面投影上。

（2）定比不变性

点分割直线段之比等于点的投影分割直线段同面投影之比。

如图 2-16 所示，点 C 在直线 AB 上，则 c 在 ab 上、c'在 $a'b'$上、c''在 $a''b''$上，并且 AC：CB=ac：cb=$a'c'$：$c'b'$=$a''c''$：$c''b''$。

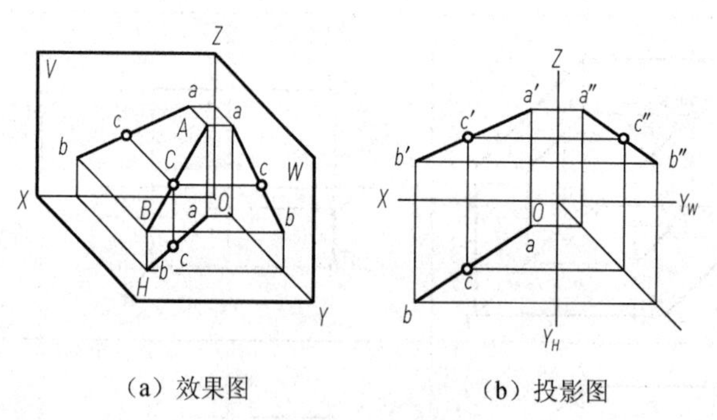

图 2-16　直线上点的投影

【例 2-4】如图 2-17（a）所示，已知线段 AB 的两投影 ab 和 $a'b'$垂直于 OX，并知线上点 K 的正面投影 k'，画出 K 点的水平投影 k。

解法 1：根据 AB 的两个投影求出第三投影 $a''b''$，画出点 K 的侧面投影 k''，然后求出其水平投影 k，如图 2-17（b）所示。

解法 2：使用定比定理求解，如图 2-17（c）所示。在水平投影上，自点 a 作一任意辅助线 aB_0，取 $aB_0=a'b'$，$aK_0=a'k'$，连接 B_0b，再经 K_0 作 $K_0k//B_0b$，交 ab 于 k 点。点 k 即为所求点 K 的水平投影。

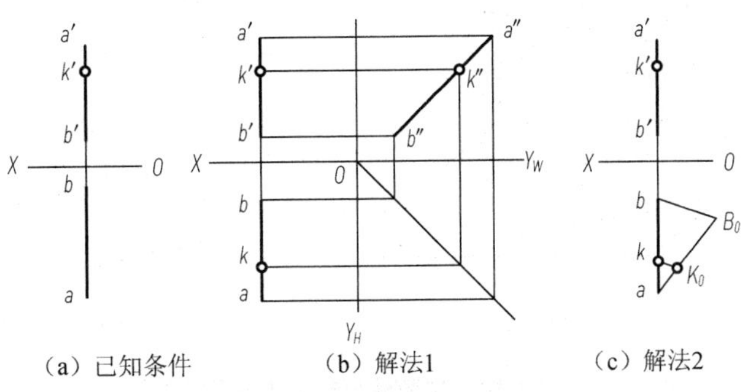

（a）已知条件　（b）解法1　（c）解法2

图 2-17　求直线上点 K 的投影

判别点 K 是否在直线 AB 上也可以使用这两种方法。

3．两直线的相对位置

空间两直线的相对位置有平行、相交和交叉 3 种。由于相交两直线或平行两直线在同一平面上，又称共面直线；而交叉两直线不在同一平面上，故又称异面直线。

（1）两直线平行

空间两直线相互平行，则其各组同面投影必互相平行。反之，若两直线的各组同面投影分别相互平行，则两直线在空间一定平行，如图 2-18 所示。

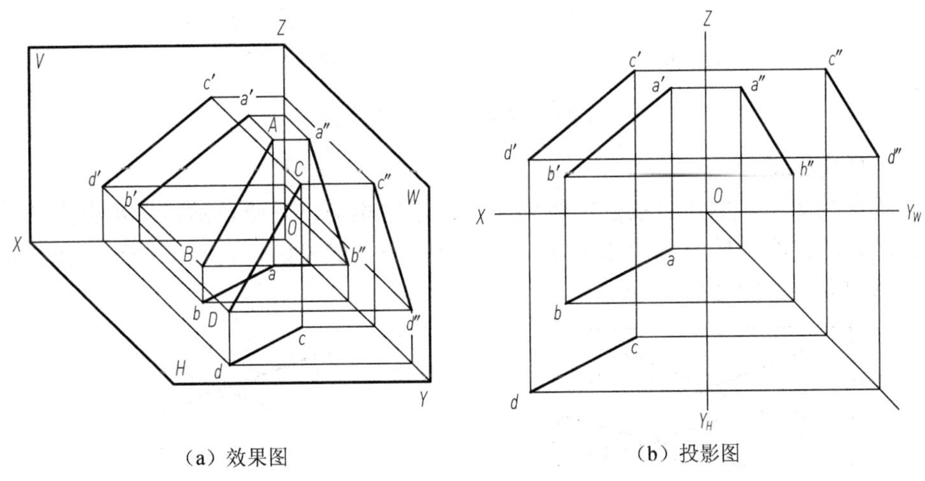

（a）效果图　（b）投影图

图 2-18　两直线平行

判断空间两直线是否平行，一般情况下，只需判断两直线的任意两对同面投影是否分别平行。对于一般位置直线，只要有两个同面投影互相平行，空间两直线必然平行，如图 2-19 所示。

当两直线同时平行于某一投影面时，如何判断两直线是否平行呢？如图 2-20 所示（CD、EF 为侧平线），虽然 $cd // ef$，$c'd' // e'f'$，但求出侧面投影［图 2-20（b）］后，由于 $c''d''$ 不平行于 $e''f''$，直线 CD、EF 不平行。在这种情况下，一种方法是求出它们在平行投影面上的投影进行判断；另一种方法是利用平行两直线共面，其投影保持定比的性质进行判断。

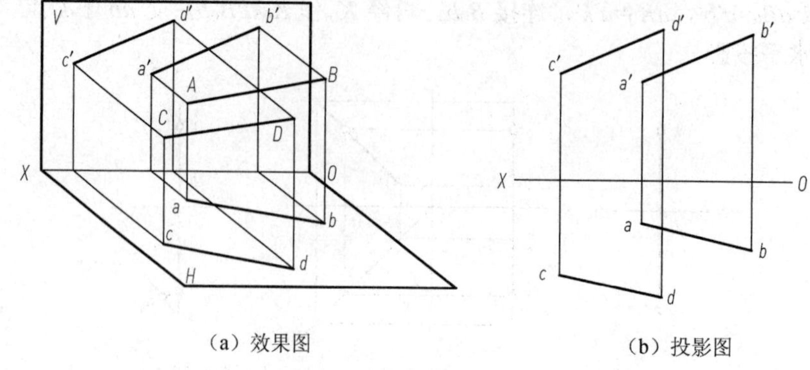

（a）效果图　　（b）投影图

图 2-19　判断两直线是否平行

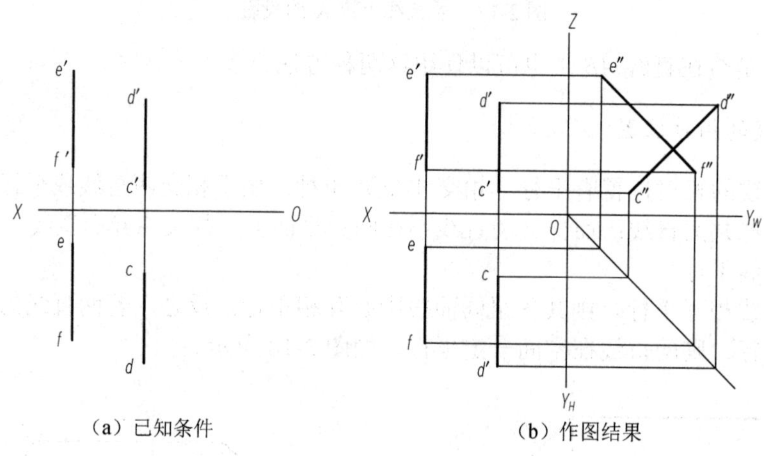

（a）已知条件　　（b）作图结果

图 2-20　判断两直线是否平行

（2）两直线相交

空间两直线相交，则两直线的同组同面投影必定相交，且交点的投影符合点的投影规律。反之，若两直线在同组同面投影均相交，而且交点的投影符合点的投影规律，则该空间两直线必相交，如图 2-21 所示。

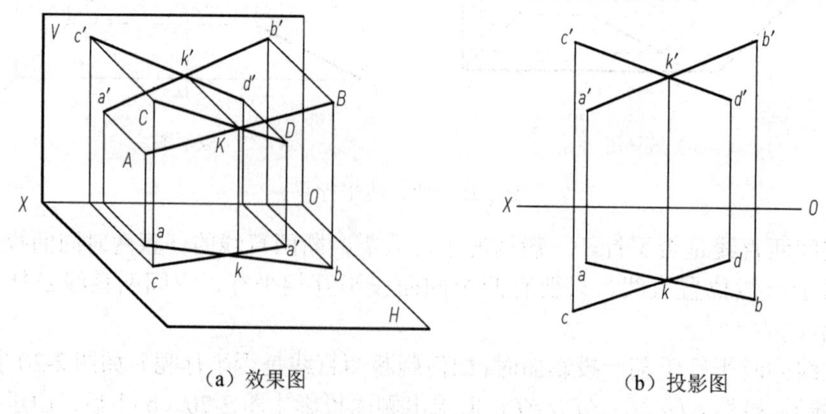

（a）效果图　　（b）投影图

图 2-21　两直线相交

【例 2-5】判断直线 *AB*、*CD* 是否相交［图 2-22（a）］。

解：由于 *AB* 是一条侧平线，根据所给的两组同面投影还不能确定两条直线是否相交。可用如下两种方法判断。

① 求出侧面投影。如图 2-22（b）所示，虽然 $a''b''$、$c''d''$ 相交，但其交点不是点 *K* 的侧面投影，即点 *K* 不是两直线的共有点，故 *AB*、*CD* 不相交。

② 很明显，$ak:kb \neq a'k':k'b'$，故点 *K* 不在直线 *AB* 上，因此点 *K* 不是两直线的共有点，故 *AB*、*CD* 不相交。

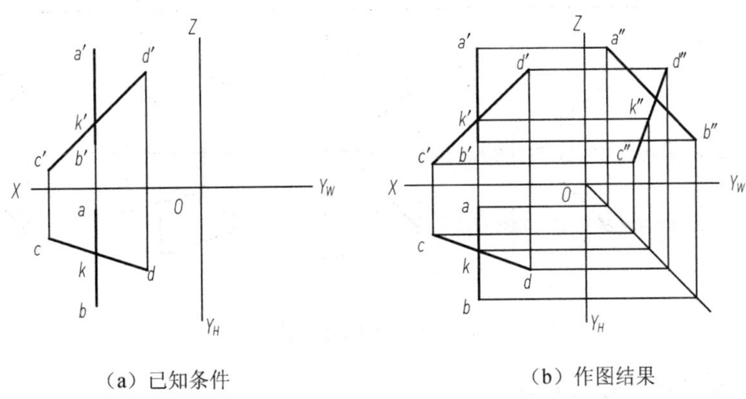

（a）已知条件　　（b）作图结果

图 2-22　判断两直线相交

（3）两直线交叉

交叉两直线在空间既不平行又不相交。若两直线投影既不符合两平行直线的投影特点，又不符合两相交直线的投影特点，则可判定这两条直线为空间交叉直线。

在交叉两直线的投影中，有某投影相交，这个投影的交点同处于一条投射线上，且分别从属于两直线的两个点，即重影点的投影。

如图 2-23 所示的交叉两直线，它们在水平投影面上的投影 *ab* 和 *cd* 交于一点 1（2），即为交叉两直线 *AB*、*CD* 对 H 面的一对重影点 Ⅰ、Ⅱ 的水平投影。可以利用重影点的可见性来判断两直线的相对位置。由图 2-23（b）所示的正面投影或侧面投影可知，点 Ⅰ 属于直线 *AB*，点 Ⅱ 属于直线 *CD*，点 Ⅰ 在点 Ⅱ 的上面，故可判定包含点 Ⅰ 的直线 *AB* 在包含点 Ⅱ 的直线 *CD* 的上面。

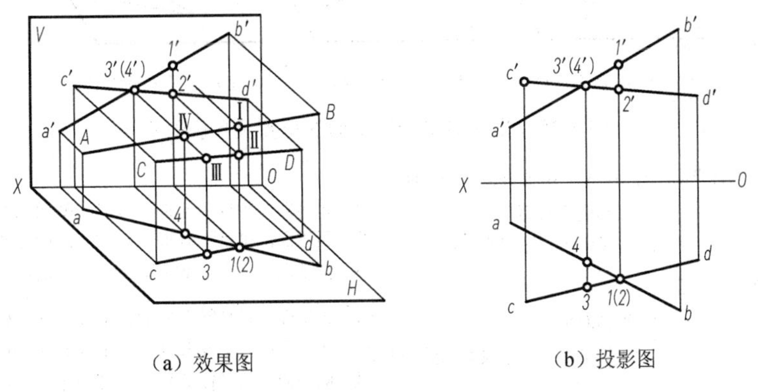

（a）效果图　　（b）投影图

图 2-23　两直线交叉

2.2.3 平面的投影分析

1. 平面的表示法

平面的空间位置可由下列几何要素确定：不在同一直线上的 3 点、一直线及直线外一点、两相交直线、两平行直线、任意平面图形。如图 2-24 所示为上述几何要素表示的平面的投影。

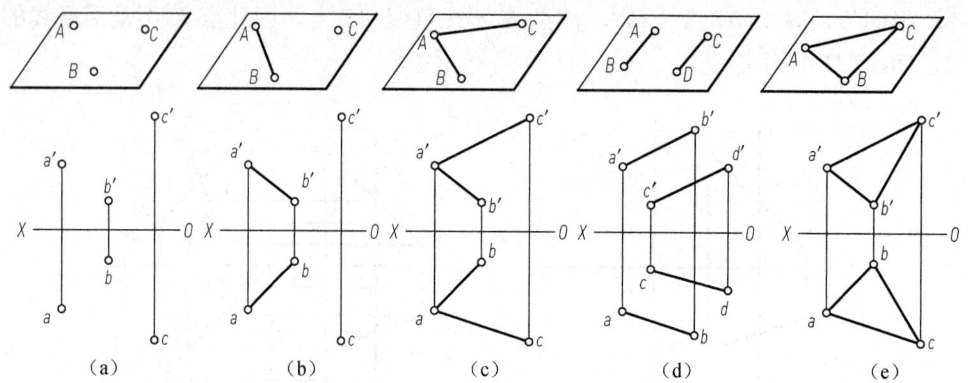

图 2-24　平面的表示法

2. 各种位置平面的投影特点

（1）平面的分类

平面对一个投影面有 3 种位置关系：倾斜于投影面、垂直于投影面、平行于投影面，其投影特点如图 2-25 所示。

根据平面与投影面的相对位置，平面在三面投影体系中可分为两类三种，如图 2-26 所示。这里约定平面对 H、V、W 投影面的倾角分别用α、β、γ来表示。

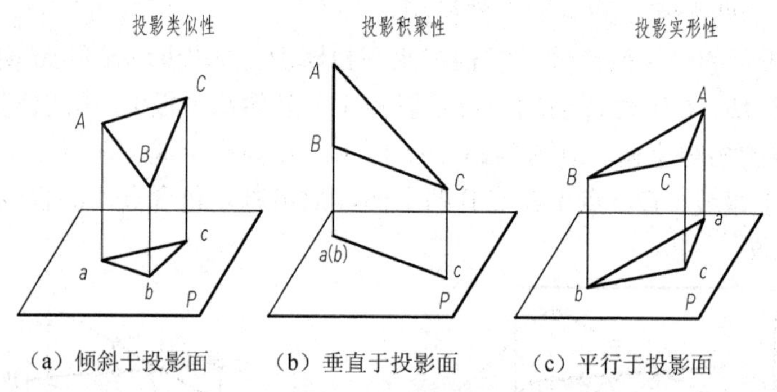

图 2-25　平面对单一投影面的位置及投影特点

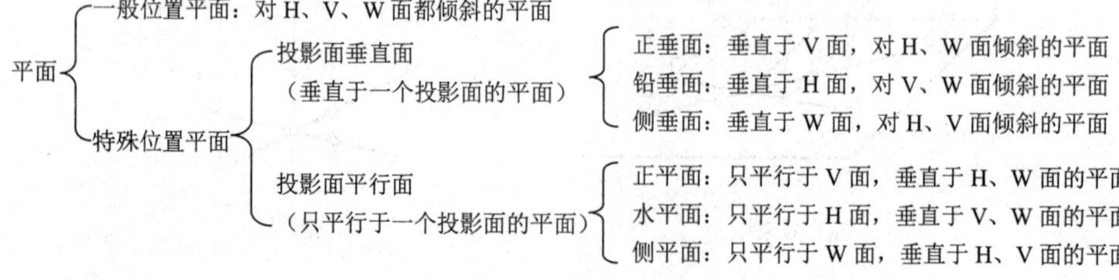

图 2-26　平面的分类

（2）投影面垂直面

只垂直于一个投影面，而倾斜于其他投影面的平面为投影面垂直面，分为铅垂面、正垂面、侧垂面 3 种。各种投影面垂直面的投影特点如表 2-5 所示。

表 2-5 投影面垂直面的投影特点

直线的位置	立体图	投影图	特点
铅垂面 （垂直于 H 面）	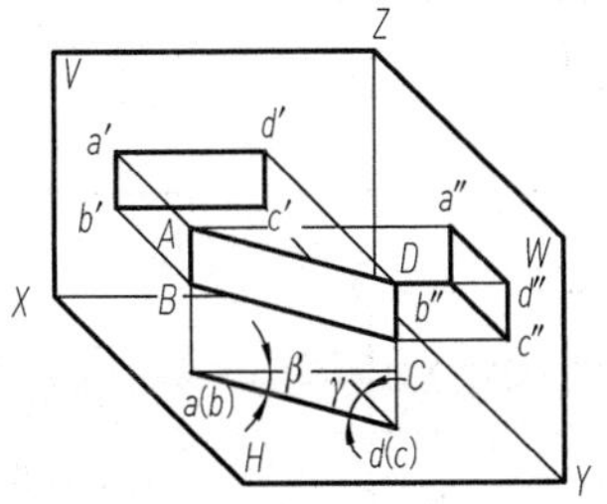	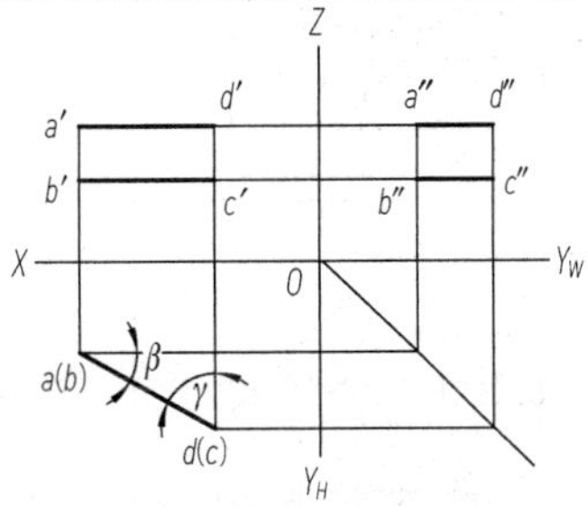	① 水平投影积聚成直线，并反映真实倾角β、γ； ② 正面投影、侧面投影与原平面图形的形状类似，但比实形小
正垂面 （垂直于 V 面）	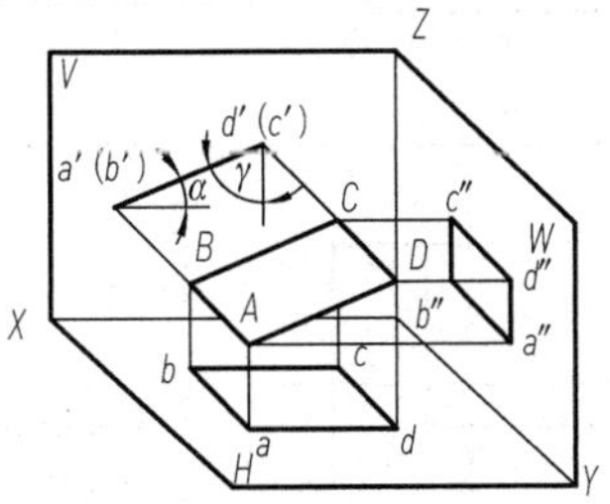	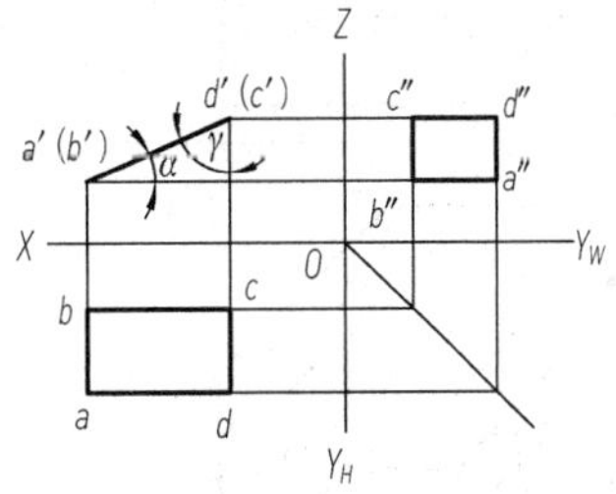	① 正面投影积聚成直线，并反映真实倾角α、γ； ② 水平投影、侧面投影与原平面图形的形状类似，但比实形小
侧垂面 （垂直于 W 面）	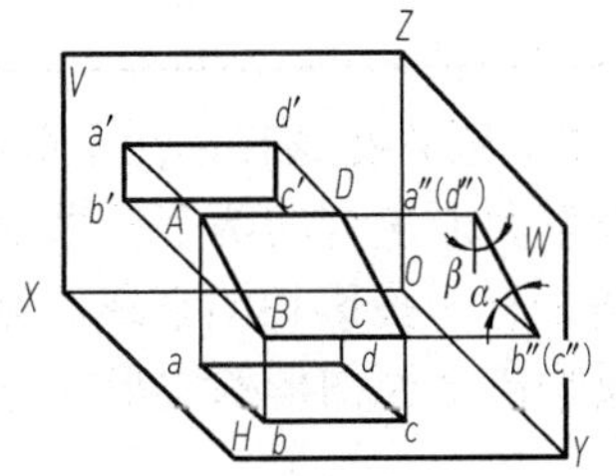	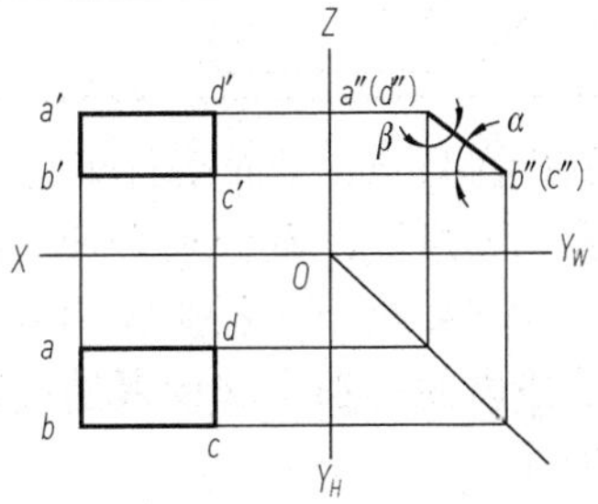	① 侧面投影积聚成直线，并反映真实倾角α、β； ② 正面投影、水平投影与原平面图形的形状类似，但比实形小

投影面垂直面的投影特点：平面垂直于某投影面，它在该投影面上的投影积聚为一倾斜线，这个倾斜线与投影轴的夹角反映该平面对另外两个投影面的倾角；在其他两个投影面上的投影都比实形小，但与原平面图形的形状类似。

在读图时，一个平面只要有一个投影积聚为一倾斜线，它必然垂直于积聚投影所在的投影面。

（3）投影面平行面

只平行于一个投影面的平面为投影面平行面，分为水平面、正平面、侧平面 3 种。各种投影面平行面的投影特点如表 2-6 所示。

表 2-6　投影面平行面的投影特点

平面的名称	立体图	投影图	特点
水平面（平行于 H 面）			① 水平投影反映实形；② 正面投影与侧面投影分别积聚成直线，且正面投影//OX，侧面投影//OY_W
正平面（平行于 V 面）			① 正面投影反映实形；② 水平投影与侧面投影分别积聚成直线，且水平投影//OX，侧面投影//OZ
侧平面（平行于 W 面）			① 侧面投影反映实形；② 水平投影与正面投影分别积聚成直线，且正面投影//OZ，水平投影//OY_H

投影面平行面的投影特点：平面平行于某投影面，则它在该投影面上的投影反映实形；其他两个投影各积聚为一直线，且分别平行于该投影面所包含的两个投影轴。

在读图时，一平面只要有一个投影积聚为一条平行于投影轴的直线，则该平面就平行于非积聚投影所在的投影面，那个非积聚的投影反映该平面图形的实形。

（4）一般位置平面

一般位置平面与每个投影面的倾角一般为 0°～90°。其 3 个投影都与空间平面图形保持类似形，如图 2-27 所示。在读图时，凡遇到 3 个投影都是线框围成的平面，其必然为一般位置平面。

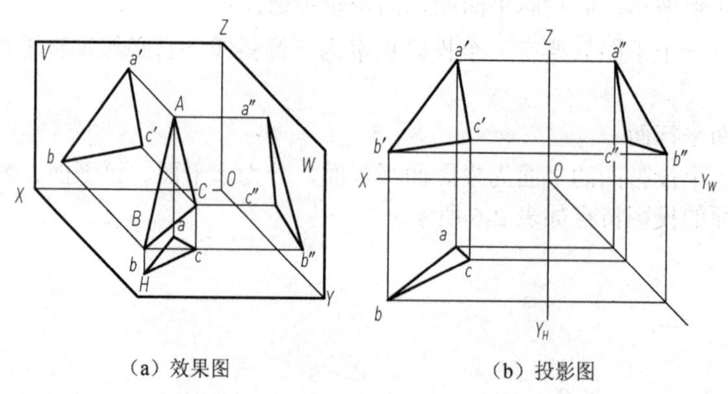

（a）效果图　　（b）投影图

图 2-27　一般位置平面

3．平面内取直线和点

（1）平面内取直线

直线在平面上，则直线必通过该平面内的两个点。反之，过平面内的两个已知点作一直线，则该直线必在该平面内，如图 2-28（a）所示。或通过平面内的任意一点，作一直线平行于该平面内的一已知直线，则该直线必在该平面内，如图 2-28（b）所示。

（2）平面内取投影面的平行线

平面内的投影面平行线是既要在平面内又要平行于投影面的直线，该直线既要符合投影面的平行线的投影特点，又要符合直线在平面上的条件。如图 2-28（c）中的直线 *BD* 在平面 *ABC* 上，又因 *bd*//*OX* 轴，所以 *BD*//*V* 面，故 *BD* 直线是平面内的投影面正平线。同理，*AB* 是平面内的水平线。

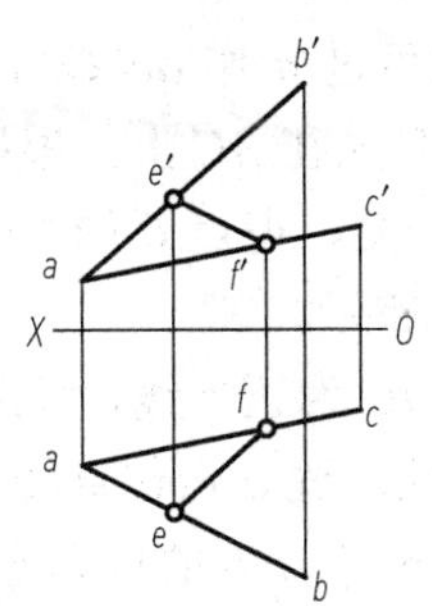

（a）直线*EF*过平面上两点*E*、*F*

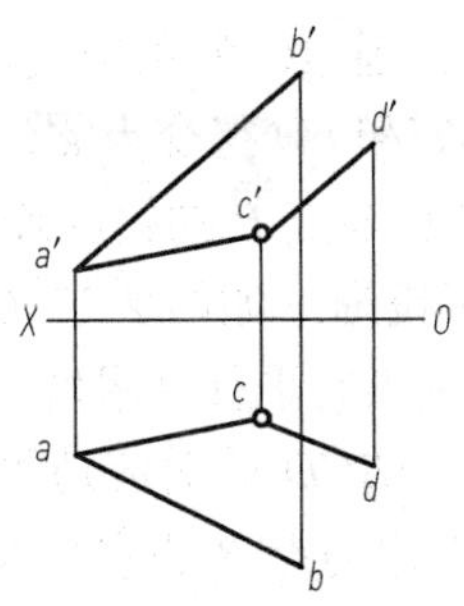

（b）直线*CD*过平面内的点*C*且平行于直线*AB*

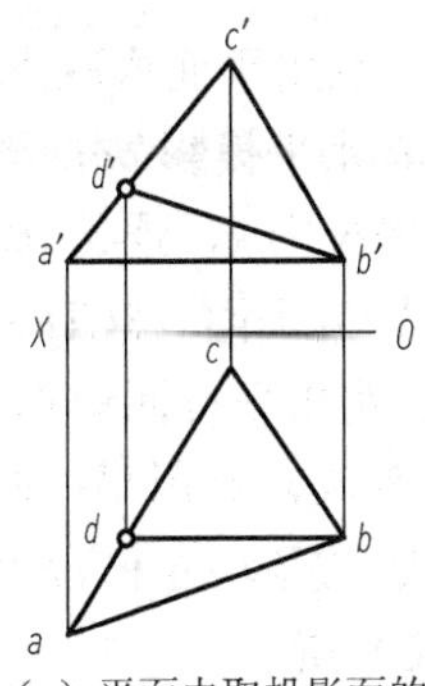

（c）平面内取投影面的平行线*BD*//V面

图 2-28　平面内的直线

【例 2-6】如图 2-29 所示，在平面 *ABC* 内作一条距 V 面为 10mm 的正平线。

分析：距 V 面为 10mm 的正平线的水平投影，一定是平行于 *OX* 轴的。故在平面 *ABC* 的水平投影上作 *de*//*OX* 且距 *OX* 轴 10mm，按点的投影规律求出 *DE* 的正面投影 *d′e′*，正平线 *DE* 即为所求。

（3）平面内取点

从立体几何中可知，点在平面内的条件：点在该平面内的一条直线上。由此可见，在一般情况下，要在平面内取点，必须先在平面内取直线，然后在此直线上取点。

若点在特殊平面内，则已知面内点的一个投影，要求点的其他投影，可利用特殊平面的投影积聚性，直接求点的投影。如图 2-30（a）所示，已知平面 *ABC* 上点 *D* 的水平投影 *d*，求其正面投影 *d′*。其作图结果如图 2-30（b）所示。

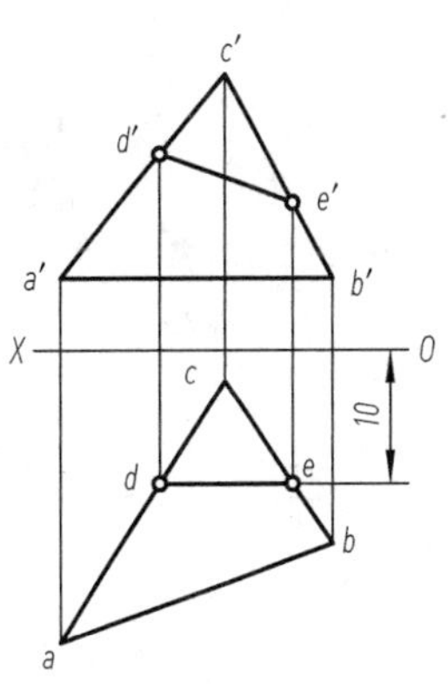

图 2-29　例 2-6 图

若点在一般位置平面上，已知面内点的一个投影，求点的其他投影，必须利用辅助直线间接确定点的投影，即先找出过此点而又在平面内的一条直线作为辅助线，然后在该直线上确定点的投影。如图 2-31（a）所示，已知平面 *ABC* 上点 *D* 的正面投影 *d′*，求其水平投影 *d*。其作图结果如图 2-31（b）所示。

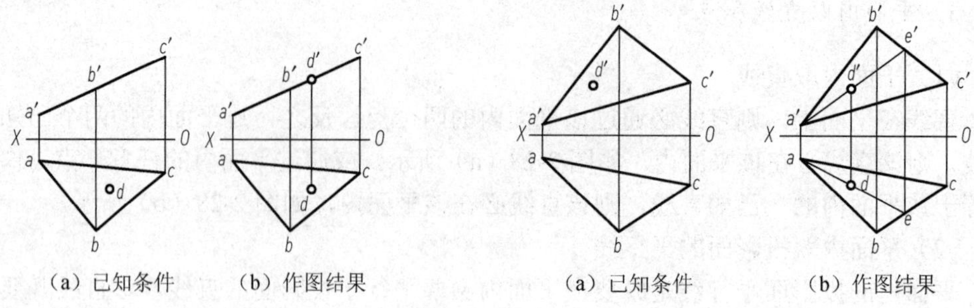

（a）已知条件　（b）作图结果　　（a）已知条件　（b）作图结果

图 2-30　利用特殊平面具有积聚性求平面上的点　　图 2-31　利用辅助直线求平面上的点

【例 2-7】如图 2-32（a）所示，已知 *AC* 为正平线，试补全平行四边形 *ABCD* 的水平投影。

解法 1：利用平面内取点求解。因 *AC* 为正平线，故可过 *a* 作 *ac*//*OX*，并利用点的投影规律确定其水平投影 *ac*，再连 *a′c′*和 *b′d′*得交点 *k′*，点 *K* 又在 *AC* 上，根据点线从属性，可求出其水平投影 *k*，连接 *dk* 并延长与点 *B* 的投影连线相交，得点 *B* 的水平投影 *b*，连接 *abcd* 各点，即为平面 *ABCD* 的水平投影，如图 2-32（b）所示。

解法 2：利用平行四边形的对应边的平行性求解。因 *AC* 为正平线，可作出其水平投影 *ac*。然后连接 *dc*，利用平行四边形 *ABCD* 的对应边平行性，过 *c* 点作直线 *cb*//*ad*，过点 *a* 作直线 *ab*//*dc*，直线 *ab* 和 *cb* 的交点即为点 *B* 的水平投影 *b*。作 *b′b* 的投影连线，求解完毕，如图 2-32（c）所示。

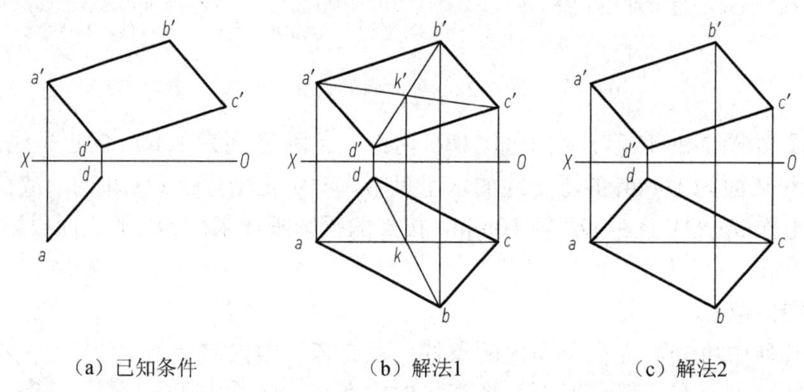

（a）已知条件　（b）解法1　（c）解法2

图 2-32　补全平行四边形 *ABCD* 的水平投影

3 单元 基本立体三视图的绘制

◎ **单元导读**

我们看到的物体，无论形状多么复杂，但只要仔细分析其构型，就能发现它是由一些简单立体按功能或形状的要求，以一定的组合方式构成的。平面与立体表面的交线称为截交线，立体与立体相贯形成相贯线，截交线和相贯线是读图的难点所在，学习和掌握截交线和相贯线的性质及作图方法为复杂形体读图打下坚实的基础。

◎ **知识目标**

◆ 掌握平面立体和曲面立体的投影特性及视图的绘制方法。

◆ 掌握立体表面上取点、取线的作图方法。

◆ 掌握截交线的投影特征及作截交线的方法。

◆ 掌握相贯线的投影特征及作相贯线的方法。

◎ **技能目标**

◆ 会画切割体的截交线。

◆ 会画两立体的相贯线。

◎ **思政目标**

◆ 树立正确的学习观、价值观，自觉践行行业道德规范。

◆ 牢固树立质量第一、信誉第一的强烈意识。

◆ 遵规守纪，安全操作，爱护设备，钻研技术。

◆ 发扬一丝不苟、精益求精的工匠精神。

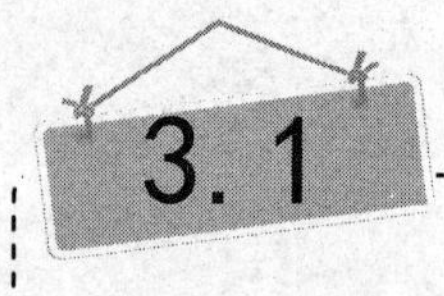

3.1 基本立体三视图及其表面上点的投影

由立体几何可知，立体按表面形状特征的不同，可分为平面立体和曲面立体两大类。

立体的投影是指用投影图来表示立体，把立体的表面特征用投影表达出来，如图 3-1 所示。

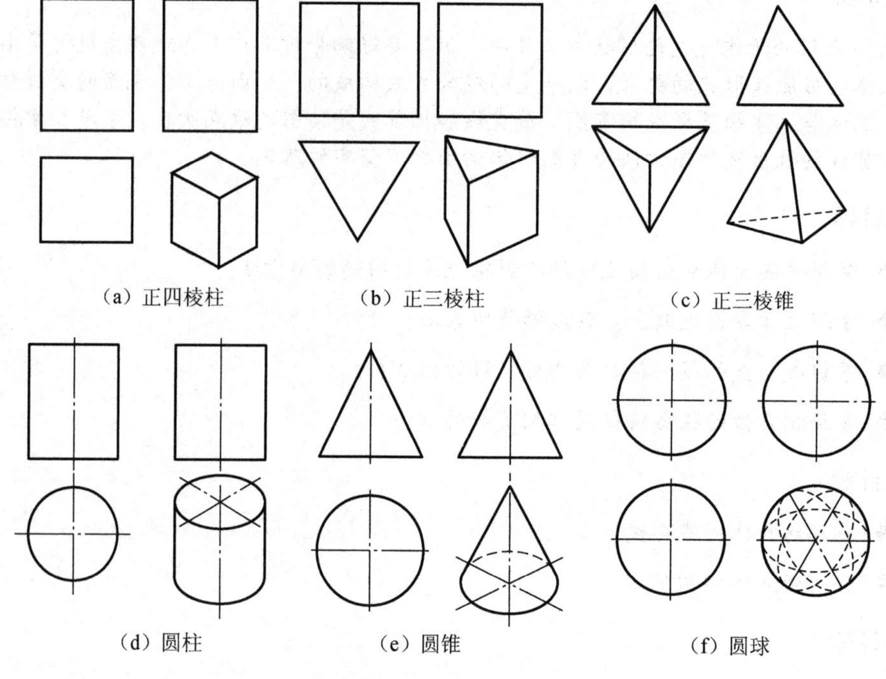

图 3-1　立体的投影

3.1.1　平面立体的投影及其表面取点

表面由平面所围成的实体称为平面立体。平面立体分为棱柱和棱锥两种。

1. 棱柱的投影及其表面取点

常见的棱柱为直棱柱，它的顶面和底面是两个全等且相互平行的多边形，称为特征面，各侧面为矩形，棱线垂直于底面。顶面和底面为正多边形的直棱柱称为正棱柱，如图 3-1 所示。

（1）棱柱的画法

画平面立体的投影时可以看成是画它的各棱面和棱线的投影。可见棱线用实线表示、不可见棱线用虚线表示。

棱柱由棱面和底面围成，相邻两棱面的交线称为棱线，底面和棱面的交线是底面的边。利用直线和平面的投影特点及三视图的投影规律就能画出简单平面立体的三视图。

在画投影图时，物体的摆放原则和投射方向选择原则如下：

1）将物体在三面投影体系中放平稳，并使尽可能多的表面平行或垂直于投影面，以便得到反映实形或有积聚性的投影，使投影简单易画。

2）选择最能反映物体的主要形状特征的投影方向为正面投影方向。

微课：棱柱三视图绘制

【例 3-1】 画出正六棱柱的三视图。

正六棱柱三视图的画图步骤如表 3-1 所示。

表 3-1　正六棱柱三视图的画图步骤

作图	方法和步骤
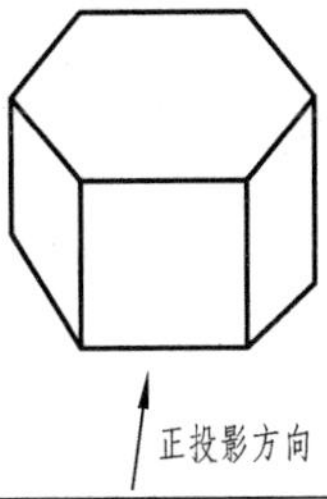 正投影方向	立体图
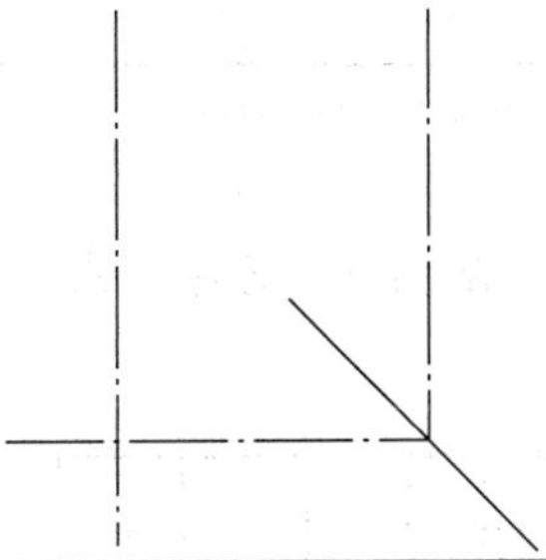	画出 3 个投影图的对称中心线
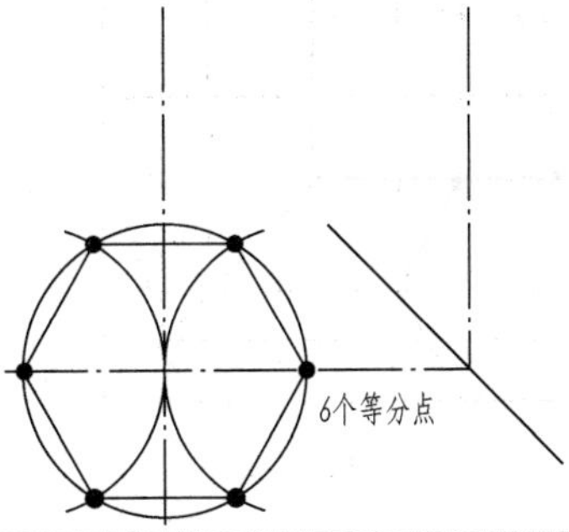 6个等分点	画出反映底面实形的投影图

续表

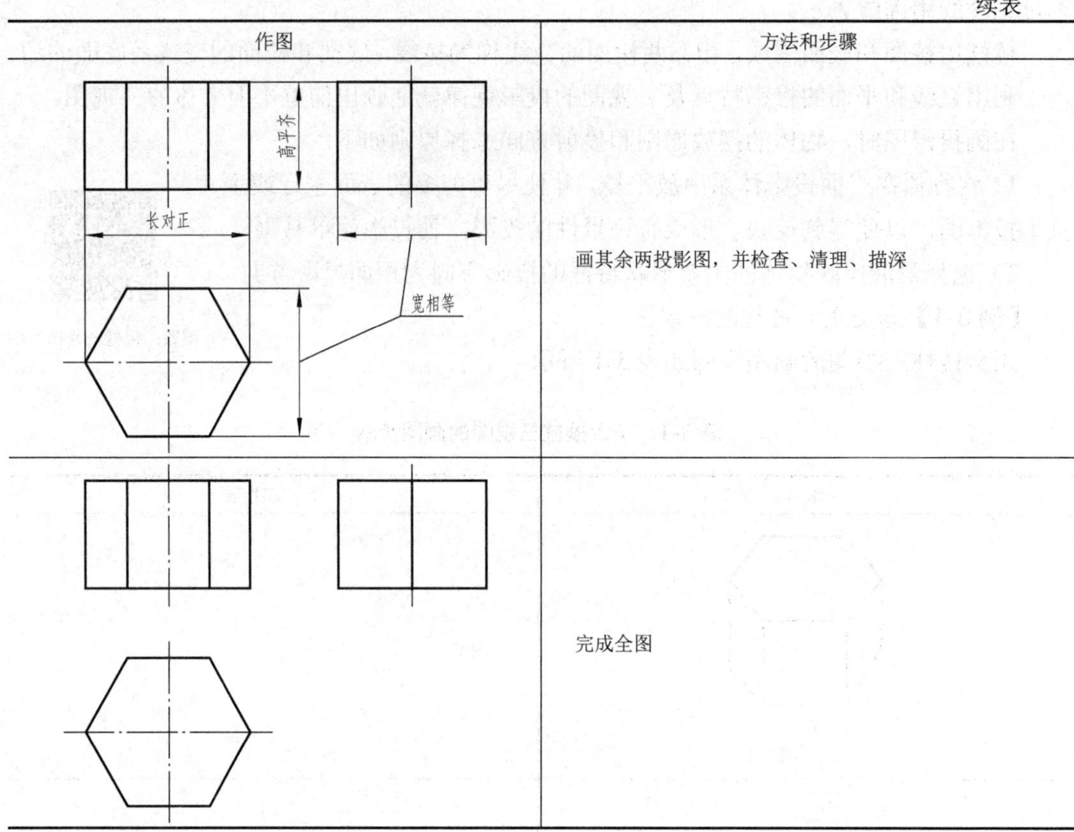

作图	方法和步骤
	画其余两投影图，并检查、清理、描深
	完成全图

注：在作图中，粗实线和虚线或点画线重合时，画成粗实线；虚线和点画线重合时，画成虚线。

（2）棱柱表面上点的投影

【例 3-2】如图 3-2 所示，已知正六棱柱表面上点 *A*、*B* 的一个投影，求它们的另外两个投影。

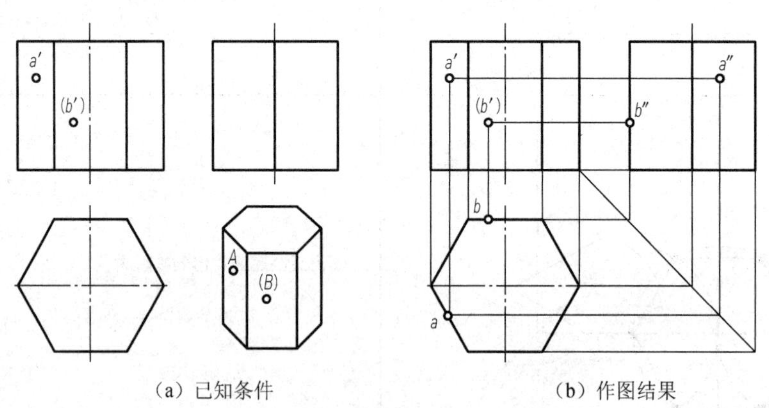

（a）已知条件　　（b）作图结果

图 3-2　正六棱柱表面上点的投影

分析：由图 3-2（a）所示的已知条件可知，点 *A* 在正六棱柱的左前棱面上。该棱面为铅垂面，其水平投影具有积聚性，该棱面上所有点的水平投影位于其有积聚性的水平投影上。因此，可利用投影积聚性直接求得水平投影 *a*，然后由 *a* 和 *a*′根据点的投影规律，求得点 *A* 的侧面投影。同理可求点 *B* 的其余投影。

作图：

① 求点 A 的另外两个投影。根据点的投影规律，由 a'作竖直的投影连线，与正六棱柱左前棱面的水平面投影交于点 a。由正面投影 a'和水平投影 a 求得点 A 的侧面投影 a''。侧面投影可见。

② 求点 B 的另外两个投影。已知其正面投影 b'且不可见，所以点 b 在后棱面上。作图步骤与求点 A 的投影相同，这里不再赘述。

2．棱锥的投影及其表面取点

棱锥的底面为多边形，各侧面为若干具有公共顶点的三角形。从棱锥顶点到底面的距离称为锥高。若棱锥底面为正多边形，各侧面是全等的等腰三角形，则称为正棱锥。

微课：正三棱锥三视图绘制

（1）棱锥的画法

【例 3-3】画出正三棱锥的三视图。

正三棱锥三视图的画图步骤如表 3-2 所示。

表 3-2　正三棱锥三视图的画图步骤

作图	方法和步骤
	立体图
	画一个正置的、边长为 l 的三角形，即正三棱锥俯视图的外轮廓线
	根据“主、俯视图长对正”和三棱柱的高 h，按投影规律画出主视图的外轮廓线，然后补全主、俯视图

续表

作图	方法和步骤
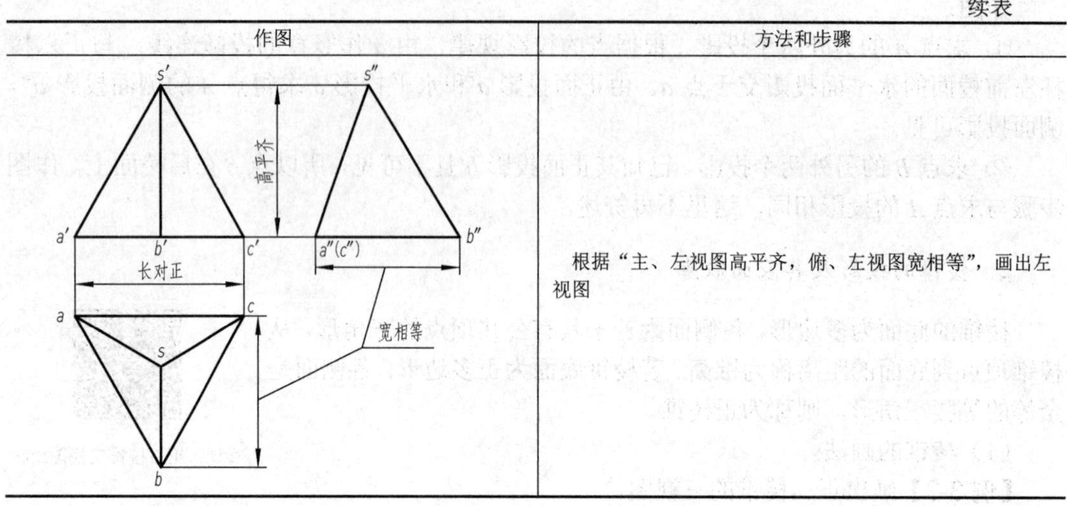	根据“主、左视图高平齐，俯、左视图宽相等”，画出左视图

（2）棱锥表面上点的投影

【例 3-4】如图 3-3 所示，已知正三棱锥 *SABC* 表面上点 *M*、*N*、*K* 的一个投影，求它的另两个投影。

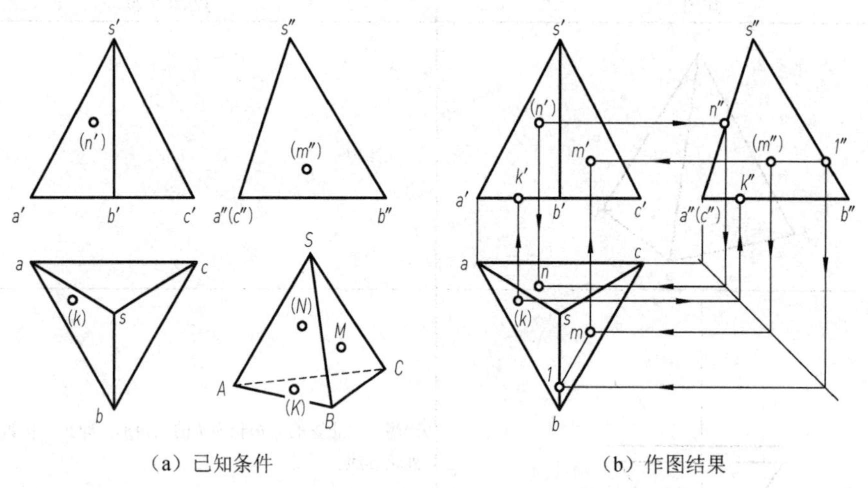

（a）已知条件　　（b）作图结果

图 3-3　正三棱锥的表面上取点

分析：

① 由点 *M* 的侧面投影 *m″*可知，点 *M* 的侧面投影不可见，点 *M* 位于棱面△*SBC* 上，棱面△*SBC* 属于一般位置平面，*m*、*m′*必须借助辅助线来求解。

② 由点 *N* 的正面投影 *n′*可知，*n′*不可见，点 *N* 位于后棱面△*SAC* 上，棱面△*SAC* 属于侧垂面，侧面投影有积聚性。因此，可利用投影积聚性直接求解。

③ 由点 *K* 的水平投影 *k* 可知，*k* 不可见，点 *K* 位于正三棱锥的底面上，底面△*ABC* 是水平面，其正面、侧面投影有积聚性，可利用投影积聚性直接求解。

作图：

① 求点 *M* 的其余两个投影时，借用的辅助线是过点 *M* 与底面棱线 *BC* 平行的平行线。过 *m″*作 *b″c″*的平行线与 *s″b″*相交于点 1″，由 1″求得 1，再过点 1 作底面棱线 *bc* 的平行线，

求得点 m，再由 m 和 m''求得 m'。

② 点 N 在后棱面△SAC 上，棱面△SAC 是侧垂面，其侧面投影积聚成直线 $s''a''$，过 n' 作水平线与 $s''a''$相交点为 n''，再由 n'和 n''求得 n。

③ 点 K 位于正三棱锥的底面上，底面△ABC 是水平面，其正面、侧面的投影积聚成 $a'b'$ 和 $a''b''$，过 k 作竖直线与 $a'b'$相交，交点为 k'，再求出 k''。

3.1.2　回转体的投影及其表面取点

由回转面或回转面与平面围成的立体，称为回转体。常见的回转体有圆柱、圆锥、球和圆环。

微课：圆环三视图绘制

1．回转体的形成

一动线绕一定线回转一周后形成的曲面，称为回转体。其中定线称为轴线，动线称为母线，母线在回转面上的任意位置称为素线。

母线上任意一点的轨迹是一个圆，称为纬圆。纬圆的半径是素线上点到轴线的最短距离，纬圆所在的平面垂直于轴线。

回转体的形成过程如图 3-4 所示。

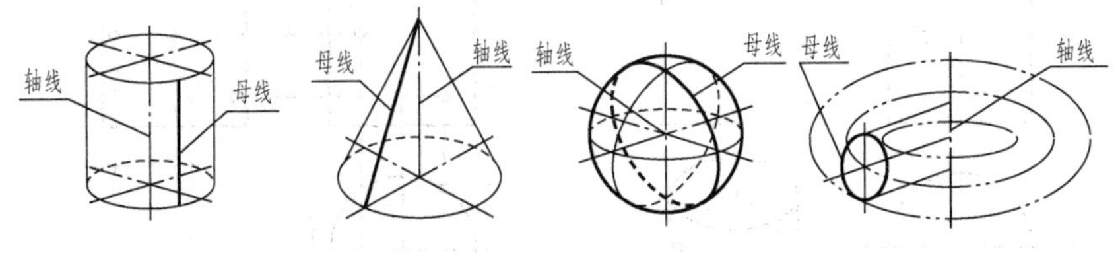

图 3-4　回转体的形成

2．回转体的投影及其表面取点

（1）圆柱的投影及其表面取点

1）圆柱的投影。圆柱由圆柱面和上、下底面围成，圆柱面由一直线绕与它平行的轴线回转而成，如图 3-5 所示。圆柱面上的素线都是平行于轴线的直线。

注意

在画任何回转体的投影图时，必须先画出轴线和圆的对称中心线。

如图 3-5（b）所示是轴线垂直于水平面的圆柱投影图，可以看出，水平投影是一个圆，也是整个圆柱面的水平投影，它具有积聚性。圆柱面正面投影和侧面投影是大小相同的矩形，正面投影的左、右两条轮廓线是圆柱体的最左、最右两条素线的投影，它确定了圆柱正面投影的范围，称为转向轮廓线。转向轮廓线是回转体可见和不可见部分的分界线，它们在回转体上的位置与投影方向有关，只对某一投影有效，如左、右转向轮廓线是对正面投影而言，前、后转向轮廓线是对侧面投影而言。另外，转向轮廓线的其余投影不应画出。

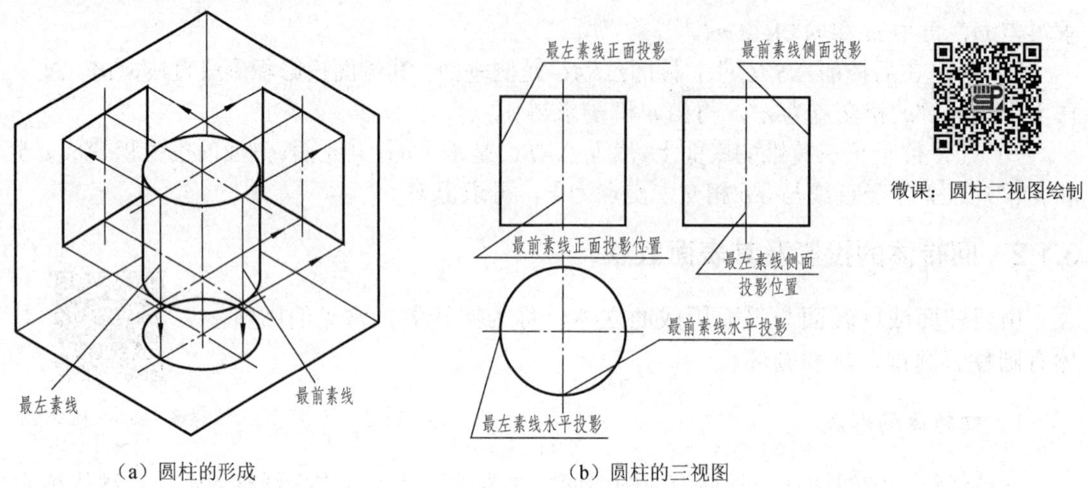

（a）圆柱的形成　　（b）圆柱的三视图

图 3-5　圆柱的形成和三视图

2）圆柱表面上点的投影。

【例 3-5】 如图 3-6 所示，已知圆柱表面 *M*、*N* 的一个投影 *m*′、*n*′，求其余两个投影。

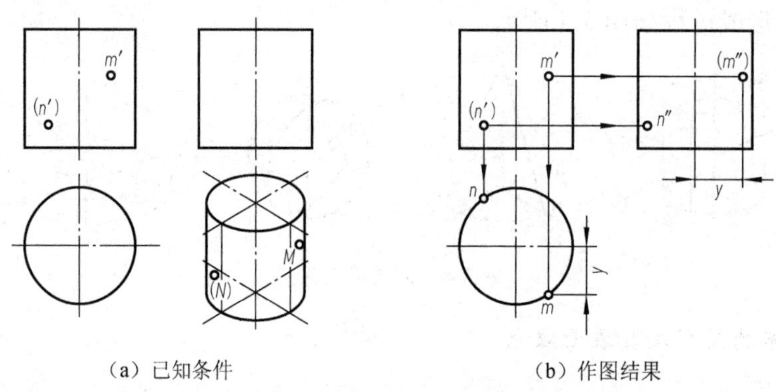

（a）已知条件　　（b）作图结果

图 3-6　圆柱的投影及其表面上点的投影

分析： 由点 *M*、*N* 的正面投影可知，点 *M* 在圆柱的右前圆柱面上，其侧面投影 *m*″不可见；点 *N* 在圆柱的左后圆柱面上，其正面投影 *n*′不可见；圆柱面的水平投影积聚成圆，利用“长对正”即可求出其水平投影；再由点的投影规律求点 *M*、*N* 的侧面投影。

作图：

① 求点 *M* 的另外两个投影。根据点的投影规律，由 *m*′作竖直的投影连线，与圆柱前面的水平面投影的交点，即为点 **m**。由正面投影 **m**′和水平投影 **m** 求得点 *M* 的侧面投影 **m**″。侧面投影不可见。

② 求点 *N* 的另外两个投影。已知其正面投影 **n**′不可见，所以点 **n** 在后圆柱面上。作图步骤同求点 *M* 另外两个投影的作图步骤，这里不再赘述，如图 3-6（b）所示。

求圆柱表面上线的投影，实际上就是求圆柱面线上一系列点的投影，然后将各同面投影光滑地连接起来。

（2）圆锥的投影及其表面取点

1）圆锥的投影。

圆锥由圆锥面和底面围成。圆锥面是由直线绕与它相交的轴线回转一周而成的，如

图 3-7（a）所示。圆锥面的素线都是通过锥顶的直线。

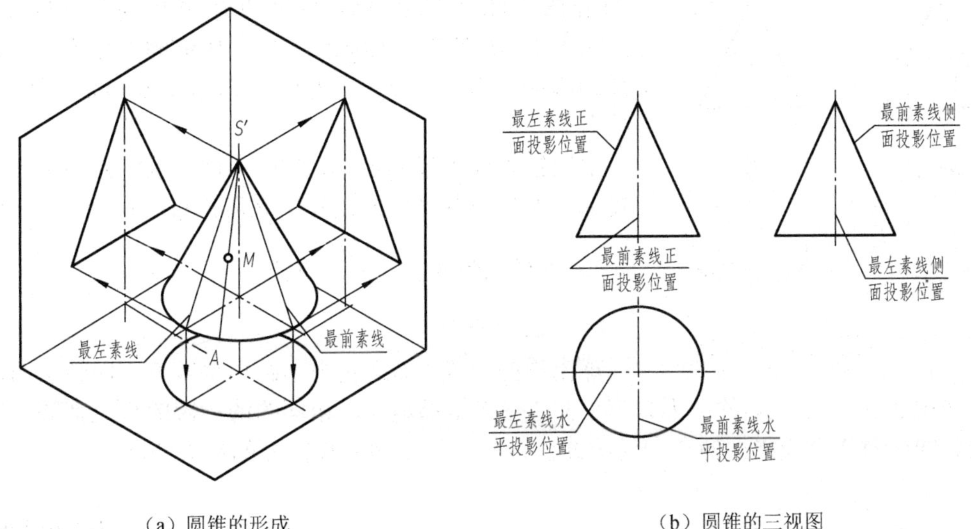

（a）圆锥的形成　　（b）圆锥的三视图

图 3-7　圆锥的形成及三视图

如图 3-7（b）所示是轴线垂直于水平面的圆锥的三视图，其正面和侧面投影是相等的等腰三角形，水平投影是圆，但这个圆没有积聚性。在正面和侧面投影中，等腰三角形的底边是圆锥底面的投影，两腰是转向轮廓线的投影。正面的转向轮廓线是圆锥最左、最右的两条素线。在侧面投影中，转向轮廓线是圆锥最前和最后两条素线，它们的其余两投影分别与轴线或中心线重合。

微课：圆锥三视图绘制

2）圆锥表面上点的投影。

【例 3-6】如图 3-8 所示，已知圆锥表面上点 M 的正面投影 m'，求它的另外两个投影。

解法 1：辅助素线法。如图 3-8 所示，以过锥顶和点 M 的直素线 SA 为辅助线，连接 $s'm'$ 并延长得 $s'a'$，由点线从属性可知，点 M 的水平投影 m 和侧面投影 m'' 分别在 sa 和 $s''a''$ 上，先求辅助线的另外两个投影 sa 和 $s''a''$，后过 m' 作投影连线与 sa、$s''a''$ 的交点即为所求的 m 和 m''。

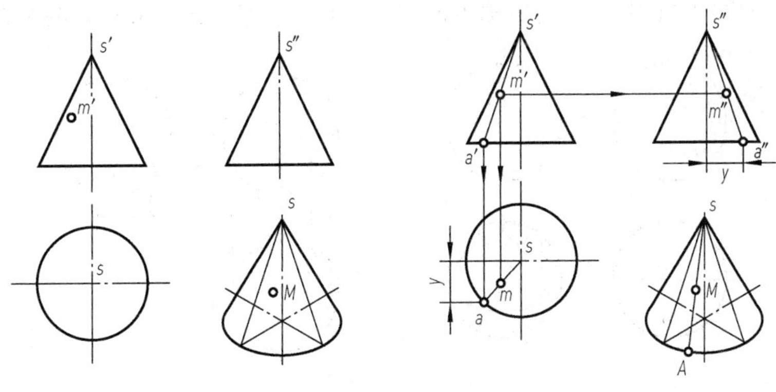

（a）已知条件　　（b）直素线法求圆锥表面上的点

图 3-8　直素线法求圆锥表面上的点

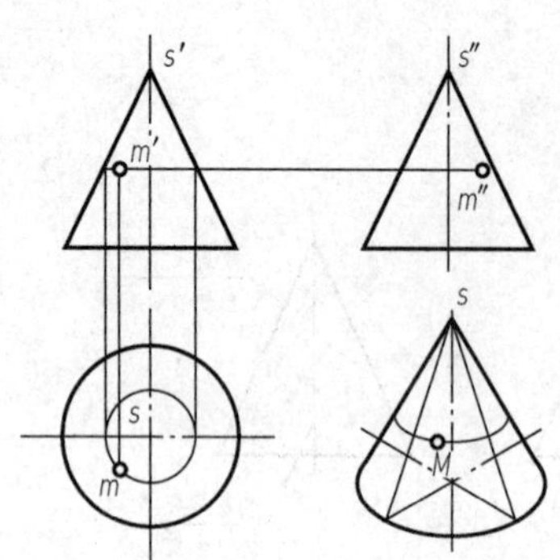

图 3-9　纬圆法求圆锥表面上的点

解法 2：辅助纬圆法。如图 3-9 所示，以过圆锥表面上点 *M* 作的垂直于轴线的圆作为辅助圆，画出辅助圆的水平投影，由于点 *M* 在前半个圆锥面上，由 *m*′向下作投影连线，交辅助圆前半周上一点，即为点 *M* 的水平投影 *m*，再由 *m*′、*m* 求得 *m*″。

求圆锥表面上线的投影，实际上就是求圆锥面上多个点的投影，然后将各点的同面投影光滑连接即可。

3. 球的投影及其表面上取点

（1）球的投影

球由球面组成。球面是由半圆周绕其直径回转一周而成的。如图 3-10 所示是球的三面投影，3 个投影图都是大小相同的圆，圆的直径都等于球的直径。球面对 3 个投影面的转向轮廓线，都是平行于相应投影面的最大的圆。

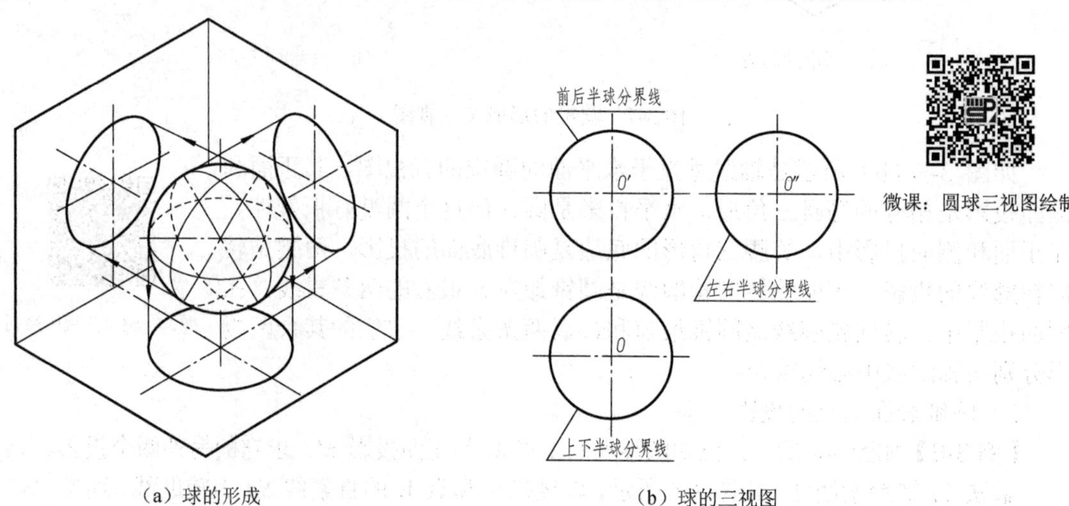

（a）球的形成　　（b）球的三视图

图 3-10　球的投影

（2）球表面上点的投影

【例 3-7】 如图 3-11 所示，已知球表面点 *M* 的正面投影 *m*′，求其余两个投影。

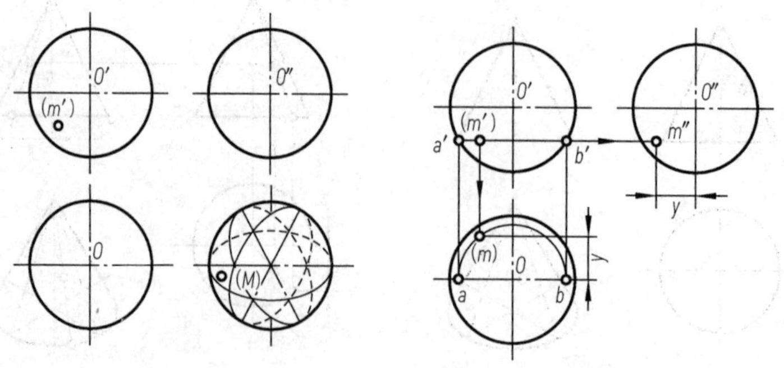

（a）已知条件　　（b）作图结果

图 3-11　球的表面取点

分析：由于球面的 3 个投影都没有积聚性，需利用辅助纬圆法求解。由于点 m'不可见，可知点 M 在后半球面上，过 m'作水平纬圆的正面投影 $a'b'$（积聚成水平线），再作出其水平投影（以 O 为圆心，ab 为直径画圆），在该圆的水平投影上求得 m，由于点 M 在下半球面上，故 m 不可见；再由 m'、m 求出 m''，由于点 M 在左半球面上，所以 m''可见。

作图：如图 3-11（b）所示，也可以作侧平辅助纬圆来求球表面上点的投影。求球表面上线的投影，实际上就是求球面上多点的投影，然后将各同面投影光滑连接即可。

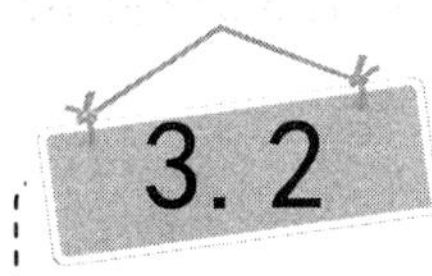

3.2 立体表面交线的绘制

机械零件绝大多数情况下是由基本立体通过截切和堆积组合而成的，在用机械图样表达时，经常遇到立体被切割或立体相交的情况，为此，立体表面会出现各种交线。掌握这些交线的画法，是学好绘图的基本功，下面介绍立体表面交线的画法。

3.2.1 平面与立体表面的交线——截交线的绘制

在实际生产中，许多机械零件是由立体截切而成的。如图 3-12 所示，基本立体被一个或多个截平面截切后成为生产中有用的各种机械零件。下面将要讨论立体被截切后的投影规律。

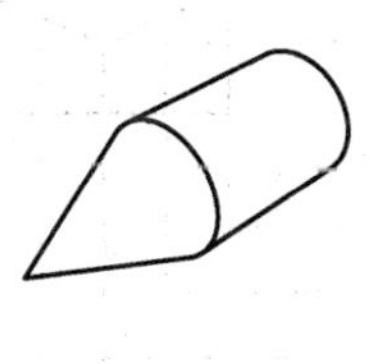

（a）顶针

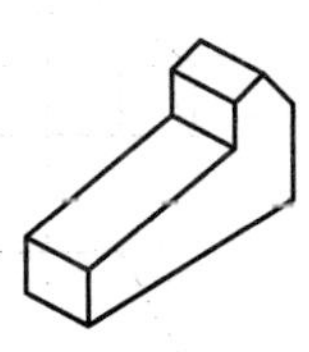

（b）钩头键

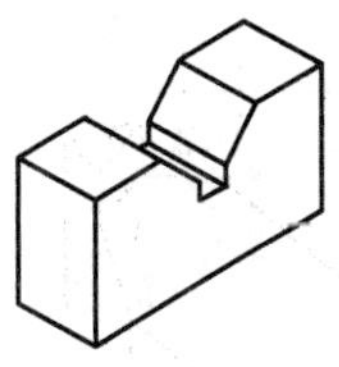

（c）V形铁

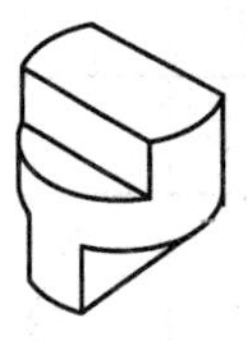

（d）接头

图 3-12　立体截切后的形状

立体被平面所截称为截交，平面与立体表面的交线称为截交线，平面称为截平面，截交线围成的平面图形为截断面，如图 3-13 所示。

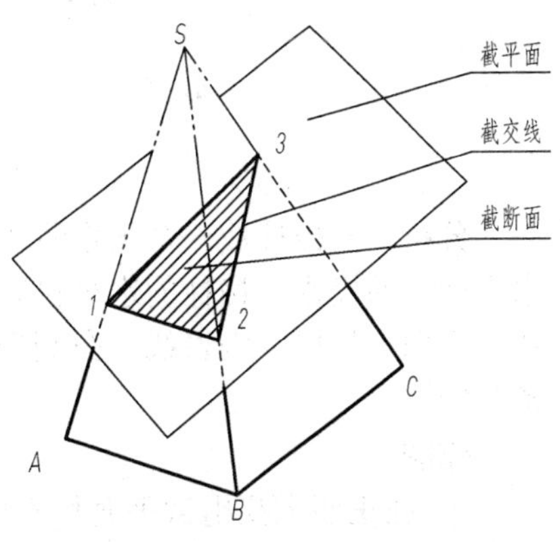

图 3-13　截交线的形成

1．截交线的基本性质

截交线是截平面与立体表面的交线，因此截交线具有以下基本性质。

（1）共有性

截交线既在截平面上，又在立体表面上，属于截平面与立体表面的共有线，线上的所有点必定是两者的共有点。

（2）平面封闭性

由于截交线是截平面与立体表面的共有线，故截交线必定是平面图形；又因被截切立体表面均有一定范围，故截交线一般为封闭的平面图形，如图 3-13 所示。

（3）截交线的形状、大小的多变性

截交线的形状、大小由被截切立体的表面形状特征和截平面与被截切立体的相对位置所决定。截平面与被截切立体的相对位置不同时，截交线的形状也不同，如表 3-3～表 3-5 所示。

2．求截交线投影

求截交线的投影，实际上是求立体表面上有关点的投影。

（1）平面与平面立体相交

平面与平面立体相交，可以看作立体被平面所截，其截断面为一平面多边形。多边形的各边是立体表面与截平面的交线，而多边形的各顶点是立体各棱线与截平面的交点。截交线既在立体表面上，又在截平面上，所以它是立体表面和截平面的共有线。因此，求截交线的投影，实际上是求截平面与平面立体各棱线的交点，或求截平面与平面立体各表面的交线。

【例 3-8】如图 3-14 所示，六棱柱被切割，已知其正面投影，补全其水平投影和侧面投影。

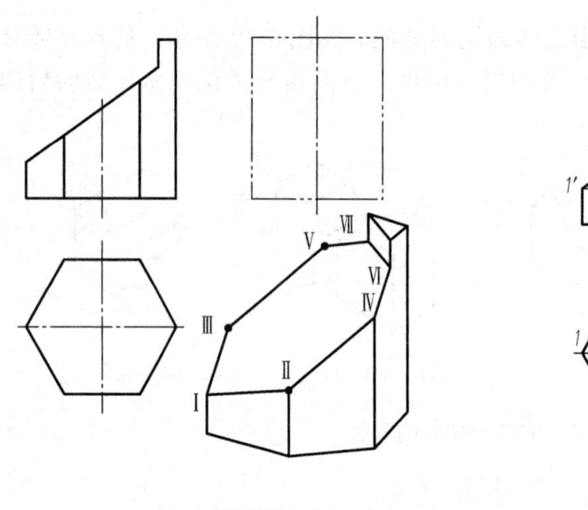

（a）题图

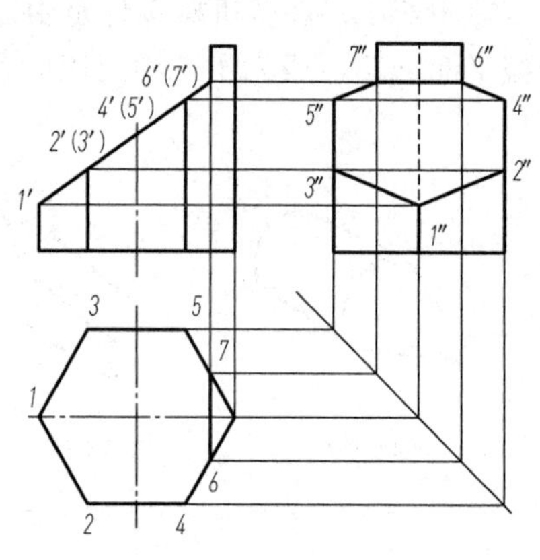

（b）求截交线的投影

图 3-14　切割六棱柱的投影图

分析：六棱柱被一个正垂面和一个侧平面切割。正垂面与 5 条棱线相交，其截交线在水平面上的投影与棱柱的水平投影重合，在侧面上的投影是一个多边形；侧平面的截交线在水平面上的投影为直线，在侧平面上的投影为四边形。另外，正垂面与侧平面之间有一条交线。

作图：

① 在正面上找出截平面与六棱柱截交线的各个交点 1′、2′、3′、4′、5′、6′、7′，并用表面取点的方法求出这些交点的其余投影。

② 按一定顺序连接各个交点的同面投影，即得截交线的三面投影。

③ 整理轮廓线，判别可见性。六棱柱最右边的棱线被切割面挡住，因此在侧面的投影不可见。

【例 3-9】 试求缺口三棱锥的水平投影及侧面投影，如图 3-15 所示。

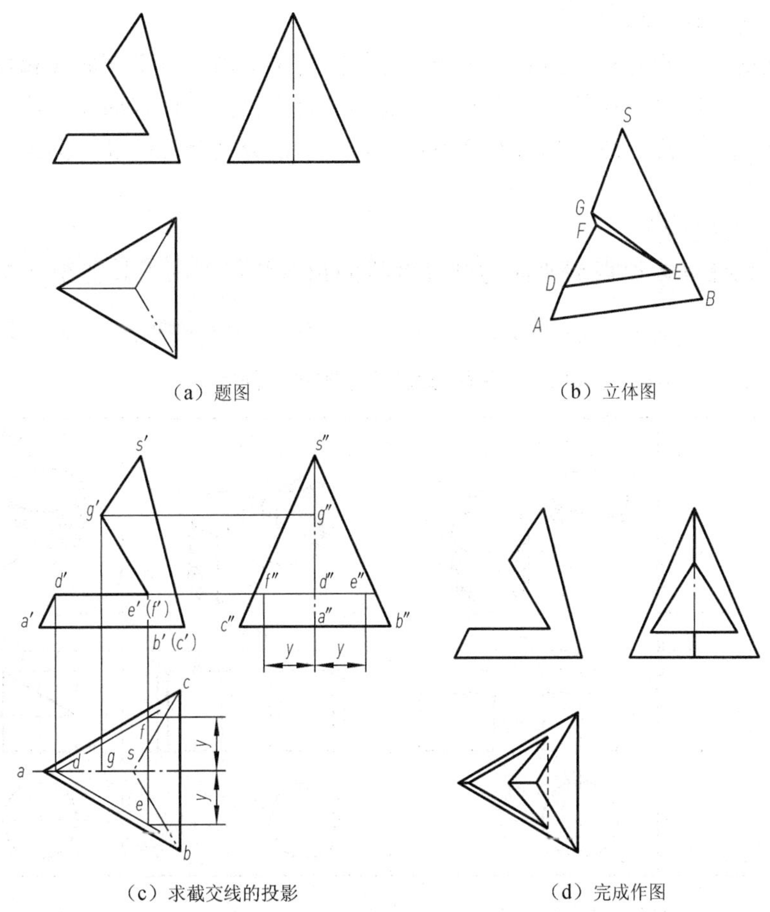

（a）题图　（b）立体图

（c）求截交线的投影　（d）完成作图

图 3-15　求切口三棱锥的投影图

分析： 三棱锥所形成的缺口是由一个水平面和一个正垂面切割三棱锥而形成的，水平面和正垂面的正面投影有积聚性，故截交线的正面投影已知。因为水平截面平行于底面，所以它与前棱面的交线 DE 必平行于底边 AB，与后棱面的交线 DF 必平行于底边 AC。正垂面分别与前、后棱面相交于直线 GE、GF。由于两个截平面都垂直于正面，所以它们的交线 EF 一定是正垂线。画出这些交线的投影，也就画出了这个缺口的投影。

作图：

① 因为两截平面都垂直于正面，所以 $d'e'$、$d'f'$、$g'e'$、$g'f'$ 分别重合在它们的有积聚性的正面投影上，$e'f'$ 是两截平面的交线 EF 的正面投影。

② 根据点在直线上的投影特性，由 d' 在 sa 上作出 d。由 d 作 $de//ab$，$df//ac$，再分别由 e'、f' 在 de、df 上作出 e、f。由 $d'e'$、de 和 $d'f'$、df 作出 $d''e''$、$d''f''$，都重合在水平截面的积聚成直线的侧面投影上。

③ 由 g' 分别在 sa、$s''a''$ 上作出 g、g''，并分别与 e、f 和 e''、f'' 连成 ge、gf 和 $g''e''$、$g''f''$。

④ 连接 e、f，由于 ef 被 3 个棱面 SAB、SBC、SCA 的水平投影所遮而不可见，画成虚线；$e''f''$ 则重合在水平截面的积聚成直线的侧面投影上。

⑤ 加粗实际存在的左棱线的 SG、DA 段的水平和侧面投影。

（2）平面与回转面相交

平面与曲面立体相交时，其截交线一般是封闭的平面曲线或平面曲线和直线围成的平面图形，截交线上的每一点都是截平面与曲面的共有点。因此，求曲面立体的截交线就是求一系列截交线上的点，然后光滑连接各点即可。下面分别介绍圆柱、圆锥和球被截切后的截交线的求法。

1）平面与圆柱相交。

圆柱被平面截切，根据截平面与圆柱轴线的相对位置不同，截交线有 3 种情况，如表 3-3 所示。

表 3-3　平面与圆柱体相交的三种情况

截平面位置	垂直于轴线	平行于轴线	倾斜于轴线
模型图			
截交线形状	圆	矩形	椭圆
投影图			

下面举例来说明求截切圆柱投影的方法和步骤。

【例 3-10】 如图 3-16 所示，已知斜截圆柱的正面投影和水平投影，求其侧面投影。

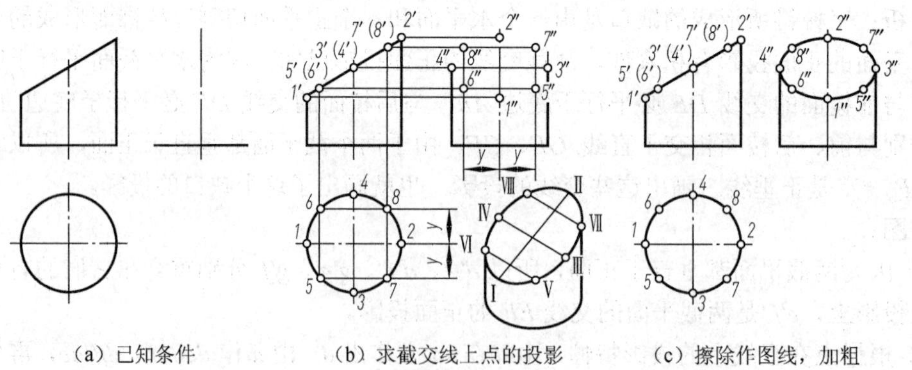

（a）已知条件　　（b）求截交线上点的投影　　（c）擦除作图线，加粗

图 3-16　斜截圆柱的投影画法

分析：由表 3-3 可知，截交线的侧面投影是椭圆，求出截交线上一系列点的投影，然后平滑连接成曲线。

一系列点是指截交线上的特殊位置点和适当数量的一般位置点。

作图：

① 用细线画出圆柱的侧面投影。

② 求截交线上点的侧面投影。

截交线上特殊位置点是指既在截交线上又在各转向轮廓线上的点，如点 1、2、3、4；处于截交线上的极限位置点，如最高（点 2）、最低（点 1）、最前（点 3）、最后（点 4）、最左（点 1）、最右（点 2）的点；椭圆的长短轴端点（点 1 和 2，点 3 和 4）等。

截交线上的一般位置点是指处于相邻两个特殊位置点之间的点（图 3-16 中的点 5、6、7、8）。

在被截切圆柱的水平投影上找到点 1、2、3、4、5、6、7、8，这些点的正面投影都积聚在其正面投影的斜线 1′2′上，在 1′2′线上求出 3′、4′、5′、6′、7′、8′，其中 3′和 4′、5′和 6′、7′和 8′是重影点，再依次求出侧面投影 1″、2″、3″、4″、5″、6″、7″、8″，判别截交线投影的可见性，依次平滑连接各点的侧面投影。

③ 检查、校核，擦去作图线，按规定加粗图线，完成作图。

【例 3-11】 如图 3-17 所示，已知上部开榫头的圆柱的正面投影和水平投影，求其侧面投影。

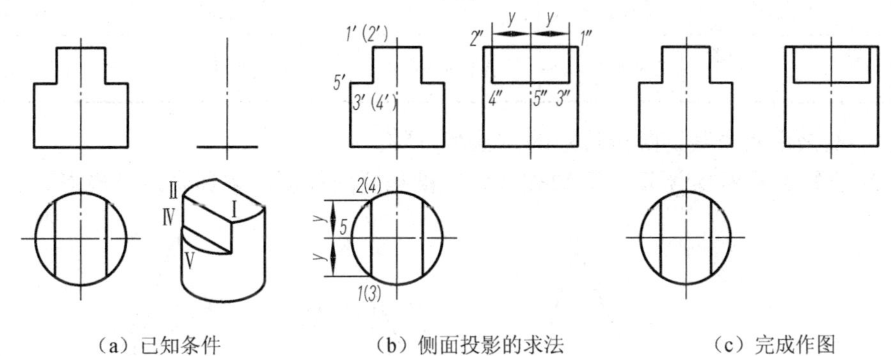

图 3-17　开榫头的投影画法

分析：由表 3-3 可知，开榫头的截交线是表中前两种截面截切而成，由 8 条直线段和两段圆弧组成，只需要找出直线段两端点的侧面投影，再将各直线两端点的侧面投影用直线相连即可。

开榫头的截面都是特殊位置平面（水平面和侧平面），因此截交线都有积聚性。而且开榫头左右对称，只需研究一侧截交线的形状，另一侧对称画出即可。

作图：

① 用细线画出圆柱的侧面投影。

② 求截交线的侧面投影。

水平截平面在正面投影和侧面投影均积聚成一条水平线，根据正面投影和水平投影画出侧面投影；侧面截平面是侧平面，在侧面投影反映实形，根据正面投影和水平投影画出其侧面投影，如图 3-17 所示。

2）平面与圆锥体相交。

根据截平面与正圆锥体轴线的相对位置不同，其截交线有 5 种形式，如表 3-4 所示。

表 3-4　平面与圆锥体相交的五种情况

截平面位置	过锥顶（正垂面）	不过锥顶			
		垂直于轴线（水平面）	平行于轴线（侧平面）	倾斜于轴线（正垂面）	
				$\theta=\alpha$	$\theta>\alpha$
模型图					
截交线形状	三角形	圆	双曲线和直线	抛物线和直线	椭圆
三面投影图					
截平面可能位置	垂直面或一般位置平面	投影面平行面	投影面平行面	投影面垂直面	投影面垂直面

下面举例来说明求截切圆锥投影的方法和步骤。

【**例 3-12**】如图 3-18 所示，已知被截切圆锥的侧面投影，求其余两个投影。

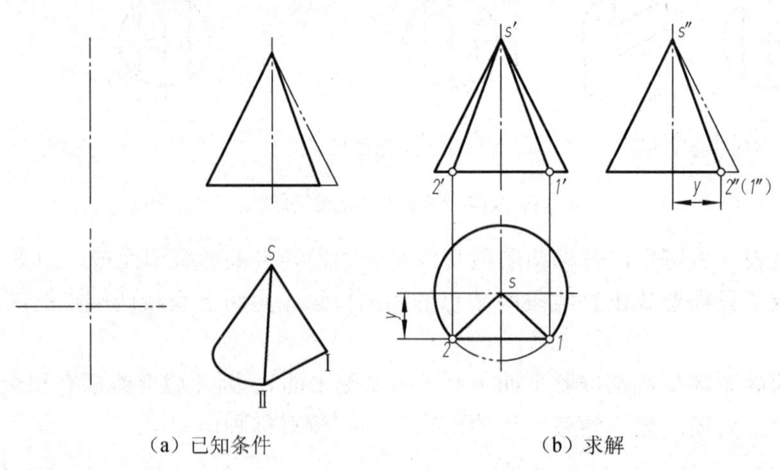

（a）已知条件　　（b）求解

图 3-18　过锥顶截切圆锥的投影画法

分析：截平面过锥顶且为侧垂面，由表 3-4 可知，截交线为等腰三角形，腰是截平面与圆锥面的交线，底是截平面与圆锥底面的交线。从已知条件可知，三角形的侧面投影积聚成一条直线，另外两个投影是类似形。

作图：

① 用细线画出圆锥的正面投影及水平投影。

② 求截交线的投影，截交线底面两个端点Ⅰ、Ⅱ的侧面投影 1″和 2″为重影点，由宽相等可求得水平投影 1、2，再求出正面投影 1′、2′。

③ 连接△s12，△s′1′2′即为所求截交线的投影。

④ 检查、校核，擦去作图线，按规定加粗，完成作图。

【例 3-13】如图 3-19 所示，已知斜切圆锥的正面投影，求其余两个投影。

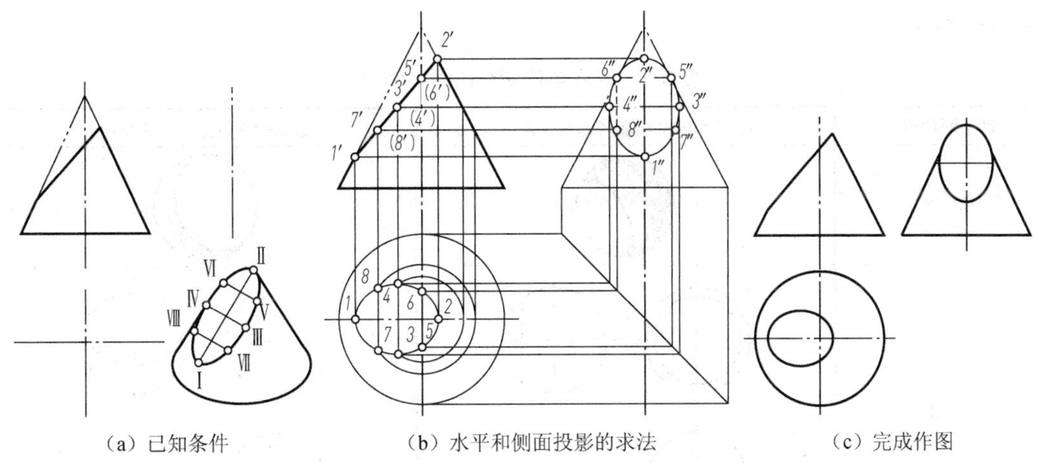

（a）已知条件　　（b）水平和侧面投影的求法　　（c）完成作图

图 3-19　斜切圆锥的投影画法

分析：由已知条件可知，截平面为正垂面，且截平面倾斜于圆锥轴线，故截交线为椭圆。椭圆的正面投影与截平面的正面投影重合，积聚在直线上。其水平投影和侧面投影均为椭圆的类似形，为本题待求的投影。

作图：

① 用细线画出圆锥的侧面投影和水平投影。

② 求截交线上一系列点的投影。

a．求截交线上特殊位置点的投影。

转向轮廓线上点的投影。Ⅰ、Ⅱ两点是圆锥正面转向轮廓线上的点，先找到正面投影上的 1′、2′，再利用点线从属关系求得 1、2 和 1″、2″，Ⅰ、Ⅱ两点是截面上最左、最右点，最低、最高点，也是椭圆长轴的端点。Ⅴ、Ⅵ两点是圆锥侧面转向轮廓线上的点，先找到正面投影上的 5′、6′（正面投影的中心线与斜线的交点），再利用点线从属关系求得 5″、6″，最后根据投影规律求得 5、6。

椭圆长轴的端点Ⅰ、Ⅱ已求出，短轴的端点Ⅲ、Ⅳ由同比关系可知，是线段 1′2′的中点，先找到 3′、4′，利用辅助纬圆法可求 3、4，再求出 3″、4″。

b．求截交线上一般位置点的投影。

在相邻两个特殊位置点之间求适量的一般位置点，如Ⅶ、Ⅷ两点，先找到 7′、8′，利用辅助纬圆法求得 7、8，再求出 7″、8″。

③ 依次平滑连接各点的同面投影。

④ 检查、校核，擦去作图线，按规定加粗图线，完成作图。

3）平面与球相交。

平面切割球时，无论截平面与球处于什么位置，其截交线均为圆，圆的大小取决于截平面与球心的距离。截平面离球心越远，圆的直径越小；当截平面通过球心时，圆的直径最大，即球的直径。

根据截平面与投影面相对位置的不同，截交线的投影也不同。若截平面与投影面倾斜，截交线的投影为椭圆；当截平面平行于投影面时，截交线在该投影面上的投影反映实形，如表 3-5 所示。

表 3-5 平面与球相交的两种情况

截平面位置	投影面的平行面（如正平面）	投影面的垂直面（如正垂面）
模型图	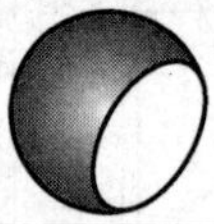	
投影图	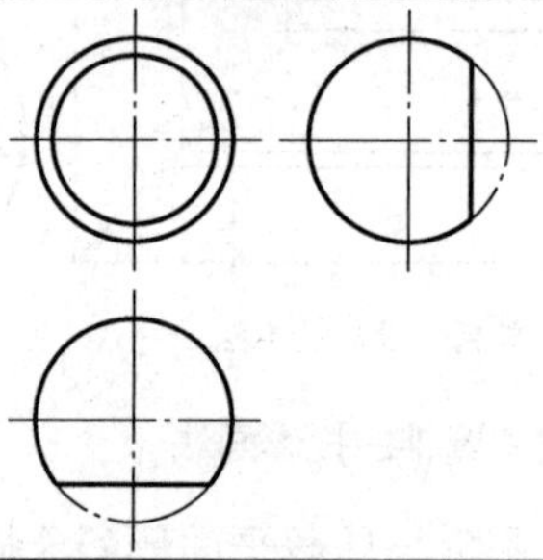	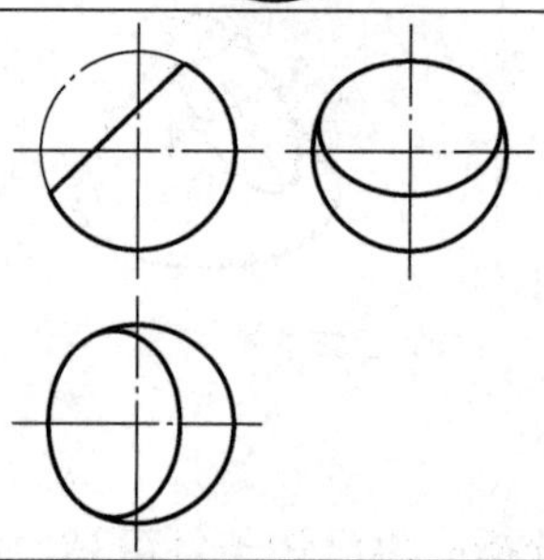

下面举例来说明求截切球投影的方法和步骤。

【例 3-14】 球被一正垂面切割，完成其水平投影和侧面投影。

分析： 从表 3-6 可知，球被正垂面截切，截交线是一个圆，它的正面投影积聚成一直线，水平投影和侧面投影为椭圆。

作图： 如表 3-6 所示。

表 3-6 绘制球截切后的三视图

作图	方法和步骤
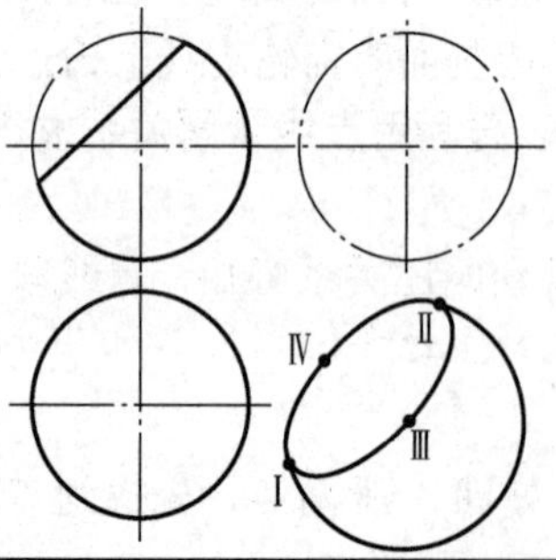 Ⅳ Ⅱ Ⅲ Ⅰ	球裁切后的立体图及已知条件

续表

作图	方法和步骤
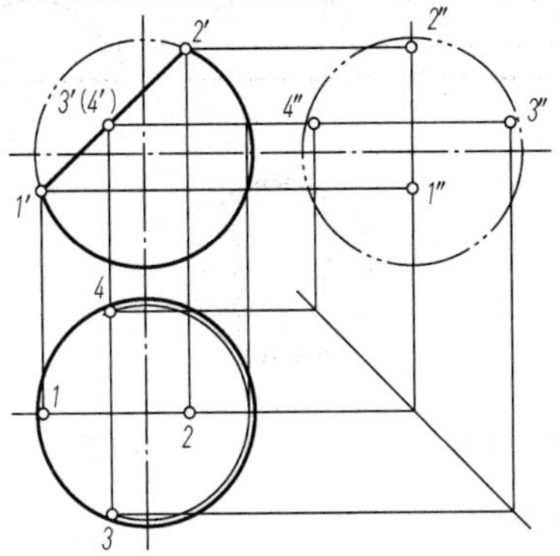	求出截交线上的特殊点。长轴的两个端点 Ⅰ、Ⅱ与短轴的两个端点Ⅲ、Ⅳ，在正面投影上可直接作出 1′、2′、3′（4′）这 4 个点，这些点的其余投影可用辅助纬圆法求得
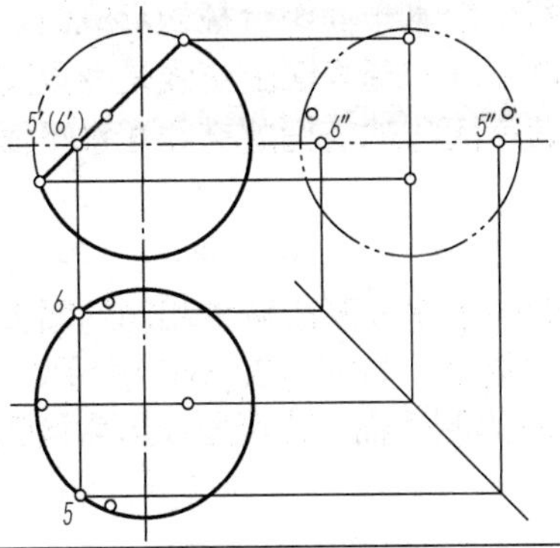	确定截交线水平投影与轮廓素线的交点 5、6。由于Ⅴ、Ⅵ两点在平行于 H 面的球面轮廓素线（最大纬圆）上，由此可先找出 5′（6′），再求 5、6 和 5″、6″，同理可确定截交线侧面投影与轮廓素线的交点
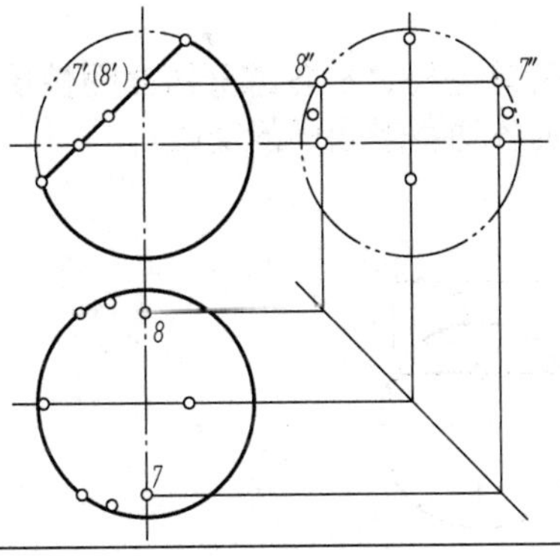	由于Ⅶ、Ⅷ两点在平行于 W 面的球面大圆上，由此可先找出 7′、（8′），再求 7″、8″和 7、8。 求适量的一般点。为了准确画出截交线，可再作出一些一般点，本例中省略
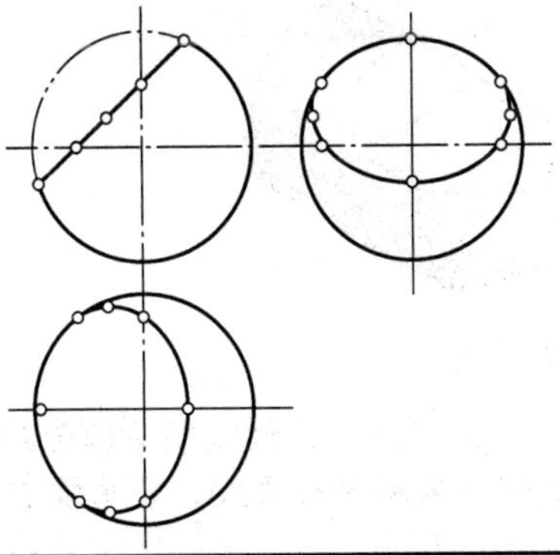	依次光滑连接各点，即得截交线的水平投影和侧面投影，检查、擦去多余的投影线和作图线，加粗可见轮廓线

【例 3-15】如图 3-20 所示，半球开槽，已知正面投影，求其水平投影和侧面投影。

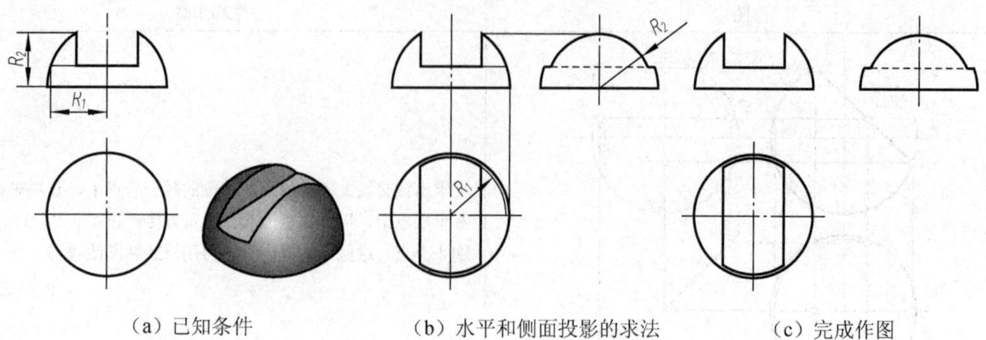

（a）已知条件　（b）水平和侧面投影的求法　（c）完成作图

图 3-20　半球开槽的投影画法

分析：半球的切口是由左右对称的两个侧平面和一个水平面组合截切形成的，截平面都是投影面的平行面。因此，左右对称的两个侧平截平面与球表面的交线是两段圆弧，侧面投影反映实形，水平投影积聚为两段直线；水平截平面与球表面的交线在水平面的投影为圆的一部分，正面及侧面的投影积聚为直线。

作图：

① 求水平截平面截交线圆的水平投影。通槽底面的水平投影由两段相同的圆弧和两段积聚性直线组成，圆弧的半径为 R_1，可从正面投影中量取，如图 3-20（b）所示。

② 求侧平面截交线圆的侧面投影。通槽的两侧面为侧平面，其侧面投影为圆弧，半径 R_2 从正面投影中量取。

③ 整理轮廓线，判别可见性，完成作图。

4）平面与复合回转体相交。

复合回转体是由若干基本回转体组成的。作图时首先要分析各部分的曲面性质、有何特征并确定其截交线的形状，然后画出各段截交线及各切割平面间的交线。

【例 3-16】如图 3-21 所示，画出顶尖的投影。

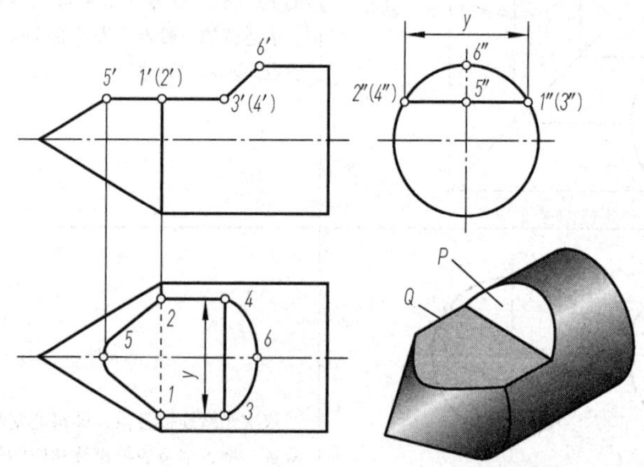

图 3-21　复合回转体的切割画法

分析：顶尖由同轴的圆锥与圆柱两部分叠加而成。Q 平面平行轴线切割圆锥及圆柱，其与圆锥相交，得截交线为双曲线，与圆柱相交的截交线为两平行直线。正垂面 P 与圆柱相交的截交线为椭圆的一部分。

作图：

① 画出切割前顶尖的 3 个投影。

② 画出平面 P 切割所形成的截交线。投影平面 P 是正垂面，其与圆柱的截交线的正面投影积聚成一条倾斜直线，水平投影是椭圆的一部分，侧面投影与圆柱侧面投影的部分圆弧重合。

③ 画出平面 Q 切割所形成的截交线投影。平面 Q 是水平面，其与组合体的截交线的正面投影和侧面投影都积聚成水平直线，与圆柱相交所得截交线的水平投影反映实形，为直线段 13、24，位置可由侧面投影确定；与圆锥相交所得的截交线是双曲线，投影可按前述方法求出。水平投影中圆锥与圆柱的交线中段被 Q 平面切掉，因而不画出，两端剩下的两小段仍需用实线画出（注意水平投影有一段细虚线，是圆锥与圆柱的交线，不可见）。

④ 画出两平面 P、Q 的交线Ⅲ、Ⅳ的投影 3′（4′）、3、4 及（3″）、（4″）。

3.2.2　立体表面的交线——相贯线的绘制

机器零件一般是由多个立体相交而成的。立体相交又称为相贯，立体相贯的形式有平面立体与平面立体相贯、平面立体与曲面立体相贯、曲面立体与曲面立体相贯，如图 3-22 所示。相贯线的形状由参与相贯的立体的形状和位置的变化来确定，但无论如何变化，相贯线都具有如下性质。

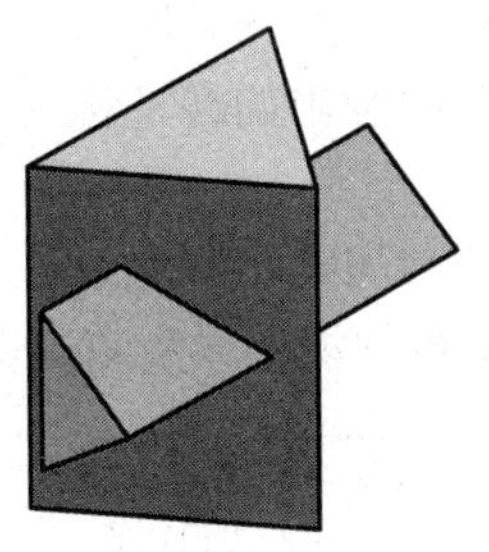

（a）平面立体与平面立体相贯

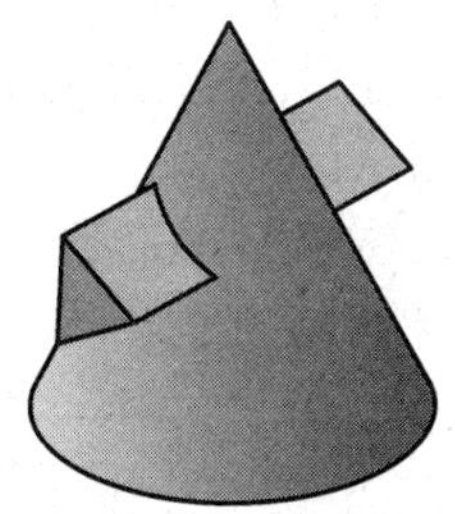

（b）平面立体与曲面立体相贯

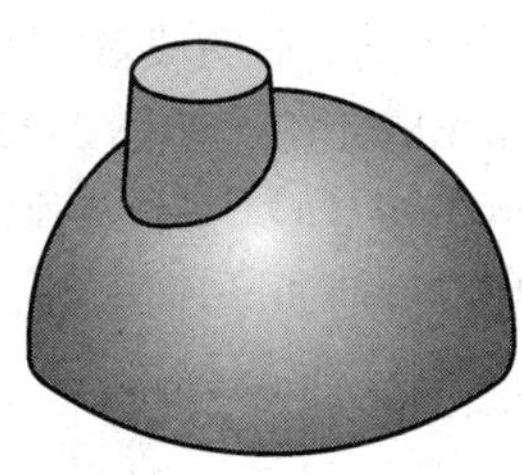

（c）曲面立体与曲面立体相贯

图 3-22　立体的相贯线

1）表面性、共有性。相贯线位于相贯立体的表面上，是相贯立体表面的分界线，是相贯立体表面的共有线，线上所有点是相贯立体表面的共有点。这是求相贯线投影的作图依据。

2）封闭性。相贯线通常是由折线围成、或折线与曲线共同围成、或曲线围成的封闭的空间图形，特殊情况为封闭的平面图形或不封闭的空间图形或直线。

1．平面立体与曲面立体相贯

平面立体与曲面立体相贯，所得的相贯线是由若干段平面曲线（或直线段）所组成的空间封闭线框。相贯线中每段平面曲线是平面体上某一平面与曲面的截交线。两段截交线的交点称为结合点，它是平面体的棱线与曲面体表面的交点。因此，求平面立体与曲面立体表面的交线可以归结为两个基本问题，一是求棱线与曲面立体表面的交点，二是求平面与曲面立体表面的截交线。

【例 3-17】如图 3-23 所示，求四棱柱与圆锥的相贯线。

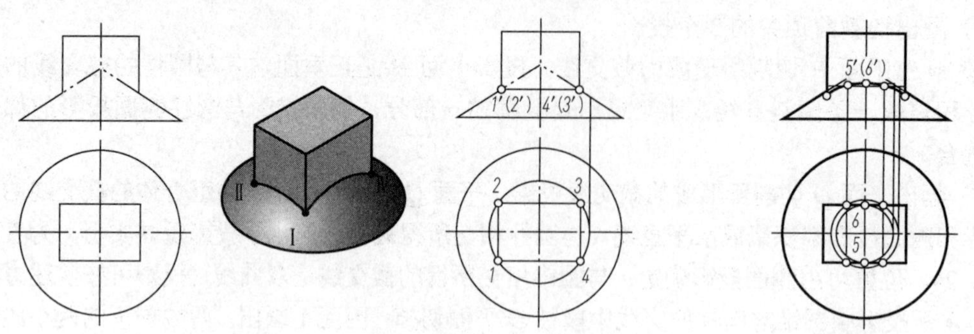

（a）题图　（b）求棱柱的棱线与圆锥的交点　（c）求棱柱的棱面与圆锥的交线

图 3-23　四棱柱与圆锥相贯画法

分析：棱柱的 4 个棱面都与圆锥轴线平行，且与圆锥相交，相贯线由 4 段双曲线组成；棱柱的 4 条棱线与圆锥相交，相贯线有 4 个折点。相贯线的水平投影与棱柱的水平投影重合。

正面投影中，前、后两段截交线重合且反映实形，左、右两段截交线分别与各自的左、右侧表面的正面投影重合。

作图：

① 求出四棱柱棱线与圆锥的交点Ⅰ、Ⅱ、Ⅲ、Ⅳ，如图 3-23（b）所示。

② 求出前、后两段截交线的最高点Ⅴ、Ⅵ，并依次按顺序画出四棱柱棱面与圆锥的交线，描深完成作图，如图 3-23（c）所示。

如图 3-24（a）所示为圆柱穿孔，图 3-24（b）所示为圆筒穿孔，都可以认为是平面立体（空心）与曲面立体相贯，这是工程中常见的结构，其交线画法请读者自行分析。

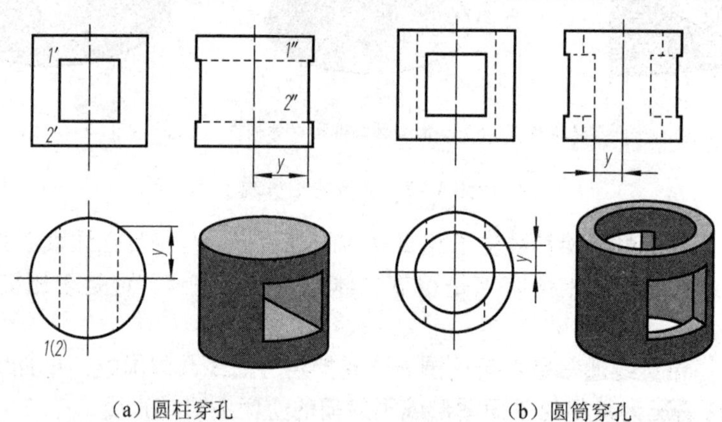

（a）圆柱穿孔　（b）圆筒穿孔

图 3-24　圆柱、圆筒穿孔画法

2．两曲面立体相贯

两曲面立体相贯所得交线具有以下性质：

1）相贯线是两曲面立体表面的共有线，也是两相交曲面立体的分界线。交线上的所有点都是两曲面立体表面的共有点。

2）在一般情况下，两曲面立体的交线是封闭的空间曲线。特殊情况为封闭的平面图形或不封闭的空间图形或直线。

3）相贯线的形状多种多样，相贯线的形状随相贯立体大小、表面形状及其相对位置的变化而变化。

求两曲面立体相贯线可归结为求两相交立体表面上一系列共有点的投影，具体的方法主要有表面取点法和辅助平面法。

（1）表面取点法

相交两曲面立体，其中一立体为圆柱，并且该圆柱的轴线垂直于某一投影面时，该圆柱在该投影面的投影具有积聚性，其相贯线在该投影面上的投影也积聚在该投影上。此时，我们可以把相贯线看成另一回转面上的曲线，利用圆柱面上取点的方法就可求出相贯线的其余投影。

【例 3-18】求两圆柱的相贯线。

分析：两圆柱轴线垂直相交且同时平行于正投影面。因而两圆柱轴线分别垂直于水平面和侧面，相贯线的水平投影与竖放圆柱的水平投影圆弧重合，相贯线的侧面投影与横放圆柱的侧面投影部分圆周重合，由它们可求出相贯线的正面投影。又由于相贯线前后对称，故它的前半部分与后半部分的正面投影重合。

微课：两圆柱相贯线画法

作图：如表 3-7 所示。

表 3-7　两圆柱垂直正交的交线画法

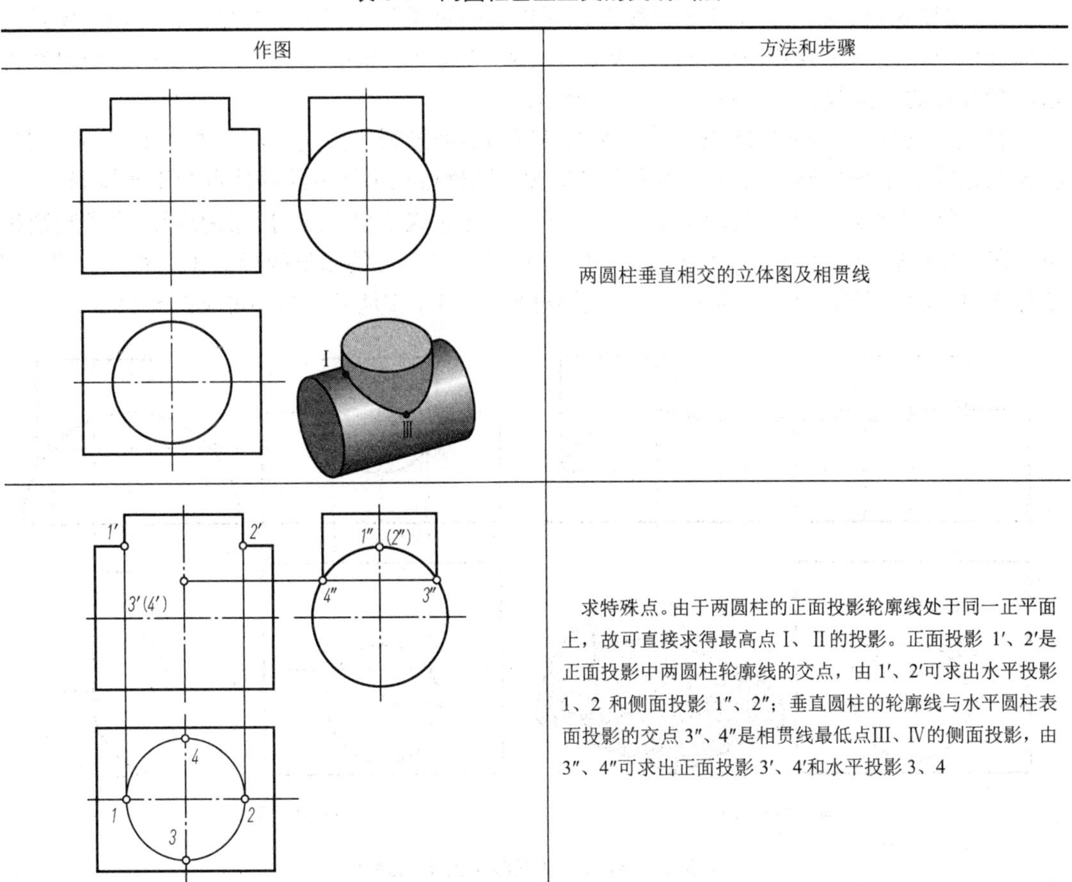

作图	方法和步骤
	两圆柱垂直相交的立体图及相贯线
	求特殊点。由于两圆柱的正面投影轮廓线处于同一正平面上，故可直接求得最高点 I、Ⅱ的投影。正面投影 1′、2′是正面投影中两圆柱轮廓线的交点，由 1′、2′可求出水平投影 1、2 和侧面投影 1″、2″；垂直圆柱的轮廓线与水平圆柱表面投影的交点 3″、4″是相贯线最低点Ⅲ、Ⅳ的侧面投影，由 3″、4″可求出正面投影 3′、4′和水平投影 3、4

续表

作图	方法和步骤
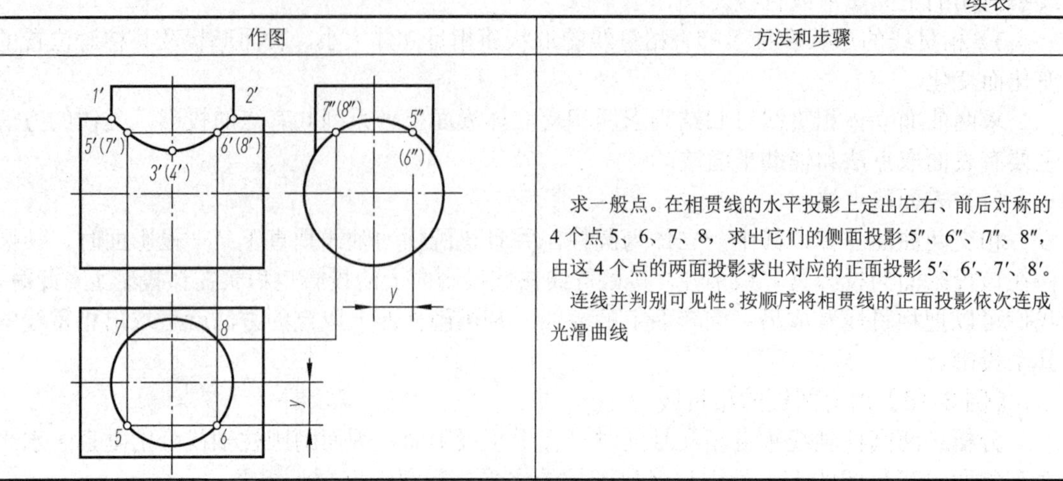	求一般点。在相贯线的水平投影上定出左右、前后对称的 4 个点 5、6、7、8，求出它们的侧面投影 5″、6″、7″、8″，由这 4 个点的两面投影求出对应的正面投影 5′、6′、7′、8′。 连线并判别可见性。按顺序将相贯线的正面投影依次连成光滑曲线

【例 3-19】两圆柱轴线垂直偏交，求它们的相贯线，如图 3-25 所示。

分析：两圆柱轴线分别垂直于水平面、侧面，两圆柱的水平投影和侧面投影具有积聚性，相贯线的水平投影在垂直圆柱的水平积聚投影圆周上，相贯线的侧面投影在水平圆柱的侧面积聚投影的一段圆弧上，由它们即可求出相贯线的正面投影。

作图：

① 求特殊点。点Ⅰ、Ⅱ是相贯线在正面投影中可见与不可见的分界点；点Ⅲ、Ⅳ是最前和最后点，而点Ⅲ也是最低点；点Ⅴ、Ⅵ是相贯线上的最高点；利用相贯线的积聚性可求出特殊点的三面投影，如图 3-25（a）所示。

② 求一般点。在图 3-25（b）中，在相贯线的侧面投影上任找一点（7″）和 8″，由（7″）和 8″可求出其水平投影 7、8 和正面投影 7′、8′。同理可求出相贯线其他点的正面投影。

③ 顺序光滑连接正面投影中相贯线的各点，便完成了相贯线的正面投影。注意判别相贯线在正面投影的可见性。在正面投影中，小圆柱前半部分的相贯线投影 1′、8′、3′、7′、2′是可见的，后半部分（6′）、（4′）、（5′）是不可见的，1′、2′是可见与不可见的分界点。

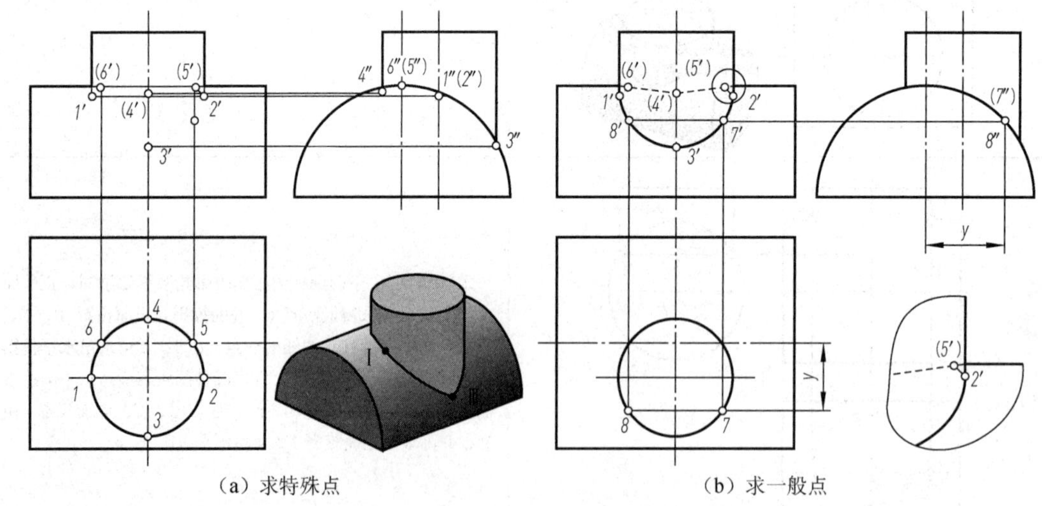

（a）求特殊点　　（b）求一般点

图 3-25　两圆柱垂直偏交的交线画法

值得注意的是，由于两圆柱轴线偏交，两圆柱正面投影的轮廓素线并未相交，因此相贯线的点Ⅰ、Ⅱ不是两圆柱轮廓素线的交点。

在圆柱上开孔或两圆柱孔相交，其作图方法完全一样。如图 3-26（a）所示为圆柱与圆孔相贯，图 3-26（b）所示为圆孔与圆孔相贯，图 3-26（c）所示为圆筒穿孔，内、外圆柱面上都有相贯线。其相贯线投影的求法与圆柱相贯线投影的求法相同。

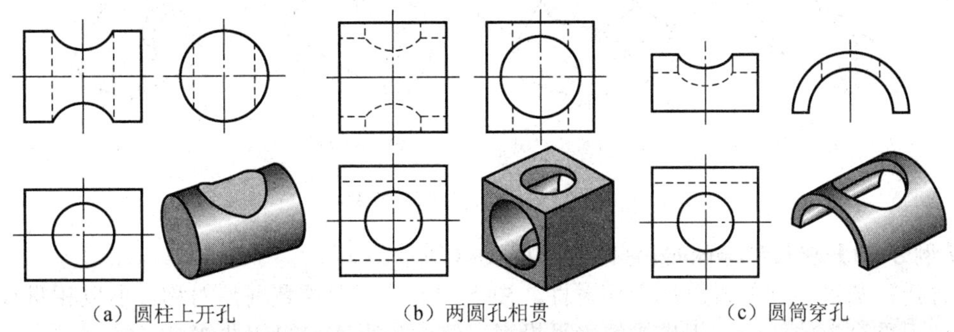

（a）圆柱上开孔　　（b）两圆孔相贯　　（c）圆筒穿孔

图 3-26　两圆柱相贯

（2）辅助平面法

如图 3-27（a）所示，求圆台与球的相贯线。由于圆台与球的投影均无积聚性，相贯线上的点不能再用表面取点法求得，需用辅助平面的方法，如图 3-27（b）所示。

假设作一辅助平面，使之与相贯的两回转体相交，先求出辅助平面与两回转体的截交线，回转体上截交线的交点即为相贯线上的点，如图 3-27（b）所示。若作一系列的辅助平面，便可得到相贯线上的若干点，然后判别可见性，依次光滑连接各点，即为所求的相贯线。

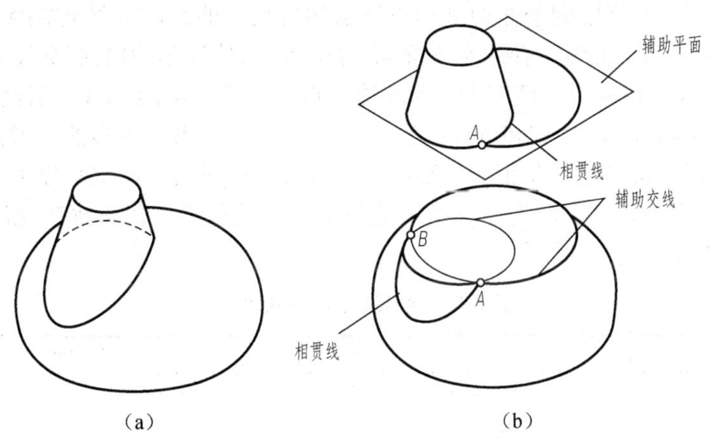

（a）　　（b）

图 3-27　辅助平面法原理

为了便于作图，必须选择好辅助平面，辅助平面应为特殊位置平面，并取在两回转面的相交范围内，同时，辅助平面截切两回转面得到的截交线的投影应是最简单易画的图形（如多边形或圆）。如图 3-28 所示，选择（a）、（b）为截平面是合理的，而选择（c）、（d）是不合理的。

使用辅助平面法求共有点的作图步骤如下：

1）作辅助平面，使其与两已知立体相交。

2）分别作出辅助平面与两回转面的截交线。

3）两回转面截交线的交点，即为所求的共有点。

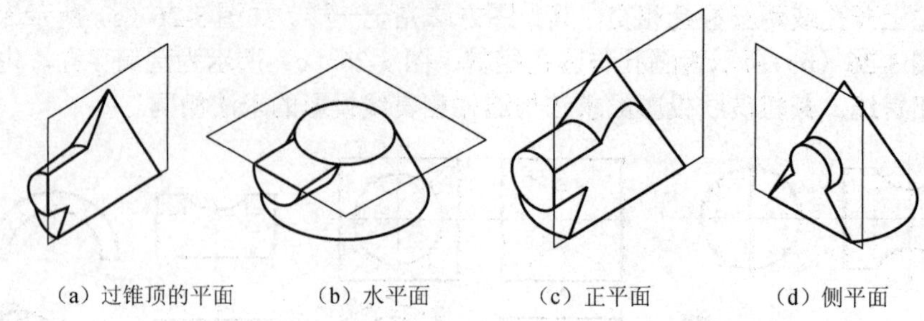

（a）过锥顶的平面　（b）水平面　（c）正平面　（d）侧平面

图 3-28　辅助平面的选取

【例 3-20】求圆台与球的相贯线，如表 3-8 所示。

分析：圆锥与球的投影均无积聚性，由于它们的相对位置前后对称，所以相贯线正面投影前后重合为曲线段，相贯线的水平投影、侧面投影都是封闭曲线。

作图：如表 3-8 所示。

① 求特殊点。点Ⅰ、Ⅱ是相贯线的最右和最左点，也是最高和最低点，正面投影中圆锥转向轮廓线与球轮廓圆的交点 1′、2′是其正面投影，由 1′、2′可求出水平投影 1、2 和侧面投影（1″）、2″。点Ⅲ、Ⅳ是相贯线在圆锥的最前、最后两转向轮廓线上的点。过这两条素线作侧平面 P 剖切两相贯立体，切圆锥得截交线为两直线，即圆锥在侧面投影中的转向轮廓线；平面 P 截切球面得截交线为圆。两截交线的交点即为相贯线上的点Ⅲ、Ⅳ。在侧面投影中求出 3″、4″，然后由 3″、4″即求出正面投影 3′、（4′）和水平投影 3、4。

② 求一般点。若仍用侧平面切割相贯体求相贯线上的点，作图是很困难的，因为截切圆锥所得的截交线为双曲线。使用水平面 Q 截切球和圆锥，所得的截交线为两个不同圆心和半径的圆，在水平投影中反映实形。两圆的交点 5、6 即为相贯线Ⅴ、Ⅵ两点的水平投影。由 5、6 可求出正面投影 5′、6′和侧面投影 5″、6″。同理可求出更多的一般点。

③ 连线并判别可见性。在正面投影中，相贯线前后重合；在水平投影中，相贯线全部可见；在侧面投影中，3″、4″为相贯线可见与不可见的分界点。再顺序光滑连接各点，最后描深完成相贯线的投影。

表 3-8　绘制圆台与球的相贯线

作图	方法和步骤
Ⅲ	题图

续表

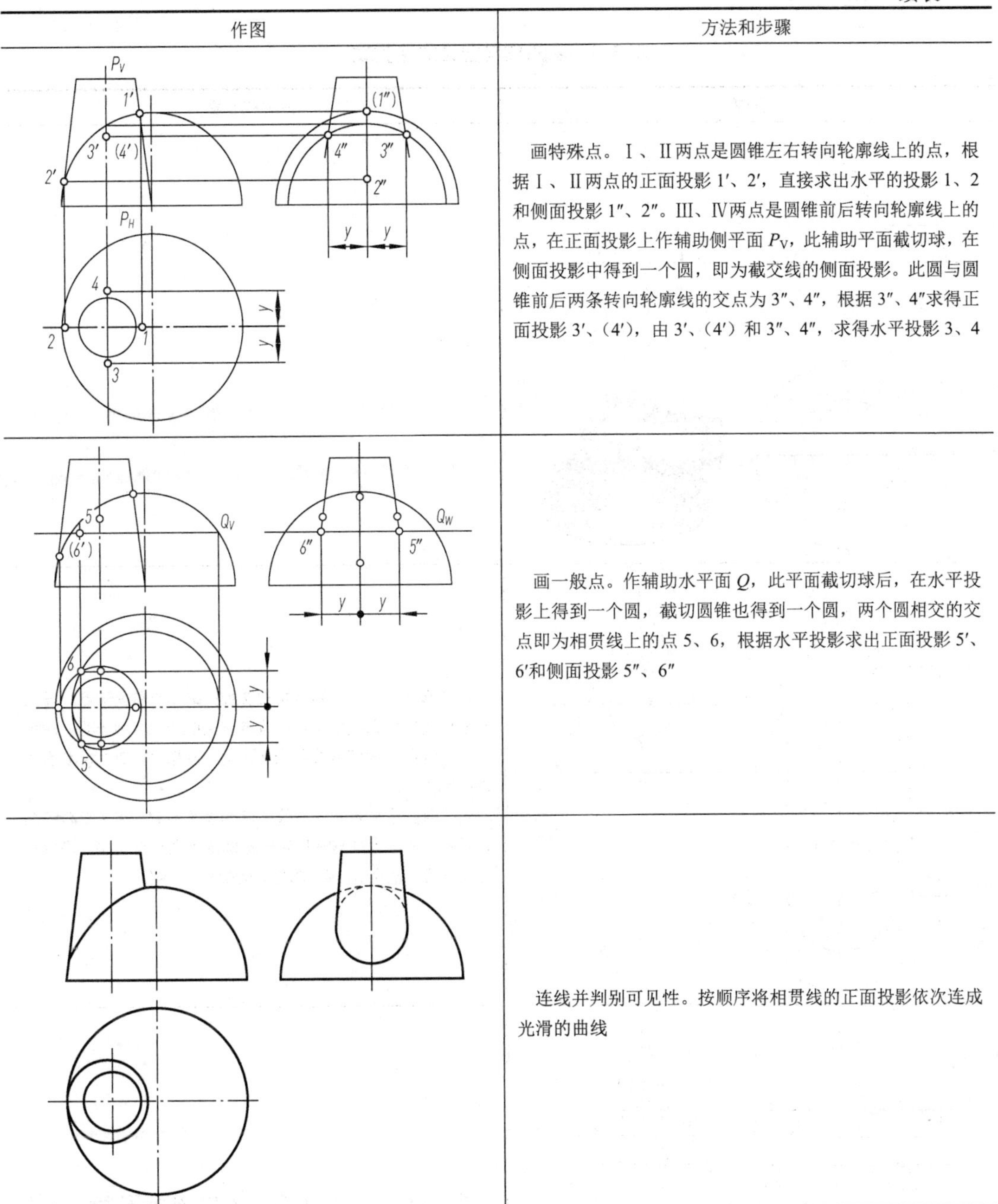

作图	方法和步骤
	画特殊点。Ⅰ、Ⅱ两点是圆锥左右转向轮廓线上的点，根据Ⅰ、Ⅱ两点的正面投影 1′、2′，直接求出水平的投影 1、2 和侧面投影 1″、2″。Ⅲ、Ⅳ两点是圆锥前后转向轮廓线上的点，在正面投影上作辅助侧平面 P_V，此辅助平面截切球，在侧面投影中得到一个圆，即为截交线的侧面投影。此圆与圆锥前后两条转向轮廓线的交点为 3″、4″，根据 3″、4″求得正面投影 3′、(4′)，由 3′、(4′) 和 3″、4″，求得水平投影 3、4
	画一般点。作辅助水平面 Q，此平面截切球后，在水平投影上得到一个圆，截切圆锥也得到一个圆，两个圆相交的交点即为相贯线上的点 5、6，根据水平投影求出正面投影 5′、6′和侧面投影 5″、6″
	连线并判别可见性。按顺序将相贯线的正面投影依次连成光滑的曲线

【例 3-21】求圆柱与圆锥的相贯线，如表 3-9 所示。

分析：本例中的圆柱与圆锥相交，圆柱的轴线垂直于侧面，相贯线的侧面投影与圆柱的侧面投影重合，积聚在圆上。根据前面介绍的表面取点法，可以利用圆锥面上找点的方法求出相贯线的投影。这里我们采用辅助平面法求解。

圆柱与圆锥相贯线的侧面投影与圆柱的侧面投影重合，正面投影是前后对称的曲线段，水平投影是封闭曲线。相贯线的求法与例 3-20 的过程类似，这里不再赘述。

作图：见表 3-9。

表 3-9　求圆柱与圆锥的相贯线

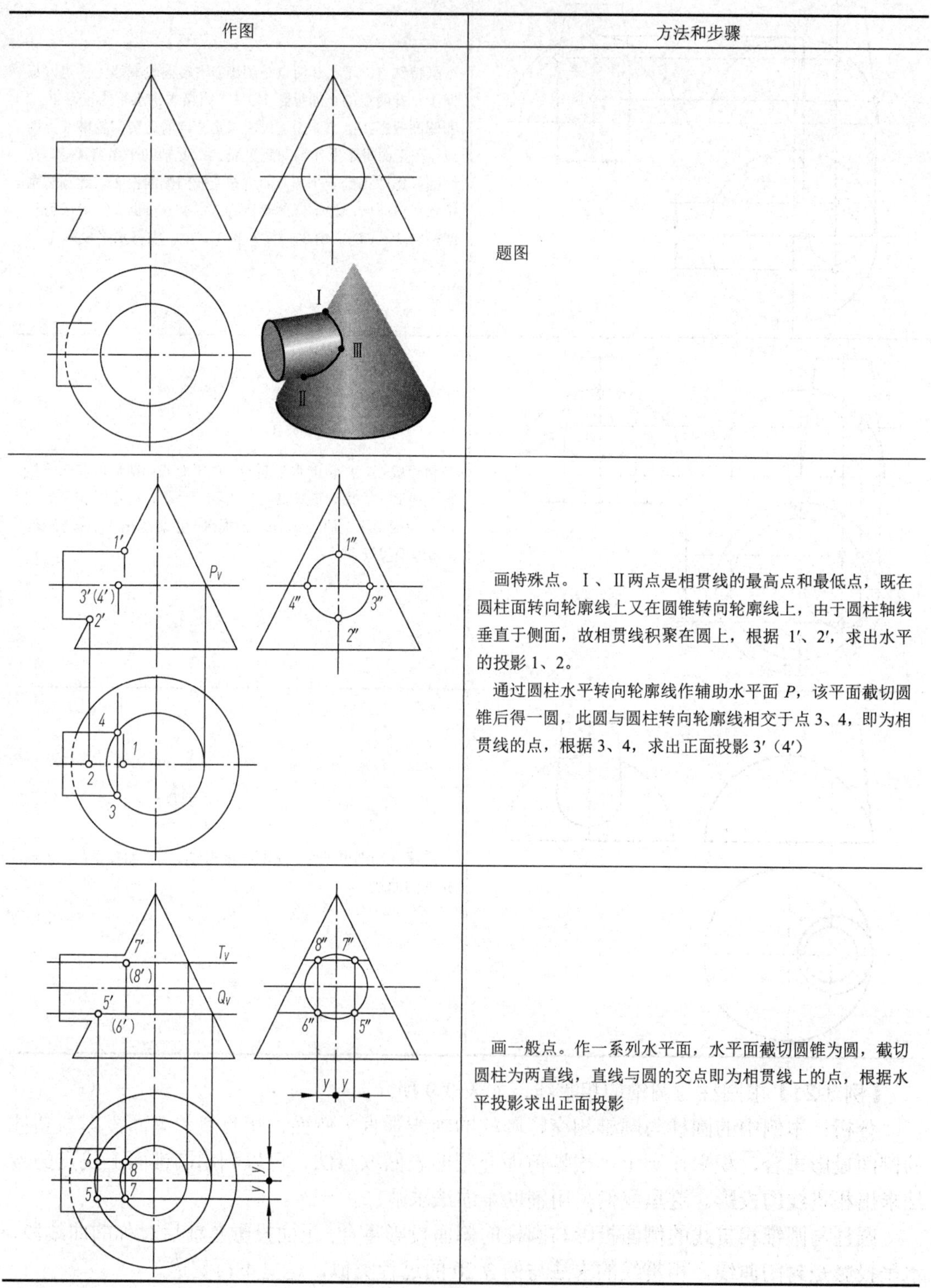

作图	方法和步骤
	题图
	画特殊点。Ⅰ、Ⅱ两点是相贯线的最高点和最低点，既在圆柱面转向轮廓线上又在圆锥转向轮廓线上，由于圆柱轴线垂直于侧面，故相贯线积聚在圆上，根据 1′、2′，求出水平的投影 1、2。 通过圆柱水平转向轮廓线作辅助水平面 *P*，该平面截切圆锥后得一圆，此圆与圆柱转向轮廓线相交于点 3、4，即为相贯线的点，根据 3、4，求出正面投影 3′（4′）
	画一般点。作一系列水平面，水平面截切圆锥为圆，截切圆柱为两直线，直线与圆的交点即为相贯线上的点，根据水平投影求出正面投影

续表

作图	方法和步骤
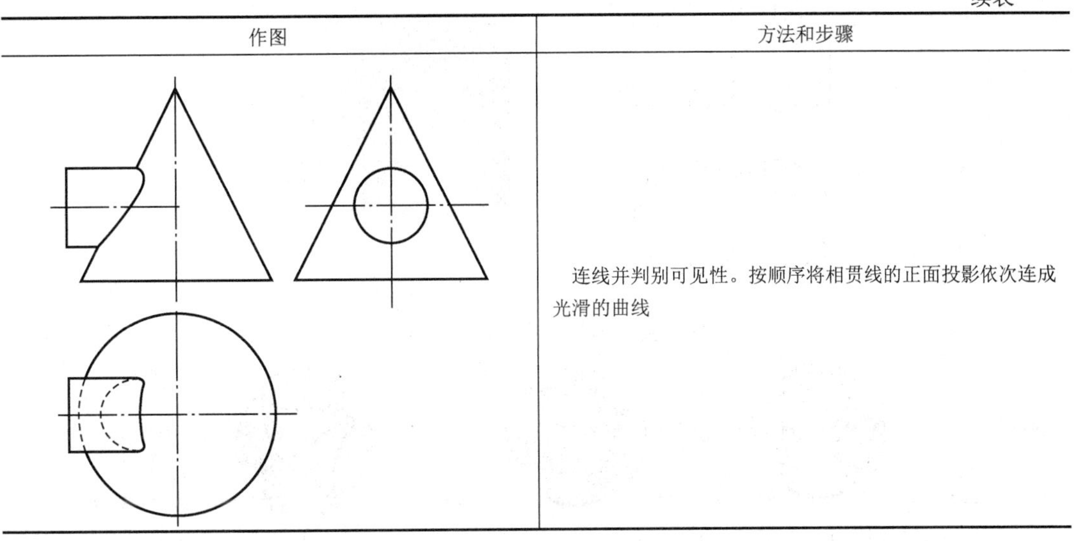	连线并判别可见性。按顺序将相贯线的正面投影依次连成光滑的曲线

（3）相贯线的表现形式

当两个立体相交，两立体的形状、相互位置发生变化时，相贯线的形状也随之发生变化，在绘制相贯线时应注意它们的变化趋势。

1）相贯线的特殊情况。

① 两同轴回转体相贯。两个回转体具有公共轴线时，其表面的相贯线为圆，并且该圆垂直于公共轴线。当公共轴线处于投影面垂直位置时，相贯线有一个投影反映圆的实形，其余投影积聚为直线，如图 3-29 所示。

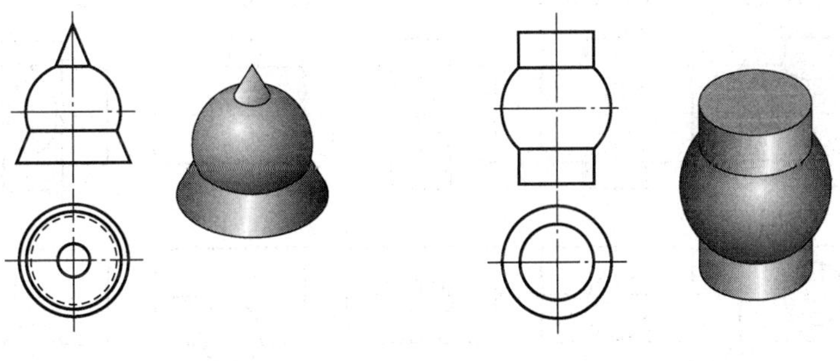

（a）球与圆锥相贯　　（b）圆柱与球相贯

图 3-29　两同轴回转体相贯

② 两轴线平行的圆柱相贯。两轴线平行的圆柱相贯，相贯线是两条平行的线段，不封闭，如图 3-30 所示。

2）相贯线的变化趋势。如图 3-31 所示，当两圆柱轴线正交且平行于同一投影面时，两圆柱的直径相对变化，引起了它们表面的相贯线的形状和位置变化。变化的趋势：当两圆柱不等径时，相贯线总是从小圆柱向大圆柱的轴线方向弯曲；当两圆柱等径时，相贯线由两条空间曲线变为两条平面曲线——椭圆，此时它们的正面投影为两条相交直线。

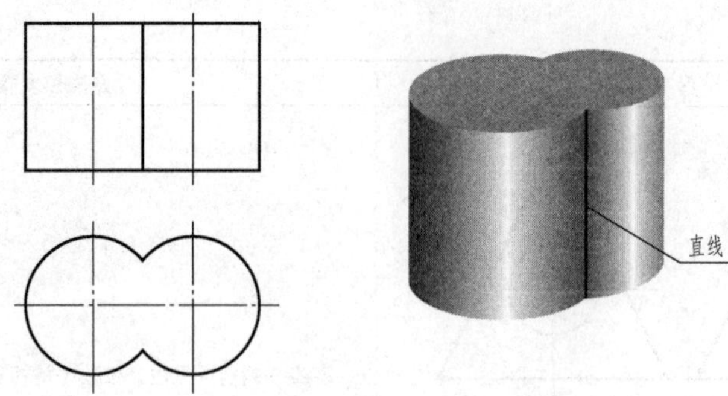

图 3-30　两轴线平行的圆柱相贯

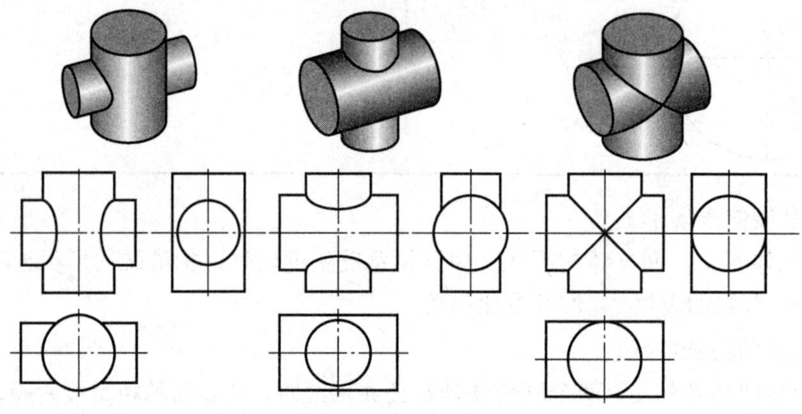

图 3-31　正交两圆柱相贯线的变化趋势

如图 3-32 所示为两圆柱轴线偏交且平行于同一投影面时的相贯线变化情况。

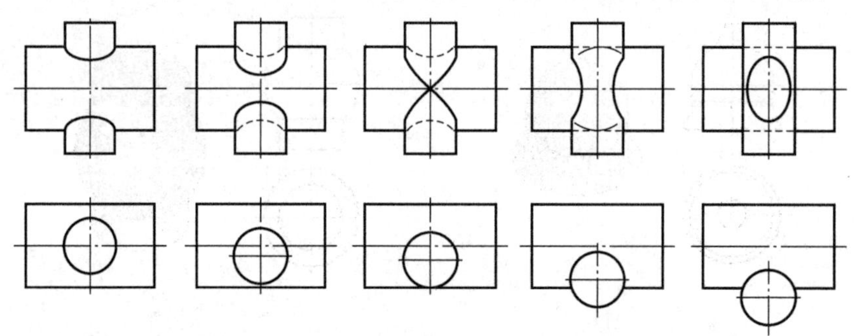

图 3-32　两圆柱轴线偏交且平行于同一投影面时的相贯线变化情况

3）具有公切球面的两回转面相交。相交两回转面同时公切于一球面，其相贯线是两条相交的平面曲线。两个直径相等的圆柱正交，其相贯线是两个相等的椭圆，如图 3-33（a）所示；若斜交，则相贯线是两个不相等的椭圆，如图 3-33（b）所示。由于两圆柱的轴线同时平行于正面，相贯线（椭圆）的正面投影为正垂面，积聚成直线，其端点是两圆柱的正面投影转向轮廓线的交点。公切于一球面的圆锥面与圆柱面相交，其相贯线仍为椭圆，如图 3-33（c）、（d）所示。

4）多个基本立体相交的相贯线。在实际上的机件中，多为多个基本立体相交，多个基本立体相交时，其交线较为复杂，由基本立体间的各段交线组合而成。在求解相贯线时，

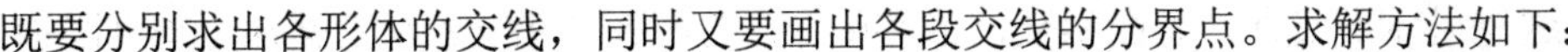

既要分别求出各形体的交线，同时又要画出各段交线的分界点。求解方法如下：

① 分析是由哪些基本立体相交的，是平面体还是曲面体，是外表面还是内表面，是一个整体还是一个不完整的基本立体。

② 分析哪些立体间有相交关系，并分析其交线的形状、趋势和范围。

③ 对相交部分，分别求出两相交立体的相贯线及各段相贯线的分界点，然后综合成整体的相贯线。

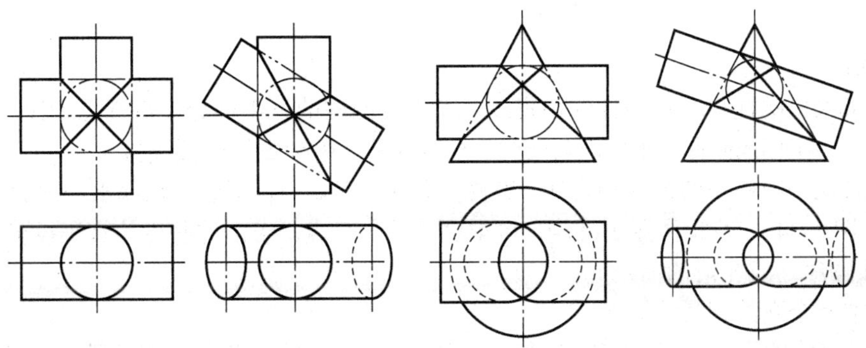

（a）两等径圆柱正交　（b）两等径圆柱斜交　（c）圆柱与圆锥轴线正交　（d）圆柱与圆锥轴线斜交

图 3-33　具有公切圆球面的两回转面相交

【例 3-22】如图 3-34 所示，外表面为垂直圆柱、圆台与水平圆柱 3 个基本立体相交，内表面为两直径相等的内孔相交，求其相贯线。

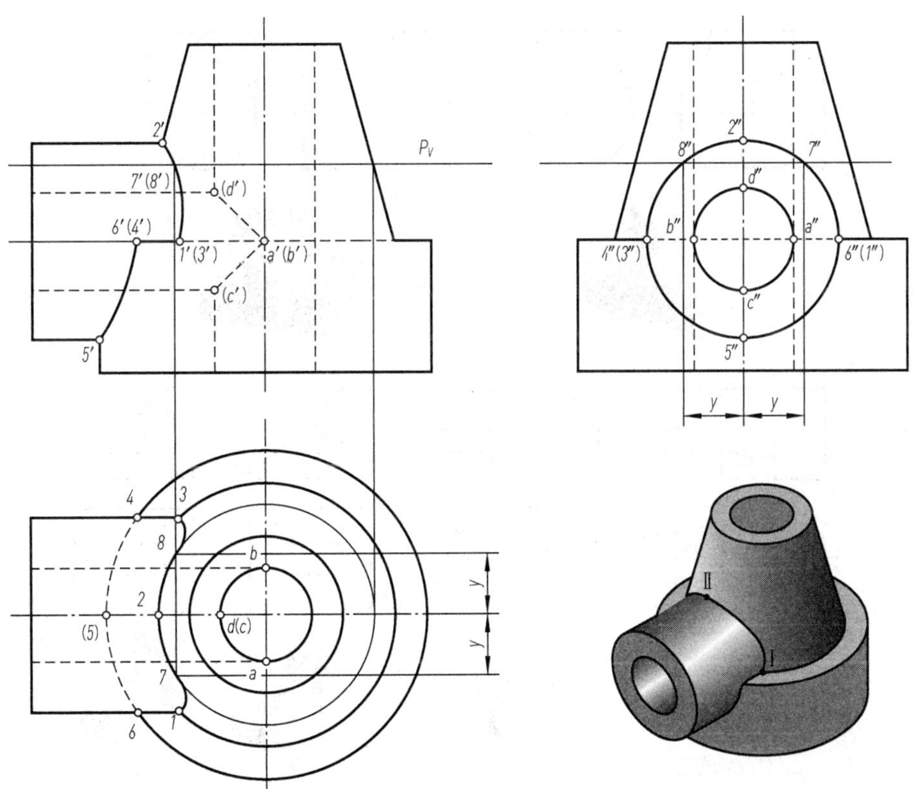

图 3-34　多个基本形体相交

分析：这个形体不仅有外表面相交，还有孔与孔的内表面相交。水平圆柱与垂直圆柱、圆台相贯线的侧面投影与水平圆柱的侧面投影（圆）重合，求水平圆柱和圆台相贯线的正面投影和水平投影；水平圆柱与垂直圆柱相贯线的水平投影与水平圆柱的水平投影的部分圆弧（细虚线）重合，求水平圆柱和垂直圆柱相贯线的正面投影；两个圆柱孔相贯线的侧面投影与水平圆柱孔的侧面投影（圆）重合，水平投影与垂直圆柱孔的水平投影的左半圆重合，由于两个孔的直径相等，相贯线的正面投影为相交直线（细虚线），且经过两孔轴线的交点。

作图：

① 求水平圆柱与垂直圆柱的相贯线。在水平圆柱的下半部分，特殊点为Ⅳ、Ⅴ、Ⅵ。5′、6′（4′）用光滑的曲线连接，4、（5）、6 不可见，用细虚线圆弧连接。

② 求水平圆柱与圆台的相贯线。特殊点是Ⅰ、Ⅱ、Ⅲ，可通过辅助水平面 P 求一般点Ⅶ、Ⅷ（图 3-34）。若想作图更准确，可求更多的一般点。求出这些点的水平投影和正面投影后，按顺序连成光滑的曲线。

③ 求两个孔的相贯线。

5）过渡线的画法。有些零件采用铸造成形，铸造有铸造圆角和起模斜度，使铸件表面的交线（截交线、相贯线）变得不太明显，我们把这种线称为过渡线。过渡线的画法与相贯线一样，按没有圆角的情况先求出相贯线的投影，画到理论的交点处。过渡线不宜与轮廓线相连，应按细实线画出。过渡线的画法有 3 种形式，如图 3-35 所示是过渡线的一种画法。

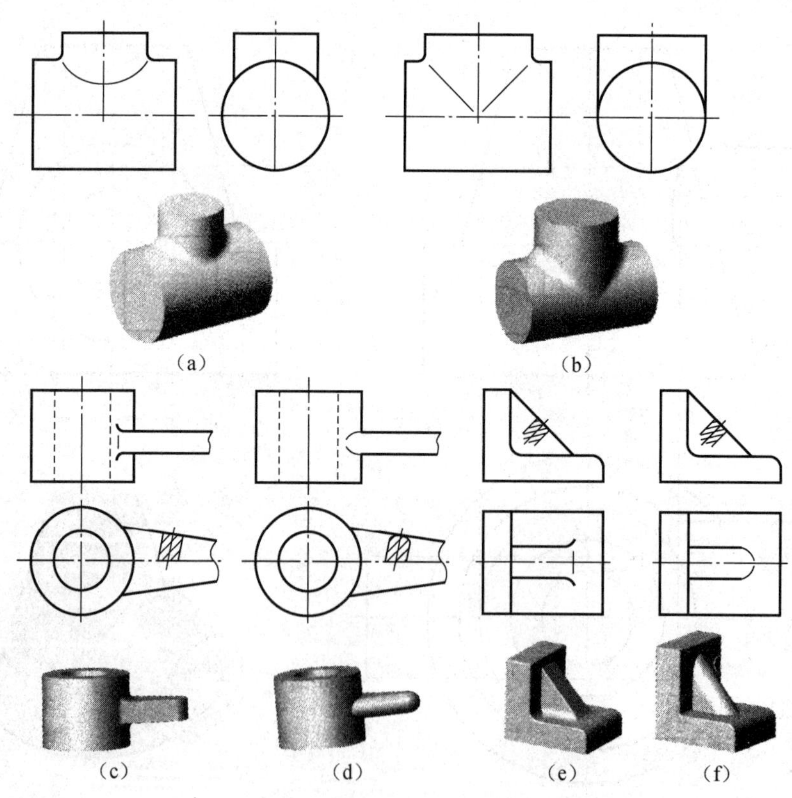

图 3-35　过渡线的画法

如图 3-36（a）所示为底板与圆柱面相交的过渡线画法，交线处在大于或等于 60° 的位置时，过渡线用两端带小圆角的细实线画出。在图 3-36（b）中，压板与圆柱面相交，交线处在小于 45° 的位置时，过渡线用两端不到头的细实线画出。

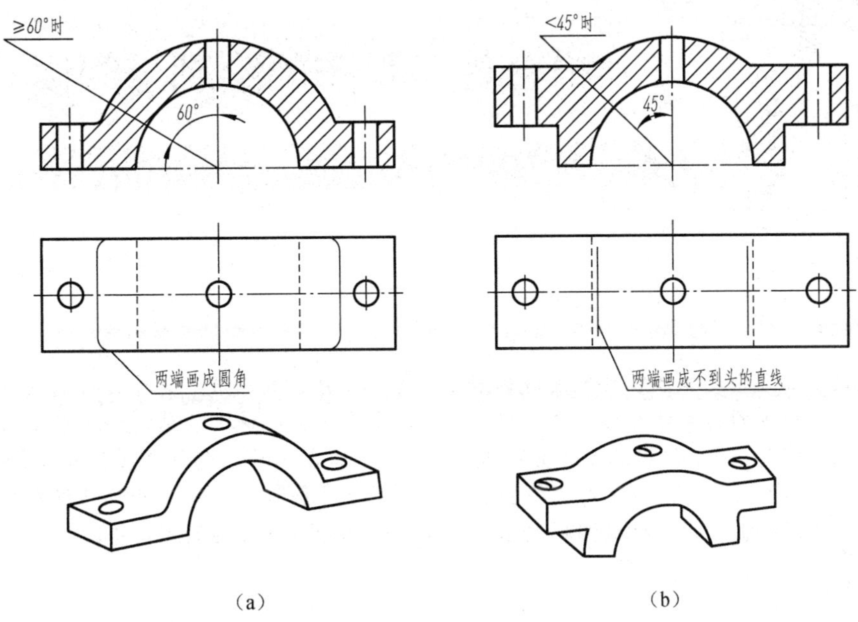

图 3-36　圆柱与平面相交的过渡线画法

4 单元 组合体三视图的绘制与阅读

◎ **单元导读**

无论多么复杂的物体都可以看成由若干个基本立体组合而成，这种由两个或两个以上的基本立体构成的物体称为组合体。组合体实际上是去掉机械工艺结构和技术要求的机械零件的几何模型，组合体由基本体叠加或挖切而成。组合体的三视图仅仅表示物体的形状，要想知道物体的大小，还必须对三视图进行正确的尺寸标注。本单元的学习将为熟练掌握组合体三视图绘制、阅读机械图样及图解空间几何问题打下坚实的理论基础。

◎ **知识目标**

- ◆ 掌握组合体的概念、表面组合的形式及画法。
- ◆ 掌握组合体的形体分析法和线面分析法。
- ◆ 掌握组合体的尺寸注法。

◎ **技能目标**

- ◆ 能绘制组合体的三视图。
- ◆ 能阅读组合体的三视图。

◎ **思政目标**

- ◆ 树立正确的学习观、价值观，自觉践行行业道德规范。
- ◆ 牢固树立质量第一、信誉第一的强烈意识。
- ◆ 遵规守纪，安全操作，爱护设备，钻研技术。
- ◆ 发扬一丝不苟、精益求精的工匠精神。

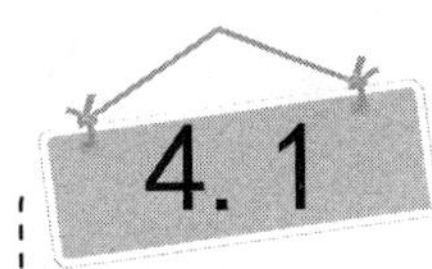

4.1 组合体的概念

组合体实际上是去掉机械工艺结构和技术要求的机械零件的几何模型。因此，研究组合体的组成形式、绘制组合体图样、阅读组合体图样、标注组合体的尺寸是为零件模型的构型设计、零件图的绘制及为构造复杂的三维实体几何模型打基础。

4.1.1　组合体的组合形式

微课：组合体的组合形式

组合体的组合形式可以分为叠加式、挖切式或两者复合的形式，其中叠加又可以分为堆砌叠加、相交叠加和相切叠加 3 种。

叠加：即实形体与实形体进行组合，如图 4-1（a）所示。

挖切：即从实形体中挖去一个实形体，被挖去的部分就形成空腔；或是从实形体中切去一部分，使被切的实形体成为不完整的基本几何体，如图 4-1（b）所示。

复合：既有叠加，也有挖切。大多数情况下，我们看到的组合体是复合式的，既有堆砌又有挖切，形状比较复杂，如图 4-1（c）所示。

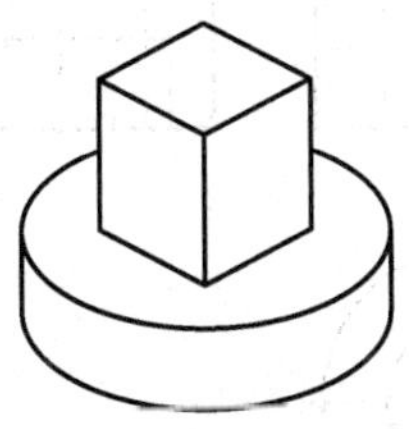

（a）叠加式组合体

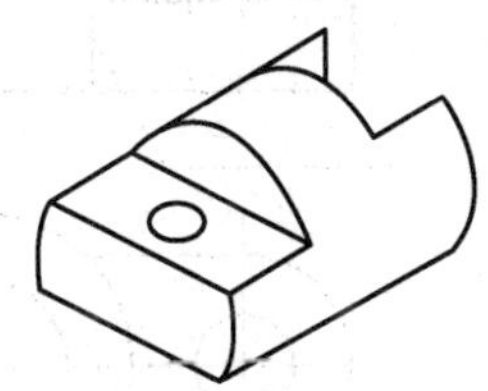

（b）挖切式组合体

（c）复合式组合体

图 4-1　组合体的组合形式

4.1.2　组合体表面之间的连接关系

形体组合在一起，各形体相邻表面之间按其表面形状和相对位置不同，可分为平齐、不平齐、相切、相交 4 种情况。连接关系不同，连接处投影的画法也不同。

微课：组合体中各基本几何体表面的连接形式

平齐：两物体的表面平齐而共面，两表面交界处不应画线，如图 4-2 所示。

不平齐：两物体的表面不平齐，两表面交界处应画交线，如图 4-3 所示。

相切：两形体表面相切，相切处光滑连接，没有交线，该处投影不应画线，相邻平面的投影应画到切点，如图 4-4 所示。

相交：当相邻两基本形体的表面相交时，在相交处会产生各种形状的交线，应在视图相应位置画出交线的投影。相交又分为截交和相贯两种形式，如图 4-5 所示。

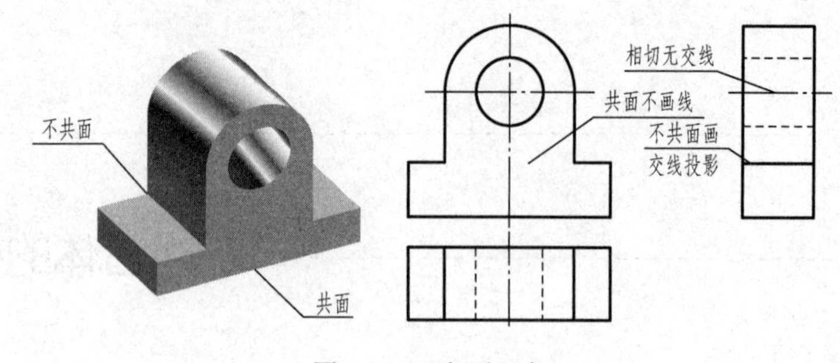

图 4-2　两表面平齐

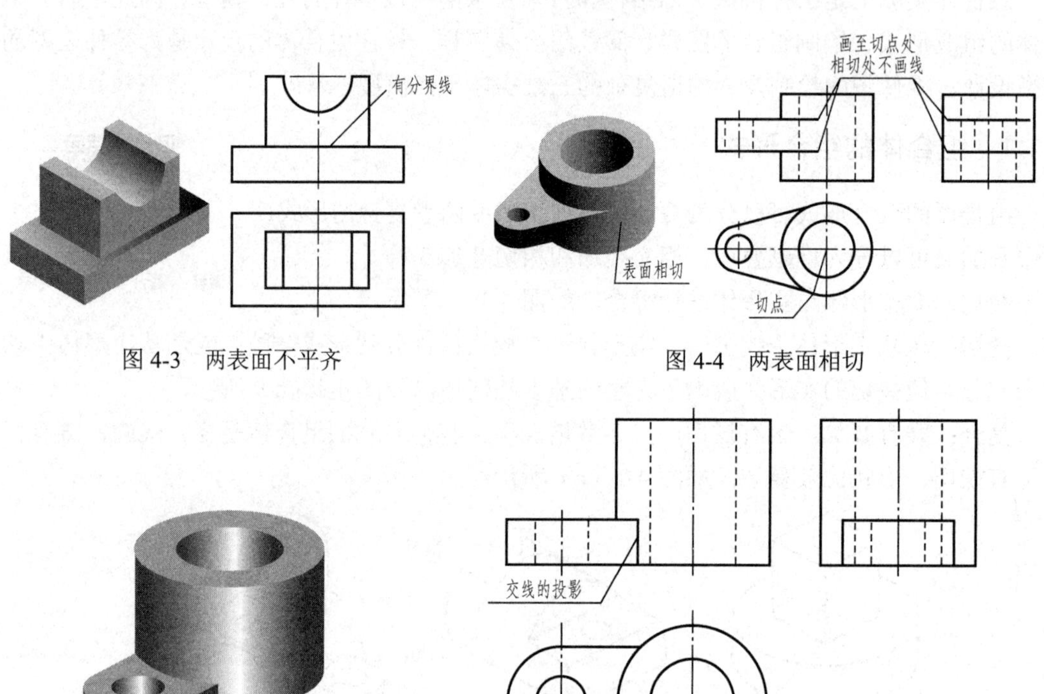

图 4-3　两表面不平齐

图 4-4　两表面相切

图 4-5　两表面相交

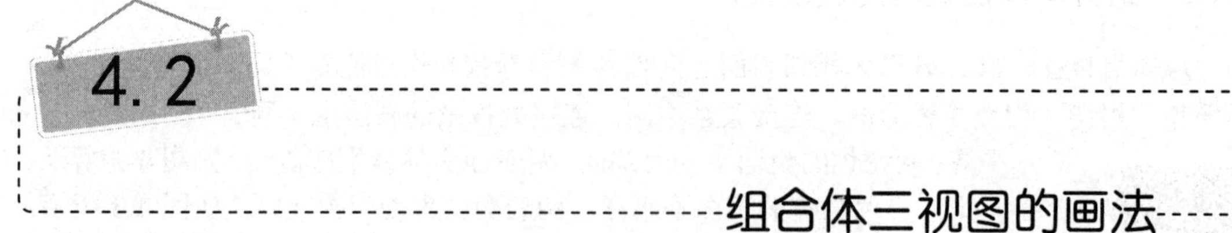

4.2 组合体三视图的画法

从前面的分析可以知道，组合体的组合形式有叠加式、挖切式和复合式，而大多数机械零件是以复合式形式存在的。只要我们掌握了基本的画法，再复杂的机械零件的三视图画法都能化繁为简，下面我们介绍两种典型组合体的画法。

4.2.1　叠加式组合体三视图的画法

画组合体三视图时，首先运用形体分析法，假想把组合体分解为若干基本立体，分析确定各基本立体之间的相对位置及组合形式，判断基本立体邻接表面间的连接关系；然后逐个画出各基本立体的三视图，同时分析检查那些处于共面、相切或相交位置的邻接表面的投影是否正确，即有无漏线或多余线；最后对局部难懂的结构运用线面分析法重点分析和校核，正确地绘制出组合体的三视图。

下面以如图 4-6（a）所示的支架为例，说明画组合体三视图的步骤。

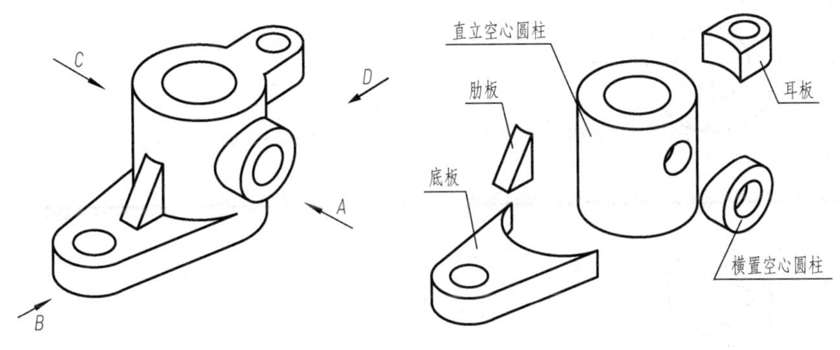

（a）支架立体图　　（b）支架分解后的立体图

图 4-6　支架的形体分析

1．形体分析

如图 4-6（b）所示，支架可分解为直立空心圆柱、底板、肋板、耳板、横置空心圆柱 5 个基本立体。肋板叠加在底板上；底板的侧面与直立空心圆柱面相切；肋板和耳板的侧面与直立空心圆柱的柱面相交；耳板的顶面和直立空心圆柱的顶面平齐；横置空心圆柱与直立空心圆柱垂直相交，且两孔相通。使用形体分析法绘制图 4-6 所示的支架三视图的步骤如表 4-1 所示。

表 4-1　使用形体分析法绘制支架三视图的步骤

作图	方法和步骤
	布置视图，画基准线

续表

作图	方法和步骤
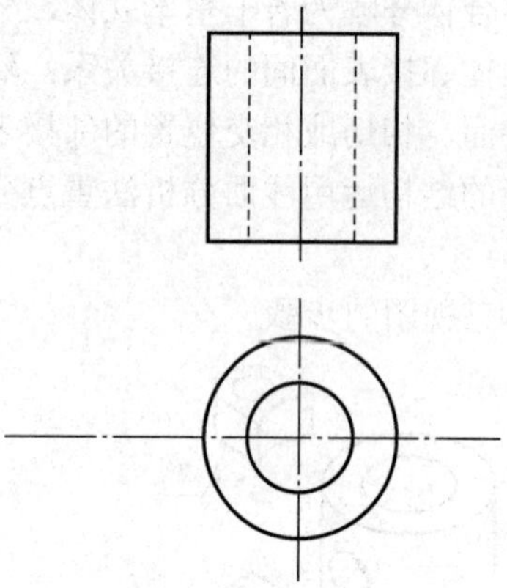	画主要的基本立体，此处为直立圆柱
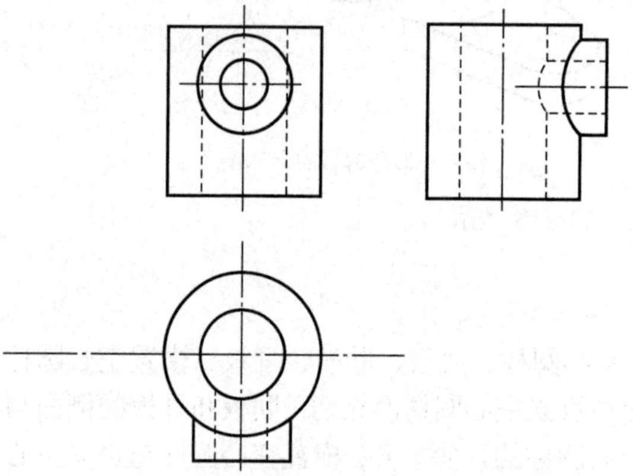	画横置空心圆柱及其与直立空心圆柱的交线
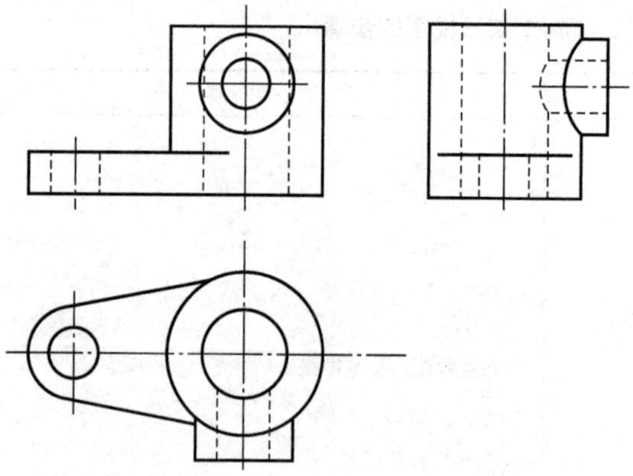	画底板，注意相切处的画法

续表

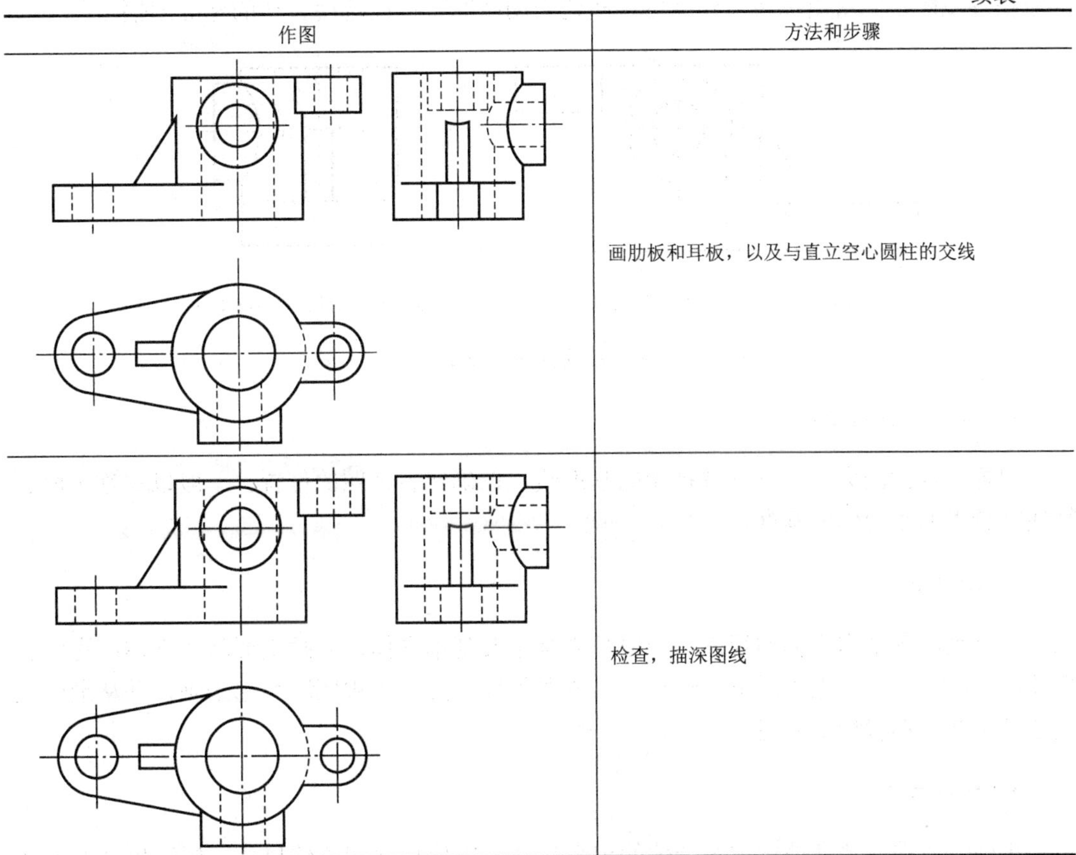

作图	方法和步骤
	画肋板和耳板，以及与直立空心圆柱的交线
	检查，描深图线

2．确定主视图

主视图是最主要的视图。主视图应该反映组合体的形状特征及结构特征（即各基本立体的相互位置关系）；主视图一经确定，其他视图亦随之确定。

支架放好后，有两个投影方向可以作为主视图方向，如图中的 *A*、*B* 方向。本例选用 *A* 方向作为投影图的主视图方向。

组合体在投影体系中的摆放位置及主视图的投影方向是确定主视图的两个因素。通常情况下，按组合体的最稳定的方位将其放稳，使主要平面或主要轴线与投影面保持平行或垂直，如图 4-6（a）所示。然后选择主视图的投影方向，投影方向的选择原则：应使主视图能较好地反映组合体的形状特征及结构特征，并尽可能使主、俯视图中的虚线最少。如图 4-7（a）所示是以图 4-6（a）中的 *A* 方向投射所得的主视图，图 4-7（b）是以图 4-6（a）中的 *B* 方向投射所得的主视图。图 4-7（a）比图 4-7（b）能较明显地表达支架各基本体的形状特征及其相对位置。再比较 *A* 方向的投影图和其他方向（如 *C*、*D* 方向）的投影图，最终选择 *A* 方向作为主视图的投影方向。

3．选比例，定图幅

画图时，按选定的比例，根据组合体的长、宽、高大致估算出 3 个视图所占的面积，并应在各视图之间留出标注尺寸的位置和适当的间距，据此选用合适的标准图幅。

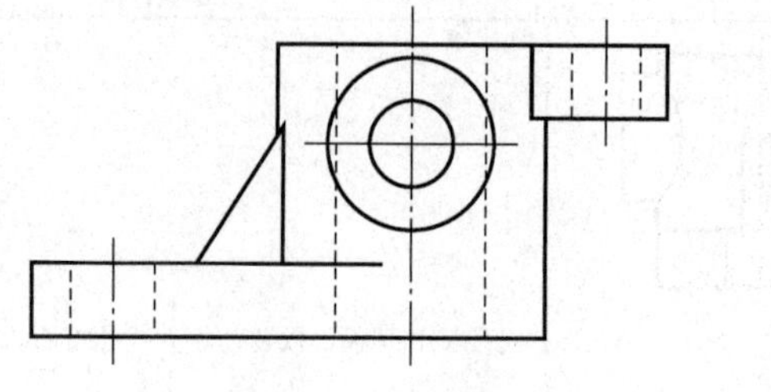

（a）选择A方向投影所得的主视图

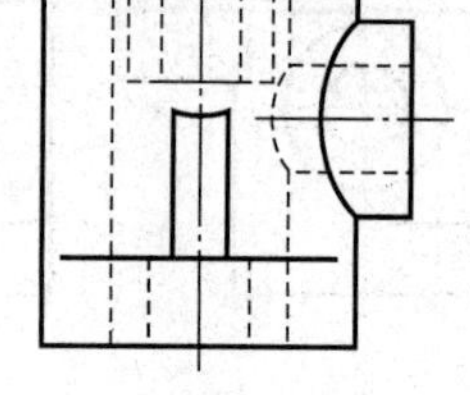

（b）选择B方向投影所得的主视图

图 4-7　选择投影方向

4．布图、画基准线

根据各视图的大小，画出各视图的基准线，以确定各视图的位置。一般以对称平面、轴线、较大的平面作为基准。

5．绘制底稿

逐个画出各基本立体的视图，一般是先画主要基本立体，后画次要基本立体；先画实形体，后画虚形体；先大后小。画基本立体视图时，要 3 个视图联系起来画，并从最能反映该基本立体形状特征的视图入手。

6．标注尺寸

正确、完整、清晰地标注组合体的定形尺寸、定位尺寸和总体尺寸。标注尺寸的方法在 4.3 节中另行介绍。

7．检查、描深

底稿完成后，应逐个检查基本立体的投影，并注意相邻表面平齐、相切、相交等，擦去多余的线条，补充漏画的线条，最后按不同的线型描深图线。

4.2.2　挖切式组合体三视图的画法

【例 4-1】画出如图 4-8 所示的挖切式组合体的三视图。

图 4-8　挖切式组合体

分析：该立体由四棱柱挖切而成，先由正垂面切去左边一个角，再由两个侧垂面和一个水平面切去一个 V 形槽，再由两个正平面和一个水平面挖去一个方槽。

作图：如表 4-2 所示。

表 4-2 挖切式组合体绘图步骤

作图	方法和步骤
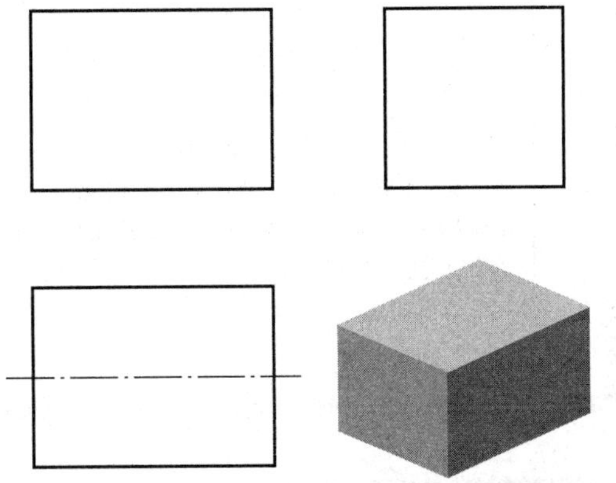	布置视图，画出各视图的作图基准线，画四棱柱的三视图
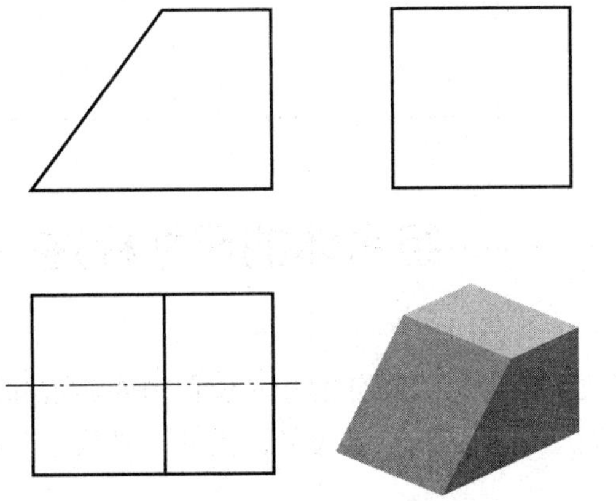	画被正垂面切后的投影，主视图积聚为线段，俯、左视图为类似形（矩形）
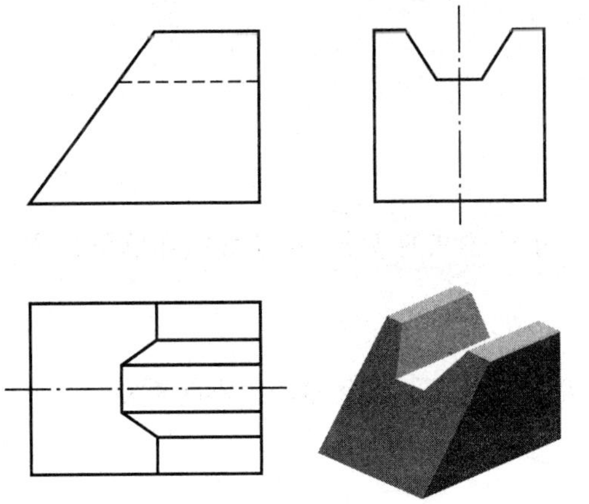	画切 V 形槽后的投影，左视图两个侧垂面、一个水平面投影积聚为线段，主视图两侧垂面投影为类似形，俯视图两侧垂面投影为类似形，水平面投影反映实形

续表

作图	方法和步骤
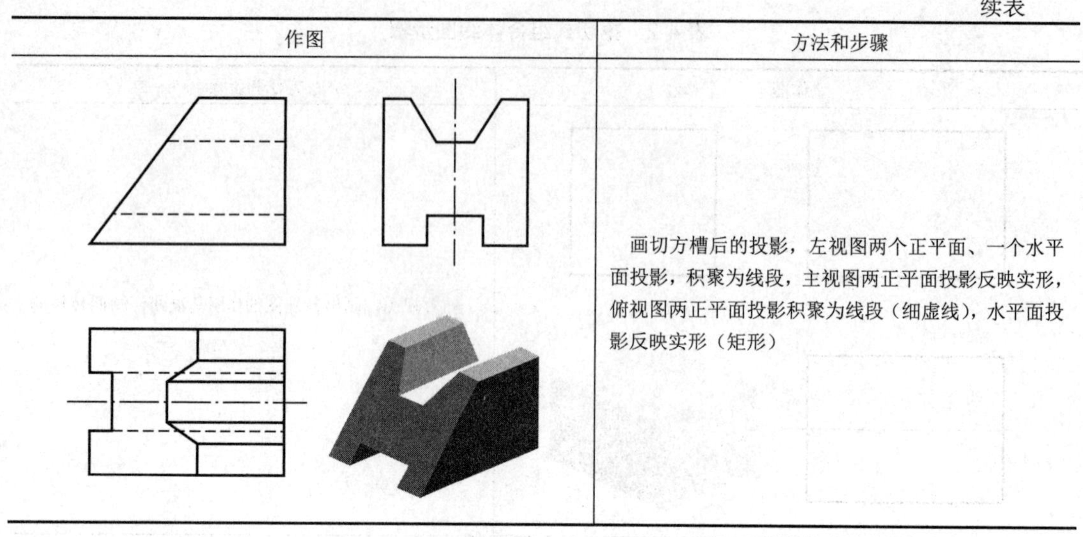	画切方槽后的投影，左视图两个正平面、一个水平面投影，积聚为线段，主视图两正平面投影反映实形，俯视图两正平面投影积聚为线段（细虚线），水平面投影反映实形（矩形）

4.3 组合体的尺寸标注

投影图只能表达物体的形状，而其真实大小及各组成部分的相对位置则要通过标注尺寸来确定。尺寸的遗漏或错标，会导致无法加工出产品或产生废品，因此，必须十分重视组合体的尺寸标注。

4.3.1 组合体尺寸标注的基本要求

组合体尺寸标注必须遵循以下要求。

1．正确

所标注的尺寸必须符合国家标准中有关尺寸标注法的规定，尺寸数值和单位必须正确。

2．完整

所标注的尺寸必须能完全确定物体的形状和大小，不能遗漏，也不能重复。

3．清晰

尺寸标注的位置要恰当，并且布置整齐，便于读图。

4．合理

所注尺寸应符合设计、制造和装配等工艺要求，如方便测量和查看尺寸。尺寸标注的

合理性要求将在零件图进行介绍。

标注尺寸的基本规则如下：

1）尺寸数值为零件的真实大小，与绘图比例及绘图准确度无关。

2）图样中的尺寸以 mm 为单位时，可省略标注单位，如采用其他单位，则必须注明。

3）图中所注尺寸是指零件完工后的尺寸。

4）每个尺寸一般只标注一次，而且标注在最能反映物体形状特征的视图上。

4.3.2　基本立体和常见底板、法兰的尺寸标注

1．基本立体的尺寸标注

（1）平面立体的尺寸注法

平面立体一般应标注长、宽、高 3 个方向的尺寸。为了便于看图，棱柱、棱锥及棱台顶面和底面大小的尺寸，应标注在反映实形的视图上。标注正方形尺寸时，在正方形边长尺寸数字前加注符号“□”，标注示例如表 4-3 所示。

表 4-3　平面立体的尺寸标注示例

棱柱的尺寸标注	12 10 8	16 10 8	8 14
棱锥（台）的尺寸标注	14 12	14 4 10 8 18	14 □6 □14

（2）回转体的尺寸注法

圆柱、圆锥（圆台）应标注底（顶）面圆直径和高度尺寸。直径的尺寸一般标注在非圆视图上，并在尺寸数字前加注符号“ϕ”；标注球尺寸时，需要在直径数字前加注符号“$S\phi$”，标注示例如表 4-4 所示。

表 4-4　回转体的尺寸标注示例

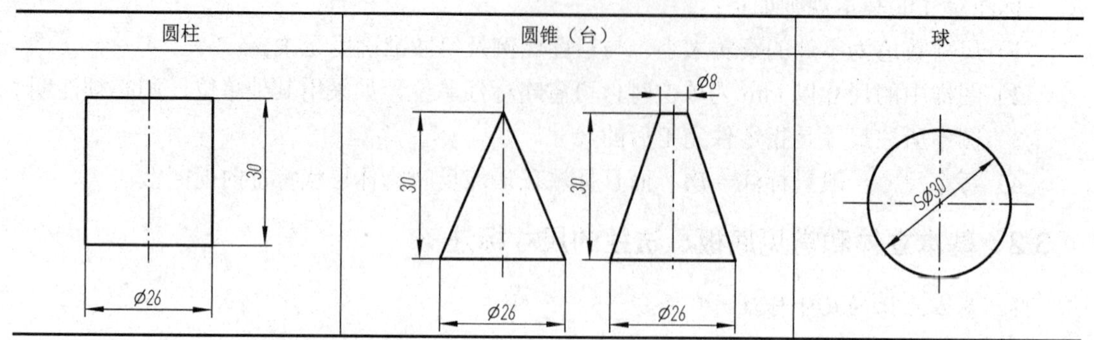

2. 常见底板、法兰的尺寸标注

常见底板、法兰的尺寸标注示例如表 4-5 所示。

表 4-5　常见底板、法兰的尺寸标注示例

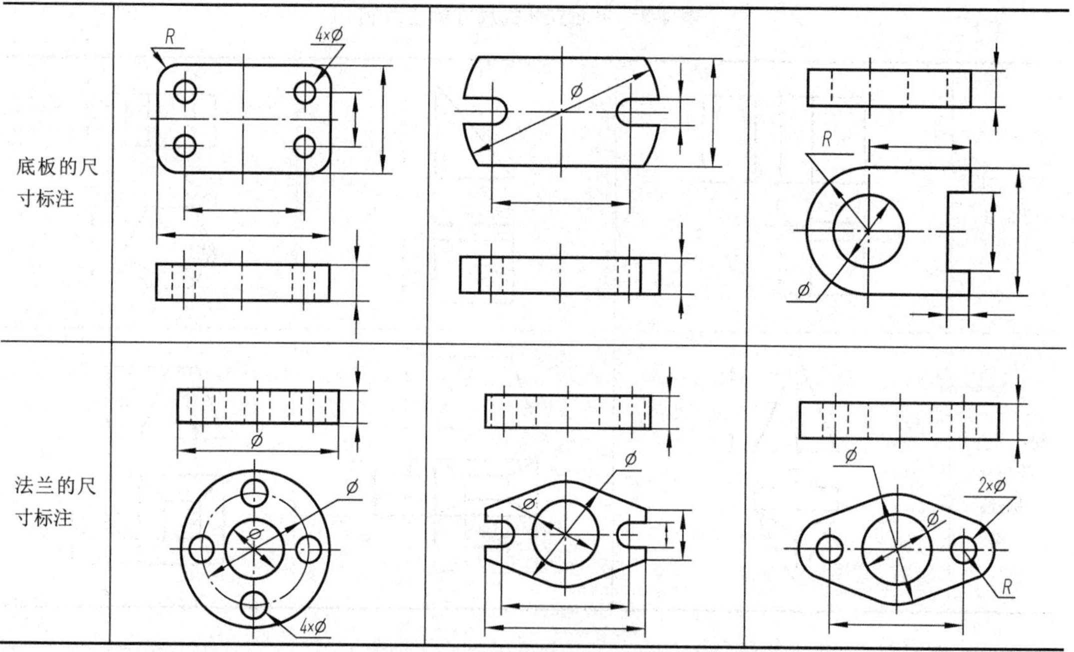

4.3.3　截切体、相贯体的尺寸标注

标注截切体尺寸时，除注出基本立体的尺寸外，还应标注截平面的定位尺寸。当基本立体的形状和大小、截平面的相对位置确定后，截交线的形状、大小及位置也随之确定，因此，截交线上不能标注尺寸。

标注相贯体尺寸时，除注出相交两基本立体的尺寸外，还要注出相交两基本立体的相对位置尺寸。当相交两基本立体的形状、大小和相对位置确定后，相贯线的形状、大小和位置也随之确定，因此，不能在相贯线上标注尺寸。截切体、相贯体的尺寸标注示例如表 4-6 所示。

表 4-6　截切体、相贯体的尺寸标注示例

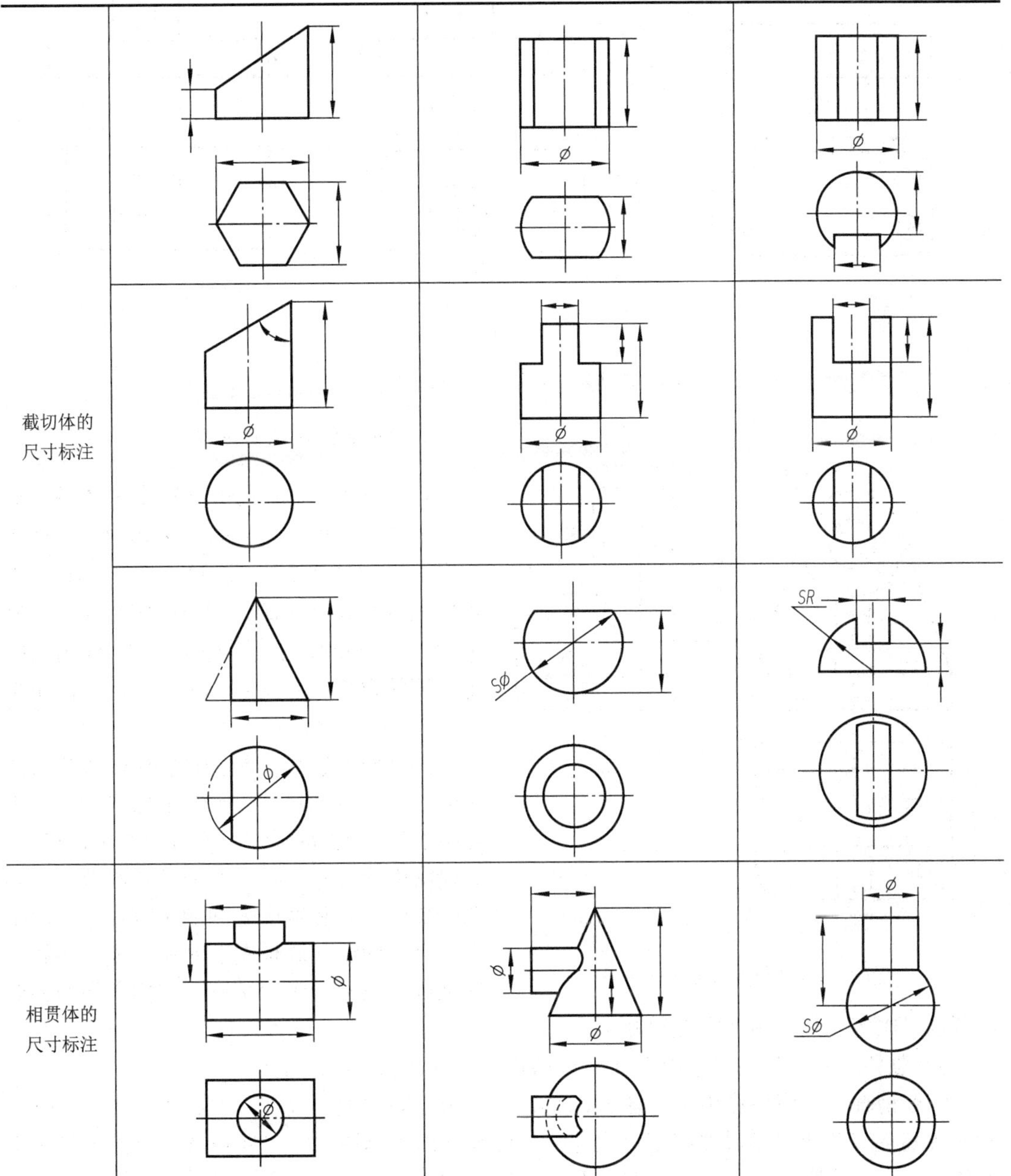

4.3.4　组合体的尺寸基准及尺寸分类

1. 组合体的尺寸基准

确定尺寸位置的几何元素称为尺寸基准。组合体有长、宽、高 3 个方向尺寸，每个方向至少选择一个主要尺寸基准，一般选择组合体的对称面、底面、重要端面及回转体轴线等作为主要尺寸基准，如图 4-9 所示。

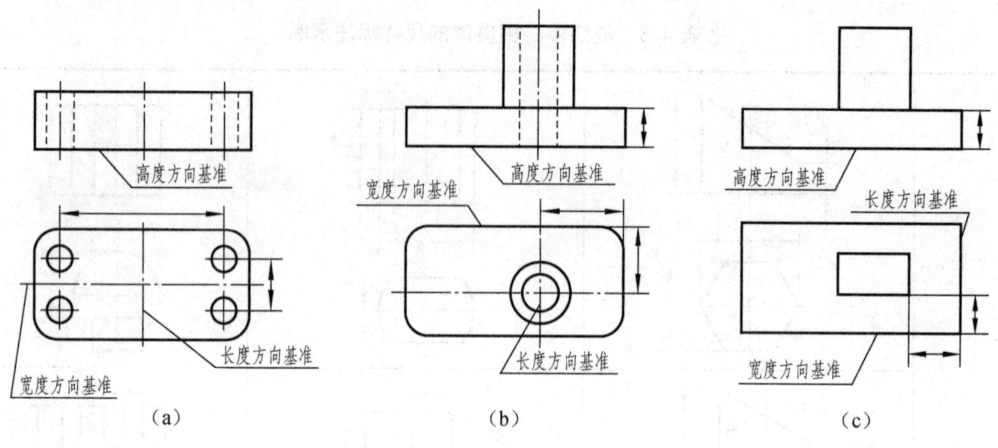

图 4-9　尺寸基准及定位尺寸

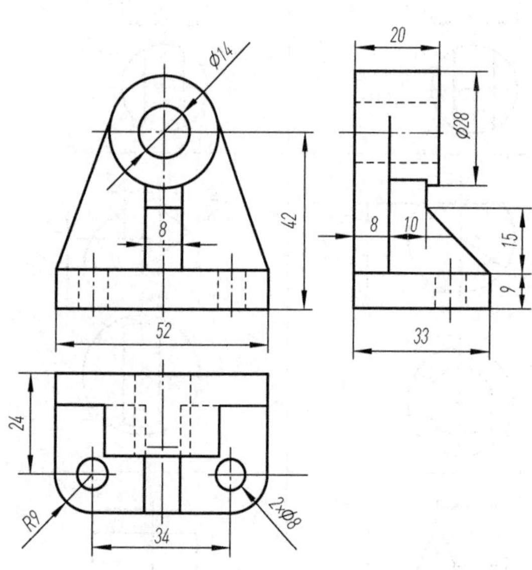

图 4-10　组合体的尺寸标注

2．组合体的尺寸分类

1）定形尺寸，是指确定组合体各组成部分形状大小的尺寸。如图 4-10 所示，底板的定形尺寸是长 52、宽 33、高 9、圆角 *R*9 及板上两圆孔直径ϕ8；圆筒的定形尺寸分别是圆柱直径ϕ28、内孔直径ϕ14、圆筒长度 20；支承板的定形尺寸是宽 8；还有肋板的定形尺寸 8、10、15。

2）定位尺寸，是指确定组合体各组成部分相对位置的尺寸。如图 4-10 所示，主视图中的尺寸 42 是圆筒高度方向的定位尺寸，俯视图中的尺寸 34、24 分别是底板上两圆孔的长度方向和宽度方向的定位尺寸。由于支承板、肋板与底板左右对称、相互接触，支承板与底板后表面平齐，它们之间的相对位置均已确定，无须标注定位尺寸。

3）总体尺寸，是指表示组合体外形总长、总宽、总高的尺寸。

一般情况下，应标注出组合体长、宽、高 3 个方向的最大尺寸，即总体尺寸。有时在标注各基本立体的定形尺寸和定位尺寸时，已经标出了总体尺寸，即在图上已能明显看出总体尺寸时，不需另行标注。如图 4-10 所示，底板的长度尺寸 52 即总长，底板宽度尺寸 33 即总宽，尺寸（42+14）决定了支架的总高尺寸。

组合体的定形尺寸和定位尺寸标好后，如果再加入总体尺寸，会增加尺寸总数，因此在注总体尺寸时，加注一个总体尺寸要减去同方向的一个定形尺寸，如图 4-11 所示。

如果组合体的一端是回转面，在此方向上一般不必标注总体尺寸，而标注回转体轴线到基准的距离，如图 4-12（a）所示在高度方向上标注总体尺寸，图 4-12（b）所示的标注是不正确的。图 4-10 中的尺寸（42+14）决定了轴承座的总高尺寸，就不必再标注轴承座的总高尺寸。

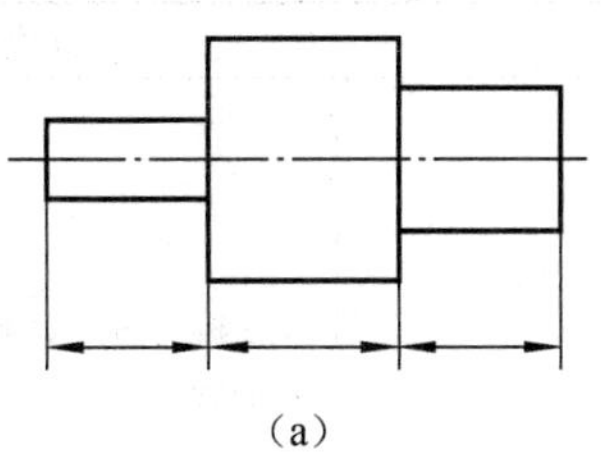

（a）

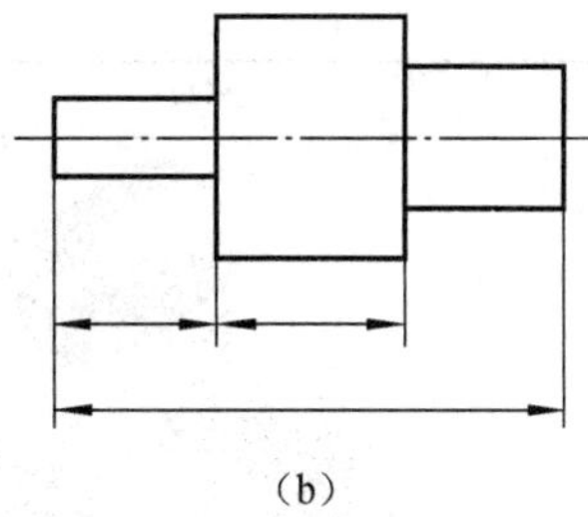

（b）

图 4-11　标注总体尺寸时减去同方向的一个定形尺寸

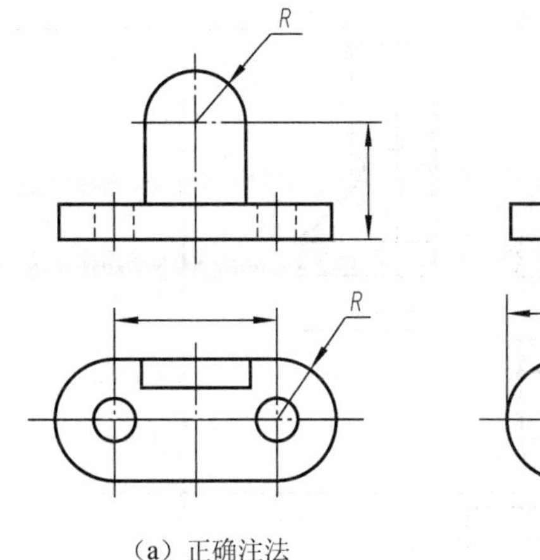

（a）正确注法

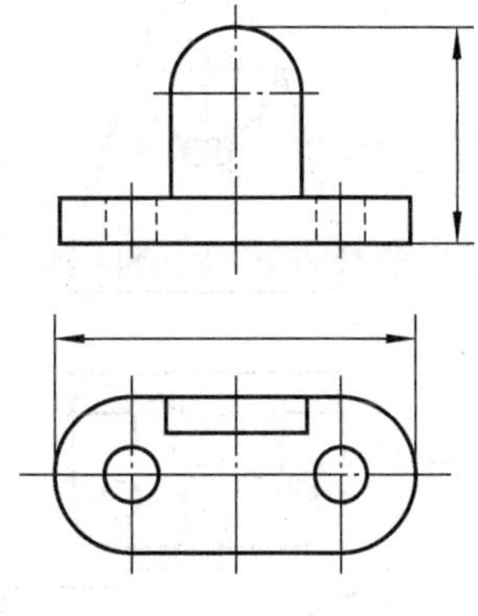

（b）不正确注法

图 4-12　总体尺寸不直接注出的情况

4.3.5　组合体尺寸标注的方法和步骤

标注组合体尺寸的基本方法是形体分析法。先假想将组合体分解为若干基本立体，选择好尺寸基准，然后逐一注出各基本几何体的定形尺寸和定位尺寸，最后标注总体尺寸，并对已注的尺寸进行检查、调整，完成尺寸标注。

【例 4-2】标注轴承座的尺寸，如表 4-7 所示。

表 4-7　标注轴承座的尺寸

作图	方法和步骤
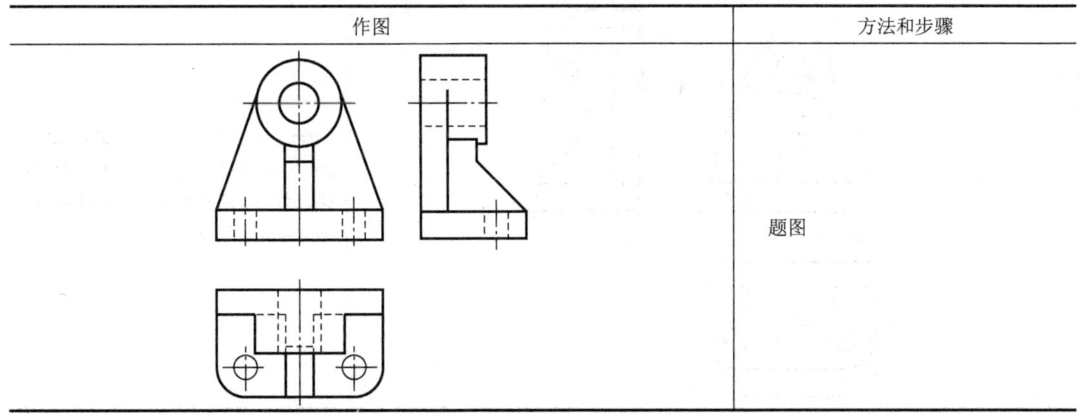	题图

续表

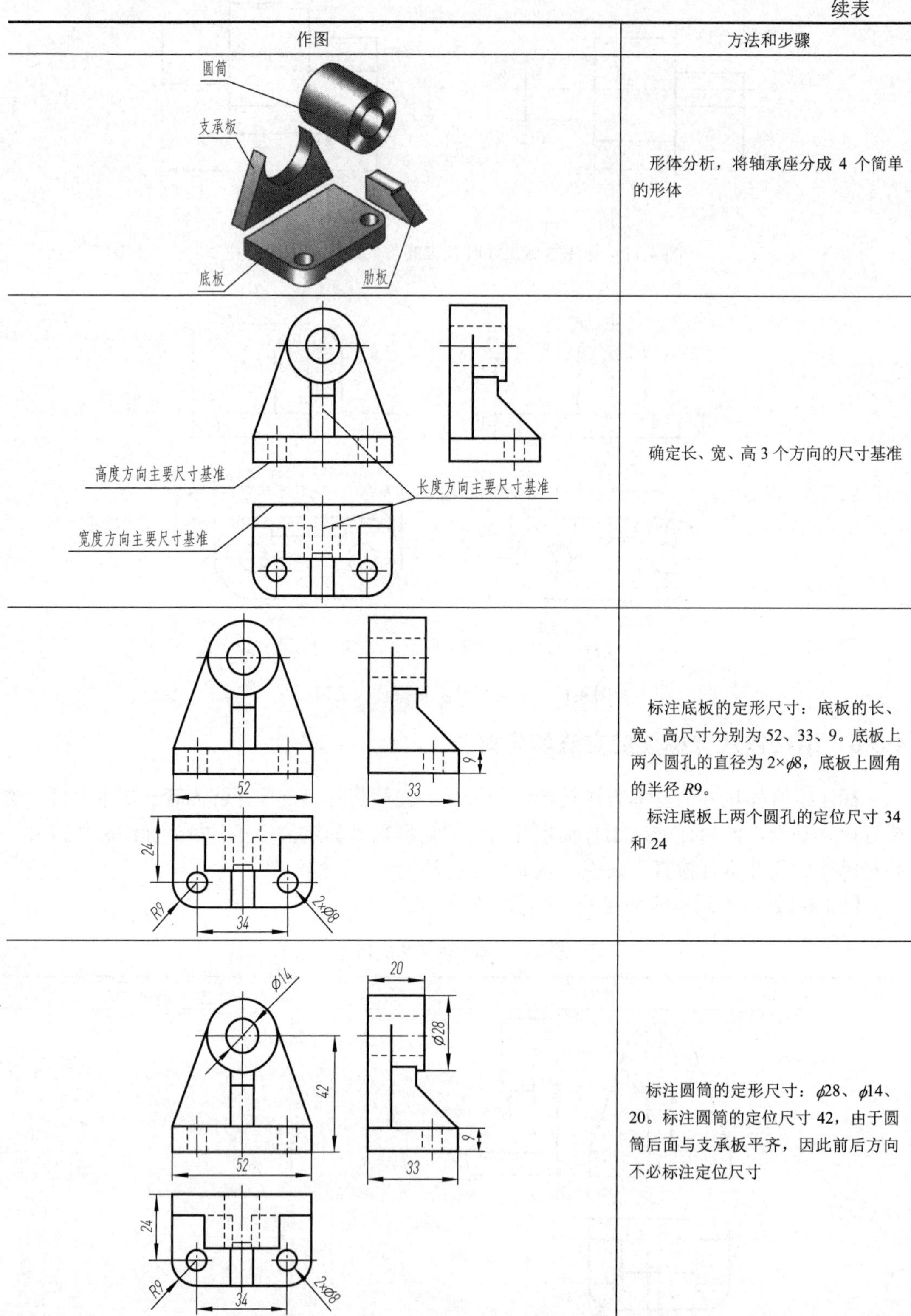

作图	方法和步骤
	形体分析，将轴承座分成 4 个简单的形体
	确定长、宽、高 3 个方向的尺寸基准
	标注底板的定形尺寸：底板的长、宽、高尺寸分别为 52、33、9。底板上两个圆孔的直径为 2×ϕ8，底板上圆角的半径 *R*9。 标注底板上两个圆孔的定位尺寸 34 和 24
	标注圆筒的定形尺寸：ϕ28、ϕ14、20。标注圆筒的定位尺寸 42，由于圆筒后面与支承板平齐，因此前后方向不必标注定位尺寸

续表

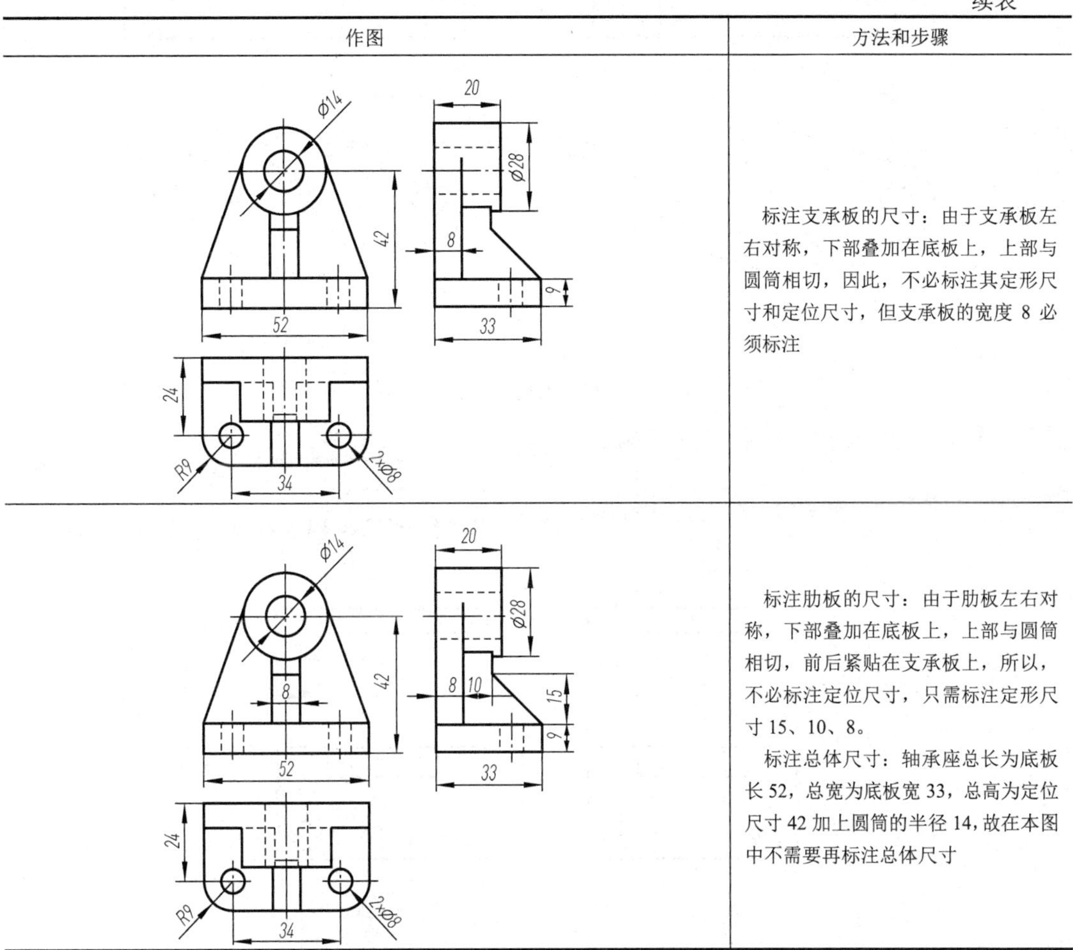

作图	方法和步骤
	标注支承板的尺寸：由于支承板左右对称，下部叠加在底板上，上部与圆筒相切，因此，不必标注其定形尺寸和定位尺寸，但支承板的宽度 8 必须标注
	标注肋板的尺寸：由于肋板左右对称，下部叠加在底板上，上部与圆筒相切，前后紧贴在支承板上，所以，不必标注定位尺寸，只需标注定形尺寸 15、10、8。 标注总体尺寸：轴承座总长为底板长 52，总宽为底板宽 33，总高为定位尺寸 42 加上圆筒的半径 14，故在本图中不需要再标注总体尺寸

4.3.6　标注组合体尺寸应注意的事项

标注组合体尺寸时应注意以下事项。

1）每一个尺寸只标注一次，一般标注在最能反映组合体形状特征的视图上，不应出现重复尺寸和多余尺寸。

2）小于或等于 180° 的圆弧标注半径尺寸，并标注在反映该圆弧实形的投影图上，半径相同的圆弧只注一个，且不能注出圆角的数量。几个相同圆孔标注直径时，只注一个，在直径符号前加上孔的个数，如图 4-13 所示。

3）对称于尺寸基准的尺寸，应合起来标注总的尺寸。在图 4-14（a）中，底板上的两孔，其长度方向的定位尺寸是关于基准对称的，所以应标注两孔的中心距，而不标孔心到基准对称面的距离。图 4-14（b）所示的标注是不正确的。

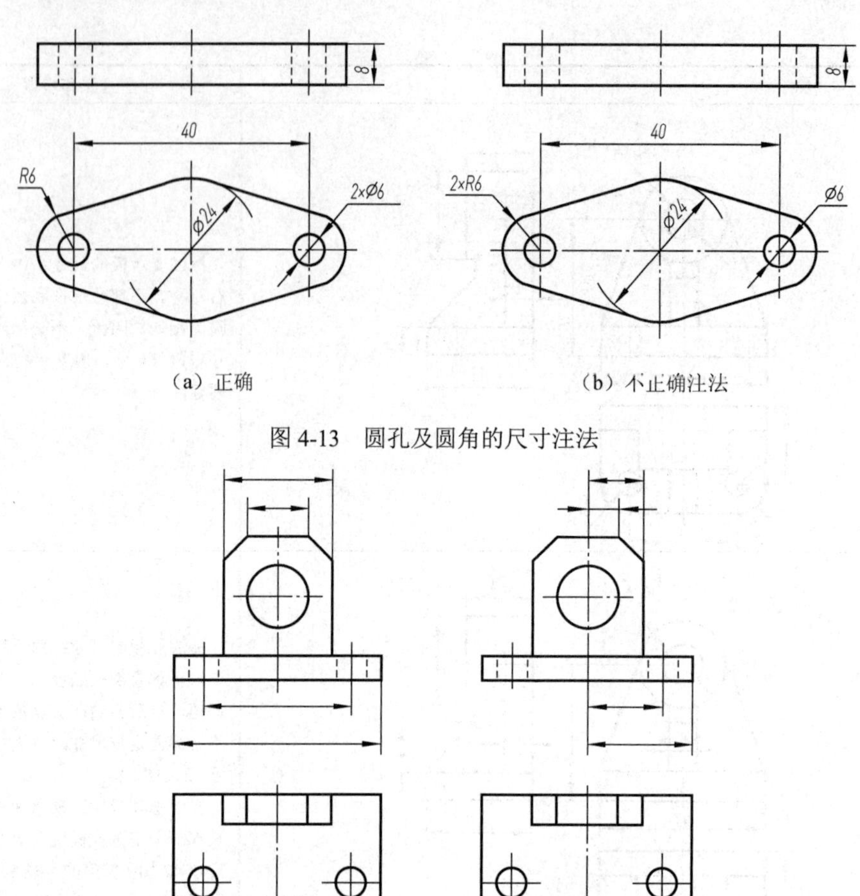

（a）正确　　（b）不正确注法

图 4-13　圆孔及圆角的尺寸注法

（a）正确注法　　（b）不正确注法

图 4-14　对称尺寸的注法

4）尺寸不要标注成封闭的尺寸链。当物体上各组成部分的尺寸和总体尺寸标注出现封闭的情况时，一般应保证总体尺寸的标注而空出某一组成部分尺寸不标注，如图 4-15（a）所示，图 4-15（b）中的注法是不正确的。

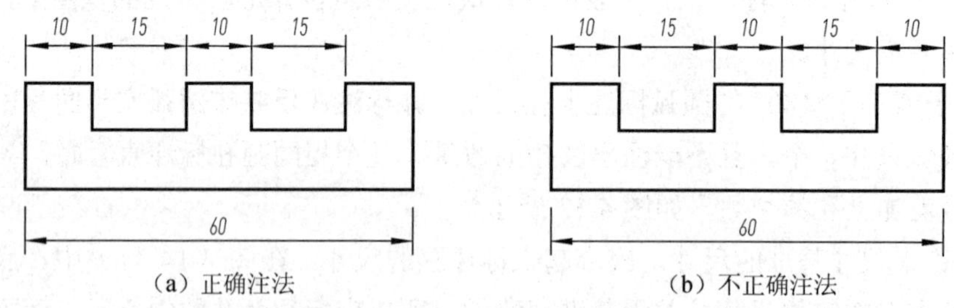

（a）正确注法　　（b）不正确注法

图 4-15　不要标注成封闭的尺寸链

5）尽量避免在虚线上标注尺寸。

4.3.7　组合体尺寸的清晰布置

为了便于看图，必须把每个尺寸安排在适当的位置，尺寸与尺寸之间、尺寸与视图之间都不能互相干扰，以免影响图形清晰。同时，尺寸的布置和各视图所表达的形状特点应配合起来，因此，布置尺寸时，应注意以下几点。

1）尺寸尽量标注在投影图外面，避免尺寸线、尺寸数字与投影图的轮廓线相交，在不影响图形清晰的情况下，个别尺寸也可以注在投影图内，如图 4-10 中肋板和支承板的尺寸 8、10、8。如图 4-16（a）所示的尺寸标注是清晰的，图 4-16（b）所示的尺寸标注是不清晰的。

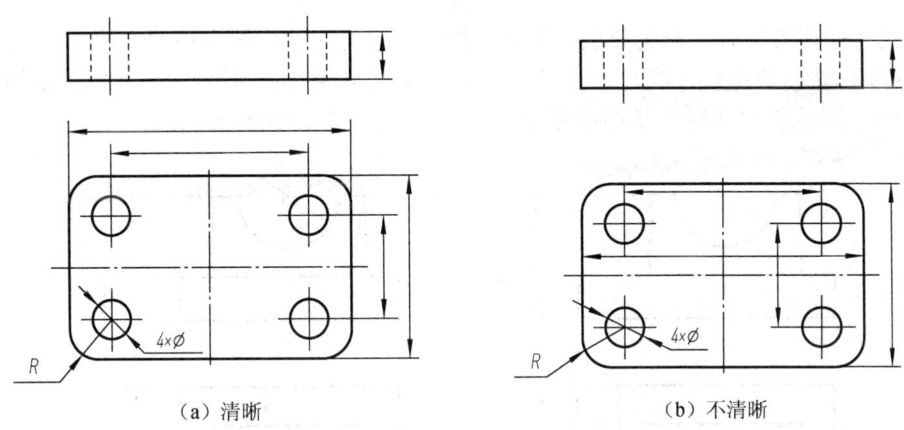

（a）清晰　　（b）不清晰

图 4-16　尺寸应尽量标注在图外

2）尺寸尽量标注在反映形状特征最明显的投影图上，如图 4-10 所示底板上的圆角 *R*9 标注在水平投影上，支承板和肋板的厚度分别标注在正面投影和侧面投影上，比标注在水平投影上更清晰。

3）同一基本立体的定形尺寸、定位尺寸尽量集中标注。如图 4-17 所示，槽的尺寸标注在正面投影上，这样读图时便于查找尺寸。

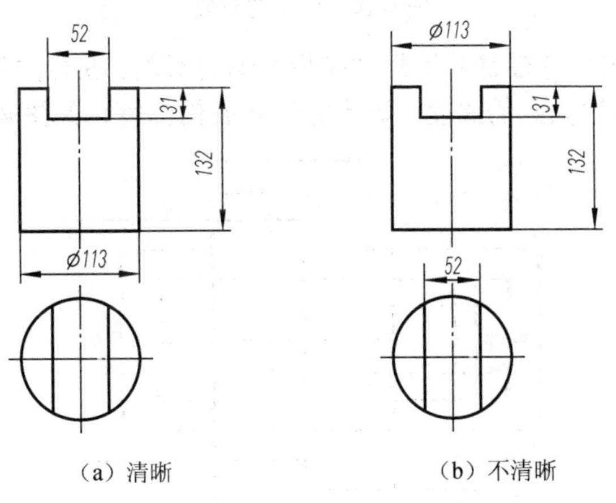

（a）清晰　　（b）不清晰

图 4-17　同一形体的尺寸应尽量集中标注

4）同心圆柱的直径，最好标注在非圆投影图上，如图 4-18（a）所示，图 4-18（b）所示的尺寸标注是不清晰的，且重复标注。

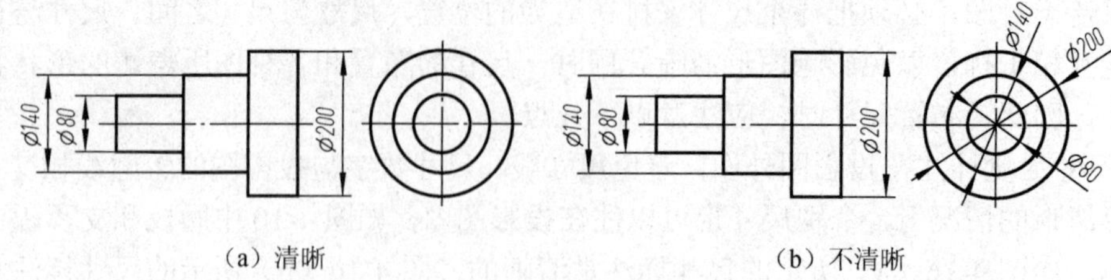

（a）清晰　（b）不清晰

图 4-18　直径尺寸的注法

5）尺寸布置要整齐，避免分散、交错。相互平行的尺寸应按大小顺序排列，小尺寸在内，大尺寸在外，避免尺寸线与尺寸界线相交。如图 4-19（a）所示的尺寸标注是清晰的，图 4-19（b）所示的尺寸标注是不清晰的。

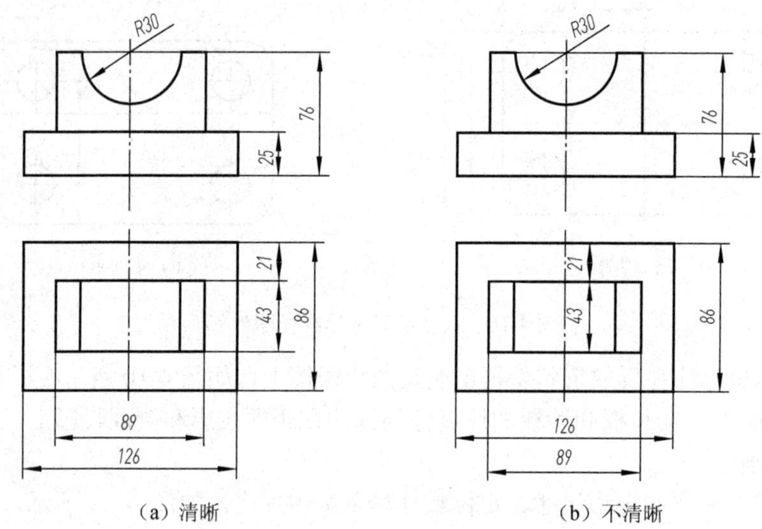

（a）清晰　（b）不清晰

图 4-19　尺寸的布置

6）内形尺寸与外形尺寸最好分别标注在投影图的两侧。在标注阶梯孔深度尺寸时，为了便于测量，一般应标注大孔的深度，而不标注小孔的深度，如图 4-20 所示。

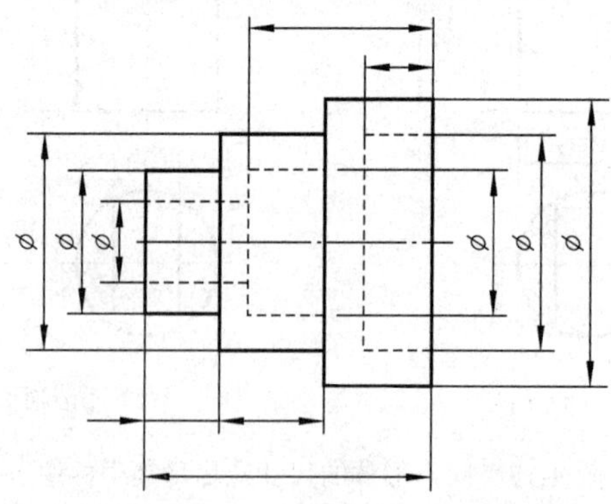

图 4-20　大小、内外尺寸的注法

7）同一方向连续标注的尺寸应尽量排列在少数线条上，如图 4-21 所示。

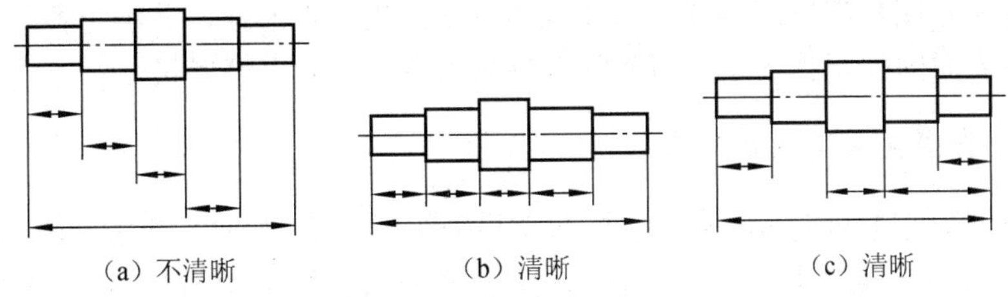

（a）不清晰　　（b）清晰　　（c）清晰

图 4-21　连续尺寸的注法

8）为了看图方便，标注时要尽量符合人们的思维方式，如表 4-8 所示。

表 4-8　标注ϕ、R 的方法比较

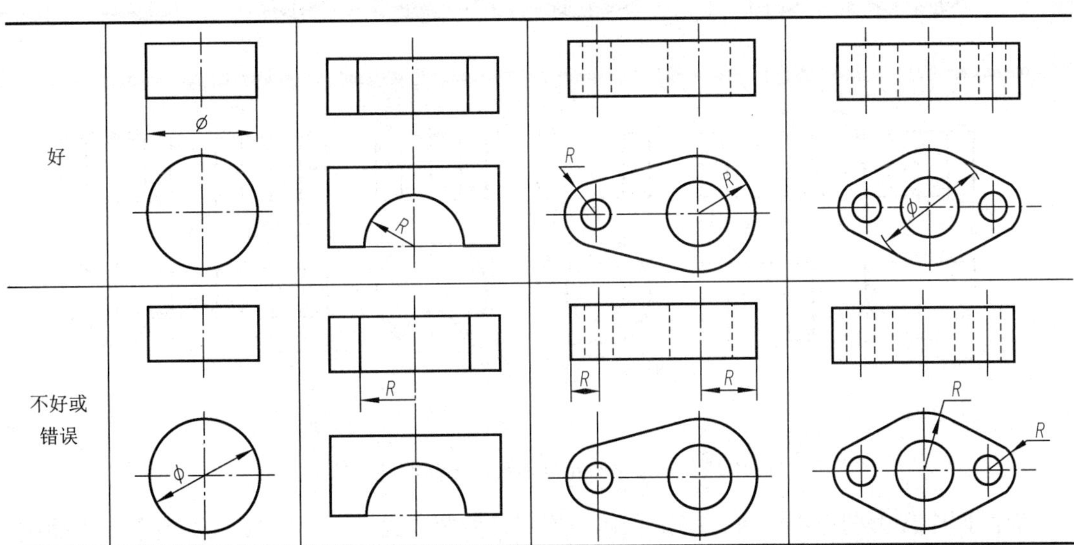

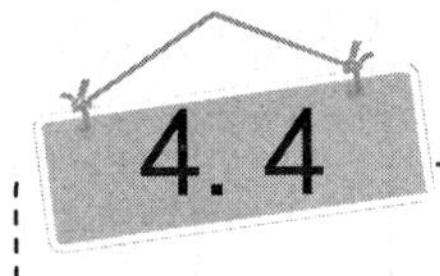

组合体视图的识读

画图和读图是由空间物体到投影图和由投影图到空间物体的两个互逆的过程。画图是将空间物体运用正投影的方法，正确地画在图纸上的表述过程；而读图则是运用正投影规律，对已有的平面投影图进行分析，想象出空间物体结构形状的过程。

4.4.1　读图的基本知识

读图的基本方法是形体分析法，对复合式和挖切式组合体的局部结构还需要运用线面分析法；对那些互相遮挡、层次错落、投影重叠的部分，在进行形体分析和线面分析的过程中，分清相对位置的层次关系很重要。

形体分析法看图是按投影规律，从图上依次识别出基本形体，并确定各基本形体的组合形式和相邻表面间的相互关系，直到综合想象出组合体的完整形状。

1．将几个视图联系起来看

物体的形状是通过一组图形来表达的，每个投影图只能反映物体一个方向的形状和两个方向的尺寸，所以，在一般情况下，一个投影图不能唯一确定物体的形状。如图 4-22 所示，它们的正面投影都相同，但从俯视图和立体图都可看出，实际上它们是不同形状的物体。

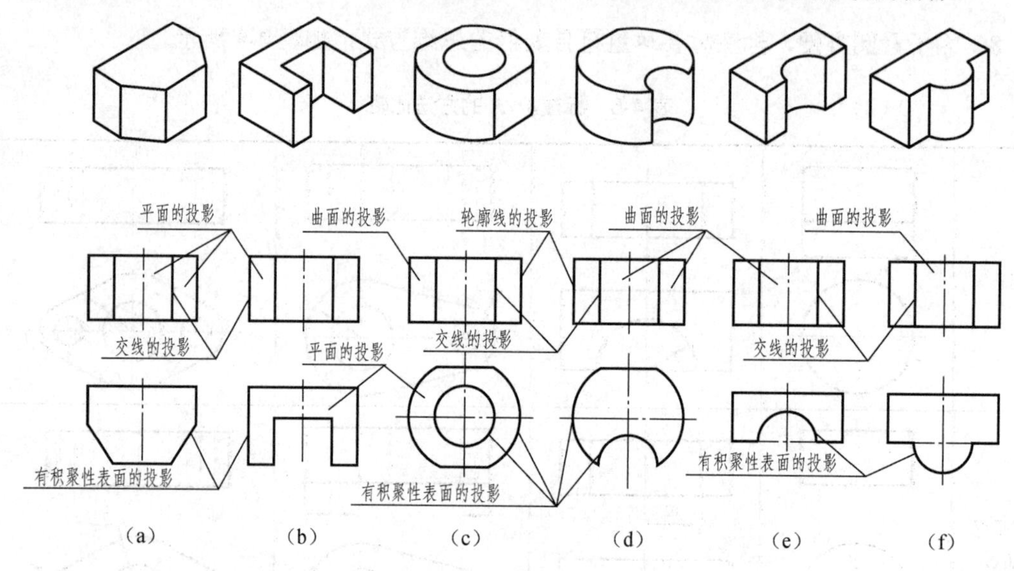

图 4-22　一个投影相同而形状不同的几何体

有时两个投影图也不能唯一确定物体的形状，如图 4-23（a）、（b）、（c）所示，正面投影和侧面投影均相同，但表达的物体形状却不同。图 4-23（d）、（e）中的正面投影和水平投影均相同，表达的也是不同形状的物体。

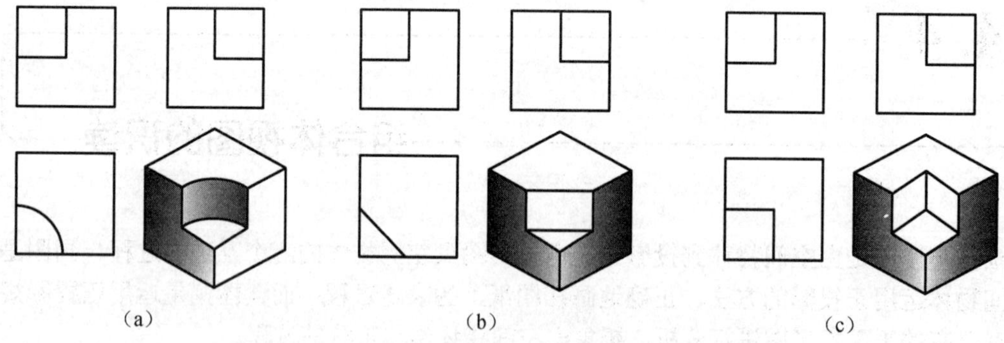

图 4-23　两个投影相同而形状不同的几何体

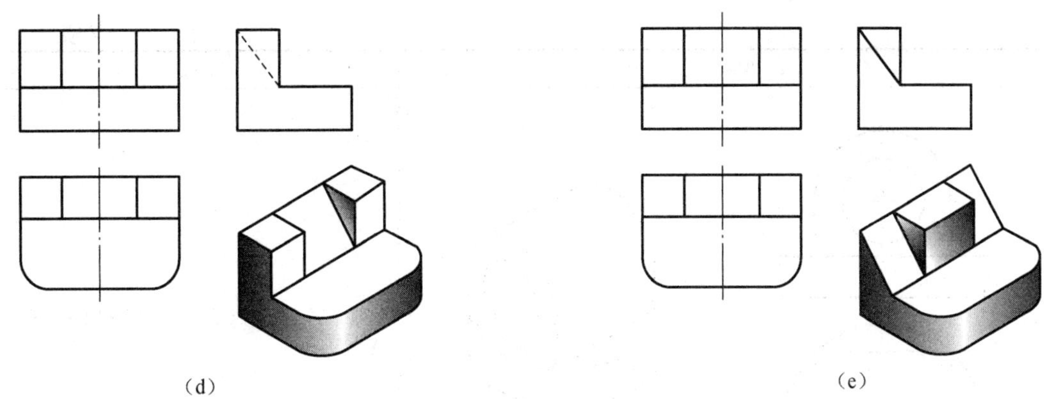

（d）　　　　　　　　　　（e）

图 4-23（续）

在看图过程中，各个视图要反复对照，直到都符合投影规律时，才能下最后的结论。

【例 4-3】根据主、俯视图想象出物体的空间形状。表 4-9 是一个看图时不断把想象出的空间形体与视图反复对照、反复修改的思维过程。

表 4-9　根据组合体两个视图想象出准确的组合体

图例	分析
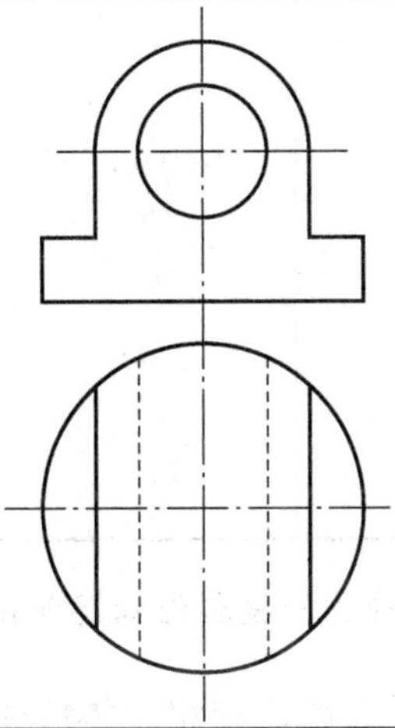	题图
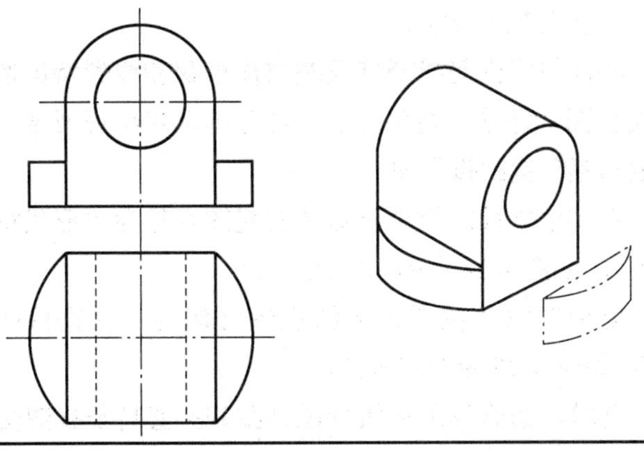	想象出的空间形体与主、俯视图均不符

续表

图例	分析
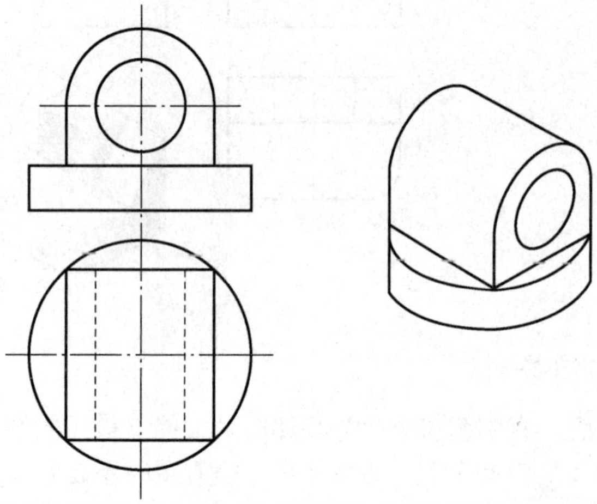	在前述基础上进行修正，但主视图和俯视图仍多线
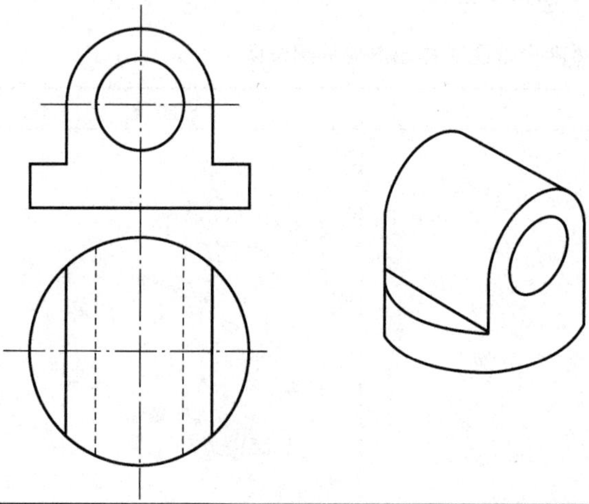	通过修正，与主、俯视图相符

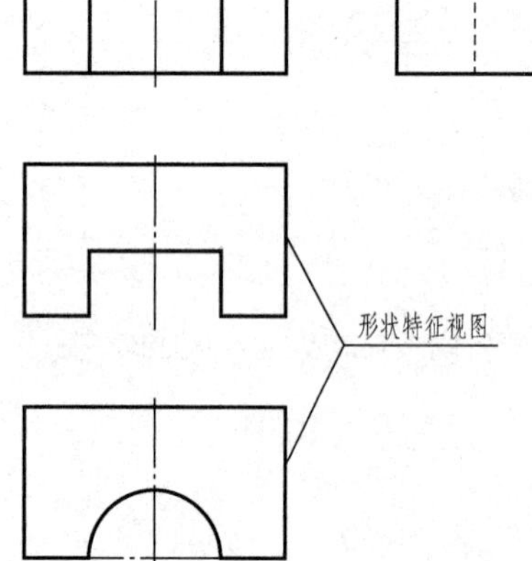

图 4-24　物体的形状特征视图

2．根据反映特征的投影图构思物体的空间形状

主视图一般是最能反映组合体特征的视图，所以读图一般从主视图开始。

特征投影图是指最能反映物体形状和位置特征的那个投影图，即唯一能确定那一部分的形状特征或唯一能确定相互位置的投影图。

视图中能反映组合体形状的视图可称为“形状特征视图”，如图 4-24 中的俯视图。

能反映物体位置特征的视图可称为“位置特征视图”，如图 4-25 中的左视图。

有时，组合体的形状特征视图和位置特征视图交错分布在各个视图上，如图 4-26 所示。主视图反映基本立体 *A*、*B* 的形状特征，俯视图反映基本立体 *D* 的形状特征。

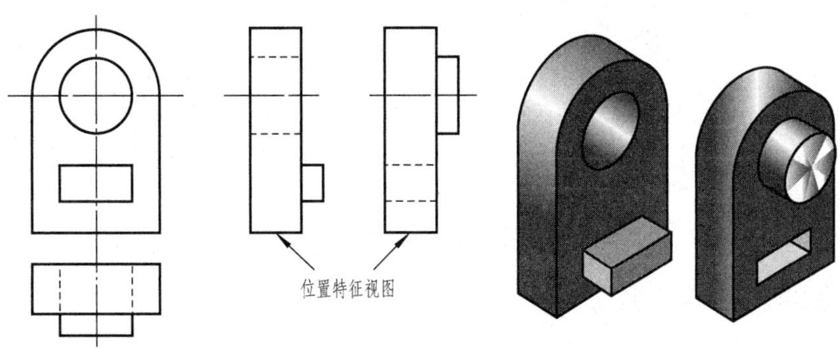

图 4-25 物体的位置特征视图

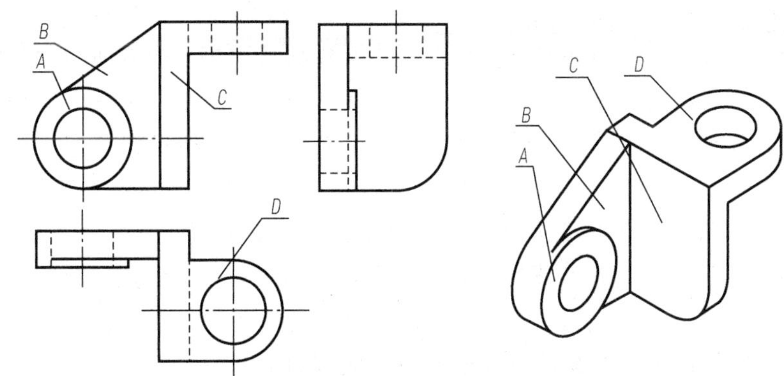

图 4-26 组合体中基本形体的形状特征反映在多个视图上

3．了解投影图中线条和线框的意义

1）投影图中出现的线条（直线、曲线），它们可能是：具有积聚性表面（平面或柱面）的投影，如图 4-22 中的水平投影；交线的投影，如棱线、截交线、相贯线、面与面交线的投影，如图 4-22 中的正面投影；曲面转向轮廓线的投影，如图 4-22（c）、（d）中的正面投影。

2）投影图中每一封闭的线框，一般表示：物体表面（平面、曲面）的投影，如图 4-22 中的正面投影所示；一个孔的投影，如图 4-22（c）中水平投影所示。

4．仔细分析相邻表面间的相互位置

组合体的某一个表面与投影面垂直时，其投影积聚成线。如果两个线框相连或线框中有线框，则要判断两个线框所代表的面之间的前后、上下或相交的位置关系，如图 4-27 所示。

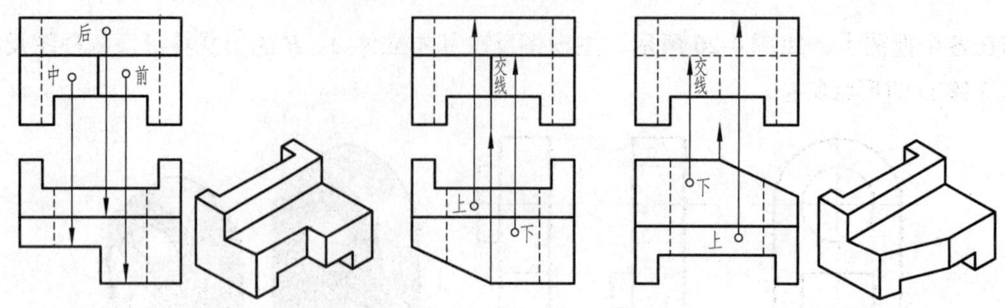

图 4-27　相邻线框表示的表面相互关系

4.4.2　读图的方法和步骤

1．形体分析法

与画图一样，形体分析法是读图的主要方法，一般从反映组合体形状特征明显的视图入手，把视图划分为若干个封闭线框，然后按投影规律找出每个线框所对应的其他投影，并由此想象出每一线框所代表的简单基本立体的形状及在整体中的位置，与相邻体的组合形式、邻接表面过渡连接的特征，最后根据相互位置想象出整体形状。

下面以表 4-10 所示的轴承座为例，说明使用形体分析法读图的方法要点。

【例 4-4】读如表 4-10 所示的轴承座的三视图，想象其形状。

① 分线框，对投影。把一个视图分成几个部分加以考虑，一般把主视图中的封闭线框作为独立部分。每一部分可根据“长对正、高平齐、宽相等”的投影关系，使用三角板、分规等工具分别找出每个线框在其他投影图中的投影和位置。

表 4-10 将主视图分为 3 个线框 1′、2′、3′，其中线框 2′ 有左右相同的两个。每个线框各代表一个基本形体。再根据视图间的投影关系，分别找出各线框对应的其他投影。

② 按投影，想形体。根据基本体的投影规律分析每一个部分的三面投影，想象出各部分的形状，并确定它们之间的相对位置。表 4-10 中，在对视图进行投影分析后，逐个分析各部分的投影，然后确定每个部分的基本形状。

③ 综合起来想整体。综合考虑各个基本形体及其相对位置关系，想象出组合体的整体形状。

表 4-10　根据组合体三视图想象出准确的组合体

图例	分析
1′ 2′ 3′ 2″ 1″ 3″ 1 2 3	题图。将主视图中分为 I 、II、III 3 个线框

续表

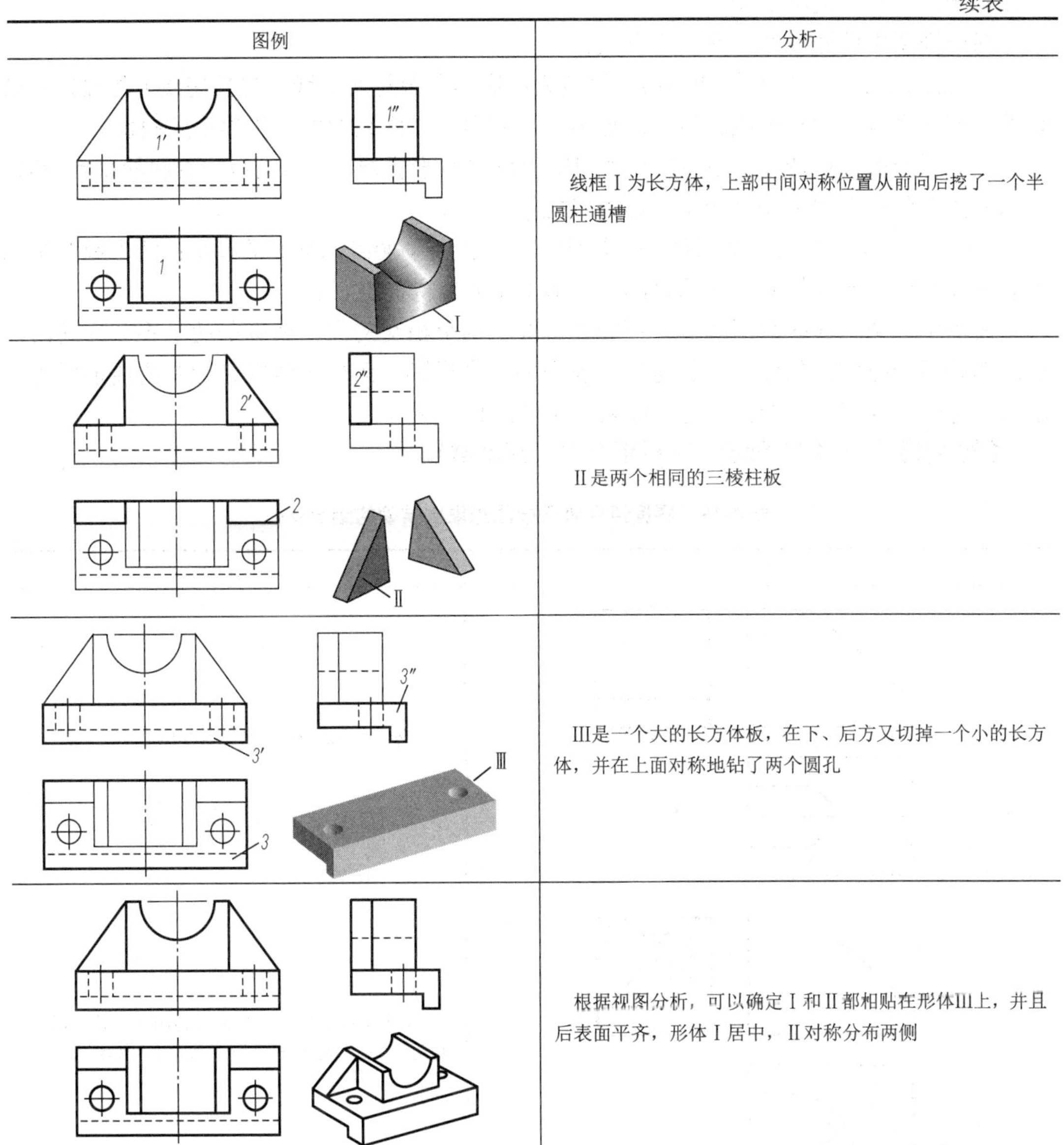

图例	分析
	线框Ⅰ为长方体，上部中间对称位置从前向后挖了一个半圆柱通槽
	Ⅱ是两个相同的三棱柱板
	Ⅲ是一个大的长方体板，在下、后方又切掉一个小的长方体，并在上面对称地钻了两个圆孔
	根据视图分析，可以确定Ⅰ和Ⅱ都相贴在形体Ⅲ上，并且后表面平齐，形体Ⅰ居中，Ⅱ对称分布两侧

2．线面分析法

线面分析法是利用点、线、面的投影规律，分析和想象出视图中对应线条、线框的含义及其形状和相对空间位置，从而看懂视图。它是形体分析法的补充，常用于挖切式和复合式组合体的投影分析。

线面分析法一般在某个投影图中找到封闭线框，再按投影规律在其他投影图中找出相应的投影（类似形或有积聚性的投影），然后判断其空间位置（投影面的垂直面、投影面的平行面或一般位置平面）；对于直线，则分析是什么类型的直线，然后综合起来想象出空间形体的形状，直到读懂全图。

对于视图中的面或线，有以下含义。

1）视图中的线（粗实线或虚线）可能为：形体上面与面交线（包括棱线）的投影；圆柱面、圆锥面等转向轮廓线的投影；形体上一表面（平面或曲面）积聚后的投影。

究竟属于哪一种情况，必须把几个视图联系起来才能判别。如果是一表面的积聚投影，那么另外两面投影中至少有一个投影为线框。

2）视图中每一封闭线框可能为：形体上一个面（平面或曲面）的投影；两个或两个以上表面光滑连接而成的复合面的投影；形体上空心结构的投影。

视图中两个相邻的封闭线框，可能是形体上两个相交的面，或者是两个不平齐的面。此时两相邻线框的公共边，一般是第三表面的积聚投影，而处于线框包围中的线框则可能表示凸起的面或凹下去的面，也可能表示空心结构（通孔）。

【例 4-5】如表 4-11 所示，分析组合体（燕尾槽）。

表 4-11　根据组合体三视图想象出准确的组合体

图例	分析
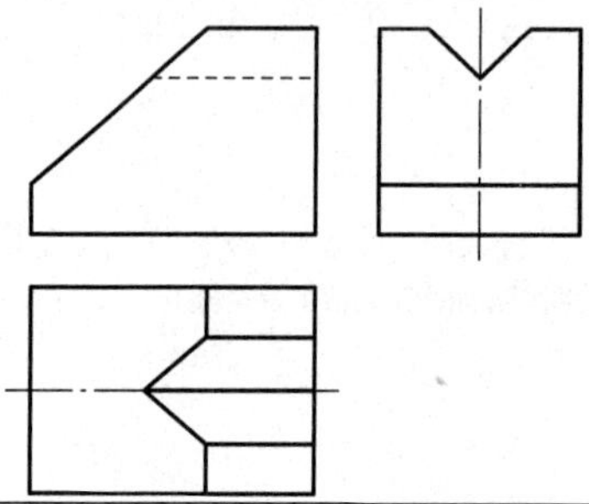	题图。要求想象出空间立体的形状
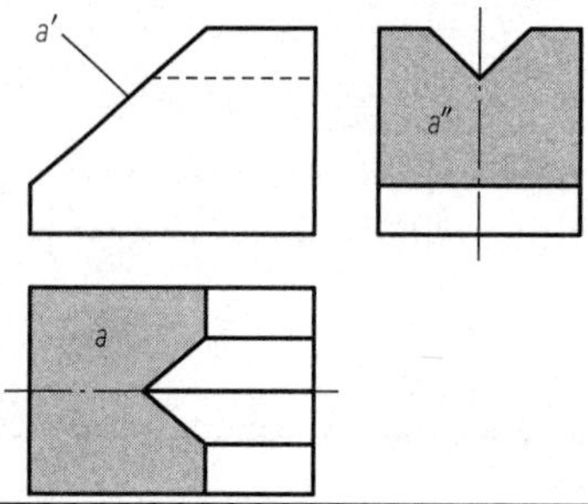	*A* 面为垂直于 V 面的平面（正垂面），正面投影积聚成一斜线，水平投影和侧面投影为一类似形
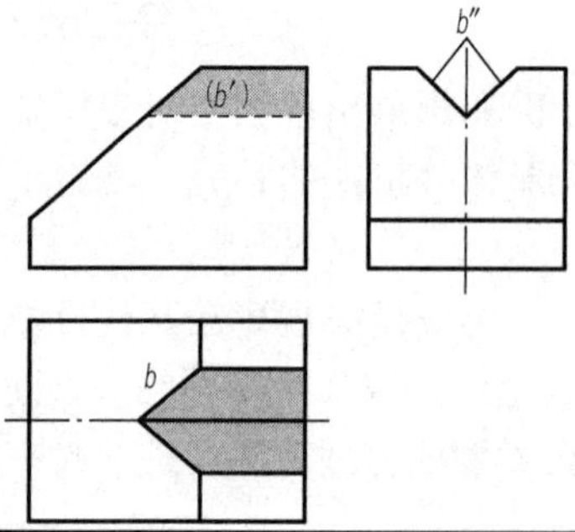	*B* 面为垂直于 W 面的平面（侧垂面），侧面投影具有积聚性（成 V 字形），其余表面为类似形

续表

图例	分析
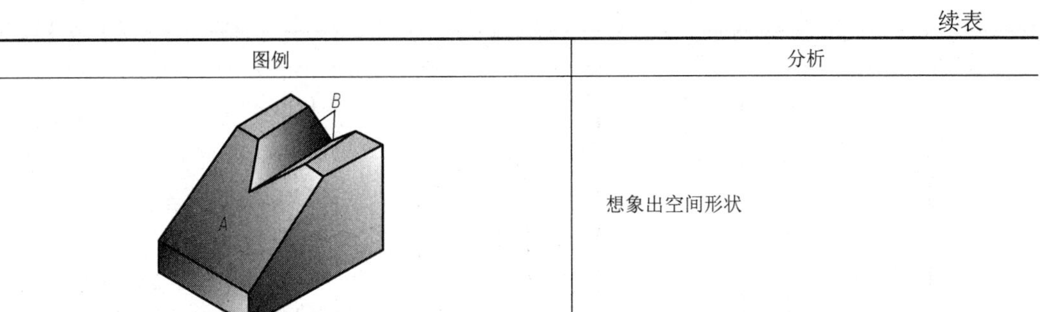	想象出空间形状

3．根据物体的两个视图补画第三个视图

已知物体的两个视图，补画第三个视图。这是一个看图和画图的综合练习过程，首先必须利用已学的知识，看懂两个视图，并想象出组合体的形状，然后根据投影规律，画出所缺的视图。

【例 4-6】 根据支架体的主视图和俯视图，补画左视图。

分析：由表 4-12 可知，根据主视图可以确定支架体的基本形体为拱形柱体，主视图中有 3 个线框，由主、俯视图的投影关系可知，3 个线框分别表示架体上 3 个不同位置的表面，均为正平面。*a′* 线框表示一个凹形块，处在架体的前面。*c′* 线框中有圆孔，与俯视图中两条虚线对应，可以想象出 *c′* 为拱形竖板穿通圆孔，位于支架体后面，*b′* 上有半圆槽，在俯视图中有两条可见的线。根据俯视图的可见性，可知 3 个面的位置关系应该是 *A* 在最前、*B* 在中间、*C* 在后面。由主、俯视图可以看出凹形槽长度和半圆槽、圆孔的直径相同。

在补画左视图的过程中，可同时构建支架体的轴测图。

表 4-12　根据支架体的主、俯视图补画出左视图

图例	分析
c′ b′ a′ c b a	题图。已知主视图和俯视图，补画出左视图

续表

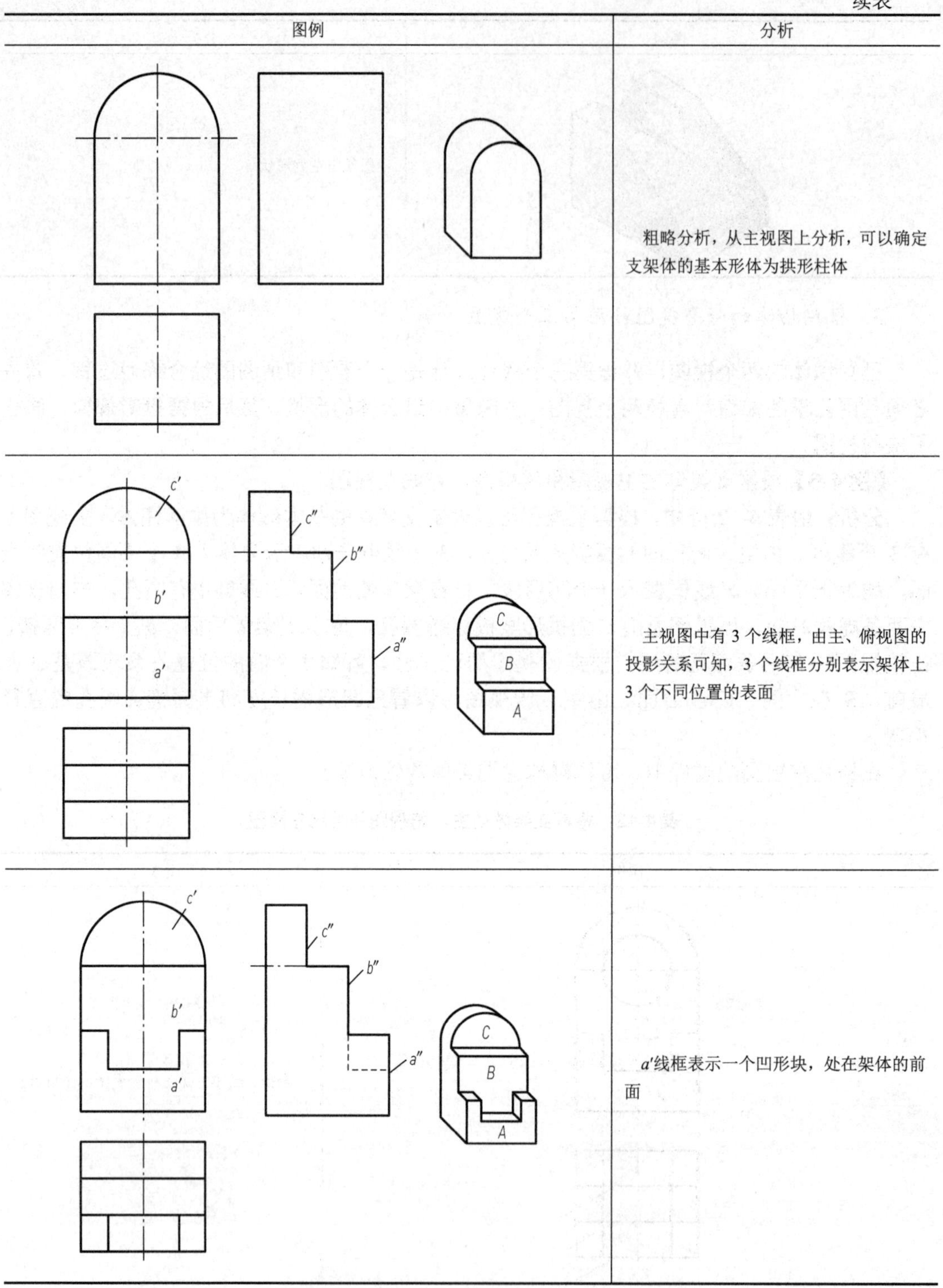

图例	分析
	粗略分析，从主视图上分析，可以确定支架体的基本形体为拱形柱体
	主视图中有 3 个线框，由主、俯视图的投影关系可知，3 个线框分别表示架体上 3 个不同位置的表面
	a′线框表示一个凹形块，处在架体的前面

续表

图例	分析
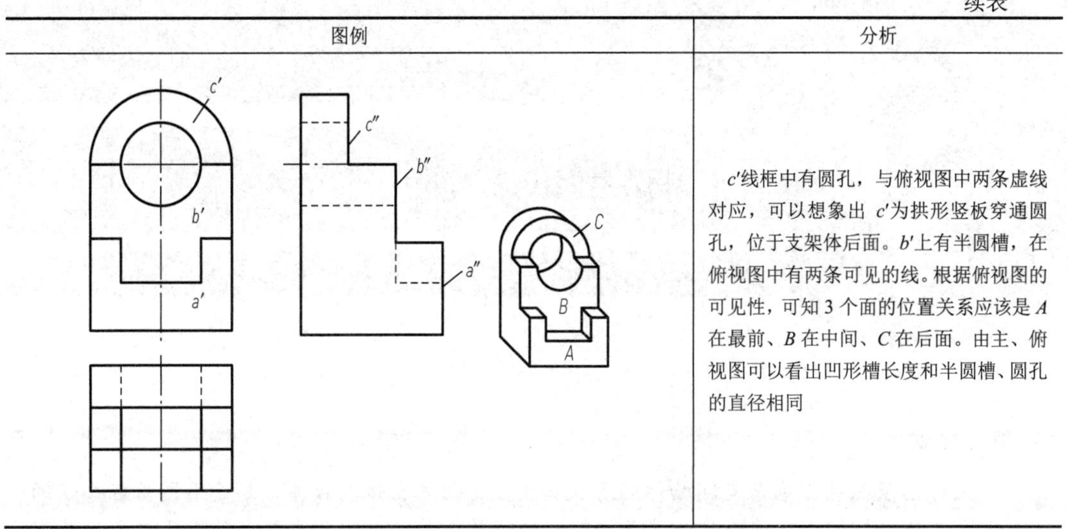	c'线框中有圆孔，与俯视图中两条虚线对应，可以想象出 c'为拱形竖板穿通圆孔，位于支架体后面。b'上有半圆槽，在俯视图中有两条可见的线。根据俯视图的可见性，可知 3 个面的位置关系应该是 A 在最前、B 在中间、C 在后面。由主、俯视图可以看出凹形槽长度和半圆槽、圆孔的直径相同

作图：

① 画出基本立体的左视图。

② 根据主、俯视图中 A、B、C 3 个面的位置和投影关系，画出 3 个面的左视图投影，构成立体的左视图轮廓，同时切割构建立体形状。

③ 在 A 面上挖凹形槽到达 B 为止，补画其投影，为虚线框。

④ 在 B 面中间从前向后切半圆槽到 C 面后钻取圆孔，补画半圆槽和圆孔的左视图投影。

5 单元 轴测图的绘制

◎ **单元导读**

三视图虽然可以表示空间物体的形状和大小，但是立体感较差，缺乏看图基础知识的人很难看懂，轴测图完美地弥补了正投影图的不足。了解轴间角和轴向伸缩系数，熟练掌握坐标法、切割法和叠加法3种作图方法是绘制正等轴测图的关键，另外当零件只有一个方向有圆或形状复杂时，宜用斜二等轴测图表示。

◎ **知识目标**

- 了解轴测图的基本知识。
- 掌握轴测图的轴间角和轴向伸缩系数。
- 了解正等轴测图和斜二等轴测图的绘图方法。

◎ **技能目标**

- 能够绘制简单平面立体和圆柱体的正等轴测图和斜二等轴测图。

◎ **思政目标**

- 树立正确的学习观、价值观，自觉践行行业道德规范。
- 牢固树立质量第一、信誉第一的强烈意识。
- 遵规守纪，安全操作，爱护设备，钻研技术。
- 发扬一丝不苟、精益求精的工匠精神。

多面正投影图能完整、准确地反映出物体的形状和大小，且度量性好、作图简单，但由于立体感不强，只有具备一定读图能力的人才能看懂，如图 5-1（a）所示。有时工程上还需采用一种立体感较强的图，如图 5-1（b）所示。这种图能在一个投影面上同时反映物体的长、宽、高 3 个方向的形状，因此具有立体感，接近人们的视觉习惯，这种图称为轴测投影图，简称轴测图。由于轴测图绘图复杂，不易反映物体各表面的变形，度量不方便，在工程上只作为辅助图样。

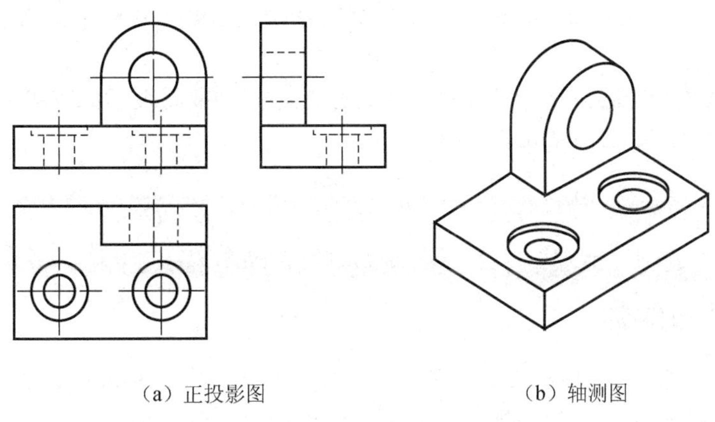

（a）正投影图　　（b）轴测图

图 5-1　正投影图与轴测图的比较

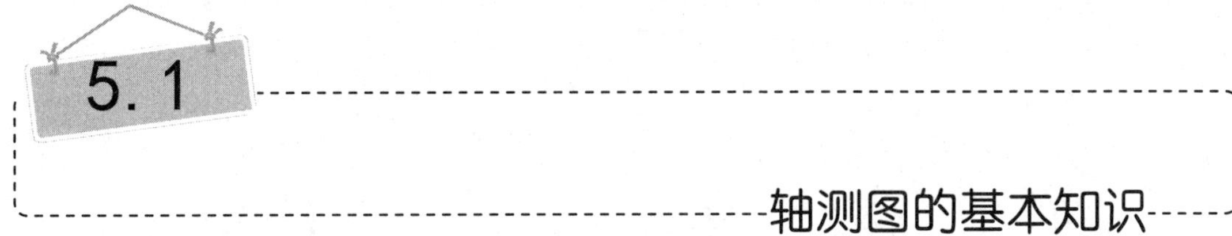

5.1 轴测图的基本知识

5.1.1　轴测图的形成

轴测图是指将物体连同确定物体位置的直角坐标系按投射方向 S 用平行投影法投射到某一选定的投影面上，得到一个同时反映物体长、宽、高的图形，如图 5-2 所示。

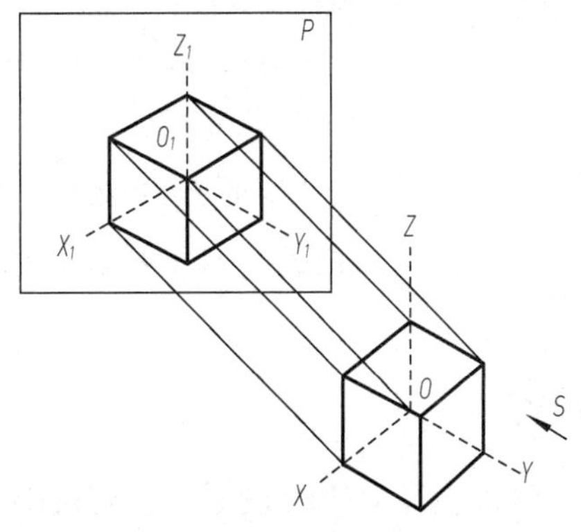

图 5-2　轴测图的形成

在轴测投影中，我们把选定的投影面 P 称为轴测投影面；投射方向 S 称为轴测投射方向。

5.1.2 轴测轴、轴间角、轴向伸缩系数

轴测轴：空间直角坐标轴 OX、OY、OZ 在轴测投影面上的投影 O_1X_1、O_1Y_1 和 O_1Z_1，称为轴测轴。

轴间角：两轴测轴之间的夹角 $\angle X_1O_1Y_1$、$\angle Y_1O_1Z_1$ 和 $\angle Z_1O_1X_1$，称为轴间角。

轴向伸缩系数：轴测轴上的单位长度与空间直角坐标轴上对应单位长度的比值，称为轴向伸缩系数。

轴向伸缩系数确定的方法是在空间三坐标系上，分别取长度 OA、OB、OC，它们的轴测投影长度为 O_1A_1、O_1B_1、O_1C_1，令

$$p_1=\frac{O_1A_1}{OA} \qquad q_1=\frac{O_1B_1}{OB} \qquad r_1=\frac{O_1C_1}{OC}$$

式中，p_1、q_1、r_1 分别表示 OX、OY、OZ 轴的轴向伸缩系数。

5.1.3 轴测图的种类

1）按投射方向与轴测投影面的夹角，轴测图可分为：①正轴测图，轴测投射方向（投射线）与轴测投影面垂直，投射所得到的轴测图如图 5-3（a）和（b）所示；②斜轴测图，轴测投射方向（投射线）与轴测投影面倾斜，投射所得到的轴测图如图 5-3（c）所示。

2）按轴向伸缩系数的不同，轴测图又可分为：①正等轴测图，$p_1=q_1=r_1$，简称正等测；②正（或斜）二等轴测图，$p_1=q_1\neq r_1$，简称正（斜）二测。

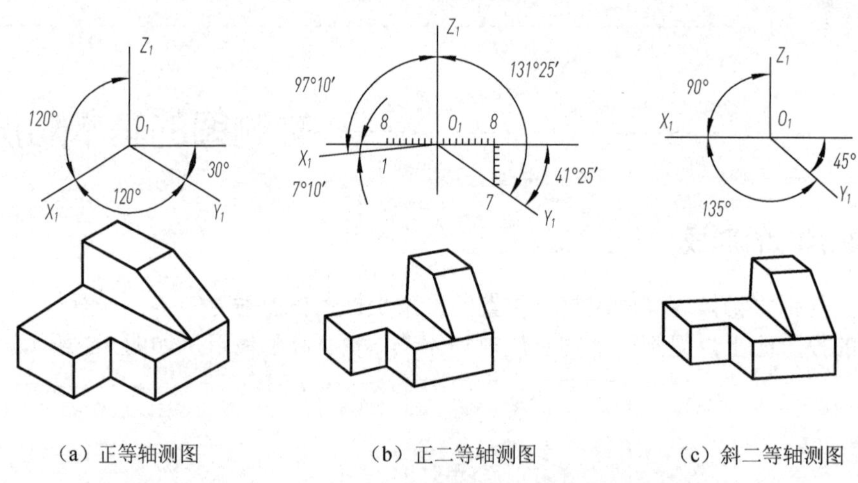

（a）正等轴测图　（b）正二等轴测图　（c）斜二等轴测图

图 5-3　工程上常见的几种轴测图

机械制图国家标准推荐正等、正二等和斜二等 3 种轴测图，这里我们只介绍正等、斜二等轴测图的画法。

5.1.4 轴测投影的投影特性

使用平行投影法所获得的轴测图具有平行投影的一切投影特性。

1）空间平行的直线，轴测投影后仍平行；空间平行于坐标轴的直线，轴测投影后仍平

行于相应的轴测轴。

2）物体上两平行线段或同一直线上的两线段，其长度之比在轴测图上保持不变。

3）物体上平行于轴测投影面的直线或平面，在轴测图上反映实长和实形。

熟练掌握和运用以上性质，既能迅速而准确地画出轴测图，又能方便地判断轴测图画法中的错误。

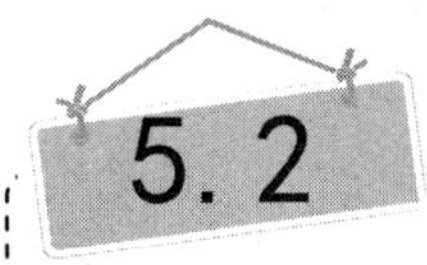

正等轴测图

空间物体所在的直角坐标轴对轴测投影面的倾角相等，使用正投影法将物体连同其坐标轴一起投射到轴测投影面上，所得的轴测图称为正等轴测图。

5.2.1　正等轴测图的轴间角、轴向伸缩系数

如图 5-4（a）所示，如果使 3 个坐标轴 OX、OY、OZ 对轴测投影面的倾角均相等，也就是将图中的立方体的对角线 AO 放成与轴测投影面垂直，并以 AO 的方向作为轴测投射方向，这样所得到的轴测图就是正等测轴图。

如图 5-4（b）所示，正等轴测图的 3 个轴间角均相等，即

$$\angle X_1O_1Y_1=\angle Y_1O_1Z_1=\angle Z_1O_1X_1=120^\circ$$

正等轴测图的轴向伸缩系数也相等，即 $p_1=q_1=r_1=0.82$。

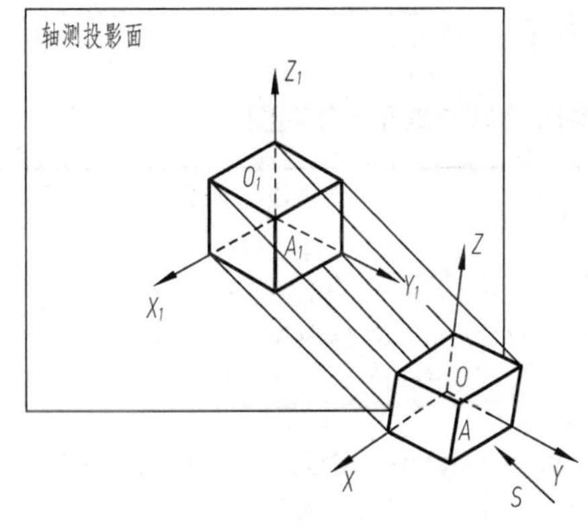

（a）正等轴测图的形成

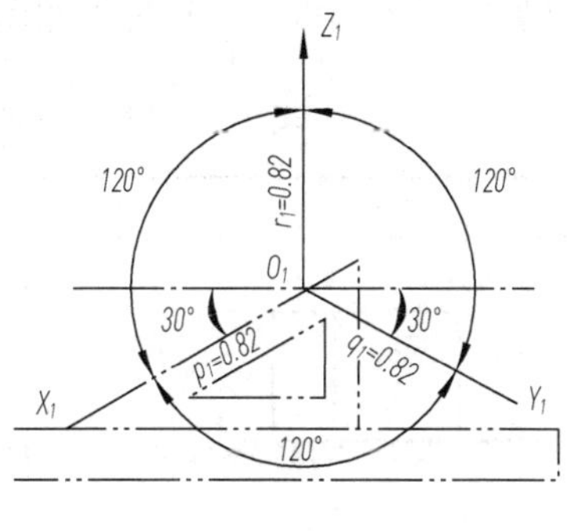

（b）正等轴测图的参数

图 5-4　正等轴测图的形成及参数

为了作图方便，采用 $p_1=q_1=r_1=1$ 的简化轴向伸缩系数，即凡平行于各坐标轴的尺寸都按原尺寸作图。这样画出的轴测图，其轴向尺寸比按理论伸缩系数作图的长度放大了 1/0.82≈1.22 倍，但这对表达形体的直观形象没有影响，如图 5-5（b）、（c）所示。今后在实际绘制正等轴测图时，均按简化轴向伸缩系数作图。

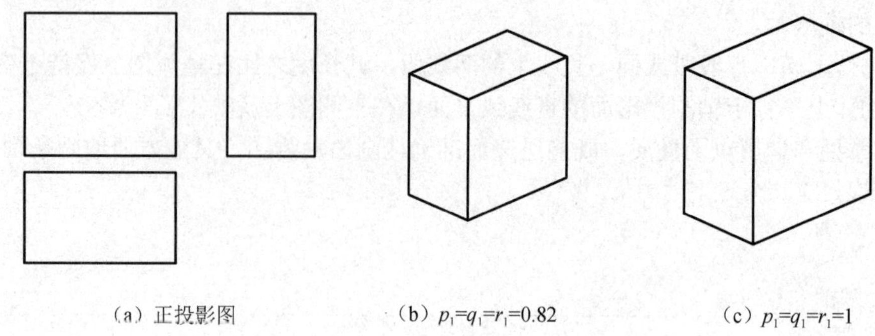

（a）正投影图　　（b）$p_1=q_1=r_1=0.82$　　（c）$p_1=q_1=r_1=1$

图 5-5　两种伸缩系数的轴测图及其比较

5.2.2　绘制平面立体的正等轴测图

绘制平面立体的轴测图的基本方法，就是按照“轴测”的原理，根据立体表面上各顶点的坐标值，找出它们的轴测投影，连接各个顶点，即完成平面立体的轴测图。对于立体表面上平行于坐标轴的轮廓线，则可以在该线上直接量取尺寸。作图方法有 3 种，即坐标法、切割法和叠加法。

通常可按下述步骤作图。

1）根据形体的结构特点，选定坐标原点的位置，一般定在物体的对称轴线上，且放在顶面或底面，这样对作图较为有利。

2）画轴测轴。

3）按点的坐标作点、直线的轴测图，一般自上而下，根据轴测投影的基本性质逐步作图，不可见棱线通常不画出。

【例 5-1】绘制正六棱柱的正等轴测图，如表 5-1 所示。

表 5-1　使用坐标法绘制正六棱柱的正等轴测图

作图	方法和步骤
X′ O′ Z′ h 6 b 5 1 O 4 X 2 a 3 Y	分析物体的形状，确定坐标原点和作图顺序。 ① 由于正六棱柱的前后、左右对称，把坐标原点定在顶面六边形的中心； ② 由于正六棱柱的顶面和底面均为平行于水平面的六边形，在轴测图中，顶面可见，底面不可见。为了减少作图线数，应从顶面开始画图； ③ 在视图上确定顶点的坐标

续表

作图	方法和步骤
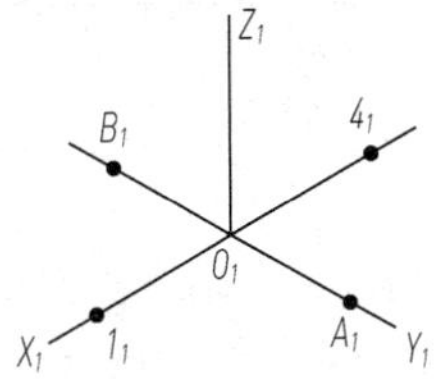	作轴测轴 O_1X_1、O_1Y_1、O_1Z_1，3 个轴的轴间角均为 120°。 确定点 A、B、1、4 的轴测坐标
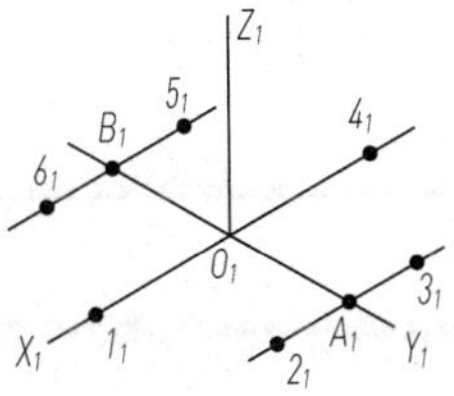	使用坐标定点法作图。 ① 画出六棱柱顶面的轴测图：以 O_1 为中心，在 X_1 轴上取 1_14_1=14，在 Y_1 轴上取 $A_1B_1=ab$； ② 过 A_1、B_1 点作 O_1X_1 轴的平行线，且分别以 A_1、B_1 为中点，在所作的平行线上取 2_13_1=23、5_16_1=56
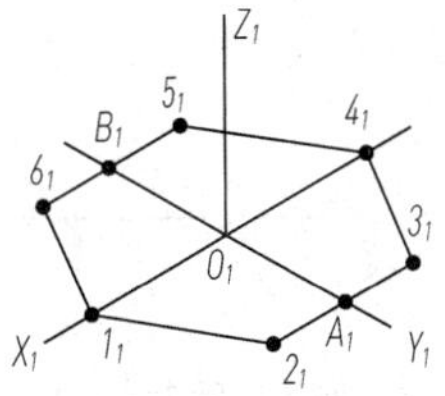	用直线顺次连接点 1_1、2_1、3_1、4_1、5_1、6_1，得顶面的轴测图
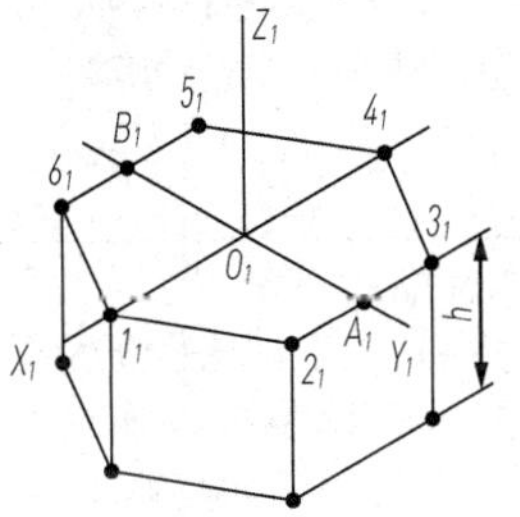	分别截取棱线的高度为 h，定出底面上的点，并顺次连线
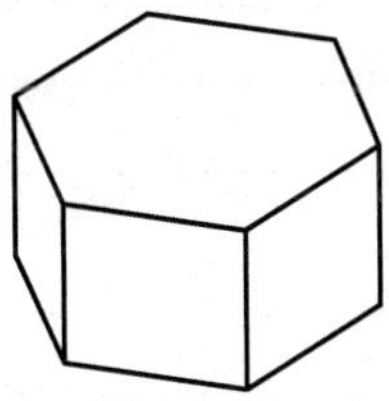	擦去作图线，加深轮廓线，完成作图

【例 5-2】绘制切割体的正等轴测图，如表 5-2 所示。

表 5-2　用切割法绘制切割体的正等轴测图

作图	方法和步骤
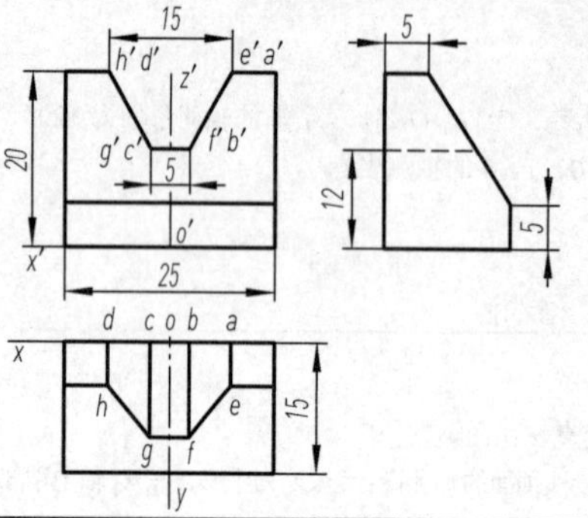	分析：左图的切割体的基本立体是上长方体，长方体的前面被一侧垂面切去一块，长方体的上面从前往后穿了一个梯形槽
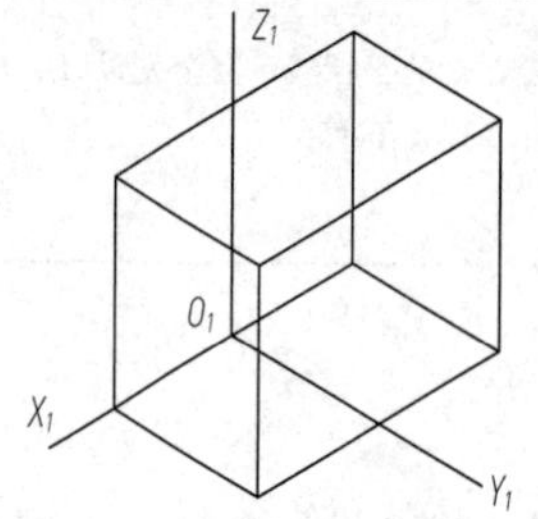	① 建立坐标系； ② 画出正等轴测轴，根据长方体的长、宽、高尺寸，用各顶点的坐标分别定长方体 8 个顶点的轴测投影，依次连接各顶点，即得长方体的正等轴测图
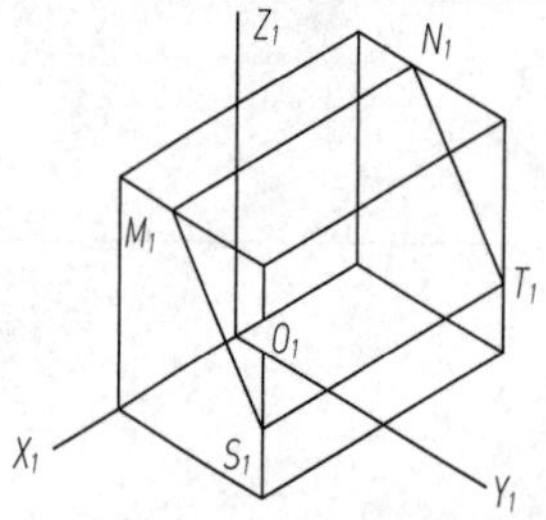	① 根据对应点的坐标，利用坐标法“切去”斜角； ② 根据宽度方向尺寸 5 和高度方向尺寸 5，在长方体的上表面和前表面上画出平行于 O_1X_1 轴的作图线 M_1N_1、S_1T_1，并连接 N_1T_1 和 M_1S_1，得到侧垂面的轴测投影
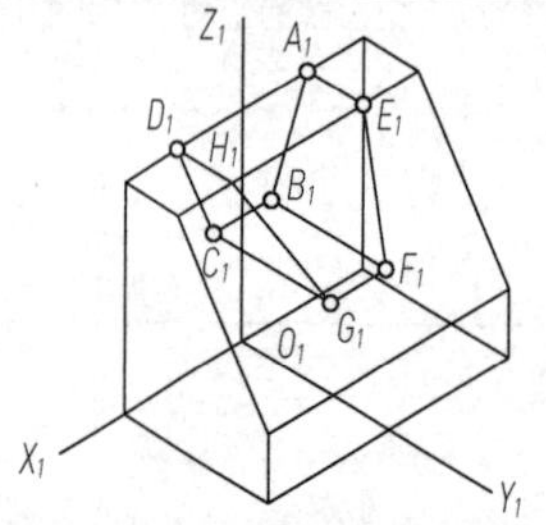	① 根据对应点的坐标，利用坐标法“切槽”； ② 根据三视图的尺寸，使用坐标法定出 $X_1O_1Z_1$ 轴测面上的 A_1、B_1、C_1、D_1，过 A_1、B_1、C_1、D_1 各点作 O_1Y_1 轴平行线，并依次相应截取 E、F、G、H 各点的 Y 坐标，得 E_1、F_1、G_1、H_1 各点。顺次连接 A_1、B_1、C_1、D_1 和 E_1、F_1、G_1、H_1，得各截交线的轴测投影
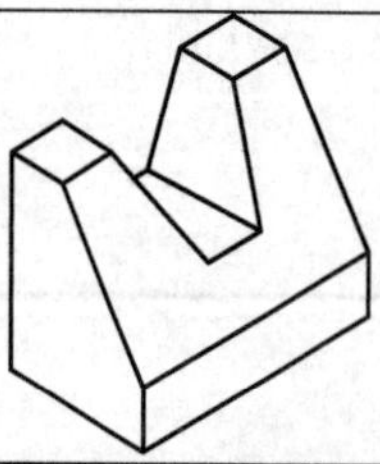	描深可见轮廓线，即得切割组合体的轴测图

5.2.3　绘制曲面立体的正等轴测图

绘制曲面立体的正等轴测图，关键是要掌握圆的正等轴测图画法。

1．圆的正等轴测图的画法

在一般情况下，圆的正等轴测图是椭圆。这种椭圆有两种画法，现分别介绍如下。

（1）坐标法画椭圆

如图 5-6（a）所示，在圆的视图上作适当数量的平行 *OX*（或 *OY*）轴的弦，在圆上得到点 1、2、3、…；然后作轴测轴，使用坐标法找到这些点的轴测投影 1_1、2_1、3_1、…；最后用光滑的曲线连接各点，即可得到该圆的正等轴测图，如图 5-6（b）所示。

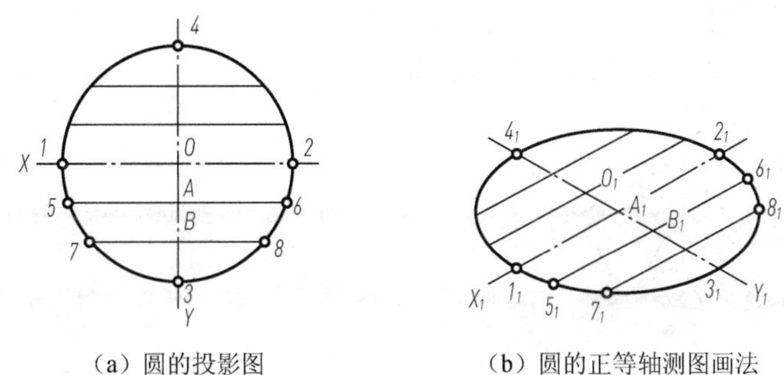

（a）圆的投影图　　（b）圆的正等轴测图画法

图 5-6　坐标法画椭圆

（2）四心圆法画椭圆

用四心圆法画圆的正等轴测图，快捷、方便、美观，但精确度不如坐标法。其作图方法和步骤如表 5-3 所示。

表 5-3　用四心圆法画圆的正等轴测图

作图	方法和步骤
	作圆的外接正四边形，与 *OXY* 坐标系相交于 1、2、3、4 这 4 个点
	作正四边形的正等轴测图，并找到对应点及 O_1、O_2、O_5
	连接 $1O_2$、$2O_2$、$3O_5$、$4O_5$ 交于点 O_3、O_4

续表

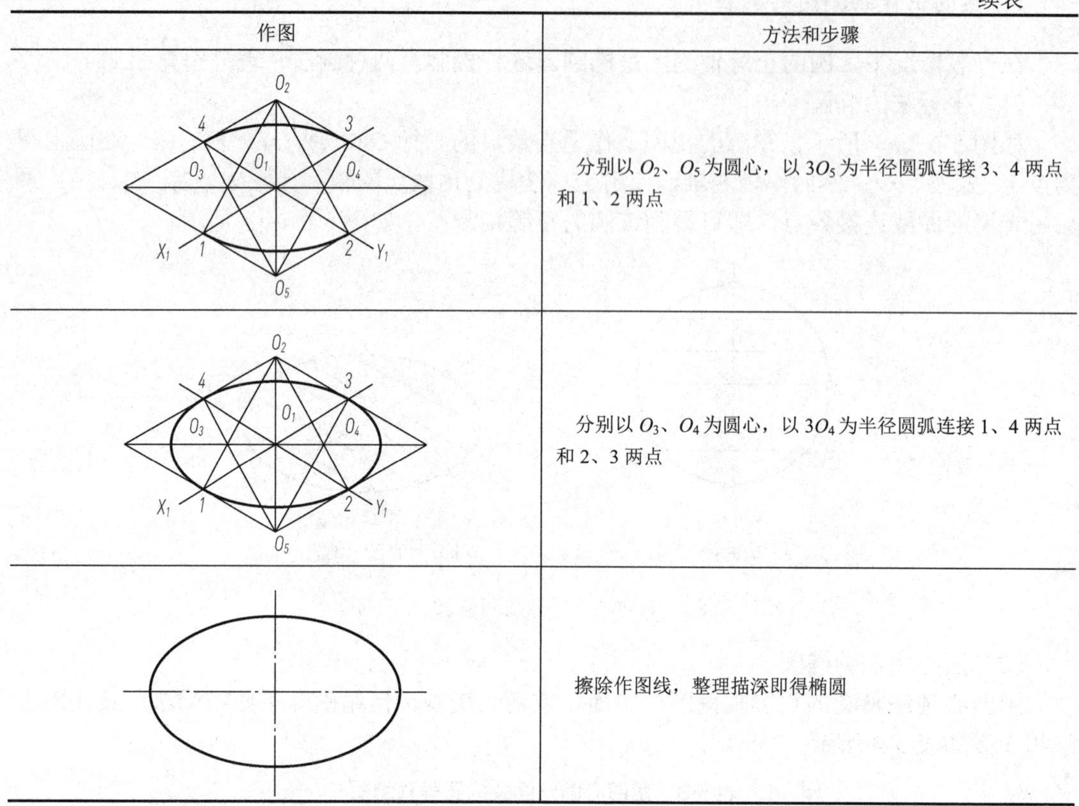

作图	方法和步骤
	分别以 O_2、O_5 为圆心，以 $3O_5$ 为半径圆弧连接 3、4 两点和 1、2 两点
	分别以 O_3、O_4 为圆心，以 $3O_4$ 为半径圆弧连接 1、4 两点和 2、3 两点
	擦除作图线，整理描深即得椭圆

2．平行于各坐标面圆的正等轴测图的画法

平行于各个坐标面的圆，由于其方向不同，因此椭圆的画法也不尽相同，这是由椭圆长短轴方向的变化而引起的。如图 5-7 所示，三视图中平行于 XOY 坐标面的圆，其椭圆的长轴垂直于 O_1Z_1 轴，短轴平行于 O_1Z_1 轴；平行于 YOZ 坐标面的圆，其椭圆的长轴垂直于 O_1X_1 轴，短轴平行于 O_1X_1 轴；平行于 XOZ 坐标面的圆，其椭圆长轴垂直于 O_1Y_1 轴，短轴则与 O_1Y_1 轴平行。

以上种种变化，在作图时首先了解圆所处的坐标面，确定该坐标面椭圆的长、短轴方向，按四心圆法先作出相应圆的外切正方形的轴测图，就能作出平行于该坐标面圆的正等轴测图。

3．曲面立体正等轴测图画法举例

【例 5-3】绘制圆锥台的正等轴测图。

根据圆锥台上、下底圆的直径和高度，先画出上、下底圆的椭圆，然后作两椭圆的公切线，即得圆锥台的正等轴测图，如图 5-8 所示。

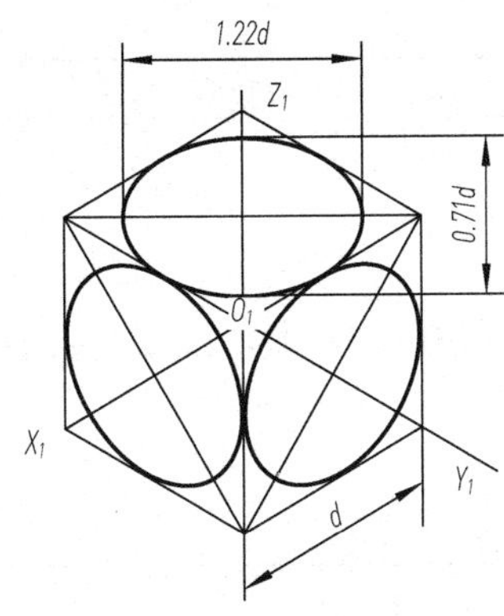

图 5-7　平行于各坐标面圆的正等轴测图的画法

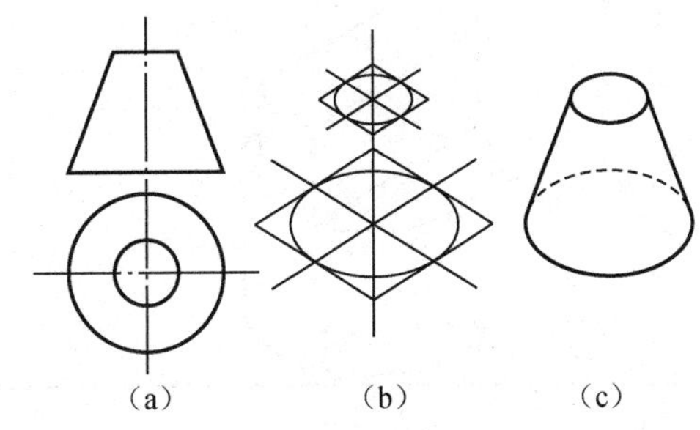

图 5-8　圆台的正等轴测图的画法

【例 5-4】 绘制切割圆柱的正等轴测图，如表 5-4 所示。

表 5-4　切割圆柱的正等轴测图画法

作图	方法和步骤
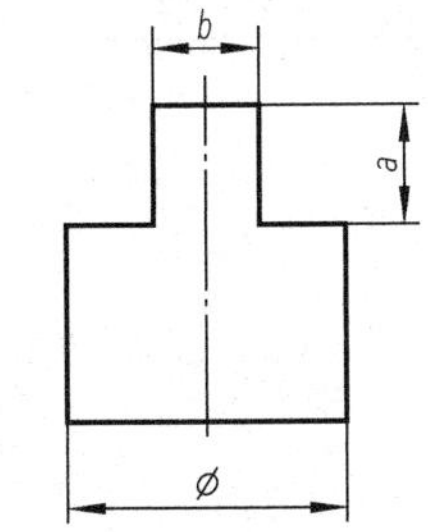	题图
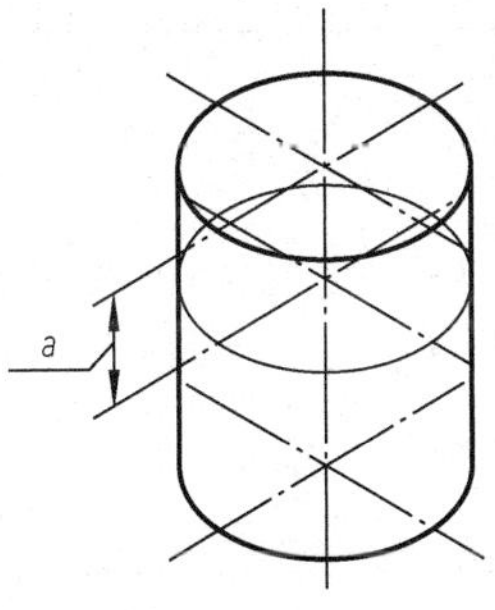	画出圆柱的轴测图
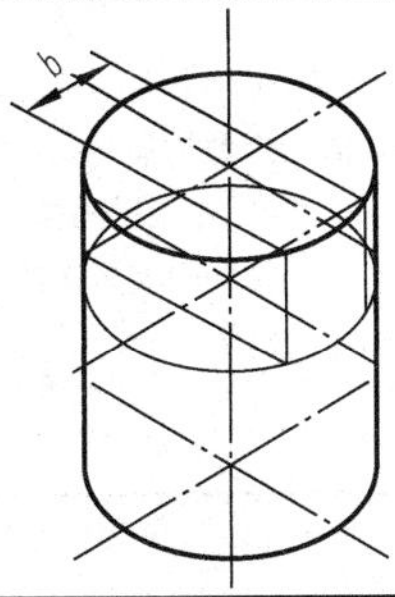	使用切割法画出切割圆柱的轴测图

续表

作图	方法和步骤
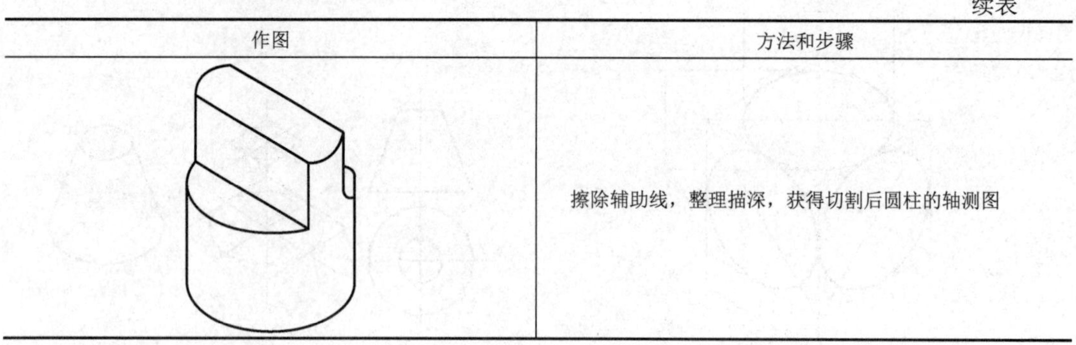	擦除辅助线，整理描深，获得切割后圆柱的轴测图

4．圆角轴测图的画法

圆角是圆的四分之一，其正等轴测图画法与圆的正等轴测图画法相同，即作出对应的四分之一菱形，画出近似圆弧。以水平圆角为例，作图方法和步骤如表 5-5 所示。

表 5-5　圆角的正等轴测图画法

作图	方法和步骤
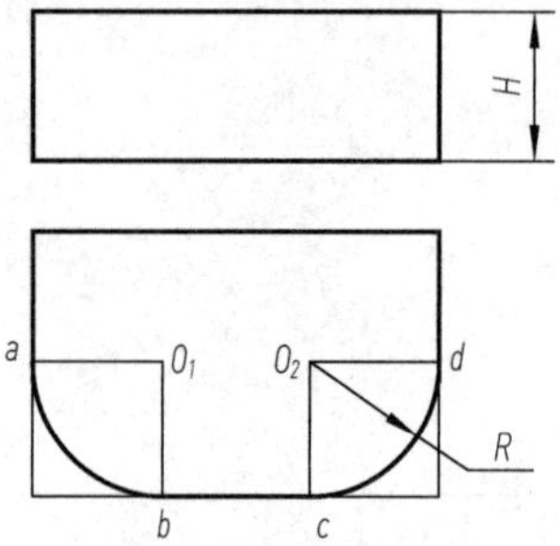 H a　O_1　O_2　d R b　c	在视图中作切线（即方角），标出切点 *a*、*b*、*c*、*d*
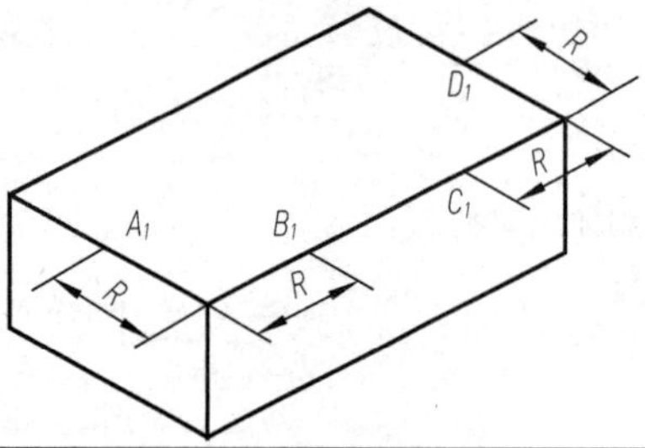 R D_1 R C_1 A_1　B_1 R　R	画出方角的正等轴测图，沿圆角的两边分别截取半径 *R*，得到切点 A_1、B_1、C_1、D_1
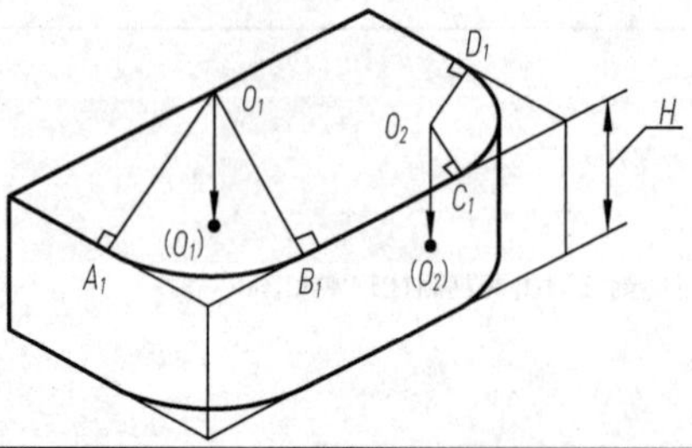 D_1 O_1 O_2 H C_1 (O_1) A_1　B_1　(O_2)	过切点 A_1、B_1、C_1、D_1 分别作各对应边的垂线，两垂线的交点分别为 O_1、O_2，即为近似圆弧的圆心。分别以各自的圆心到切点的距离 O_1A_1、O_2C_1 为半径画弧 A_1B_1、C_1D_1。 将切点、圆心都平行下移一段板厚距离 *H*，以顶面相同的半径画弧，即完成圆角的作图

续表

作图	方法和步骤
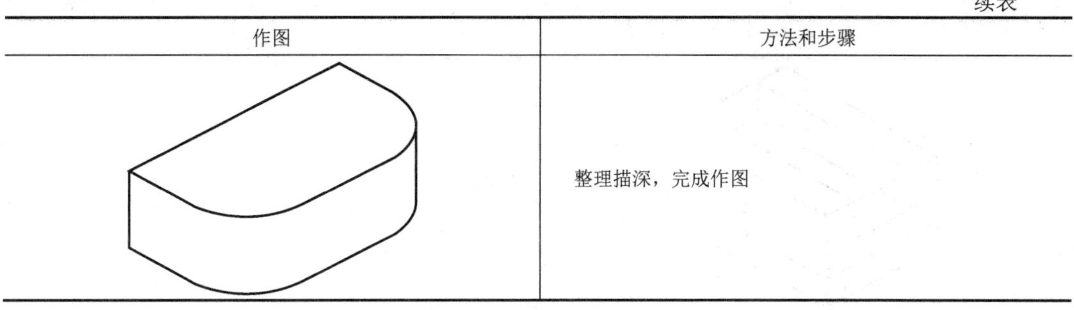	整理描深，完成作图

5.2.4　组合体正等轴测图的画法

如前所述，组合体的组合方式有切割法、叠加法和综合法 3 种。为了作图的方便，画组合体的轴测图时，可根据其组合方式，从基本形体开始，自上而下，由前至后，按它们的相对位置逐一画出。

【例 5-5】 根据正投影图画正等轴测图，如表 5-6 所示。

表 5-6　切割式组合体正等轴测图的画法

作图	方法和步骤
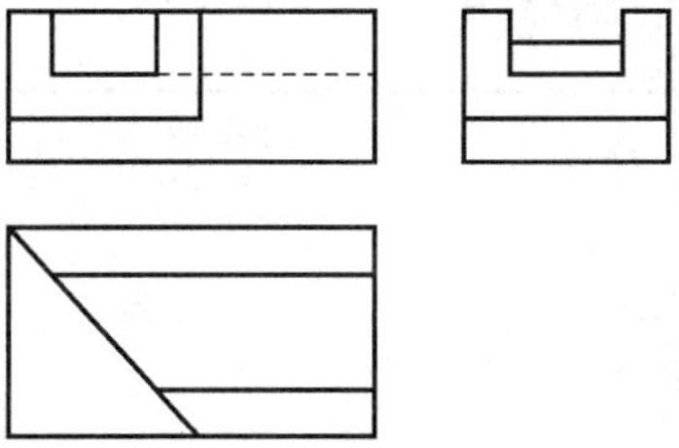	由正投影图可知，该组合体是由长方体切割而成的，因此作图时可使用切割法
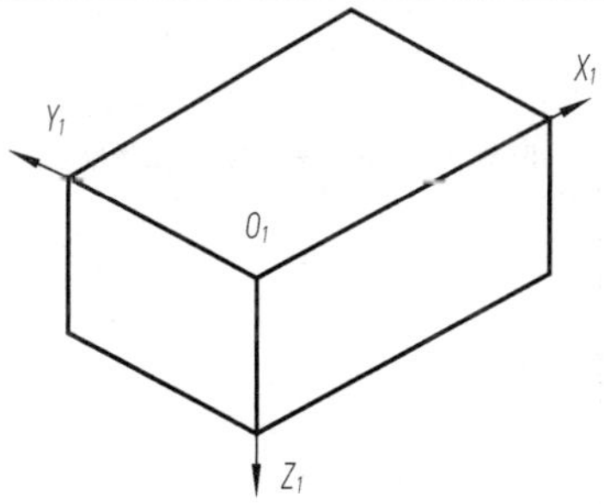	确定坐标原点 O_1，画出长方体
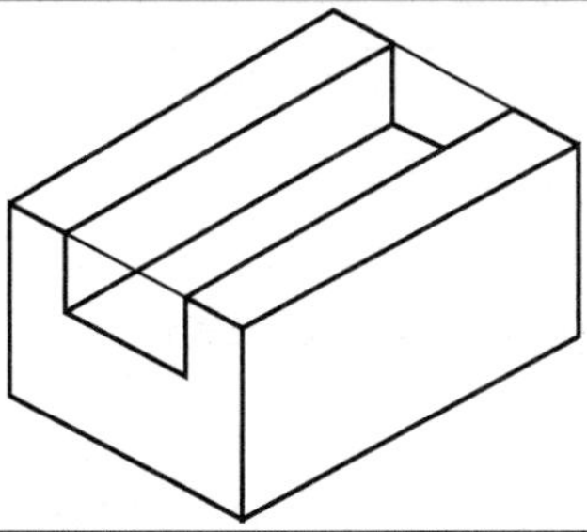	画开槽

续表

作图	方法和步骤
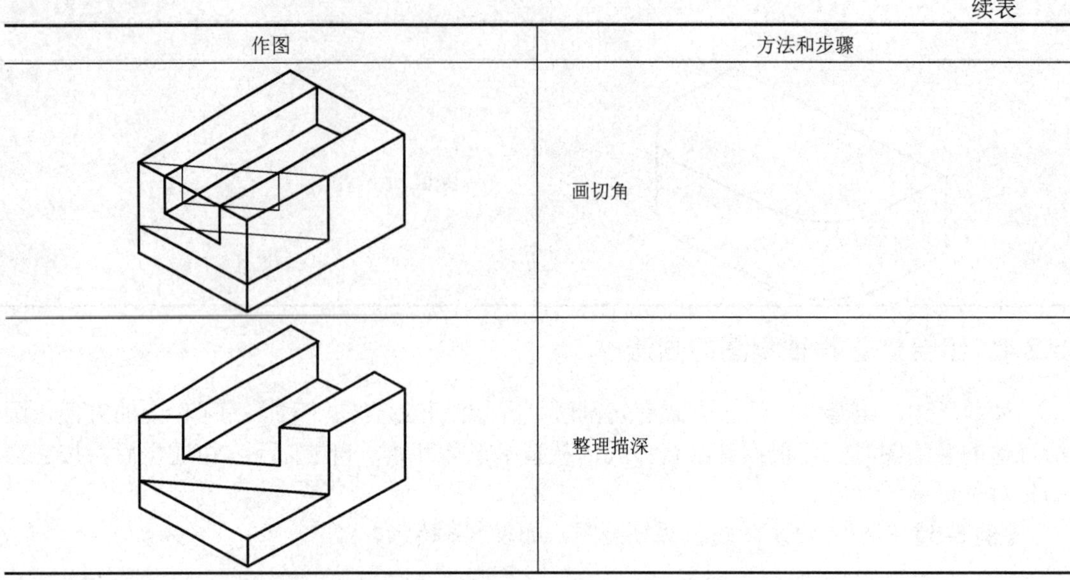	画切角
	整理描深

【例 5-6】根据正投影图画正等轴测图，如表 5-7 所示。

表 5-7　叠加式组合体正等轴测图的画法

作图	方法和步骤
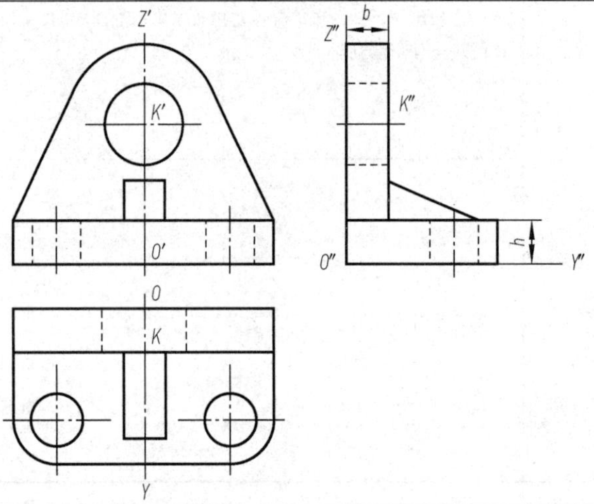	根据组合体的三视图，确定坐标轴
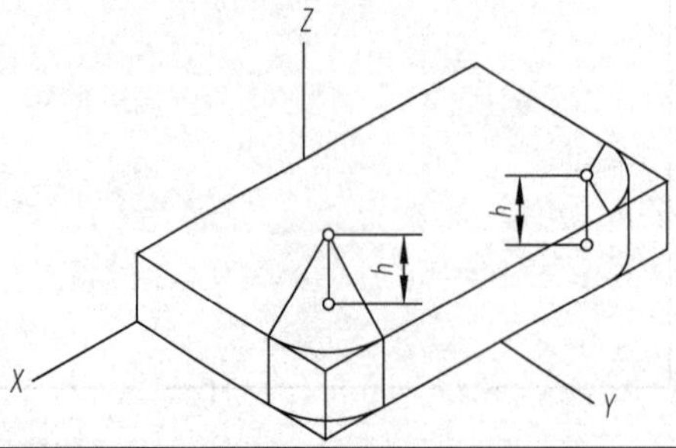	画轴测轴，画底板及底板上的圆角

续表

作图	方法和步骤
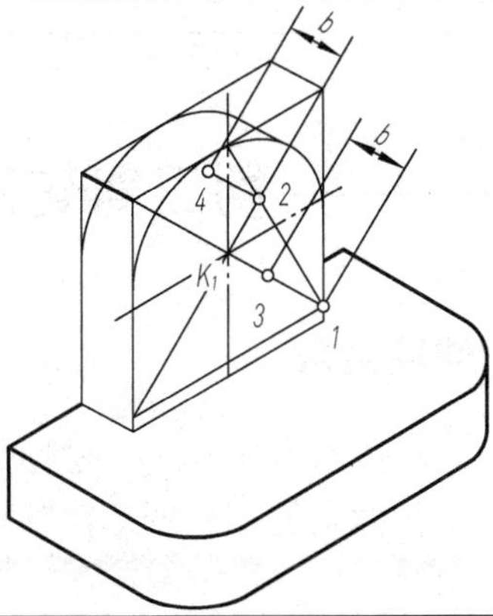	画支承板及上半部的圆柱
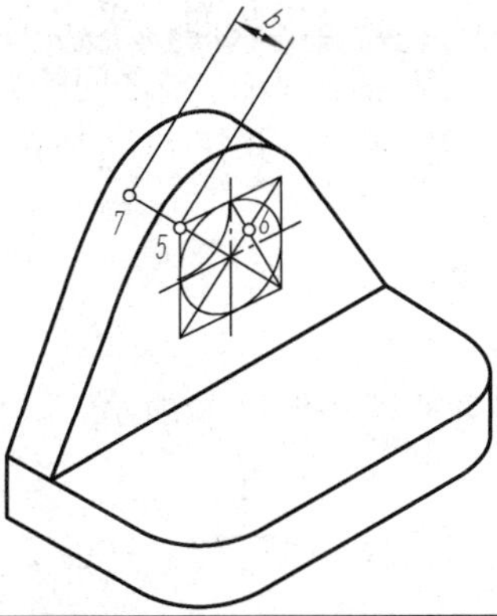	画支承板上的圆柱孔及支承板上的切线
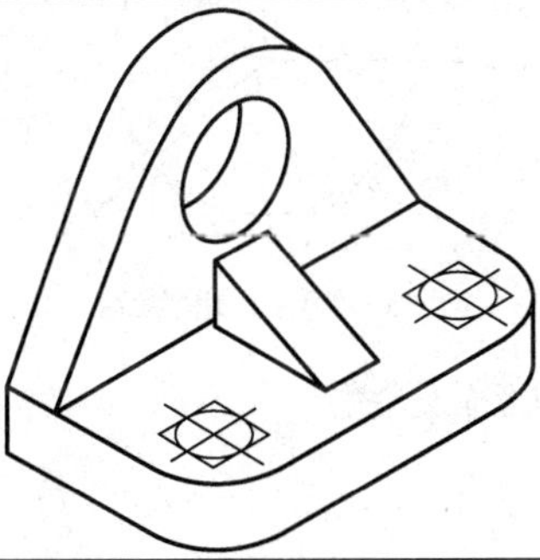	画肋板及底板上的圆柱孔
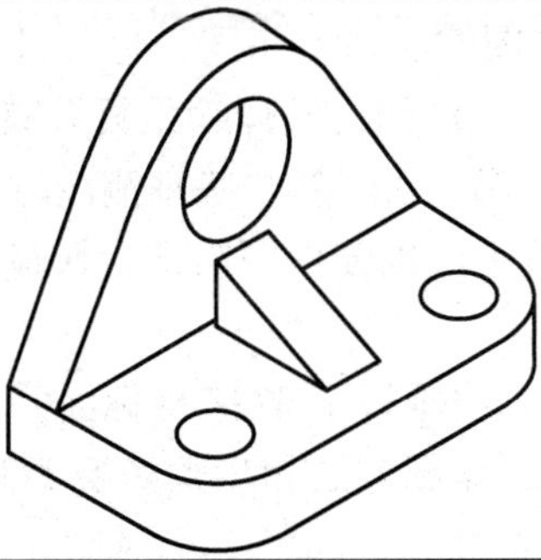	擦去多余的图线，描深图形，完成作图

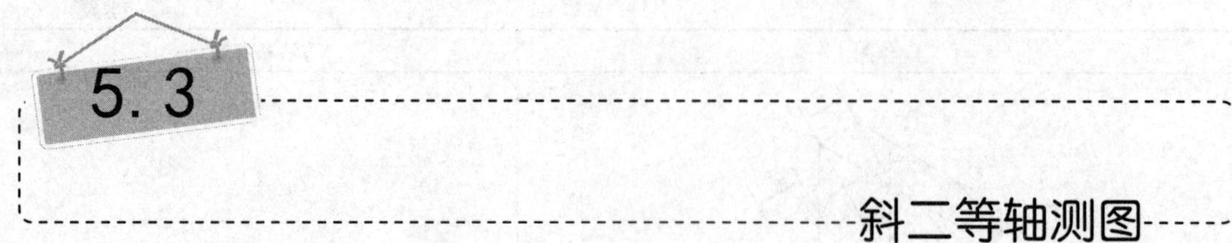

5.3 斜二等轴测图

5.3.1 斜二等轴测图的形成及轴间角、轴向伸缩系数

将物体放正，使 *XOZ* 坐标面平行于轴测投影面，当投射方向与 3 个坐标平面都不平行时，形成了斜轴测投影。此时，*XOZ* 坐标面或与其平行面上的任何图形在轴测投影面上的投影都反映实形。下面介绍其画法。

如图 5-9（a）所示，物体上的 *XOY* 坐标面平行于轴测投影面，采用平行斜投影法，得到具有立体感的轴测图。当所选择的投射方向使 O_1X_1 轴和 O_1Y_1 轴之间的夹角为 135° 且 $O_1X_1 \perp O_1Z_1$ 轴，即 $\angle X_1O_1Y_1=\angle Y_1O_1Z_1=135°$，$\angle Z_1O_1X_1=90°$，并使 O_1Y_1 轴的轴向伸缩系数为 0.5 时，即

$$p_1 = r_1 = 1,\quad q_1 = 0.5$$

这种轴测图就称为斜二等轴测图，简称斜二轴测图。

斜二等轴测图的轴测轴、轴间角及轴向伸缩系数如图 5-9（b）所示。

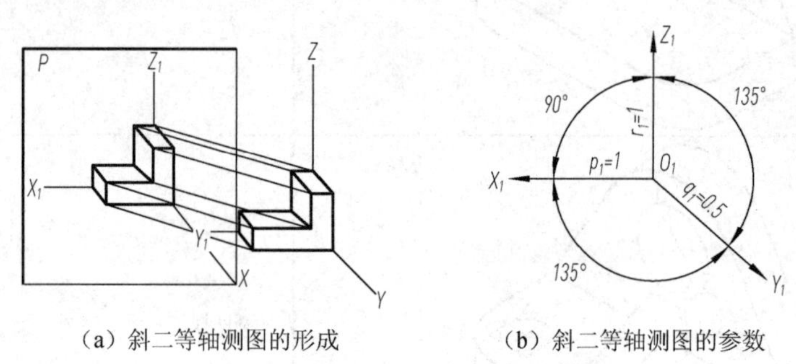

（a）斜二等轴测图的形成　　（b）斜二等轴测图的参数

图 5-9　斜二等轴测图的形成及参数

5.3.2 斜二等轴测图的画法

斜二等轴测图在作图方法上与正等轴测图的作图方法基本相同，也可以采用坐标法、切割法、叠加法等作图方法。所不同的是轴间角及 O_1Y_1 轴上的伸缩系数只取实长的一半。由于斜二等轴测图在平行于 $X_1O_1Z_1$ 坐标面上反映实形，在画斜二等轴测图时，应尽量把形状复杂的平面或圆等摆放在与 $X_1O_1Z_1$ 面平行的位置上，以使作图简便、快捷。

【例 5-7】绘制空心圆台的斜二等轴测图。

表 5-8 中的空心圆台，单方向圆较多，故将其轴线垂直于 *XOZ* 坐标面，使前、后两底圆等均平行于 $X_1O_1Z_1$ 面，其轴测图反映实形（圆）。作图方法和步骤如表 5-8 所示。

表 5-8 绘制空心圆台的斜二等轴测图

作图	方法和步骤
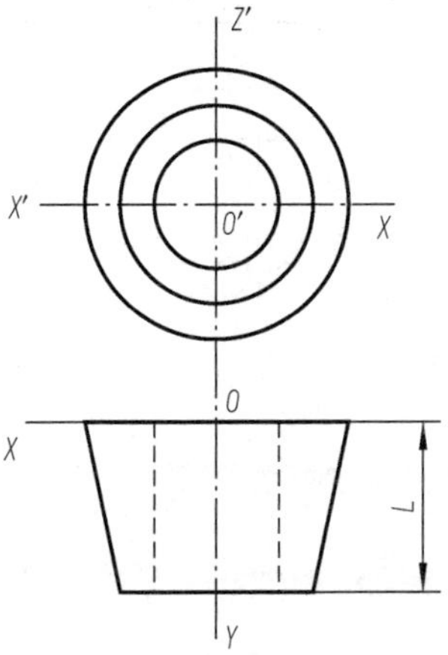 Z′ X′ O′ X O X L Y	确定坐标轴
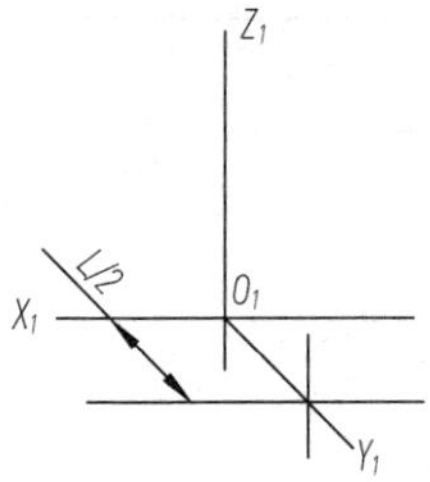 Z_1 L/2 O_1 X_1 Y_1	画轴测轴
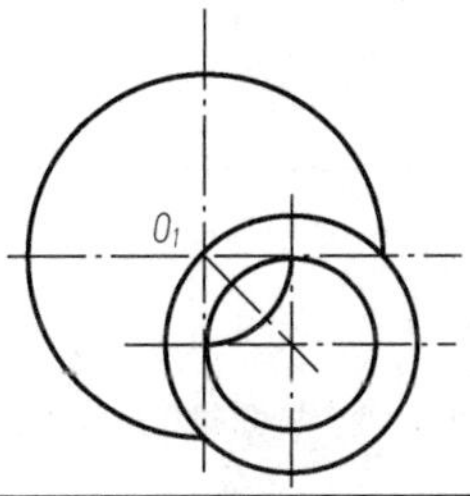 O_1	画前面的圆和后面的圆
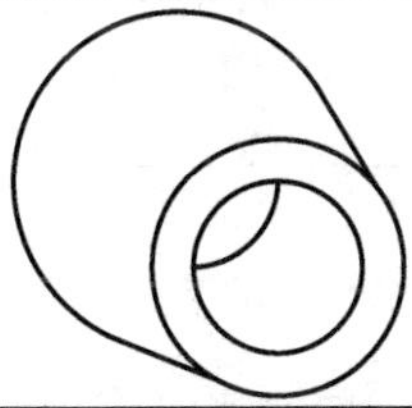	画公切线，擦去多余的图线，描深图形，完成作图

【例 5-8】绘制组合体的斜二等轴测图。

从表 5-9 可知，该组合体是由一长方体背板和一半圆筒切割而成的，画图时应先画背板和半圆筒的轴测图，再使用切割法逐个画出各切割部分的轴测图，即可画出组合体的斜二等轴测图。具体作图方法和步骤如表 5-9 所示。

表 5-9　绘制组合体的斜二等轴测图

作图	方法和步骤
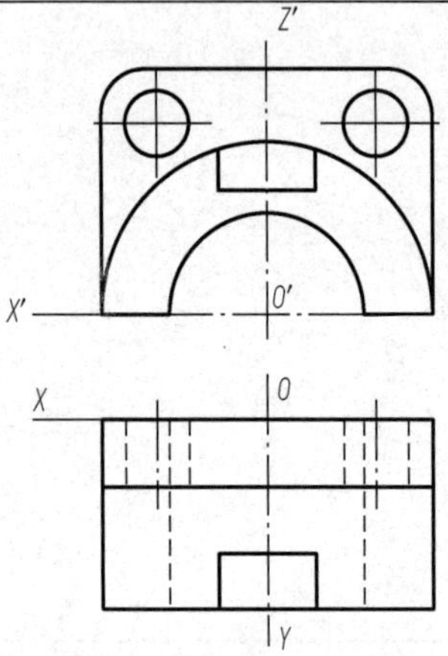 Z′ X′ O′ X O Y	确定坐标轴
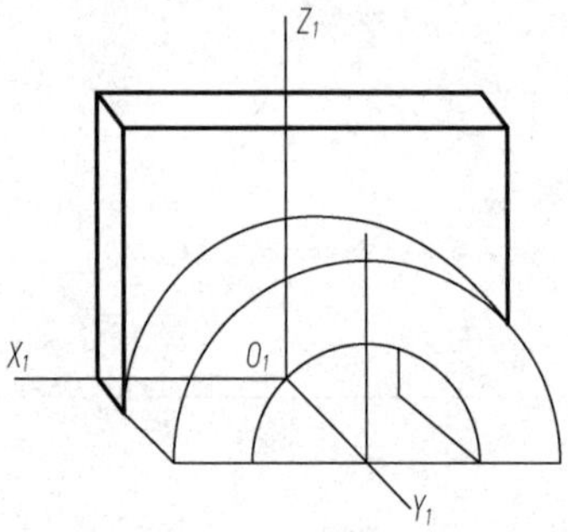 Z_1 X_1 O_1 Y_1	画轴测轴、空心半圆柱孔、长方体背板
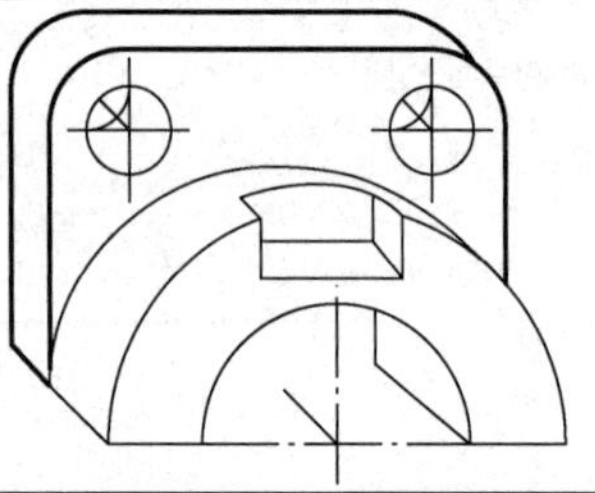	画背板上的圆角、两个圆孔和圆筒前面的切口
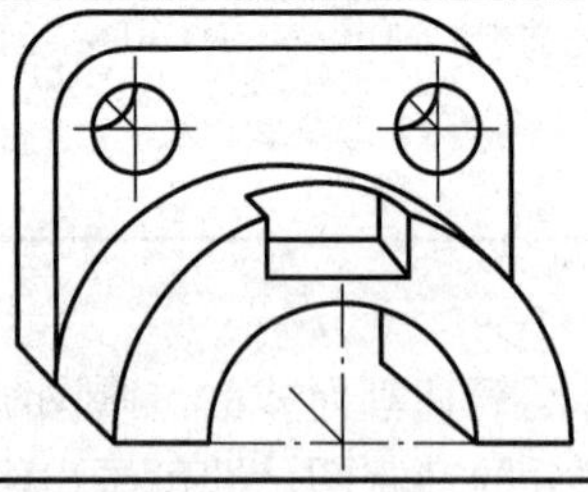	擦去多余的图线，描深图形，完成作图

6 单元 机件的常见表达方法

◎ 单元导读

在生产实际中，当机件的形状、结构比较复杂时，使用三视图来表达机件结构，虚线多，很难把机件的内外形状和结构表达清楚。国家标准《技术制图 通用术语》(GB/T 13361—2012)和《机械制图》提供了多种表达方法，以满足不同机件表达结构的需要。

◎ 知识目标

- ◆ 掌握采用视图表达机件的方法。
- ◆ 掌握剖视图的表达方法和特点。
- ◆ 掌握断面图的表达方法。
- ◆ 了解常见的图样规定画法。

◎ 技能目标

- ◆ 能看懂并绘制基本视图、向视图、局部视图和斜视图。
- ◆ 能看懂并绘制全剖视图、半剖视图和局部剖视图。
- ◆ 能看懂并正确运用机件的简化画法。

◎ 思政目标

- ◆ 树立正确的学习观、价值观，自觉践行行业道德规范。
- ◆ 牢固树立质量第一、信誉第一的强烈意识。
- ◆ 遵规守纪，安全操作，爱护设备，钻研技术。
- ◆ 发扬一丝不苟、精益求精的工匠精神。

观察图 6-1（a），从轴测图上看不到机件的内部结构，图 6-1（b）和（c）采用不同的方法来表达机件形状，试找出两种方法在主视图表达的清晰程度上有何不同。

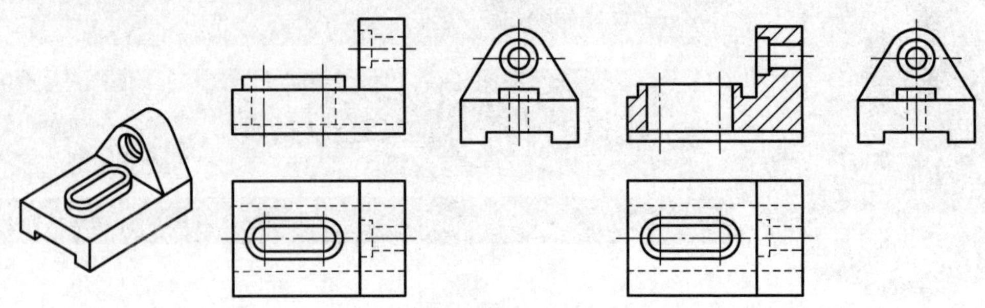

（a）零件的轴测图　（b）使用视图表达零件的形状　（c）用剖视图表达零件的形状

图 6-1　机件不同表达方法的对比

从图 6-1 不难看出，图 6-1（b）使用三视图来表达机件结构，虚线多，主视图反映机件内部结构不如图 6-1（c）清楚。

在实际生产中，有些复杂的机件，即使用 3 个视图也难以将其内外结构形状清楚地表达出来。国家标准《技术制图 通用术语》（GB/T 13361—2012）和《机械制图》提供了多种表达方法，以满足不同机件表达结构的需要，标准中的相关规定使制图简便、看图方便，而且表示方法与国际上一致。本章开始学习视图、剖视图、断面图、局部放大图和简化画法等多种丰富的表达方法。

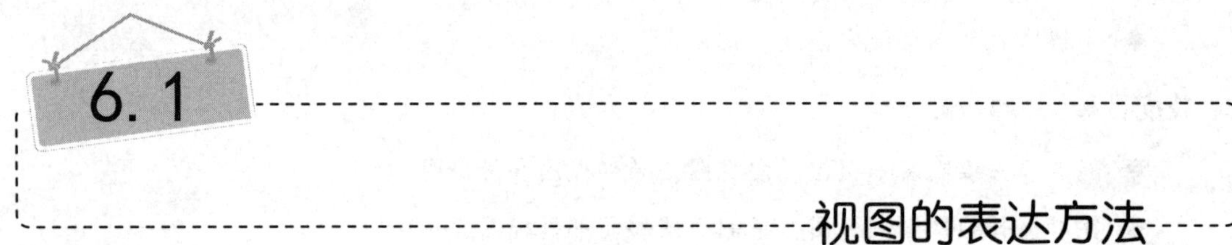

6.1 视图的表达方法

使用正投影法将机件向基本投影面投影而绘制出的物体形状的图形，称为视图。视图一般只画出机件的可见部分，必要时才用细虚线画出其不可见部分。所以，视图主要用来表达机件的外部结构和形状。视图的种类通常包括基本视图、向视图、局部视图和斜视图。

6.1.1 基本视图

为了清晰地表达机件上、下、左、右、前、后各方向的形状，我们在原来 3 个投影面的基础上，再增加 3 个投影面。这 6 个面在空间上构成一个正六面体，基本投影面就是正六面体的 6 个面，将机件放在其中，分别向基本投影面投射得到的视图，称为基本视图，如图 6-2（a）所示。再按图 6-2（a）规定的方法展开，即正投影面不动，其余各投影面按箭头所指的方向旋转展开，与正投影面成一个平面，即得到 6 个基本视图，如图 6-2（b）所示。

6 个基本视图的名称和投射方向如下：

主视图（A 视图）——由前向后投射所得的视图。
俯视图（B 视图）——由上向下投射所得的视图。
左视图（C 视图）——由左向右投射所得的视图。
右视图（D 视图）——由右向左投射所得的视图。
仰视图（E 视图）——由下向上投射所得的视图。
后视图（F 视图）——由后向前投射所得的视图。

6 个基本视图一般应按图 6-2（b）所示的位置关系配置。仰、主、俯、后视图都反映物体的左、右；右、主、左、后视图都反映物体的上、下；右、俯、仰、左视图都反映物体的前、后，其中靠近主视图的一边为机件的后边，远离主视图的一边为前边。按规定位置配置的视图，一律不标注视图的名称，并且各视图间仍保持“长对正、高平齐、宽相等”的投影关系，即主、俯、仰、后视图长对正，主、左、右、后视图高平齐，俯、左、仰、右视图宽相等。

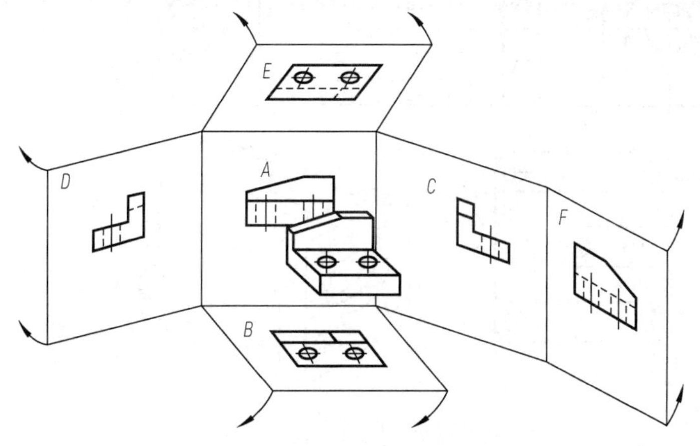

微课：基本视图

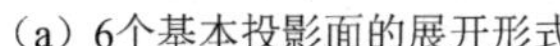
（a）6个基本投影面的展开形式

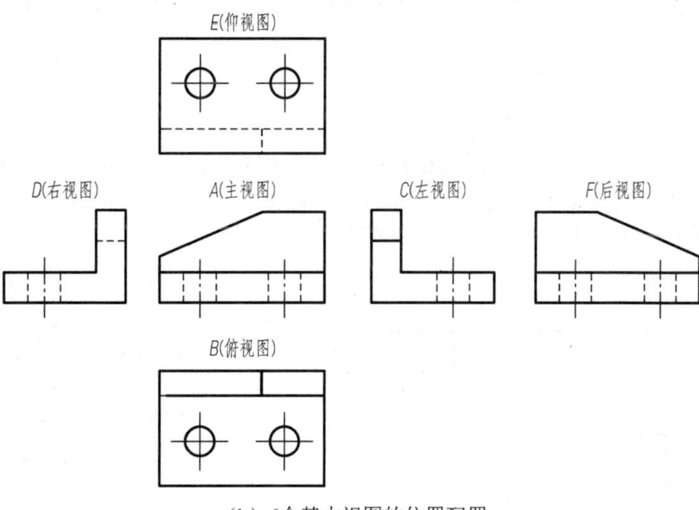

（b）6个基本视图的位置配置

图 6-2　6 个基本视图的形成及其配置

在实际绘图过程中，并不是任何机件都需要画 6 个基本视图的，而是根据机件的结构特点和复杂程度，选用其中必要的几个基本视图，选择的原则如下：

1）选择表示机件信息量最多视图作为主视图，通常是机件的工作位置、加工位置或安放位置。

2）在机件各部分表示明确的前提下，使视图的数量最少。

3）尽量避免使用虚线表达机件的形状。

4）避免不必要的重复表达。

如图 6-3 所示是一个阀体的视图和轴测图，采用了主、左、右、俯 4 个基本视图，并在主视图中用虚线画出了阀体的内腔结构及各个孔的不可见投影。由于将这 4 个视图对照起来阅读，已能清晰完整地表达出阀体各部分的结构和形状，因此，在其他 3 个视图中的不可见投影都应省略，不再画出虚线。

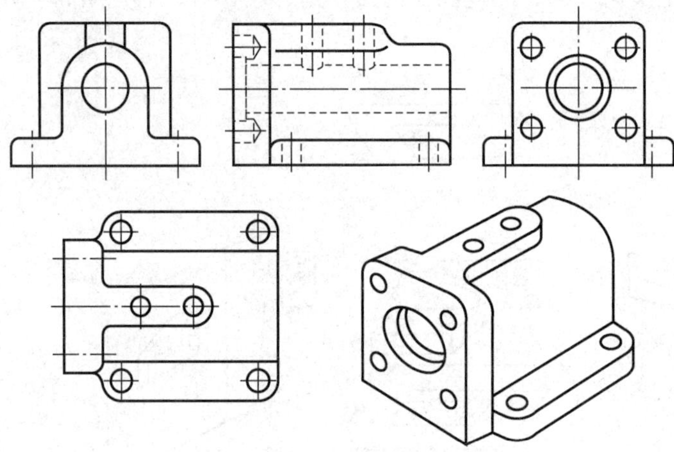

图 6-3　阀体的基本视图的选用

值得注意的是，在 6 个基本视图中，一般优先选用主、俯、左 3 个视图。任何机件的表达，都必须有主视图。

6.1.2　向视图

在实际绘图中，基本视图不一定都按投影关系配置，根据需要，也可以配置在其他地方。国家标准规定这种可以自由配置的基本视图称为向视图，如图 6-4 所示。

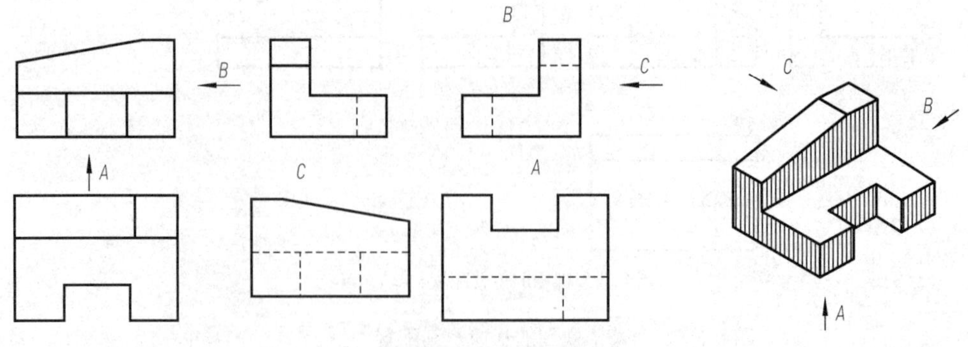

图 6-4　向视图及其表达

在绘制向视图时，应在视图的上方标注“×”（×为大写的拉丁字母），在相应视图的附近用箭头指明投射方向，并注明相同的字母，表示投射方向的箭头应尽可能配置在主视图上。表示后视图投射方向的箭头，最好配置在左视图或右视图上。

由此可知，向视图是基本视图的平移。向视图与基本视图之间仅仅是位置上的差别，视图之间的内在联系保持不变，即投影对应关系和方位仍保持不变。

6.1.3　局部视图

将机件的某一部分向基本投影面投影所得的视图，称为局部视图。

局部视图的作用：当采用了适当数量的基本视图之后，机件上还留有一些局部的结构未表达清楚，为了简化作图，避免重复，可将该部分结构单独向基本投影面投影，并用波浪线与其他部分断开，画成不完整的基本视图。

如图 6-5 所示的机件，当采用了主、俯两个视图表达后，只有两侧凸台部分尚未表达清楚。为此，采用了 *A*、*B* 两个局部视图加以补充表达。这样就可省去左视图和右视图，既简化了作图，又使表达简单、清楚、明了。

局部视图的断裂边界用波浪线表示，如图 6-5 中的“*A*”。当所表示的局部结构是完整的，且外形轮廓又自成封闭时，波浪线可省略不画，如图 6-5 中的“*B*”。

局部视图应尽量配置在箭头所指的方向，并与视图保持投影关系，如图 6-5 中的“*A*”。有时为了合理布置图面，也可以将局部视图配置在其他适当位置，如图 6-5 中的“*B*”。

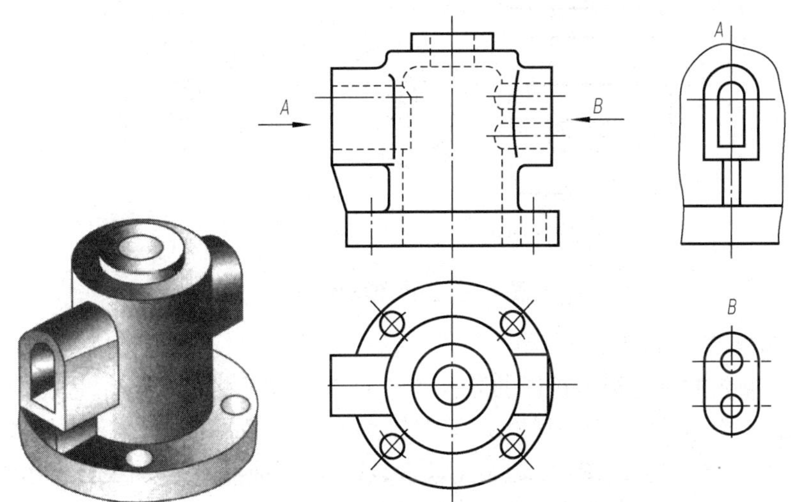

图 6-5　局部视图及其表达

局部视图上方应用大写字母标出视图名称“×”（×为大写的拉丁字母），并在相应视图的附近用箭头指明投射方向和注上相同的字母。当局部视图按投影关系配置，中间又无其他视图隔开时，允许省略标注。

6.1.4　斜视图

机件向不平行于任何基本投影面的平面投射所得到的视图，称为斜视图。

如图 6-6（a）所示的机件，右边倾斜部分的上下表面均为正垂面，它对其他投影面是倾斜的，其投影不反映实形。为了表达出倾斜部分的实形，可设置一个与倾斜部分平行的投影面，再将该结构向新投影面投影得到其实形，如图 6-6（b）所示。这种将机件向不平行于任何基本投影面的平面投影所得的视图，称为斜视图。

斜视图应表达实形，与其他部分用波浪线断开。波浪线的画法如图 6-6 所示。

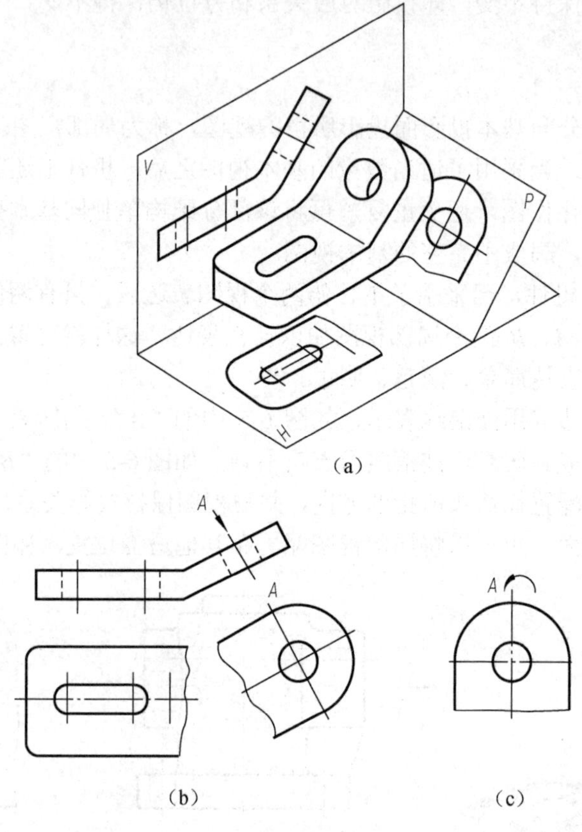

（a）

（b）　　　　（c）

图 6-6　斜视图及其表达

画斜视图时应注意以下几点。

1）必须在视图的上方标出视图的名称“×”（×为大写的拉丁字母），在相应的视图附近用箭头指明投射方向，并注上同样的大写拉丁字母“×”，如图 6-6（b）中的“*A*”。

2）画出倾斜结构的斜视图后，通常用波浪线断开，不画其他视图中已表达清楚的部分，波浪线为细实线，注意波浪线的画法，如图 6-7 所示。

3）画斜视图时，一般按投影关系配置，即箭头所指的方向，必要时也可以配置在其他适当的位置。在不致引起误解时，允许将斜视图旋转配置。表示该视图名称的大写拉丁字母，应靠近旋转符号的箭头端，标注形式为“×⌒”，如图 6-6（c）所示。旋转符号的尺寸和比例如图 6-8 所示，斜视图旋转配置时，既可以顺时针旋转，也可以逆时针旋转。但旋转符号的方向要与实际旋转方向一致，以便于看图者辨别。

4）无论图形和箭头如何倾斜，图样中的字母总是写成水平的。

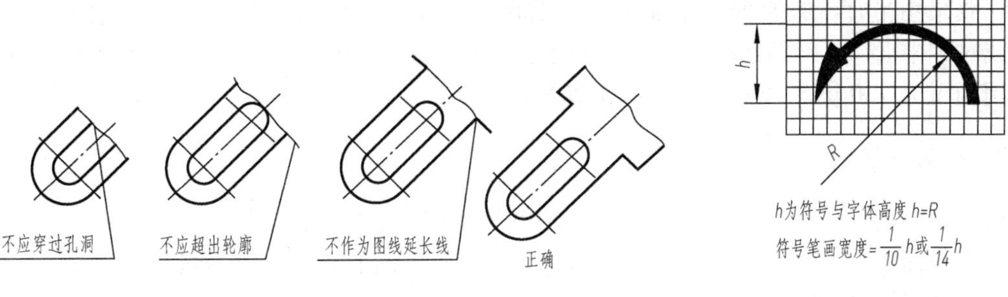

图 6-7　波浪线的画法　　　图 6-8　旋转符号的尺寸和比例

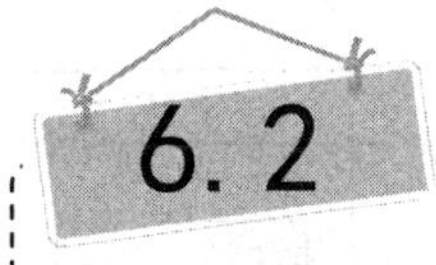

6.2 剖视图的表达方法

使用视图表达机件时，机件内部的结构形状都用虚线表示。如果视图中虚线过多，就会使图形不够清晰，而且标注尺寸也不方便。为此，在表达机件内部结构时，常采用剖视的方法。

6.2.1　剖视的概念

1．剖视图的形成

用假想的剖切平面剖开机件，将处在观察者和剖切平面之间的部分移去，将其余部分向投影面投射所得的图形，称为剖视图（简称剖视）。

如图 6-9（a）所示的机件，假想沿机件前后对称平面将其剖开，移去前面部分，将后面部分向正投影面投射，就得到一个剖视的主视图。

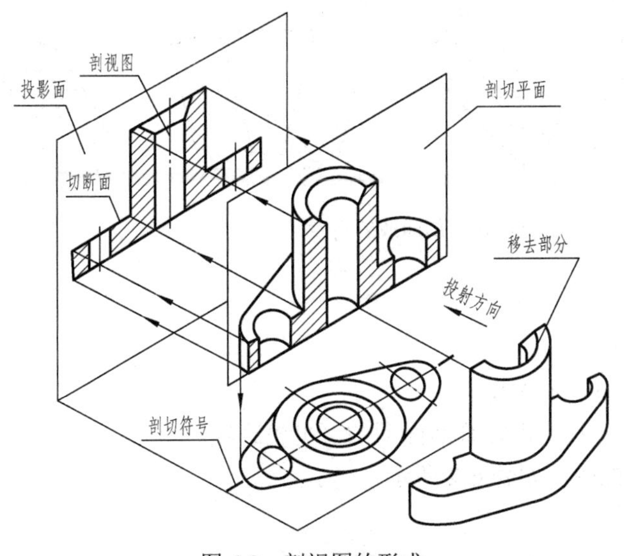

图 6-9　剖视图的形成

微课：剖视图的形成

一般采用平行于投影面的平面剖切。剖切位置选择要得当，首先应通过内部结构的轴线或对称平面，以剖出它的实形；其次应尽可能使剖切面通过尽量多的内部结构。图 6-9 中采用通过 3 个孔的轴线的正平面为剖切平面。

2．剖面符号

剖切平面与机件接触的部分称为断面。为了区分机件的实心部分与空心部分，国家标准规定在断面图形区域要画上规定的剖面符号，并且不同的材料要用不同的剖面符号。各种材料的剖面符号如表 6-1 所示。

表 6-1　各种材料的剖面符号

材料	图例	材料	图例	材料	图例
金属材料（已有规定剖面符号者除外）		型砂、填砂、粉末冶金、砂轮、陶瓷刀片、硬质合金刀片等		木材纵剖面	
非金属材料（已有规定剖面符号者除外）		钢筋混凝土		木材横剖面	
转子电枢变压器和电抗器等的叠钢片		玻璃及供观察用的其他透明材料		液体	
线圈元件		砖		木质胶合板（不分层）	
				格网（筛网、过滤网）等	

因为机械零件大多为金属材料，金属材料的剖面符号是适当角度（最好与主要轮廓或剖面区域的对称线成 45°，左右倾斜均可），且间距相等的细实线，也称为剖面线，如图 6-10 所示。应注意：当同一机件需要用几个剖视图表达时，所有剖视图上剖面线的画法应一致（间距相等、方向相同）。

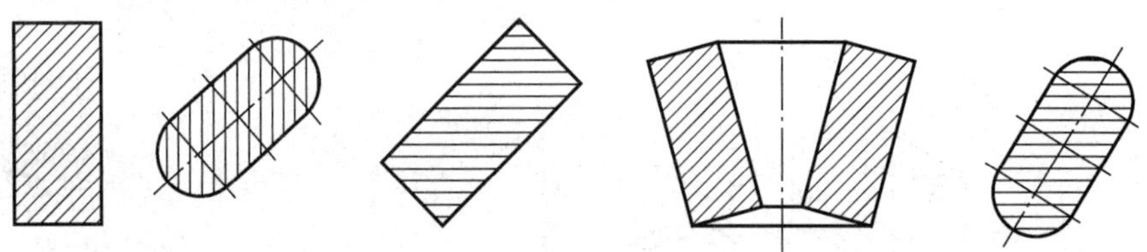

图 6-10　剖面线的角度

3．剖视图的画法

画剖视图的方法有以下两种。

1）先画出机件的视图，再进行剖切。

2）先画出剖切后的断面形状，再补画断面后的可见轮廓线。

【例 6-1】 画出机件的剖视图，如表 6-2 所示。

表 6-2　绘制剖视图的方法

作图	方法和步骤
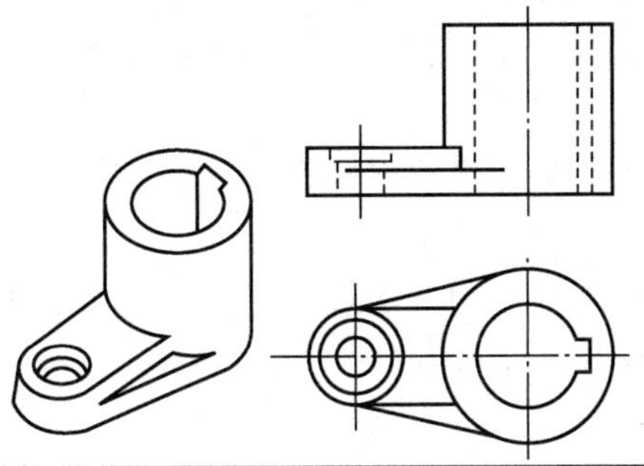	分析机件，画出必要的视图，因机件外形结构简单，只需主、俯视图就可以表达清楚
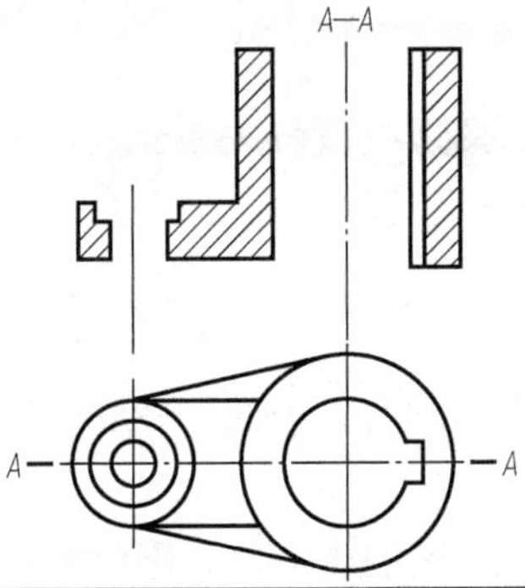 A—A A　A	确定剖切平面的位置，画出断面图形，即取通过两孔轴线的剖切平面，画出剖切平面与机件接触部分的断面图形，并画上剖面符号
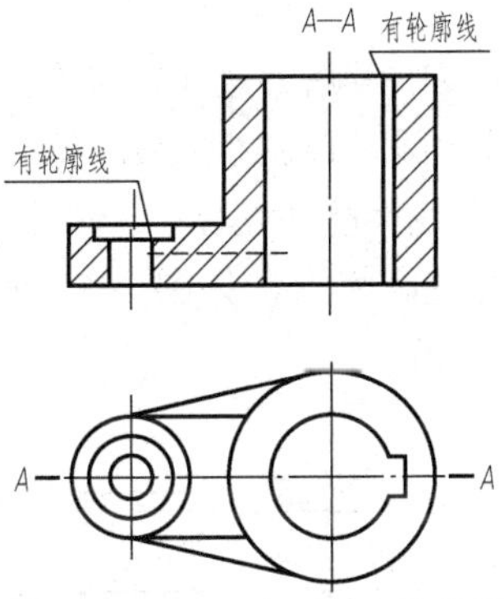 A—A　有轮廓线 有轮廓线 A　A	画出断面后，从剖切平面的一端或右端开始，依次画出剖切面与机体内、外基本形体的交线，即所有可见和不可见部分轮廓的投影
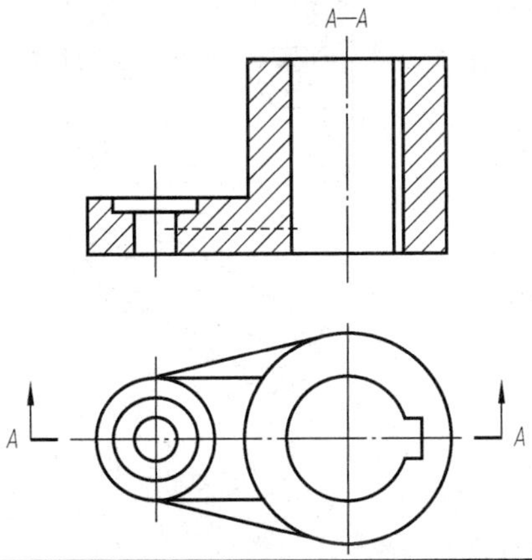 A—A A　A	使用规定的方法进行标注

4．剖视图的标注

根据国家标准的规定，剖视图的标注包括下列各项内容。

1）剖切符号。在剖切平面的起、讫和转折处用粗短线［线宽(1～1.5)*b*mm，长 5～10mm］表示，但不要与图形轮廓线相交。

2）投射方向。在剖切位置线的起讫点外侧画出与其相垂直的箭头，表示剖切后的投射方向。

3）剖视图名称。在剖切位置线的起、讫及转折处写上同一字母，并在所画剖视图上方用相同字母标注出剖视图的名称“×—×”（×为大写拉丁字母）。

在下列情况下，剖视图可以简化或省略标注。

1）当剖切后的图形按投影关系配置，中间没有其他图形隔开时，允许省略箭头，如例 6-1 中所标注的箭头即可省略。

2）当剖切平面与机件的对称平面重合，且剖切后的图形按投影关系配置，中间又没有其他图形隔开时，可以不必标注，如图 6-9 中可以不加任何标注。

5．画剖视图的注意事项

1）剖视图是一种假想画法，并不是真的将机件切去一部分，因此，当机件的一个视图画成剖视后，其他视图仍应按机件完整时的情形画出。

2）剖切平面应尽量通过被剖切机件的对称平面或孔、槽的中心线，避免剖切出不完整的结构要素。

3）在剖视图上，对于已经表达清楚的结构，其虚线可以省略不画（在没有剖视的视图上，虚线的问题也可以按同样的原则处理）。但当画少量虚线可以减少视图，而又不影响剖视图的清晰性时，也可以画出这种虚线，如例 6-1 中的虚线不能省略。

4）要仔细分析剖切后的结构形状，分析有关视图的投影特点，如图 6-11 所示。特别是不能漏画剖切平面后面的结构，如表 6-3 所示，以免画错。

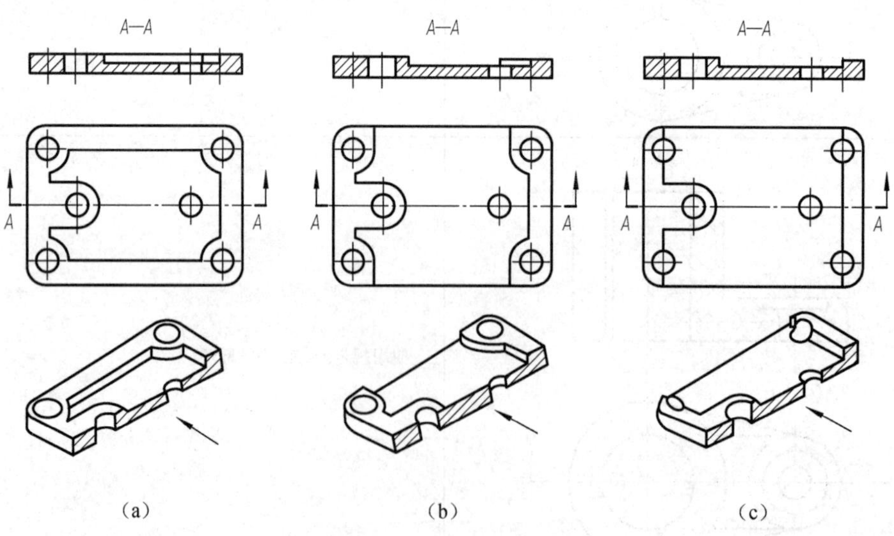

图 6-11　画剖视图的注意点

表 6-3　剖视图中容易漏画线的示例

轴测图	错误画法	正确画法

6.2.2　剖视图的种类

按剖切的范围大小，剖视图可分为全剖视图、半剖视图和局部剖视图。

1．全剖视图

使用剖切面完全地剖开机件所得的剖视图称为全剖视图，简称全剖视。如图 6-12 所示的主视图为全剖视图。当机件外形简单、内形较复杂时，常用全剖视图表达。

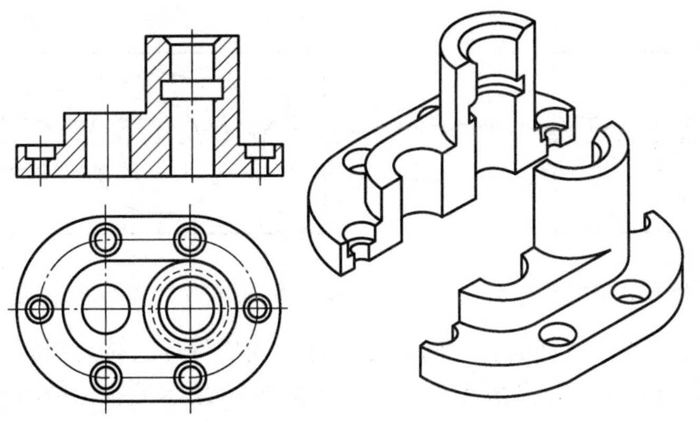

图 6-12　全剖视图

微课：全剖视图

微课：半剖视图

2．半剖视图

当机件具有对称平面时，向垂直于对称平面的投影面上投射所得的图形，可以以对称中心线（细点画线）为界，一半画成剖视图，另一半画成视图，这样的图形称为半剖视图，简称半剖视。

如图 6-13 所示的轴承座，如采用全剖视图，凸台及其上的圆孔就被剖切掉了，它的形状和位置在主视图上都表示不出来，如图 6-14 所示。这时，可根据其主视图左右对称的特点，以中心线为界，取半个视图表达外形，如凸台、圆孔等；取半个剖视图表达内形，如圆柱孔、槽口等。由半个视图和半个剖视图拼合而形成半剖视图，如图 6-15 所示。

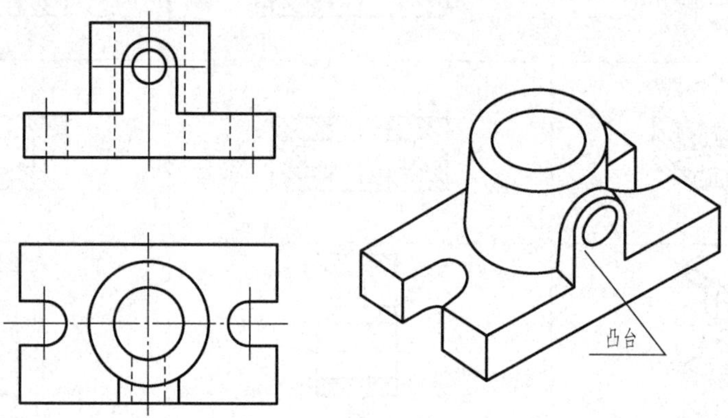

图 6-13　使用视图表示的轴承座

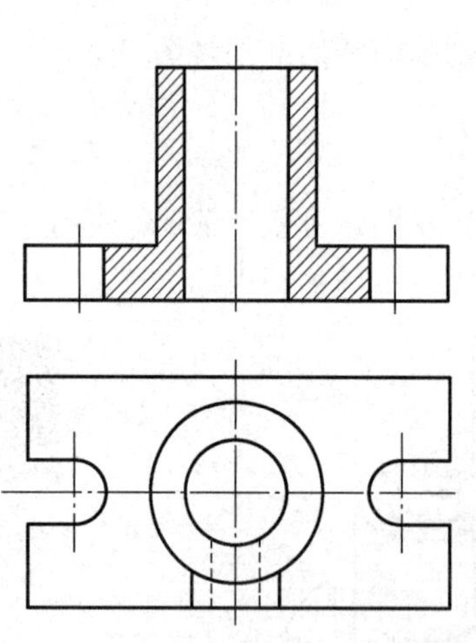

图 6-14　使用全剖视图表示轴承座

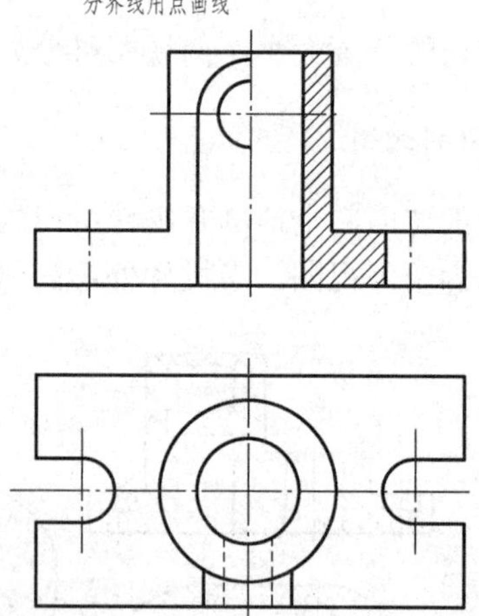

图 6-15　使用半剖视图表示轴承座

半剖视图主要用于内、外形状都需表达的对称机件。当机件形状接近对称，且不对称部分已另有视图表达清楚时，也可以画成半剖视图，如图 6-16 所示俯视图的凸台部分及如图 6-17 所示的槽。

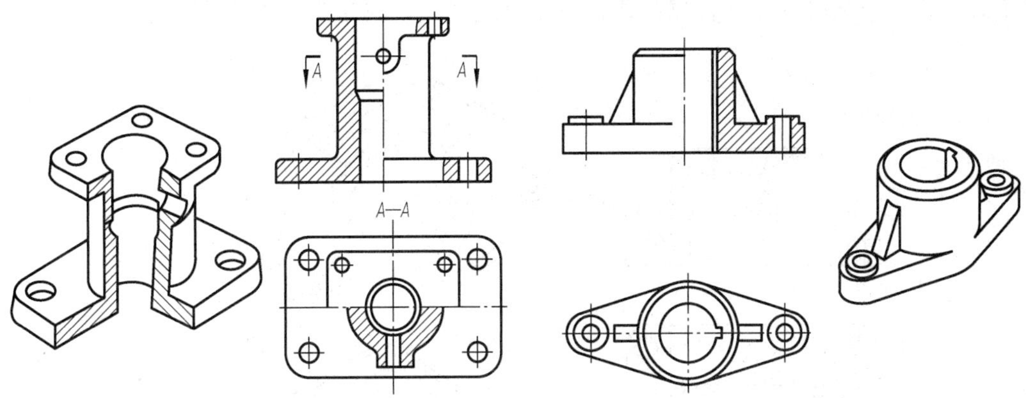

图 6-16　半剖视图的标注　　　　图 6-17　基本对称机件的半剖视图

半剖视图的标注及省略标注的原则与全剖视图相同，这里不再赘述。

画半剖视图应注意如下几点。

1）半个剖视图与半个视图的分界线应是细点画线，不能是其他任何线。

2）机件虽然对称，但位于对称面的外形或内形上有轮廓线时，也不宜作半剖视图，如图 6-18 所示。

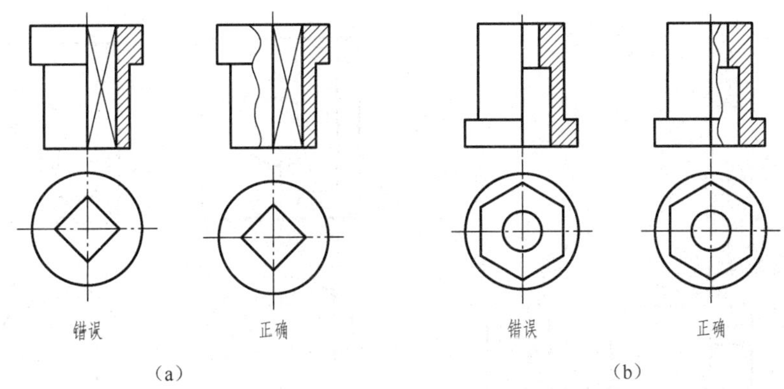

图 6-18　不宜作半剖视图的机件

3．*局部剖视图*

使用剖切面局部地剖开机件所得的剖视图，称为局部剖视图，如图 6-19 所示。

局部剖视图主要用于表达机件上的局部内形。对于不对称机件需要表达内、外形状或对称机件不宜作半剖时，可采用局部剖视图表达。

在局部剖视图中，部分剖视图与视图之间应以波浪线为界，波浪线也表示机件断裂处的边界线。关于波浪线的画法，应注意以下几点。

1）波浪线不能与轮廓线重合，如图 6-20（a）所示。

2）波浪线不能超出图形轮廓线，如遇到孔、槽等结构时，必须断开，如图 6-20（b）所示。

局部剖视图一般可省略标注，但当剖切位置不明显或局部剖视图未按投影关系配置时，则必须加以标注。局部剖视的范围可大可小，非常灵活；运用恰当，可使表达重点突出，简明清晰。但同一机件的表达，局部剖视图不宜过多，否则会使表达过于凌乱。

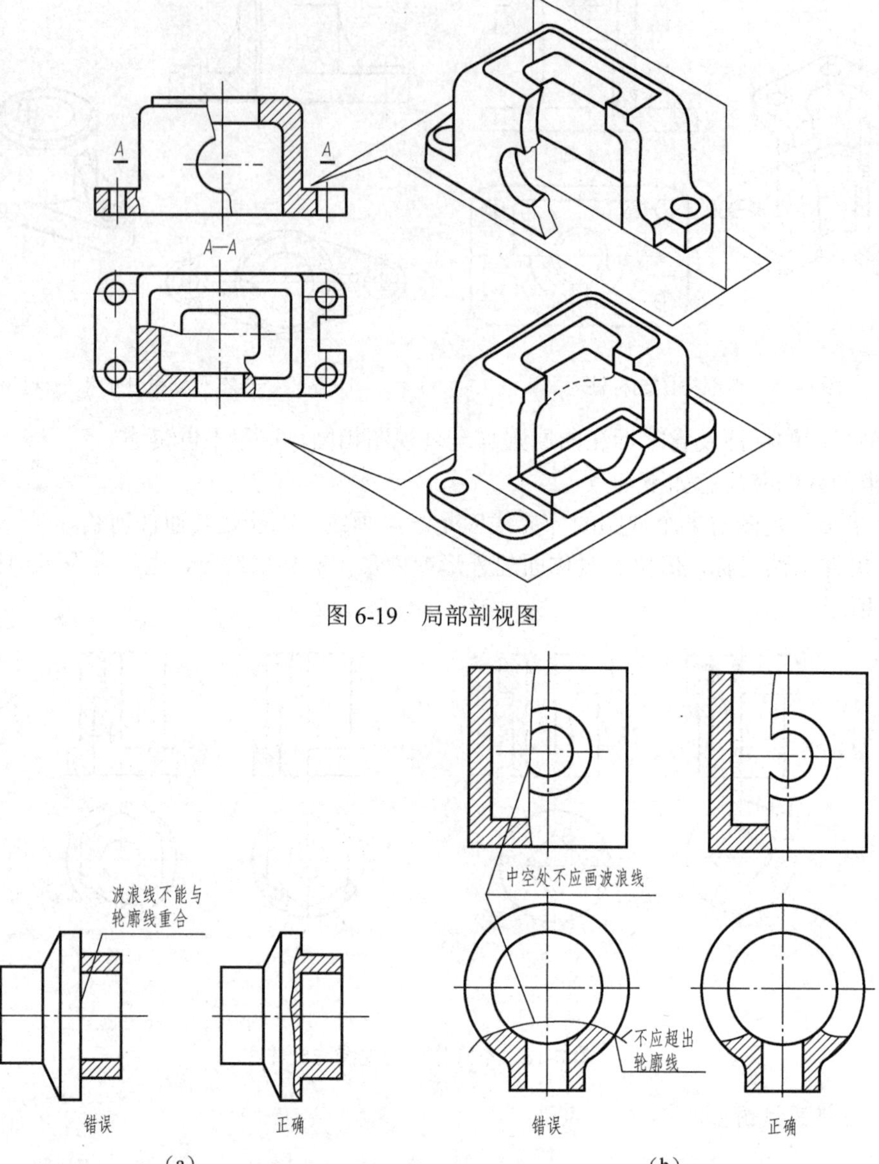

图 6-19　局部剖视图

图 6-20　局部剖视波浪线的画法

6.2.3　剖切的方法

剖视图是假想将机件剖开而得到的视图，前面叙述的全剖视图、半剖视图和局部剖视图，都是用平行于基本投影面的单一剖切面剖切得到的。由于机件内部结构的多样性和复杂性，常需选用不同数量和位置的剖切面来剖开机件，从而把机件的内部形状表达清楚。为此国家标准规定剖切机件的方法有单一剖切面、几个平行的剖切面、几个相交的剖切面、无论采用哪种剖切面，都可以得到全剖视图、半剖视图和局部剖视图。绘图时，应根据机件的结构特点，恰当选用。

1．使用单一剖切面剖切机件

使用一个剖切面剖开机件的方法称为单一剖。一般用平行于基本投影面的单一剖切面来剖切。前面介绍的全剖视图、半剖视图和局部剖视图都是用单一剖切面剖切的。

也可以用单一斜剖切面进行剖切，如图 6-21 所示的连杆，就是采用单一斜剖切面剖切的“*A*—*A*”全剖视图。采用单一斜剖切面获得的剖视图，一般配置在箭头所指的前方，以保持直接的投射关系。必要时，也可以配置在图幅的适当位置或旋转摆正画出。对于旋转摆正画出的剖视图，应加以标注，如图 6-22 所示的“*B*—*B*↖”视图。

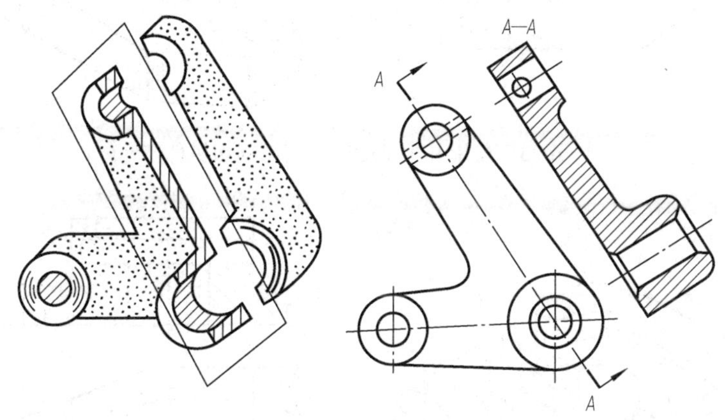

图 6-21　单一斜剖切面 1

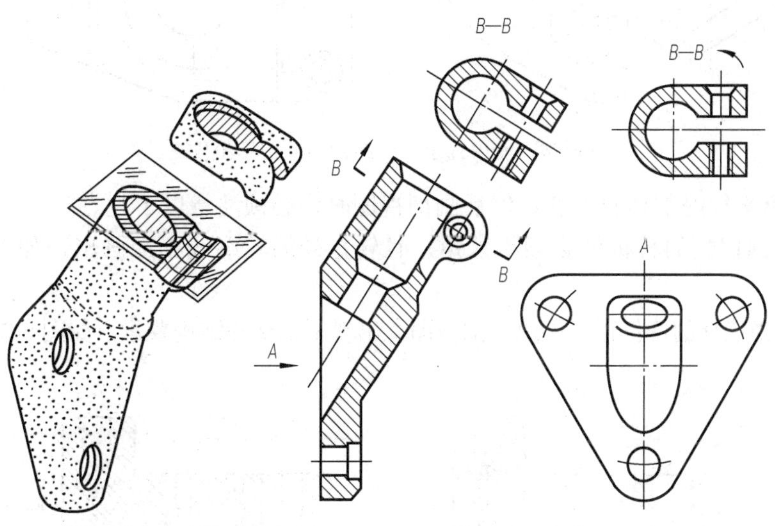

图 6-22　单一斜剖切面 2

2．使用几个平行的剖切面剖切机件

可以用几个互相平行的剖切面剖开机件。如图 6-23 所示的机件，用了 3 个互相平行的剖切面剖切，得到“*A*—*A*”剖视图。

几个平行的剖切面剖切适用于表达外形较简单、内形较复杂且难以用单一剖切面表达的机件。如图 6-24 所示为采用几个平行的剖切面剖开机件的另外一个例子。

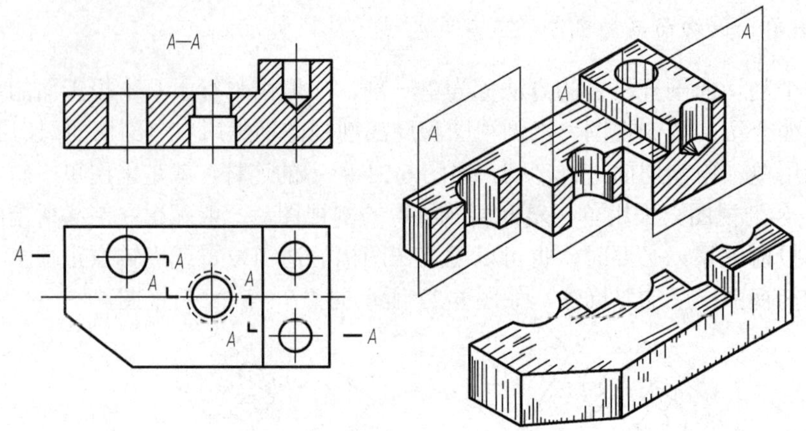

图 6-23　使用几个平行的剖切面剖切机件 1

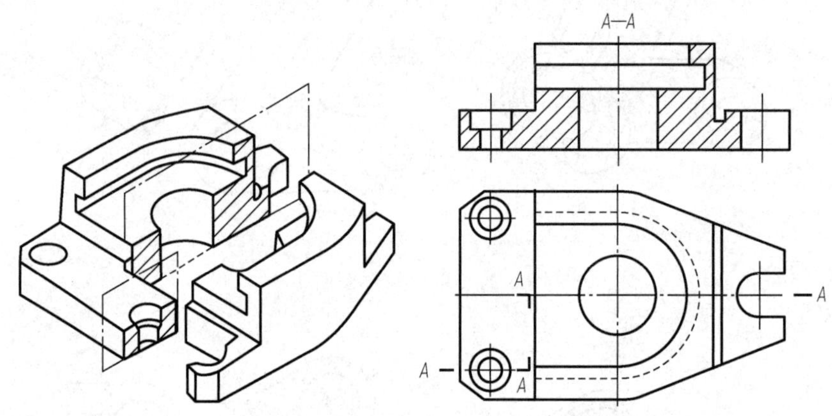

图 6-24　使用几个平行的剖切面剖切机件 2

采用几个平行的剖切面剖切，然后画剖视图时，必须注意以下几点。

1）两个剖切面的转折处必须是直角，且转折处的轮廓线不应画出，如图 6-25（a）所示。

2）要恰当选择剖切位置，避免在剖视图上出现不完整的结构要素，如图 6-25（b）所示。

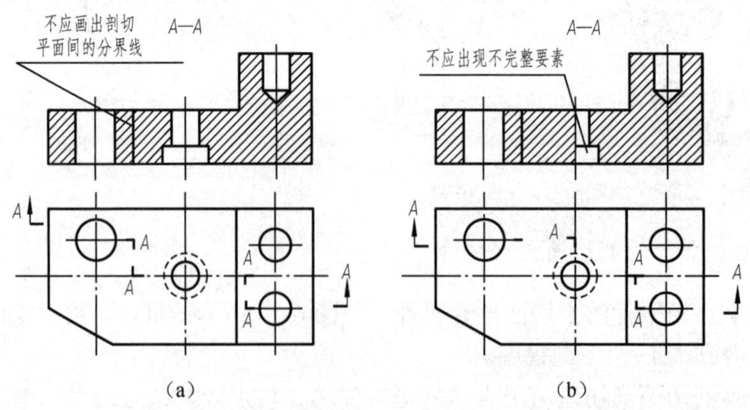

图 6-25　采用几个平行的剖切面剖切时的注意点 1

3）剖切面的转折处不应与视图中的轮廓线重合，如图 6-26 所示。

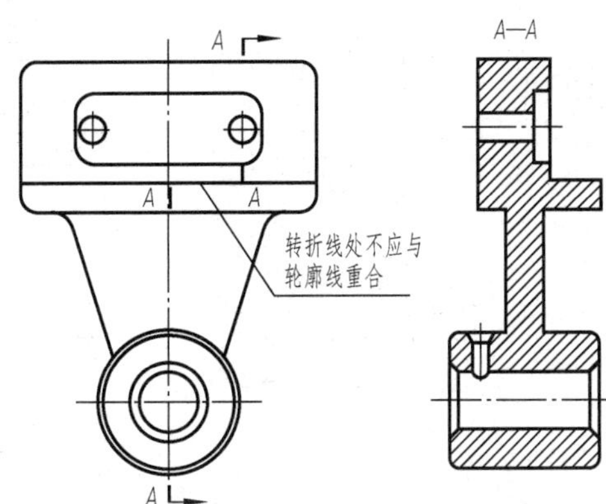

图 6-26　采用几个平行的剖切面剖切时的注意点 2

4）采用这种剖切面剖切时必须标注，即在剖切面的起、讫和转折处，要用相同字母及剖切符号表示剖切位置，并在起、讫外侧画上箭头表示投射方向。在相应的剖视图上用相应字母注出“×—×”表示剖视图名称（×为大写的拉丁字母）。当剖视图按投影关系配置，中间又无其他视图隔开时，可省略箭头，如图 6-23 和图 6-24 所示。

3. 使用几个相交的剖切面剖切机件

使用几个相交的剖切面（交线垂直于某一基本投影面）剖开机件，如图 6-27 所示。

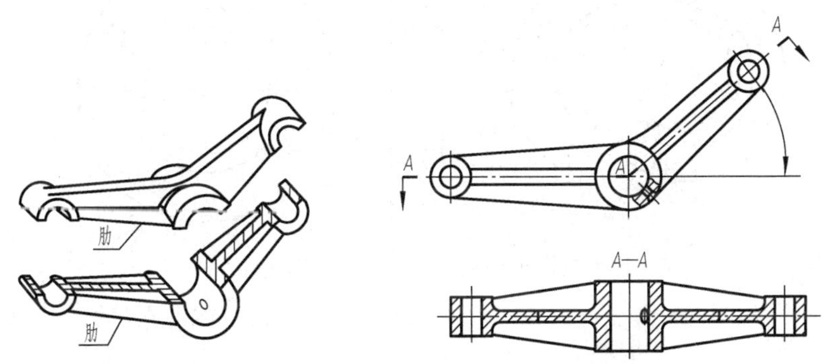

图 6-27　使用相交的剖切面剖切机件 1

使用相交的剖切面剖切主要用于表达具有公共旋转轴线的机件的内形，如盘、轮、盖等机件的成辐射状均匀分布的孔、槽等内部结构。如图 6-28 所示是使用相交剖切面剖切表达机件的另一个例子。

使用相交的剖切面剖切，然后画剖视图时，应注意以下几点。

1）相交的剖切面，其交线应与机件上的旋转轴线重合，并垂直于某一基本投影面，以反映被剖切结构的真实形状。

2）剖开的倾斜结构及其有关部分应旋转到与选定的投影面平行后再投射画出，但在剖切平面后面的部分结构仍按原来位置投射画出，如图 6-27 所示的小油孔。

3）当相交两剖切面剖到机件上的结构出现不完整要素时，这部分结构作不剖处理，如图 6-28 所示。图 6-28（c）所示是画成局部视图的情况。

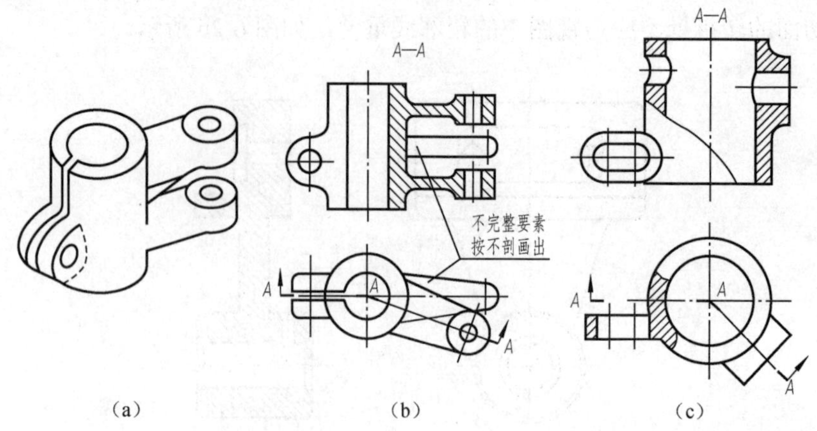

图 6-28　使用相交的剖切面剖切机件 2

4）使用相交的剖切面剖切时必须标注。其标注方法是在剖切平面的起、讫和转折处用相同大写拉丁字母及剖切符号表示剖切位置，并在起、讫两端外侧画上与剖切符号垂直相连的箭头表示投射方向；在其相应的剖视图上方正中位置用同样的大写字母标注出“×—×”（×为大字的拉丁字母），如图 6-27 和图 6-29 所示。

如图 6-30 所示是使用几个相交的剖切面剖切获得的全剖视图，并采用展开画法。

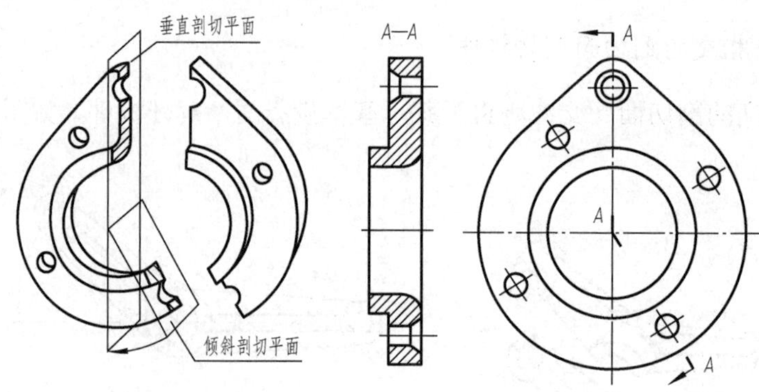

图 6-29　使用相交的剖切面剖切机件 3

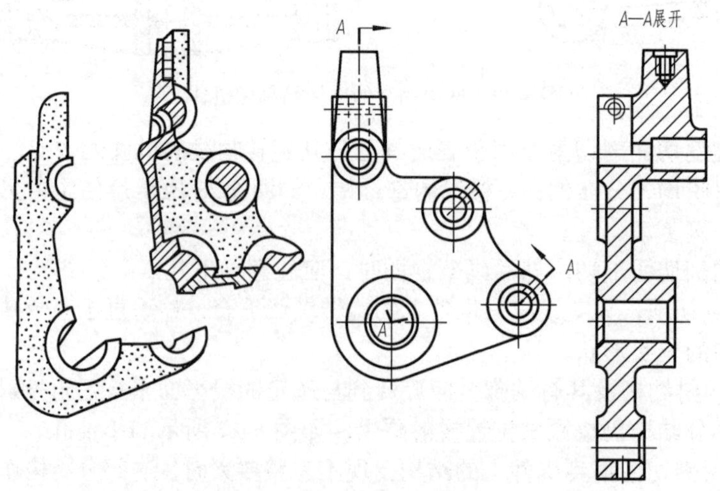

图 6-30　使用相交的剖切面剖切机件的展开画法

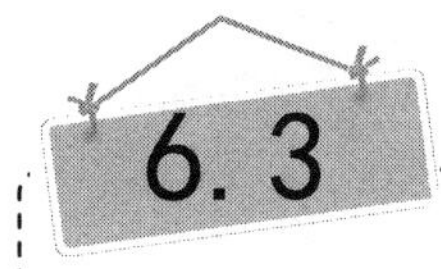

断面图的表达方法

断面图主要用于表达物体某一局部的断面形状，如物体上的肋板、轮辐、键槽、小孔及各种型材的断面形状等。

6.3.1　断面图的概念及种类

1．断面图的概念

假想用剖切平面将机件的某处切断，仅画出该剖切面与机件接触部分的图形，称为断面图，简称断面，如图6-31所示。

断面图与剖视图的主要区别在于：断面图仅画出机件被剖切断面的图形［图6-31（b）］，而剖视图则要求画出剖切平面及后方所有部分的投影［图6-31（c）］。

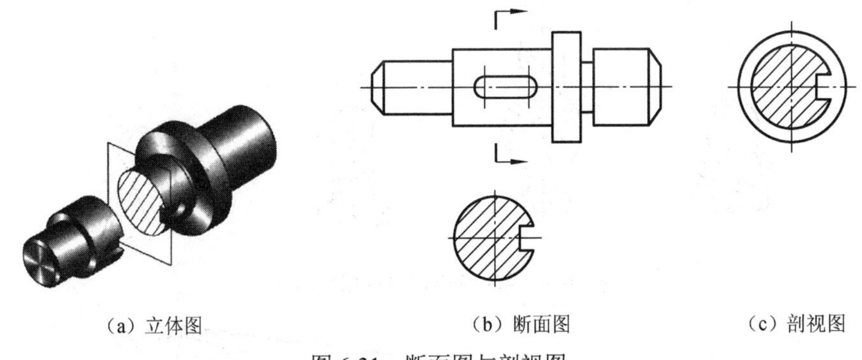

（a）立体图　（b）断面图　（c）剖视图

图6-31　断面图与剖视图

2．断面图的种类

断面图分为移出断面图和重合断面图两种。

1）移出断面图。画在视图轮廓线之外的断面图，称为移出断面图，如图6-32所示。

2）重合断面图。画在视图轮廓线之内的断面图，称为重合断面图，如图6-33所示。

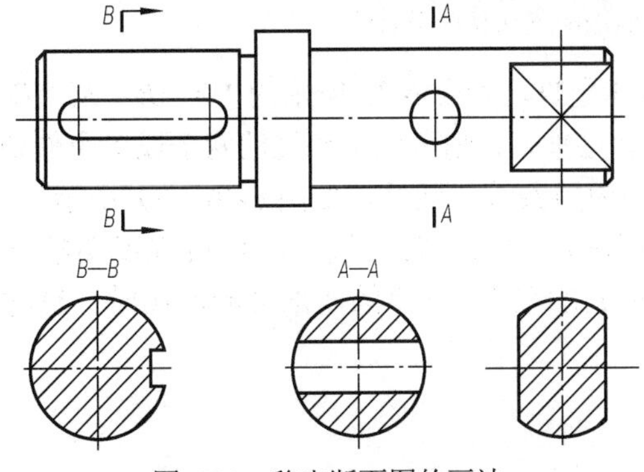

图6-32　移出断面图的画法

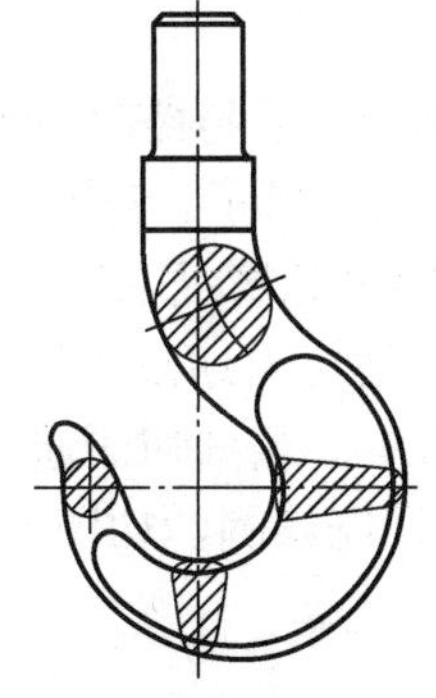

图6-33　重合断面图的画法

6.3.2 断面图的画法与标注

1. 移出断面图的画法与标注

1）移出断面图的轮廓线用粗实线绘制，如图 6-32 所示。

2）移出断面图尽量配置在剖切符号的延长线上，必要时也可以画在其他位置。在不致引起误解时，允许将图形旋转画出，如图 6-34 所示。当移出断面图的图形对称时，也可以画在视图的中断处，如图 6-35 所示。

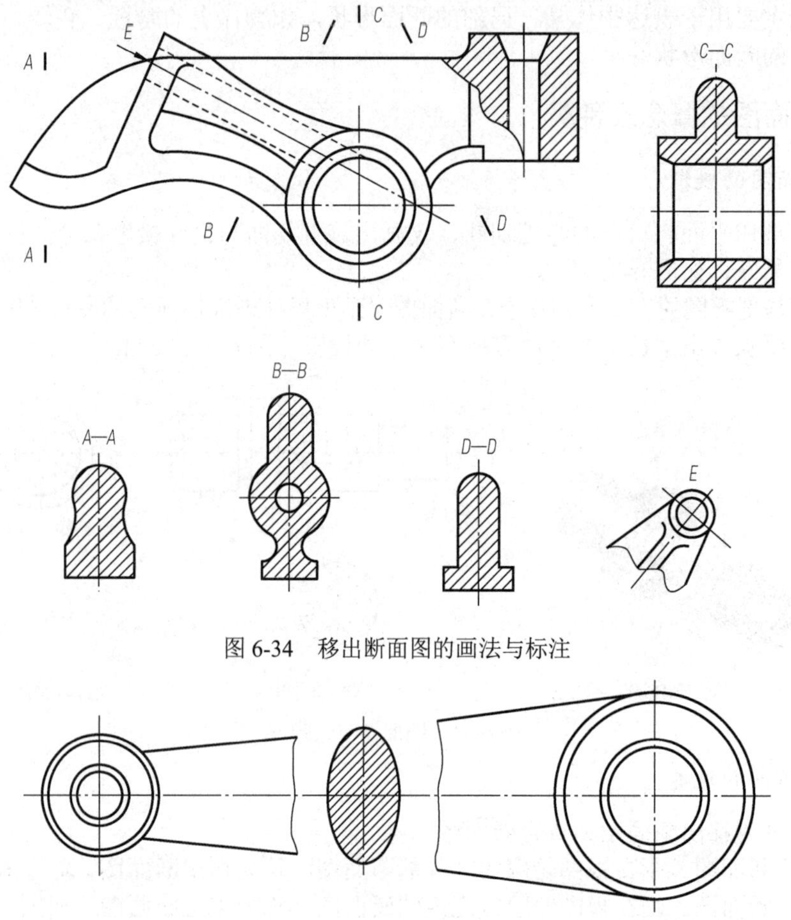

图 6-34 移出断面图的画法与标注

图 6-35 移出断面图配置在视图中断处

3）剖切面应与被剖切部分的主要轮廓线垂直，如图 6-34 所示的“*B—B*”及“*D—D*”和图 6-36（a）所示。若用一个剖切面不能满足垂直，则可以用相交的两个或多个剖切面分别垂直于机件轮廓线剖切，其断面图形中间应用波浪线断开，如图 6-36（b）所示。

4）当剖切面通过由回转面组成的孔或凹坑的轴线时，这些结构按剖视图绘制，如图 6-37 所示。当剖切面通过非回转面，导致出现完全分离的两部分断面图时，这样的结构也按剖视图绘制，如图 6-38 所示。

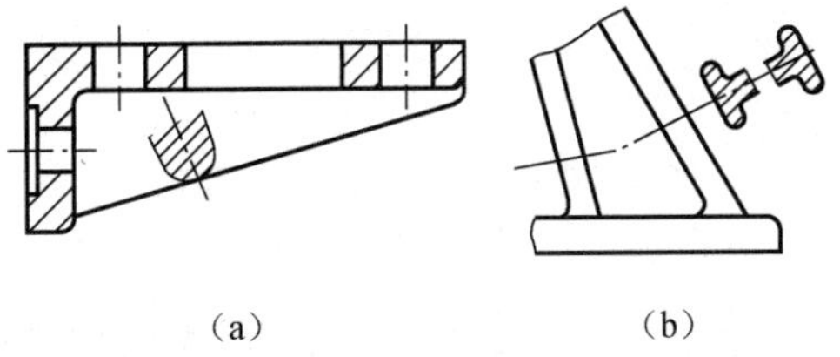

（a）　　（b）

图 6-36　画移出断面图的注意点

5）移出断面图一般应用剖切符号表示剖切位置，用箭头表示投射方向，并注上字母，在断面图上方用相同字母标注出相应的名称“×—×”，表示断面图的名称（×为大写的拉丁字母）。

6）当断面图配置在剖切符号的延长线上时，对称结构可全部省略标注，不对称结构可省略标注字母，如图 6-32 和图 6-36 所示。

7）不配置在剖切符号延长线上的对称结构，以及按投影关系配置的不对称结构的断面图，允许省略箭头，如图 6-34 和图 6-37 所示。不对称结构的移出断面图未配置在剖切符号延长线上或不按投影关系配置时，不能省略标注。

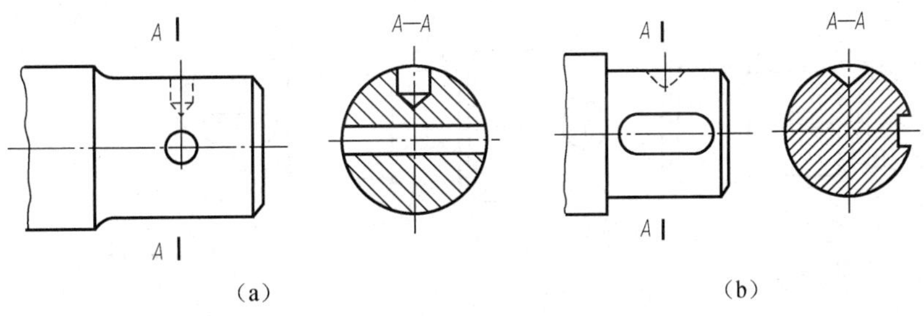

（a）　　（b）

图 6-37　通过圆孔等的断面图的画法

2. 重合断面图的画法与标注

1）重合断面图的轮廓线用细实线绘制，如图 6-39 所示。当重合剖面轮廓线与视图中的轮廓线重合时，仍按视图中的轮廓线画，如图 6-39 所示。

2）重合断面图对称时，可省略标注；不对称时，标注剖切符号及箭头，如图 6-39 所示。

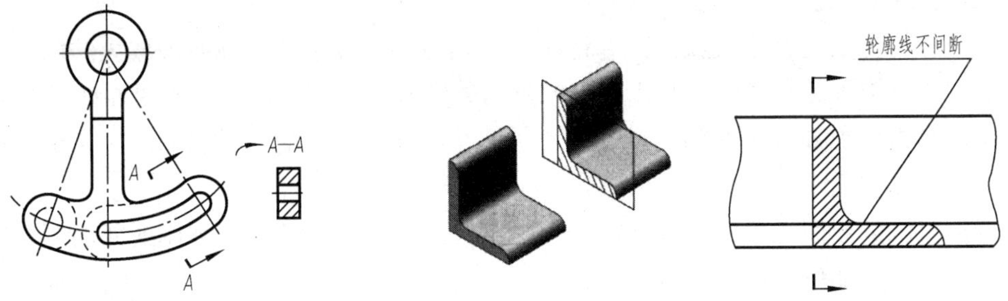

图 6-38　断面图会造成图形分离时的画法

图 6-39　重合断面图的画法

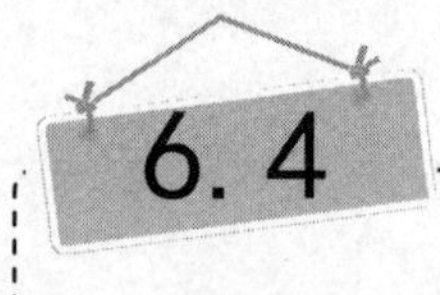

6.4 图样的其他表达方法

机件除用视图、剖视和断面表达外，对于机件上的一些特殊结构，为了看图方便、画图简单，其图样还可以选择下列表达方法。

6.4.1 局部放大图

微课：局部放大图

当机件上某些细小结构在原图上表达不够清楚或不便标注尺寸时，可将这些细小结构用大于原图的比例单独画出，这种用大于原图比例画出的机件上局部结构的图形，称为局部放大图，如图 6-40 所示。

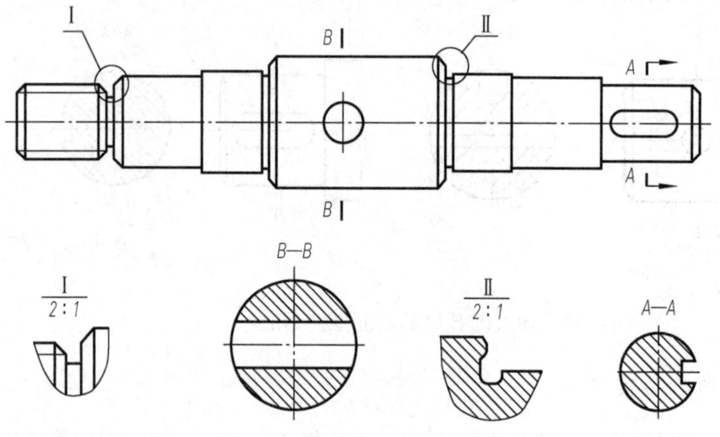

图 6-40　局部放大图

局部放大图可以画成视图、剖视图或断面图，与被放大部分的表达方法无关。局部放大图应尽量配置在被放大部位的附近。

当同一机件上有几个被放大的部位时，必须用罗马数字依次标明被放大的部位，并在局部放大图上方用分数形式标注出相应的罗马数字和所采用的比例，如图 6-40 中的Ⅰ、Ⅱ处所示。当机件上被放大的部位只有一个时，在局部放大图的上方只需注明所采用的比例即可，如图 6-41 所示。

局部范围的断裂边界线在局部放大图上用波浪线画出。若为剖视图或断面图，其剖面符号应与被放大部位的剖面符号一致。

同一机件上，不同部位的放大图相同或对称时，可以只画出一个部位的局部放大图，如图 6-41 所示。必要时，可用几个图形来表达同一个被放大部分的结构，如图 6-42 中的“*B*”及“⤻*B*”所示。

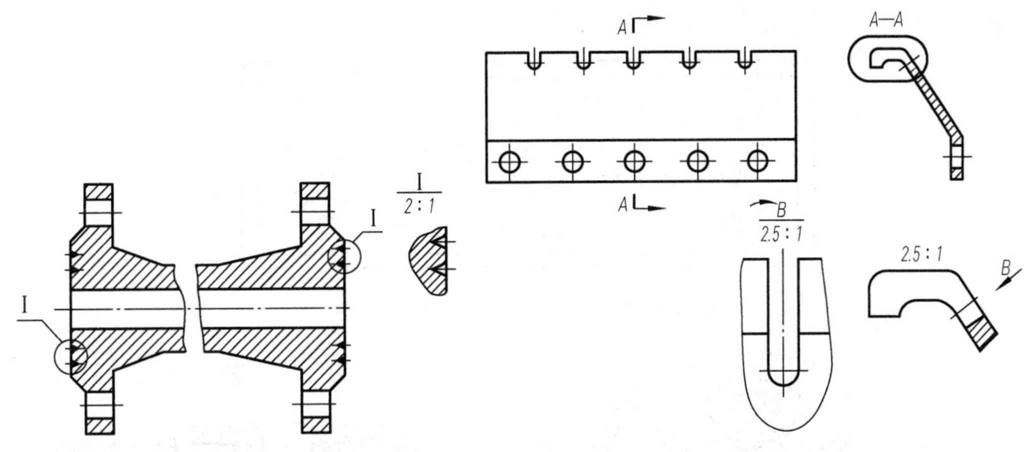

图 6-41　相同结构的局部放大图　　　　图 6-42　几个视图表达同一放大部位的结构

6.4.2　简化画法

1）在不致引起误解时，机件中的移出断面图允许省略剖面符号，但不能省略标注，如图 6-43 所示。

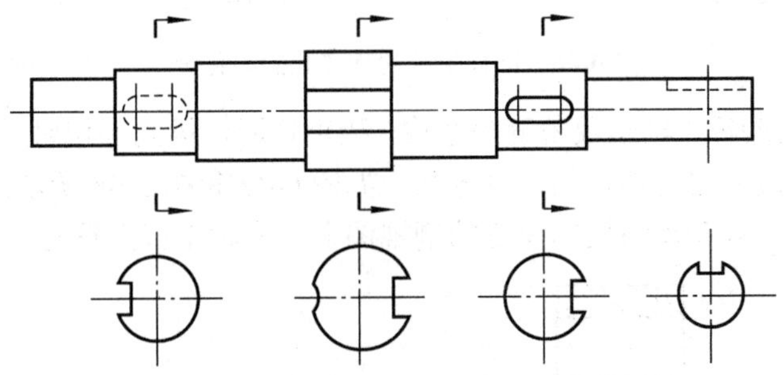

图 6-43　断面图省略剖面符号的画法

2）当机件具有若干相同结构（如齿、槽等），并按一定规律分布时，只需画出几个完整的结构，其余用细实线连接，但在图中必须注明该结构的总数，如图 6-44 所示。

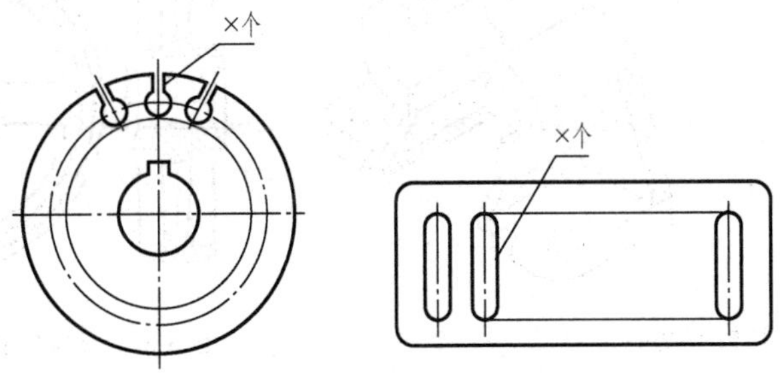

图 6-44　相同结构的简化画法

3）当机件具有若干直径相同且成规律分布的孔（圆孔、螺孔、沉孔等）时，可以仅画一个或几个，其余只需表示中心位置，但在图中应注明孔的总数，如图 6-45 所示。

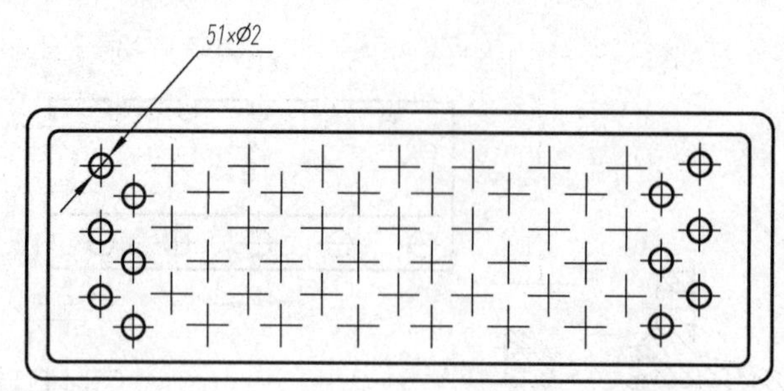

图 6-45　等径成规律分布孔的简化画法

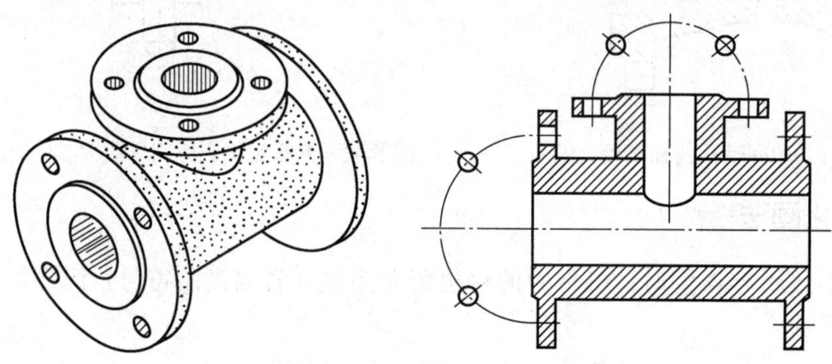

图 6-46　圆柱形法兰均布孔的简化画法

4）对于机件的肋板、轮辐及薄壁等结构，当剖切面沿纵向剖切时，这些结构都不画剖面符号，而用粗实线将它与邻接的部分分开，如图 6-47 和图 6-48 所示。从图中可以看出，上述结构被剖切时，只在反映板的厚度的剖视图上，才画出剖面符号。

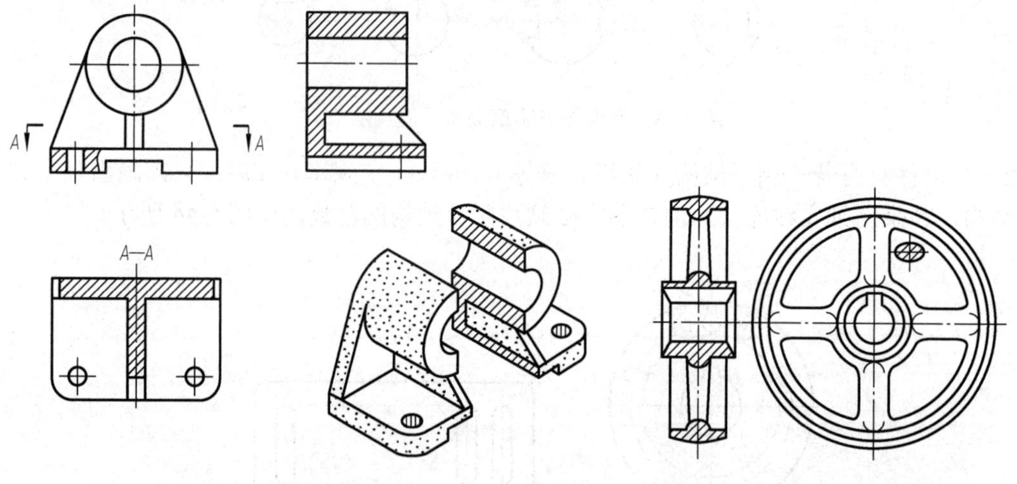

图 6-47　肋板剖切时的画法　　图 6-48　轮辐剖切时的规定画法

5）当需要表达机件回转体结构上均匀分布的肋、轮辐和孔，而这些结构又不处于剖切平面上时，可将这些结构旋转到剖切面上画出，而不需要加任何标注，如图 6-49 所示。

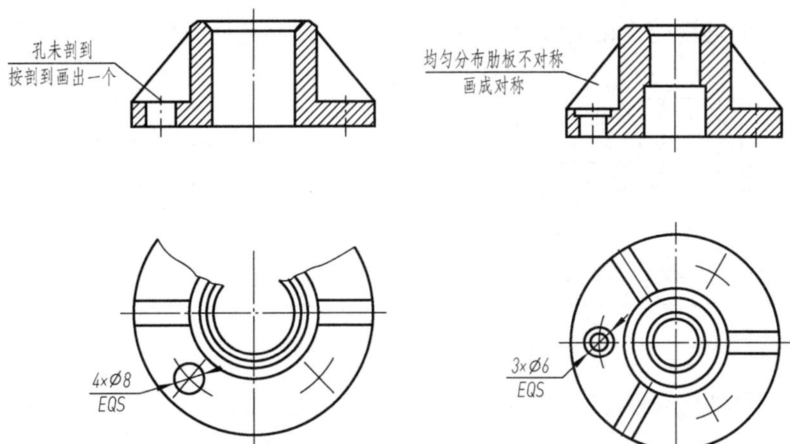

图 6-49　均布孔和肋的简化画法

6）不能充分表达机件的平面时，可用平面符号（相交的两细实线）来表示，如图 6-50 所示。

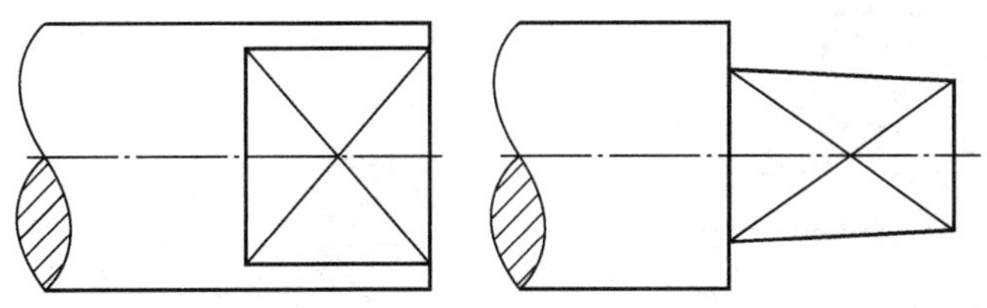

图 6-50　平面的简化画法

7）较长的机件（如轴、杆、型材、连杆等）沿长度方向的形状一致或按一定规律变化时，可采用折断画法，但尺寸仍需按实长标注，如图 6-51 所示。

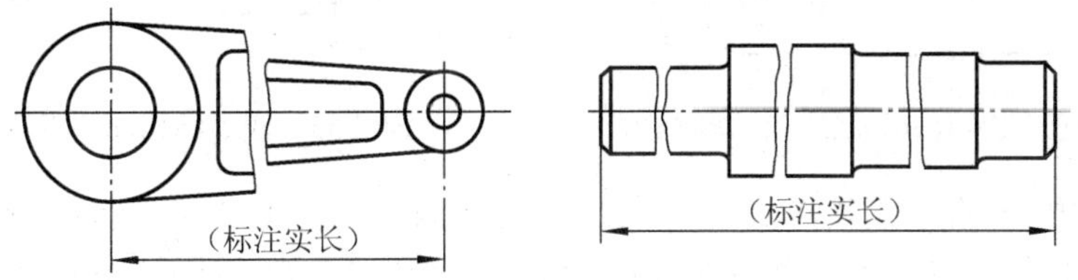

图 6-51　较长机件的折断画法

8）在不致引起误解时，对于对称机件的视图可只画一半或 1/4，并在对称中心线的两端画出两条与其垂直的平行细实线。有时还画出略大于一半，如图 6-52 所示。

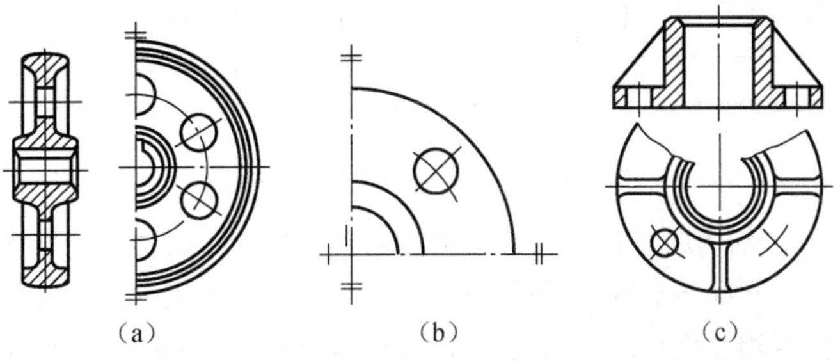

图 6-52　对称机件的省略画法

9）机件上的过渡线、相贯线，在不致引起误解时，允许简化画出，如图 6-53 所示。

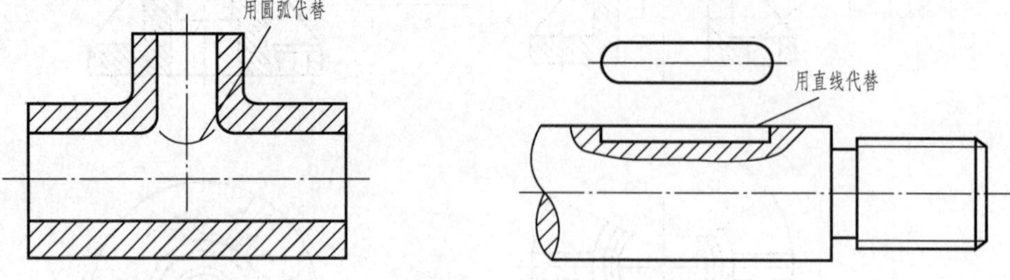

图 6-53　过渡线、相贯线的简化画法

10）机件上与投影面倾角小于 30° 或等于 30° 的圆及圆弧，其投影可用圆或圆弧代替，如图 6-54 所示。

11）较小结构的省略画法。类似于图 6-55 所示机件上的较小结构，若在一个图形中已表达清楚，在其他图形中可简化或省略。

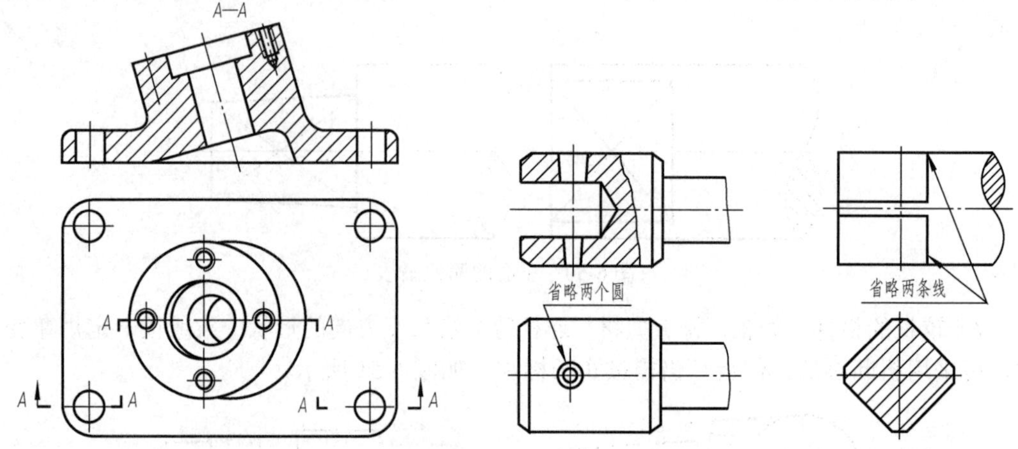

图 6-54　倾角小于或等于 30° 的圆及圆弧的画法　　图 6-55　较小结构图的省略画法

12）小圆角、倒角的简化画法。在不至于引起误解时，机件的小圆角、小倒角或 45° 小倒角，在图上允许省略不画，但必须注明其尺寸或在技术要求中加以说明，如图 6-56 所示。

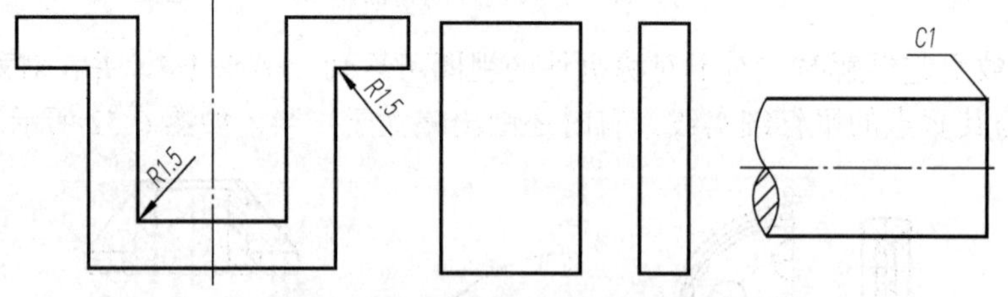

图 6-56　圆角、倒角的简化画法

13）有些机件经过剖切后，仍有内部结构尚未表达完全，而又不宜采用其他方法表达时，允许在剖视图中再作一次局部剖视，习惯上称为“剖中剖”。采用这种画法时，两者的剖面线应同方向、同间隔，但要相互错开，并用引出线标注其名称，如图 6-57 中的 *B—B* 所示。

14）网状物及滚花表面。网状物、编织物或机件上的滚花部分，可在轮廓线之内示意地画出一部分细实线，如图 6-58 所示，也可以省略不画。

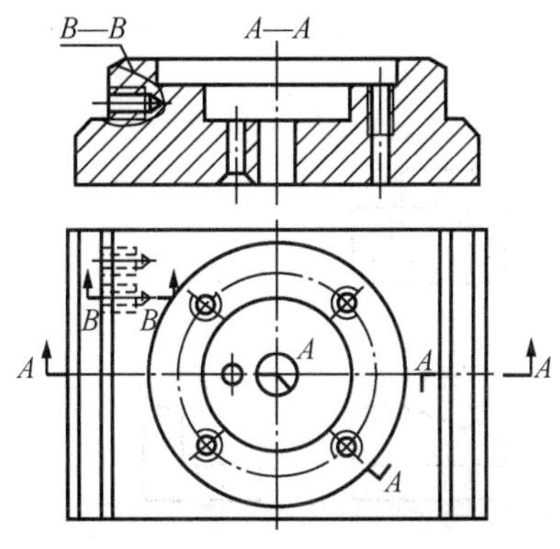

图 6-57　剖视图中剖面区域中的局部剖视图

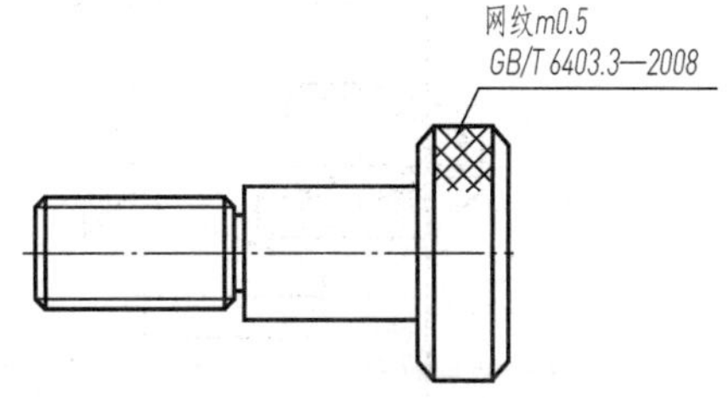

图 6-58　机件上网状物和滚花的简化画法

6.5 第三角画法

国际标准规定，在表示物体结构时，第一角画法和第三角画法等效使用。我国优先采用第一角画法来绘制技术图样。虽然世界各国都采用正投影法表示机件的结构形状，但也有一些国家和地区采用第三角画法，如美国、日本、加拿大、澳大利亚等。随着国际间技术交流和国际贸易日益增长，我们在今后的工作中很可能会遇到阅读和绘制第三角画法图样的问题，为加强国际间的技术交流，必须了解第三角画法。

由 3 个互相垂直相交的投影面组成的投影体系，把空间分成了 8 个部分，每一部分为一个分角，依次为Ⅰ、Ⅱ、Ⅲ、Ⅳ、…、Ⅶ、Ⅷ分角，如图 6-59 所示。第三角画法与第一角画法的根本区别在人（观察者）、物（机件）、图（投影面）的位置关系不同。第一角画法，是把被画机件放在观察者与投影面之间，保持“人—物体—投影面”的相互位置关系进行投射，因此，从投影方向看，形成人—物—图的顺序；而第三角画法，是把投影面置于观察者与机件之间，保持着“人—投影面—物体”的关系进行投射，即假想投影面是透明的，将其置于人和物体之间，是一种透视的效果，因此从投影方向看，形成人—图—物的顺序，如图 6-60 所示。

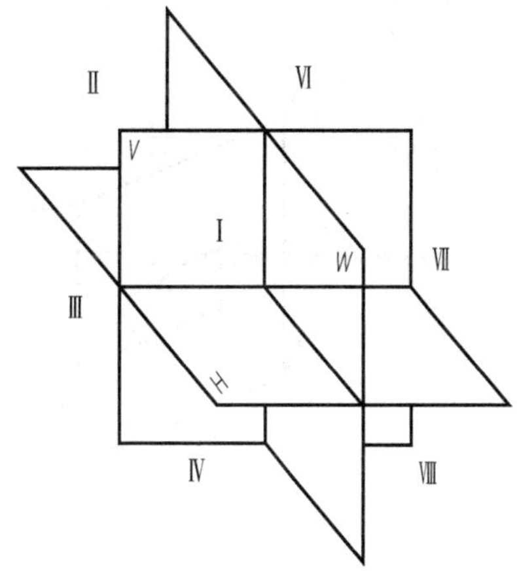

图 6-59　投影面体系中的分角

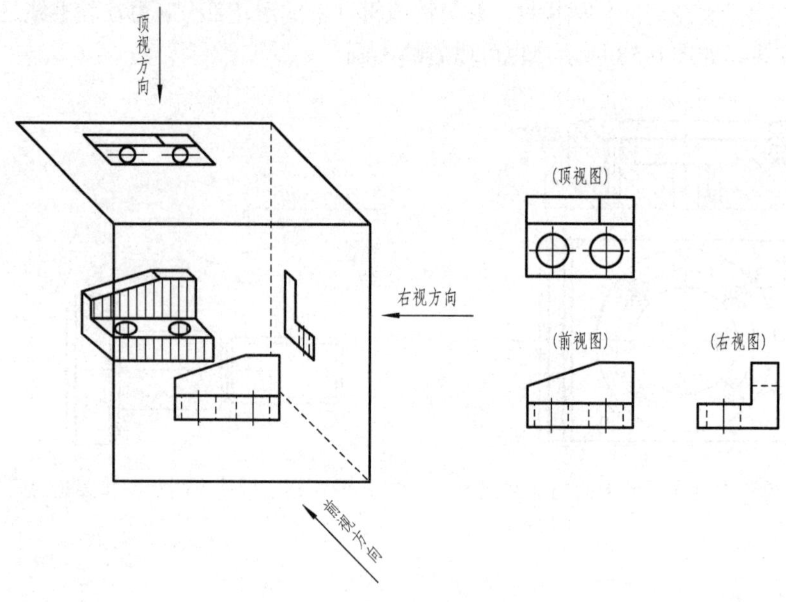

图 6-60　第三角画法的原理

采用第三角画法时，从前面观察物体在 V 面上得到的视图称为前视图。从上面观察物体在 H 面上得到的视图称为顶视图；从右面观察物体在 W 面上得到的视图称为右视图。各投影面的展开方法：V 面不动，H 面向上旋转 90°，W 面向右旋转 90°，使 3 投影面处于同一平面内。

采用第三角画法时也可以将物体放在正六面体中，分别从物体的 6 个方向向各投影面进行投影，得到 6 个基本视图，即在三视图的基础上增加了后视图（从后往前看）、左视图（从左往右看）、底视图（从下往上看）。

展开后各视图的配置关系如图 6-61 所示。在同一张图纸内按图 6-62 所示配置视图时，一律不标注视图名称。

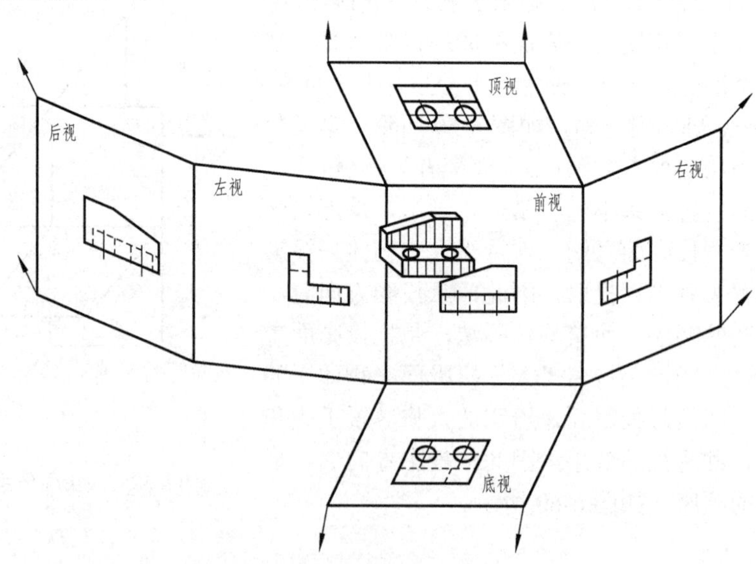

图 6-61　第三角画法投影面的展开

按《技术制图 投影法》（GB/T 14692—2008）规定，采用第三角画法时，必须在图样中画出如图 6-63（b）所示的第三角画法识别符号。这里要说明的是，当采用第一角画法时，在图样中一般不画出第一角画法的识别符号，必要时才画出如图 6-63（a）所示的第一角画法的识别符号。

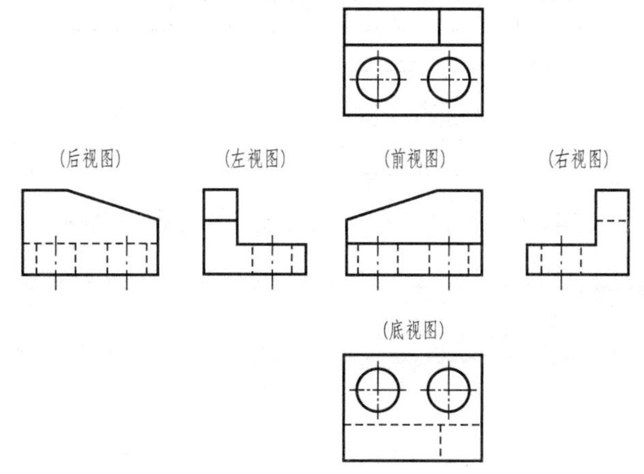

图 6-62　第三角画法 6 个基本视图及其配置

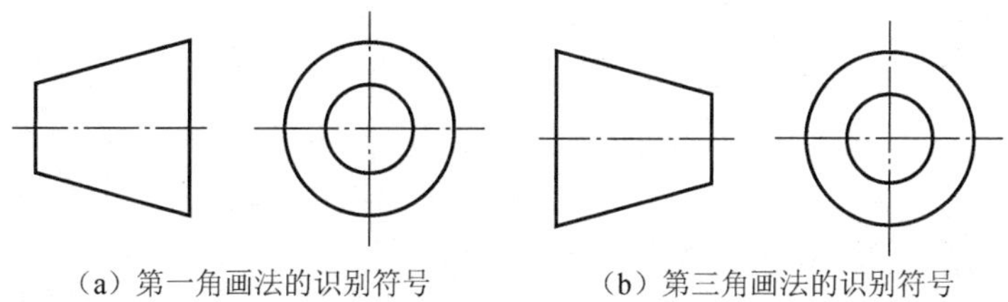

图 6-63　第一角画法与第三角画法的识别符号

如图 6-64 所示为第一角画法的 6 个基本视图，图 6-65 所示为第三角画法的 6 个基本视图，其投影的不同之处请读者自行比较。

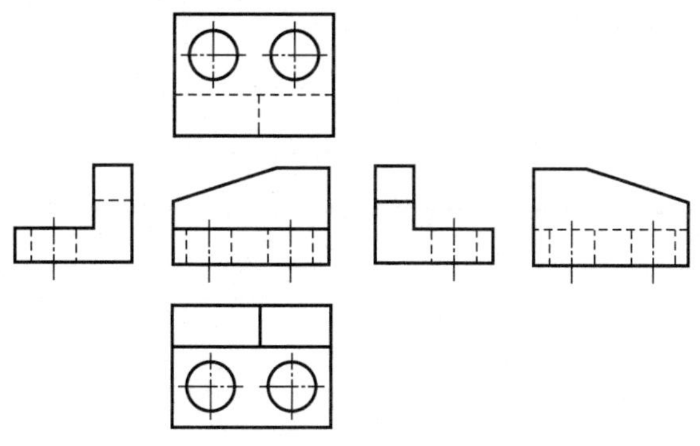

图 6-64　使用第一角画法绘制的 6 个基本视图

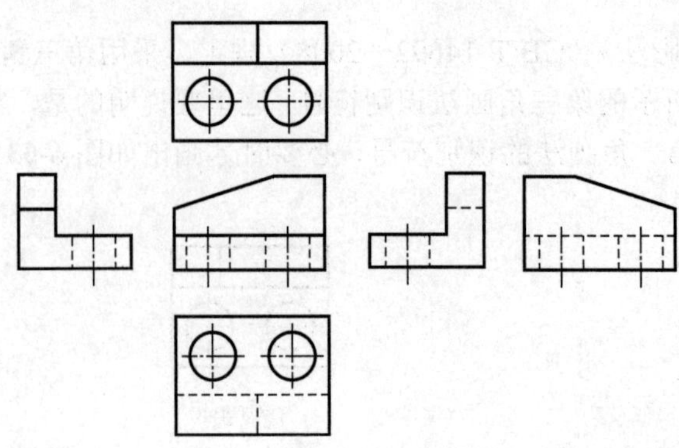

图 6-65　使用第三角画法绘制的 6 个基本视图

7 单元 标准件与常用件的表达方法

◎ **单元导读**

任何一台机器或设备都是由若干个零件按一定方式组合而成的。在组成机器设备的众多零件中，有些零件应用十分广泛，如螺栓、螺母、垫圈、键、销、滚动轴承等。为了适应专业化大批量生产，提高产品质量，降低生产成本，国家标准对这类零件的结构、尺寸和技术要求等做了一系列的规定，是已经标准化、系列化的零件，这类零件就称为标准件。另有一些零件，如齿轮、弹簧等，国家标准只对其部分尺寸和参数做了规定，这类零件结构典型，应用也十分广泛，称为常用件。

为了提高绘图效率，国家标准规定，对于上述零件的某些结构和形状，不必按其真实投影画出，而是根据规定采用简化画法绘图。

◎ **知识目标**

- ◆ 掌握标准件与常用件的基本知识。
- ◆ 掌握常用件的规定画法、代号和标记。
- ◆ 了解标准件的国家标准。

◎ **技能目标**

- ◆ 熟练掌握标准件的查表方法。
- ◆ 掌握标准件和常用件的绘制、比例画法和简化画法。

◎ **思政目标**

- ◆ 树立正确的学习观、价值观，自觉践行行业道德规范。
- ◆ 牢固树立质量第一、信誉第一的强烈意识。
- ◆ 遵规守纪，安全操作，爱护设备，钻研技术。
- ◆ 发扬一丝不苟、精益求精的工匠精神。

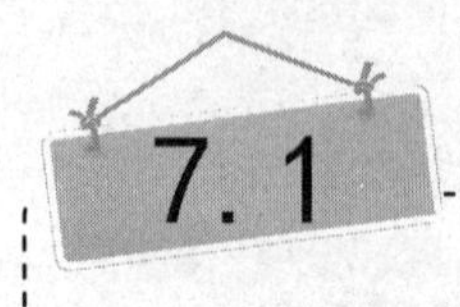

7.1 螺纹的表达方法

7.1.1 螺纹的形成和加工方法

一动点绕圆柱（圆锥）轴线作等速转动，同时又沿圆柱（圆锥）母线作等速直线运动而形成的复合运动轨迹，称为螺旋线，如图 7-1 所示。

螺纹是在圆柱（或圆锥）表面上，沿着螺旋线所形成的具有相同断面的连续凸起和沟槽。螺纹是零件上一种常见的标准结构，在圆柱（圆锥）外表面上形成的螺纹称为外螺纹；在圆柱（圆锥）内表面上形成的螺纹称为内螺纹，如图 7-2 所示。

形成螺纹的加工方法很多，常见的是在车床上车削内、外螺纹，也可以辗压螺纹，还可以用丝锥和板牙等手工工具加工螺纹，如图 7-3 所示。

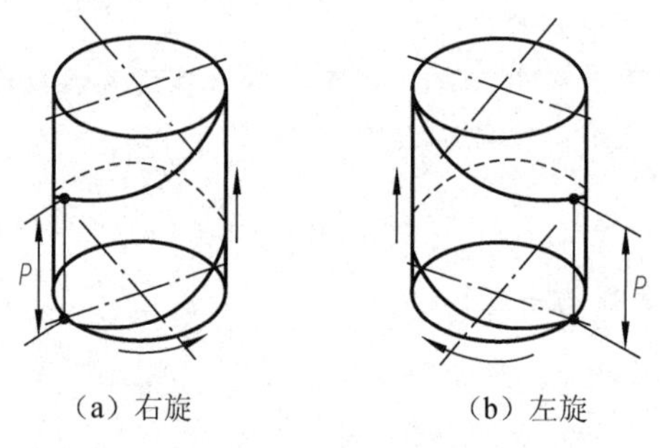

（a）右旋　　（b）左旋

图 7-1　螺旋线的形成

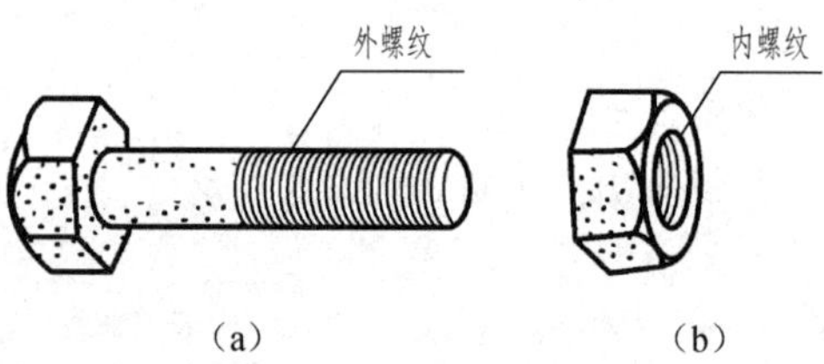

（a）　　（b）

图 7-2　外螺纹和内螺纹

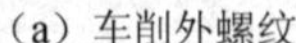

（a）车削外螺纹　　（b）车削内螺纹

图 7-3　螺纹的加工方法

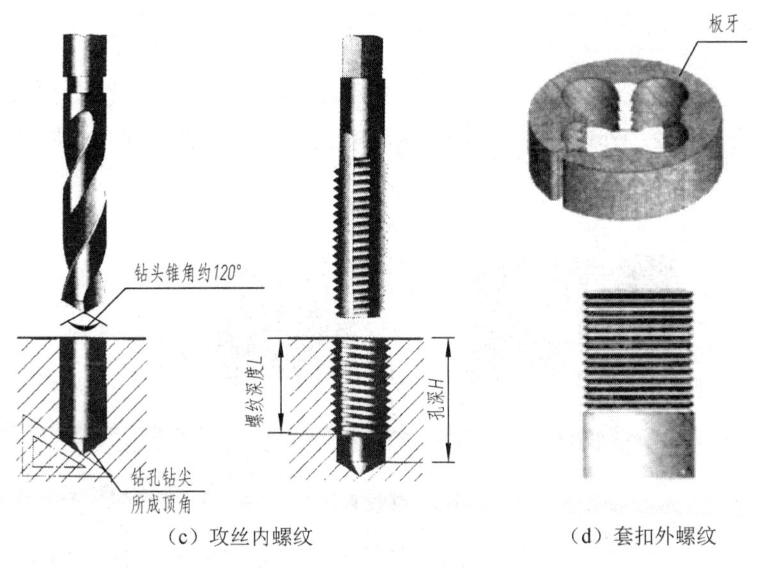

（c）攻丝内螺纹　　（d）套扣外螺纹

图 7-3 续）

7.1.2　螺纹的要素

1. 螺纹的牙型

螺纹在其轴线断面上的牙齿轮廓形状称为螺纹牙型。它由牙顶、牙底和两牙侧构成，并成一定的牙型角。常见的螺纹牙型有三角形、梯形、锯齿形和矩形等，如图 7-4 所示。

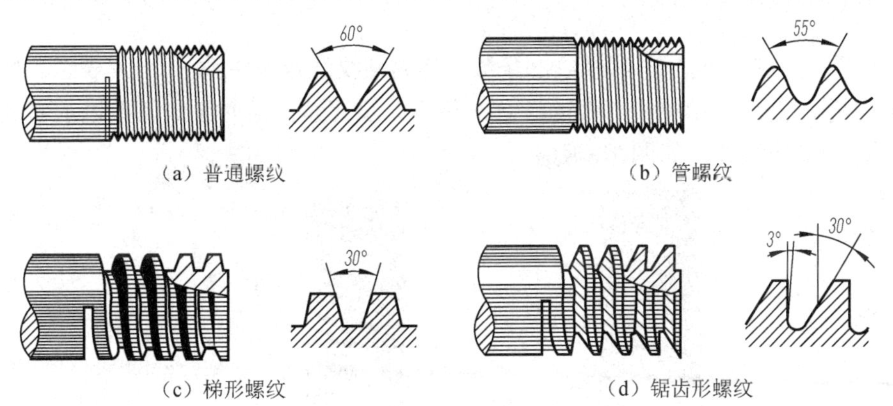

（a）普通螺纹　　（b）管螺纹

（c）梯形螺纹　　（d）锯齿形螺纹

图 7-4　常用螺纹的牙型

螺纹的牙型不同，其用途也不同。普通螺纹（M）分为粗牙和细牙，粗牙螺纹用于一般机件的连接，细牙螺纹用于薄壁机件的连接。管螺纹分为用螺纹密封（R）的管螺纹和非螺纹密封（G）的管螺纹，用于管子、管接头、阀门等的连接。梯形螺纹（Tr）用于可承受双向的轴向力的地方，如车床的丝杠等。锯齿形螺纹（B）用于只承受单向力的地方，如台虎钳、千斤顶的丝杠等。

2．螺纹的直径

1）螺纹大径（公称直径）。螺纹大径是指与外螺纹牙顶或内螺纹牙底相重合的假想圆柱面直径，是螺纹的最大直径；外螺纹大径用 d 表示，内螺纹大径用 D 表示，如图 7-5 所示。

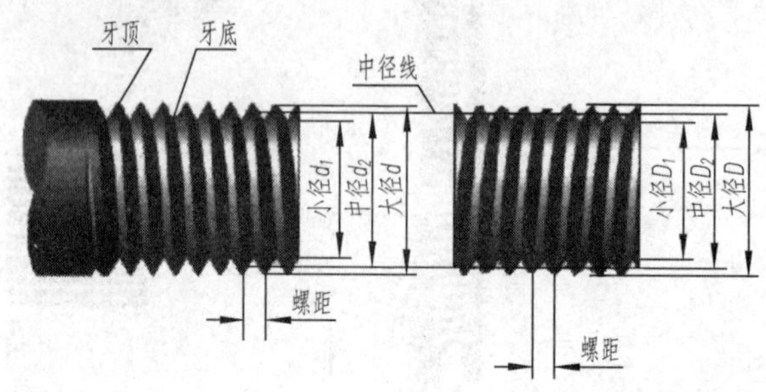

图 7-5　螺纹直径

2）螺纹小径。螺纹小径是指与外螺纹牙底或内螺纹牙顶相重合的假想圆柱面直径，是螺纹的最小直径；外螺纹小径和内螺纹小径分别用 d_1 和 D_1 表示，如图 7-5 所示。

3）螺纹中径。在螺纹大径和小径之间有一假想圆柱，在其母线上牙型的凸起和沟槽宽度相等，则该假想圆柱面直径称为螺纹中径，分别用 d_2 和 D_2 表示，如图 7-5 所示。

外螺纹的大径或内螺纹的小径又称顶径；外螺纹的小径或内螺纹的大径，又称底径（或根径）。

3．螺纹的线数

在同一圆柱（锥）面上车制螺纹的条数，称为螺纹线数（头数），用 n 表示。螺纹有单线和多线之分，沿一条螺旋线形成的螺纹，称为单线螺纹；沿两条或两条以上螺旋线形成的螺纹，称为多线螺纹，如图 7-6 所示。

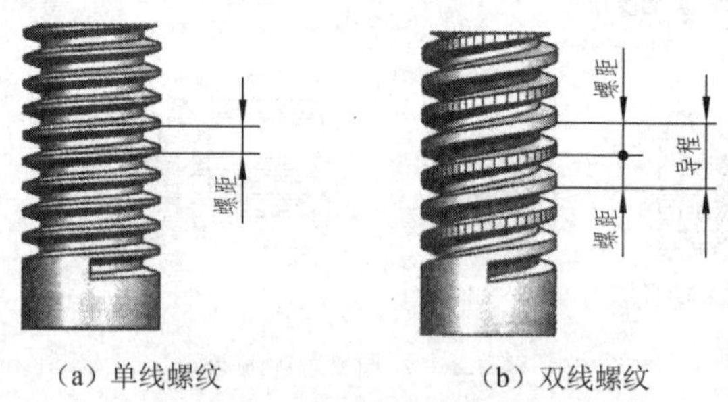

（a）单线螺纹　　（b）双线螺纹

图 7-6　螺纹的线数、螺距与导程

4．螺距和导程

螺纹上相邻两牙在中径线上对应两点间的距离，称为螺距，用 P 表示。同一条螺旋线上相邻两牙在中径线上对应两点间的轴向距离称为导程，用 P_h 表示。螺距、导程与线数三者之间有如下关系：

$$P_h = nP$$

显然，单线螺纹的导程就等于螺距，如图 7-6 所示。

5．螺纹的旋向

螺纹有右旋和左旋之分。内、外螺纹旋合时，顺时针旋转时旋入的螺纹，称为右旋螺纹；逆时针旋转时旋入的螺纹，称为左旋螺纹，如图 7-7 所示。工程上常用右旋螺纹。

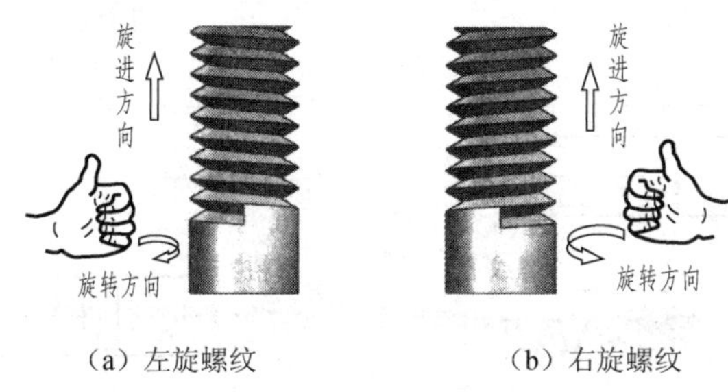

（a）左旋螺纹　　（b）右旋螺纹

图 7-7　螺纹的旋向及判别

国家标准对螺纹五项要素中的牙型、公称直径和螺距作了规定。凡是上述三项要素都符合标准的螺纹称为标准螺纹；仅牙型符合标准的螺纹称为特殊螺纹，牙型不符合标准的螺纹称为非标准螺纹。

7.1.3　螺纹的结构

1．螺纹末端

为了防止外螺纹起始圈损坏和便于装配，通常在螺杆螺纹的起始处做出一定形式的末端，如图 7-8 所示。螺纹的末端结构、尺寸已经标准化，可查阅有关标准手册。

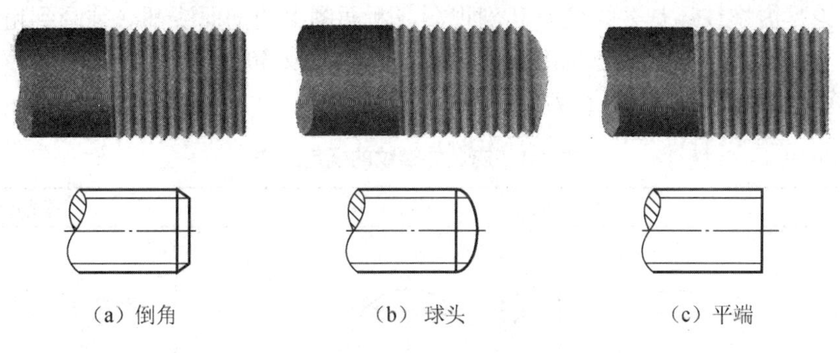

（a）倒角　　（b）球头　　（c）平端

图 7-8　螺纹的末端

2．螺尾和退刀槽

车削螺纹的刀具接近螺纹末尾时，要逐渐离开工件，因而螺纹末尾附近的螺纹牙型有一段不完整，称为螺尾，如图 7-9（a）所示。有时为了避免产生螺尾，方便进刀和退刀，在该处预制出一个退刀槽，如图 7-9（b）所示。

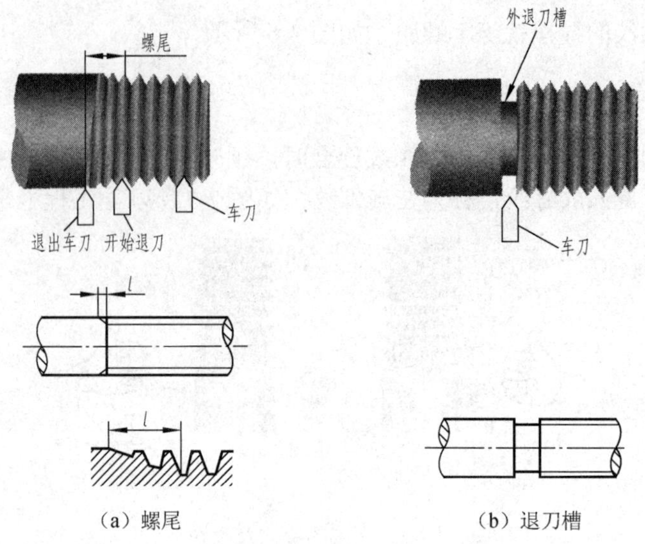

（a）螺尾　　（b）退刀槽

图 7-9　螺尾和退刀槽

7.1.4　螺纹的规定画法

螺纹一般不按真实投影作图，而是采用国家标准《机械制图　螺纹及螺纹紧固件表示法》（GB/T 4459.1—1995）规定的简化画法作图，绘图要求如下：

1）牙顶用粗实线表示（外螺纹的大径线、内螺纹的小径线）。

2）牙底用细实线表示（外螺纹的小径线、内螺纹的大径线）。

3）在投影为圆的视图上，表示牙底的细实线圆只画约 3/4 圈。

4）螺纹终止线用粗实线表示。

5）无论是内螺纹还是外螺纹，其剖视图或断面图上的剖面线都必须画到粗实线。

6）当需要表示螺尾时，螺尾部分的牙底线与轴线成 30°。

内、外螺纹的规定画法如表 7-1 所示。

表 7-1　内、外螺纹的规定画法

螺纹	画法示例	有关规定
外螺纹的画法	螺纹大径 螺纹长度终止线 螺纹小径 30°	① 螺纹的大径 d 用粗实线表示。螺纹的小径 d_1 用细实线表示，且画到倒角范围内为止。小径通常画成大径的 0.85 倍； ② 螺纹终止线用粗实线表示； ③ 在垂直于螺纹轴线的视图中，表示小径的细实线圆只画约 3/4 圈，轴的倒角圆省略不画； ④ 剖面线画到表示大径的粗实线处

续表

螺纹	画法示例	有关规定
内螺纹的画法	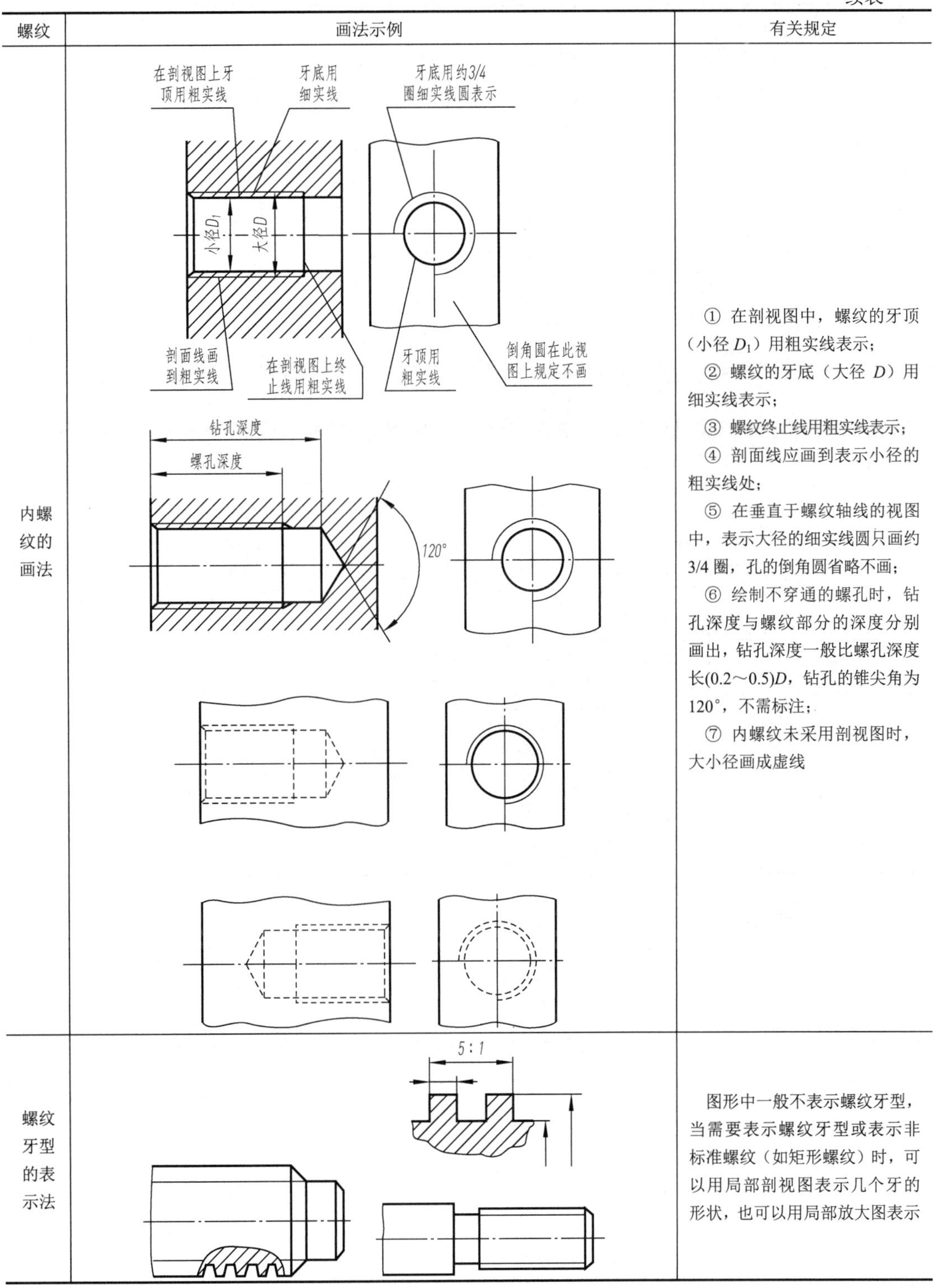	① 在剖视图中，螺纹的牙顶（小径 D_1）用粗实线表示； ② 螺纹的牙底（大径 D）用细实线表示； ③ 螺纹终止线用粗实线表示； ④ 剖面线应画到表示小径的粗实线处； ⑤ 在垂直于螺纹轴线的视图中，表示大径的细实线圆只画约 3/4 圈，孔的倒角圆省略不画； ⑥ 绘制不穿通的螺孔时，钻孔深度与螺纹部分的深度分别画出，钻孔深度一般比螺孔深度长(0.2～0.5)D，钻孔的锥尖角为 120°，不需标注； ⑦ 内螺纹未采用剖视图时，大小径画成虚线
螺纹牙型的表示法		图形中一般不表示螺纹牙型，当需要表示螺纹牙型或表示非标准螺纹（如矩形螺纹）时，可以用局部剖视图表示几个牙的形状，也可以用局部放大图表示

续表

螺纹	画法示例	有关规定
圆锥螺纹的画法	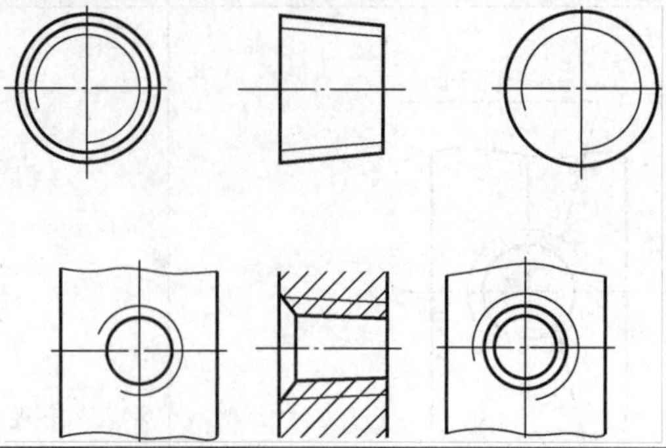	在垂直于轴线的投影面的视图中，左视图上按螺纹的大端绘制，右视图上按螺纹的小端绘制
内、外螺纹旋合的画法	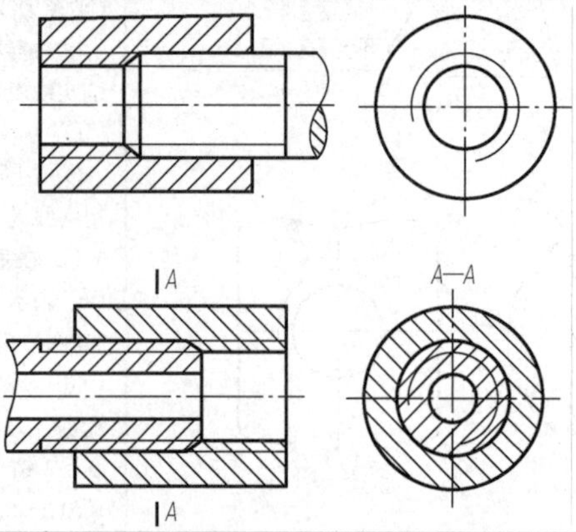 A A—A A	① 以剖视图表示内、外螺纹的连接时，其旋合部分应按外螺纹的画法绘制，其余部分仍按各自的画法表示； ② 表示内、外螺纹牙顶、牙底的粗实线、细实线应分别对齐； ③ 剖面线画到粗实线处
相贯螺孔的画法	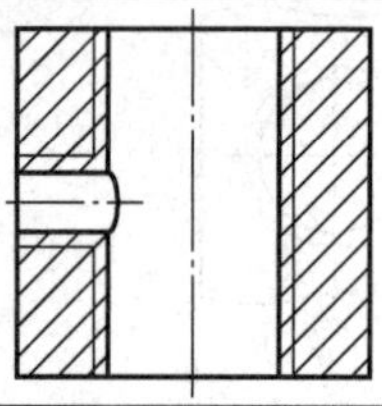	螺孔与螺孔、螺孔与光孔相贯时，只需在牙顶处（螺纹小径）画一条相贯线

7.1.5 螺纹的分类和标记

1. 螺纹的分类

螺纹的分类方法很多，通常按牙型可分为普通螺纹、梯形螺纹、锯齿形螺纹和管螺纹等，按用途可分为连接螺纹、传动螺纹和专门用途螺纹等。

2. 螺纹的标记

由于各种螺纹的画法都相同，国家标准规定标准螺纹用规定的标记标注，并标注螺纹的公称直径，以区别不同种类的螺纹。各种螺纹的标注方法和示例分述如下。

（1）普通螺纹的标记及在图样上的标注

普通螺纹的完整标记，由螺纹特征代号、螺纹公差带代号和螺纹旋合长度代号 3 部分组成，具体的标记格式如下。

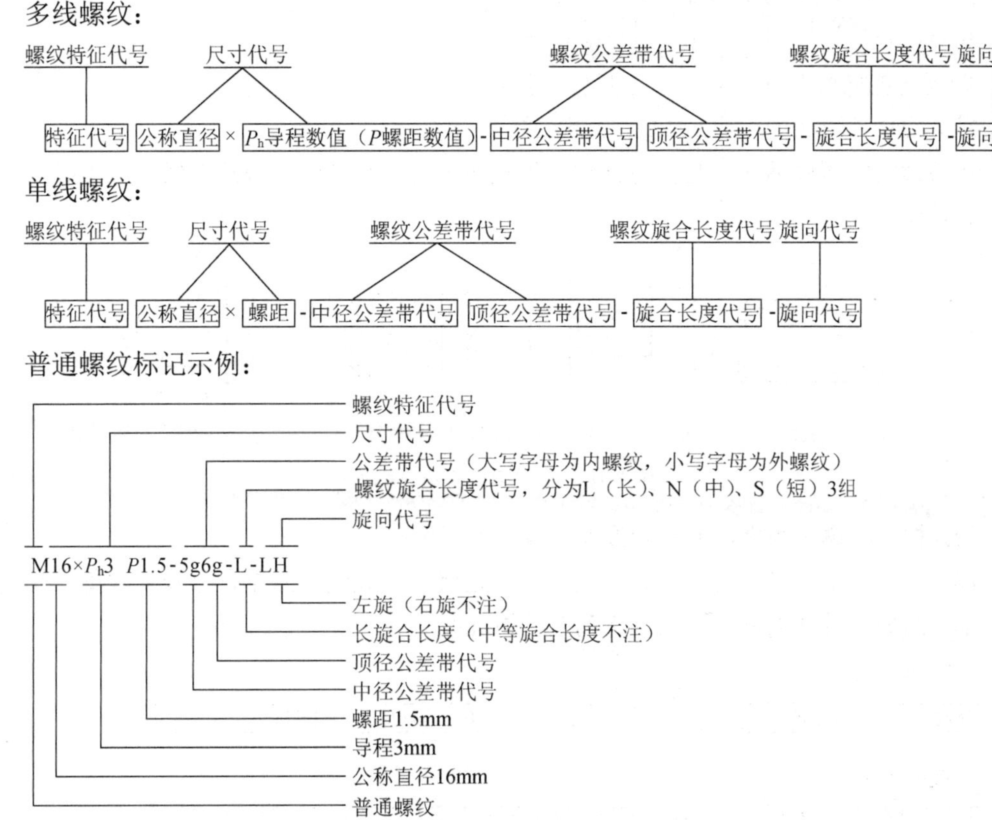

对标记内容的说明如下：

1）普通螺纹的特征代号为 M；公称直径为螺纹大径。

2）螺纹为单线时，尺寸代号为“公称直径×螺距”，此时不必注写 P_h 和 P；当螺纹为粗牙时，不必标注螺距；若为细牙螺纹，则必须标注螺距。

3）公差带代号的组成。用数字表示螺纹公差等级，用拉丁字母（大写字母代表内螺纹、小写字母代表外螺纹）表示基本偏差代号。中径、顶径的公差带代号都要标注，标注时，中径的公差带代号在前，顶径的公差带代号在后。当中径和顶径的公差带代号相同时，只注写一个公差带代号。

4）最常用的中等公差精度螺纹（公称直径小于等于 1.4mm 的 5H、6h 和公称直径大于等于 1.6mm 的 6H、6g）不标注公差带代号。

5）螺纹旋合长度代号：普通螺纹的旋合长度分短、中、长 3 种，其代号分别为 S、N、L。当螺纹为中等旋合长度时，N 可省略不标。

6）旋向为左旋时，应在规定位置注写“LH”字样；未注“LH”者，均指右旋螺纹。

7）普通螺纹的上述标记规定，同样适用于内、外螺纹配合（即螺纹副）的标记。

【例 7-1】已知细牙普通螺纹，公称直径为 20mm，螺距为 2mm，中径公差带代号为 5g，顶径公差带代号为 6g，短旋合长度。其标注形式为

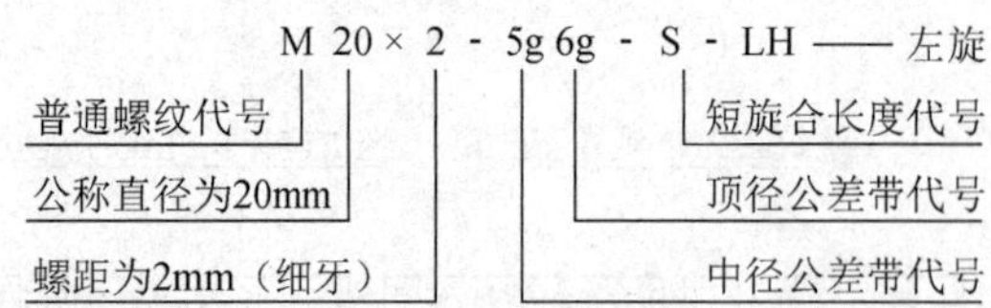

普通螺纹的图样标注，是指将标记直接注在大径的尺寸线上或尺寸线的引出线上，如图 7-10 所示。

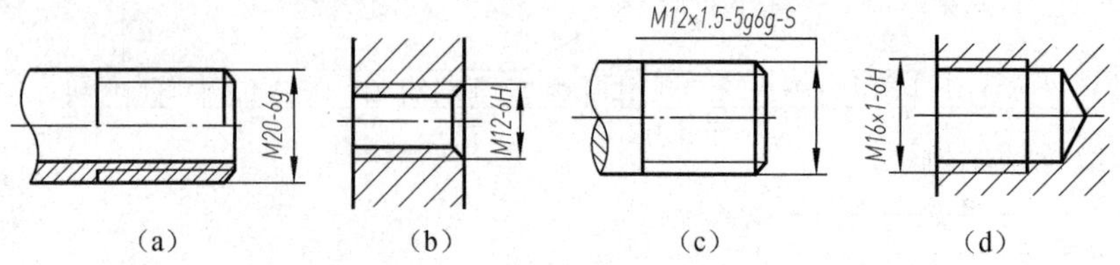

图 7-10　螺纹标记的图样标注

（2）梯形、锯齿形螺纹的标记及在图样上的标注

梯形、锯齿形螺纹的完整标记，由螺纹特征代号、螺纹公差带代号及螺纹旋合长度代号 3 部分组成。具体的标记格式分下列两种情况。

多线螺纹：

螺纹特征代号 公称直径 × 导程数值（*P*螺距数值） 旋向代号 - 中径公差带代号 - 螺纹旋合长度代号

单线螺纹：

螺纹特征代号 公称直径 × 螺距 旋向代号 - 中径公差带代号 - 螺纹旋合长度代号

梯形螺纹标注示例：

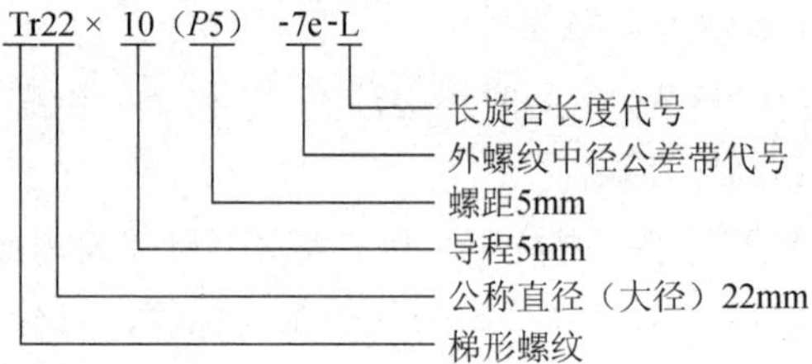

此例为双线、外螺纹、右旋。

对标记的内容说明如下：

1）梯形螺纹的特征代号为 Tr，锯齿形螺纹的特征代号为 B；公称直径为螺纹大径。

2）多线梯形螺纹应标记“导程（*P* 螺距）”，如 14（*P*7）。

3）左旋螺纹需标注旋向代号“LH”，右旋不标注。

4）梯形螺纹只标注中径公差带代号。

5）梯形螺纹的旋合长度分为中（N）、长（L）两组，选用中等（N）旋合长度时，不标注代号“N”。

【例 7-2】解释 Tr40×7LH-7e 的含义。

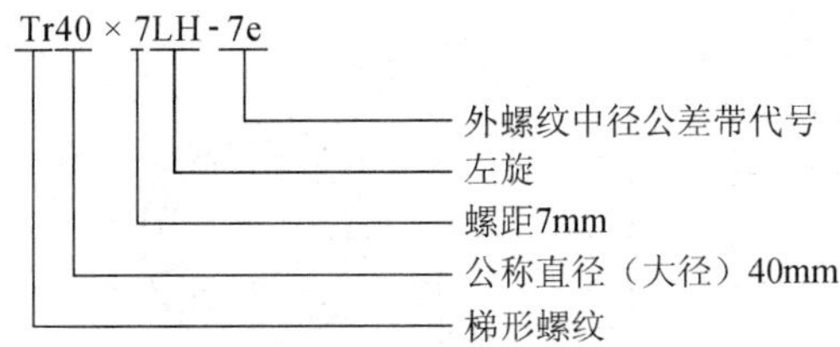

此螺纹为单线、中等旋合长度。

梯形螺纹的图样标注形式与普通螺纹相同，如图 7-11 所示。

（3）管螺纹的标记及在图样上的标注

管螺纹的标记格式如下：

特征代号 尺寸代号 公差等级代号 - 旋向代号

管螺纹标记示例：

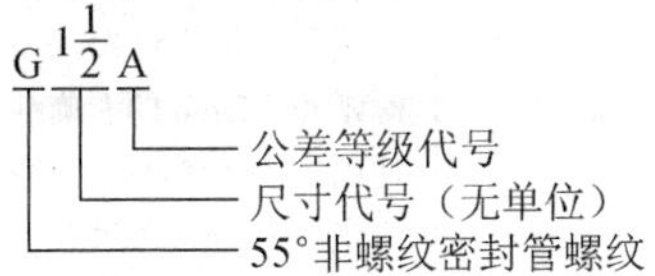

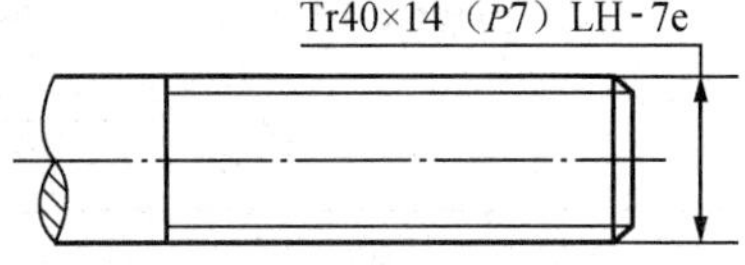

图 7-11 螺纹标记的图样标注

对标记内容的说明如下：

1）管螺纹又分为用螺纹密封的管螺纹和非螺纹密封的管螺纹。其特征代号也分为两类：对于 55° 非螺纹密封管螺纹的内、外螺纹均为 G；55° 螺纹密封管螺纹的圆柱内螺纹为 R_P，与其相配合的圆锥外螺纹为 R_1（称为“柱/锥”配合），55° 螺纹密封管螺纹的圆锥内螺纹为 R_c，与其相配合的圆锥外螺纹为 R_2（称为“锥/锥”配合）。60° 螺纹密封管螺纹的圆锥外螺纹的代号为 NPT，与其相配合的内螺纹有两种：圆锥内螺纹（称为“锥/锥”配合）的代号为 NPT，圆柱内螺纹（称为“柱/锥”配合）的代号为 NPSC。

2）管螺纹的尺寸代号都不是指螺纹的大径，而是指管子孔径的英寸数值。

3）55° 非螺纹密封管螺纹的外螺纹中径有 A、B 两种公差等级（A 级比 B 级高），应注明。而内螺纹只有一种公差等级，故无须标记。

4）对于旋向代号，右旋不标记，左旋标记代号“LH”。

【例 7-3】解释下列螺纹标记的含义。

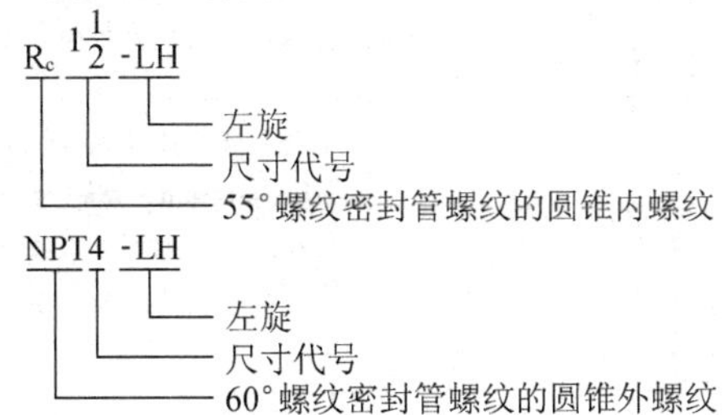

管螺纹的标记一律注在引出线上，引出线应由大径处引出，或由对称中心处引出，如图 7-12 所示。

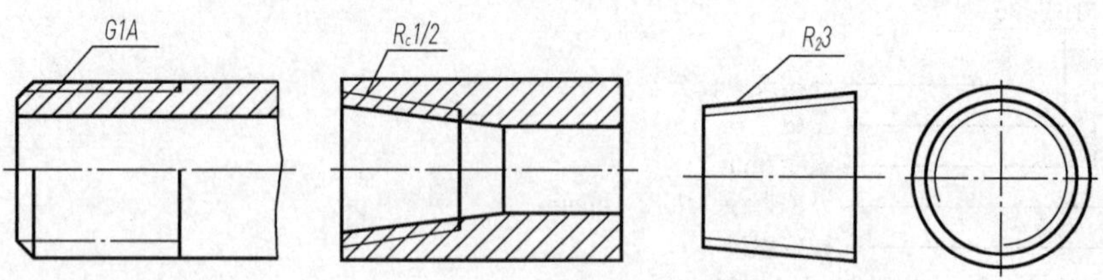

图 7-12　螺纹标记的图样标注

螺纹的标记和标注示例，如表 7-2 和表 7-3 所示。

表 7-2　普通螺纹、梯形螺纹和锯齿形螺纹的标记和标注示例

螺纹类别	标记示例	标注示例	附注
普通螺纹 M	M10×1.5-5g6g	M10×1.5-5g6g	表示公称直径为 10mm、螺距为 1.5mm 的右旋细牙普通螺纹（外螺纹），中径公差带代号为 5g，顶径公差带代号为 6g，中等旋合长度
	M10-7H-L-LH	M10-7H-L-LH	表示公称直径为 10mm 的左旋粗牙普通螺纹（内螺纹），中径公差带代号和顶径公差带代号为 7H，长旋合长度
	M10-6H	M10-6H	表示公称直径为 10mm 的右旋粗牙普通螺纹（内螺纹），中径和顶径公差带代号为 6H，中等旋合长度
梯形螺纹 Tr	Tr40×7-7e	Tr40×7-7e	表示公称直径为 40mm、螺距为 7mm 的单线右旋梯形外螺纹，中径公差带代号为 7e，中等旋合长度
	Tr40×14（*P*7）LH-8e-L	Tr40×14(P7)LH-8e-L	表示公称直径为 40mm、导程为 14mm、螺距为 7mm 的双线左旋梯形外螺纹，中径公差带代号为 8e，长旋合长度
锯齿形螺纹 B	B40×14（*P*7）	B10×14(P7)	表示公称直径为 40mm、导程为 14mm、螺距为 7mm 的双线右旋锯齿形外螺纹

表 7-3 管螺纹标注示例

螺纹种类		标记示例	标注示例	说明
用螺纹密封的管螺纹	圆柱内螺纹 R_p	R_p1		表示尺寸代号为 1，用螺纹密封的圆柱内螺纹
	圆锥外螺纹 R	R1/2-LH		表示尺寸代号为 1/2，用螺纹密封的圆锥外螺纹，左旋
	圆锥内螺纹 $R_c1/2$	$R_c1/2$		表示尺寸代号为 1/2，用螺纹密封的圆锥内螺纹
非螺纹密封的管螺纹		G1		表示尺寸代号为 1，非螺纹密封的圆柱内螺纹
		G3/4B		表示尺寸代号为 3/4，非螺纹密封的 B 级圆柱外螺纹

（4）特殊螺纹和非标准螺纹的标注

对于特殊螺纹的标注，在代号之前加注“特”字，如特 M36×0.75-7H，非标准螺纹的标注如图 7-13 所示。

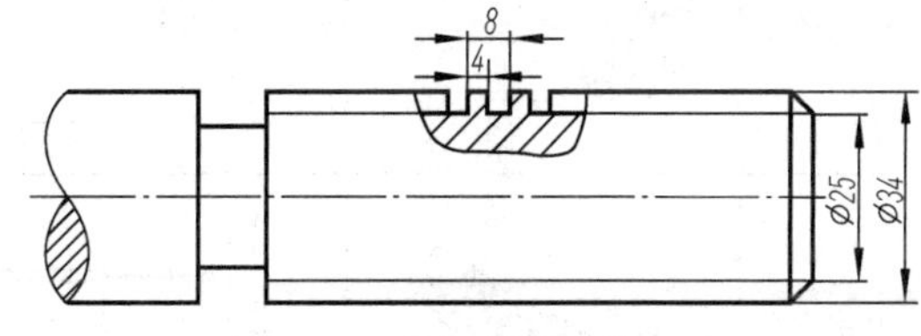

图 7-13 非标准螺纹的标注

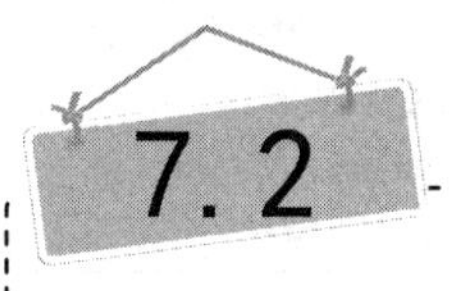

螺纹紧固件的表达方法

7.2.1 螺纹紧固件的标记

螺纹联接是工程上应用最广泛的一种可拆联接方式，使用最多的有螺栓联接、双头螺柱联接、螺钉联接。由于使用量很大，所以由专门厂家生产，并实现了标准化和系列化。螺纹紧固件一般属于标准件，它的结构形式和类型很多，常用的螺纹紧固件有螺栓、双头螺柱、螺钉、螺母、垫圈等，使用中可根据需要在有关标准中查出其尺寸，一般无须画出它们的零件图，只需按规定进行标记即可。表 7-4 为常用螺纹紧固件的图例和标记示例。

表 7-4　常用螺纹紧固件的图例和标记示例

名称	实物图	图例	完整标记和简化标记示例
六角头螺栓	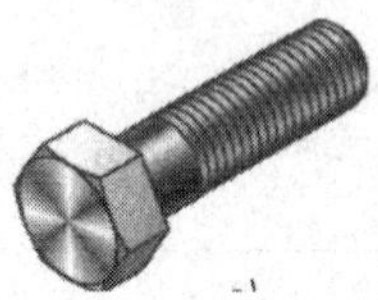	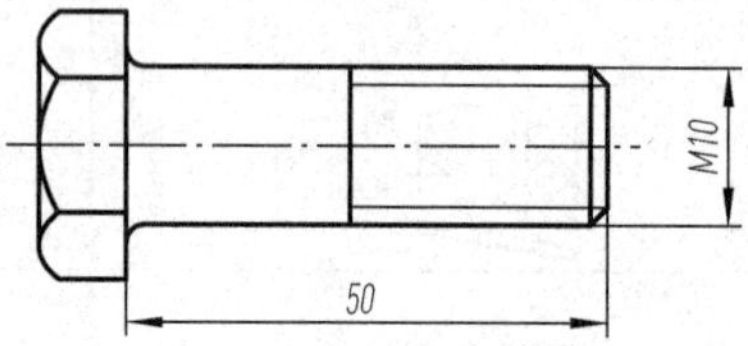 M10 50	完整标记： 螺栓 GB/T 5780—2016 M10×50 简化标记： 螺栓 GB/T 5780 M10×50 表示螺纹规格 d=M10，公称长度 L=50mm，产品等级为 A 级的六角头螺栓
双头螺柱	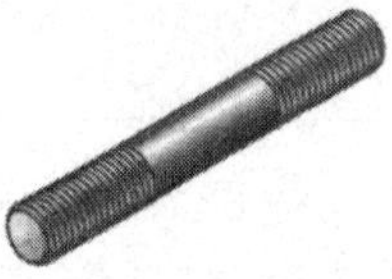	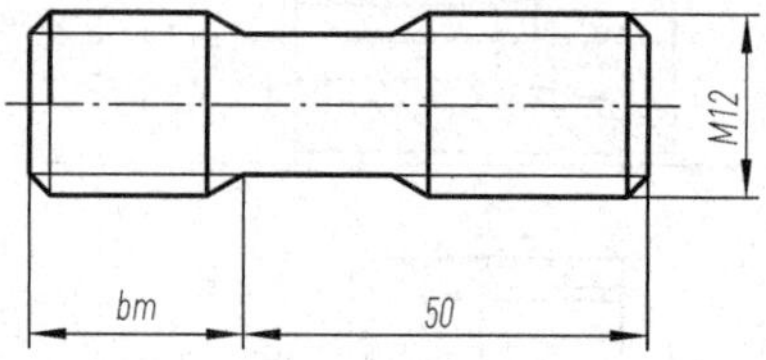 M12 bm　50	完整标记： 螺柱 GB/T 898—1988 M12×50 简化标记： 螺柱 GB/T 898 M12×50 表示两端均为粗牙螺纹，螺纹规格 d=M12，公称长度 L=50mm 的 B 型双头螺柱
开槽圆柱头螺钉	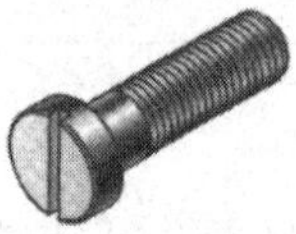	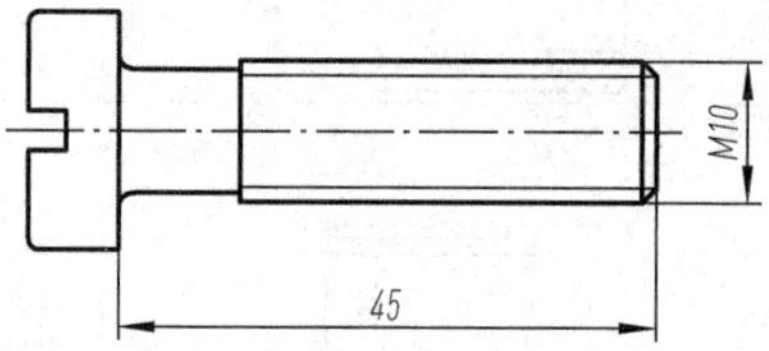 M10 45	完整标记： 螺钉 GB/T 65—2016 M10×45 简化标记： 螺钉 GB/T 65 M10×45 表示螺纹规格 d=M10，公称长度 L=45mm 的开槽圆柱头螺钉
内六角圆柱头螺钉	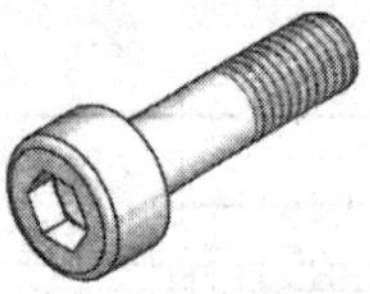	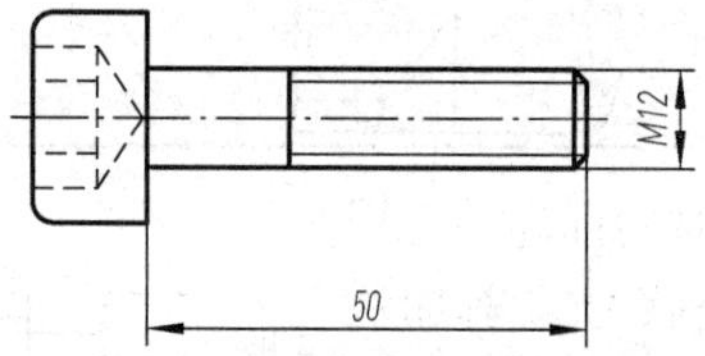 M12 50	完整标记： 螺钉 GB/T 70.1—2008 M12×50 简化标记： 螺钉 GB/T 70.1 M12×50 表示螺纹规格 d=M12，公称长度 L=50mm 的内六角圆柱头螺钉
开槽沉头螺钉	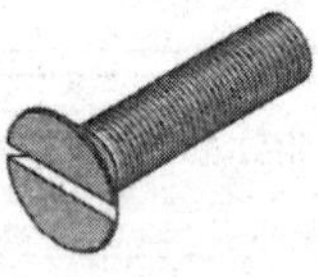	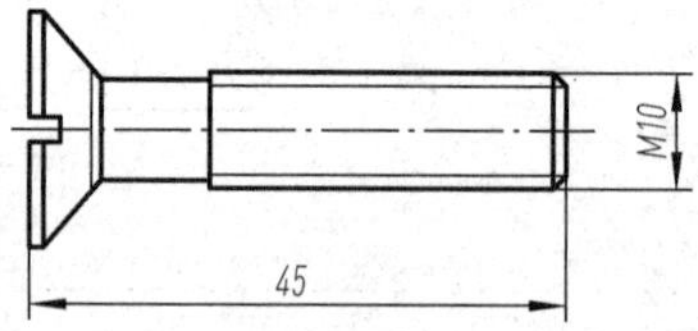 M10 45	完整标记： 螺钉 GB/T 68—2016 M10×45 简化标记： 螺钉 GB/T 68 M10×45 表示螺纹规格 d=M10，公称长度 L=45mm 的开槽沉头螺钉
十字槽沉头螺钉	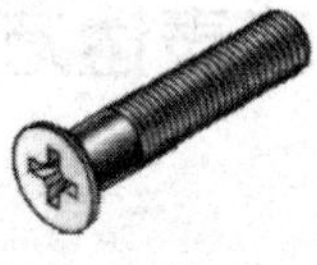	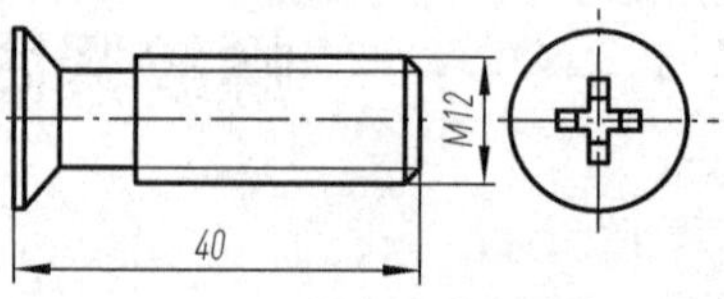 M12 40	完整标记： 螺钉 GB/T 819.1—2016 M12×40 简化标记： 螺钉 GB/T 819.1 M12×40 表示螺纹规格 d=M12，公称长度 L=40mm 的 A 级十字槽沉头螺钉

续表

名称	实物图	图例	完整标记和简化标记示例
开槽锥端紧定螺钉		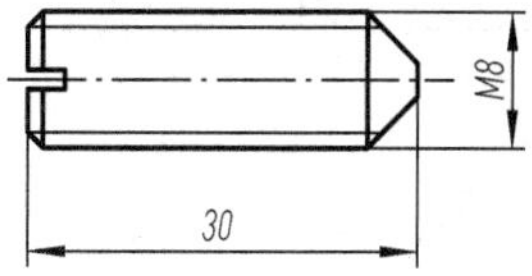 M8 30	完整标记： 螺钉 GB/T 71—2018 M8×30 简化标记： 螺钉 GB/T 71 M8×30 表示螺纹规格 d=M8，公称长度 L=30mm 的开槽锥端紧定螺钉
开槽长圆柱端紧定螺钉	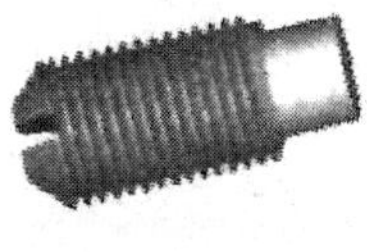	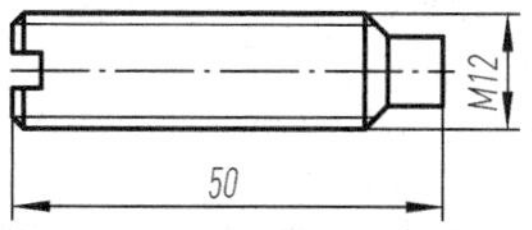 M12 50	完整标记： 螺钉 GB/T 75—2018 M12×50 简化标记： 螺钉 GB/T 75 M12×50 表示螺纹规格 d=M12，公称长度 L=50mm 的开槽长圆柱端紧定螺钉
I 型六角螺母 A 和 B 级	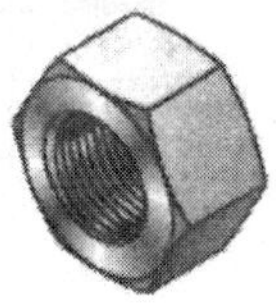	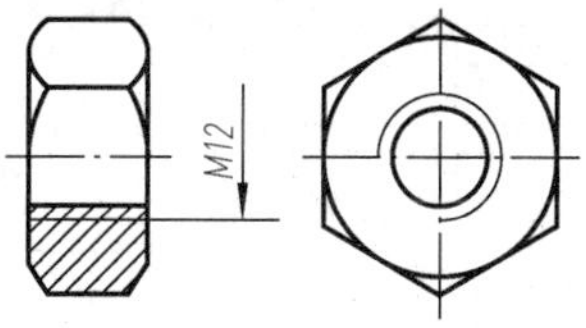 M12	完整标记： 螺母 GB/T 6170—2015 M12 简化标记： 螺母 GB/T 6170 M12 表示螺纹规格 d=M12，A 级 I 型六角螺母
I 型六角开槽螺母 A 和 B 级	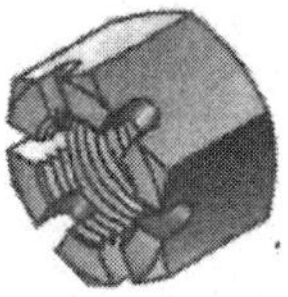	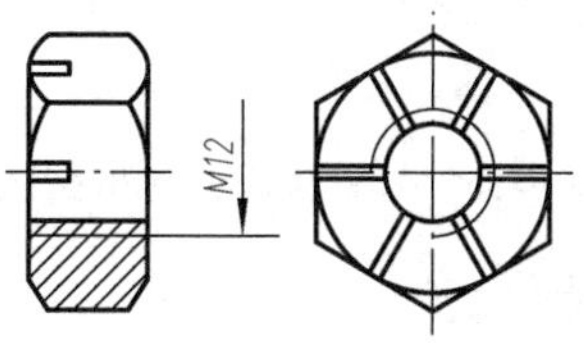 M12	完整标记： 螺母 GB/T 6178—1986 M16 简化标记： 螺母 GB/T 6178 M16 表示螺纹规格 d=M16，A 级 I 型六角开槽螺母
平垫圈 A 级		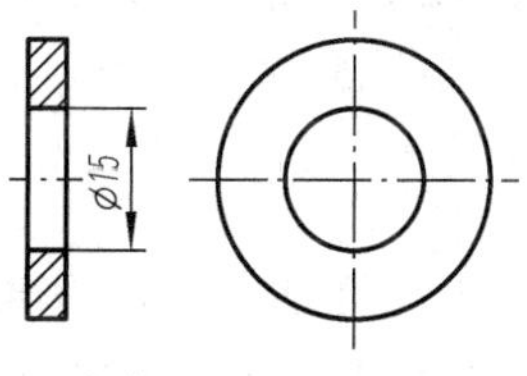 $\phi15$	完整标记： 垫圈 GB/T 97.1—2002 14 简化标记： 垫圈 GB/T 97.1 14 表示公称尺寸 d=14 的 A 级平垫圈（可从标准中查得垫圈孔径为$\phi15$）
标准型弹簧垫圈	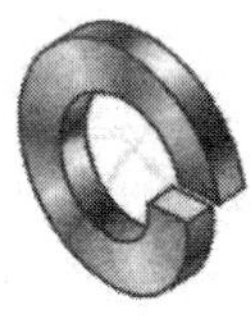	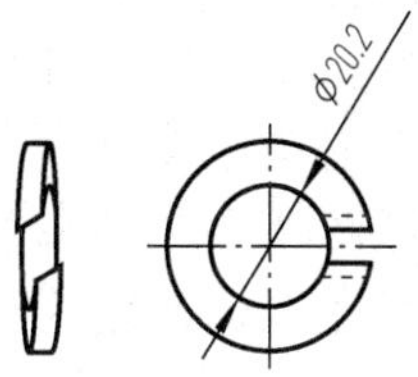 $\phi20.2$	完整标记： 垫圈 GB/T 93—1987 20 简化标记： 垫圈 GB/T 93 20 表示公称尺寸 d=20 的标准型弹簧垫圈（可从标准中查得垫圈孔径为$\phi20.2$）

7.2.2　螺纹紧固件的比例画法

为了提高画图速度，螺纹紧固件各部分的尺寸都可以按螺纹大径 d 的一定比例画图，称为比例画法，如图 7-14 和图 7-15 所示。

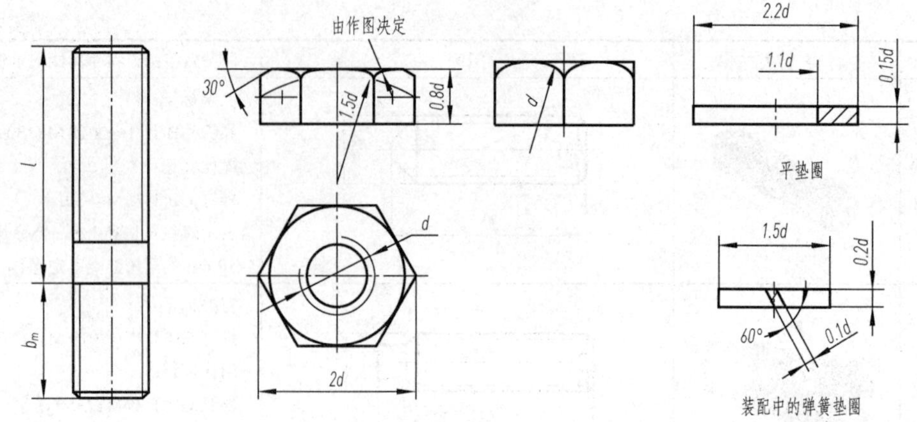

图 7-14　螺栓、螺母和垫圈的比例画法

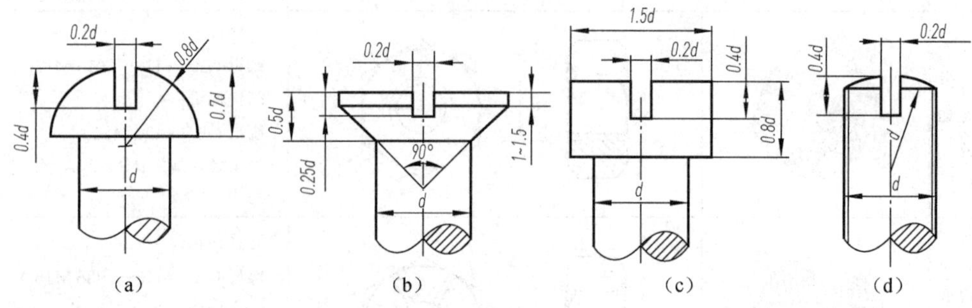

图 7-15　螺钉头部的比例画法

7.2.3　常用螺纹紧固件的联接画法

根据两被联接零件的结构和工艺要求，螺纹紧固件的联接形式有 3 种，即螺栓联接、双头螺柱联接和螺钉联接。

1．螺栓联接的画法

螺栓联接一般适用于联接不太厚并允许钻成通孔的零件。它由螺栓、螺母和垫圈将被联接的零件联接在一起，将螺栓的杆部穿过两个被联接零件的通孔，在一端套上垫圈并拧紧螺母（垫圈的作用是防止损伤被联接零件表面并使其受力均匀）。螺栓联接是一种可拆卸的联接方式。螺栓联接的类型很多，常用的是六角头螺栓联接，如图 7-16（a）所示。

在绘制螺纹紧固件联接的装配图时必须遵循以下基本规定（图 7-17）。

1）两零件的接触表面只画一条轮廓线，不得在接触面上将轮廓线加粗；凡是不接触的表面，不管间隙大小，在图上应画成两条线，如螺栓直径与光孔之间应画出间隙。

2）两个零件的剖面线方向应相反，若无法做到时应互相错开方向，且间隔应不等。同一零件在各视图中的剖面线方向和间隔应保持一致。

3）当剖切平面通过螺杆轴线时，螺栓、螺母、垫圈等标准件均按不剖切绘制。但如果垂直其轴线剖切，则按剖视要求画出。

用螺栓联接的两个被联接零件都制成光孔。绘制螺栓联接装配图时，螺栓、螺母、垫圈的结构尺寸可以从有关标准中查出，也可以按各部分尺寸与螺纹大径 d 的近似比例关系，采用比例画法画出，如图 7-16（a）所示。

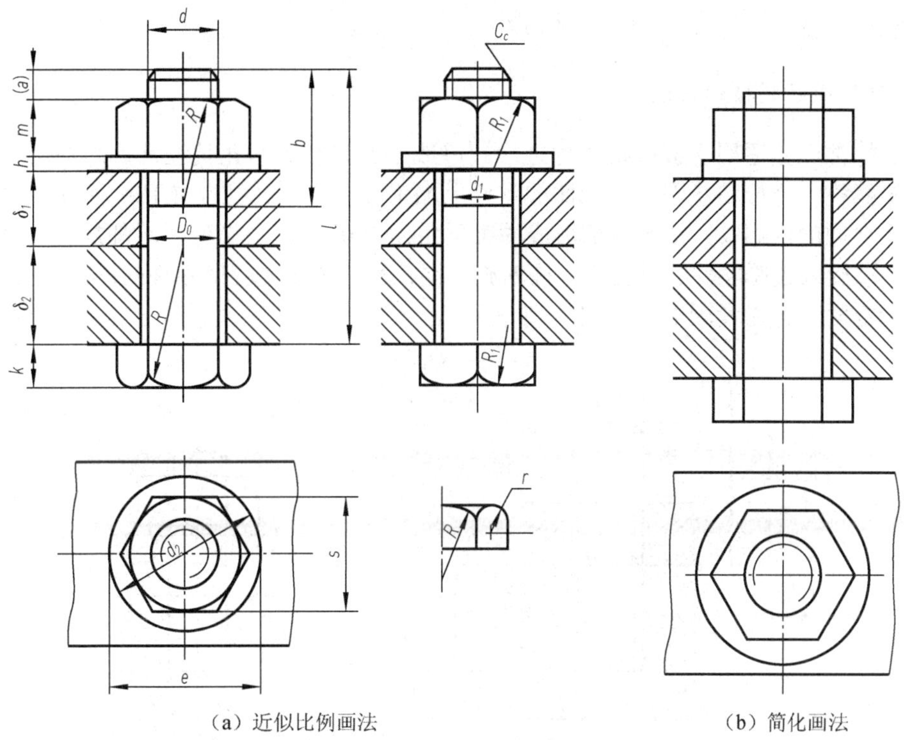

（a）近似比例画法　　（b）简化画法

图 7-16　螺栓联接的画法

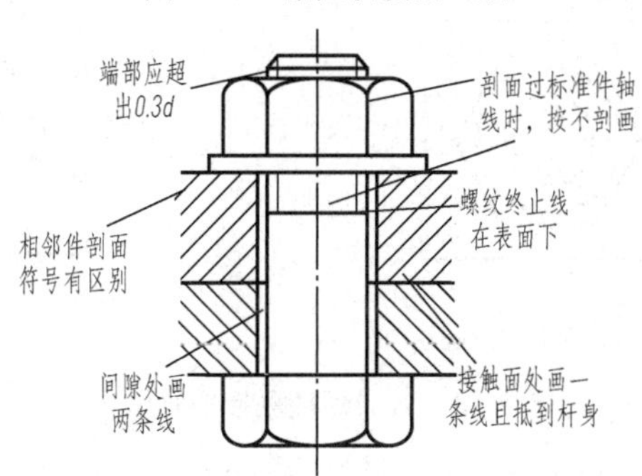

图 7-17　螺栓联接画法的注意事项

在比例画法中，各紧固件的尺寸如下（d 为螺纹大径）：

螺栓 $e=2d$，$k=0.7d$，$b=2d$，$R=1.5d$，$R_1=d$，$d_1=0.85d$，$C_1=0.1d$。

螺母 $e=2d$，$m=0.8d$。

垫圈 $d_2=2.2d$，$h=0.15d$。

其中，螺栓的长度 $L \geqslant \delta_1+\delta_2+h+m+a$。式中，$\delta_1+\delta_2$ 为被联接零件的总厚度；a 为螺栓顶端露出螺母的高度，一般取 $a=0.3d$。由上式算出的螺栓长度还要按国标螺栓长度系列选择接近的标准长度。

画图时请注意，螺栓上的螺纹终止线应低于通孔的顶面，以表示拧紧螺母时有足够的螺纹长度。

螺栓联接可以采用简化画法，如图 7-16（b）所示，将螺杆端部及螺母、螺栓六角头的截交线省略不画。

2．双头螺柱联接的画法

双头螺柱联接适用于被联接零件之一较厚或不允许钻成通孔且经常拆卸的场合。联接件有双头螺柱、螺母和垫圈。在较薄的零件上加工成通孔，孔径取 1.1d；而在较厚的零件上制出不穿通的内螺纹，钻头头部形成的锥顶角为 120°。双头螺柱两端都加工有螺纹，联接时，一端旋入较厚零件的螺孔中，称为旋入端；另一端穿过较薄零件的通孔，套上垫圈，再用螺母拧紧，称为紧固端，如图 7-18 所示。

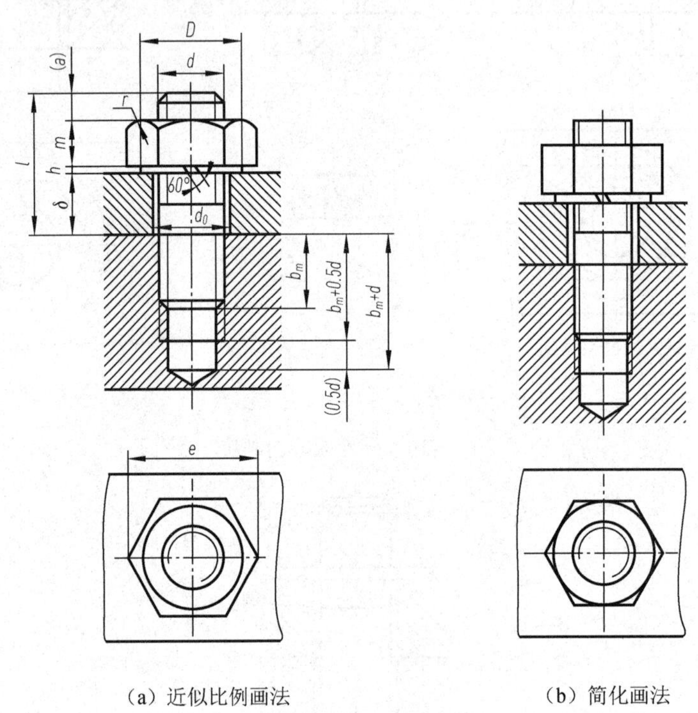

（a）近似比例画法　　（b）简化画法

图 7-18　双头螺柱联接的画法 1

在图 7-18（a）中，$a=(0.2\sim0.3)d$，$e=2d$，$m=0.8d$，r 由作图决定，$h=0.2d$，$D=1.5d$，$d_0=1.1d$。

紧固端的长度为

$$L=\delta+h+m+a$$

式中，δ为光孔件厚度，由设计者给定；h 为垫圈厚度，$h=0.2d$；m 为螺母厚度，$m=0.8d$；a 为螺柱伸出长度，$a=0.3d$，计算出长度后查表，根据双头螺柱长度系列取标准长度 L。

双头螺柱中的旋入端视材料而定，如表 7-5 所示。

表 7-5　螺柱的旋入端长度

螺孔件的材料	旋入端长度 b_m	标准代号
铜或青铜	$b_m=d$	GB/T 897—1988
铸铁	$b_m=1.25d$	GB/T 898—1988
	$b_m=1.5d$	GB 899—1988
铝合金	$b_m=2d$	GB/T 900—1988

被联接件的螺孔深度一般取 $b_m+0.5d$，钻孔深度一般取 b_m+d。

画图时应注意以下几点。

1）旋入端的螺纹终止线应与被联接件螺纹孔口的端面平齐。

2）为了作图方便，可以不画出钻孔深度，如图 7-19（b）所示，但 120° 锥角应画在钻孔直径上。

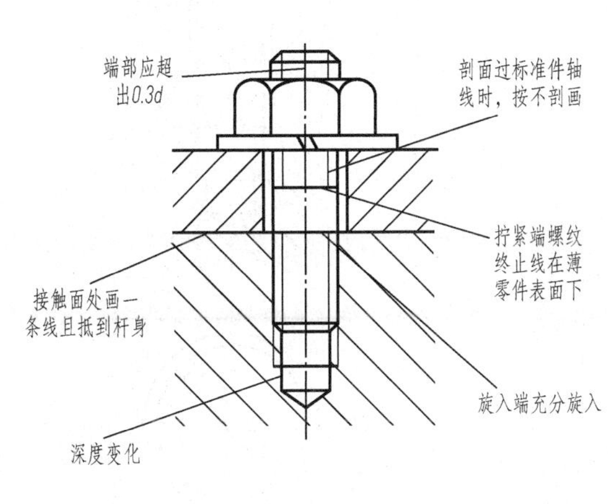

（a）螺柱联接画法的注意事项

（b）不画钻孔深度的双头螺柱联接画法

图 7-19　双头螺柱联接的画法 2

在装配图中，螺柱联接也可以采用图 7-16（b）所示的简化画法，将螺母六角头部因倒角而产生的截交线等均省略不画。

3）弹簧垫圈用于防松，其外径比普通垫圈小，以保证压紧在螺母底面范围之内。弹簧垫圈开槽的方向是阻止螺母松动的方向，在图中应画成与水平成 60° 并向左上角倾斜的两条线，两线间距 $0.1d$，如图 7-19（a）所示。

3．螺钉联接的画法

螺钉联接用于联接两个零件，它不需要与螺母配用，这种联接是在较厚的零件上加工出螺孔，而在另一零件上加工成光孔，将螺钉穿过光孔而旋进螺孔，靠螺钉头部压紧使两个被联接零件联接在一起，从而达到联接目的。螺钉联接一般用于受力不大而又不经常拆卸的零件间联接，如图 7-20 所示。螺钉按用途可分为联接螺钉和紧定螺钉。

常用的联接螺钉有开槽（或十字槽）圆柱头螺钉、盘头螺钉、沉头螺钉、半沉头螺钉等。

画螺钉联接图可以使用比例画法，也可以从标准中查得各部分尺寸后绘制。图 7-20 所示为常用的开槽圆柱头螺钉和开槽沉头螺钉比例画法。

画螺钉联接图时，应先计算螺钉的公称长度 L，然后查表选取标准长度值。

$$L=\delta+b_m$$

式中，L 为被联接零件的厚度；b_m 为螺钉旋入螺孔的深度，根据被旋入零件的材料选用，选用方法同螺柱联接。

画螺钉联接图时，应注意以下几点。

1）螺纹终止线不应与结合面平齐，而应画在光孔那个零件的范围内，以表示螺钉尚有拧紧的余地。

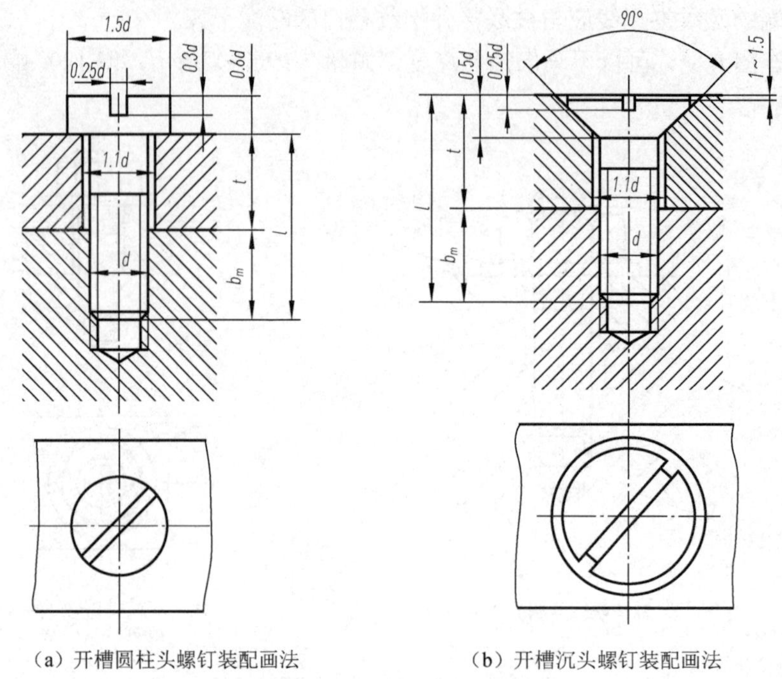

（a）开槽圆柱头螺钉装配画法　　（b）开槽沉头螺钉装配画法

图 7-20　螺钉联接的画法

2）在画主视图时，若螺钉头部有槽沟则应将其放正，而在俯视图中规定画成 45° 向右倾斜。在装配图中，螺钉头部的一字槽允许涂黑表示，如图 7-21（b）所示。

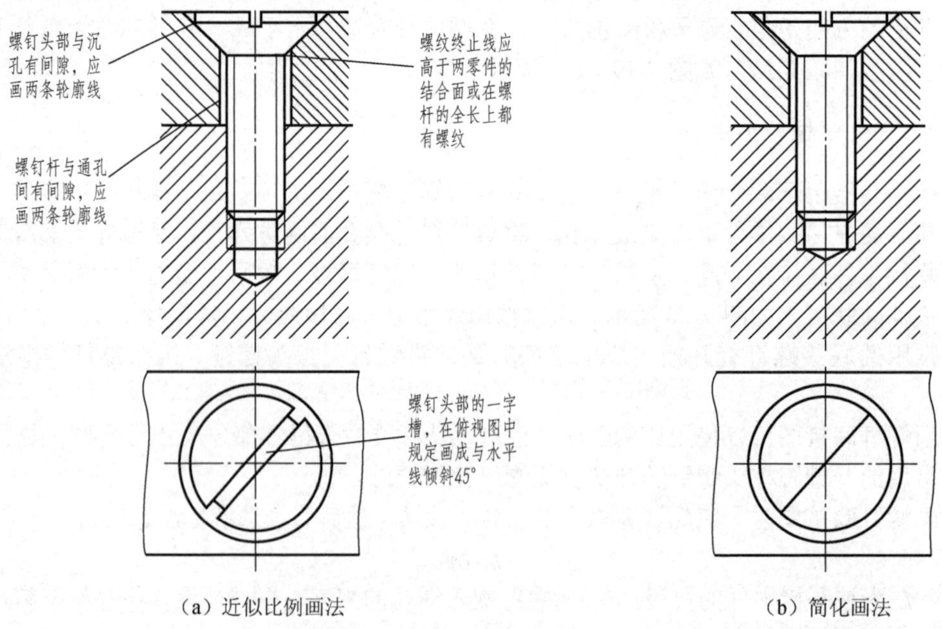

（a）近似比例画法　　（b）简化画法

图 7-21　螺钉联接画法注意事项

紧定螺钉联接的画法如图 7-22 所示。

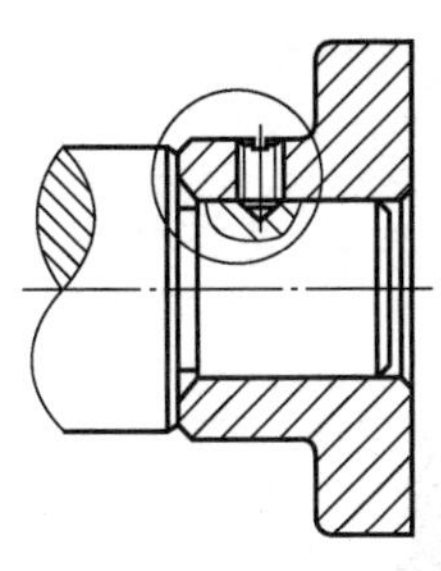
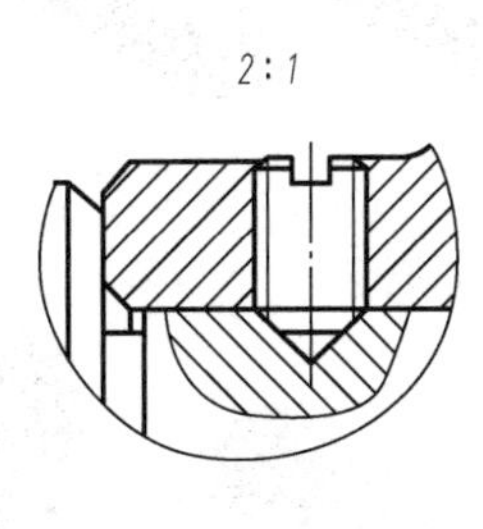

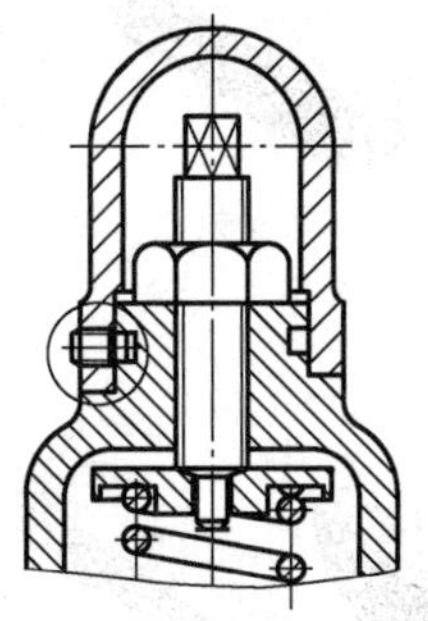
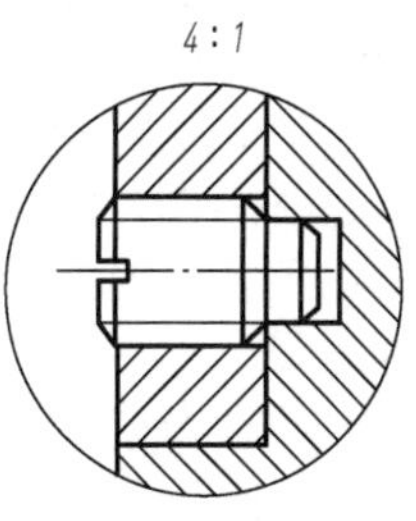

图 7-22　紧定螺钉联接的画法

7.3 键联结的表达方法

7.3.1　键联结及其标记

键主要用于轴和轴上零件（如齿轮、带轮等）间的轴向连接，以传递转矩。在被连接的轴上和轮毂孔中制出键槽，先将键嵌入轴上的键槽内，再对准轮毂孔中的键槽（该键槽是穿通的），将它们装配在一起，便可达到联结目的。如图 7-23（a）所示是键联结情况的轴测图。键槽加工如图 7-23（b）所示。

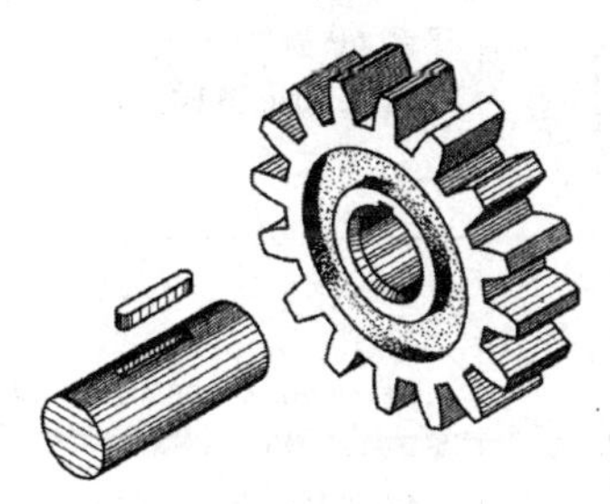

（a）键联结的轴测图

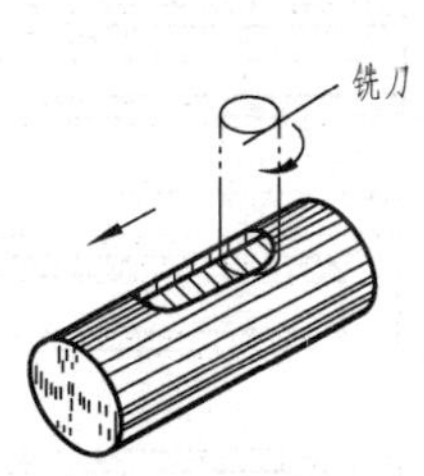

插刀

（b）键槽加工示意图

图 7-23　键联结

1．常用键及其标记

键是标准件，常用的键有普通平键、半圆键、钩头楔键、花键等。其中，普通平键的应用最广。普通平键又有 A 型（圆头）、B 型（平头）和 C 型（单圆头）3 种，如图 7-24 所示，A 型不标注，B 型和 C 型要标注。表 7-6 列出了常用键及其标记示例。

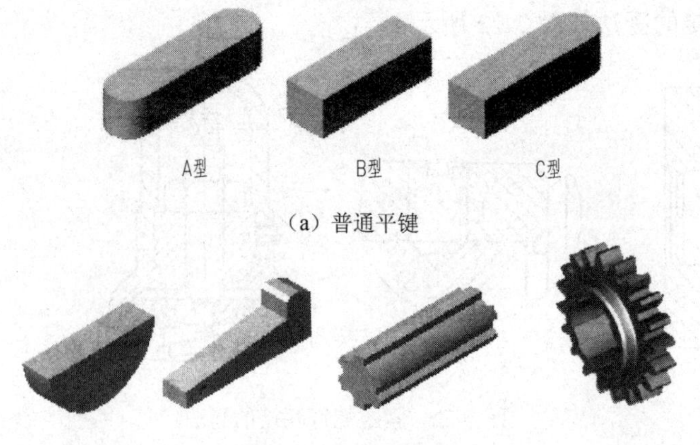

（a）普通平键

（b）半圆键　（c）钩头楔键　（d）外花键　（e）内花键

图 7-24　常用键的形式

表 7-6　常用键及其标记示例

名称（标准号）	图例	标记示例
普通型 平键（A 型）（GB/T 1096—2003） 	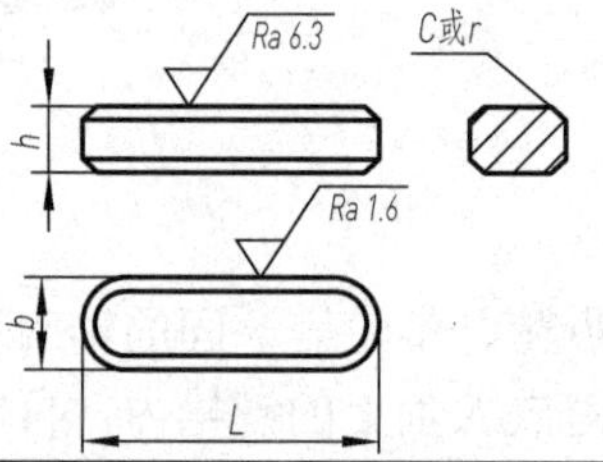	b=8mm，h=7mm，L=25mm 的普通平键（A 型）：GB/T 1096 键 8×25
普通型 平键（B 型）（GB/T 1096—2003） 	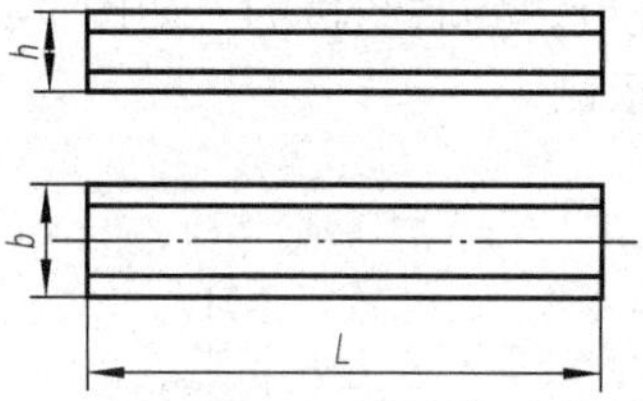	b=16mm，h=10mm，L=100mm 的普通平键（B 型）：GB/T 1096 键 B16×100
普通型 平键（C 型）（GB/T 1096—2003） 	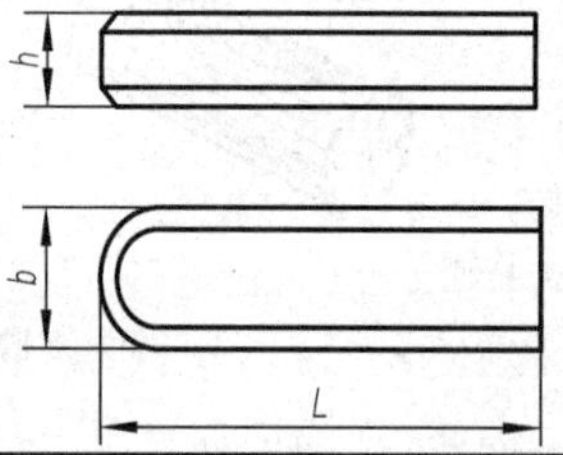	b=16mm，h=10mm，L=100mm 的普通平键（C 型）：GB/T 1096 键 C16×100
普通型 半圆键（GB/T 1099.1—2003）	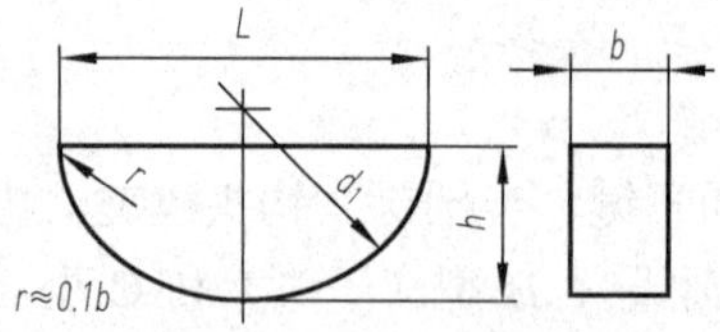	b=6mm，h=10mm，d_1=25mm，L=24.5mm 的半圆键：GB/T 1099.1 键 6×25

续表

名称（标准号）	图例	标记示例
钩头型 楔键 （GB/T 1565—2003）	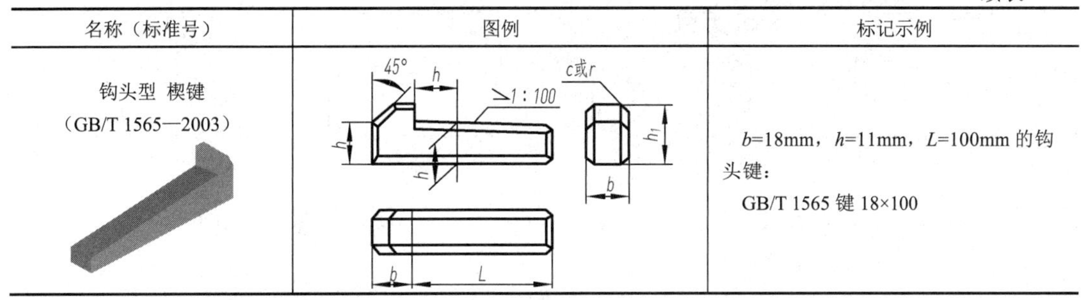	b=18mm，h=11mm，L=100mm 的钩头键： GB/T 1565 键 18×100

2．键槽的画法及尺寸标注

因为键是标准件，所以一般不必画出它的零件图。但要画出零件上与键相配合的键槽。键槽有轴上的键槽和轮毂上的键槽。

键槽的宽度 b 可根据轴的直径 d 查表确定，轴上的槽深 t 和轮毂上的槽深 t_1 可以分别从键的标准中查得，键的长度 L 应小于或等于轮毂的长度。键槽的画法和尺寸标注如图 7-25 所示。

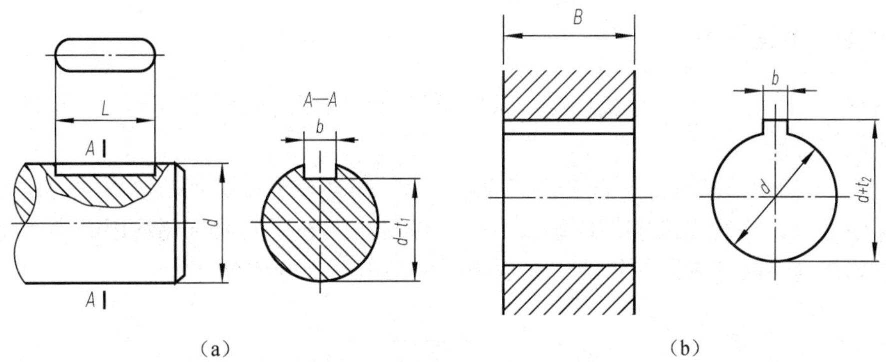

图 7-25 键槽的画法和尺寸标注

7.3.2 键联结的画法

1．普通平键联结和半圆键联结的画法

这两种键的联结原理相似。半圆键用于载荷不大的传动轴上。

画图时，因普通平键和半圆键的两侧面为其工作面，它与轴、轮毂的键槽两侧面相接触，所以分别只画一条线；而键的上、下底面为非工作面，其上底面与轮毂键槽的底面有一定的间隙，应画两条线，如图 7-26 和图 7-27 所示。

在反映键长方向的剖视图中，轴采用局部剖视图，键按不剖画出。

2．钩头楔键联结的画法

钩头楔键的上底面有 1∶100 的斜度，联结时沿轴向将键打入键槽内，直到打紧为止。因此，钩头楔键的上、下底面为工作面，各画一条线；两侧面基本尺寸相同，也只画一条线，如图 7-28 所示。

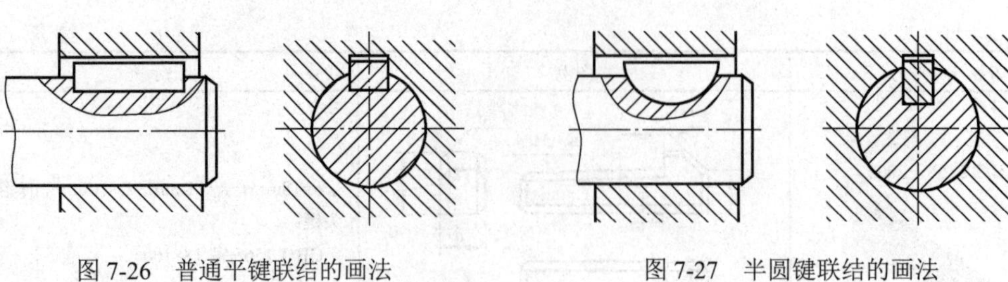

图 7-26　普通平键联结的画法　　　　图 7-27　半圆键联结的画法

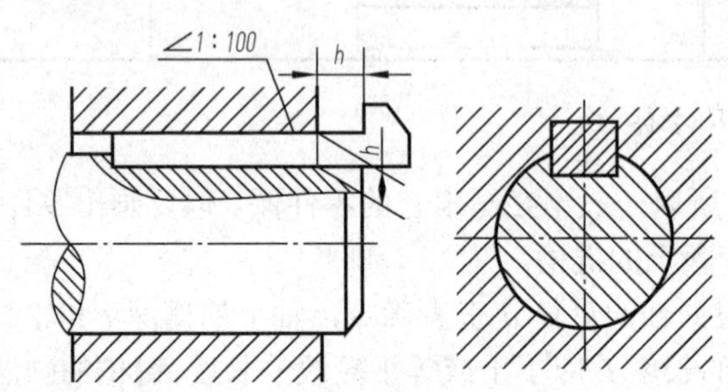

图 7-28　钩头楔键联结的画法

3．*花键的画法*

花键的齿形有矩形和渐开线形等，其中矩形花键的应用较广泛。下面只介绍矩形花键的画法和尺寸注法。

1）外花键的画法和尺寸标注如图 7-29 所示，在平行于花键轴的投影面的视图中，大径用粗实线绘制，小径用细实线绘制，工作长度终止端和尾部的末端均用细实线绘制，小径尾部则画成与轴线成 30° 的斜线。在剖视图中画出一部分或全部齿形。

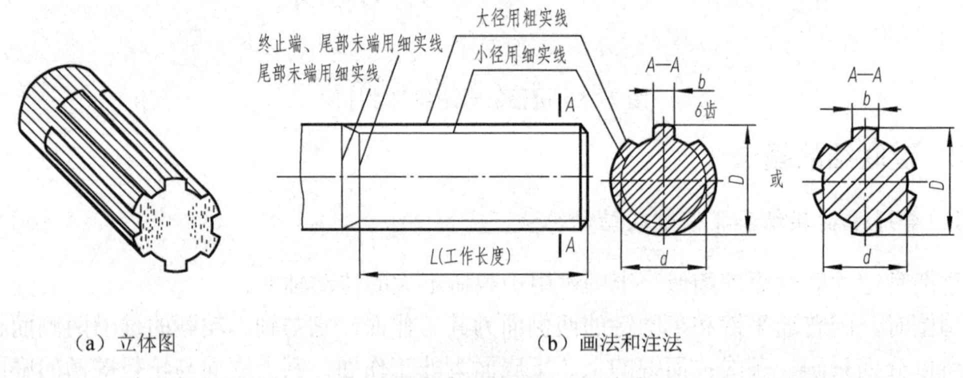

（a）立体图　　　　（b）画法和注法

图 7-29　外花键的画法和尺寸标注

2）内花键的画法和尺寸标注如图 7-30 所示，在平行于花键轴的投影面的剖视图中，大径及小径均用粗实线绘制；在轴向视图中用局部视图画出一部分或全部齿形。

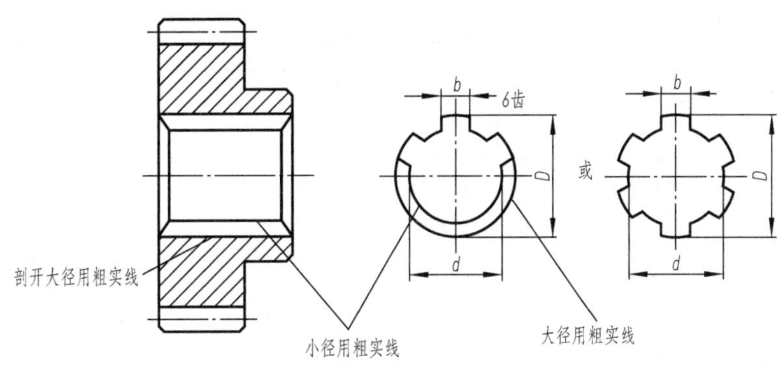

图 7-30　内花键的画法和尺寸标注

3）花键联结的画法。花键联结一般用剖视图表示，其结合部分按外花键的画法绘制，如图 7-31 所示。

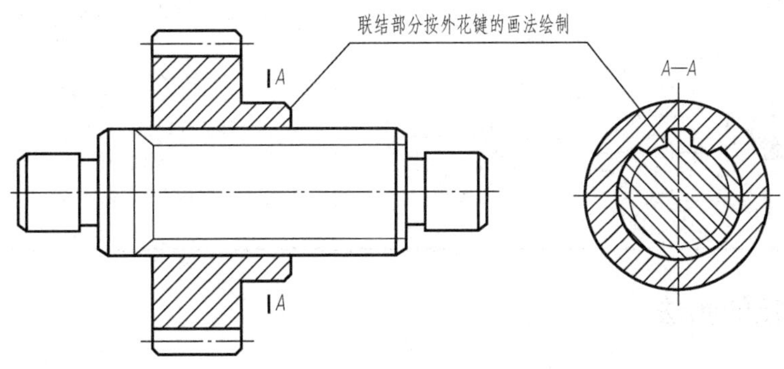

图 7-31　花键联结的画法和尺寸标注

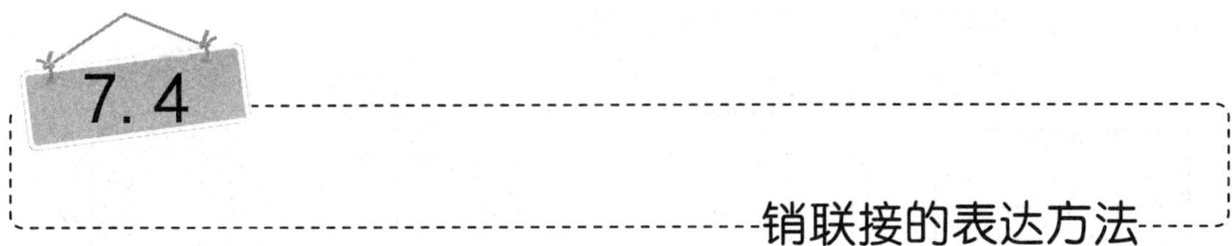

7.4 销联接的表达方法

7.4.1　销的功用及类型

销主要用于零件之间的定位，也可用于零件之间的联接和锁定，但只能传递不大的转矩。销也是标准件，类型亦很多，常用的有普通圆柱销、圆锥销和开口销等。开口销与带孔螺栓和槽形螺母一起使用，将开口销穿过槽形螺母的槽口和带孔螺栓的孔，并将销的尾部叉开，可防止螺纹连接松脱。

7.4.2　销的种类及标记

销的类型、图例及标记示例如表 7-7 所示。

表 7-7　销的类型、图例及标记示例

类型及标准编号	图例	标记示例
圆柱销 （GB/T 119.1—2000）		公称直径 d=8mm，公差为代号 m6，公称长度 L=30mm，材料为钢，不经表面处理的不淬火高碳钢圆柱销。 完整标记：销 GB/T 119.1—2000 8 m6×30 简化标记：销 GB/T 119.1 8m6×30
圆锥销 （GB/T 117—2000）		公称直径 d=6mm，公称长度 L=30mm，材料为 35 钢，热处理硬度 HRC28～38，表面氧化处理，不淬硬的 A 型圆柱销。 完整标记：销 GB/T 117—2000 6×30　35 钢热处理 HRC28～38 简化标记：销 GB/T 117 6×30 当销为 B 型时，其简化标记：销 GB/T 117B6×30
开口销 （GB/T 91—2000）		公称直径 d=5mm，公称长度 L=50mm，材料为 Q215，不经热处理的开口销。 完整标记：销 GB/T 91—2000 5×50 Q215 简化标记：销 GB/T 91 5×50

7.4.3　销联接的画法

销联接的画法如图 7-32 所示。当剖切面通过销的轴线时，销作不剖处理；当剖切面垂直于销轴线剖切时，销仍需画剖面线。销的装配要求较高，销孔一般要在被联接零件装配完时加工。这一要求需要在相应的零件图上注明。

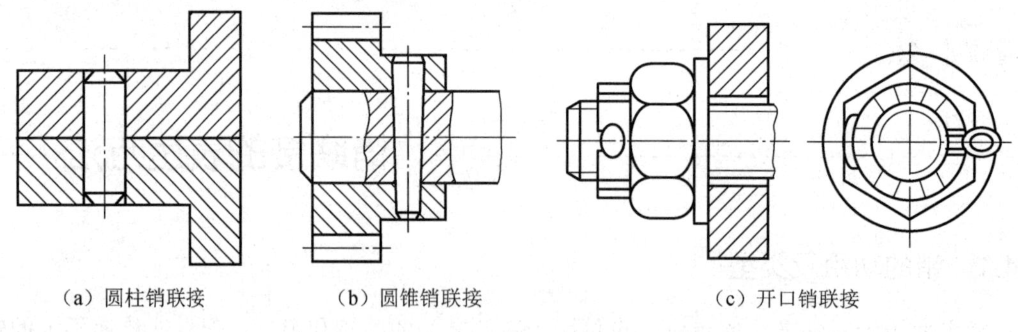

（a）圆柱销联接　（b）圆锥销联接　（c）开口销联接

图 7-32　销联接的画法

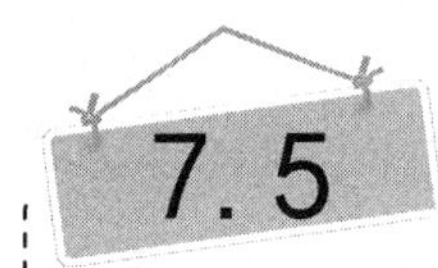

7.5 滚动轴承的表达方法

7.5.1　滚动轴承的作用与构造

机器设备中，用来支承轴的零件称为轴承，有滚动轴承和滑动轴承两类。滚动轴承是标准件，其结构及尺寸已经标准化，由专业厂家生产，选用时可查阅相关标准。它结构紧凑、摩擦阻力小、使用寿命长，在工作中以滚动摩擦代替滑动摩擦，能在较大的载荷、较高的转速下工作，转动精度较高，在工业中的应用十分广泛。

滚动轴承一般由以下 4 部分组成，如图 7-33 所示。

1）外圈：装在机体或轴承座内，一般固定不动。

2）内圈：装在轴上，与轴紧密配合在一起，且随轴一起旋转。

3）滚动体：装在内、外圈之间的滚道中，有滚珠、滚柱、滚锥等几种类型。

4）保持架：用以均匀分隔滚动体，防止它们相互之间的摩擦和碰撞。

（a）深沟球轴承的结构

（b）圆锥滚子轴承的结构

图 7-33　滚动轴承的结构

7.5.2　滚动轴承的种类和代号方法

1．滚动轴承的分类

滚动轴承的分类方法有很多，常见的有以下 3 种。

1）按承受载荷的方向可分为 3 类，如图 7-34 所示。

① 向心轴承：主要承受径向载荷，也能承受较小的轴向载荷，如深沟球轴承。

② 推力轴承：承受轴向载荷，如推力球轴承。

③ 向心推力轴承：同时承受径向载荷和轴向载荷，如圆锥滚子轴承。

2）按滚动体的形状分为以下两类。

① 球轴承：滚动体为球体的轴承。

② 滚子轴承：滚动体为圆柱滚子、圆锥滚子和滚针等的轴承。

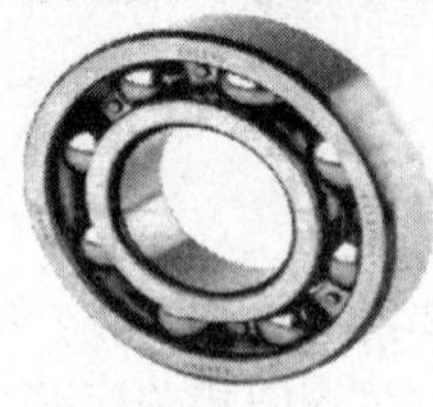

（a）向心轴承

（b）推力轴承

（c）向心推力轴承

图 7-34　滚动轴承的种类

3）根据滚动体的排列和结构分，每种轴承有单列、多列和轻、重、宽、窄系列等。

2．滚动轴承的代号和标记

滚动轴承是标准组件，在图样中应按国家标准要求标注其代号。滚动轴承的代号由字母加数字来表示，它由前置代号、基本代号和后置代号构成。其中，基本代号表示轴承的基本类型、结构和尺寸，是轴承代号的基础；前置代号和后置代号是轴承在结构形状、尺寸公差、技术要求等有改变时，在其基本代号左右添加的补充代号。前置代号用字母表示，后置代号用字母（或数字）表示。前置代号和后置代号的标注形式及内容可从有关标准中查找，一般不进行标注。下面主要介绍基本代号的标注方法。

基本代号表示滚动轴承的基本类型、结构和尺寸，是滚动轴承代号的基础。滚动轴承（滚针轴承除外）的基本代号由轴承类型代号、内径代号、尺寸系列代号构成。

1）类型代号：用阿拉伯数字或大写拉丁字母表示，常见类型如表 7-8 所示。

表 7-8　轴承的类型代号

代号	轴承类型	代号	轴承类型
0	双列角接触球轴承	6	深沟球轴承
1	调心球轴承	7	角接触球轴承
2	调心滚子轴承和推力调心滚子轴承	8	推力圆柱滚子轴承
3	圆锥滚子轴承	N	圆柱滚子轴承
4	双列深沟球轴承	U	外球面球轴承
5	推力球轴承	QJ	四点接触球轴承

注：在表中代号后或前加字母或数字表示该类轴承中的不同结构。

2）内径代号：表示轴承的公称内径，用数字表示，具体规则如表 7-9 所示。

表 7-9　滚动轴承的内径代号及其示例

轴承公称内径/mm		内径代号	示例
0.6～10（非整数）		用公称内径毫米数值直接表示，在其与尺寸系列代号之间用“/”分开	深沟球轴承 618/2.5 d=2.5mm
1～9（整数）		用公称内径毫米数值直接表示，对深沟及角接触球轴承 7、8、9 直径系列，尺寸系列代号之间用“/”分开	深沟球轴承 618/5 d=5mm
10～17	10	00	深沟球轴承 6200，d=10mm
	12	01	深沟球轴承 6201，d=12mm
	15	02	深沟球轴承 6202，d=15mm
	17	03	深沟球轴承 6203，d=17mm
20～480 （22、28、32 除外）		公称内径除以 5 的商数，商数为个位数，需要在商数左边加“0”，如 08	调心滚子球轴承 23208，d=40mm
大于或等于 500， 以及 22、28、32		用尺寸内径毫米数值直接表示，但在尺寸系列代号之间用“/”分开	调心滚子球轴承 230/500，d=500mm 深沟球轴承 62/22，d=22mm

注：调心滚子轴承 23224：2 为类型代号；32 为尺寸系列代号；24 为内径代号，表示 d=120mm。

3）尺寸系列代号：由滚动轴承的宽（高）度系列代号和直径代号组合而成。它反映了同类轴承在内圈孔径相同时内圈宽度、外圈宽度、外圈外径的不同及滚动体大小的不同。滚动轴承的外廓尺寸不同，则承载能力不同。

例如，滚动轴承 32005 的含义如下所示。

```
3 2 0 0 5
│ │  └─┴── 内径代号：d=(0)5×5=25
│ └──────── 尺寸系列代号：宽度系列代号为2，直径系列代号为0
└────────── 类型代号：圆锥滚子轴承
```

尺寸系列代号由滚动轴承的宽（高）度系列代号组合而成。向心轴承、推力轴承的尺寸系列代号如表 7-10 所示。

表 7-10　向心轴承、推力轴承的尺寸系列代号

直径系列代号	向心轴承							推力轴承				
	宽度系列代号							高度系列代号				
	8	0	1	2	3	4	5	6	7	9	1	2
	尺寸系列代号											
7	—	—	17	—	37	7	—	—	—	—	—	—
8	—	08	18	28	38	48	58	68	—	—	—	—
9	—	09	19	29	39	49	59	69	—	—	—	—
0	—	00	10	20	30	40	50	60	70	90	10	—
1	—	01	11	21	31	41	51	61	71	91	11	—
2	82	02	12	22	32	42	52	62	72	92	12	22
3	83	03	13	23	33	43	53	63	73	93	13	23
4	—	04	—	24	—	—	—	—	74	94	14	24
5	—	—	—	—	—	—	—	—	—	95	—	—

7.5.3 滚动轴承的画法

滚动轴承是标准组件，使用时必须按要求选用。当需要画滚动轴承的图形时，可采用简化画法或规定画法，如表 7-11 所示。

表 7-11 常用滚动轴承的类型、结构和画法

轴承类型	结构形式	主要尺寸	规定画法	特征画法
深沟球轴承 （GB/T 276—2013）	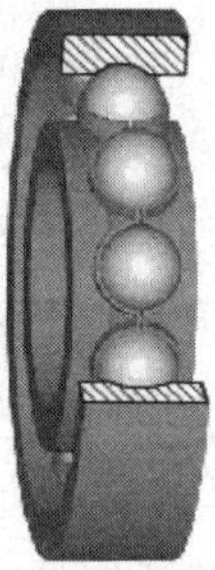	*D* *d* *B*	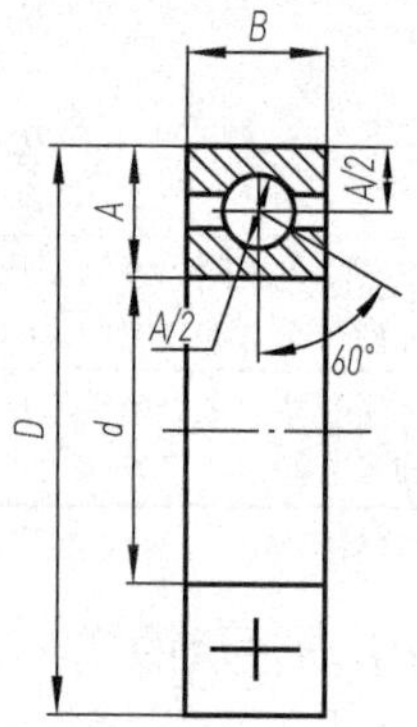	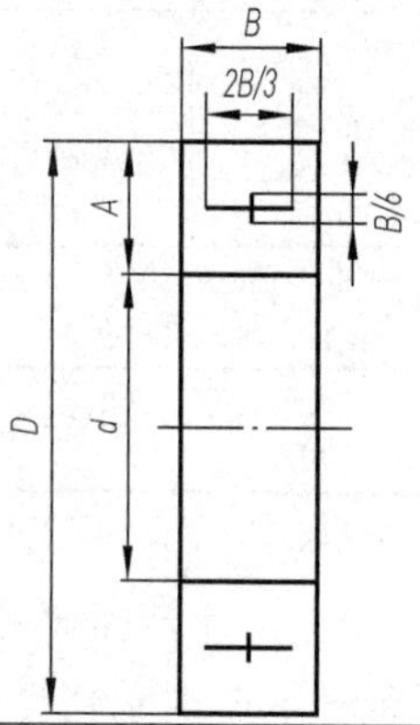
圆锥滚子轴承 （GB/T 297—2015）		*D* *d* *T* *B* *C*	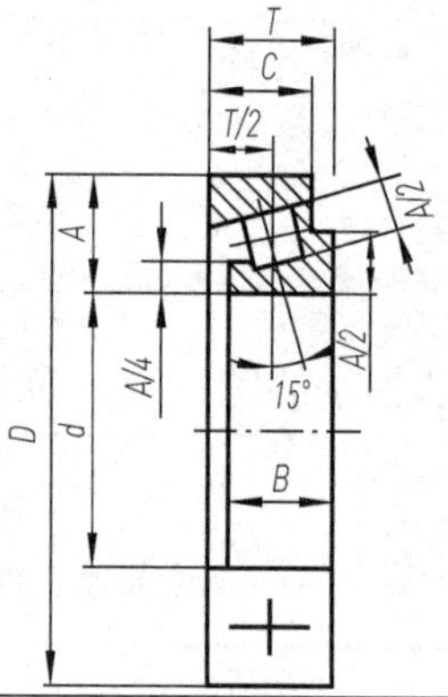	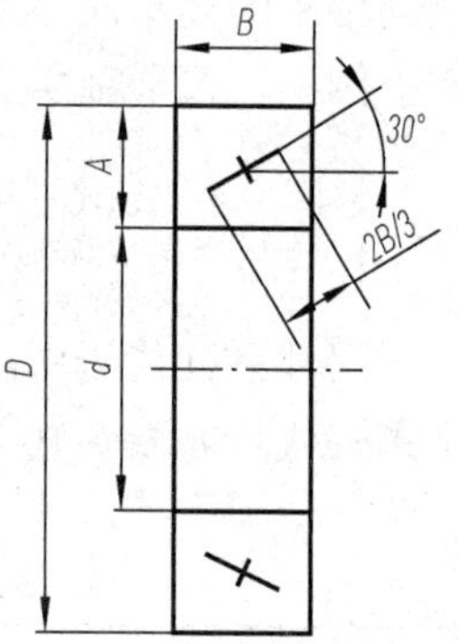
推力球轴承 （GB/T 301—2015）		*D* *d* *T*	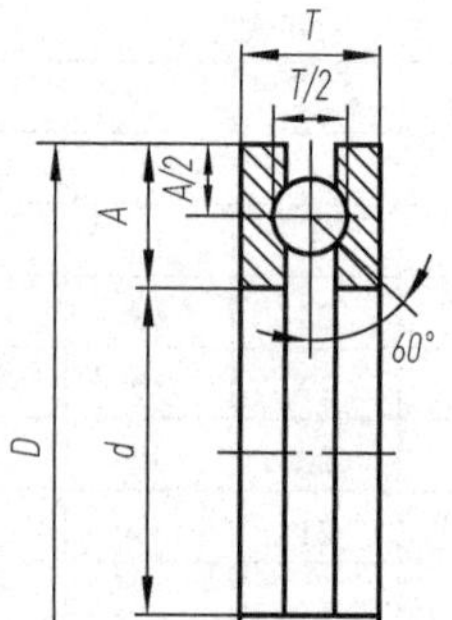	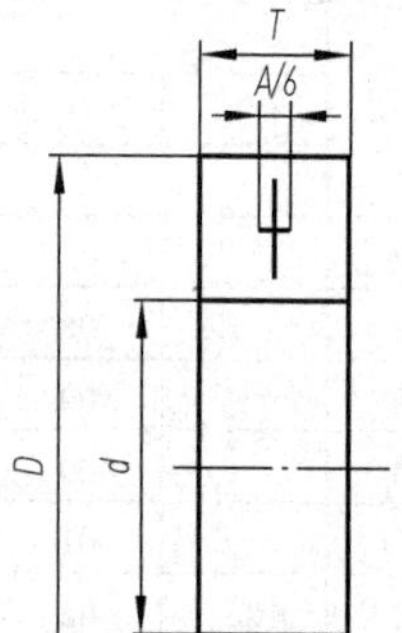

1．简化画法

在剖视图中用简化画法绘制滚动轴承时，一律不画剖面线。简化画法可以采用通用画

法或特征画法，但在同一图样中一般只采用其中一种画法。

（1）通用画法

在剖视图中，当不需要确切地表示滚动轴承的外形轮廓、载荷和结构特征时，可使用通用画法绘制，其画法是，用矩形线框及位于中央正立的十字形符号表示，如图 7-35 所示。

（2）特征画法

在剖视图中，若需较形象地表示滚动轴承的结构特征，则可使用通用画法绘制，其画法是，在矩形线框内画出其结构要素符号来。常用滚动轴承的特征画法的尺寸比例示例如表 7-11 所示。

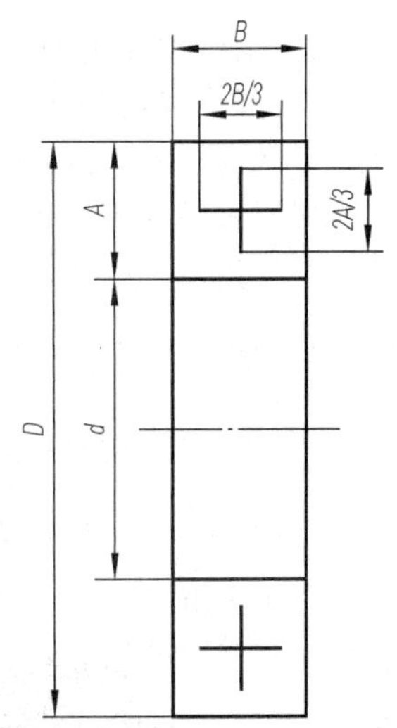

图 7-35　滚动轴承的通用画法

2. 规定画法

在装配图中需要较详细地表达滚动轴承的主要结构时，可使用规定画法。使用规定画法绘制滚动轴承的剖视图时，轴承的滚动体不画剖面线，内外套圈画成方向与间隔不同的剖面线。规定画法一般绘制在轴的一侧，另一侧按通用画法画出，如表 7-11 所示。

表 7-11 为常用滚动轴承的画法，其中的外径 D、内径 d 及宽度 B、T 等几个主要尺寸按所选轴承的实际尺寸绘制。

深沟球轴承的结构简单，使用维护方便，常用于精度和刚度要求不太大的地方，如钻床主轴；圆锥滚子轴承能承受径向和轴向载荷，承载能力较强，刚度较高，允许的转速较低，广泛用于汽车、矿山、冶金、塑料机械等行业；推力球轴承是分离型轴承，主要用于汽车、机床等行业，如机床的丝杆处。

7.6 齿轮传动的表达方法

齿轮是广泛应用于机器设备中的传动零件，它的主要作用是传递运动、改变运动方向和转速。齿轮传动的种类很多，常见的有以下几种，如图 7-36 所示。

（a）圆柱齿轮

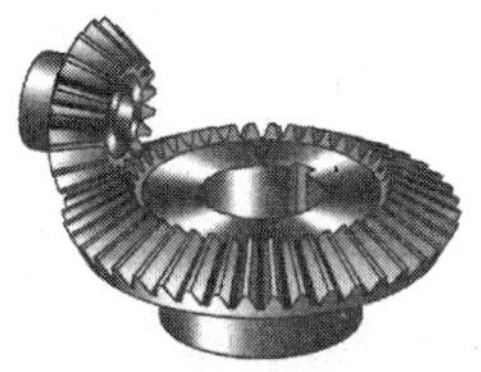

（b）圆锥齿轮

（c）蜗杆蜗轮

图 7-36　常见的齿轮传动形式

1）圆柱齿轮传动：用于两平行轴之间的传动，如图 7-36（a）所示。

2）圆锥齿轮传动：用于两相交轴之间的传动，如图 7-36（b）所示。

3）蜗杆蜗轮传动：用于两交叉轴之间的传动，如图 7-36（c）所示。

根据齿轮齿廓的形状，齿轮有渐开线齿轮、摆线齿轮和圆弧齿轮等。下面主要介绍具有渐开线齿形的标准齿轮的有关知识和规定画法。

7.6.1 直齿圆柱齿轮的有关参数及规定画法

微课：圆柱齿轮的画法

1. 直齿圆柱齿轮的有关参数

圆柱齿轮按其齿形方向可分为直齿、斜齿和人字齿等，如图 7-37 所示，这里主要介绍直齿圆柱齿轮的有关参数。

（a）直齿齿轮

（b）斜齿齿轮

（c）人字齿齿轮

图 7-37　常见的齿轮齿形

（1）直齿圆柱齿轮各部分名称

轮齿各部分名称如图 7-38 和图 7-39 所示。

1）齿顶圆（直径 d_a）：通过齿轮各齿顶的圆。

2）齿根圆（直径 d_f）：通过齿轮各齿槽底部的圆。

3）分度圆（直径 d）：是指在齿顶圆与齿根圆之间的一个约定的假想圆。对标准齿轮来说，是齿厚与槽宽相等处的一个圆。分度圆是齿轮设计和加工时计算尺寸的基准圆。

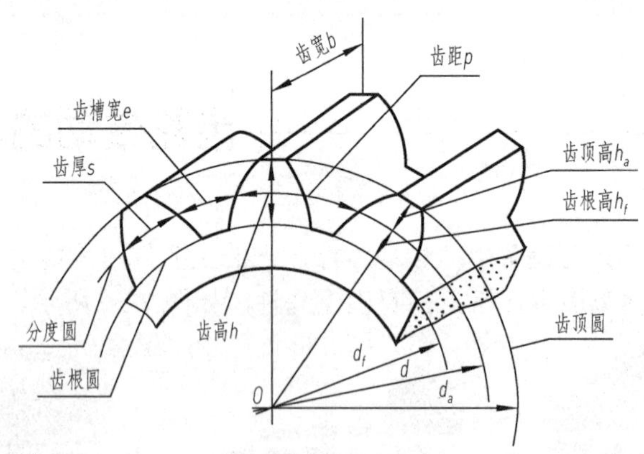

图 7-38　直齿圆柱齿轮轮齿的各部分名称

4）齿距 p：分度圆上相邻两齿对应点之间的弧长，称为齿距。分度圆上齿距 p、齿厚 s 与槽宽 e 之间有下列关系：

$$p=s+e \quad 或 \quad s=e=p/2$$

5）齿顶高 h_a：齿顶圆到分度圆之间的径向距离。

6）齿根高 h_f：分度圆到齿根圆之间的径向距离。

7）齿高 h：齿根圆与齿顶圆之间的径向距离，$h=h_a+h_f$。

8）中心距 a：两啮合齿轮轴线之间的距离，$a=(d_1+d_2)/2$。

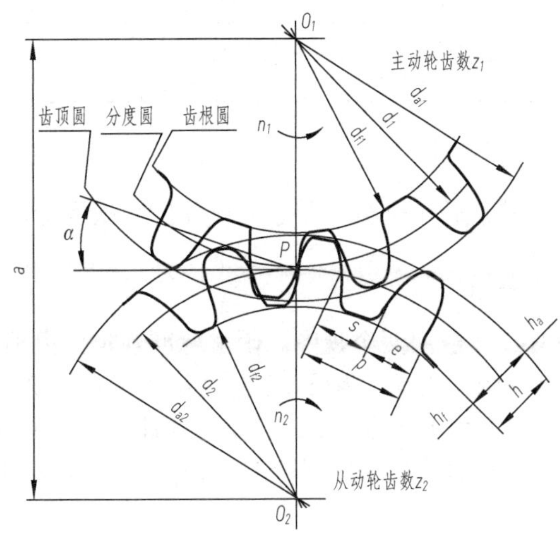

图 7-39　直齿圆柱齿轮的各部分名称与代号

（2）直齿圆柱齿轮的基本参数

1）齿数 z：齿轮上轮齿的个数，设计时根据传动比确定。

2）模数 m：齿轮设计的重要参数。模数是这样引出的，分度圆的周长可由下式求得：

$$分度圆周长=\pi d=pz，即 d=\frac{p}{\pi}z$$

π为无理数，为了设计和制造方便，令 $\frac{p}{\pi}=m$　则 $d=mz$，式中的 m 称为模数，其单位为 mm，国家标准规定了一系列标准模数值，如表 7-12 所示。

表 7-12　渐开线圆柱齿轮的模数

第一系列	1　1.25　1.5　2　2.5　3　4　5　6　8　10　12　16　20　25　32　40　50
第二系列	1.75　2.25　2.75（3.25）3.5（3.75）4.5　5.5（6.5）7　9（11）14　18　22　28　36　45

注：优先选用第一系列，括号内的模数尽可能不用。

3）压力角α：两齿轮啮合时，在节点 P 处两齿廓的公法线与两轮中心连线的垂线之间的夹角，即轮齿啮合点的受力方向与运动方向的夹角。国家标准规定，标准渐开线齿轮的压力角α=20°，如图 7-39 所示。

（3）直齿圆柱齿轮各部分的尺寸计算

当齿轮的齿数、模数和压力角确定后，可按表 7-13 的计算公式计算齿轮的各部分尺寸。

表 7-13　标准直齿圆柱齿轮各基本尺寸的计算公式

名称	代号	计算公式	名称	代号	计算公式
模数	m	$m=p/\pi=d/z$	分度圆直径	d	$d=mz$
齿顶高	h_a	$h_a=m$	齿顶圆直径	d_a	$d_a=m(z+2)$
齿根高	h_f	$h_f=1.25m$	齿根圆直径	d_f	$d_f=m(z-2.5)$
齿高	h	$h=h_a+h_f=2.25m$	中心距	a	$a=(d_1+d_2)/2=m(z_1+z_2)/2$

2．直齿圆柱齿轮的规定画法

齿轮结构较复杂，尤其是轮齿部分。为了简化作图，国家标准规定对齿轮的轮齿部分采用规定画法。

（1）单个圆柱齿轮的画法

表示单个圆柱齿轮时，一般用两个视图。国家标准规定：齿顶线和齿顶圆用粗实线绘制；分度线和分度圆用细点画线绘制；齿根线和齿根圆用细实线绘制，也可以省略不画。在投影为非圆的剖开的视图中，齿根线用粗实线绘制。并且规定：在剖视图中，当剖切平面通过齿轮的轴线时，不管剖切平面是否剖切到轮齿，其轮齿部分均不画剖面线，如图 7-40（b）所示。

在圆柱齿轮中，轮齿有直齿、斜齿和人字齿等。当需要表示轮齿的齿线形状时，可用三条与齿线方向一致的细实线表示，直齿则不需表示。图 7-40（c）为斜齿圆柱齿轮，图 7-40（d）为人字齿圆柱齿轮。

如需表示齿形，可在图中用粗实线画出一个或两个齿形，或用适当比例画出局部放大图。

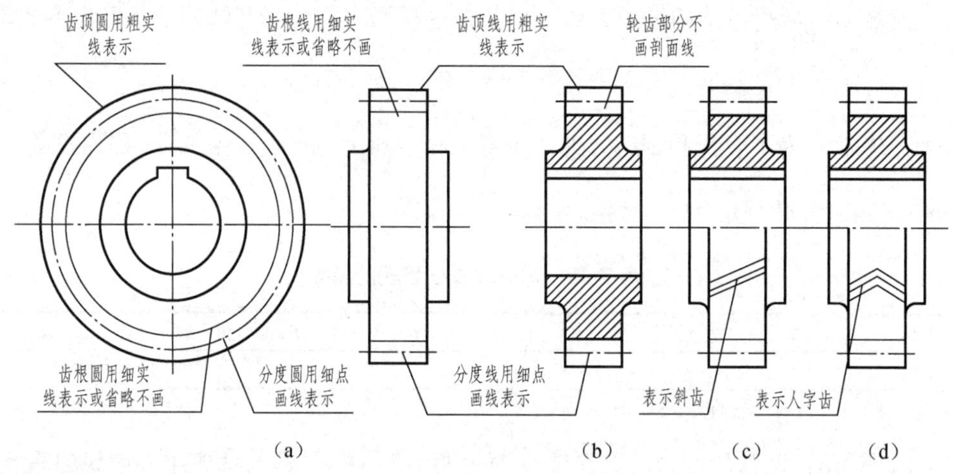

图 7-40　圆柱齿轮的画法

（2）圆柱齿轮啮合的画法

画图时，啮合区以外按单个齿轮画法绘制，啮合区内则按如下规定绘制。

1）计算出两齿轮啮合的中心距 a。

$$a=\frac{d_1+d_2}{2}=\frac{(z_1+z_2)}{2}m$$

微课：啮合圆柱齿轮的画法

2）一对标准圆柱齿轮正常啮合时，它们的模数必须相等，且两齿轮的分度圆相切。

3）在投影为圆的视图中，两个节圆用点画线绘制并相切；齿顶圆用粗实线绘制，齿根圆用细实线绘制，也可省略不画。

4）在投影为非圆的视图中，啮合区的齿顶线、齿根线不画，节线用粗实线绘制，如图 7-41 所示；在采用剖视的视图中，在啮合区内，两节线重合，画成细点画线；将主动轮的齿顶线用粗实线绘制，从动轮的顶线用虚线绘制（可省略不画），一个齿轮的齿顶线与另一个齿轮的齿根线之间有 0.25mm 的径向间隙，齿根线一律画成粗实线，如图 7-42 所示。

5）如需表示轮齿的方向，其画法与单个齿轮相同，如图 7-43 所示。

齿轮除轮齿部分按规定画法外，其余轮体结构均应按其真实投影绘制。

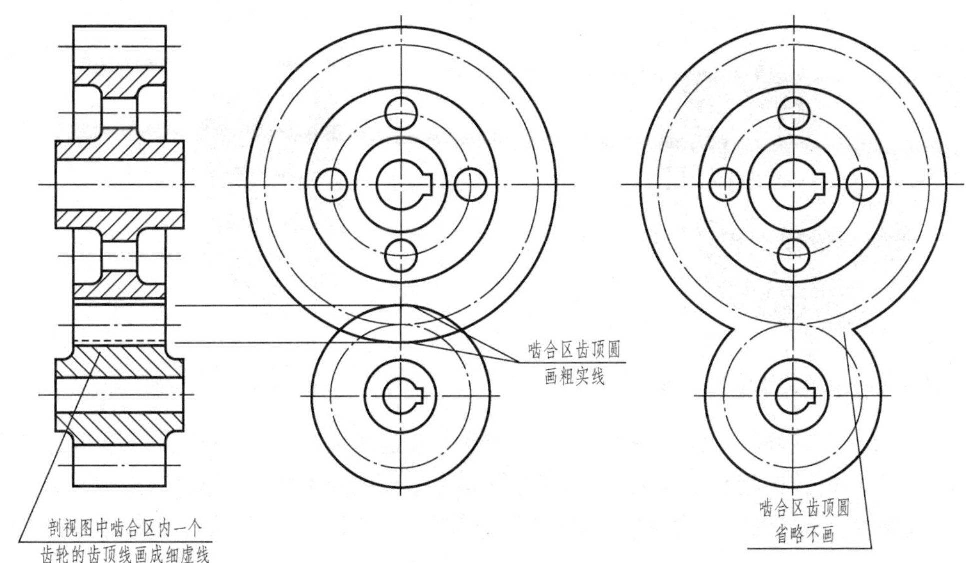

图 7-41　圆柱齿轮的啮合画法

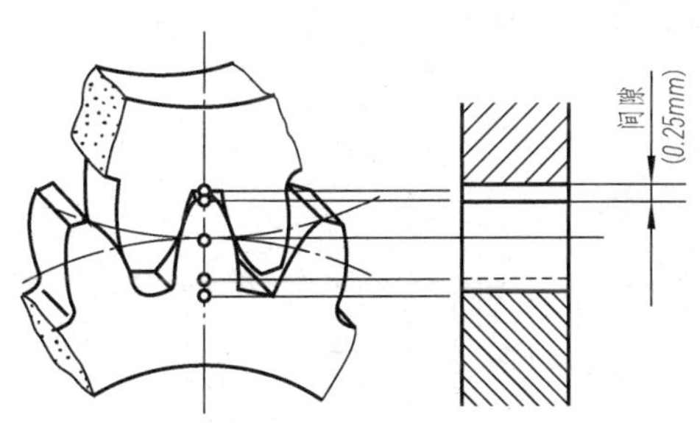

图 7-42　剖视图中轮齿啮合区的画法

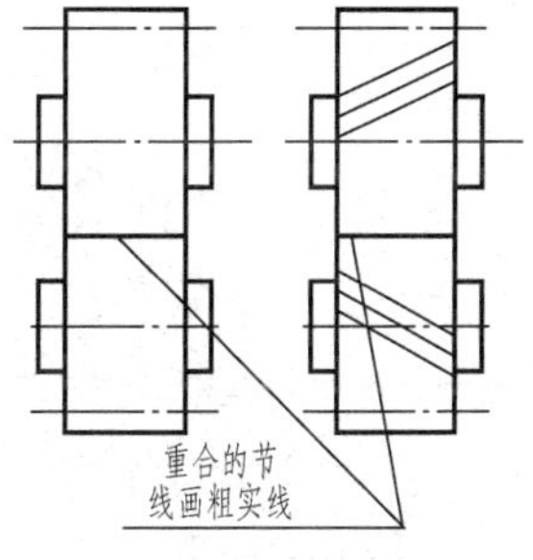

图 7-43　齿轮啮合外形

7.6.2　直齿圆锥齿轮的有关参数及规定画法

1．直齿圆锥齿轮的有关参数

圆锥齿轮简称锥齿轮，其轮齿有直齿、斜齿和曲线齿（圆弧齿、摆线齿）等多种形式。直齿圆锥齿轮的设计、制造和安装均较简单，故在一般机械传动中得到了广泛的应用。但是在汽车、拖拉机等高速、重载的机械中，为了提高传动的平稳性和承载能力，减少噪声，多用曲线齿圆锥齿轮。这里只讨论直齿圆锥齿轮。

圆锥齿轮用于两相交轴之间的传动，通常两轴相交成 90°，其啮合过程可以看作两齿轮的分度圆锥作摩擦滚动，如图 7-44 所示。圆锥齿轮的轮齿有直齿、斜齿、螺旋齿和人字齿，由于直齿圆锥齿轮应用较广，下面着重介绍直齿圆锥齿轮的基本参数和规定画法。

直齿圆锥齿轮的齿坯如图 7-45 所示，其基本形体结构由前锥、顶锥、背锥等组成。由于圆锥齿轮的轮齿在锥面上，其齿形从大端到小端是逐渐收缩的，齿厚和齿高均沿着圆锥素线方向逐渐变化，模数和直径也随之变化。

图 7-44　直齿圆锥齿轮的啮合

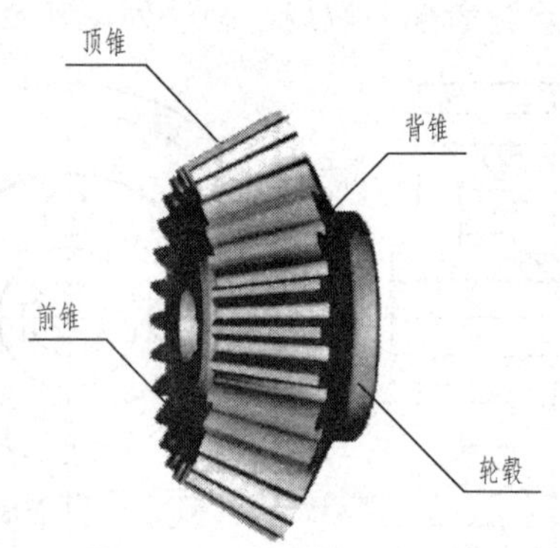

图 7-45　直齿圆锥齿轮的齿坯

由于圆锥齿轮的轮齿加工在圆锥面上，圆锥齿轮在齿宽范围内有大、小端之分，如图 7-46 所示。在圆锥齿轮上，有关的名称和术语有齿顶圆锥面（顶锥）、齿根圆锥面（根锥）、分度圆锥面（分锥）、背锥面（背锥）、前锥面（前锥）、分度圆锥角δ、齿高 h、齿顶高 h_a 及齿根高 h_f 等。

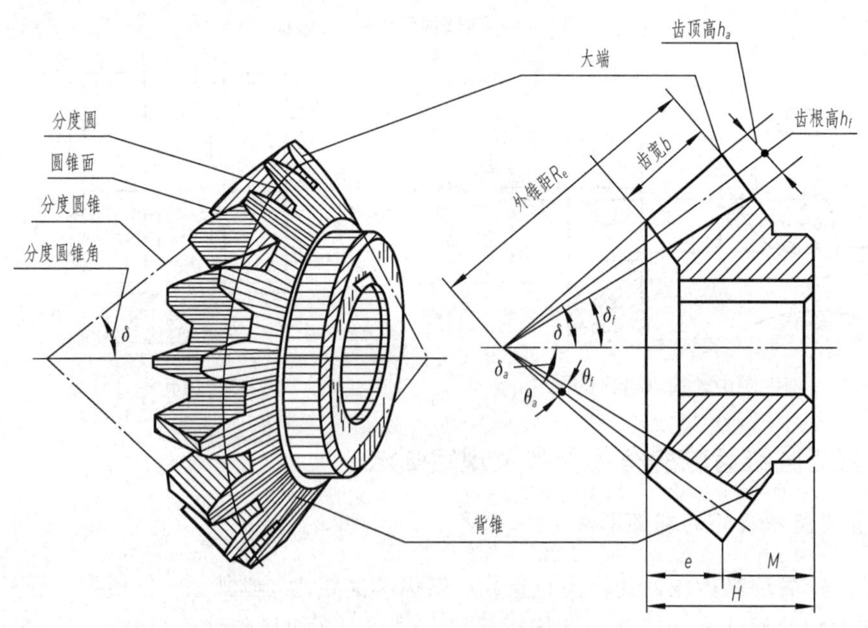

图 7-46　圆锥齿轮各部分的名称

为便于设计和制造，国家标准规定用大端定义公称尺寸，齿顶高 h_a、齿根高 h_f、分度圆直径 d、齿顶圆直径 d_a 及齿根圆直径 d_f（图中未标注）均在大端度量；并取大端模数为标准模数，以它为计算圆锥齿轮各部分尺寸的基本参数。大端背锥素线与分度圆锥素线垂直。圆锥齿轮轴线与分度圆锥素线间的夹角 δ 称为分度圆锥角，它是圆锥齿轮的又一个基本参数。圆锥齿轮大端的端面模数及各部分名称、尺寸关系分别如表 7-14 和表 7-15 所示。

表 7-14　圆锥齿轮的大端端面模数（摘自 GB 12368—1990）

适用类型	标准模数 m
直齿锥齿轮、斜齿锥齿轮	1，1.125，1.25，1.375，1.5，1.75，2，2.25，2.5，2.75，3，3.25，3.5，3.75，4，4.5，5，5.5，6，6.5，7，8，9，10，11，12，14，16，18，20，22，25，28，30，32，36，40，45，50

表 7-15　标准直齿圆锥齿轮各部分基本尺寸的计算公式

基本参数：模数 m　齿数 z　分度圆锥角 δ		
名称	符号	计算公式
齿顶高	h_a	$h_a=m$
齿根高	h_f	$h_f=1.2m$
齿高	h	$h=2.2m$
分度圆直径	d	$d=mz$
齿顶圆直径	d_a	$d_a=m(z+2\cos\delta)$
齿根圆直径	d_f	$d_f=m(z-2.4\cos\delta)$
锥距	R	$R=mz/2\sin\delta$
齿顶角	θ_a	$\tan\theta_a=2\sin\delta/z$
齿根角	θ_f	$\tan\theta_f=2.4\sin\delta/z$

2．直齿圆锥齿轮的规定画法

（1）单个直齿圆锥齿轮的画法

单个直齿圆锥齿轮的规定画法基本上与圆柱齿轮相同，一般用两个视图或一个视图、一个局部视图表示，投影为非圆的视图常画成剖视图，其轮齿按不剖处理，用粗实线画出齿顶线和齿根线，用细点画线画出分度线。投影为圆的视图用粗实线画出齿大端和小端的齿顶圆，用点画线画出大端分度圆，而齿根圆不必画出。投影为圆的视图一般也可用仅表达键槽轴孔的局部视图取代。其作图步骤如表 7-16 所示。

表 7-16　单个直齿圆锥齿轮的画法步骤

作图	方法和步骤
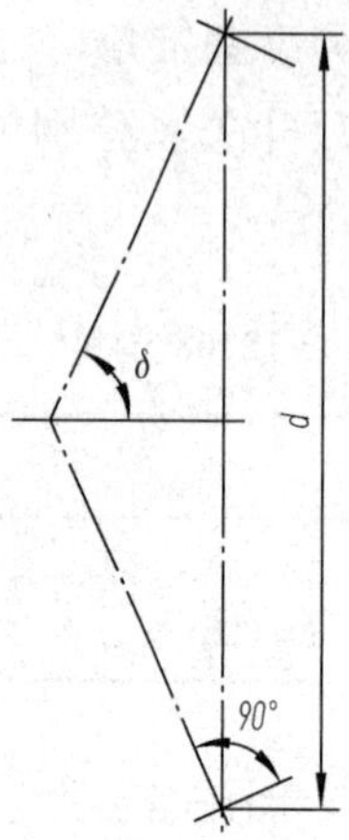	画出齿轮的轴线，根据锥角δ画出分度线，作与分度线垂直的两条线，即背锥的轮廓线。根据分度圆的直径 d，在背锥上确定分度圆的位置
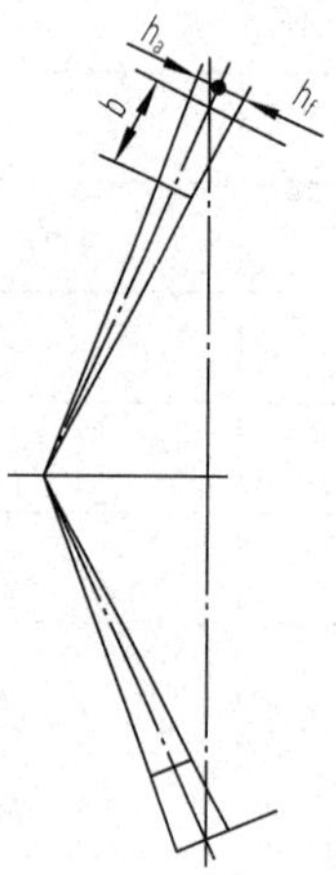	根据锥角、分度圆直径、齿宽、齿顶高、齿根高画出齿形的基本轮廓，画出前锥、背锥、根锥、顶锥等结构
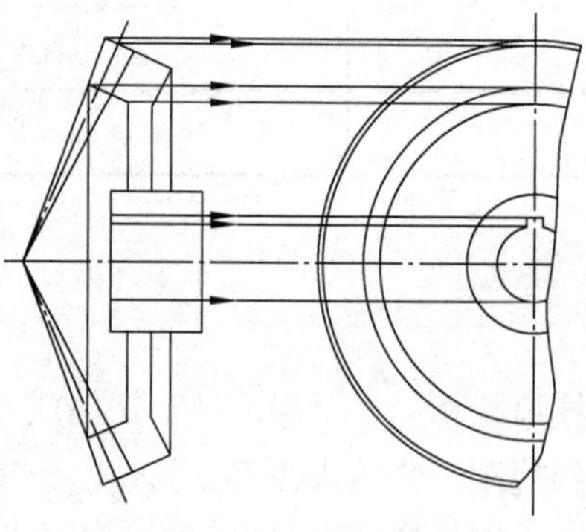	根据投影关系画出轮毂的投影，按照“高平齐”的投影原则画出左视图轮廓

续表

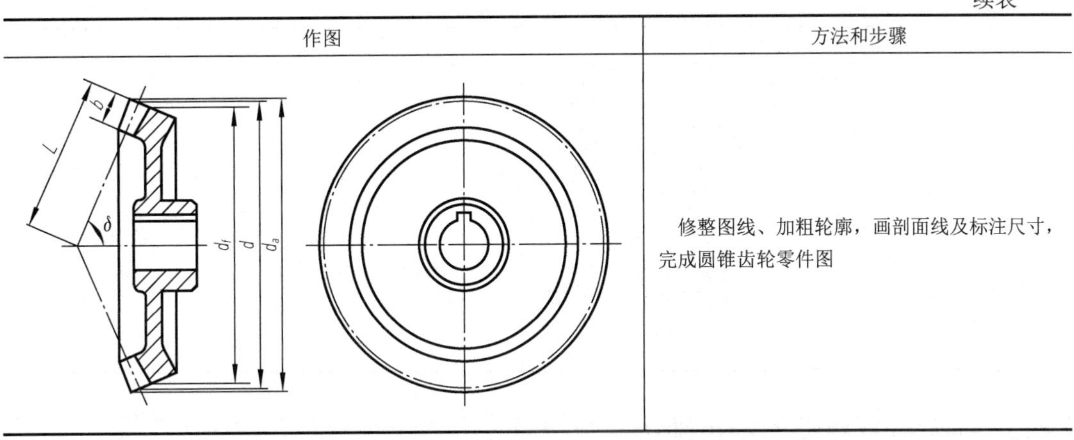

作图	方法和步骤
	修整图线、加粗轮廓，画剖面线及标注尺寸，完成圆锥齿轮零件图

（2）直齿圆锥齿轮啮合的画法

投影为非圆的主视图一般采用全剖视图，投影为圆的左视图只画外形，图中的齿根圆可省略不画，小齿轮节线与大齿轮的节线相切。啮合部分与圆柱齿轮的画法相同。圆锥齿轮的啮合条件为一对齿轮的模数相等，分度圆锥相切。一般情况下，分度圆锥顶点交于一点，轴线相交为 90°，即$\delta_1+\delta_2=90°$，两齿轮的轴线和分度圆外形都相交于锥顶。啮合区内，将主动齿轮的齿顶线画成粗实线，从动齿轮的齿顶线画成虚线或省略。其作图方法如表 7-17 所示。

表 7-17　直齿圆锥齿轮啮合的画法步骤

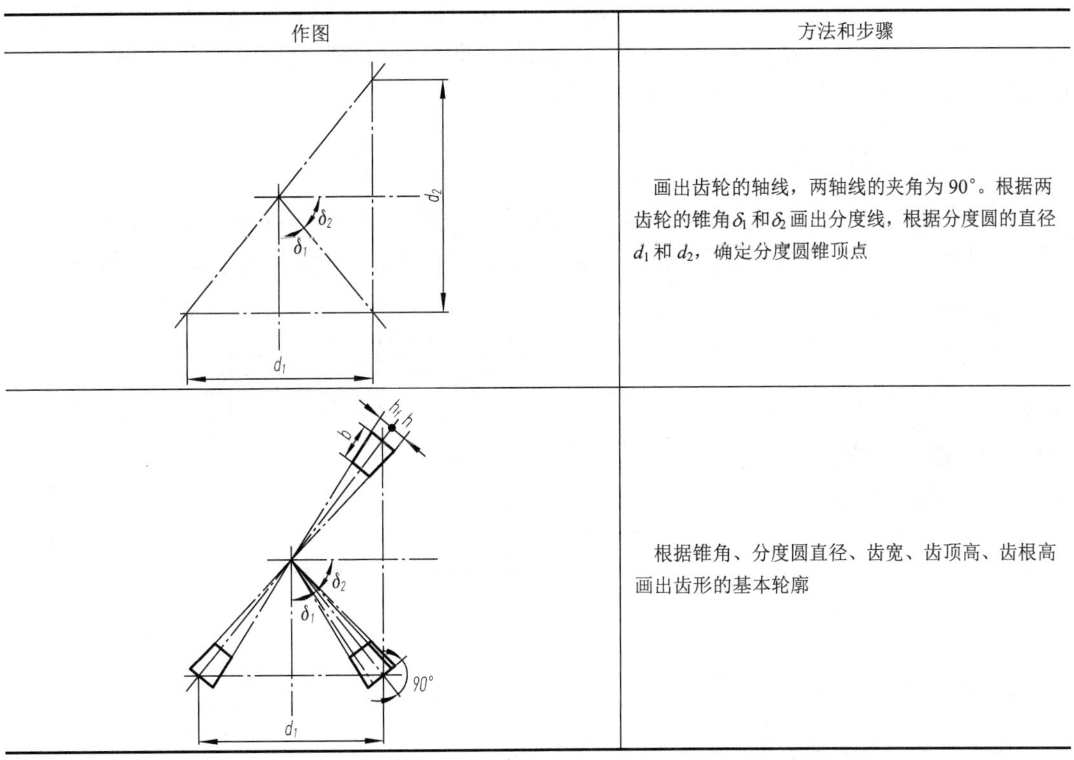

作图	方法和步骤
	画出齿轮的轴线，两轴线的夹角为 90°。根据两齿轮的锥角δ_1和δ_2画出分度线，根据分度圆的直径d_1和d_2，确定分度圆锥顶点
	根据锥角、分度圆直径、齿宽、齿顶高、齿根高画出齿形的基本轮廓

续表

作图	方法和步骤
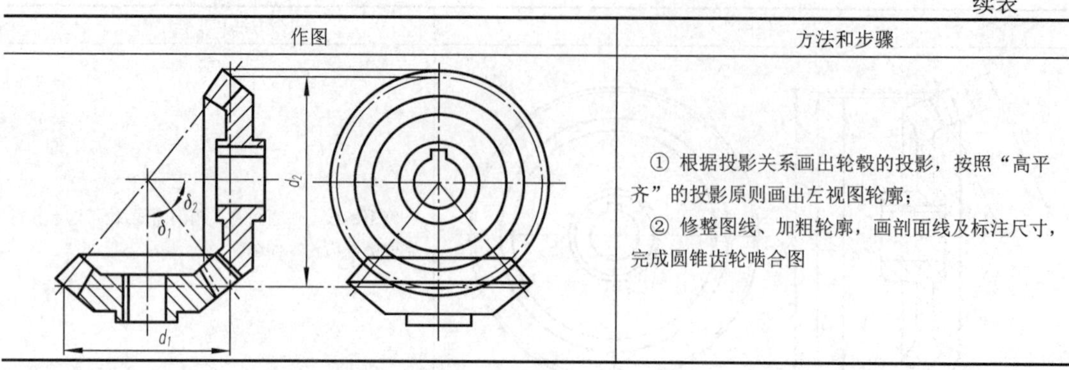	① 根据投影关系画出轮毂的投影，按照“高平齐”的投影原则画出左视图轮廓； ② 修整图线、加粗轮廓，画剖面线及标注尺寸，完成圆锥齿轮啮合图

7.6.3 蜗轮蜗杆传动的规定画法

蜗杆蜗轮用于垂直交叉两轴之间的传动，交叉角一般为 90°，如图 7-47 所示。蜗杆是主动件，蜗轮是从动件。蜗杆有 3 种齿廓形状：阿基米德蜗杆、延伸渐开线蜗杆、渐开线蜗杆，最常见的是圆柱形阿基米德蜗杆。这种蜗杆的轴向齿廓是直线，轴向断面呈等腰梯形，有单头和多头（相当于螺纹的线数）、左旋和右旋之分，一般用右旋蜗杆。蜗杆上如果只有一条螺旋线，即端面上只有一个齿的蜗杆称为单头蜗杆；有两条螺旋线者，称为双头蜗杆，蜗杆螺纹的头数即是蜗杆齿数，常用单头或双头。蜗轮相当于斜齿圆柱齿轮，其轮齿分布在圆环面上，使轮齿能包住蜗杆，以改善接触状况。如果蜗杆为单头蜗杆，则蜗杆转一圈，蜗轮只转过了一个齿，因此，蜗轮蜗杆传动作为减速装置能获得很大的传动比。除此之外，蜗轮蜗杆传动往往具有反向自锁功能，即只能由蜗杆带动蜗轮，而蜗轮不能带动蜗杆，故它常用于起重或其他需要自锁的场合。

1．单个蜗杆的画法

蜗杆一般选用一个视图，其齿顶线、齿根线和分度线的画法与圆柱齿轮相同，如图 7-48 所示。图中以细实线表示的齿根线也可以省略，齿形可用局部剖视图或局部放大图表示。

图 7-47　蜗轮蜗杆传动

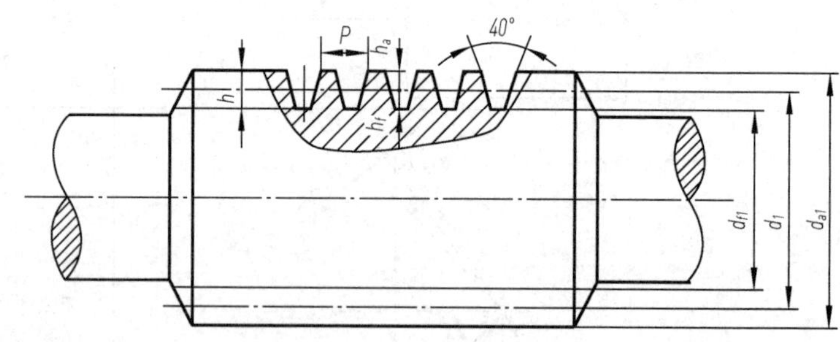

图 7-48　蜗杆的画法

2．单个蜗轮的画法

蜗轮的画法与圆柱齿轮相似，如图 7-49 所示。

1）在投影为非圆的视图中，常用全剖视图或半剖视图，并在与其相啮合的蜗杆线位置画出细点画线圆和对称中心线，以标注有关尺寸和中心距。

图 7-49　蜗轮的画法

2）在投影为圆的视图中，只画出最大的顶圆和分度圆，齿根圆省略不画。投影为圆的视图也可以用表达键槽轴孔的局部视图取代。

3．蜗轮蜗杆的啮合画法

如图 7-50 所示为蜗轮蜗杆的啮合画法。图 7-50（a）所示为用视图表达的啮合图，图 7-50（b）所示为采用剖视图表达的啮合图。画图时要注意保持蜗杆的分度线与蜗轮的分度圆相切。在蜗轮投影不为圆的外形视图中，蜗轮被蜗杆遮住部分不画；在蜗轮投影为圆的视图中，蜗轮、蜗杆啮合区的齿顶圆都用粗实线画出。

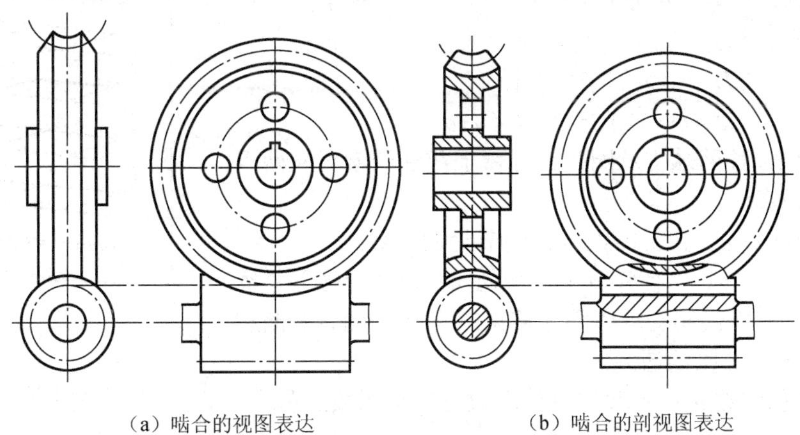

（a）啮合的视图表达　　（b）啮合的剖视图表达

图 7-50　蜗轮蜗杆啮合的画法

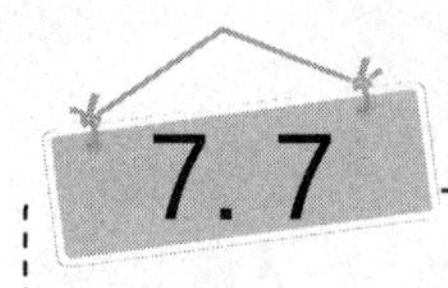

7.7 弹簧的表达方法

7.7.1 弹簧的作用与种类

弹簧是一种常用件，其特点是去掉外力后，能立即恢复原状。它广泛应用于机械、电气设备中，具有功能转换的特性，主要用于减振、夹紧、储存能量和测力等。弹簧的结构类型很多，使用较多的是螺旋弹簧、涡卷弹簧、板弹簧和片弹簧等，如图 7-51 所示。按所受载荷特性不同，弹簧又可分为压缩弹簧、拉伸弹簧、扭转弹簧等，下面主要介绍圆柱螺旋压缩弹簧的尺寸计算和规定画法，其他类型弹簧的画法可查阅有关标准。

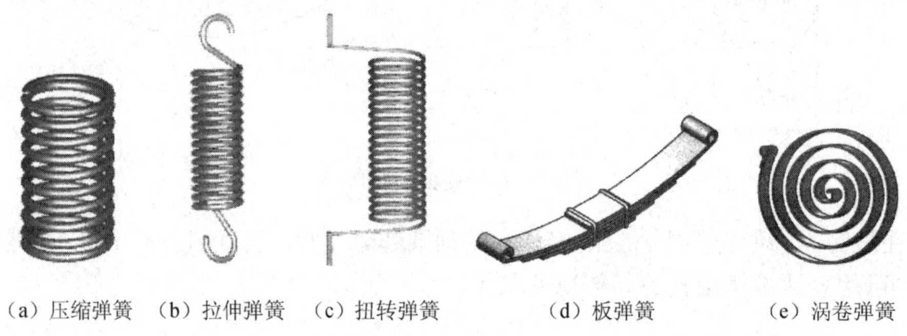

（a）压缩弹簧 （b）拉伸弹簧 （c）扭转弹簧 （d）板弹簧 （e）涡卷弹簧

图 7-51 常用的弹簧

7.7.2 圆柱螺旋压缩弹簧各部分的名称及尺寸计算

圆柱螺旋压缩弹簧各部分的名称及代号如图 7-52 所示。

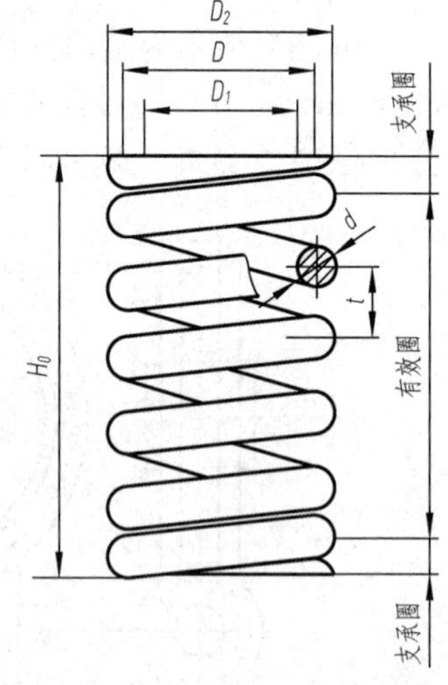

图 7-52 弹簧各部分名称及代号

1）材料直径 d：制造弹簧的钢丝直径。

2）弹簧外径 D_2：弹簧最大直径。

3）弹簧内径 D_1：弹簧最小直径。

4）弹簧中径 D：弹簧的平均直径。

$$D=(D_2+D_1)/2=D_2-d=D_1+d$$

5）节距 t：除两端支承圈外，弹簧上相邻两圈对应两点之间的轴向距离。

6）有效圈数 n：弹簧能保持相同节距的圈数。

7）支承圈数 n_2：为使弹簧工作平稳，将弹簧两端并紧磨平的圈数。支承圈仅起支承作用，常见的有 1.5 圈、2 圈和 2.5 圈 3 种，以 2.5 圈的居多。

8）弹簧总圈数 n_1：弹簧的有效圈数与支承圈数之和。

$$n_1 = n + n_2$$

9）弹簧的自由高度 H_0：弹簧未受载荷时的高度。

$$H_0 = nt + (n_2 - 0.5)d$$

10）弹簧展开长度 L：制造弹簧所需簧丝的长度。

$$L \approx n_1\sqrt{(\pi D_2)^2 + t^2}$$

7.7.3　圆柱螺旋弹簧的规定画法

1．单个弹簧的画法

画弹簧时，需要遵循以下基本规定。

1）在平行于螺旋弹簧轴线的投影面的视图中，其各圈轮廓线应画成直线，如图 7-53 所示。

2）螺旋弹簧均可画成右旋，但左旋弹簧无论画成左旋或右旋，一律要注出旋向“LH”字。

3）螺旋压缩弹簧如果要求两端并紧磨平，则不管支承圈多少和末端并紧情况如何，均按支承圈为 2.5 圈的形式画出。

4）有效圈在 4 圈以上的螺旋弹簧，中间部分可以省略。中间部分省略后，允许适当缩短图形的长度。

圆柱螺旋压缩弹簧的作图步骤如表 7-18 所示。

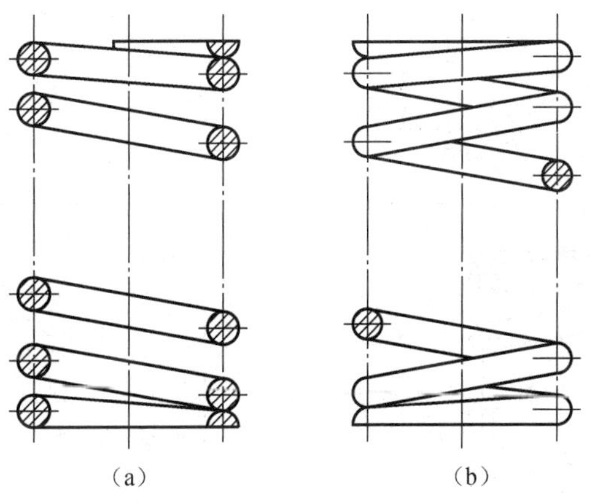

图 7-53　圆柱螺旋压缩弹簧的两种画法

表 7-18　圆柱螺旋压缩弹簧的作图步骤

作图	方法和步骤
A　D　H_0　C　B　D	按自由高度 H_0 和弹簧中径 D，作矩形 $ABCD$

续表

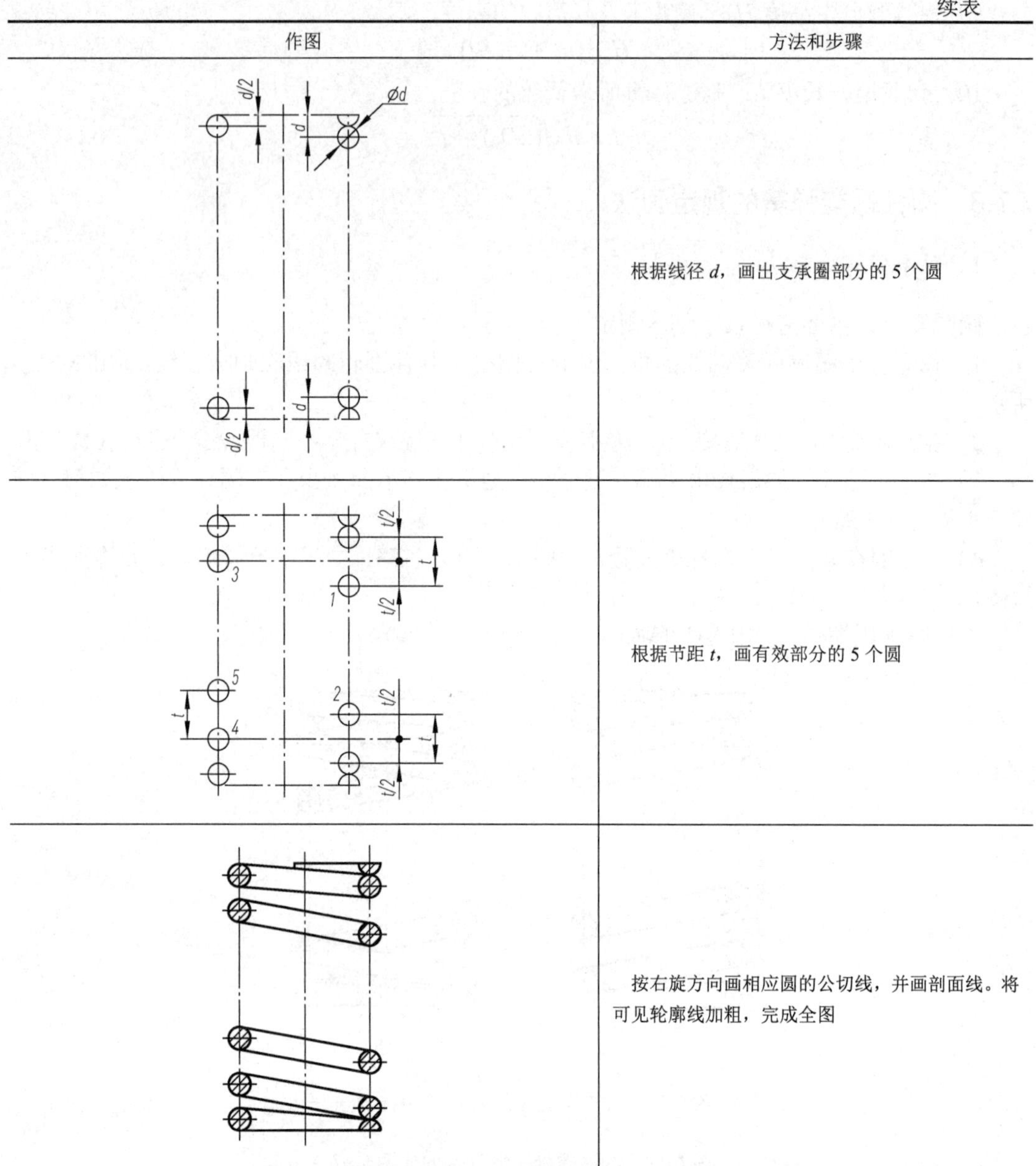

作图	方法和步骤
	根据线径 d，画出支承圈部分的 5 个圆
	根据节距 t，画有效部分的 5 个圆
	按右旋方向画相应圆的公切线，并画剖面线。将可见轮廓线加粗，完成全图

2．装配图中螺旋弹簧的规定画法

1）装配图中，弹簧中间各圈采用省略画法后，被弹簧挡住的结构一般不画出，可见部分应从弹簧的外轮廓线或从弹簧钢丝断面的中心线画起，如图 7-54（a）所示。

2）装配图中，螺旋弹簧被剖切时，簧丝直径在图形上等于或小于 2mm，断面可涂黑表示，如图 7-54（b）所示；也可按示意图的形式绘制，如图 7-54（c）所示。

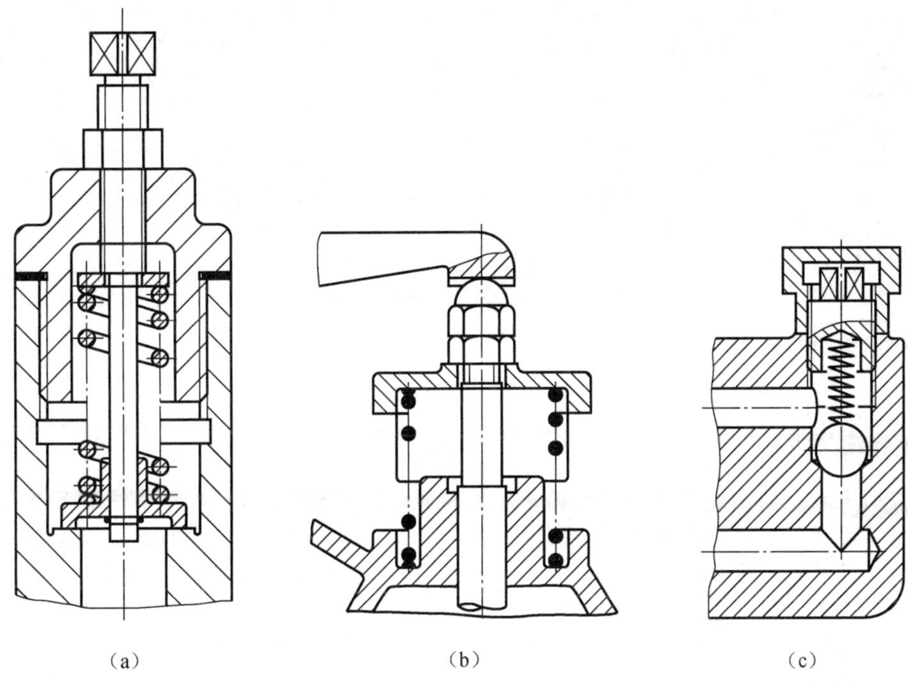

图 7-54　装配图中弹簧的画法

圆柱螺旋压缩弹簧的标记格式如下：

Y 端部形式	$d \times D \times H_0$-精度代号	旋向代号	标准号

类型代号：YA 为两端圈并紧磨平的冷卷压缩弹簧；YB 为两端圈并紧制扁的热卷压缩弹簧。

规格：材料直径×弹簧中径×自由高度。

精度代号：2 级精度制造不表示，3 级应注明“3”级。

旋向代号：左旋应注明为“LH”，右旋不表示。

标准号：GB/T 2089—2009。

【例 7-4】解释“YA 1.8×8×40 LH GB/T 2089”的含义。

YA 型弹簧，材料直径为 1.8mm，弹簧中径为 8mm，自由高度为 40mm，精度等级为 2 级，左旋的两端圈并紧磨平的冷卷压缩弹簧，标准号为 GB/T 2089—2009（《普通圆柱螺旋压缩弹簧尺寸及参数（两端圈并紧磨平或制扁）》）。

8 单元 零件图的绘制与识读

◎ **单元导读**

零件是组成机器和部件不可再拆分的基本单元，制造机器时，先按零件图生产出全部的零件，再按装配图将零件装配成机器或部件，所以零件图是生产中的重要技术文件，学习零件图及其表达方案很有必要。画图和读图是学习机械制图的两个重要环节，零件图内容丰富，涵盖常见工艺结构、尺寸基准的选择、尺寸标注、技术要求等，不同岗位的人看图的目的不同，对于复杂零件，零件图不容易分析清楚其结构和精度要求等，所以掌握阅读零件图的一般步骤也是必要的。

◎ **知识目标**

◆ 了解零件图的作用和内容。

◆ 掌握零件图的绘制方法和阅读方法。

◎ **技能目标**

◆ 学会常见轮盘类、轴套类、叉架类、箱体类等典型零件图的识读方法。

◆ 学会绘制常见轮盘类、轴套类、叉架类、箱体类零件图。

◆ 能看懂零件图上各类技术要求的标注。

◆ 具有零件测绘的基本能力。

◎ **思政目标**

◆ 树立正确的学习观、价值观，自觉践行行业道德规范。

◆ 牢固树立质量第一、信誉第一的强烈意识。

◆ 遵规守纪，安全操作，爱护设备，钻研技术。

◆ 发扬一丝不苟、精益求精的工匠精神。

任何机器和它的部件，都是由若干个零件按一定的装配关系和技术要求组装起来的，因此，零件是组成机器和部件的基本单位。表示零件结构、大小及技术要求的图样，称为零件图。零件图全面反映了设计人员的设计思想，是产品生产工艺过程中的重要技术文件，是生产准备、制造加工、质量检验、装配调试、服务维修的依据。所以，零件图直接影响着产品生产的全过程。

如图 8-1 所示为阀盖的零件图，图 8-2 所示为阀盖的立体图。从零件图中可以看出，一张完整的零件图，应包括下列基本内容。

1）一组视图。用恰当的视图、剖视图、断面图及规定画法和简化画法，正确、完整、清晰和简便地表达出零件各部分的结构和形状。

2）完整尺寸。完整、清晰、正确、合理地标注制造零件和检验零件所需的全部尺寸。

3）技术要求。用规定的代号、符号和文字注解标注出制造和检验零件时在技术指标上应达到的要求，如极限与配合的要求、几何公差的要求、表面质量、材料和热处理、检验方法及其他特殊要求。

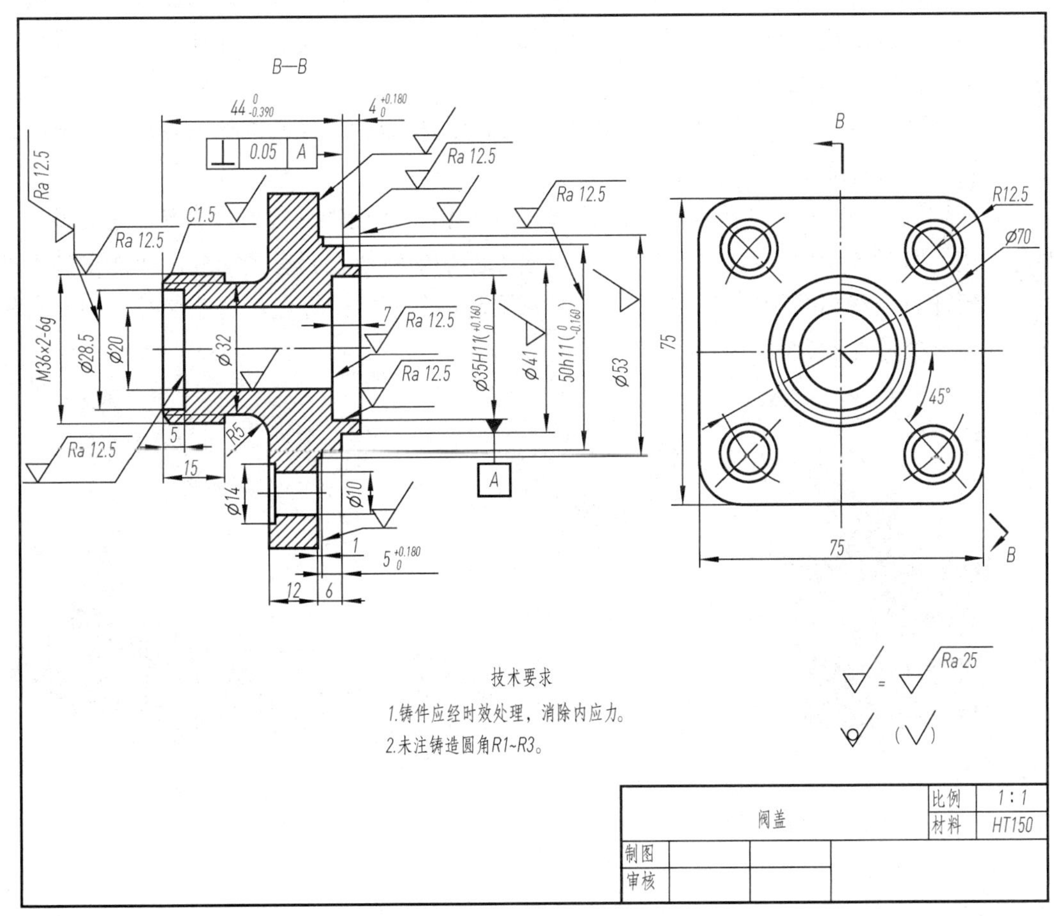

图 8-1　阀盖的零件图

图 8-2　阀盖的立体图

4）标题栏。在图的右下角有标题栏，填写零件的名称、数量、材料、比例、图号，以及设计、审核人员的签名和日期等内容。

根据零件在机器或部件中所起的作用，可以将零件分为以下 3 类。

1）一般零件：如球阀（图 8-3 和图 8-4）中的阀杆、阀盖、扳手、阀体等属于一般零件，这类零件的形状、结构、大小都必须按部件的性能和结构要求进行设计。一般零件都需要画出零件图，以供制造零件时使用。

2）常用件：如齿轮、弹簧等，这类零件的部分结构要素已经标准化，并且有规定的画法。常用件一般也需要画出零件图。

3）标准件：如螺栓、螺钉、螺母、垫圈、键、销、滚动轴承、密封圈等，这类零件主要起连接、密封等作用。对于标准件，只要根据已知的参数查阅有关标准，即能得到零件的全部尺寸。这些标准件由专业厂家生产，只要写出其规定的标记，就能购得，因此又称外购件。该类零件设计时不必画出零件图。

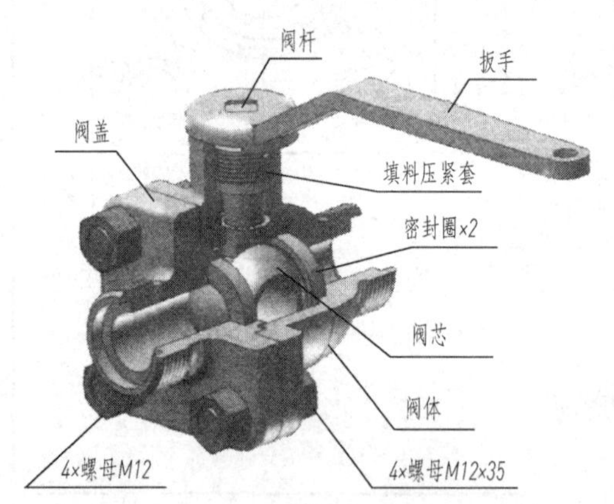

图 8-3　球阀的立体图

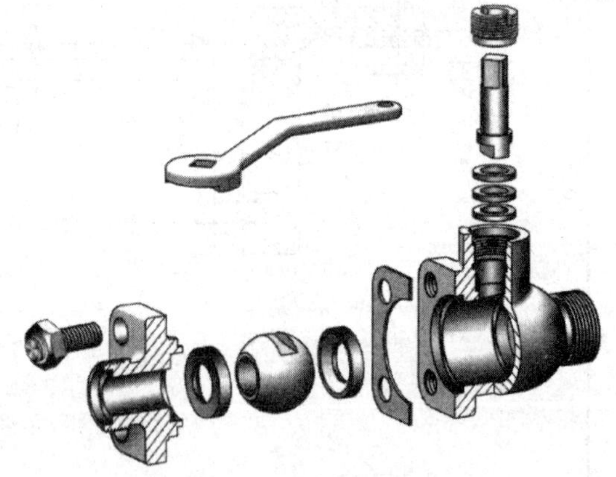

图 8-4　球阀的分解图

8.1 零件表达方案的选择与尺寸标注

8.1.1　零件表达方案的选择

零件的形状结构要用一组视图来表示，这一组视图并不只限于 3 个基本视图，可用各种手段，以最简明的方法将零件的形状和结构表达清楚。为此，在画图之前要仔细考虑主视图的选择和视图配置等问题。

选择表达方案的基本原则：应考虑生产中读图方便，在能正确、全面、清楚地表达零件结构形状的前提下，力求视图数量少、作图简便。一般步骤：先分析零件的结构形状，选择主视图，再根据情况配置其他视图。

1．主视图的选择

主视图是一组视图的核心图形。主视图的选择直接影响其他视图的选择、读图的方便和图幅的利用。选择主视图就是要确定零件的摆放位置和主视图的投射方向。为便于读图，选择主视图时，应着重考虑下列原则。

（1）形状特征原则

形状特征原则是指所选择的主视图应最能反映零件的形状特征，这是选择主视图的一个主要原则，也是选择主视图投射方向的依据。如图 8-5 所示的轴，箭头投射方向最能表达该轴各段形状、大小和相互位置，突出了该轴的形状特征。但按此原则只是确定了主视图的投射方向，在主视图中，究竟是将零件画成水平还是竖立或倾斜方向，还必须结合加工位置原则、工作位置原则综合考虑。

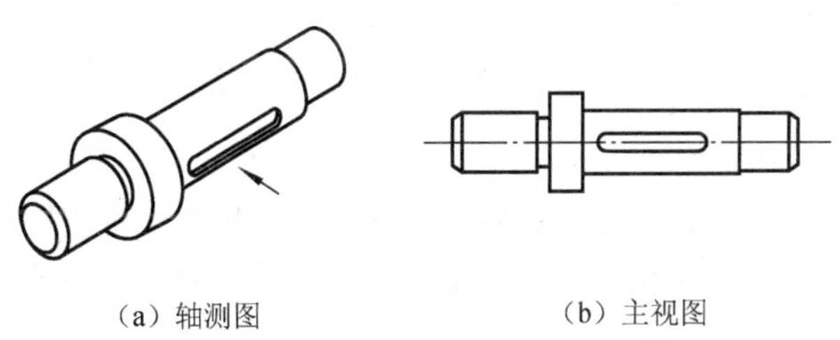

（a）轴测图　　（b）主视图

图 8-5　轴的主视图方向选择

（2）加工位置原则

零件在加工制造时，需要被固定、夹紧在一定的位置上，称为零件的加工位置。如图 8-6 所示的轴，在车削时，轴线处于水平位置，并将车削加工量较多的小直径一端放在右边，其主视图的选择与零件加工位置一致，便于加工时看图。

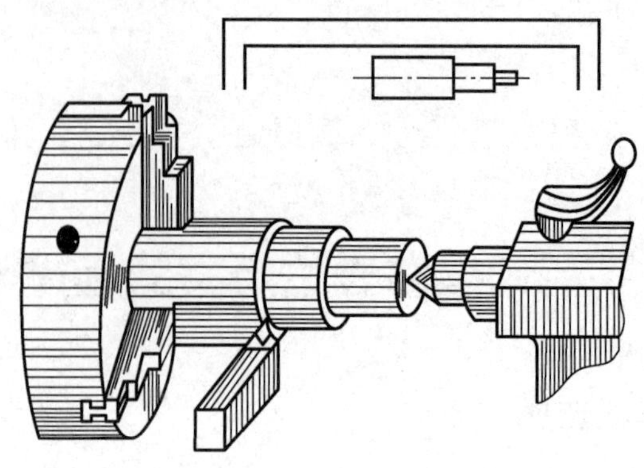

图 8-6　轴的加工位置

如图 8-7 所示的轴承盖，如果选择 *B* 投射方向作为主视图，则轴承盖的外形、各孔间的相对位置都能表达出来，突出了轴承盖的形状特征。但是，各形体结构层次不明确。如果用 *A* 投射方向确定主视图，并作全剖视图，则凸缘、内孔、毛毡密封槽等结构都能表达清楚，但形状特征不明显。可见，按 *A* 或 *B* 投射方向选择主视图各有利弊。在此情况下，应考虑端盖的主要加工工序在车床上进行。因此，画图时可根据加工位置将轴线水平放置，用全剖的主视图表达形体结构，左视图表达孔的分布位置，这样便于轴承盖按照图样进行加工。

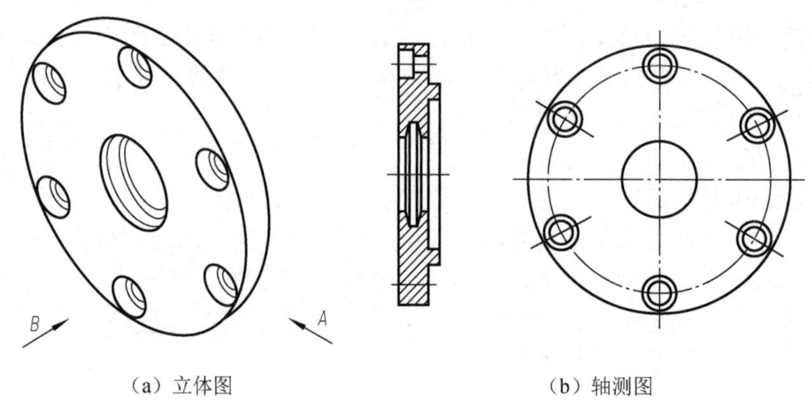

（a）立体图　　（b）轴测图

图 8-7　端盖主视图方向的选择

（3）工作位置原则

每个零件在机器或部件中都有一定的工作位置，它是指零件安装在机器或部件中工作时的摆放情况，即安装位置。主视图的选择应尽量与零件的工作位置一致，这样便于想象零件在工作时的位置和作用。如图 8-8 所示的起重机吊钩和汽车前拖钩，其主视图是按工作位置绘制的。

一个零件的主视图，并不一定完全符合上述 3 个原则，而是根据零件的结构特征，各有侧重，如图 8-5 和图 8-7 所示的轴和端盖，是以加工位置和其轴线方向的结构形状特征选择的主视图；图 8-8 所示的吊钩、拖钩，是以工作位置选择的主视图；图 8-9 所示的摇杆，是以结构形状特征选择的主视图。零件的加工位置与工作位置有时是一致的，有时又不一致。或者因为工序较多，加工位置变化也多。在这种情况下，对轴、套、盘等回转体零件，常按加工位置选择主视图；对钩、支架、箱体等零件，常按工作位置选择主视图。

此外，选择主视图时还应考虑使其他视图的虚线较少。

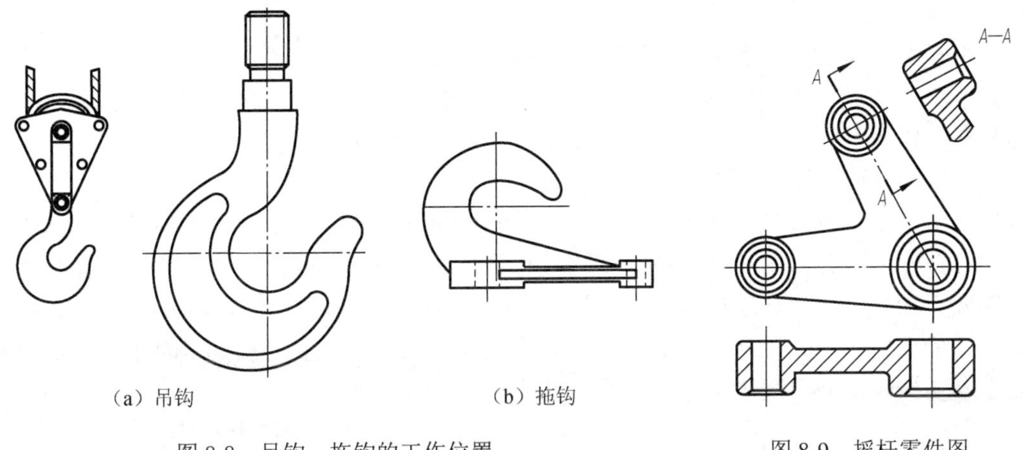

图 8-8　吊钩、拖钩的工作位置

图 8-9　摇杆零件图

2．其他视图的选择

对于结构复杂的零件，主视图中没有表达清楚的部分，必须选择其他视图，包括剖视图、断面图、局部放大图和简化画法等。选择其他视图时要注意以下几点。

1）所选择的表达方法要恰当，每个视图都有明确的表达目的。对零件的内部形状与外部形状、主体形状与局部形状的表达，每个视图都应有所侧重。

2）所选视图的数量要恰当。在完整、清晰地表达零件内、外结构形状的前提下，尽量减少图形个数，以便于画图和看图。

3）对于表达同一内容的视图，应拟出几种表达方法进行比较，以确定一种较好的表达方案。

8.1.2　零件的尺寸标注

尺寸是组成零件图的主要内容之一，零件上各部分的大小是按照图样上所标注的尺寸进行制造和检验的。仅有图样而无尺寸，零件图就失去了作用。有关尺寸标注的部分内容，在前面有关单元中已有介绍，这里主要讨论尺寸标注的合理性问题。尺寸标注合理，主要是指标注尺寸既要符合设计要求，又要便于加工测量。为了合理地标注尺寸，必须了解零件的作用、在机器中的装配位置及采用的加工方法等，从而选择恰当的尺寸基准，合理地标注尺寸。

1．零件图上尺寸标注的要求

零件的尺寸标注要做到正确、完整、清晰、合理，其含义如下：

1）正确：尺寸标注必须符合国家标准的规定注法。

2）完整：定形尺寸、定位尺寸、安装尺寸要做到注写齐全，不遗漏、不重复。

3）清晰：尺寸布局要匀称、整齐，尺寸注写要清楚，便于阅读、查找。

4）合理：所标注的尺寸既能满足设计要求，又要符合生产工艺要求，便于零件的加工和检验。

2．零件图的尺寸基准

标注和度量尺寸的起点称为尺寸基准。零件一般有长、宽、高 3 个方向，每个方向至少应有一个基准。尺寸基准的选择，首先要考虑设计要求，其次是便于加工和测量。因此，根据基准的作用不同，一般将基准分为设计基准和工艺基准。

（1）设计基准和工艺基准

1）设计基准。根据零件的结构特点和设计要求而选定的基准称为设计基准。在机器或部件中的零件都有各自的功能。设计时，只有确定零件在机器或部件中的准确位置，才能保证实现其功能。设计基准是用于确定零件在机器或部件中位置的面、线或点。如图 8-10 所示的轴承挂架，在机器中是用接触面Ⅰ、Ⅲ和对称面Ⅱ来确定其位置的，因此这 3 个面分别是轴承挂架长、高、宽 3 个方向的设计基准。

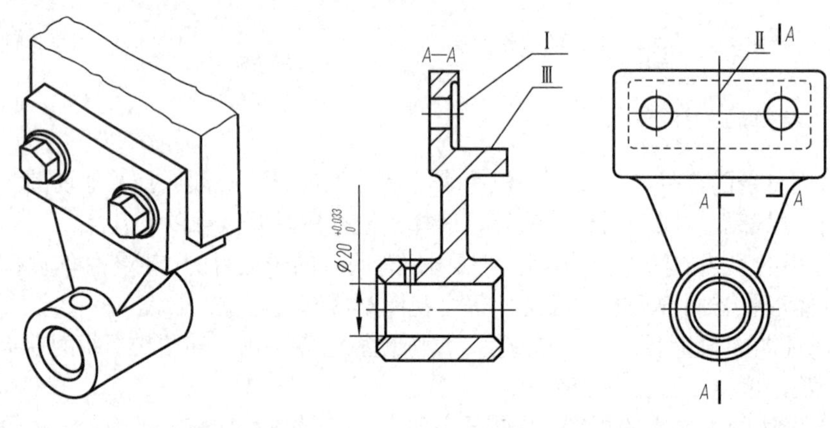

（a）轴承挂架的安装方法　　（b） 轴承挂架的设计基准

图 8-10　轴承挂架的设计基准

2）工艺基准。工艺基准是指加工中零件在机床夹具中定位及测量时用作测量起点的点、线、面。如图 8-11 所示的套在车床上加工时，用左端大圆柱面作为径向定位；而测量轴向尺寸 a、b、c 时，则以右端面为起点，因此左端大圆柱面和右端面是工艺基准。

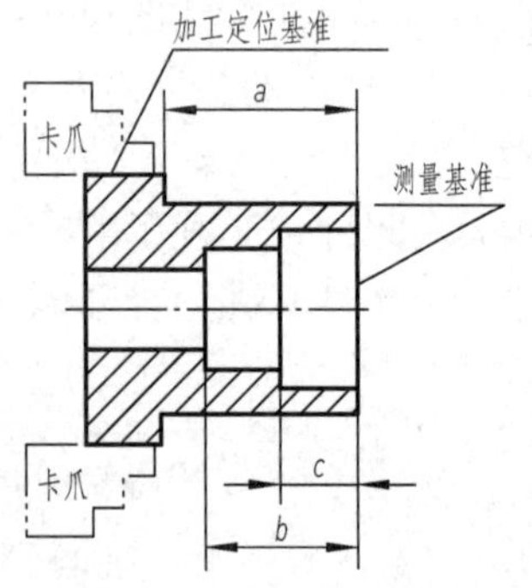

图 8-11　套的工艺基准

3）主要基准和辅助基准。一般在零件长、宽、高 3 个方向上至少各有一个基准。对于较复杂的零件，一个方向只选一个基准往往不够用，还要附加一些基准。当某一方向上有若干个基准时，应选择一个设计基准作为主要基准，其余的尺寸基准为辅助基准。辅助基准一般是为便于加工和测量而附加的基准。如图 8-12 所示的 D 平面即为辅助基准。主要基准与辅助基准之间都应有联系尺寸。

常用的基准面有重要支承面、端面、安装面、装配结合面、零件的对称平面等。常用的基准线有零件上回转面的轴线、对称中心线等。点基准有球心、顶点等。

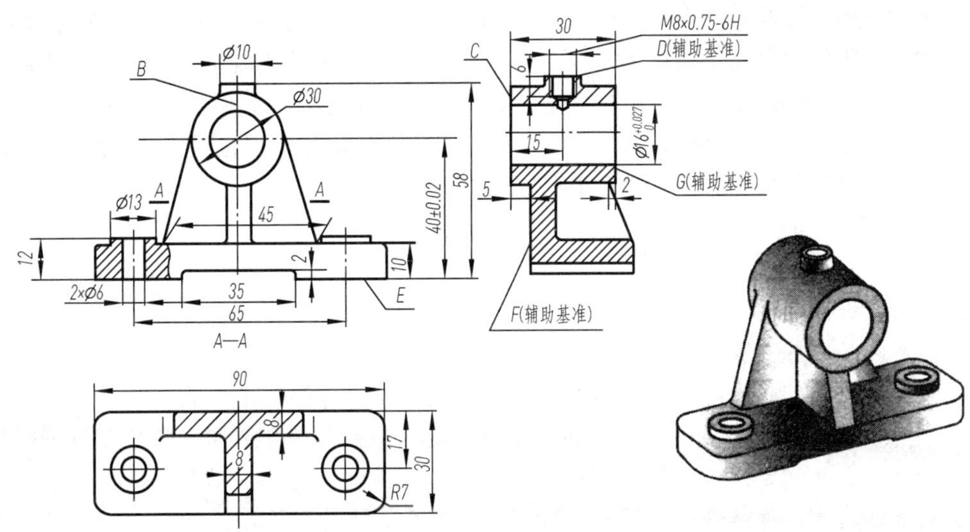

图 8-12　轴承座的尺寸标注

（2）尺寸基准的选择

尺寸基准的选择是个十分重要的问题，因为基准选择的正确与否，关系到整个零件尺寸标注的合理性。尺寸基准选择不当，零件的设计要求将无法保证，或给零件的加工、测量带来困难。

从设计基准出发标注尺寸，能保证设计要求；从工艺基准出发标注尺寸，便于加工和测量。标注尺寸应尽量使设计基准与工艺基准重合，以减少加工过程中的尺寸误差。当两者不能重合时，零件的功能尺寸（影响产品工作性能和装配技术要求的尺寸）按设计基准标注，以满足设计要求，保证所设计的零件在机器或部件中的位置和功能；非功能尺寸则从工艺基准开始标注，以直接反映工艺要求，便于保证加工和测量。

（3）选择尺寸基准举例

如图 8-12 所示的轴承座，高度方向选择底面 *E* 为设计基准。因为一根轴通常要用两个轴承座来支承，两者的轴线应在同一直线上，两个轴承座都以底面与机座贴合，以确定高度方向位置，所以在设计时以底面 *E* 为基准来确定高度方向的尺寸。

对高度方向的主体结构，*E* 面既是设计基准，又是工艺基准。轴承座的中心高 40±0.02（保证轴承座工作性能的重要尺寸）、底板厚 10、底板上凸台高 12 和顶部凸台高 58，这 4 个尺寸都是以 *E* 为基准标注的。若顶部螺纹孔深度尺寸也以 *E* 为起点标注，则既不能直接反映其深度的设计要求，又要加工者和测量者去换算，是不合理的选择。因此，必须添加 *D* 面作为基准标注螺纹孔深度。这样，在高度方向就有两个基准。

根据基准作用的重要性，*E* 为主要基准，*D* 为辅助基准。以 *D* 为起点标注螺纹孔深度尺寸 6，此例的 *D* 面是加工和测量螺纹孔时高度方向的工艺基准。

左右方向选择对称面 *B* 为设计基准。以 *B* 为基准确定底板上两个螺栓孔的中心距及保证两螺栓与轴孔的对称关系，使两轴承座安装后轴孔在同一直线上。*B* 面又是加工两个螺栓通孔的工艺基准。

前后方向选择端面 *C* 为设计基准。*C* 面是轴承座与轴肩的接触面（工作时以其定位），它也是宽度方向上的主要基准。以 C 为起点标注轴孔长度 30、到支承板的距离 5、到螺纹孔的距离 15。C 面又是加工 G 面和螺纹孔的工艺基准。选择 F 面为辅助基准，以 F 为起点确定到两个螺栓孔间的距离 17、底板的宽度尺寸 30，支承板的厚度 8。F 面又是测量底板宽度、支承板厚度和加工两个螺栓孔的工艺基准。选择 G 面为辅助基准（也是工艺基准），以 G 为起点确定了圆筒前端面与肋板上端在宽度方向的距离 2。

3. 合理标注尺寸的一些原则

（1）符合设计要求

设计要求是对加工完成后的零件在机器或部件中能很好地工作，保证其功能，达到预期的使用性能的要求。尺寸的标注是否合理，直接影响零件的使用性能。

1）主要尺寸必须直接注出。零件的主要尺寸是指零件的功能尺寸，是加工过程中要重点保证的尺寸。而次要尺寸的误差允许大一些。合理标注尺寸的关键是分清尺寸的主次。设计中的主要尺寸，要从基准单独直接标出，不应靠间接计算而得，如图 8-13（a）所示。主要尺寸 a 和 l 都从设计基准直接标出，保证了设计要求。如图 8-13（b）所示，主要尺寸 a、l 要靠其他尺寸 b、c 和 d、e 间接计算而得，会造成差错或误差的累积。

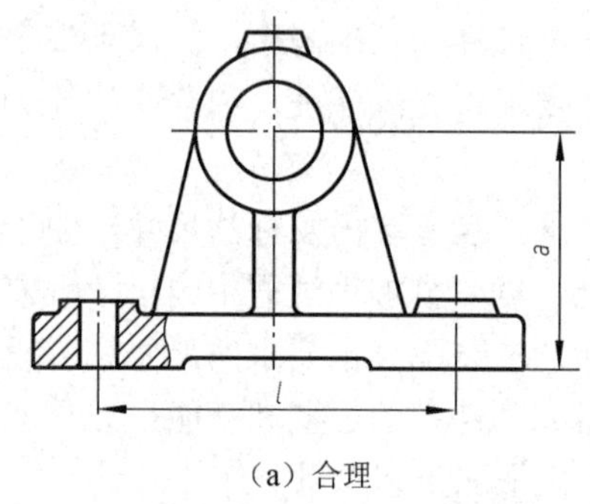

（a）合理

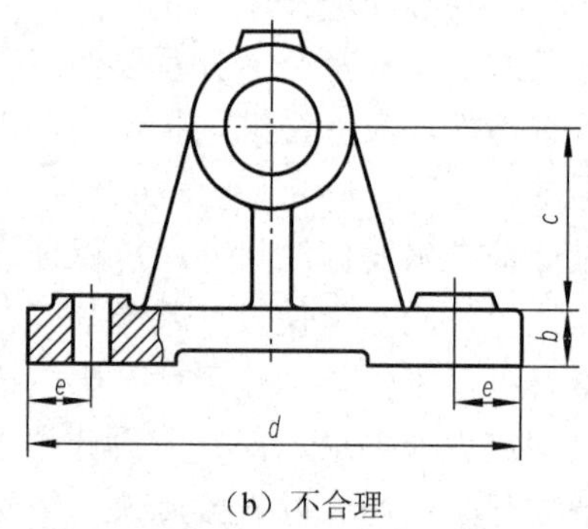

（b）不合理

图 8-13　主要尺寸直接注出

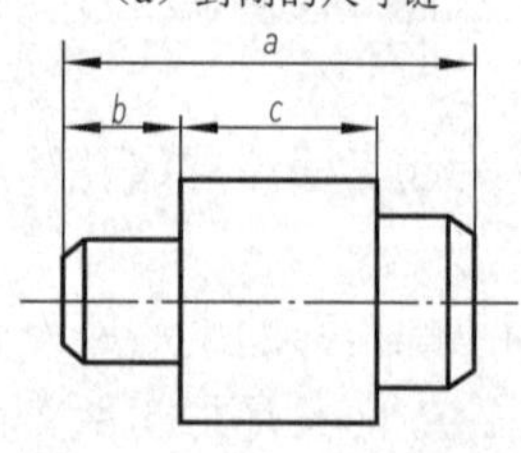

（a）封闭的尺寸链

（b）有开口环的尺寸标注

图 8-14　避免注成封闭尺寸链

从以上可以看出，如果不考虑零件的设计和工艺要求，仅按第 5 章介绍的组合体视图的尺寸注法来标注零件图的尺寸，往往不能达到“合理”的要求。

2）避免注成封闭的尺寸链。封闭尺寸链就是首尾相接的链状尺寸，各尺寸依次连接形成封闭的一组尺寸。组成尺寸链的尺寸称为尺寸链的环。如图 8-14（a）所示的尺寸 a、b、c、d 构成一个封闭的尺寸链。因零件在实际加工过程中会出现误差，若注成封闭的尺寸链，则各环尺寸误差就会相互影响，难以保证设计要求。所以，零件图上的尺寸不允许注成封闭尺寸链。正确的注法是，将一个最不重要的尺寸 d 空着不注，称它为开口环，使各段加工误差都积累在该处，保证其余主要尺寸的精度。

（2）符合工艺要求

符合工艺要求是指标注尺寸时，应考虑在制造零件过程中便于加工和测量。

1）按加工顺序标注尺寸。按加工顺序标注尺寸，符合加工过程，便于加工和测量。如表 8-1 所示的小轴，尺寸 51 是长度方向的功能尺寸（此段轴与齿轮有配合要求），必须从设计基准 *B* 直接注出，其余长度方向的尺寸都按加工顺序标注。表 8-1 为该小轴在车床上加工，从下料开始的每一加工工序都在图中直接注出了所需尺寸。为了备料，注出了轴的总长 128；为了加工ϕ35 的轴颈，直接注出了尺寸 23。调头加工ϕ40 的轴颈，应直接注出尺寸 74；在加工ϕ35 时，应保证功能尺寸 51。这样既保证了设计要求，又符合加工顺序。若把这些工序的轴向（长度方向）尺寸综合起来，可看出，它和图例的尺寸注法完全吻合。因为此小阶梯轴在车床上采用了调头加工，所以轴向尺寸是以 *D*、*E* 两个端面为工艺基准来标注的。

表 8-1　小轴在车床上的加工顺序

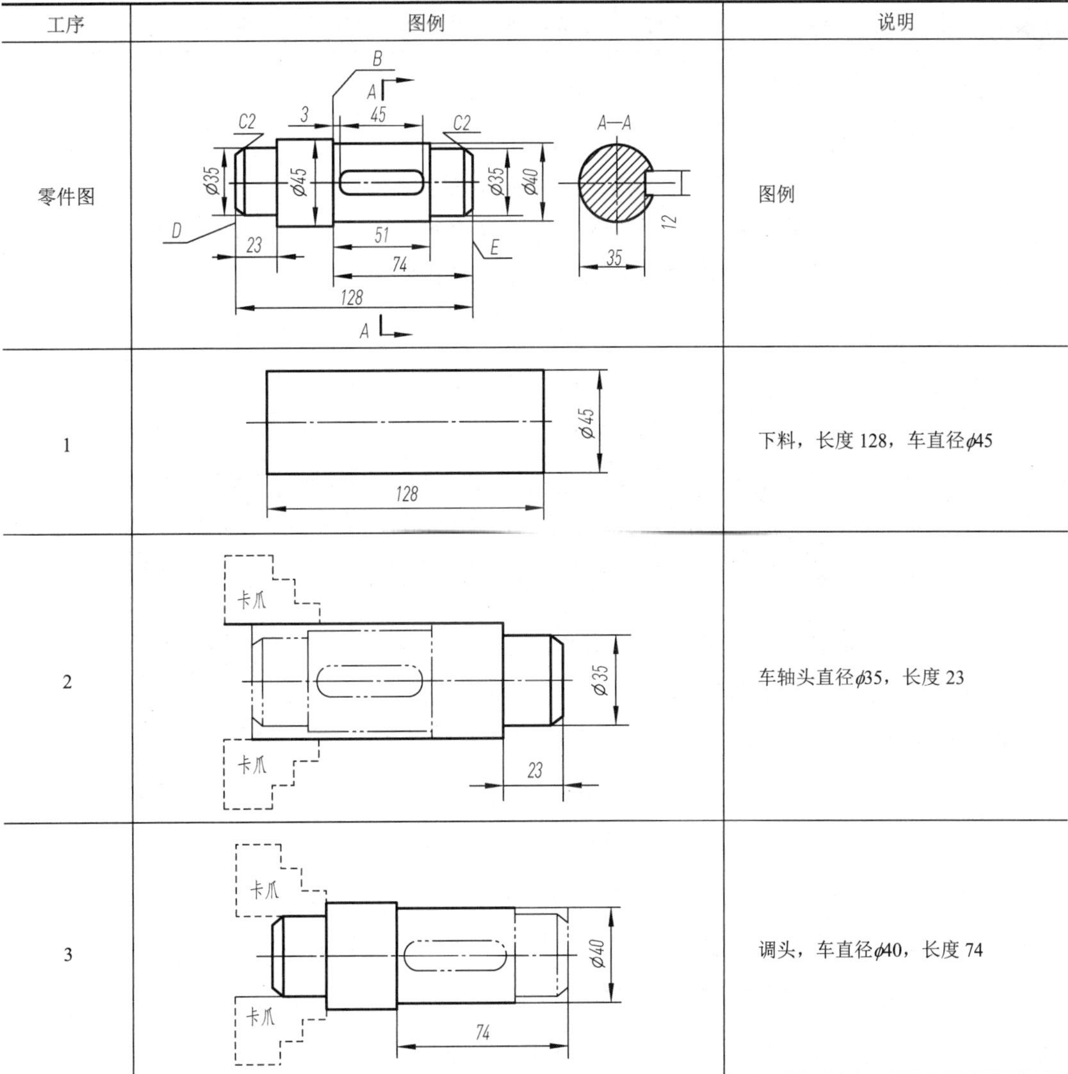

工序	图例	说明
零件图		图例
1		下料，长度 128，车直径ϕ45
2		车轴头直径ϕ35，长度 23
3		调头，车直径ϕ40，长度 74

续表

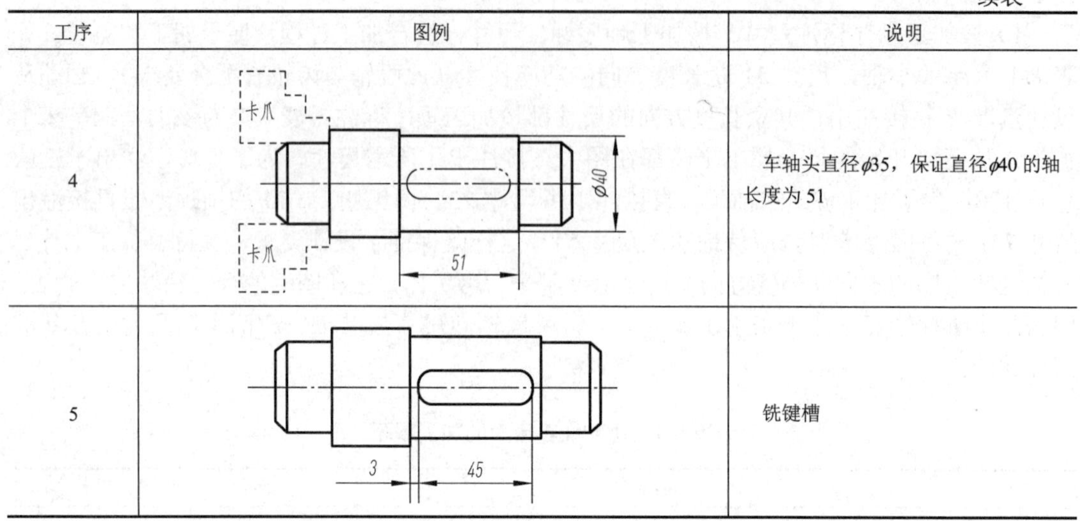

工序	图例	说明
4		车轴头直径ϕ35，保证直径ϕ40 的轴长度为 51
5		铣键槽

2）按加工方法的要求标注尺寸。如图 8-15（a）所示轴承盖的半圆柱孔，是与轴承座的半圆柱孔合在一起加工出来的，以保证装配后的同轴度。因此应注出直径而不注半径，以便加工和测量。如图 8-15（b）所示轴上的键槽，是用盘铣刀加工出来的，除应注出键槽的有关尺寸之外，由刀具保证的尺寸即铣刀直径也应注出（铣刀用双点画线画出），以便选用刀具。标注尺寸有时还要考虑检测方法上的某些特殊需要。

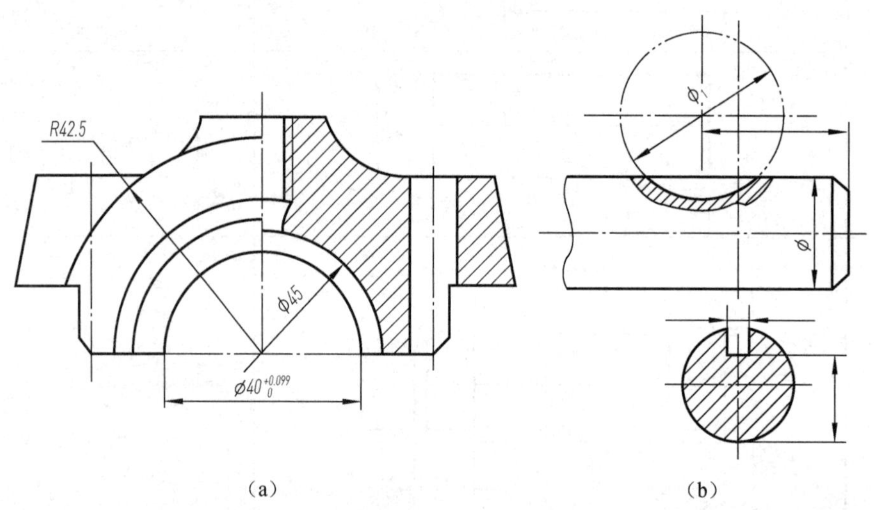

图 8-15　考虑加工工艺特点标注尺寸

3）按加工工序集中标注尺寸。如图 8-16 所示，键槽是在铣床上加工的，阶梯轴的外圆柱面是在车床上加工的。因此，键槽尺寸集中在视图下方和断面图上标注，而外圆柱面的尺寸集中标注在主视图的上方，这样便于不同工种的操作人员看图加工。

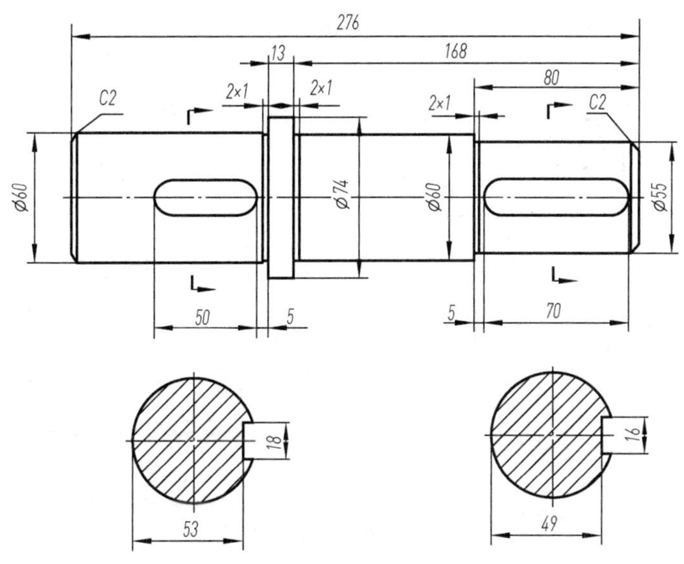

图 8-16　按加工工序集中标注尺寸

4）标注尺寸要便于测量。如图 8-17（a）所示，键槽的深度尺寸从轴线注出，由于轴线位置不易确定，因此测量不方便。如图 8-17（b）所示，键槽的深度尺寸从相应的圆柱素线注出，测量方便。在图 8-17（c）所示的尺寸标注中，尺寸 b 不便于测量，而改成图 8-17（d）所示的标注形式，对尺寸 a、c 的测量就比较方便。

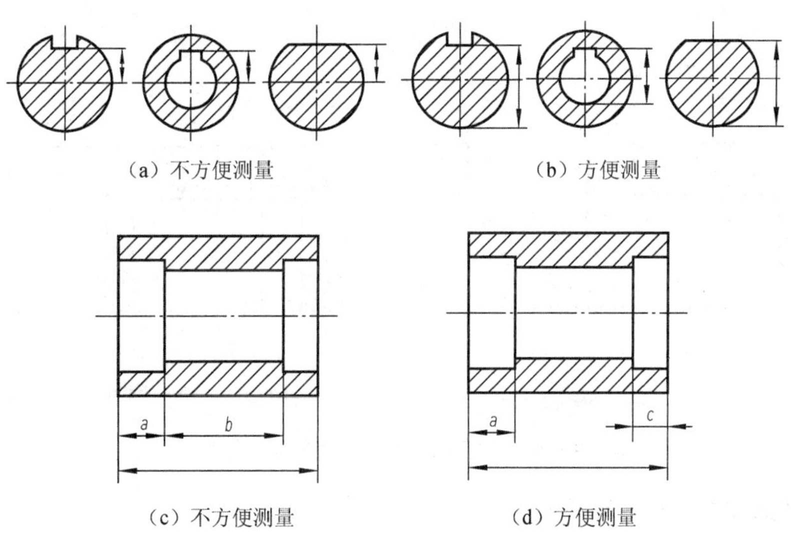

（a）不方便测量　（b）方便测量

（c）不方便测量　（d）方便测量

图 8-17　标注尺寸要便于测量

5）铸件尺寸按形体分析法标注。铸件制造过程是先制作木模及型芯，再造出砂型并浇注金属溶液，即可铸成铸件。木模是由基本形体拼合而成的，因此铸件尺寸应按形体分析法标注，这样既反映出设计意图，又方便制作木模。如图 8-18（b）所示是木模的分解图，按图 8-18（a）标注尺寸。铸件给出了各基本形体的定形尺寸和定位尺寸，是符合制作木模工艺要求的。

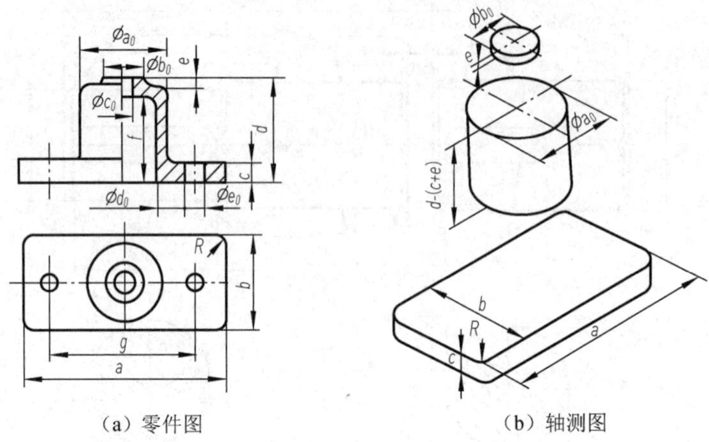

（a）零件图　　（b）轴测图

图 8-18　铸件的尺寸标注

6）毛坯面与加工面的尺寸标注。铸件或锻件的同一个方向的若干个加工面与毛坯面之间，一般只应有一个联系尺寸。如图 8-19（a）所示的铸件的高度方向共有 5 个平行平面，在 3 个不加工的毛面 *B*、*C* 和 *D* 当中，只有 *B* 面与加工面 *A* 有尺寸 10mm 的联系，其他的毛坯面只与毛坯面有直接尺寸联系，这是合理的。如果按图 8-19（b）所示进行标注，3 个毛坯面 *B*、*C* 和 *D* 都与加工面 *A* 有联系尺寸，则是不合理的。因为铸件误差较大，各毛坯面间尺寸关系精度低，在加工 *A* 面时，很难同时保证这 3 个尺寸的精度。

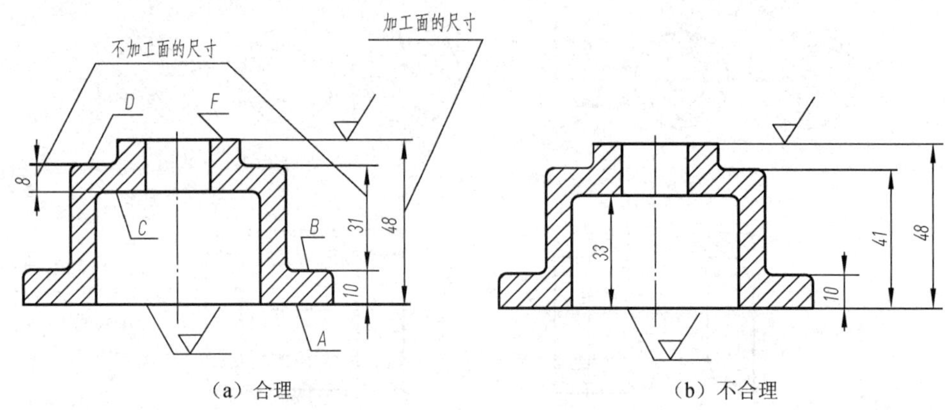

（a）合理　　（b）不合理

图 8-19　加工面和不加工面的尺寸标注

4．零件上常见结构要素的尺寸注法

零件图中常见的底板、端面、法兰盘等的尺寸标注，如图 8-20 所示。

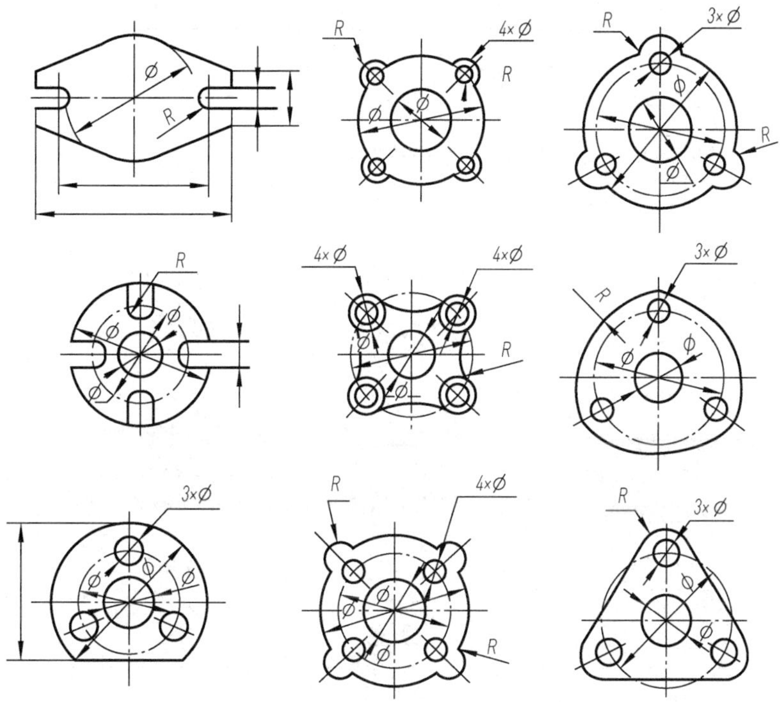

图 8-20　底板、端面、法兰盘的尺寸标注

零件上常见的螺孔、光孔、沉孔、键槽、锥轴、锥孔、正方形和圆角结构的尺寸注法如表 8-2 和表 8-3 所示。标注尺寸时应尽量用符号和缩写词，尺寸标注常用的符号和缩写词见表 8-4。表 8-4 中符号的线宽为 h/10（h 为字体高度），符号的比例画法如图 8-21 所示。

表 8-2　零件上常见孔的尺寸标注

类型	普通注法	旁注法		说明
光孔	4×Ø4 10	4×Ø4↧10	4×Ø4↧10	“↧”为孔深符号
	4×Ø4H7 10 12	4×Ø4H7 ↧10↧12	4×Ø4H7 ↧10↧12	钻孔深度为 12mm，精加工孔（铰孔）深度为 10mm
	锥销孔Ø4 配作	锥销孔Ø4 配作	锥销孔Ø4 配作	ϕ4 是指与其他相配的圆锥销的公称直径（小端直径）； “配作”系指该孔与相邻零件锥销孔一起加工

续表

类型	普通注法	旁注法		说明
锪孔	Ø13 4×Ø6.6	4×Ø6.6 ⌴Ø13	4×Ø6.6 ⌴Ø13	“⌴”为锪平、沉孔符号；锪孔通常只需锪出圆平面即可，因此深度一般不注
沉孔	90° Ø13 6×Ø6.6	6×Ø6.6 ∨Ø13×90°	6×Ø6.6 ∨Ø13×90°	“∨”为埋头孔符号；该孔为安装开槽沉头螺钉所用；
	Ø11 6.8 4×Ø6.6	4×Ø6.6 ⌴Ø11↧6.8	4×Ø6.6 ⌴Ø11↧6.8	该孔为安装内六角圆柱头螺钉所用，承装头部的孔深应注出
螺孔	3×M6-6H EQS	3×M6-6H	3×M6-6H EQS	“EQS”为均布孔的缩写词
	3×M6-6H EQS 10 12	3×M6-6H↧10 孔↧12	3×M6-6H↧10 孔↧12 EQS	
	3×M6-6H EQS 10	3×M6-6H↧10	3×M6-6H↧10 EQS	

表 8-3　键槽、锥轴与锥孔、正方形、圆角的尺寸注法

零件结构类型		标注方法	说明
键槽	平键键槽	L A A A—A D-t b	标注 $D-t$ 便于测量，D 为轴的直径，t 为键槽深度
	半圆键键槽	A ϕ A A—A b D-t	标注直径ϕ便于选择铣刀，标注 $D-t$ 便于测量

续表

零件结构类型	标注方法	说明
锥轴、锥孔		当锥度要求不高时，这样标注便于制造木模
		当锥度要求准确并保证一端直径尺寸时的标注形式
正方形		标注断面为正方形结构的尺寸时，可在正方形连长尺寸前加注符号“□”，或用“B×B”（B为正方形的对边距离）注出，在表示正方形实形的图形上要直接标注
圆角		两斜面相交处具有圆角时，应注出无圆角时（用细实线在图中画出）的交点尺寸，并注出圆角半径 R

表 8-4 常用符号和缩写词

含义	符号或缩写词	含义	符号或缩写词
直径	ϕ	深度	↧
半径	R	沉孔或锪平	⊔
球直径	$S\phi$	埋头孔	∨
球半径	SR	弧长	⌒
厚度	t	斜度	∠
均布	EQS	锥度	◁
45°倒角	C	展开长	ᴑ→
正方形	□	型材截面形状	按 GB/T 4656—2008

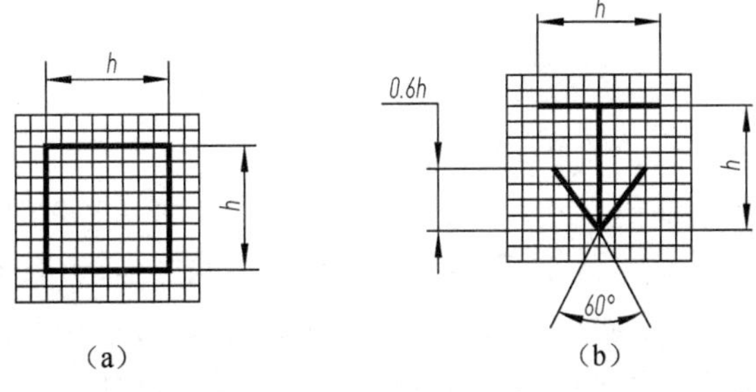

图 8-21 符号的比例画法

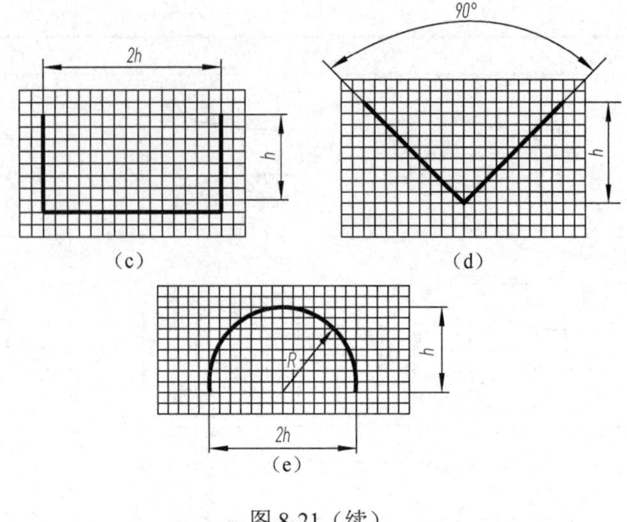

图 8-21（续）

【例 8-1】如图 8-22 所示为轴承挂架零件图，分析其尺寸标注步骤。

解：尺寸标注步骤如下。

① 分析零件。轴承挂架是固定在机器上支承轴转动的部件。两个轴承挂架孔的轴线应精确地处在同一条直线上，才能够保证轴的正常转动，如图 8-22（a）所示的立体图，两挂架轴孔的同轴度在高度方向上由轴线与水平安装接触面 *A* 之间的距离 60 来保证，在宽度方向上通过两个连接螺栓调整。

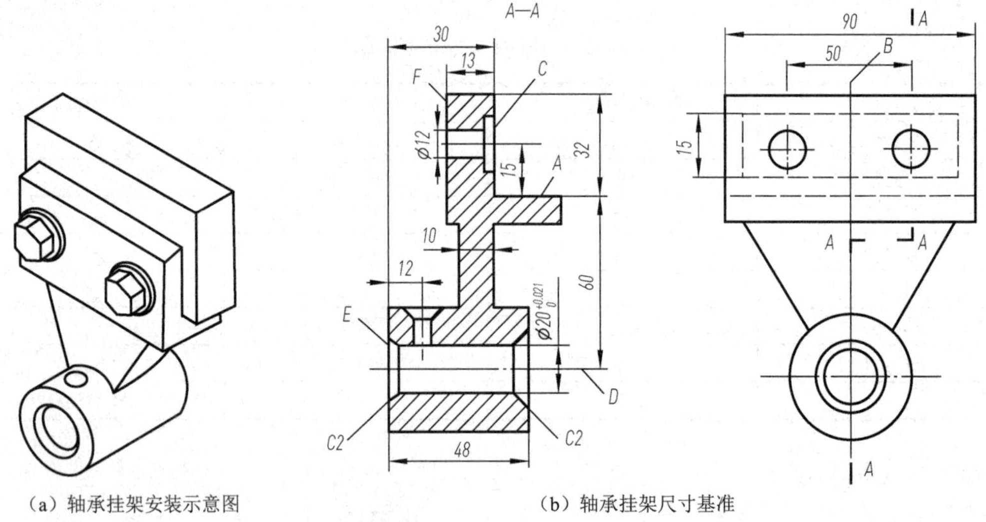

图 8-22 轴承挂架尺寸标注示例

② 选定尺寸基准。轴承挂架高度方向上的主要基准是水平安装接触面 *A*；宽度方向上的主要基准为对称面 *B*；长度方向上的主要基准为安装接触面 *C*；辅助基准分别为 *D*、*E*、*F*。

③ 标注尺寸。由基准 *A* 标注高度方向的尺寸 60、15、32，由基准 *B* 标注宽度方向的尺寸 50、90，由基准 *C* 标注长度方向的尺寸 13、30，由基准 *D* 和 *E* 分别标注ϕ20、12 和 48。

3 个方向的基准 *A*、*B*、*C* 都是主要基准，*A* 是加工ϕ20 和顶面的工艺基准，*B* 是加工两个螺栓孔的工艺基准，C 是加工平面 E 和 F 的工艺基准。

8.2 一般零件的零件图识读

按照零件的结构特征，一般零件又可以细分为轴套类零件（如图 8-3 中的阀杆）、轮盘类零件（如图 8-3 中的阀盖）、叉架类零件（如图 8-3 中的扳手）和箱体类零件（如图 8-3 中的阀体）等。下面分类对上述零件进行识读。

8.2.1 轴套类零件的识读

轴套类零件主要包括轴、杆、轴套、衬套等，一般起支承传动零件和传递动力的作用。这类零件的外形特点是轴向尺寸远大于径向尺寸。

1．轴套类零件的结构分析

（1）轴类零件的结构分析

轴类零件一般由同轴的回转体组成。圆柱体的直径由机械设计计算得到。轴类零件的作用之一是承载传动件。根据设计和工艺要求，零件常带有键槽、销孔、退刀槽、砂轮越程槽、倒角、倒圆角、轴肩、中心孔等局部结构。有时由于使用要求，会在轴上加工螺纹，或在轴端加工出平面，如图 8-23（a）所示。

（2）套类零件的结构分析

套类零件的结构一般比较简单，是在轴类零件基础上沿轴向挖空的零件，孔端通常加工出倒角，但也有比较复杂的套类零件，如图 8-23（b）所示。

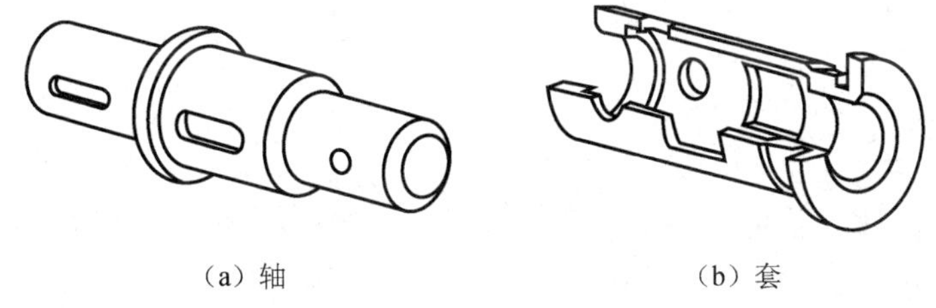

（a）轴　　（b）套

图 8-23　轴套类零件的轴测图

（3）轴套类零件的常见工艺结构

轴套类零件的基本形状是同轴回转体，并且主要在车床上加工，轴套类零件的工艺结构主要有倒角、倒圆、退刀槽和砂轮越程槽，如图 8-24 所示。

1）倒圆和倒角。为避免应力集中而产生裂纹，在轴肩处常采用圆角过渡，称为倒圆。为了去除零件在机械加工后的锐边和毛刺，便于装配，常在轴孔的端部加工成 45°、30° 或 60° 倒角。当倒圆尺寸很小、倒角为 45° 时，在图样上可不画出，但必须注明尺寸或在“技术要求”中加以说明。如图 8-24 所示的 C 代表 45° 倒角，2 和 1.5 代表倒角宽度。倒圆和倒角的大小应根据轴径（孔径）的大小确定，如图 8-24 所示。

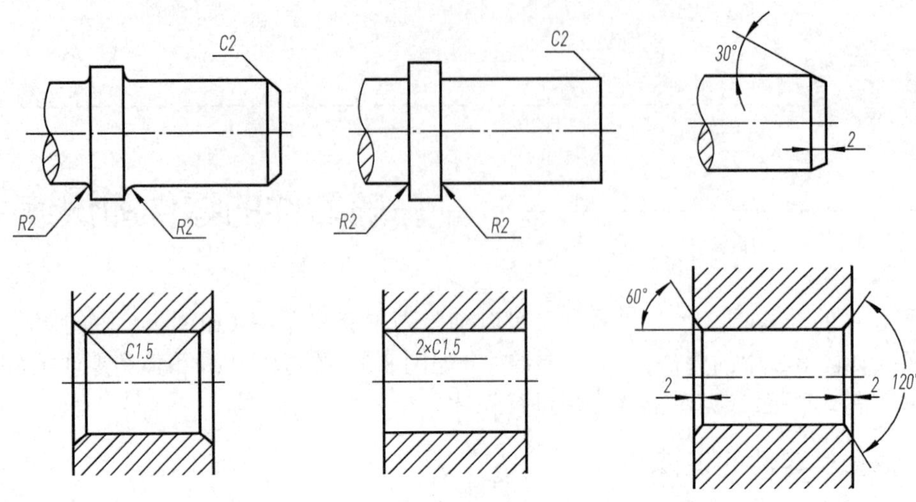

图 8-24　倒圆和倒角

2）退刀槽和砂轮越程槽。在车削或磨削零件时，为了保证加工质量，便于车刀的进入或退出，以及砂轮的越程需要，常在轴肩处、孔的台肩处预先车削出退刀槽或砂轮越程槽，如图 8-25 所示。其具体尺寸与结构可查附表 6-2 和附表 6-3。图 8-26 给出了退刀槽和砂轮越程槽的 3 种常见的尺寸标注方法。

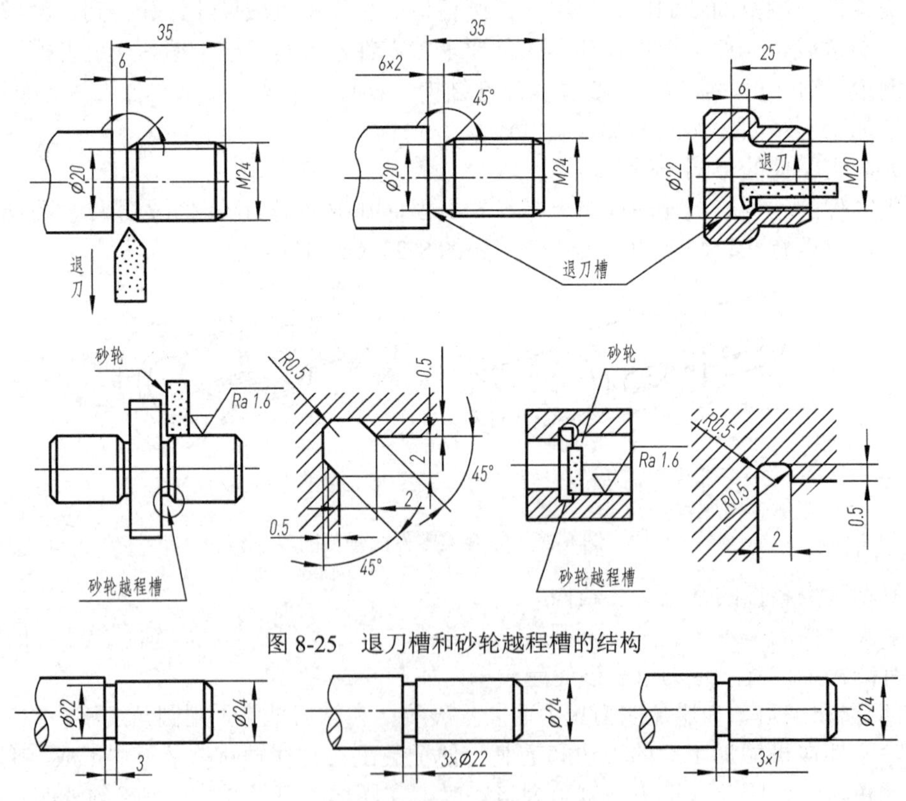

图 8-25　退刀槽和砂轮越程槽的结构

图 8-26　退刀槽和砂轮越程槽的尺寸标注

2. 轴套类零件的表达方法

轴套类零件主要在车床或磨床上加工，为了便于工人在加工过程中对照图样，通常选择加工位置（轴线水平放置）作为主视图方向（图 8-27）。加工位置是指零件在机床上加工时的装夹位置。主视图应尽量表示零件在机床上加工时所处的位置，这样在加工时可以直接将图物对照，便于看图和测量尺寸，减少差错。由于轴套类零件细而长，径向投影为多个同心圆，因此反映零件整体结构的基本视图只用一个主视图。对于轴上的其他工艺结构，可采用剖视图、断面图、局部放大图等表达。

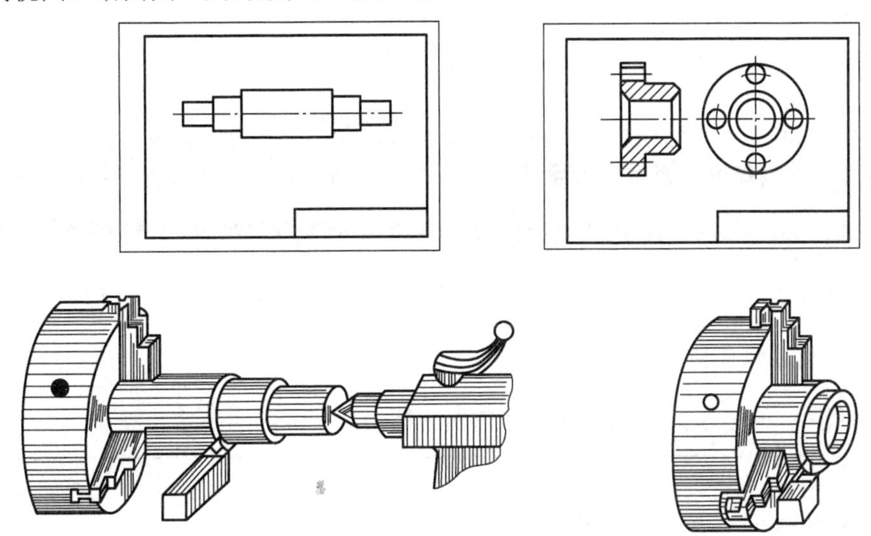

图 8-27 按加工位置选择轴套类零件的主视图

3. 轴套类零件的尺寸及技术要求的标注

（1）尺寸基准

轴套类零件有轴向尺寸（沿轴线方向）和径向尺寸（沿直径方向）。轴向尺寸的尺寸基准通常选在重要的端面、接触面上；径向尺寸的尺寸基准则采用轴套类零件的轴线，如图 8-28 所示。

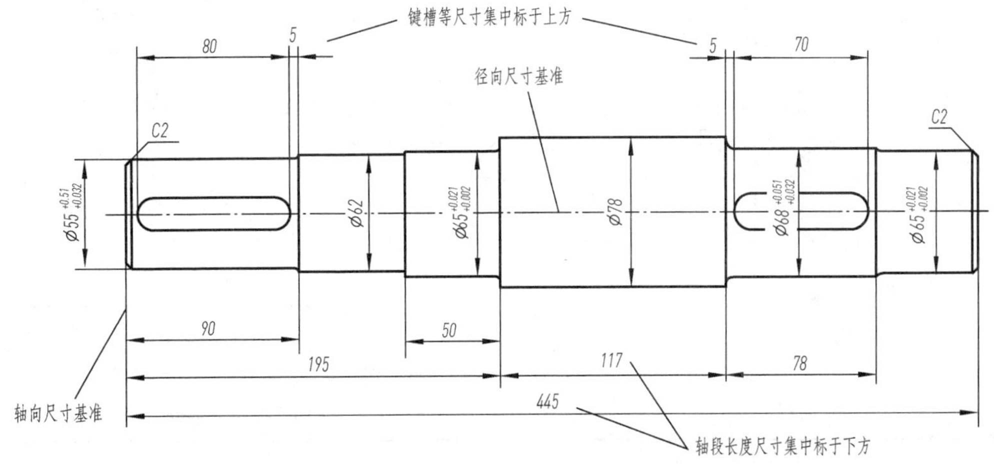

图 8-28 轴套类零件尺寸基准的选择

（2）尺寸标注的要求

1）重要尺寸（如配合部分的轴向长度）应直接标注。加工工序一致的尺寸应集中标注。轴类零件的长度方向尺寸和径向尺寸是由车床加工而成的。标注尺寸应遵循加工需要原则，以方便识读尺寸和测量尺寸。

2）有关键槽或孔的尺寸应集中标注，并与车削加工的轴向尺寸分侧标注，如图 8-28 所示。

3）轴类零件上的标准结构（倒角、退刀槽、越程槽、键槽、中心孔等），其尺寸应查阅标准手册，按规定标注。

4）定形尺寸、定位尺寸及总体尺寸应在图上直接标注。

（3）技术要求

1）极限与配合及表面粗糙度。轴套类零件的长度尺寸要给出公差值。作为轴向定位的轴肩，应有表面粗糙度的要求。键槽的主要配合面是两侧面，也应有表面粗糙度的要求。

2）几何公差。轴套类零件往往需要给出直线度、圆度、圆柱度、垂直度、同轴度、跳动等几何公差的要求。

3）其他技术要求。轴套类零件的常用材料及处理方法说明，可查阅相关手册。

4．识读轴类零件图

下面以图 8-29 所示的主轴为例，介绍识读轴套类零件图的基本步骤。

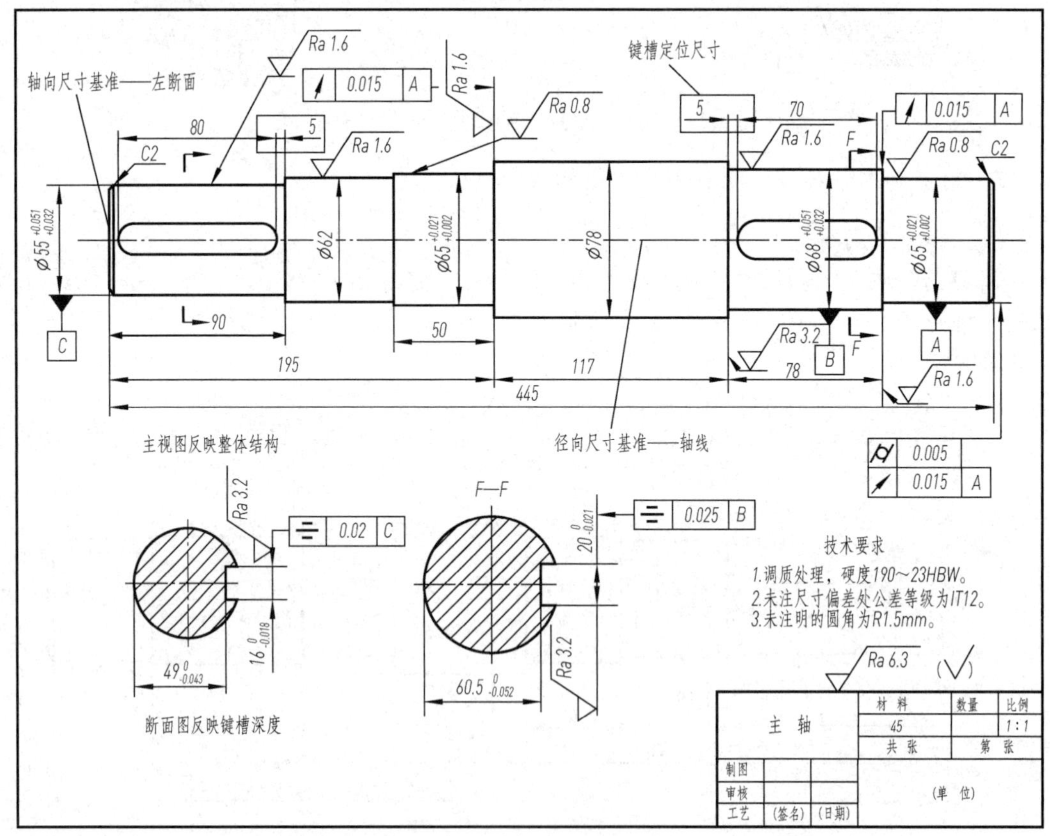

图 8-29　主轴的零件图

1）读标题栏，概括了解零件。该零件名为主轴，材料为 45 钢，作图比例为 1∶1。

2）分析视图，明确表达目的。该零件用了 3 个图形表达，一个主视图和两处断面图。主视图采用基本视图，表达了主轴的结构形状。主轴由 6 段不同直径的轴段组成，第 1、5 处轴段上分别开有键槽，轴两端面有倒角，键槽深度由断面图表示。主轴的零件图如图 8-29 所示。

3）尺寸分析，找出尺寸基准，了解形体间的定形、定位尺寸。该零件的径向尺寸基准为轴线，轴向（长度）尺寸基准为左端面，尺寸 90、195、445 均从该端面标注出。视图中表示定位尺寸的有两个 5，为键槽的定位尺寸，其余均为定形尺寸。

4）分析技术要求。该主轴所有表面均为切削加工表面。质量最好的表面粗糙度 *Ra* 的上限值为 0.8μm，质量最差的表面粗糙度 *Ra* 的上限值为 6.3μm。第 1、3、5、6 轴段不仅轴径有尺寸公差，而且都有径向圆跳动或对称度的位置公差要求，与其他零件配合有公差要求。第 6 轴段还有圆柱度的形状公差要求。该零件要求做调质处理，硬度为 190～230HBW。该主轴的立体图如图 8-30 所示。

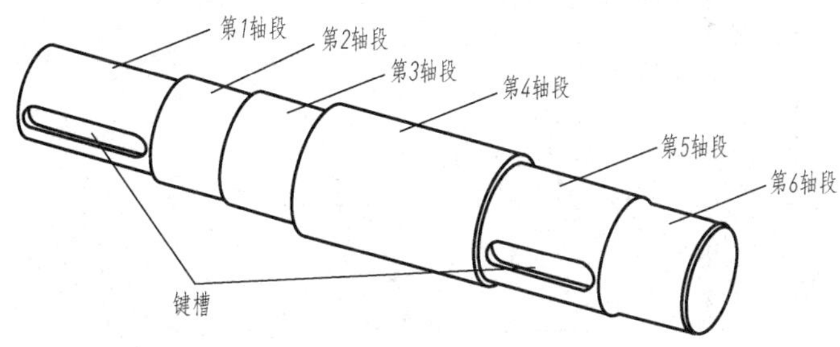

图 8-30　主轴的立体图

8.2.2　轮盘类零件的识读

轮盘类零件一般是指齿轮、带轮、手轮、法兰盘、端盖和透盖等，这类零件在机器中主要起支承、轴向定位及密封的作用。共基本形状多为扁平的盘状结构，多为同轴回转体。其特征是轴向尺寸短，呈短粗状，如图 8-31 所示。

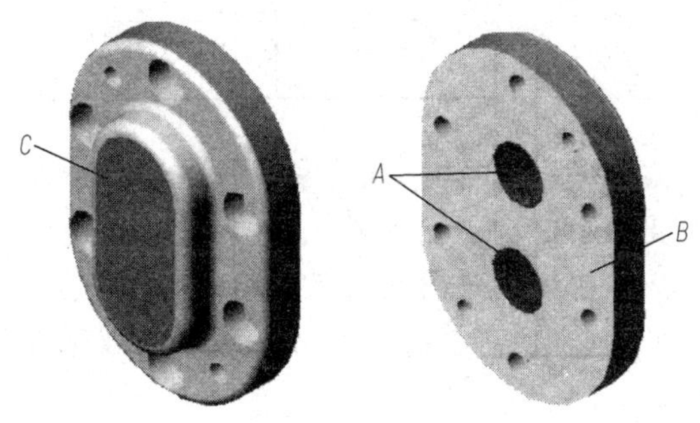

图 8-31　泵盖立体图

1．轮盘类零件的结构分析

（1）轮盘类零件的常见结构

轮盘类零件的基本形状为扁平的盘板状，多为同轴回转体的外形和内孔，其轴向尺寸往往比其他两个方向的尺寸小；通常还带有各种形状的凸缘、均布的圆孔、肋、轮辐等结构；常有螺孔、光孔、销孔、凸台、凹坑等。轮盘类零件主要在车床上加工，在机器中的工作位置多为轴线水平放置。因此，通常按形状特征和加工位置将轴线水平放置作为主视图的投影方向。

轮盘类零件毛坯有铸件或锻件，以车削为主。但有些较复杂的盘盖，因加工工序较多，主视图也可以按工作位置画出。为了表达零件内部结构，主视图常采用全剖视图。如图 8-32 所示为轴承压盖零件图，采用两个视图表达，主视图采用全剖视图。这样层次分明，显示了零件各部分的形状及其相对位置。主视图的轴线水平放置，符合零件的加工位置。除主视图外，为了表示零件上均布的孔、槽、肋、轮辐等结构，还需选用一个端面视图（左视图或右视图）。图 8-32 中的左视图表达了凸缘和 3 个均布的通孔。

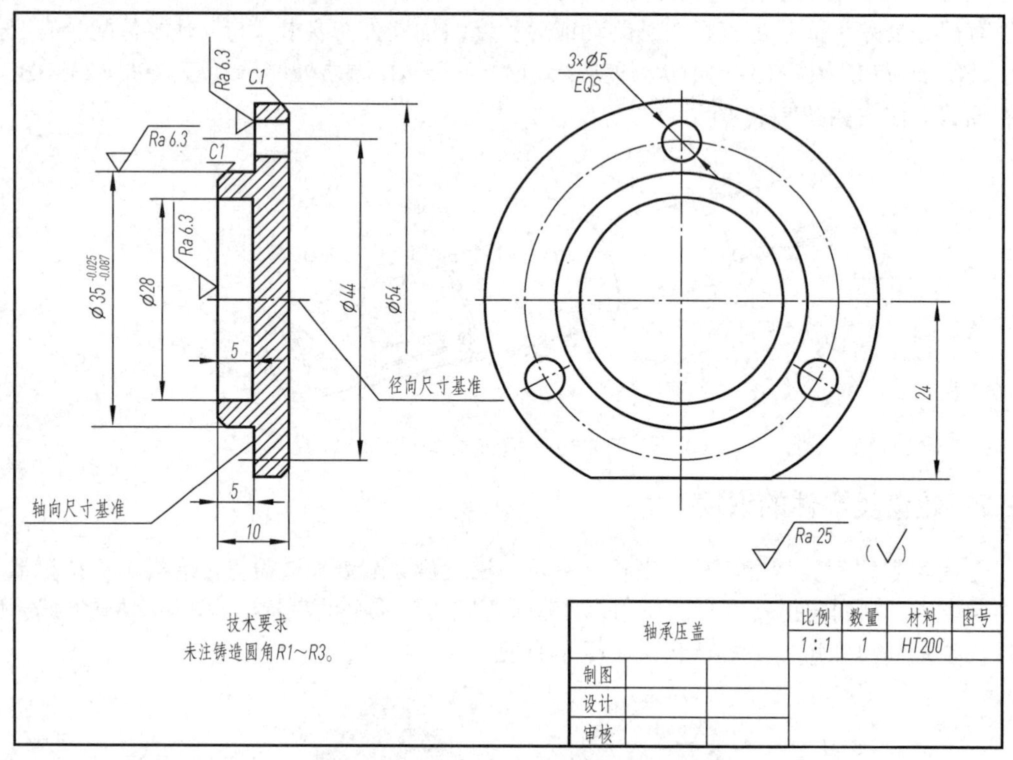

图 8-32　轴承压盖零件图

（2）轮盘类零件的常见工艺结构

轮盘类零件主要在车床上加工，常见的工艺结构主要有螺孔、光孔、销孔、凸台、凹坑等。为了使配合面接触良好，减少切削加工面积，应将接触部位制成凸台、凹坑等结构，如图 8-33 所示。

2．轮盘类零件的尺寸及技术要求的标注

（1）尺寸基准

轮盘类零件的主要尺寸基准如下：径向尺寸的主要基准一般为轴线，轴向尺寸的主要基准一般为经过加工并有较大面积的接触端面。如图 8-34 所示的右泵盖，从左视图看，零

件在宽度方向上为对称图形。零件在高度方向的尺寸基准是ϕ16H7 孔的轴线，宽度方向的尺寸基准设在其对称中心线上，同时也是工艺基准，主视图上零件在长度方向的尺寸基准设在右端面上。

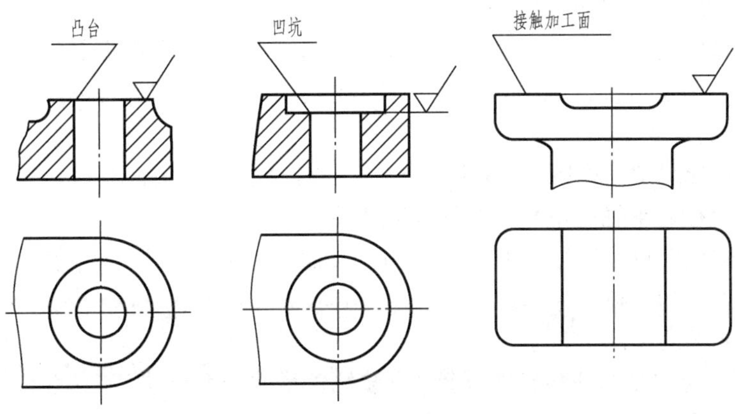

图 8-33　凸台和凹坑

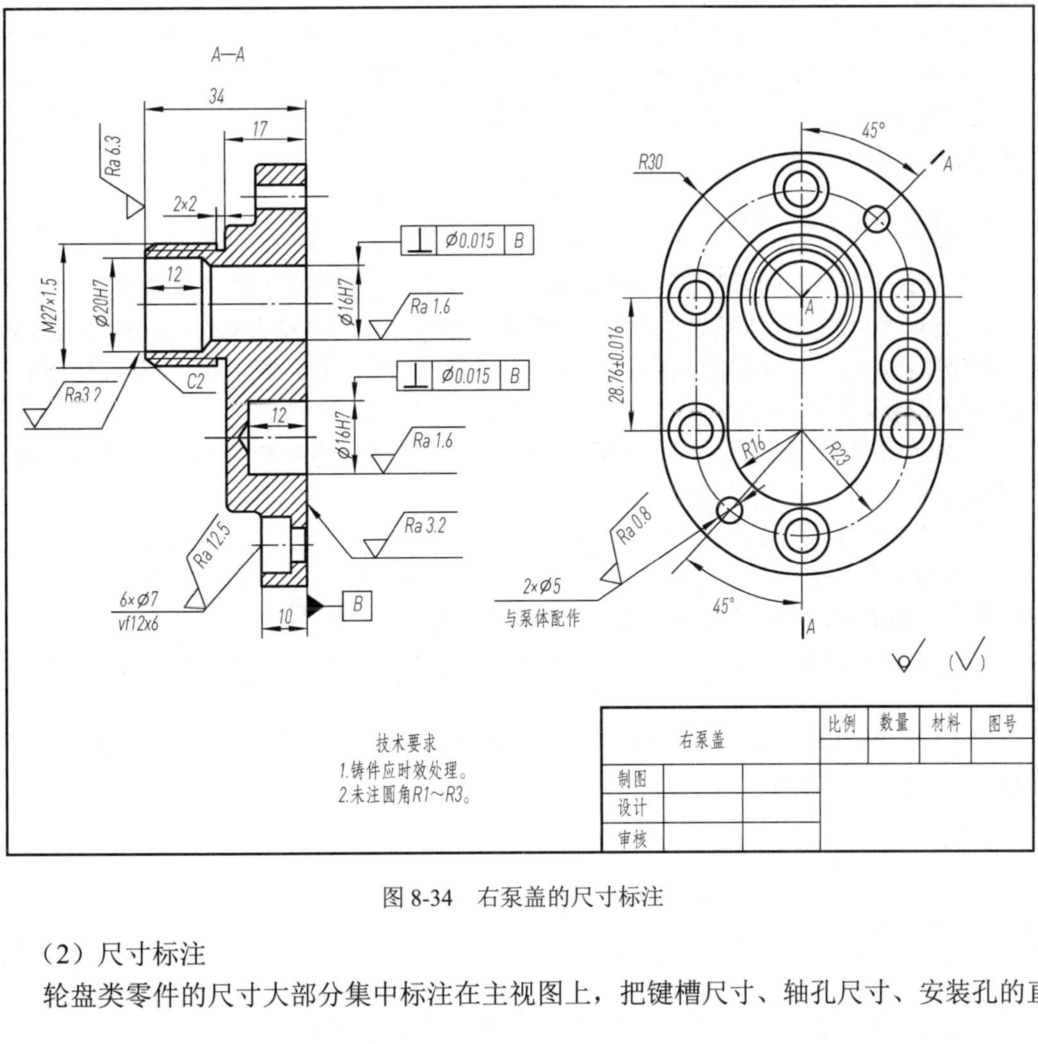

技术要求
1.铸件应时效处理。
2.未注圆角R1～R3。

右泵盖			比例	数量	材料	图号
制图						
设计						
审核						

图 8-34　右泵盖的尺寸标注

（2）尺寸标注

轮盘类零件的尺寸大部分集中标注在主视图上，把键槽尺寸、轴孔尺寸、安装孔的直径标注在投影为圆的左视图上。多个均布的安装孔一般采用如“3×ϕ5、EQS（等分圆周）”形式标注，如图 8-32 所示。

标注零件定位尺寸：如图 8-34 所示的右泵盖，定位尺寸 17 确定了凸台高度，定位尺寸 28.76±0.016 确定了两孔的中心距。

标注零件总体尺寸：如图 8-34 所示的右泵盖，尺寸 34 属于长度方向上的总体尺寸，在高度方向上，由于端部为圆弧，不用直接标注总高，宽度方向总体尺寸由半径 R30 间接注出。

标注零件定形尺寸：如图 8-34 所示的右泵盖，尺寸如ϕ20、ϕ16、ϕ5、10、R30、R16 和 R23 等圆的直径、半径、倒角等标注均属于定形尺寸。

零件上各圆孔的直径多注在非圆的视图上，盘上两个定位小孔ϕ5的定位尺寸注在投影为圆的左视图上较为清晰。

（3）技术要求的标注

1）对于有配合关系的孔与轴的直径、有装配关系的配合尺寸、有装配要求的孔间距等，其尺寸精度要求相对都较高，应该标注尺寸公差要求。对于定位面和配合面，表面质量要求较高，应标注表面粗糙度要求。

2）几何公差。与配合有关的部位、相互接触且有特殊要求的部位应给出几何公差要求。轮盘类零件上常见的几何公差类型有同轴度、垂直度、圆柱度等。

3）其他技术要求。在零件视图上，有些不能或不便直接注出的技术要求，如热处理、涂装等要求，可以用文字加以说明。

3．识读轮盘类零件图

下面以图 8-35 所示的带轮零件图为例，介绍识读轮盘类零件图的基本步骤。

1）读标题栏，概括了解零件。零件的名称是带轮，属于轮盘类零件，材料为 HT150，属于灰铸铁类，由此联想该零件的工艺结构可能有铸造圆角、起模斜度等，从绘图比例 1∶1 和尺寸可以想象出零件的大小。

2）分析视图，明确表达目的。主视图按其轴线水平放置用全剖视图表达。左视图是一个局部视图，仅表达了轮毂上的轴孔和键槽的结构。

3）分析尺寸，找出尺寸基准，了解定形、定位尺寸。

该零件属于以回转体为基本特征的轮盘类零件，径向尺寸基准设在轴上。

从主视图上看，零件长度方向的尺寸基准设在轮毂左端面上。

4）分析技术要求。有配合关系的部位，给出了尺寸精度要求，如轴孔尺寸ϕ28H8，键槽宽度尺寸 8N9，给出了尺寸公差要求。

用于定位的面和配合面，表面粗糙度要求较高，零件图中标题栏上方的表面粗糙度值给出了对其余表面粗糙度的要求。

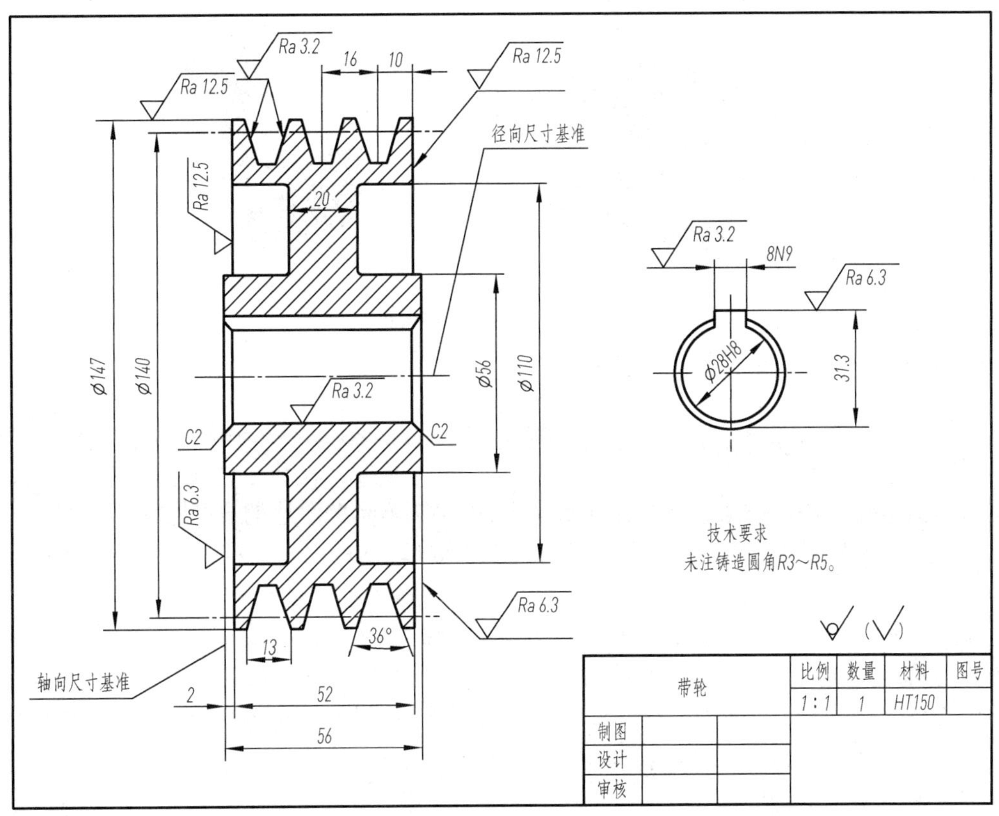

图 8-35　带轮零件图

8.2.3　叉架类零件的识读

叉架类零件包括拨叉、连杆和各种支架等。其结构形状比较复杂，常带有倾斜或弯曲的结构。零件毛坯为铸件或锻件，一般需要经过铸造加工和切削加工等多道工序才能得到最终产品。拨叉主要用在各种机器的操纵机构上，起操纵、调速作用；连杆起传动作用；支架主要起支承和连接作用。

1．叉架类零件的结构分析

叉架类零件一般由 3 部分构成：支承部分、工作部分和连接部分。支承部分和工作部分的细小结构较多，如圆孔、螺纹孔、油槽、油孔、凸台和凹坑等。连接部分多为肋板结构，且形状弯曲、扭斜的较多。叉架类零件具有铸（锻）造圆角、起模斜度等工艺结构，如图 8-36 所示。

叉架类零件的结构形状比较复杂，加工位置多变，有的零件工作位置也不固定，所以这类零件的主视图一般按工作位置原则和形状特征原则来确定。一般需要两个以上的基本视图，并且还要用适当的斜视图、局部视图、断面图等表达方法来表达零件的局部结构。

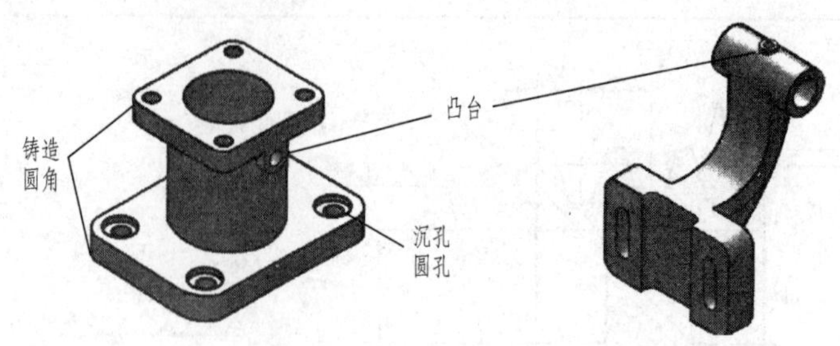

图 8-36　叉架类零件示例

2. 叉架类零件的尺寸标注及技术要求

（1）尺寸基准的选择

叉架类零件的长、宽、高 3 个方向各有一个尺寸基准，基准一般选用安装基准面、零件的对称面、孔的轴线和较大的加工平面。如图 8-37 所示，左边的安装接触面为长度方向的尺寸基准，对称平面为宽度方向的尺寸基准，高度方向的尺寸基准是安装基准面。

（2）尺寸的标注

叉架类零件的尺寸标注比较复杂，应按形体分析法来标注尺寸，即将零件划分为几个基本立体，标注出定形尺寸。定位尺寸一般要标注孔的中心线（或轴线）之间的距离，或孔的中心线（或轴线）到平面的距离，或平面到平面的距离。此外，由于这类零件图的圆弧连接较多，所以应给出已知圆弧与中间圆弧的定位尺寸。

（3）技术要求的标注

如图 8-38 所示，叉架类零件主要由 3 部分组成，即工作部分、安装部分和连接部分。工作部分要求最高，应标注尺寸公差、几何公差和表面粗糙度要求；对参与配合的部分，应标注尺寸公差；安装和连接部分的技术要求相对不高。为了保证安装精度，常有位置公差要求，如平行度、垂直度等。有些不能或不便直接注出的技术要求，如热处理、涂装，可以用文字加以说明。

3. 识读叉架类零件图

1）读标题栏，概括了解零件。从图 8-37 所示的标题栏中可知，该零件的名称是支架，属于叉架类零件，材料为 HT200，毛坯为铸件，是灰铸铁。由形体分析可知，支架主要由支承板、空心圆柱、连接板、肋板、凸台 5 部分组成。

2）分析视图，明确表达目的。叉架类零件的结构形状比较复杂，加工位置多变，有的零件工作位置也不固定，所以这类零件的主视图一般按工作位置原则和形状特征原则来确定。

在图 8-37 所示的支架零件图中，采用了主、俯两个视图、一个局部视图和一个断面图来表示，表达方案精练、清晰。主视图表达了支承板、空心圆柱、连接板、肋板和凸台的形体特征和上下、左右的相互位置关系，俯视图表达了各部分的前后对称关系，这两个视图以表示外形为主。在主、俯视图上，采用了 3 处局部剖视图，分别表达了凸台的内部结构、圆筒孔的内形和长圆形安装孔的内部结构。T 字形肋采用移出断面，清楚地反映了弯板和肋板的连接关系和断面尺寸。A 向局部视图表达了支承板和安装孔的形状和尺寸。

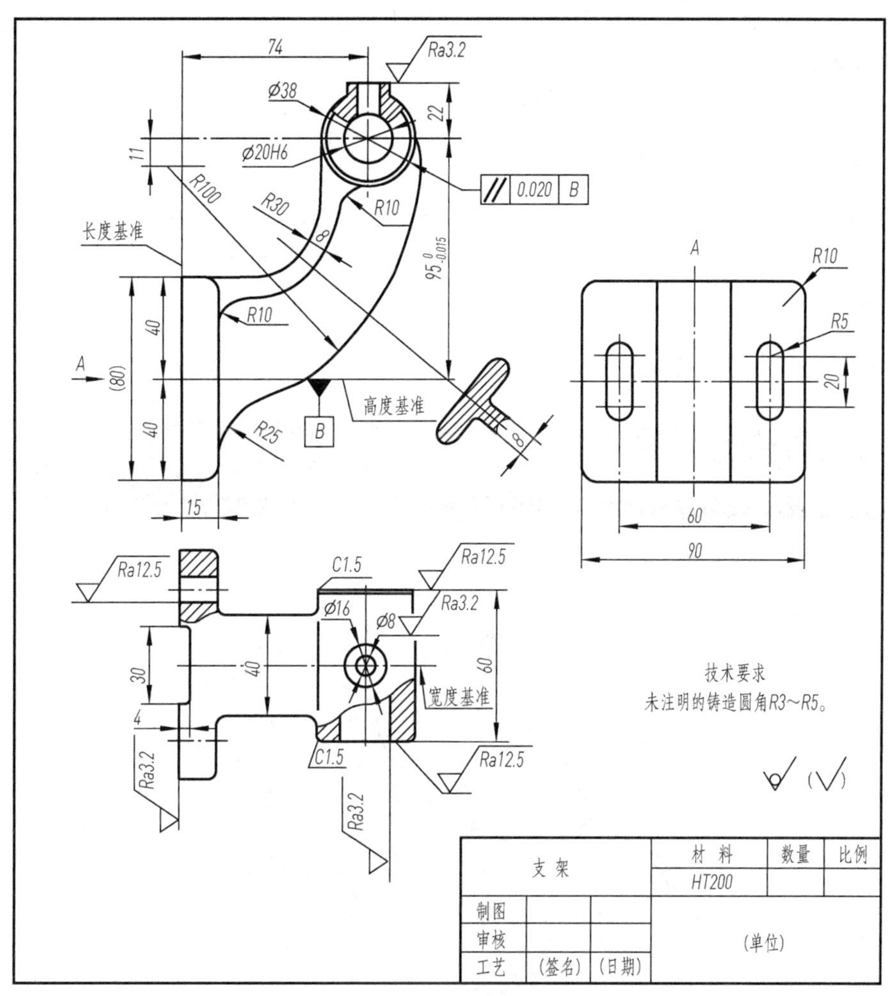

图 8-37 支架零件图

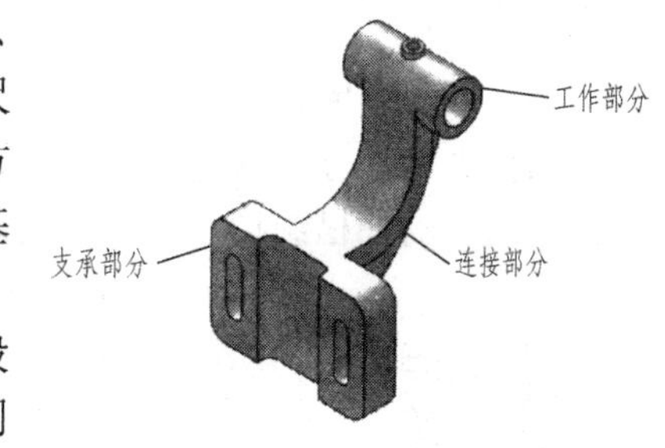

图 8-38 支架轴测图

3）分析尺寸，找出尺寸基准，了解形体间的定形、定位尺寸。从俯视图看，该零件结构前后对称，宽度尺寸基准设在对称中心线上。从主视图看，零件在长度方向的尺寸基准设在安装板左端面上，高度方向的尺寸基准设在安装板的对称平面上。

从图 8-37 可以看到，支架的定位尺寸较多，一般要注出孔的轴线（中心）间的距离，或孔轴线到平面间的距离，或平面到平面间的距离，如图 8-37 中的 74、95 分别表达了ϕ20H6 孔的轴线位置，定形尺寸则按形体分析法标注。

为了便于测量，有些尺寸借助于辅助基准直接标出。圆筒的轴线为辅助基准，高度方向的尺寸 11、22 都从轴线标出，高度方向的辅助基准与主基准的联系尺寸为 95。

4）分析技术要求。有配合关系的部位给出了尺寸精度要求，如轴孔尺寸ϕ20H6，高度定位尺寸 95，上极限偏差为 0，下极限偏差为-0.015。同时给出了几何公差要求，如圆筒轴线相对于安装板对称中心面有平行度要求。用于定位的面和配合面，其表面粗糙度要求较高，如安装板左端面和圆筒轴孔面，*Ra* 上限值要求达到 3.2μm，零件图标题栏上方的表面粗糙度值给出了对其他表面粗糙度的要求。

8.2.4 箱体类零件的识读

箱体类零件是机器中的主要零件之一，一般是机器或部件的主体，基本上是铸件，内部是空腔，在机器或部件中用于容纳和支承其他零件。常见的箱体类零件有箱体、阀体、泵体、机座等。

1．箱体类零件的结构分析

（1）箱体类零件的结构分析

箱体类零件的结构特点是内、外结构都很复杂，常用薄壁围成不同形状的空腔，箱体上还常有支承孔、凸台、安装底板、肋板、销孔和螺孔等结构。如图 8-39 所示为箱体的立体结构。

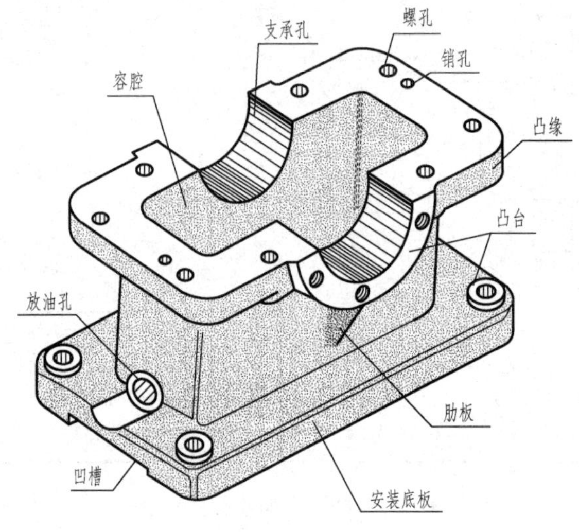

图 8-39　箱体

（2）箱体类零件的常见工艺结构

箱体类零件多为铸造件，具有许多铸造工艺结构，如铸造圆角、铸件壁厚、起模斜度，零件底面上的凹槽结构，铸件上的凸台和凹坑结构也较常见。

零件的结构和形状，不仅要满足使用要求，还要考虑零件在加工制造和装配过程中的工艺要求。零件上为满足加工制造、装配和测量等工艺需要而设计的结构称为零件的工艺结构。下面简单介绍铸造和机械加工中常见的工艺结构。

微课：铸造工艺结构

微课：机械加工工艺结构

1）铸造工艺结构。

① 起模斜度。使用铸造方法制造零件的毛坯时，为了便于将木模从砂型中取出，一般在铸件的内外壁沿木模拔模的方向设计出斜度，这个斜度称为起模斜度，如图 8-40 所示。起模斜度一般按 1∶20 选取，也可以用角度表示（木模造型一般取 1°～3°）。该斜度在图上可以不标注，必要时可以在技术要求中说明。

② 铸造圆角。为了便于起模，防止在浇铸时铁水将砂型转角处冲坏，避免铸件在冷却时产生裂纹或缩孔，往往将铸件转角处做成圆角，如图 8-41 所示。铸造圆角的半径一般为 3～5mm，在图上一般不注出，可统一注写在技术要求中。

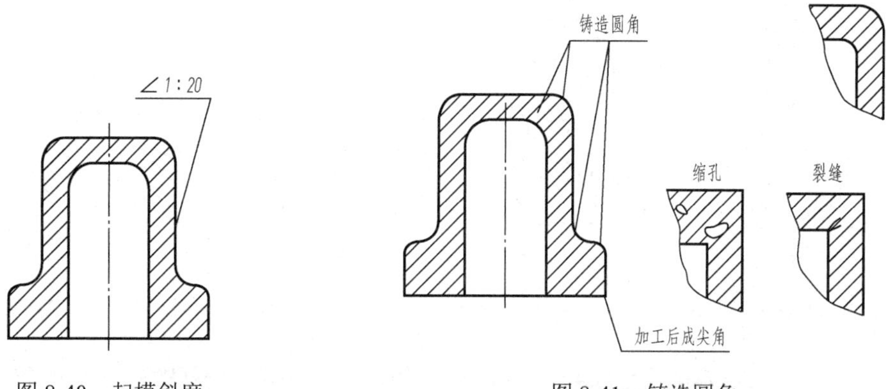

图 8-40　起模斜度　　　　图 8-41　铸造圆角

③ 铸件壁厚。当铸件的壁厚不均匀时，在浇铸零件后，因各处金属冷却速度不同，可能产生裂纹和缩孔，因此，铸件的壁厚应尽量均匀。当必须采用不同壁厚连接时，应采用逐渐过渡的方式。铸件的壁厚尺寸一般直接注出，如图 8-42 所示。

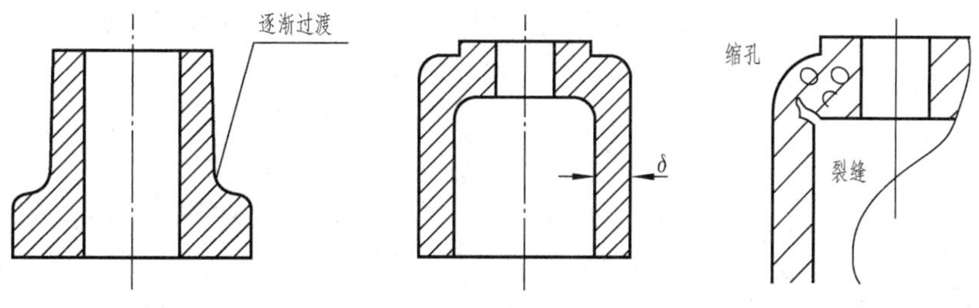

图 8-42　铸件的壁厚结构

2）钻孔结构。钻孔时，钻头的轴线应与被加工表面垂直，否则会使钻头弯曲，甚至折断。当被加工面倾斜或在曲面上钻孔时，为使钻头与钻孔端面垂直，应制成与钻头垂直的凸台或凹坑；钻头钻透时的结构，不能使钻头单边受力，否则钻头容易折断，如图 8-43 所示。

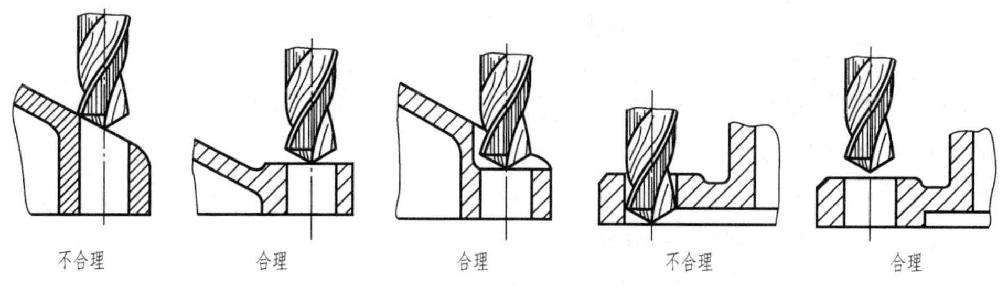

图 8-43　钻孔的工艺结构

由于钻头的端部是一个接近 120° 的锥角，用钻头钻盲孔时，末端便产生一个顶角接近 120° 的锥坑。钻孔深度指的是圆柱部分的深度，不包括锥角，如图 8-44（a）所示。在阶梯形钻孔的过渡处，也存在锥角为 120° 的圆台，如图 8-44（b）所示。

3）过渡线。铸件表面由于铸造圆角的存在，使铸件表面的交线变得不很明显，这种不明显的交线称为过渡线。

过渡线画法在相贯线绘制中已作交代，此处不再赘述。

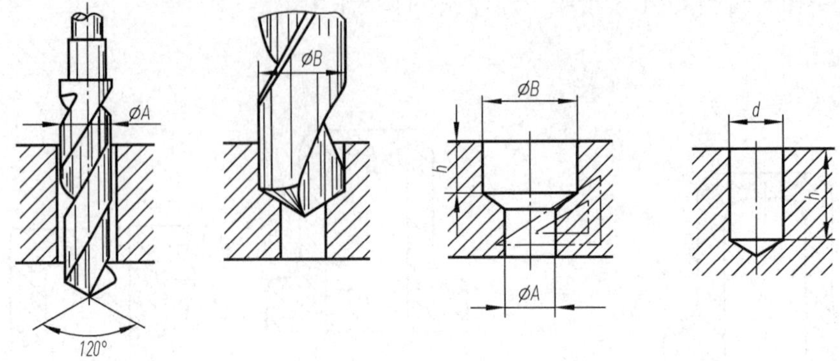

（a）通孔和阶梯孔的加工方法　　（b）阶梯孔的表达方法　　（c）盲孔的表达方法

图 8-44　盲孔和阶梯孔结构

2．箱体类零件的表达方法

箱体类零件通常采用 3 个或 3 个以上的基本视图，根据具体结构特点选用半剖、全剖或局部剖视图，并辅以断面图、斜视图、局部视图等表达方法。

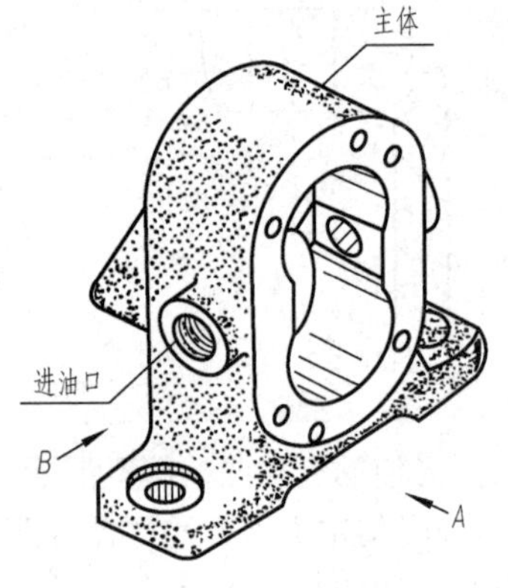

图 8-45　齿轮油泵泵体立体图

（1）箱体类零件图的选择

主视图投影方向的选择：按工作位置或自然安放位置，以最能反映零件形状特征及相对位置的方向，作为主视图的投影方向。如图 8-45 所示的泵体立体图，泵体的结构由容腔和底板两部分组成，左右对称。为了反映泵体的主要特征，主视图按工作位置安放，将底板放平，并以反映其各组成部分形状特征及相对位置最明显的方向作为主视图的投射方向。

如图 8-46 所示，在主视图上，采用 3 个局部剖视图，其中两个局部剖视图表达进、出油孔的结构，另一个局部剖视图表达安装孔的结构。该视图主要表达泵体的形状特征和左右对称的结构特征。

（2）其他视图的选择

主视图确定后，根据零件的具体情况，合理、恰当地选择其他视图，在完整、清晰地表达零件的内外结构的前提下，尽量减少视图的数量。

分析主视图上还有未表达清楚的部分，确定其他的基本视图。为了表达泵体主体部分的内部结构特征，左视图采用全剖视图。

对于未表达清楚的次要部分，通过选择适当的表达方法或增加其他视图来加以补充。如表达底板的形状及两个安装孔的位置，采用局部视图 *B*。

3．箱体类零件的尺寸标注及技术要求的标注

（1）箱体类零件的尺寸标注

因为箱体类零件的形状比较复杂，尺寸也比较多，所以标注尺寸时应按一定的方法和

步骤进行。下面以图 8-47 为例，说明箱体类零件尺寸的标注方法和步骤。

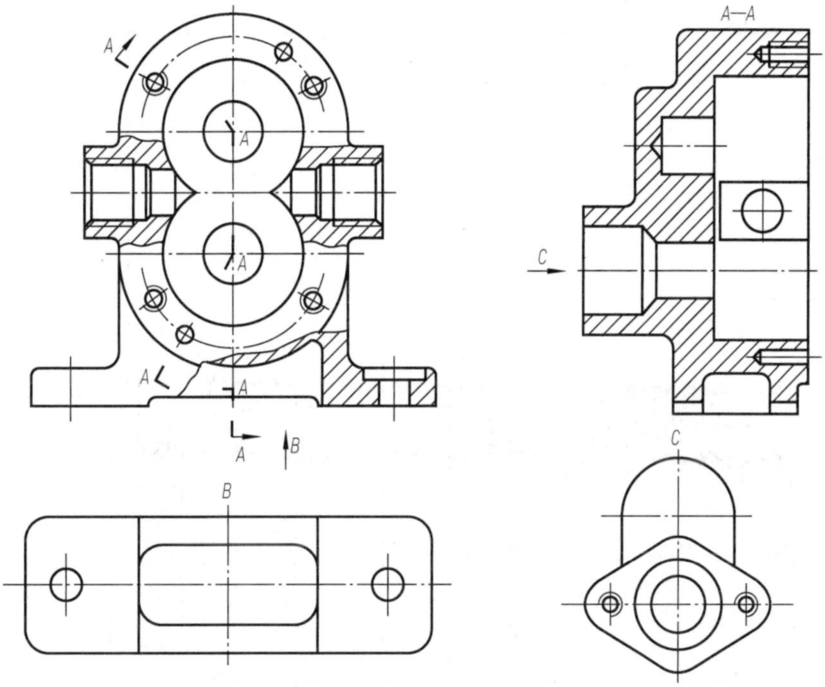

图 8-46　齿轮油泵泵体的视图表达

1）确定尺寸基准。长度、宽度、高度方向的主要尺寸基准，通常选孔的中心线、轴线、对称平面和较大的加工平面。如图 8-47 所示的泵体零件图，在长度方向的尺寸基准为左端面；宽度方向的尺寸基准为前后对称面；高度方向的尺寸基准为底面。

2）尺寸标注步骤。

① 箱体类零件主要是铸件，因此，所标注的尺寸必须满足木模制造的要求且便于制作。因此按照形体分析法标注尺寸比较合适。采用形体分析法并结合结构分析，逐个标注各形体的定形和定位尺寸。

要注意重要尺寸的标注。箱体中的重要尺寸，指的是直接影响机器的工作性能和质量好坏的尺寸，如底座孔轴线中心高、配合尺寸和与安装有关的尺寸等。

该泵体零件的尺寸标注顺序如下。

a．底板及螺栓孔的尺寸标注。

b．圆筒的尺寸标注。

c．肋板的尺寸标注。

d．检查有无遗漏或重复的尺寸，对重复尺寸进行调整。

② 根据尺寸基准，标注定位尺寸。箱体类零件的定位尺寸较多，各孔中心线（或轴线）间的距离要直接标注出来。

③ 标注总体尺寸，检查有无遗漏和重复尺寸，最后得出图 8-47 所示的全部尺寸。

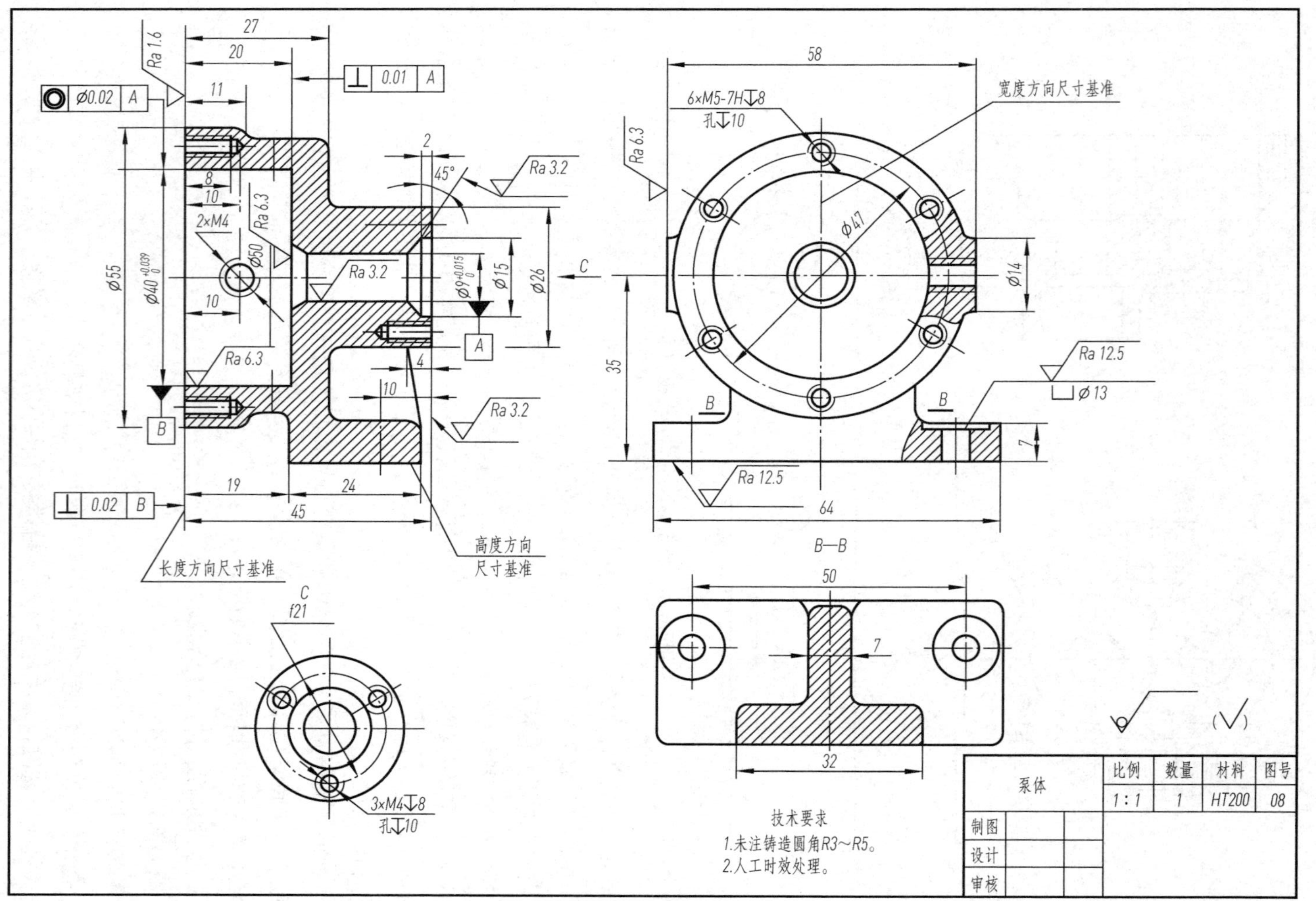

宽度方向尺寸基准
高度方向
尺寸基准
长度方向尺寸基准
6×M5-7H↧8
孔↧10
3×M4↧8
孔↧10
2×M4
B—B
C
技术要求
1.未注铸造圆角R3~R5。
2.人工时效处理。
泵体
比例
1:1
数量
1
材料
HT200
图号
08
制图
设计
审核

图 8-47 泵体零件图

（2）箱体类零件图的技术要求

箱体类零件在填写技术要求时应考虑以下 3 点。

1）箱体重要的孔、配合表面和重要加工面应有尺寸公差和几何公差的要求。

2）箱体重要的孔、配合表面应有表面粗糙度要求。

3）在零件视图上，有些不能或不便直接注出的技术要求，如热处理、涂装等要求，可以用文字加以说明。

4．识读箱体类零件图

下面以图 8-48 所示的蜗轮蜗杆减速器箱体为例，介绍识读箱体类零件图的基本步骤。

1）读标题栏，概括了解零件。从标题栏了解零件的名称为蜗轮蜗杆减速器箱体，材料为 HT200，比例为 1∶2 等。该零件起支承和容纳作用。根据绘图比例，由图形的总体尺寸可估计零件的实际大小比图形大 1 倍。

2）分析视图，明确表达目的。该箱体的零件图采用主视图、俯视图、左视图 3 个基本视图，另外还用了 *C*、*D*、*E* 3 个局部视图。

主视图采用全剖视图，重点表达了箱体内部的主要结构形状。在主视图的右下方有一个重合断面，用于表达肋板的形状。

俯视图采用半剖视图，在主视图上可找到剖切平面 *B*—*B* 的剖切位置。

左视图主要表达箱体的外形，采用局部剖视图，表达蜗杆支承孔处的结构。

C 向局部视图表达了底板上放油孔处的局部结构。

D 向局部视图表达了圆筒、底板和肋板的连接情况。

E 向局部视图表达了箱体两侧凸台的正面形状。

3）分析形体，想象零件的形状。根据形体分析法，该箱体可分为 4 个主要部分：壳体部分、蜗轮轴的支承部分（套筒）、肋板部分和底板部分。按投影关系找出各个部分在其他视图上的对应投影，综合起来想象出蜗轮蜗杆箱体的结构形状，如图 8-49 所示。

4）分析尺寸，明确零件的定形、定位尺寸。从主、俯视图可以看出，长度方向的主要基准是过蜗杆轴线的竖直平面，箱体的左、右端面是辅助基准；宽度方向的主要基准是箱体的前后对称平面；高度方向的主要基准是底板底面。

从基准出发，了解哪些是主要尺寸，哪些是次要尺寸，主要尺寸一般带有尺寸公差。

根据结构形状，找出定形尺寸、定位尺寸和总体尺寸。

5）分析技术要求。配合表面标出尺寸公差，如轴承孔直径、孔中心线的定位尺寸等。

加工表面标注表面粗糙度，如主体部分的左、右端面和轴承孔的内表面的粗糙度要求较高，底面的表面粗糙度可略大一些。

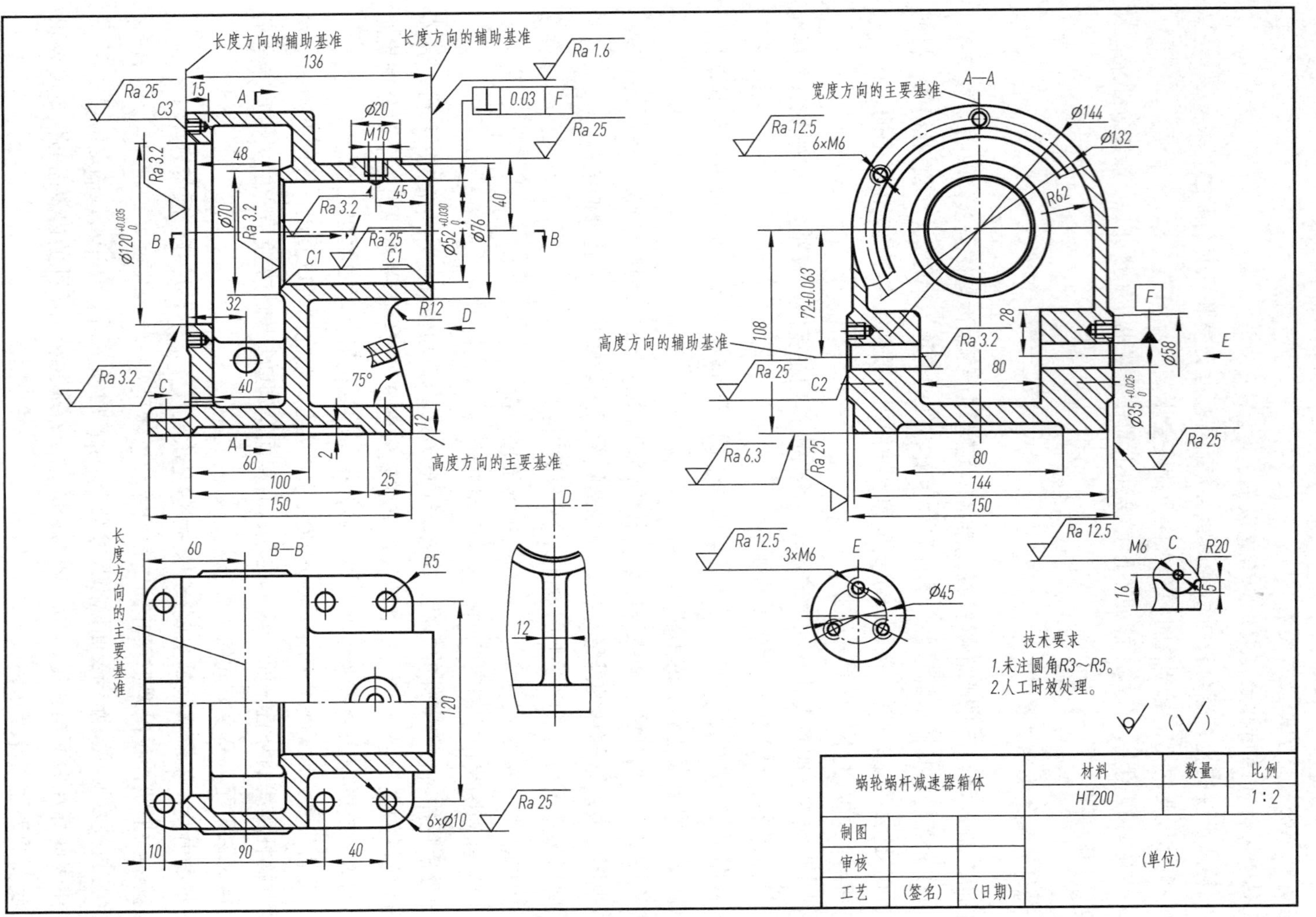

图 8-48　蜗轮蜗杆减速器箱体零件图

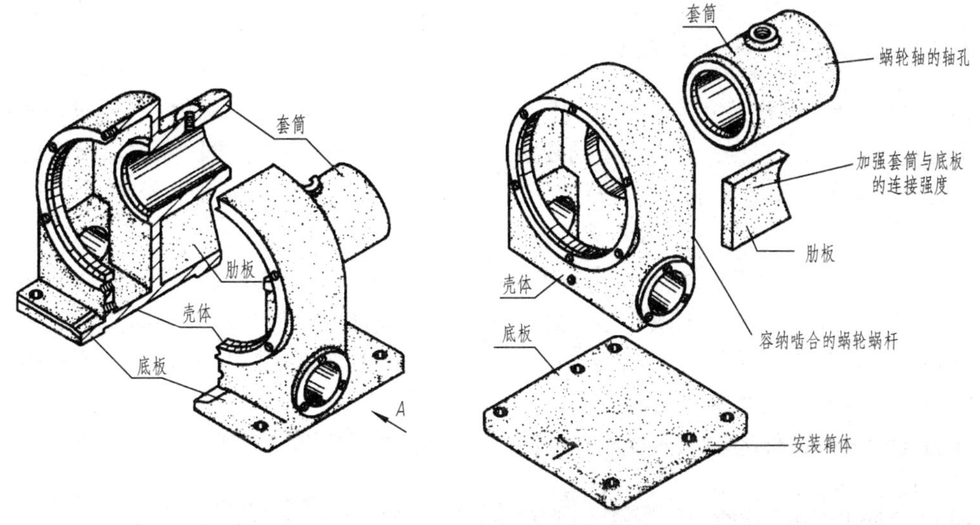

图 8-49　蜗轮蜗杆减速器箱体的结构分析

重要的线面标注几何公差，如轴承孔轴线与基准轴线 F 的垂直度公差要求为 0.03mm。

箱体的其余表面是用不去除材料的方法获得的，或是毛坯面。该箱体需要人工时效处理；未注圆角为 $R3$～$R5$。

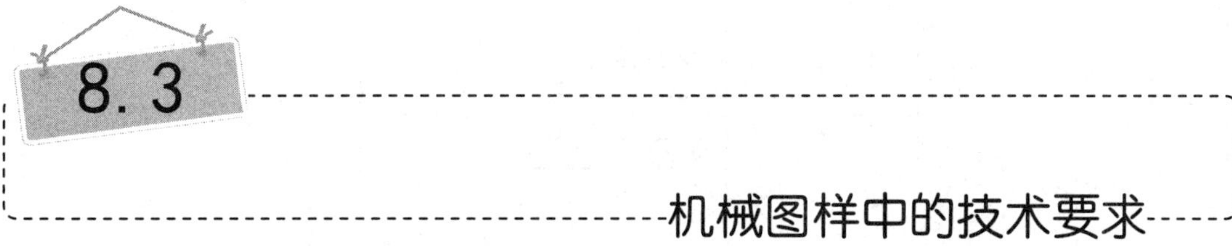

8.3 机械图样中的技术要求

机械图样中的技术要求是指在图样上对产品加工、检验、安装、调试、使用等规定的各种要求和指标。技术要求主要有极限与配合、表面粗糙度、几何公差、热处理和表面处理、特殊加工要求、检验和试验说明、材料要求等内容。这些有的用代号直接标注在图上，没有规定代号的，可用文字加以说明，书写在标题栏附近的技术要求中。

8.3.1　极限与配合及其标注

在现代化大规模生产中，要求零件具有互换性。机械零件的互换性是指规格相同的一批零部件，任取其一，无须挑选和修配就能装到机器上，并能满足预定的使用要求。

1. 公差的概念

零件在加工过程中，将每个零件都加工到与所指定的尺寸完全相同不仅做不到，而且也没有必要。在实际生产中，为了使零件具有互换性，通常根据零件的具体要求，对零件的有关尺寸规定一个允许的变动量，这就是尺寸公差（简称公差）。

2．与公差有关的一些术语及定义

1）公称尺寸。公称尺寸是设计给定的尺寸，是设计人员根据产品的性能要求，在设计中根据强度、刚度、工艺、结构等不同要求，经过计算、试验或用类比的方法给定的。公称尺寸是计算偏差的起始尺寸，孔用 D 表示，轴用 d 表示，孔和轴配合时，公称尺寸应一致。

2）实际尺寸。通过测量获得的某一孔、轴的尺寸。

3）极限尺寸。指允许孔或轴尺寸变化的两个极限值，或者说是允许尺寸变化的两个界限值。通常，设计规定两个极限尺寸，允许的最大尺寸称为上极限尺寸（D_{max}、d_{max}）；允许的最小尺寸称为下极限尺寸（D_{min}、d_{min}）。完工后，零件的实际尺寸处于上下极限尺寸范围之内，零件的尺寸才是合格的，即：

孔的尺寸合格条件为 $D_{min} \leqslant D_a \leqslant D_{max}$；

轴的尺寸合格条件为 $d_{min} \leqslant d_a \leqslant d_{max}$。

例如，某轴尺寸 $\phi 35^{+0.025}_{+0.009}$，上极限尺寸为 35.025，下极限尺寸为 35.009。

加工后，实际尺寸在这两个极限尺寸范围内则为合格。

4）尺寸偏差（简称偏差）。偏差是指某一尺寸（实际尺寸、极限尺寸等）减去其公称尺寸所得的代数差，如图 8-50 所示。

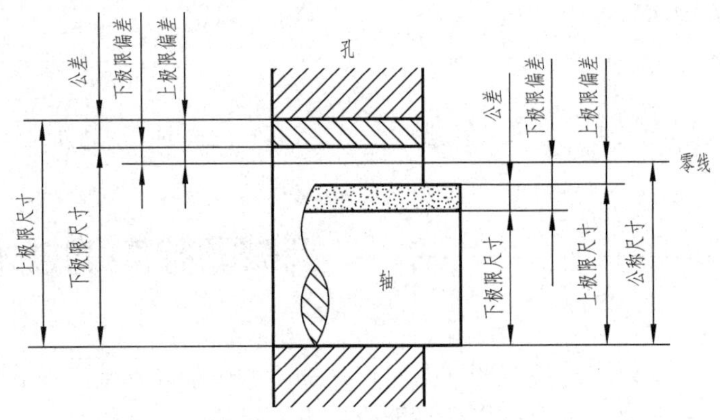

图 8-50　极限与配合示意图

① 实际偏差：指实际尺寸减去其公称尺寸所得的代数差，用公式表示如下：

孔的实际偏差

$$E_a = D_a - D$$

轴的实际偏差

$$e_a = d_a - d$$

② 极限偏差：极限尺寸减去其公称尺寸所得的代数差。其中，上极限尺寸与公称尺寸之差称为上极限偏差（ES、es）；下极限尺寸与公称尺寸之差称为下极限偏差（EI、ei）；上极限偏差和下极限偏差统称为极限偏差，用公式表示如下：

孔的极限偏差

$$ES = D_{max} - D$$

$$EI = D_{min} - D$$

轴的极限偏差

$$es=d_{max}-d$$
$$ei=d_{min}-d$$

偏差可以为正、负或零，它分别表示其尺寸大于、小于或等于公称尺寸。实际偏差在两个极限偏差范围内为合格。

5）尺寸公差（简称公差）。公差是上极限尺寸减去下极限尺寸之差，或上极限偏差减去下极限偏差。公差总是正值。

6）尺寸公差带图（简称公差带图）。公差带是由上、下偏差所限定的一个允许尺寸变动的区域。为了说明公称尺寸、极限偏差和公差三者之间的关系，需要画出公差带图。

为了直观、方便，在研究公差和配合时，常用到公差带图这一工具。公差带图由零线和公差带组成。由于公差或偏差的数值比公称尺寸的数值小得多，在图中不便用同一比例表示，同时为了简化作图，在分析有关问题时，不画出孔、轴的结构，而只画出放大的孔、轴公差区域和位置，这种图形称为公差带图，如图 8-51 所示。

① 零线是指在公差带图中，表示公称尺寸的一条直线，以其为基准，可确定偏差和公差。通常零线沿水平方向绘制，正偏差位于其上，负偏差位于其下。公差带图中的偏差以 mm 为单位时，可省略不标；如果以μm 为单位，则必须注明。

② 公差带是指在公差带图中，由代表上极限偏差和下极限偏差的两平行直线所限定的区域。

在公差带图中，公差带图的大小反映了零件的加工精度，而公差带相对于零线的位置，则反映了配合的松紧程度。在国家标准中，公差带图包括“公差带大小”和“公差带位置”两个参数，前者由标准公差确定，后者由基本偏差确定。在公差带图中，用零线表示公称尺寸，图中的矩形上边代表上极限偏差，下边代表下极限偏差，矩形的长度无实际意义，高度代表公差大小。

3．标准公差与基本偏差

标准公差与基本偏差是公差带的两个重要组成部分。标准公差决定公差带的高度，也就是公差值的大小；基本偏差确定公差带相对零线的位置。

1）标准公差。标准公差是由国家标准规定的、用以确定公差带大小的任一公差值。标准公差的符号为 IT，共分为 20 个等级，分别为 IT01、IT0、IT1、IT2、…、IT18，其中 IT01 精度为最高，IT18 精度为最低，如附表 1-1 所示。

2）基本偏差。基本偏差是指确定公差带相对于零线位置的极限偏差，一般为靠近零线的偏差。当公差带在零线上方时，基本偏差为下极限偏差；当公差带在零线下方时，基本偏差为上极限偏差；当零线穿过公差带时，离零线近的偏差为基本偏差；当公差带关于零线对称时，基本偏差为上极限偏差或下极限偏差，如 JS（js）。基本偏差有正号和负号之分，如图 8-52 所示。

基本偏差可使公差带的位置标准化。为了使孔轴实现不同松紧程度的配合，需要有一系列不同的公差带位置。国家标准对不同公称尺寸的孔和轴规定了 28 个公差带位置，分别由 28 个基本偏差来确定。孔和轴的基本偏差用代号表示，孔的基本偏差代号用大写拉丁字母或字母组合表示，轴用小写拉丁字母或字母组合表示，如图 8-53 所示。需要注意的是，公称尺寸相同的轴和孔，若基本偏差代号相同，则基本偏差值一般情况下互为相反数。基本偏差 H 代表基准孔，h 代表基准轴。JS 和 js 由于上下极限偏差与零线对称，所以上、下极限偏差分别是+IT/2 和−IT/2。此外，在图 8-53 中，公差带一端不封口，即基本偏差只决定公差带位置，另一个极限偏差取决于公差大小。

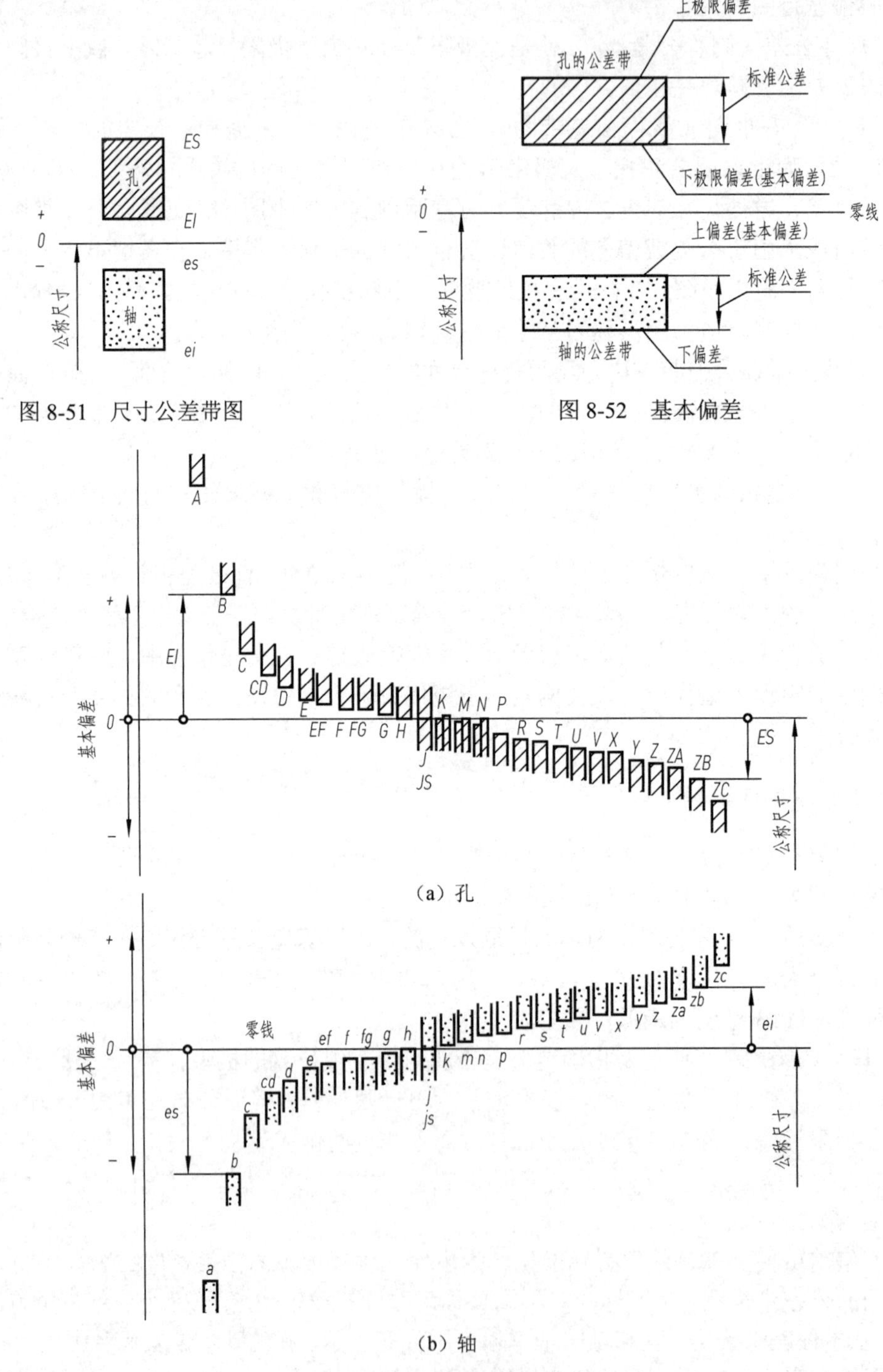

图 8-51　尺寸公差带图

图 8-52　基本偏差

（a）孔

（b）轴

图 8-53　基本偏差系列图

孔轴的基本偏差值如附表 1-2 和附表 1-3 所示。

3）公差带代号。孔轴公差带的代号，由公称尺寸和表示公差带位置的基本偏差代号及表示公差大小的公差等级组成。例如，ϕ50H8、ϕ50 是公称尺寸，H 是基本偏差代号，大写表示孔，公差等级为 IT8。

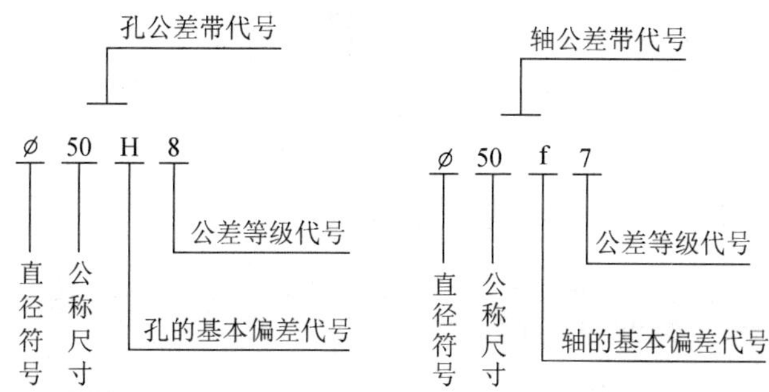

4．配合与配合制度

通常孔和轴是成对装配在一起工作的，由于使用要求的不同，它们之间装配以后的松紧也是不一致的。一对孔轴配合时公称尺寸是相同的，但在设计时给它们规定了不同的公差带位置，故配合时可能出现间隙或过盈，如图 8-54 所示。这种公称尺寸相同、相互结合的孔和轴公差带之间的关系称为配合。孔和轴配合时，由于它们的实际尺寸不同而产生间隙或过盈。当孔的尺寸减去与其相配合的轴的尺寸之差为正值时，称为间隙；为负值时，称为过盈。

（1）配合的种类

根据配合的孔、轴之间产生间隙或过盈的情况，配合可分为 3 种。

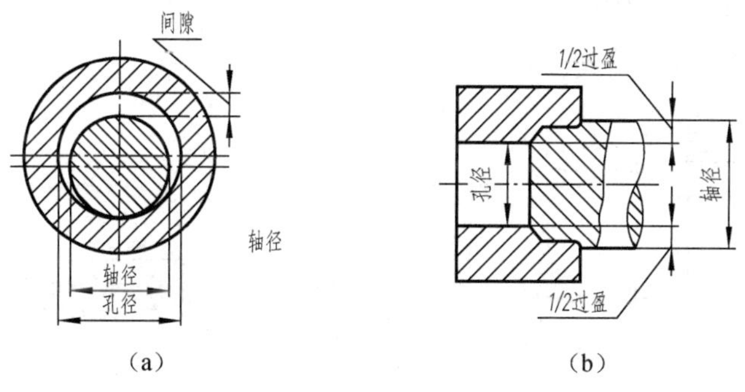

图 8-54　配合的间隙和过盈

1）间隙配合。具有间隙（包括最小间隙为零）的配合称为间隙配合。此时，孔的公差带位于轴的公差带之上，如图 8-55 所示。

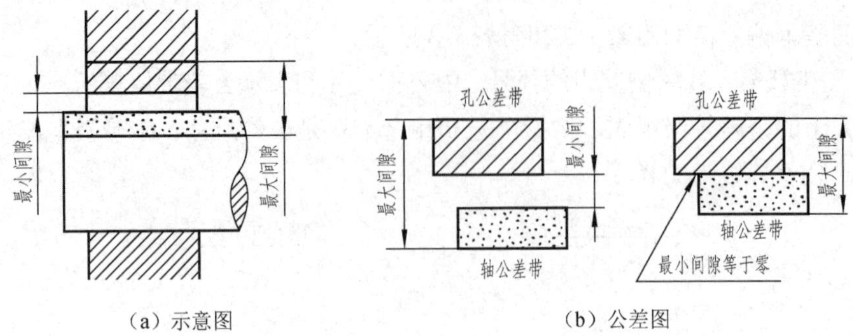

（a）示意图　　（b）公差图

图 8-55　间隙配合

2）过盈配合。具有过盈（包括最小过盈为零）的配合称为过盈配合。此时，孔的公差带位于轴的公差带之下，如图 8-56 所示。

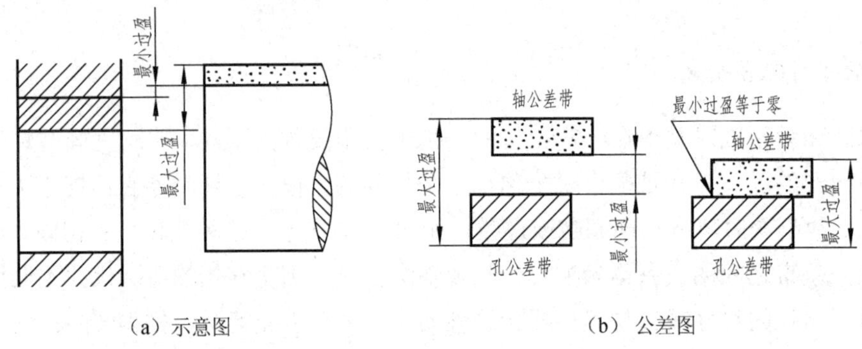

（a）示意图　　（b）公差图

图 8-56　过盈配合

3）过渡配合。过渡配合是可能具有间隙或过盈的配合。此时，孔的公差带与轴的公差带相互交叠，如图 8-57 所示。

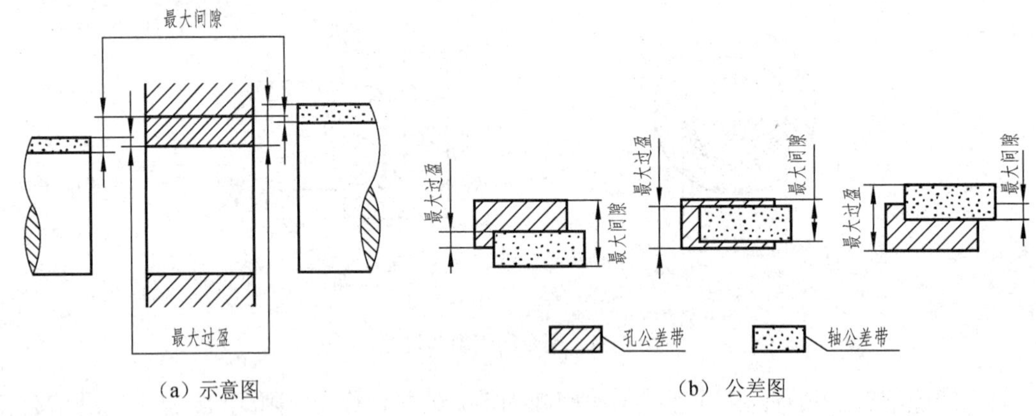

（a）示意图　　（b）公差图

图 8-57　过渡配合

（2）配合制

配合制是孔和轴公差带形成配合的一种制度。为了实现配合标准化，国家标准规定了两种配合的基准制，即基孔制和基轴制。

1）基孔制。基本偏差为一定的孔的公差带，与不同基本偏差的轴的公差带形成各种配合的一种制度称为基孔制。

基孔制中的孔称为基准孔，基本偏差代号为 H，基本偏差为下极限偏差，且下极限偏差为零。改变轴公差带相对于零线的位置，可以得到不同松紧的配合，如图 8-58 所示。

2）基轴制。基本偏差为一定的轴的公差带，与不同基本偏差的孔的公差带形成各种配合的一种制度称为基轴制。

基轴制中的轴称为基准轴，基本偏差代号为 h，基本偏差为上极限偏差，且上极限偏差为零，改变孔公差带相对于零线的位置，可以得到不同松紧的配合，如图 8-59 所示。

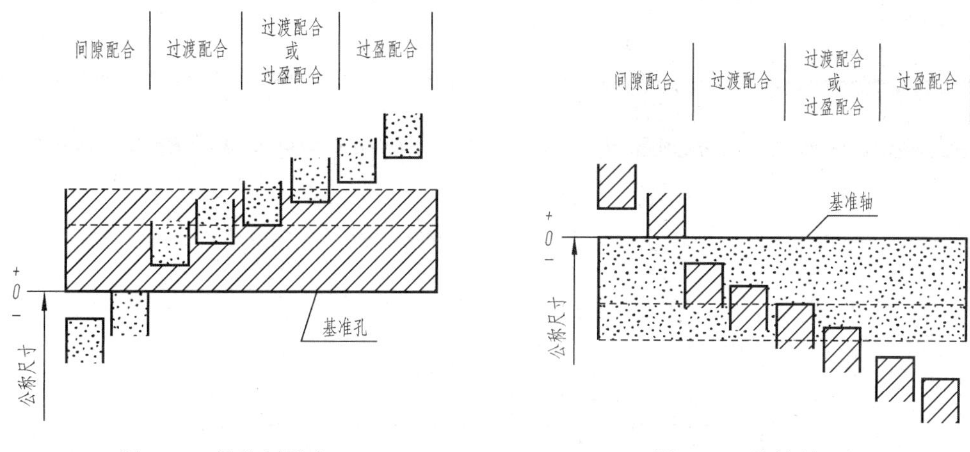

图 8-58　基孔制配合

图 8-59　基轴制配合

一般情况下应优先选用基孔制，选用基孔制配合可以减少加工孔用的定值刀具（钻头、铰刀、拉刀等）和量具的规格，减少加工工作量，降低成本。但若与标准件形成配合时，应按标准件确定基准制，如与滚动轴承内圈配合的轴应选基孔制；与滚动轴承外圈配合的孔应选基轴制。

（3）常用和优先配合

按照国家标准中提供的标准公差与基本偏差系列，可将任一基本偏差与任一标准公差进行组合，从而得到大小与位置不同的公差带。公差带数量多，势必会使定值刀具和量具规格繁多，使用时很不经济。为此，国家标准规定了公称尺寸小于等于 500mm 的一般用途的 116 个轴的公差带和 105 个孔的公差带，然后从中选出 59 个常用轴的公差带和 44 个常用孔的公差带，再从中选出各 13 个孔和轴的优先公差带，如图 8-60 和图 8-61 所示。

选用公差带时，应按优先、常用、一般公差带的顺序选取。若一般公差带中也没有满足要求的公差带，则按《产品几何技术规范（GPS）线性尺寸公差 ISO 代号体系　第 1 部分：公差、偏差和配合的基础》（GB/T 1800.1—2020）中规定的标准公差和基本偏差组成的公差带来选取。

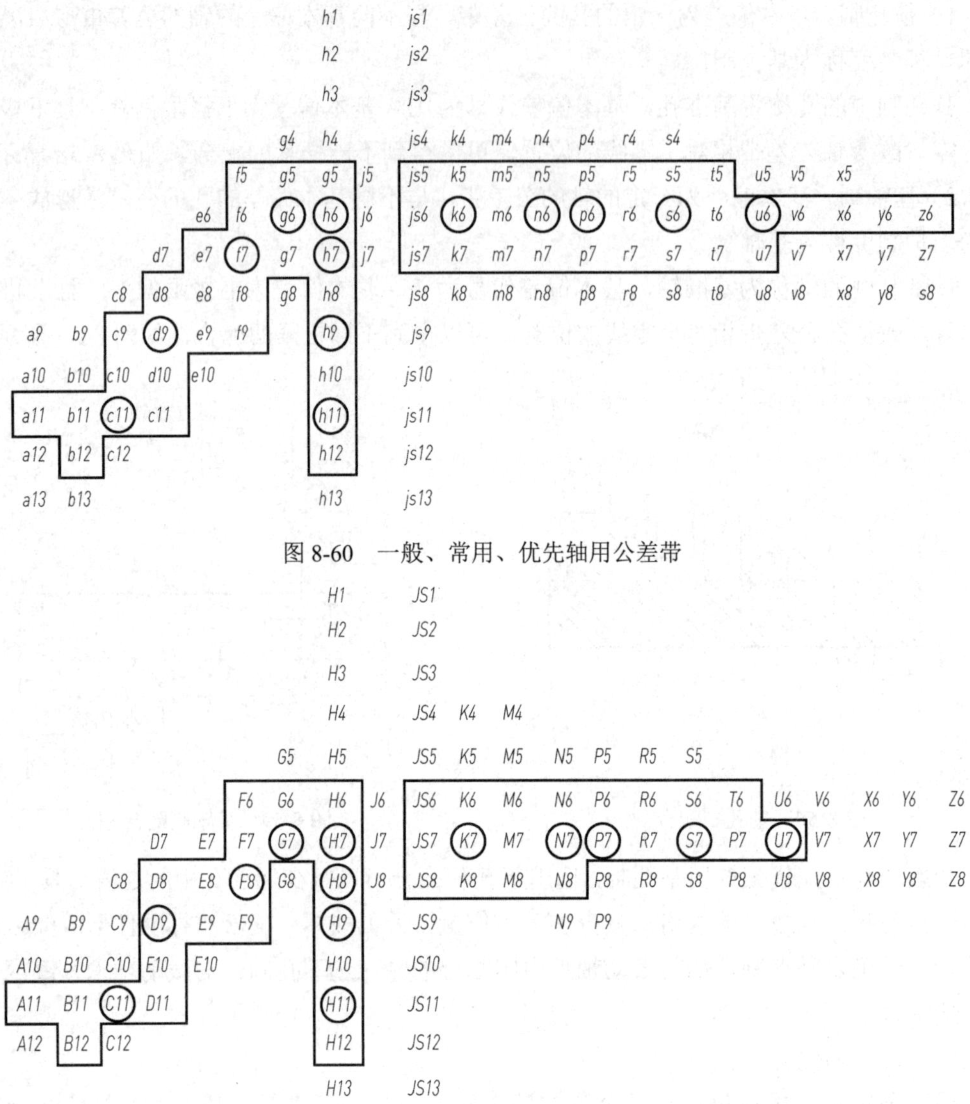

图 8-60　一般、常用、优先轴用公差带

图 8-61　一般、常用、优先孔用公差带

在上述推荐的孔、轴公差带的基础上，国家标准还推荐了孔、轴公差带的组合。针对基孔制，规定有 59 种常用配合；针对基轴制，规定有 47 种常用配合。在此基础上，又从中各选取了 13 种优先配合，如表 8-5 和表 8-6 所示。

表 8-5　基孔制优先、常用配合（摘自 GB/T 1800.1—2020）

基准孔	轴																				
	a	b	c	d	e	f	g	h	js	k	m	n	p	r	s	t	u	v	x	y	z
	间隙配合								过渡配合			过盈配合									
H6						H6/f5	H6/g5	H6/h5	H6/js5	H6/k5	H6/m5	H6/n5	H6/p5	H6/r5	H6/s5	H6/t5					
H7						H7/f6	▲H7/g6	▲H7/h6	▲H7/js6	▲H7/k6	▲H7/m6	▲H7/n6	▲H7/p6	▲H7/r6	▲H7/s6	▲H7/t6	▲H7/u6	H7/v6	H7/x6	H7/y6	H7/z6
H8					H8/e7	▲H8/f7	H8/g7	▲H8/h7	H8/js7	H8/k7	H8/m7	H8/n7	H8/p7	H8/r7	H8/s7	H8/t7	H8/u7				
				H8/d8	H8/e8	H8/f8		H8/h8													
H9			H9/c9	▲H9/d9	H9/e9	H9/f9		▲H9/h9													
H10			H10/c10	H10/d10				H10/h10													
H11	H11/a11	H11/b11	▲H11/c11	H11/d11				▲H11/h11													
H12		H12/b12						H12/h12													

注：标注▲的配合为优先配合。

表 8-6　基轴制优先、常用配合（摘自 GB/T 1800.1—2020）

基准轴	孔																				
	A	B	C	D	E	F	G	H	JS	K	M	N	P	R	S	T	U	V	X	Y	Z
	间隙配合								过渡配合			过盈配合									
h5						F6/h5	G6/h5	H6/h5	JS6/h5	K6/h5	M6/h5	N6/h5	P6/h5	R6/h5	S6/h5	T6/h5					
h6						F7/h6	▲G7/h6	▲H7/h6	JS7/h6	▲K7/h6	M7/h6	▲N7/h6	▲P7/h6	R7/h6	▲S7/h6	T7/h6	▲U7/h6				
h7					E8/h7	▲F8/h7		▲H8/h7	JS8/h7	K8/h7	M8/h7	N8/h7									
h8				D8/h8	E8/h8	F8/h8		H8/h8													
h9				▲D9/h9	E9/h9	F9/h9		▲H9/h9													
h10				D10/h10				D10/h10													
h11	A11/h11	B11/h11	▲C11/h11	D11/h11				▲H11/h11													
h12		B12/h12						H12/h12													

注：标注▲的配合为优先配合。

（4）极限与配合在图样中的标注和查表

1）在装配图中，极限与配合一般采用代号的形式标注。标注线性尺寸的配合代号时，必须在公称尺寸的后边用分数的形式注出，分子为孔的公差带代号，分母为轴的公差带代号，如图 8-62（a）所示。

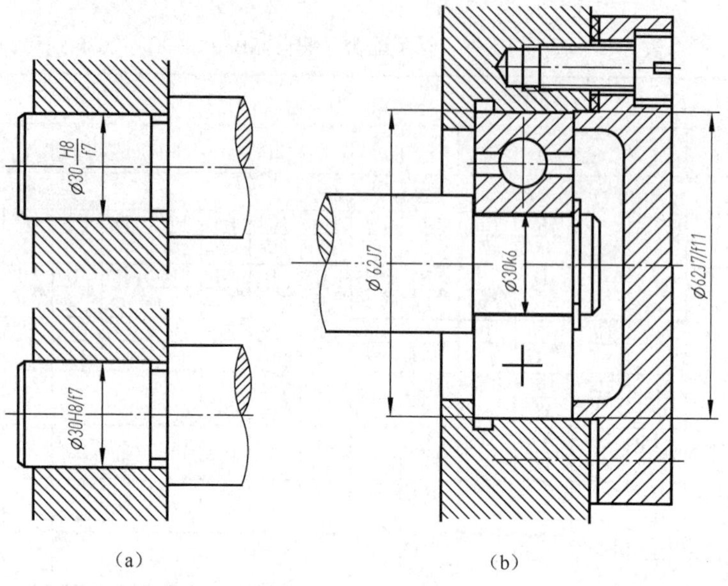

（a）　　（b）

图 8-62　配合代号在装配图中的标注

对于与轴承等标准件配合的孔或轴，则只标注非基准件（配合件）的公差带符号。例如，轴承内圈孔与轴的配合，只标注轴的公差带代号；外圈与箱体孔的配合，只标注箱体孔的公差带代号，如图 8-62（b）所示。

2）在零件图上，线性尺寸的公差应按 3 种形式之一标注，如图 8-63 所示。

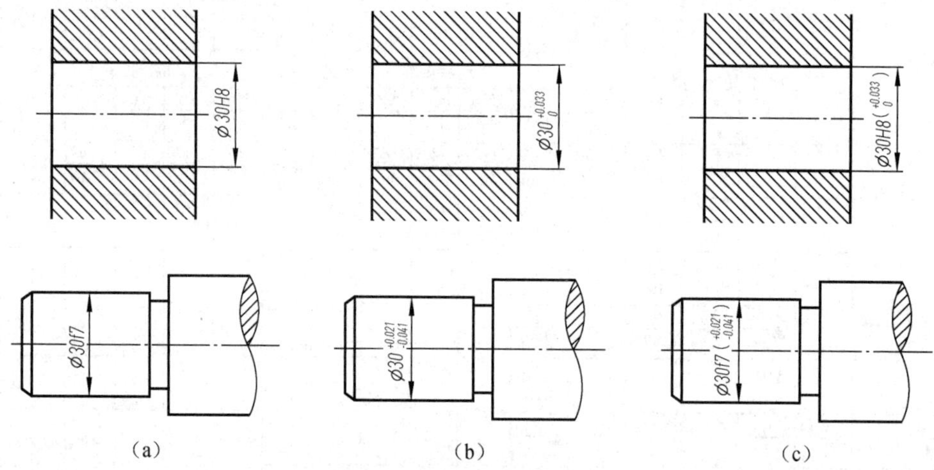

（a）　　（b）　　（c）

图 8-63　零件图中尺寸公差的标注

标注极限与配合时，应注意以下几点。

1）标注偏差数值，上极限偏差标注在公称尺寸的右上方，下极限偏差标注在公称尺寸的右下方，偏差的数字应比公称尺寸数字小一号，并使下极限偏差与公称尺寸在同一底线上。

2）当上、下极限偏差值相同而符号相反时，在公称尺寸后面标注上“±”，再填写偏差数值。其数字高度与公称尺寸数字高度相同，如图 8-64 所示。

3）上、下极限偏差的小数位数必须相同、对齐，当上极限偏差或下极限偏差为零时，用数字“0”标出，如$\phi30_{0}^{+0.033}$。小数点后末位的“0”一般不必注写，仅当为补齐上、下极限偏差小数点后的位数时，才用“0”补齐。

（5）极限偏差的查表方法

【例 8-2】 查表确定$\phi50\dfrac{H8}{s7}$中轴和孔的极限偏差。

解： 公称尺寸$\phi50$属于“>40～50 尺寸段”。轴的公差带代号为 s7，孔的公差带代号为 H8，属于基孔制配合。由附表 1-1 查得孔的公差值 IT8=39μm，轴的公差值 IT7=25μm。由附表 1-2 查得轴的基本偏差 ei=+43μm，则轴的上极限偏差 $es=ei$+IT7=43+25=+68μm、下极限偏差 ei=+43μm，孔的上极限偏差 ES=+39μm、下极限偏差 EI=0。孔的极限尺寸为$\phi50_{0}^{+0.039}$，轴的极限尺寸为$\phi50_{+0.043}^{+0.068}$。

【例 8-3】 查表确定$\phi32\dfrac{N7}{h6}$中轴、孔的极限偏差，画出公差带图，判断配合性质。

解： 此配合为公称尺寸$\phi32$ 的基轴制配合。轴的公差带代号为ϕ32h6，孔的公差带代号为ϕ32N7。由附表 1-1 查得孔的公差值 IT7=25μm，轴的公差值 IT6=16μm。查附表 1-3 得孔的基本偏差为 ES=−8μm，则孔的上极限偏差 ES=−8μm，孔的下极限偏差 EI=−33μm。孔的极限尺寸为$\phi32_{-0.033}^{-0.008}$，轴的极限尺寸为$\phi32_{-0.016}^{0}$，公差带图如图 8-65 所示。由图可知，配合性质为过渡配合，最大间隙为 8μm，最大过盈为−33μm。

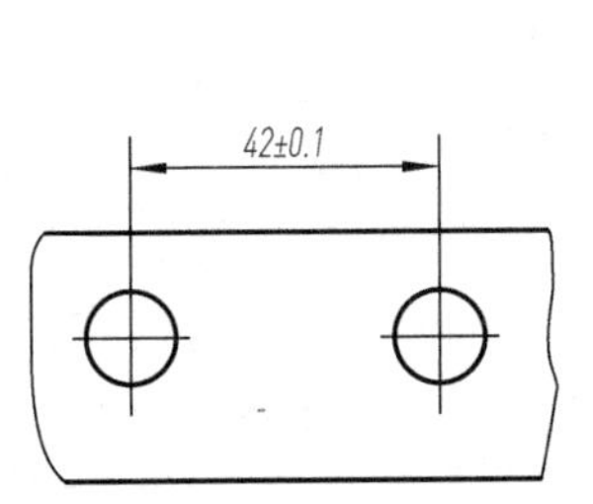

图 8-64　上、下极限偏差数值相同时的标注方法

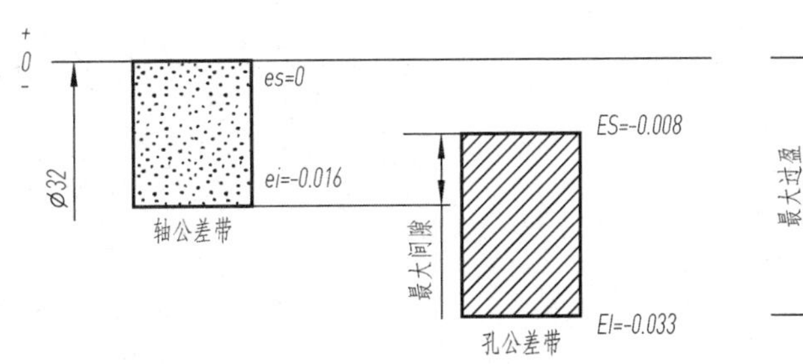

图 8-65　公差带图

【例 8-4】 识读ϕ30H8/k7 的含义，查表确定轴、孔的极限偏差，画出公差带图，判断配合性质。

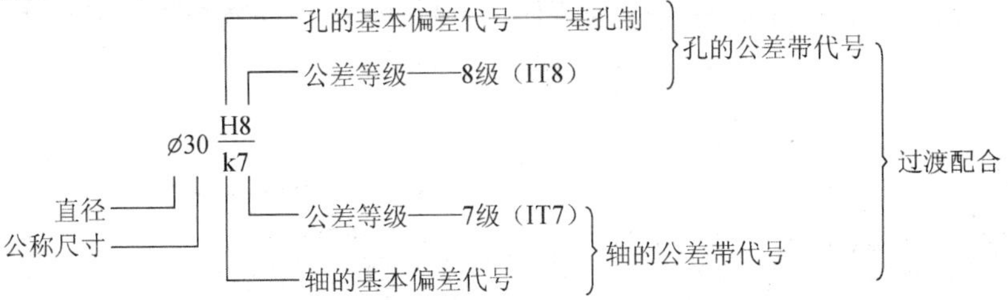

查孔、轴的基本偏差表（附表 1-3 和附表 1-2）和标准公差表（附表 1-1），并计算得到孔的尺寸$\phi30_{0}^{+0.033}$，轴的尺寸$\phi30_{+0.002}^{+0.023}$。画其公差带图（图 8-66），图中孔、轴公差带的关系，表明其为过渡配合。由 H8 确定其为基孔制。

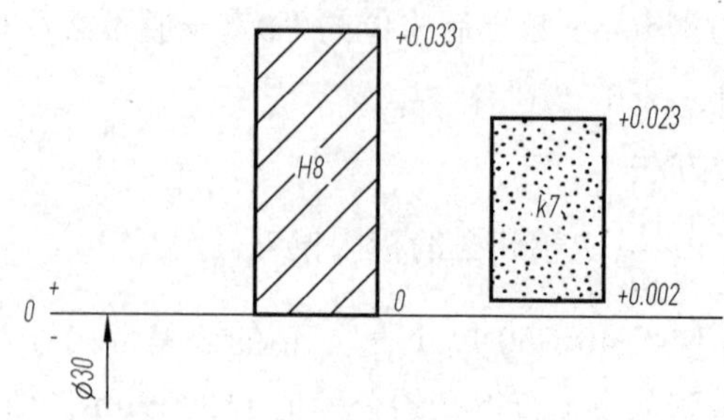

图 8-66　孔轴公差带图

8.3.2　表面粗糙度及其标注

1．表面粗糙度的概念

零件在加工过程中，受刀具的形状、刀具与工件之间的摩擦、机床的振动及零件金属表面的塑性变形等因素的影响，表面不可能绝对光滑，如图 8-67 所示。零件表面上这种具有较小间距的峰谷所组成的微观几何形状特征，称为表面粗糙度。

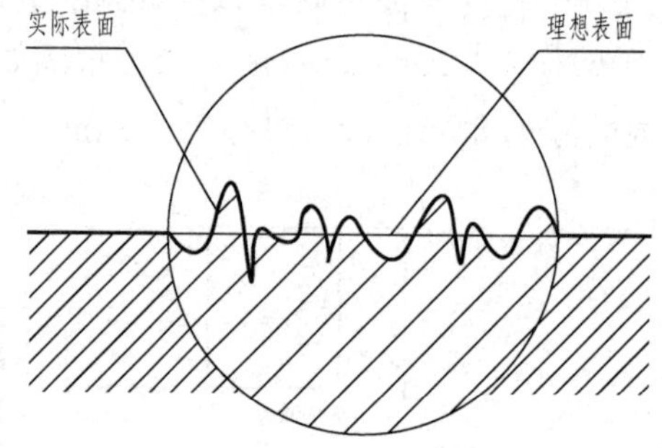

图 8-67　表面粗糙度的概念

2．表面粗糙度的评定参数

零件表面有粗糙度要求时，应标注其参数代号和相应数值（单位：μm）。表面粗糙度常用的评定参数是轮廓算术平均偏差 *Ra* 和轮廓最大高度 *Rz*。

（1）轮廓算术平均偏差 *Ra*

如图 8-68 所示，*Ra* 表示在一个取样长度内纵坐标 $Z(x)$绝对值的算术平均值，即

$$Ra=\frac{1}{l_{\mathrm{r}}}\int_{0}^{l_{\mathrm{r}}}\left|Z\left(x\right)\right|\mathrm{d}x$$

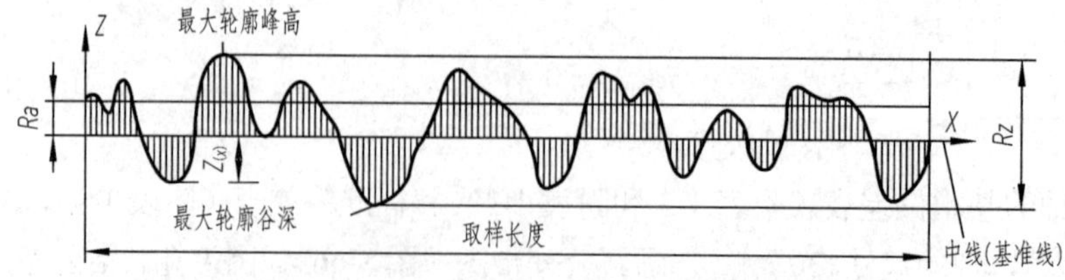

图 8-68　轮廓算术平均偏差 *Ra* 和轮廓最大高度 *Rz*

（2）轮廓最大高度 *Rz*

在一个取样长度内，最大轮廓峰高 Z_P 和最大轮廓谷深 Z_V 之和为轮廓最大高度。

轮廓算术平均偏差 *Ra* 是目前最常用的表面粗糙度参数。*Ra* 值越小，零件表面越光滑，其表面耐腐蚀、耐磨和抗疲劳等性能越强，但其加工成本也相应提高。因此，在选择零件表面参数时，应在满足零件表面性能的前提下，考虑加工工艺的经济性。

表面粗糙度对零件的配合性质、疲劳强度、耐腐蚀性、密封性等影响较大。因此，要根据零件表面的不同情况，合理选择其参数值。表 8-7 列出了国家标准推荐的 *Ra* 优先选用系列。

表 8-7　轮廓算术平均偏差 *Ra* 的优先选用数值系列

0.012	0.025	0.05	0.1	0.2	0.4	0.8
1.6	3.2	6.3	12.5	25	50	100

3．表面粗糙度的图形符号及其组成

（1）表面粗糙度的图形符号

表面粗糙度的图形符号是由规定的符号和有关参数值组成的，其符号的画法及意义如表 8-8 所示。

表 8-8　表面粗糙度的图形符号及意义

符号名称	符号	含义
基本图形符号	H_2　H_1　60°　60° $d'=h/10$ （d'为符号线宽，h 为数字和字母的高度） $H_1=1.4h$ $H_2=2.1H_1$	未指定工艺方法的表面，当通过一个注释时单独使用
扩展图形符号		用去除材料方法获得的表面，仅当其含义是“被加工表面”时可单独使用
		不去除材料的表面，也可用于保持上道工序形成的表面，不管这种情况是通过去除或不去除材料形成的
完整图形符号		在以上 3 种符号的长边上均可加一横线，以便注写对表面粗糙度的各种要求

注：表中 H_2 是最小值，必要时允许加大。

（2）表面粗糙度完整图形符号的组成

为了表明表面粗糙度的要求，除标注表面粗糙度参数和数值外，必要时应标注补充要求，包括传输带、取样长度、加工工艺、表面纹理及其方向、加工余量等，分别标注在如图 8-69 所示的 a、b、c、d、e 处。

（3）表面粗糙度代号

表面粗糙度符号中注写了具体参数代号及数值等要求后即称为表面粗糙度代号。常见表面粗糙度代号的示例如表 8-9 所示。

c
a
e　d　b

a—注写表面粗糙度的单一要求；b—注写两个或多个表面粗糙度要求；c—注写加工方法；d—加工纹理方向符号；e—加工余量（mm）

图 8-69　表面粗糙度完整的图形符号的组成

表 8-9　表面粗糙度代号示例及说明

序号	代号示例	说明	补充说明
1	Ra 0.8	表示不允许去除材料，单向上限值，轮廓算术平均偏差 *Ra* 为 0.8μm	参数代号与极限值之间应留空格
2	Rz 0.2	表示去除材料，单向上限值，轮廓最大高度的最大值为 0.2μm	示例 1～3 均为单向极限要求，且均为单向上限值，则可不加注“*U*”；若为单向下限值，则应加注“*L*”
3	磨 Rz 1.6	表示去除材料，单向上限值，轮廓算术平均偏差为 1.6μm 加工方法：磨削	—
4	U Ra 3.2 L Ra 0.8	表示不允许去除材料，双向极限值。上限值：算术平均偏差为 3.2μm。 下限值：算术平均偏差为 0.8μm	本例为双向极限要求，用“*U*”和“*L*”分别表示上限值和下限值，在不致引起歧义时，可不加注“*U*”“*L*”

4．表面粗糙度要求在图样中的注法

表面粗糙度标注如表 8-10 所示。表面粗糙度的简化标注如表 8-11 所示。

表 8-10　表面粗糙度符号在图样中的标注位置和方向

标注在轮廓线及其延长线上	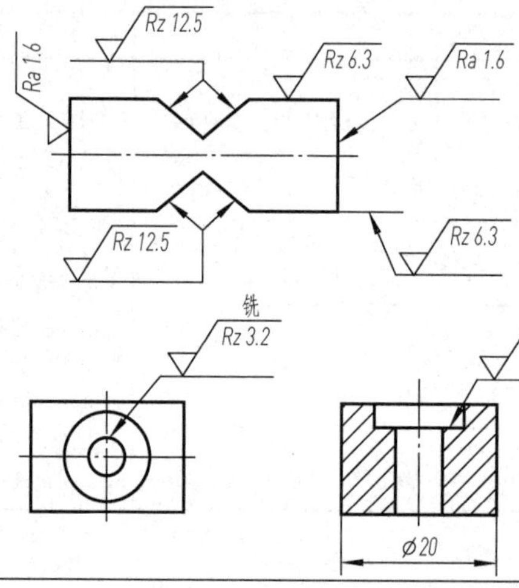 Rz 12.5　Ra 1.6　Rz 6.3　Ra 1.6　Rz 12.5　Rz 6.3 铣 Rz 3.2　车 Rz 3.2　⌀20	① 表面粗糙度要求对每一表面一般只注一次，并尽可能注在相应的尺寸及其公差的同一视图上。除非另有说明，所标注的表面粗糙度要求是对完工零件表面的要求。 ② 其符号应从材料外指向接触表面或其延长线，或用箭头指向表面或其延长线。必要时可以用黑点或箭头引出标注
标注在特征尺寸和尺寸线上	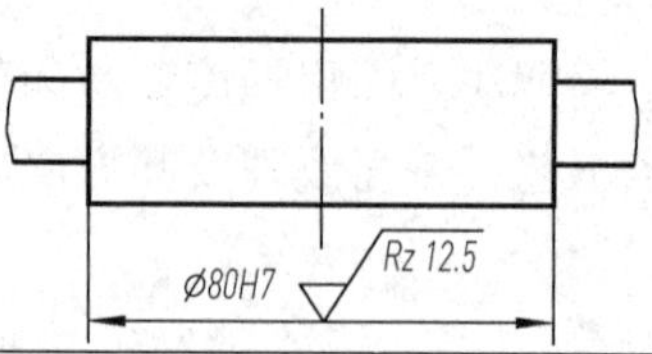 ⌀80H7　Rz 12.5	在不至于引起误解时，表面粗糙度要求可以标注在给定的尺寸线上
标注在几何公差框格的上方	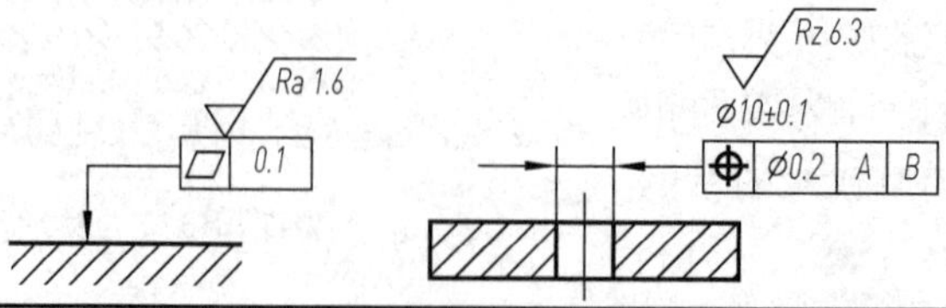 Ra 1.6　0.1 Rz 6.3　⌀10±0.1　⌀0.2　A　B	表面粗糙度要求可以标注在几何公差框格的上方

续表

标注在圆柱或棱柱的表面上	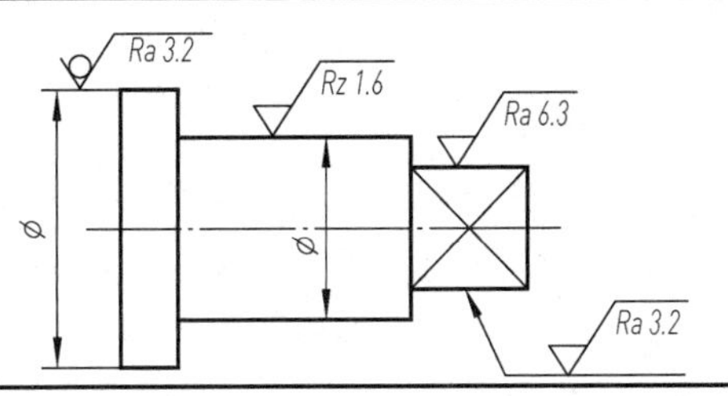	圆柱和棱柱表面的结构要求只标注一次，如果每个表面有不同的表面粗糙度要求，则应分别单独标注

表 8-11　表面粗糙度要求的简化标注

有相同表面粗糙度要求的简化画法	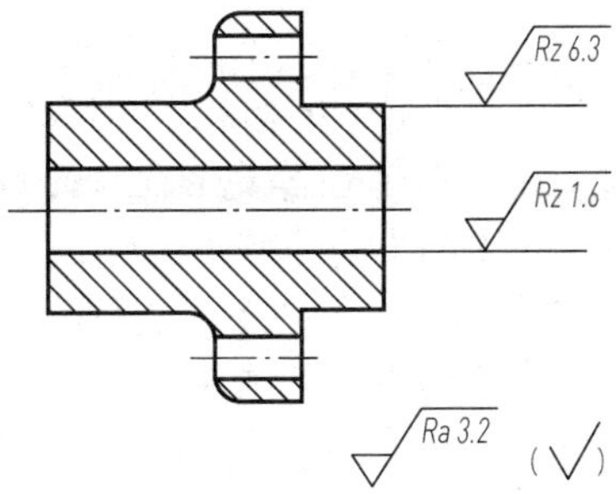 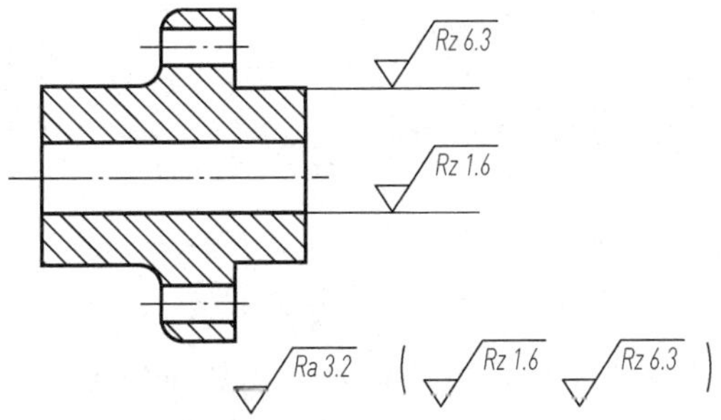 Rz 6.3　Rz 1.6　Ra 3.2 （√） 注：在圆括号内给出无任何其他标注的基本符号	如果在工件的多数（包括全部）表面有相同的表面粗糙度要求，则其表面粗糙度要求可统一标注在图样的标题栏附近。此时（除全部表面有相同要求的情况外），表面粗糙度符号的后面应有表示无任何其他标注的基本符号或不同的表面粗糙度要求
	Rz 6.3　Rz 1.6　Ra 3.2 （Rz 1.6　Rz 6.3） 注：在圆括号内给出不同的表面粗糙度要求	
多个表面有共同要求的注法	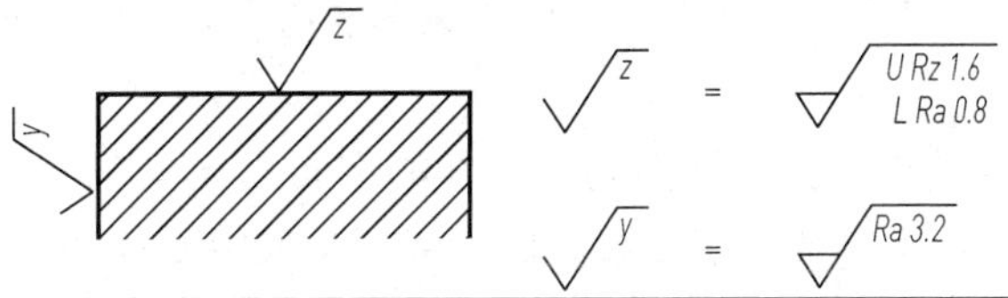 z = U Rz 1.6 L Ra 0.8 y = Ra 3.2	当多个表面具有相同表面粗糙度要求或图纸空间有限时，可以采用简化注法
	 √ = Ra 3.2 注：未指定工艺方法的多个表面粗糙度要求的简化注法 √ = Ra 3.2 注：要求去除材料的多个表面粗糙度要求的简化注法  √ = Ra 3.2 注：不允许去除材料的多个表面结构要求的简化注法	以等式的形式给出多个表面共同的表面粗糙度要求

8.3.3 几何公差及其标注

1．几何公差的概念

在零件加工过程中，不仅要限制尺寸公差，而且零件组成要素的形状和相互位置也要由几何公差加以限制。这样才能满足零件的使用和装配要求，保证零件的互换性。因此几何公差与尺寸公差、表面粗糙度一样，是评定零件质量的重要指标。

如图 8-70（a）所示的销轴直径$\phi10^{\ 0}_{-0.015}$，加工后的实际尺寸符合尺寸公差要求，但由于加工时出现了轴线的弯曲，如图 8-70（b）所示，销轴不能很好地与相应的孔配合。此时需要测定销轴轴线的形状误差，称该轴的轴线为被测要素。该轴线的理想形状应该是一条几何直线。形状误差是指被测要素的实际形状对其理想形状的变动量。形状公差是指单一实际要素（即仅对其本身给出形状公差要求的要素）的形状所允许的变动量。

在生产中，上述轴线可以稍微发生一些弯曲等变形，但必须处在直径为ϕf的圆柱范围内，如图 8-70（c）所示。ϕf圆柱即为该轴线的公差带，f用来表示该轴线的形状公差的大小，即直线度公差值。可采用图 8-70（d）所示的形式进行标注，公差$\phi f=\phi 0.02$，框格中的符号"—"表示直线度公差，框格左边指引线的箭头与$\phi10^{\ 0}_{-0.015}$的尺寸线对齐，即表示被测要素为$\phi10$圆柱的轴线。

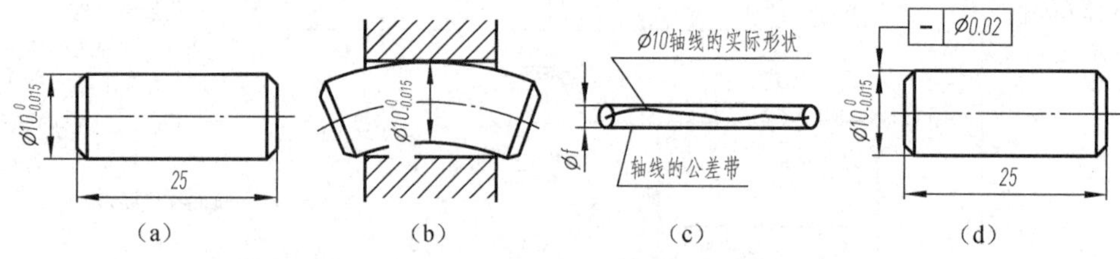

图 8-70 销轴轴线的直线度公差

几何公差带是限制被测要素变动的区域，被测要素必须在此区域内，否则为不合格。几何公差带比尺寸公差带要复杂一些，它是平面或空间内的区域。公差带的形状有两平行直线、两等距曲线、两同心圆、一个圆、一个球、一个圆柱、两个同轴圆柱、两平行平面、两等距曲面等。

如图 8-71（a）所示的托架，其右端面为该零件的安装面 A，其顶面为支承面 B，用以支承其他零件，要求 B 面与 A 面垂直，才能保证托架上被支承零件的位置准确。但实际零件的 B 面并不准确地垂直于 A 面，如图 8-71（b）所示。此时须测定 B 面的位置误差，B 面即为被测要素，零件上的实际 A 面称为基准要素，具有理想形状的 A 面称为基准。位置误差是指被测要素（B 面）的实际位置对其理想位置（即与基准平面 A 绝对垂直的理想平面）的变动量。位置公差是指关联实际要素（即对其他要素有功能关系的要素）的位置对基准所允许的变动量。

如图 8-71（c）所示，B 面可以稍微不垂直于基准 A 面，但必须处在距离为 f 且垂直于基准 A 面的两平行平面之间，这两个平行平面之间的区域即为 B 面的公差带，f 表示 B 面的位置公差——垂直度公差。上述情况可采用如图 8-71（d）所示的形式标注，在基准 A 面上画出如图 8-71（d）所示的基准代号，在代号的框格中写上字母 A，在框格的右边加一小格，在格子内写上与基准代号相同的字母 A。该例中公差 f=0.05，框格中的符号“⊥”表示垂直度公差。

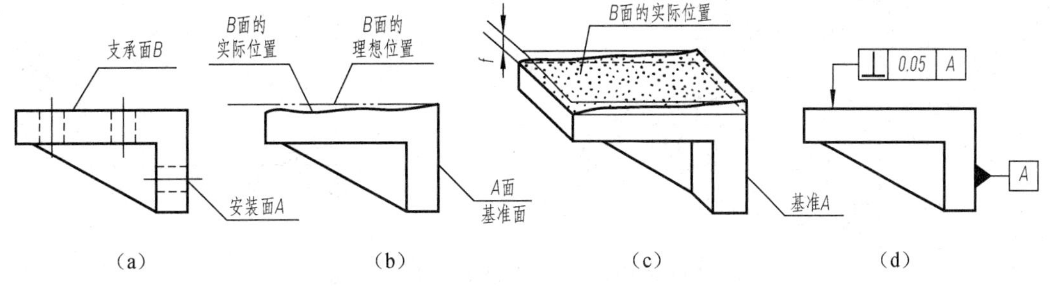

图 8-71 托架支承面的垂直度公差

2．几何公差的符号及代号

（1）几何公差的符号

几何公差的分类、项目及符号如表 8-12 所示。

表 8-12 几何公差的分类、项目及符号

公差类型	几何特征	符号	有无基准	公差类型	几何特征	符号	有无基准
形状公差	直线度	—	无	方向公差	面轮廓度	⌓	有
	平面度	▱	无	位置公差	位置度	⌖	有或无
	圆度	○	无		同心度（用于中心点）	◎	有
	圆柱度	⌭	无		同轴度（用于轴线）	◎	有
	线轮廓度	⌒	无		对称度	⌯	有
	面轮廓度	⌓	无		线轮廓度	⌒	有
方向公差	平行度	//	有		面轮廓度	⌓	有
	垂直度	⊥	有	跳动公差	圆跳动	↗	有
	倾斜度	∠	有		全跳动	⌰	有
	线轮廓度	⌒	有	—	—	—	—

需要说明的是，在图样中标注表 8-13 中特征项目符号的线宽为 h/10（h 为图样中所注尺寸数字的高度），符号高度一般为 h，平面度、圆柱度、平行度、圆跳动和全跳动的符号倾斜约 75°，倾斜度符号的倾斜角度约为 45°。

（2）几何公差的代号及其标注

在技术图样中，几何公差一般应采用代号进行标注，当无法采用代号标注时，允许在技术要求中用文字说明。

几何公差的代号包括：几何公差特征项目符号、几何公差框格及指引线、几何公差数值和其他有关符号、基准代号的字母等，如图 8-72 所示。

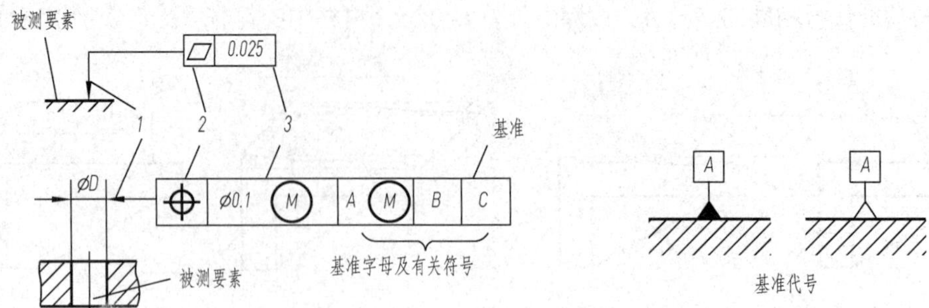

1—指引线箭头；2—项目符号；3—几何公差值

图 8-72　几何公差框格及其基准代号

1）几何公差框格。

如图 8-72 所示，几何公差框格由 2～5 格组成。形状公差一般为两格，位置公差可为 2～5 格。在零件图样上只能沿水平或垂直放置。从左到右或从下到上依次填写框格。

第一格：几何公差特征项目符号。

第二格：几何公差值及附加要求。

第三格：基准字母（没有基准的形状公差框格只有前两格）。

填写公差框格时应注意以下几点。

① 几何公差均以 mm 为单位，公差要求注写在公差框格内。公差框格水平放置时，按自左至右顺序依次填写几何特征符号、公差值、基准；公差框格竖直放置时，则应从框格最下方的第一格起向上依次填写几何特征符号、公差值、基准。公差值以线性尺寸表示，如果公差带为圆形或圆柱形，公差值前应加注符号“ϕ”；如果公差带为圆球形，公差值前应加注符号“$S\phi$”。根据公差带的形状不同，在公差值前加注不同的符号或不加符号，如图 8-73（b）、（d）所示。

如果需要限定被测要素在公差带内的形状，可在公差值后加注相应的符号，如表 8-13 所示。

表 8-13　形状公差限定符号

含义	符号	举例	含义	符号	举例
只许中间向材料内凹陷	（-）	— t（-）	只许从左至右减小	（▷）	⌭ t（▷）
只许中间向材料外凸起	（+）	▱ t（+）	只许从右至左减小	（◁）	⌭ t（◁）

② 当公差应用于几个相同要素时，应在公差框格的上方被测要素的尺寸之前注明要素的个数，并在两者之间加上符号“×”，如图 8-73（d）所示。对被测要素的其他说明，应在框格的下方注明，如图 8-73（a）所示，NC 表示不凸起。

③ 对同一被测要素有两个或两个以上的公差项目要求时，允许将一个框格放在另一个框格的下方，如图 8-73（c）所示。

2）被测要素的标注。

用带箭头的指引线将公差框格与被测要素相连来标注被测要素。指引线与框格的连接可采用如图 8-74 所示的方法。

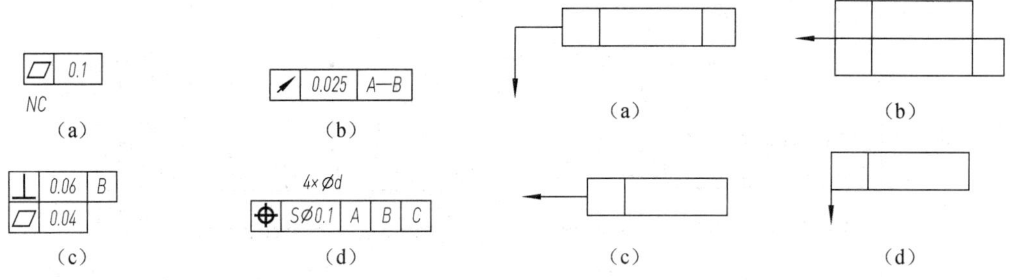

图 8-73　公差框格　　　　图 8-74　指引线与几何公差框格的连线

指引线从几何公差框格引出指向被测要素，中间可以弯折，但不得多于两次。指引线箭头方向应垂直于被测要素，即与公差带的宽度或直径方向相同，该方向也是几何误差的测量方向。不同的被测要素，箭头的指示位置也不同。

① 被测要素为轮廓要素时，箭头应直接指向被测要素或其延长线，并且与相应轮廓的尺寸线明显错开，如图 8-75（a）所示。

② 被测要素为某要素的局部要素，而且在视图上表现为轮廓线时，可用粗点画线表示出被测范围，箭头指向点画线，如图 8-75（d）、（e）所示。

③ 被测要素为视图上的局部表面时，可用带圆点的参考线指明被测要素（圆点应在被测表面上），而将指引线的箭头指向参考线，如图 8-75（c）所示。

④ 被测要素为中心要素时，箭头应与相应轮廓尺寸线对齐，如图 8-75（f）、（g）所示。

⑤ 一个公差框格可以用于具有相同几何特征和公差值的若干个分离要素，如图 8-76（a）所示。

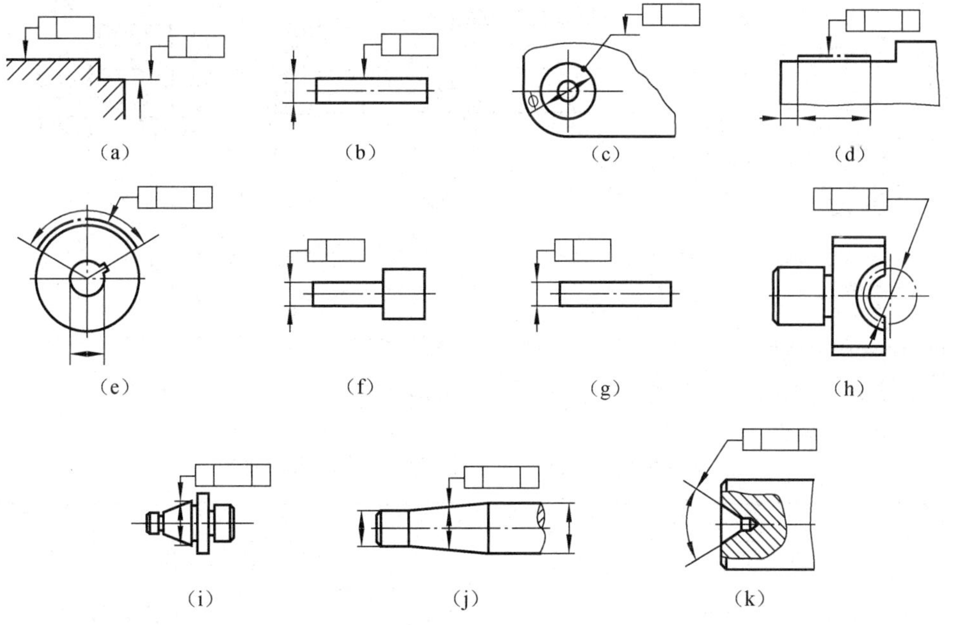

图 8-75　被测要素的标注

⑥ 若干个分离要素给出同一公差带时，可按图 8-76（b）在公差框格内公差值的后面

加注公共公差带的符号“CZ”。

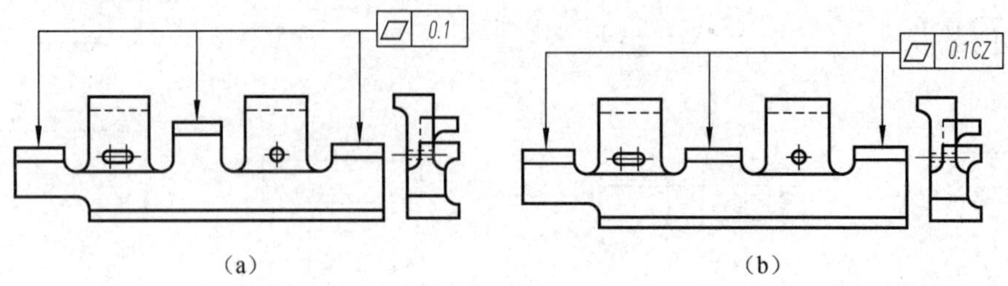

图 8-76　多个要素的标注

⑦ 当对同一被测要素有多个几何公差和特征要求时，为方便起见，可以将这些框格绘制在一起，只用一根指引线，如图 8-77 所示。

3）基准要素的标注。

关联被测要素的位置公差必须注明基准。基准代号如图 8-77 所示，方框内的字母应与公差框格中的基准字母对应。代表基准的字母（包括基准代号方框内的字母）用大写的英文字母（为不致引起误解，E、I、J、M、Q、O、P、L、F 等英文字母不予采用）表示，且不管代号在图样中的方向如何，方框内的字母均应水平书写。

当以轮廓要素为基准时，基准符号应靠近基准要素的轮廓线或其延长线，且与轮廓的尺寸线明显错开，如图 8-78（a）所示。当以中心要素为基准时，基准符号应与相应的轮廓要素的尺寸线对齐，如图 8-78（b）所示。

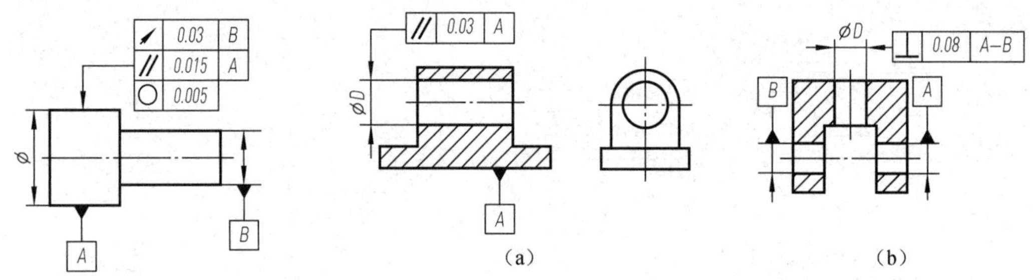

图 8-77　同一被测要素有多个几何公差的标注

图 8-78　基准要素的标注

4）几何公差带的定义。

常用几何公差带的定义、标注和解释如表 8-14 所示。

表 8-14　常用几何公差带的定义、标注和解释

特征	几何公差带定义	标注和解释
直线度	公差带是直径为 0.025mm 的圆柱面内的区域	被测圆柱体的轴线必须位于直径为 0.025mm 的圆柱面内

续表

特征	几何公差带定义	标注和解释
平面度	公差带是距离为公差值 0.06mm 的两平行平面之间的区域 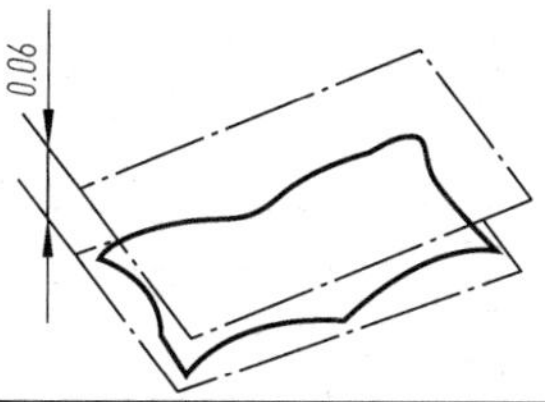	被测表面必须位于距离为公差值 0.06mm 的两平行平面内 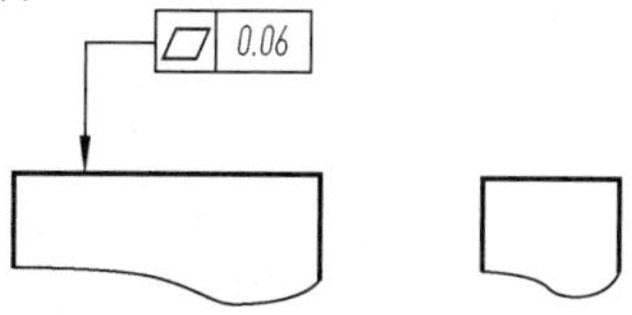
圆度	公差带是在同一正截面上，半径差为公差值 0.03mm 的两同心圆之间的区域 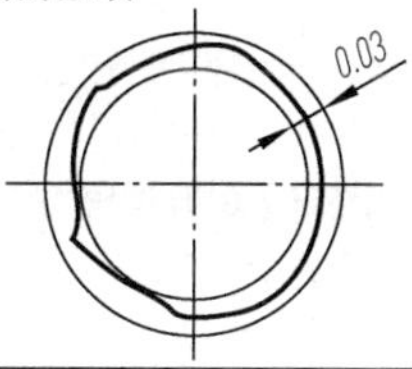	被测圆柱面任一截面的圆周必须位于半径差为公差值 0.03mm 的两同心圆之间 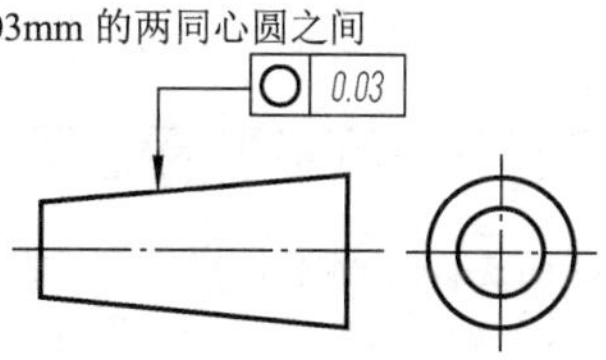
圆柱度	公差带是半径差为公差值 t 的两同轴圆柱之间的区域 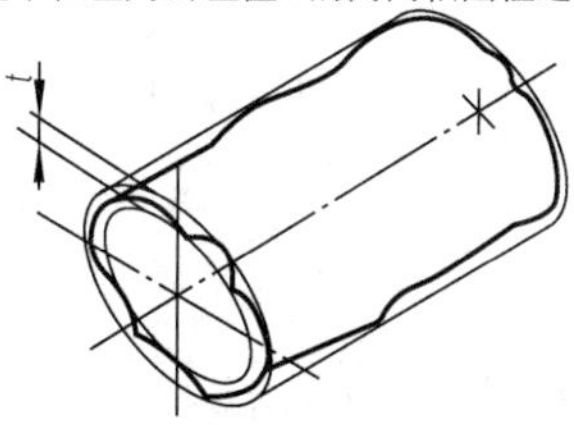	被测圆柱面必须位于半径差为 0.05mm 的两同轴圆柱面之间 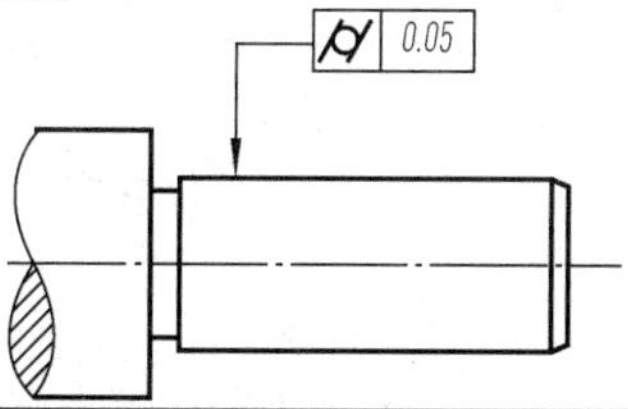
线轮廓度	公差带是直径等于公差值 0.04mm、圆心位于具有理论正确几何形状的一系列圆的两包络线所限定的区域 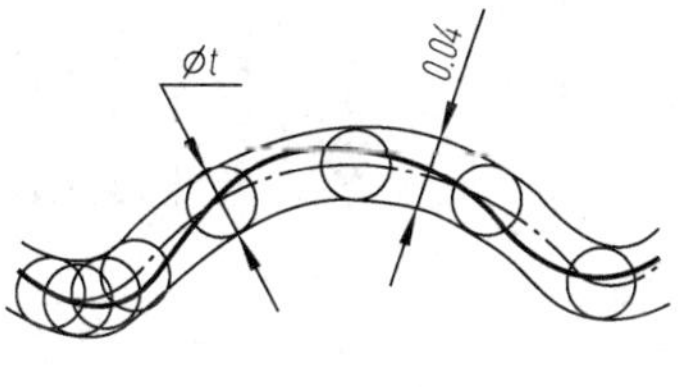	被测轮廓线必须位于距离为 0.04mm 的两等距曲线所限定的区域 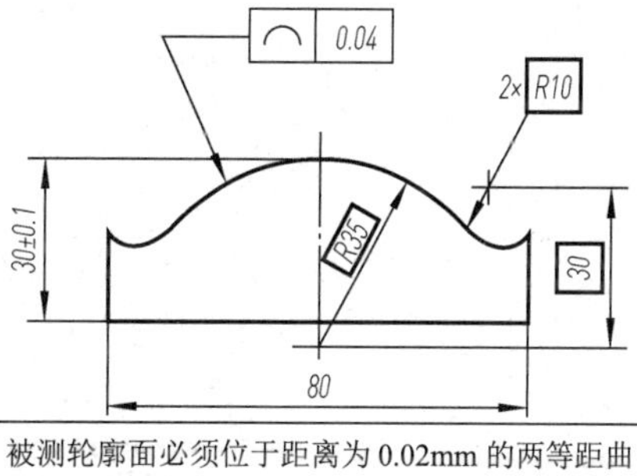
面轮廓度	公差带是直径等于公差值 0.02mm、球心位于被测要素理论正确形状的一系列圆球的两等距包络面所限定的区域 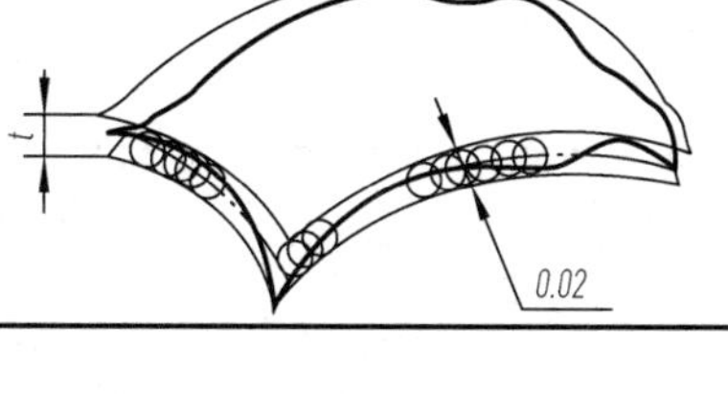	被测轮廓面必须位于距离为 0.02mm 的两等距曲面所限定的区域 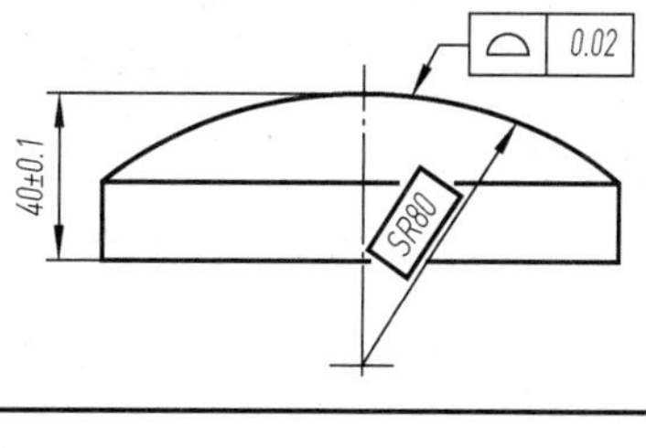

续表

特征	几何公差带定义	标注和解释
平行度	公差带是距离为公差值 0.05mm，且平行于基准平面的两平行平面之间的区域 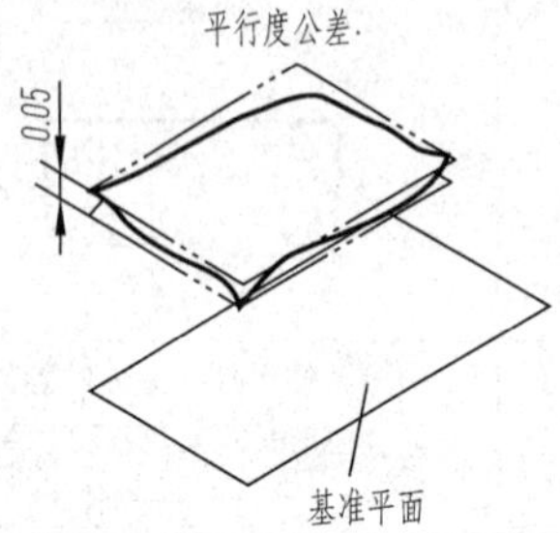 平行度公差 0.05 基准平面	被测表面必须位于距离为 0.05mm，且平行于基准平面 *A* 的两平行平面之间的区域 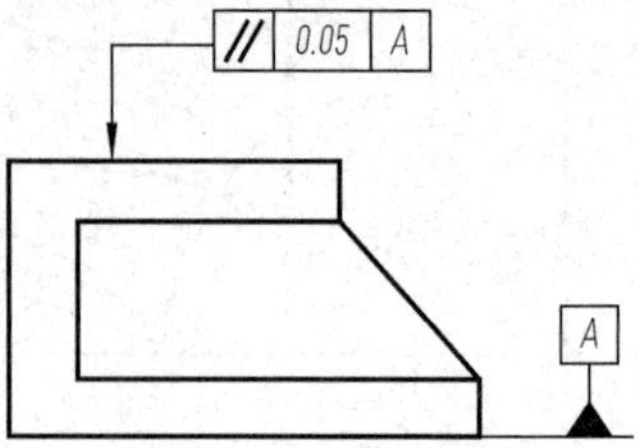 // 0.05 A A
垂直度	公差带是距离为公差值 0.05mm 且垂直于基准平面的两平行平面之间的区域 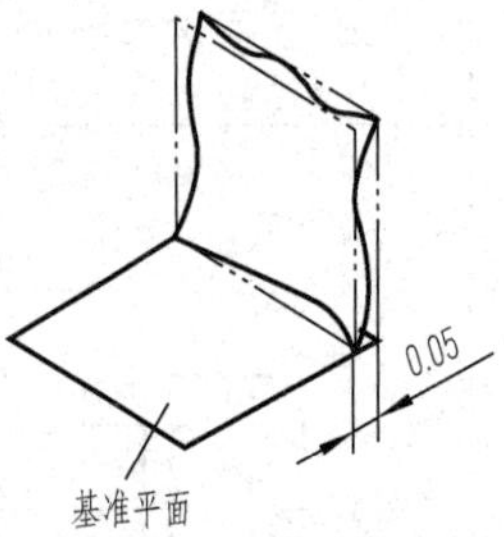 0.05 基准平面	被测平面必须位于距离为公差值 0.05mm 且垂直于基准平面 *C* 的两平行平面之间的区域 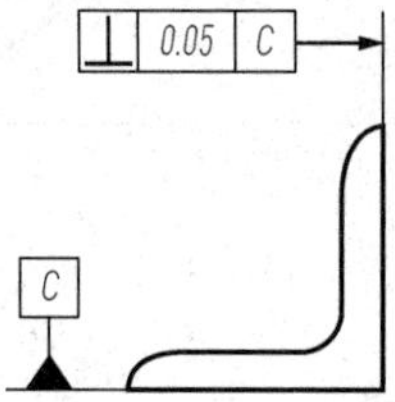 ⊥ 0.05 C C
同轴度	公差带是直径等于公差值 ϕ0.1mm 的圆柱面所限定的区域，该圆柱面的轴线与基准轴线同轴 ϕ0.1 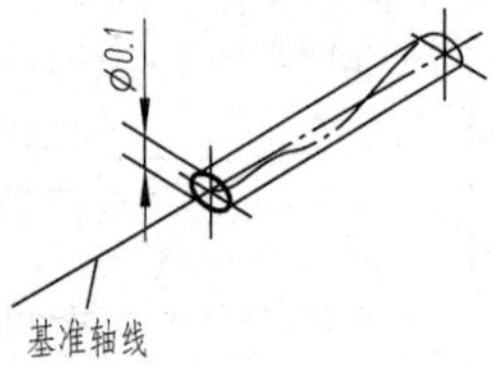 基准轴线	大圆柱的轴线必须位于直径等于公差值 ϕ0.1mm 且与公共基准轴线 *A*—*B* 同轴的圆柱面内 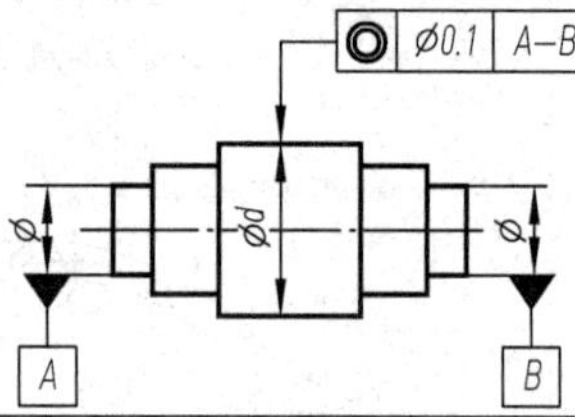 ◎ Ø0.1 A—B Ø Ød Ø A B
对称度	公差带为距离为公差值 0.1mm，且对称于基准中心平面的两平行平面之间的区域 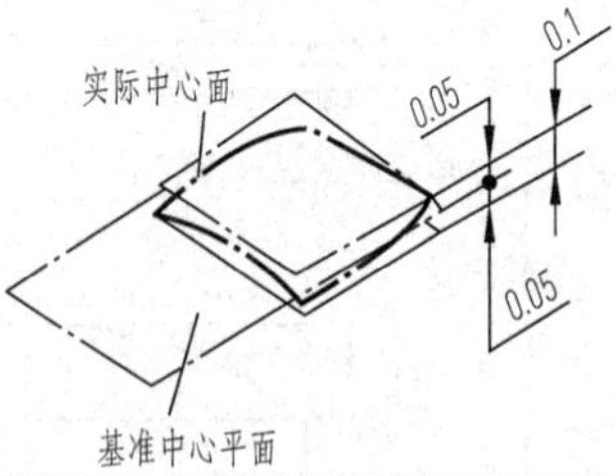 实际中心面 0.05 0.1 0.05 基准中心平面	槽的对称平面必须位于距离为公差值 0.1mm 且对称于基准中心平面 *A* 的两平行平面内 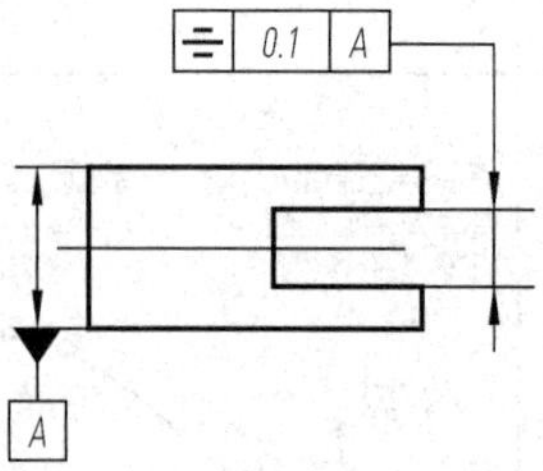 ⌯ 0.1 A A

续表

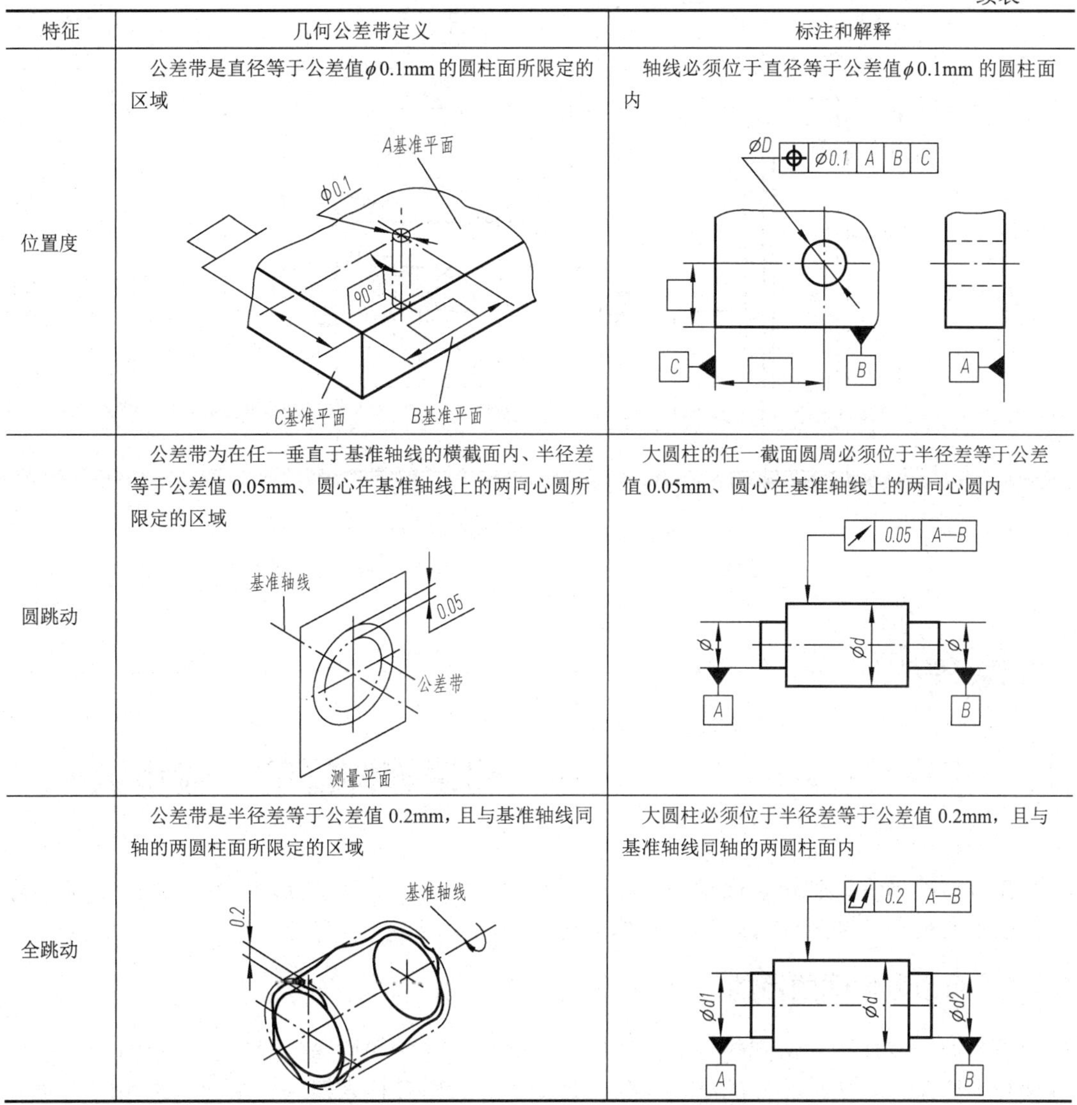

特征	几何公差带定义	标注和解释
位置度	公差带是直径等于公差值ϕ0.1mm的圆柱面所限定的区域	轴线必须位于直径等于公差值ϕ0.1mm的圆柱面内
圆跳动	公差带为在任一垂直于基准轴线的横截面内、半径差等于公差值0.05mm、圆心在基准轴线上的两同心圆所限定的区域	大圆柱的任一截面圆周必须位于半径差等于公差值0.05mm、圆心在基准轴线上的两同心圆内
全跳动	公差带是半径差等于公差值0.2mm，且与基准轴线同轴的两圆柱面所限定的区域	大圆柱必须位于半径差等于公差值0.2mm，且与基准轴线同轴的两圆柱面内

【例 8-5】解释图 8-79 中标注的气门阀杆的几何公差项目的含义。

解：图 8-80 中所注几何公差含义如下：

① [⌭ 0.005]，ϕ16f 7 圆柱面的圆柱度公差为 0.005mm，表明该被测圆柱面必须位于半径差为 0.005mm 的两同轴圆柱面之间。

② [⊥ 0.025 *A*]，$\phi 36_{-0.034}^{\ 0}$ 的右端面对基准 *A*（ϕ16f 7 圆柱面的轴线）的垂直度公差为 0.025mm，表明该被测面必须位于距离为 0.025mm，且垂直于基准轴线 *A* 的两平行面之间。

③ [↗ 0.1 *A*]，$\phi 14_{-0.240}^{\ 0}$ 的端面对基准 *A* 的端面圆跳动公差为 0.1mm，表明被测面围绕基准轴线 *A* 旋转一周，在任一测量圆柱面内轴向的跳动量均不得大于 0.1mm。

④ [◎ ϕ0.1 *A*]，M8×1 的轴线对基准 *A* 的同轴度公差为 0.1mm，表明被测圆柱面的轴线必须位于直径为ϕ0.1mm、且与基准轴线 *A* 同轴的圆柱面内。

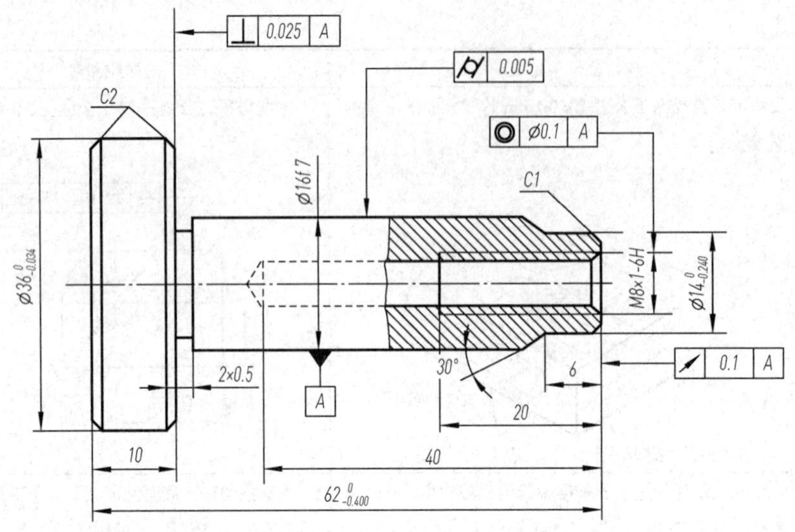

图 8-79　气门阀杆

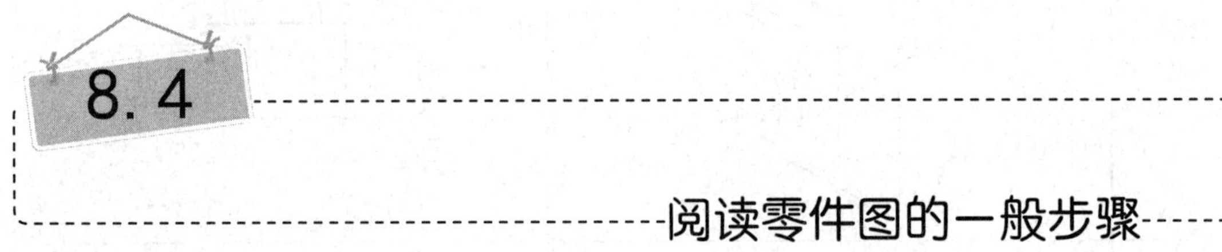

8.4 阅读零件图的一般步骤

在机器的设计、制造、检验等过程中，阅读零件图是一项重要的、经常性的工作，是工程技术人员和技术工人必须具备的基本功。

8.4.1 阅读零件图的目的

通过阅读零件图应达到的目的：了解零件名称、材料和用途；通过分析视图、尺寸及各项技术要求，想象出零件的结构形状，理解设计意图和技术要求，从而确定相应的加工方法。

一幅零件图的内容是相当丰富的，不同工作岗位的人读图的目的也不同，通常读零件图的主要目的如下：

1）对零件有一个概括的了解，如名称、材料等。

2）根据给出的视图想象出零件的形状，进而明确零件在设备或部件中的作用及零件各部分的功能。

3）通过阅读零件图的尺寸，对零件各部分的大小有一个概念，进一步分析各方向尺寸的主要基准。

4）明确制造零件的主要技术要求，如极限与配合、几何公差、表面粗糙度、热处理及表面处理等要求，以便确定正确的加工方法。

8.4.2　阅读零件图的方法和步骤

阅读零件图的方法没有一个固定不变的程序，对于较简单的零件图，也许泛泛地阅读就能想象出物体的形状及明确其精度要求；对于较复杂的零件，则需要通过深入分析，由整体到局部，再由局部到整体反复推敲，最后才能了解其结构和精度要求。一般而言，应按下述步骤阅读零件图。

1．看标题栏，概括了解零件

首先看标题栏，了解零件的名称、材料、比例等信息，结合对全图的浏览，大体了解该零件所属的类型、用途、大小和结构特点。

如图 8-47 所示的泵体零件图，从名称就能联想到，它是一个起支承作用的零件。从材料 HT200 可知，这件毛坯采用的是铸件，所以具有铸造工艺要求的结构，如铸造圆角、拔模斜度，且铸造壁厚均匀等。

2．明确视图关系

视图关系，即视图表达方法和各视图之间的投影联系。如图 8-47 所示的泵体零件图，采用了主、左两个基本视图，主视图采用全剖视图，左视图采用局部剖视图，外加一个剖视图。

3．分析视图，想象零件结构形状

首先分析主视图，然后围绕主视图分析其他视图的配置。分析视图时，要分析各视图所采用的表达方法及表达重点，了解各个图形的投影关系。对于剖视图，要找到剖切位置及方向；对于局部视图，要找到投影方向和部位。然后利用形体分析法，将零件按功能分解为主体、安装、连接等几个部分，明确每一部分在各个视图中的投影范围及各部分之间的相对位置，再结合线面分析，了解每一部分的形状和作用。一般读图顺序是先外形、后内部，先主体、后细节。

从学习阅读机械图来说，分析视图、想象零件的结构形状是最关键的一步。看图时，仍采用前述组合体的看图方法，对零件进行形体分析、线面分析；由组成零件的基本形体入手，由大到小，从整体到局部，逐步想象出物体的结构形状。

从图 8-47 所示的泵体零件图的两个视图可以看出零件的基本结构形状。它的基本形体由 3 部分构成，上部是圆柱体，下部是长方形底板，底板和圆柱体之间用肋板连接。

想象出基本形体之后，再深入到细部，这一点要引起高度重视。初学者往往被某些不易看懂的细节所困扰，这是抓不住整体造成的后果。

4．分析尺寸基准

首先，根据零件各部分的结构、作用，分析确定长、宽、高各方向的主要基准。然后，从尺寸基准出发，了解哪些是重要尺寸和主要加工面，找出零件的定形、定位和总体尺寸，并进一步分析尺寸是否注全，是否符合设计要求和工艺要求。

对图 8-47 所示的泵体进行分析，找出各部分形体的定形尺寸、定位尺寸和各方向的尺寸基准。

5．看技术要求

零件图上的技术要求是制造零件时的质量指标，在生产过程中必须严格遵守。看零件图时，一定要把零件的表面粗糙度要求、极限与配合、几何公差及文字说明的加工、制造、检验等要求分析清楚，从而制定出正确的加工工序和工艺，制造出符合质量要求的产品。

在实际读图的过程中，上述步骤常常是穿插进行的。读零件图是一项复杂且技术性较强的工作，千万不能马虎大意，以免给生产造成损失。

以上分析了阅读零件图的一般方法和步骤，读者可根据上述方法自行阅读本章中四类零件的零件图。

9 单元 装配图的绘制与识读

>>>>

◎ **单元导读**

装配图是表达机器或部件的图样，通常用来表达机器或部件的工作原理及零部件间的装配连接关系，是机械设计、制造和维修等的重要技术文件。掌握阅读装配图和从装配图中拆画零件图的步骤和方法是必要的。装配图比零件图复杂，阅读装配图时，要由浅入深，由表及里。

◎ **知识目标**

◆ 了解装配图的作用和内容。

◆ 掌握装配图的表达方法。

◆ 掌握装配图的尺寸标注。

◆ 掌握装配图绘制的方法和步骤。

◆ 掌握阅读装配图及从装配图拆画零件图的方法。

◎ **技能目标**

◆ 具有识读装配图的能力。

◆ 具有拆画零件图的能力。

◎ **思政目标**

◆ 树立正确的学习观、价值观，自觉践行行业道德规范。

◆ 牢固树立质量第一、信誉第一的强烈意识。

◆ 遵规守纪，安全操作，爱护设备，钻研技术。

◆ 发扬一丝不苟、精益求精的工匠精神。

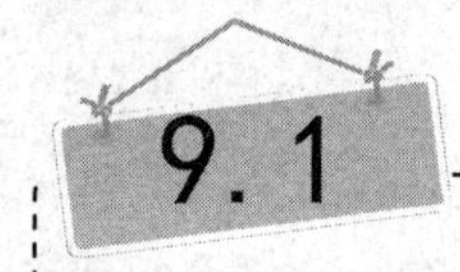

9.1 装配图的作用和内容

装配图是表达装配体（机器或部件）中零件之间的装配关系、连接方式、工作原理等内容的技术图样，用以指导机器或部件的装配、检验、调试、安装、维修等。无论是开发新产品，还是对产品进行改造或仿制，都是先画出装配图，然后根据装配图绘制零件图。零件图制成后，再根据装配图将零件装配成机器或部件。因此，装配图是机械设计、制造、使用、维修及进行技术交流的重要技术文件。

9.1.1 装配图的作用

装配图是设计者与装配者交流的重要媒介，是机器设计、制造过程中的重要技术依据。一张完整的装配图可起到以下几方面的作用。

1）进行机器或部件设计时，首先要根据设计要求画出装配图，表示机器或部件的工作原理和结构特征。

2）生产、检验产品时，依据装配图将零件组装成产品，并按照图样中的技术要求检验产品。

3）使用、维修机器时，根据装配图来了解产品的性能、工作原理、结构特征、传动路线等，从而决定操作、保养和维修的方法。

4）在技术革新和技术交流时，装配图也是不可缺少的资料。

9.1.2 装配图的内容

如图 9-1 所示是滑动轴承的装配图，从图中可知装配图应包括以下内容。

1）一组视图。用于表达各组成零件的相互位置、装配关系和连接方式，部件（或机器）的工作原理和结构特点等。

2）必要的尺寸。装配图的尺寸包括部件或机器的规格（性能）尺寸、零件之间的配合尺寸、外形尺寸、部件或机器的安装尺寸和其他重要尺寸等。

3）技术要求。说明部件或机器的性能，装配、安装、检验、调试或运转的技术要求，一般用文字写出。

4）标题栏、零部件序号和明细栏。在装配图中对零件进行编号，并在标题栏上方按编号顺序绘制零件明细栏。

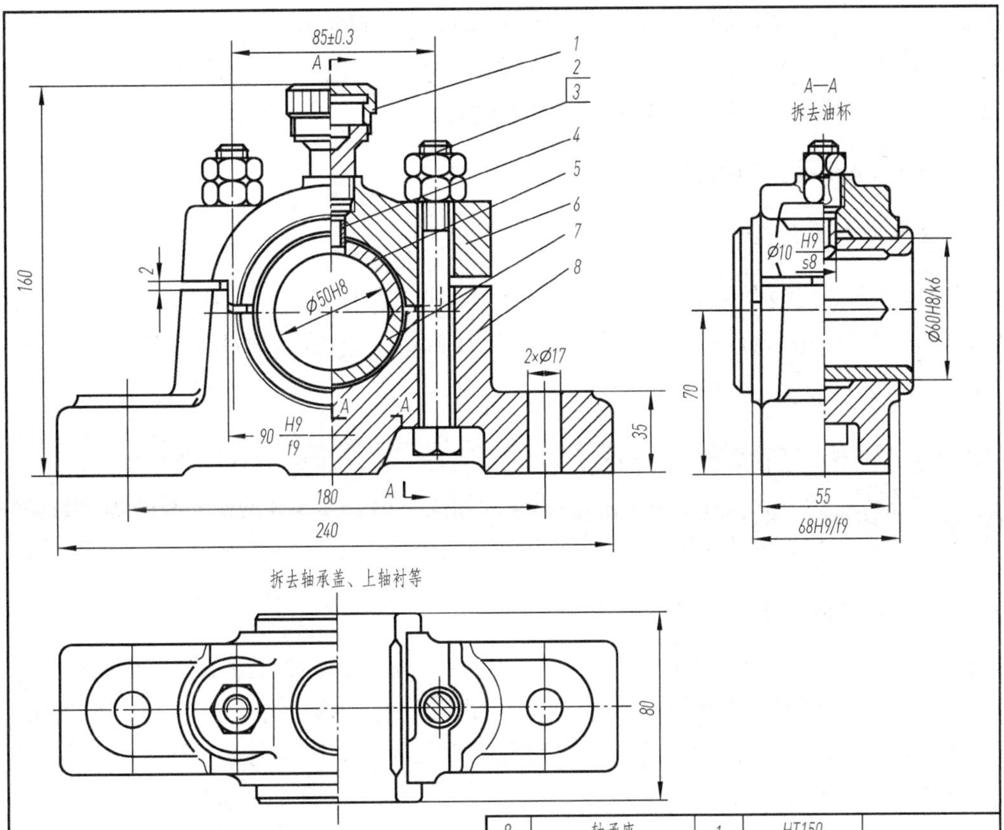

A—A
拆去油杯

拆去轴承盖、上轴衬等

技术要求

1.装配时，轴承盖与轴承座间加垫片调整，保证轴与轴衬间隙在为0.05～0.06mm，接触面积在25mm²内不少于15点。
2.轴承装配达到上述要求后，加工油孔和油槽。
3.轴衬最大单位压力p′=29.4MPa。

序号	名称	数量	材料		备注
8	轴承座	1	HT150		
7	下轴衬	1	ZCuA110Fe3		
6	轴承盖	1	HT150		
5	上轴衬	1	ZCuA110Fe3		
4	轴衬固定套	1	Q235-A		
3	螺栓M12×130	2			GB/T 5780—2016
2	螺母M12	4			GB/T 6170—2015
1	油杯12	1			JB/T 7940.3—1995
滑动轴承		比例	1：1	共4张	01
		质量		共1张	
制图					
设计					
审核					

图 9-1　滑动轴承的装配图

9.2 装配图的表达方法

前面所介绍的零件的各种表达方法，在表达机器或部件时也完全适用。但由于机器或部件是由若干个零件组成的，装配图不仅要表达机器或部件的结构形状，还要表达其工作原理、装配和连接关系，因此，装配图的表达方法和零件图的表达方法有不同之处。机械制图国家标准对装配图给出了规定画法和特殊表达方法。

9.2.1 装配图的规定画法

1. 接触面与配合面的画法

相邻两零件的接触面和配合面，规定只画一条线。基本尺寸不相同的两个零件套装在一起时，即使它们之间的间隙很小，也必须画出有明显间隔的两条轮廓线，如图 9-2（a）所示。

2. 剖切面的画法

两个相互邻接的金属零件的剖面线，其倾斜方向相反或方向一致而间隔不等；3 个或 3 个以上零件相邻时，其中两个零件剖面线倾斜方向相反，第三个零件的剖面线间隔应与前两个不同；但同一零件在各剖视图中，剖面线的方向与间隔应一致，如图 9-2（b）所示的剖面线。

3. 紧固件和实心零件的画法

对紧固件和实心零件（如螺钉、螺栓、螺母、垫圈、键、销、球及实心轴等），若剖切平面通过它们的轴线或对称平面，则这些零件按不剖画，如图 9-2（b）所示。当剖切平面垂直于这些紧固件或实心的轴线剖切时，这些零件仍应按剖视绘制。

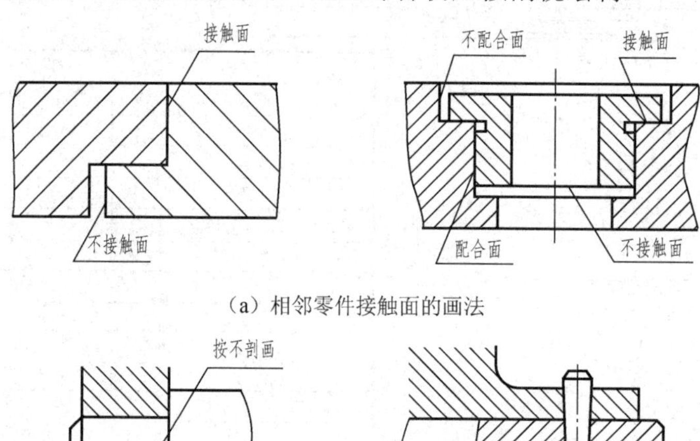

（a）相邻零件接触面的画法

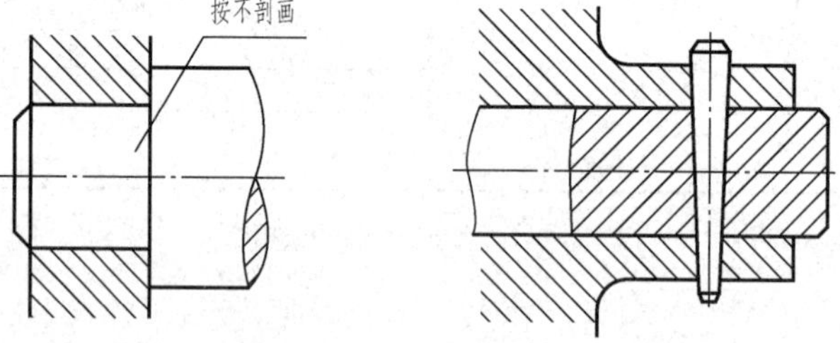

（b）装配图中紧固件、实心件及剖面符号画法

图 9-2 规定画法

9.2.2 装配图的特殊表达方法

1. 沿零件结合面剖切和拆卸画法

在装配图的视图中，可以假想沿某两个零件的结合面进行剖切，此时，零件的结合面

不画剖面线，但被横向剖切的轴、螺栓或销等要画剖面线。如图 9-1 所示的滑动轴承俯视图的半剖视图，就采用了上述表达方法。

当某个已大致表达清楚的零件影响到其他零件的表达时，在视图中也可以拆去该零件及其有关的紧固件。拆卸画法要在视图上方加注说明，如拆去××、××零件等，如图 9-1 中的左视图，采用拆去油杯的画法。

2．假想画法

为了表示运动零件的极限位置或本部件与相邻零件或部件的相互关系，可用双点划线画出该零件或部件的外形轮廓图。如图 9-3 所示，用双点划线画出扳手的一个极限位置。

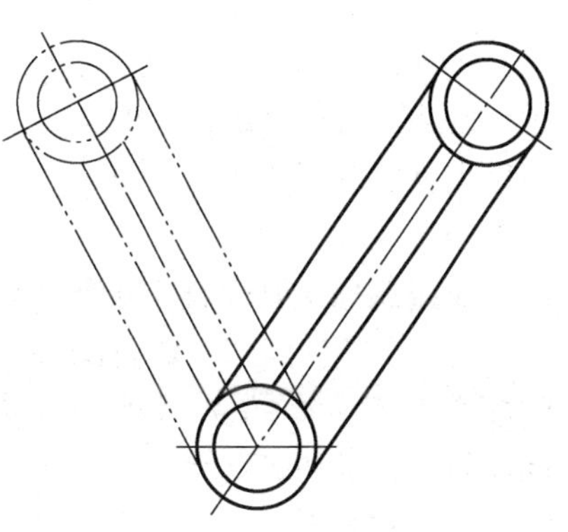

图 9-3　假想画法

3．夸大画法

对于直径或厚度小于 2mm 的较小零件或较小间隙，如薄垫片、细丝弹簧等，若按它们的尺寸画难以明显表示，可采用夸大画法，如图 9-4（b）所示的垫片。

4．简化画法

装配图中零件的工艺结构，如起模斜度、小圆角、倒角、退刀槽等，允许省略不画；若干个相同零件组，如螺栓、螺钉的连接等，可详细地画出一组或几组，其余只用轴线或中心线表示其位置，如图 9-4（a）所示。滚动轴承按表达需要可采用简化画法［图 9-4（b）］或示意画法。

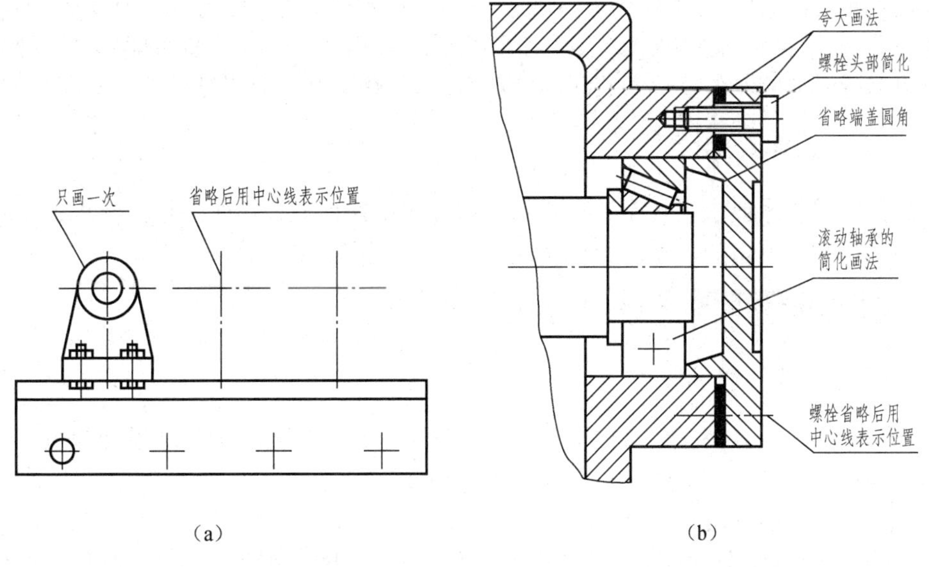

图 9-4　简化画法和夸大画法

9.2.3 装配图的尺寸标注及技术要求

1．装配图上的尺寸标注

装配图不是制造零件的直接依据，因此装配图不会像零件图一样注出零件的全部尺寸，而只需标注出一些必要的尺寸，这些尺寸可分为以下几类。

（1）性能（规格）尺寸

性能（规格）尺寸是表示机器或部件性能（规格）的尺寸，这些尺寸在设计时已经确定，也是选用部件或机器的依据。如图 9-1 所示滑动轴承的轴孔直径ϕ50H8，它反映了该部件所支承的轴径大小。

（2）装配尺寸

装配尺寸包括保证有关零件间装配关系的或重要的相对位置尺寸，如保证配合性质的尺寸、保证零件间相对位置的尺寸、装配时进行加工的尺寸。图 9-1 中滑动轴承盖和轴承座的配合尺寸 90H9/f 9，轴承盖、轴承座与轴瓦的配合尺寸ϕ60H8/k6、68H9/f 9，都是零件间相对位置的装配尺寸。

（3）安装尺寸

安装尺寸是指将部件安装到机器上，或将整个机器安装到基座所需的尺寸，如图 9-1 中滑动轴承底座上安装孔的直径ϕ17 及孔间距 180。

（4）外形尺寸

外形尺寸用于表示机器或部件外形轮廓的大小，即总长、总宽和总高。它是机器或部件在包装、运输、安装和厂房设计中不可缺少的数据，如图 9-1 中的外形尺寸 240、160、80。

（5）其他重要尺寸

其他重要尺寸指在设计中经过计算而确定的尺寸，或装配时需要保证的尺寸，如运动零件的极限位置尺寸、两齿轮的啮合中心距等。图 9-1 所示轴承的中心高 70 属于其他重要尺寸。

上述 5 种尺寸不一定同时出现在一张装配图上，有的一个尺寸也可能包含几种含义。应根据机器或部件的具体情况和装配图的作用具体分析，从而合理地标注出装配图的尺寸。

2．装配图上的技术要求

装配图上的技术要求主要是针对机器或部件的工作性能、装配及检验要求、调试要求及使用与维护要求提出的，不同的机器或部件具有不同的技术要求。

9.2.4 装配图的零部件序号和明细栏

1．编写零件序号的规定

装配图一般比较复杂，包含的零件种类和数目也较多，为了便于在设计和生产过程中查阅有关零件，必须对装配图中每个零件进行编号。

（1）序号的一般规定

1）装配图中每种零、部件都必须编写序号。同一装配图中相同的零、部件只编写一个序号，且一般只注一次。

2）零、部件的序号应与明细栏中的序号一致。

3）同一装配图中编写序号的形式应一致。

(2) 编号方法

序号由点、指引线、横线（或圆圈）和序号数字组成。指引线、横线用细实线画出。指引线相不能相互交错，当指引线通过剖面线区域时应与剖面线斜交，避免与剖面线平行，必要时，指引线可以画成折线．但只可曲折一次，如图 9-5（c）所示。序号数字比装配图的尺寸数字大一号或两号，如图 9-5（a）所示。

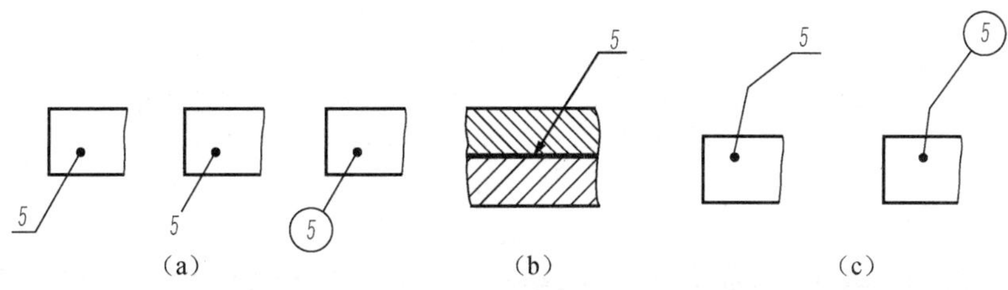

图 9-5　零件序号编写形式

(3) 序号编写的顺序

1）零、部件序号应沿水平或垂直方向、按顺时针（或逆时针）方向顺次排列整齐，并尽可能均匀分布，如图 9-1 所示。

2）指引线应从所指零件的可见轮廓内引出，并在末端画一圆点；在很薄的零件或涂黑的剖面内不便画圆点时，可在指引线的末端画出箭头，并指向该零件的轮廓，如图 9-5（b）所示。

(4) 标准件、紧固件的编写

同一组紧固件可采用公共指引线，如图 9-6 所示。标准部件（如油杯、滚动轴承）在图中被当成一个部件，只编写一个序号。

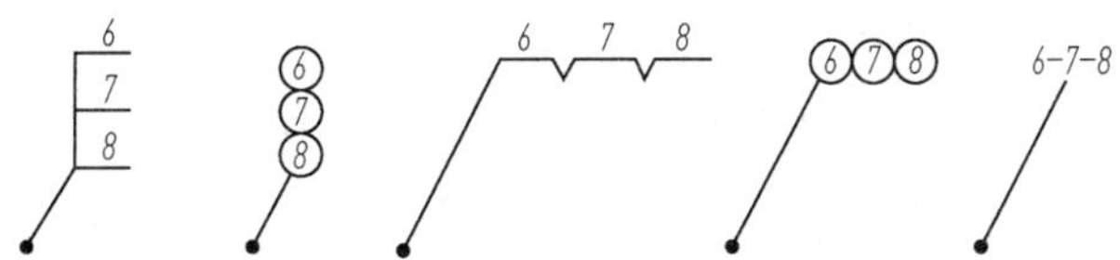

图 9-6　公共指引线的注写形式

2．明细栏的编写

明细栏是机器或部件中全部零、部件的详细目录，它画在标题栏的上方，当标题栏上方位置不够时，也可以续写在标题栏的左方。明细栏的边框竖线为粗实线，其余均为细实线。《技术制图 标题栏》（GB/T 10609.1—2008）和《技术制图 明细栏》（GB/T 10609.2—2009）分别规定了标题栏和明细栏的统一格式。

1）当明细栏画在装配图中时，明细栏中的序号应按自下而上的顺序填写，以便发现漏编的零件时，可继续向上填补；如果是单独附页的明细栏，序号应按自上而下的顺序填写。

2）明细栏中的序号应与装配图上的零件序号对应。

3）“名称”栏内，注出每种零件的名称及重要参数，如螺栓 M6×30。

4）“件数”栏内，填写该零件的数量。

5）“材料”栏内，填写制造该零件所用的材料，如 Q235-A。

6）备注栏中，一般填写该项的附加说明或其他有关的重要内容，如齿轮的模数、齿数，标准件的标准编号等，如 GB/T 5782—2016。

9.2.5 常见的装配工艺结构

为了保证机器或部件的性能要求，以及使零件在加工和装拆时较方便，绘制装配图时，必须考虑装配结构的合理性。下面仅就常见装配结构的画法加以讨论。

1）接触面与配合面的结构。两个零件接触时，在同一方向上接触面应只有一组，配合面也应只有一组，如图 9-7 所示。

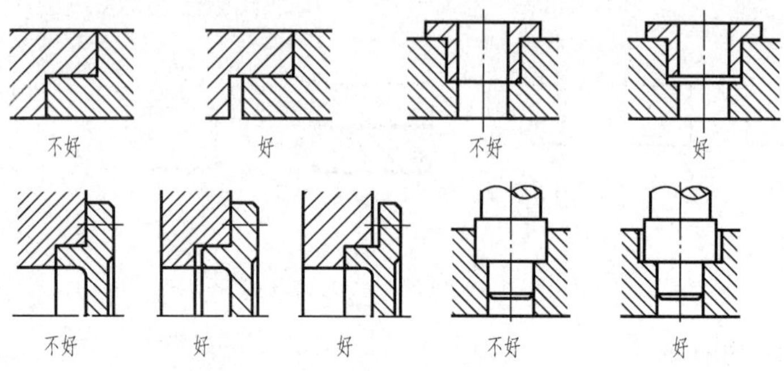

图 9-7 两个零件接触面的正误对比

2）轴与孔结合拐角处结构。当轴肩与孔端面接触时，应将孔的接触端面制成倒角或在轴肩根部切槽，以保证轴肩与孔的端面紧密接触，如图 9-8 所示。

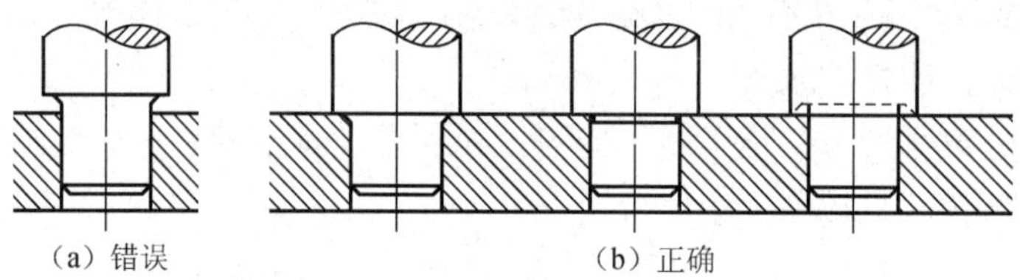

图 9-8 轴与孔结合拐角处结构

3）零件轴向定位结构。装在轴上的滚动轴承及齿轮等，一般要有轴向定位结构，以保证不发生轴向移动。如图 9-9 所示轴上的滚动轴承及齿轮靠轴肩定位，齿轮的另一端用螺母、垫圈压紧。

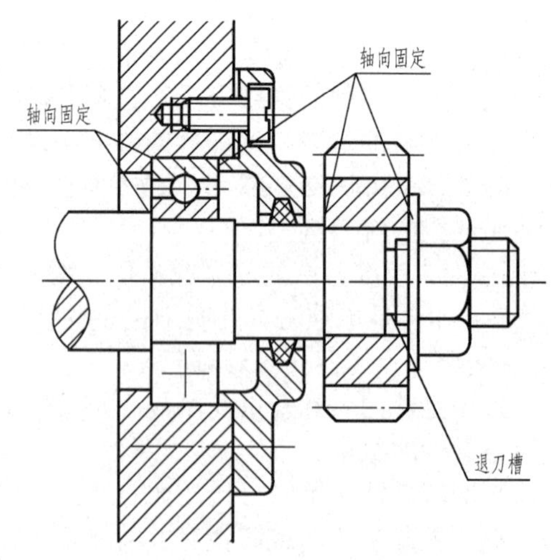

图 9-9 轴向定位结构

4）考虑安装、拆卸的方便。如图 9-10 所示，滚动轴承装在箱体的轴承孔或轴上时，若设计成图 9-10（a）和图 9-10（c）那样，将无法拆卸。

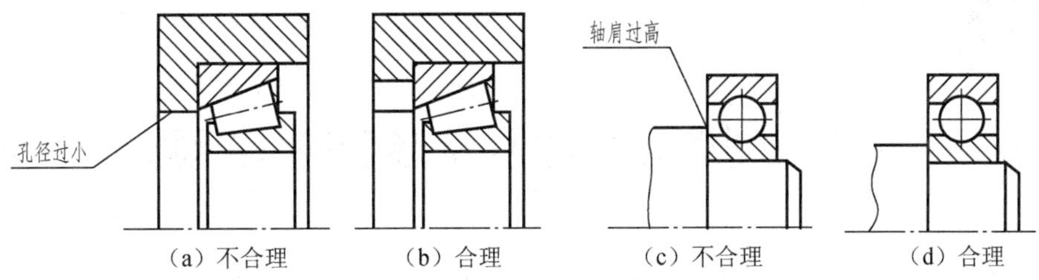

（a）不合理　（b）合理　（c）不合理　（d）合理

图 9-10　滚动轴承的合理安装

对部件中需要经常拆卸的零件，应留有拆卸工具的活动范围，如图 9-11（b）所示。而图 9-11（a）所示的结构，由于空间太小，扳手无法使用，是不合理的设计。

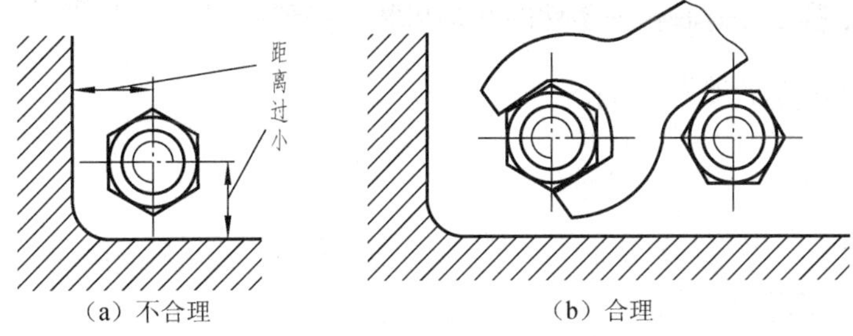

（a）不合理　（b）合理

图 9-11　应留有扳手的活动空间

如图 9-12（a）所示的结构，螺钉无法放入，应为图 9-12（b）所示的结构，留有放入螺钉的空间。

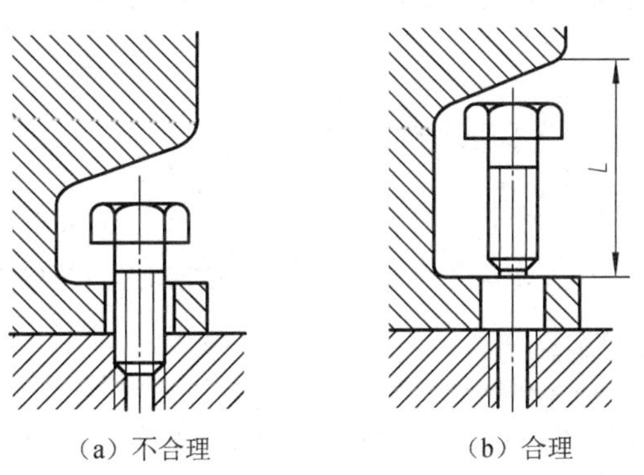

（a）不合理　（b）合理

图 9-12　应留出螺钉的装拆空间

9.3 阅读装配图及从装配图中拆画零件图

在设计机器或部件，装配机器，使用、维修机器时，都会遇到阅读装配图的问题，阅读装配图的目的如下：

1）了解部件的工作原理、性能和功能。

2）明确部件中各个零件的作用和它们之间的相对位置、装配关系及拆装顺序。

3）读懂主要零件及其他有关零件的结构形状。

9.3.1 读装配图的步骤和方法

1．概括了解

通过看标题栏，了解机器或部件的名称，对于复杂部件可通过说明书或参考资料了解部件的构造、工作原理和用途。

看零件编号和明细栏，了解零件的名称、数量和它在图中的位置。

2．分析视图

分析各视图的名称及投影方向，了解剖视图、断面图的剖切位置，从而了解各视图的表达意图和重点。

3．分析装配关系、传动关系和工作原理

分析各条装配干线，了解各零件间相互配合的要求，以及零件间的定位、连接方式、密封等问题；再进一步了解运动零件与非运动零件的相对运动关系。

4．分析零件、读懂零件的结构形状

分析零件是阅读装配图的再次深入，重点分析主要的、复杂的零件。为了了解零件的结构形状，首先要在装配图中将零件轮廓从各视图中分离出来，然后在各视图中借助零件剖面符号找到该零件的投影，最后通过各视图的投影关系，分析想象出零件的结构形状。

9.3.2 读装配图举例

下面以图 9-13 所示的减速器为例，分析读图过程。

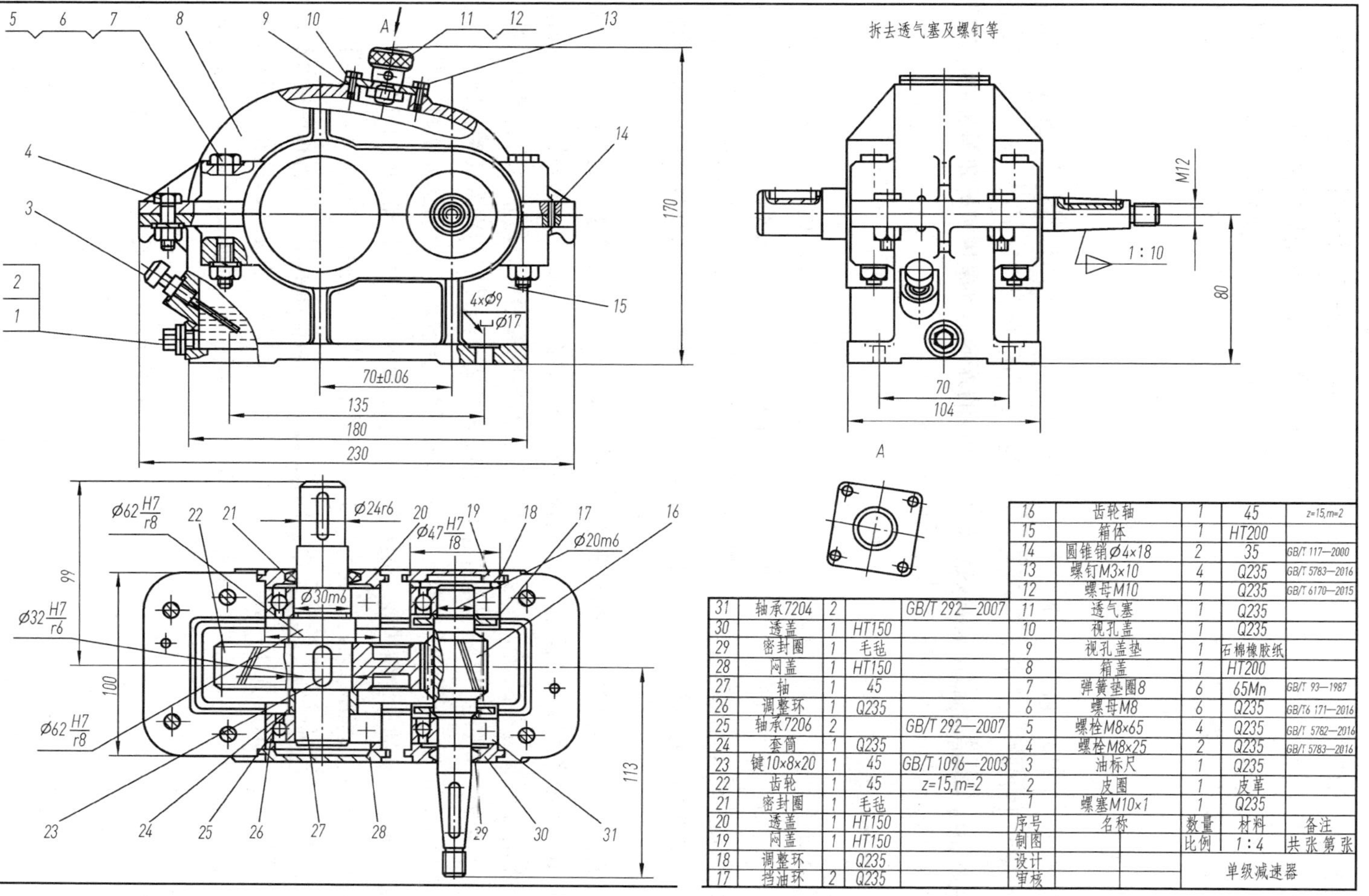

拆去透气塞及螺钉等
A
M12
1 : 10
80
70
104
170
70±0.06
135
180
230
4×Ø9
Ø17
Ø62 H7/r8
Ø24r6
Ø47 H7/f8
Ø20m6
Ø30m6
Ø32 H7/r6
99
100
113
16 齿轮轴 1 45 z=15,m=2
15 箱体 1 HT200
14 圆锥销Ø4×18 2 35 GB/T 117—2000
13 螺钉M3×10 4 Q235 GB/T 5783—2016
12 螺母M10 1 Q235 GB/T 6170—2015
11 透气塞 1 Q235
10 视孔盖 1 Q235
9 视孔盖垫 1 石棉橡胶纸
8 箱盖 1 HT200
7 弹簧垫圈8 6 65Mn GB/T 93—1987
6 螺母M8 6 Q235 GB/T6 171—2016
5 螺栓M8×65 4 Q235 GB/T 5782—2016
4 螺栓M8×25 2 Q235 GB/T 5783—2016
3 油标尺 1 Q235
2 皮圈 1 皮革
1 螺塞M10×1 1 Q235
序号 名称 数量 材料 备注
31 轴承7204 2 GB/T 292—2007
30 透盖 1 HT150
29 密封圈 1 毛毡
28 闷盖 1 HT150
27 轴 1 45
26 调整环 1 Q235
25 轴承7206 2 GB/T 292—2007
24 套筒 1 Q235
23 键10×8×20 1 45 GB/T 1096—2003
22 齿轮 1 45 z=15,m=2
21 密封圈 1 毛毡
20 透盖 1 HT150
19 闷盖 1 HT150
18 调整环 Q235
17 挡油环 2 Q235
制图
设计
审核
比例 1 : 4 共 张 第 张
单级减速器

图 9-13　减速器装配图

1．分析减速器的性能、结构及工作原理

由标题栏知，该部件是一个减速器，由明细栏可知，它共有 31 个零件。结合生产实际和产品说明书等有关资料，了解该部件的用途、适用条件。减速器是许多机械设备中不可缺少的部件，是一种装在原动机与工作机之间用以降低转速的装置。减速器工作时，回转运动通过齿轮轴传入，再经过小齿轮传递给大齿轮，减速后传给输出轴，从而达到减速的目的。

2．分析视图

减速器采用 3 个基本视图和一个零件的局部视图。主视图采用视图表达，配以局部剖视图，表达零件间的装配关系；俯视图采用全剖视图，沿结合面进行剖切，表达主要装配干线的装配关系；左视图采用视图表达，表达了部件的外形，并采用了拆卸画法，拆去透气塞及螺钉等结构。用一个 *A* 向视图表达透气塞结构。

3．分析装配关系、传动关系

该减速器有传动装置、连接装置、润滑装置、密封装置、轴向定位装置和观察装置等结构。输入齿轮轴、输出轴两端由滚动轴承支承，工作时采用飞溅润滑。为防止润滑油泄漏，本减速器采用嵌入式密封装置，由两个透盖和两个闷盖完成密封，同时可防止灰尘进入轴承。减速器箱体、箱盖用圆锥销定位，并用 6 对螺栓紧固。箱盖顶部有透气孔，箱体底部有放油孔。

零件间的装配关系要从装配干线最清楚的视图入手，俯视图反映了减速器的主要装配关系，俯视图中有两条主要干线，围绕两根轴，主动轴（序号 16）是一齿轮轴，由两滚动轴承支承，滚动轴承安装在机座上。为了防止滚动轴承中的润滑脂被箱体中的润滑油稀释，故安装了两个挡油环（序号 17）。为防止润滑油泄漏，减速器采用的嵌入式密封装置，由透盖和闷盖（序号 30 和 19）完成密封，透盖和轴之间由密封圈（序号 29）密封，同时可防止灰尘进入轴承。从动轴由斜齿轮、滚动轴承、透盖和闷盖（序号 20 和 28）一系列零件安装而成，原理与主动轴相同，齿轮与轴的装配采用过盈配合 ϕ32H7/r6，并用键联结。滚动轴承内外圈与轴及机座孔有配合要求，闷盖与机座也有配合要求，请读者自行分析。

主视图采用几个局部剖视图，分别表达螺栓连接、销连接、油标、放油孔、视孔、透气塞的结构。主视图中用几个重要尺寸来表达装配及安装要求，如两齿轮中心距 70±0.06，安装尺寸 180。

左视图主要以表达外形为主，采用拆卸画法；两轴采用局部剖视图表达键槽结构，另用尺寸 70 表达安装要求，用尺寸 80 表示轴线的高度。

4．分析零件的结构形状

根据装配图，分析零件在部件中的作用，并通过构形分析确定零件各部分的形状。先看主要零件，再看次要零件；先看容易分离的零件，再看其他零件；先分离零件，再分析零件的结构形状。

1）从装配图中找到零件所在位置，按序号在明细栏中了解零件名称、数量、材料等相关信息，从相关视图中分离出投影，想象出零件的形状。如图 9-13 中的轴，其序号为 27，根据以前所学的知识，分析轴的各部分结构。

2）利用投影分析，根据零件的剖面线倾斜方向和间隔，确定零件在各视图中的轮廓范围，大致了解零件的形状。

3）综合分析，确定零件的结构形状。

5．总结归纳

在以上读图的基础上，综合了解机器或部件的工作原理、装配关系和各零件的结构形状，同时，对装配图中所注尺寸和技术要求进行分析研究，从而了解机器或部件的设计意图和装配工艺性能等，并了解各零件的拆装顺序。通过归纳总结，加深对机器或部件的全面认识，完成装配图识读，并为拆画零件图打下基础。如图 9-14 所示为减速器的立体图。

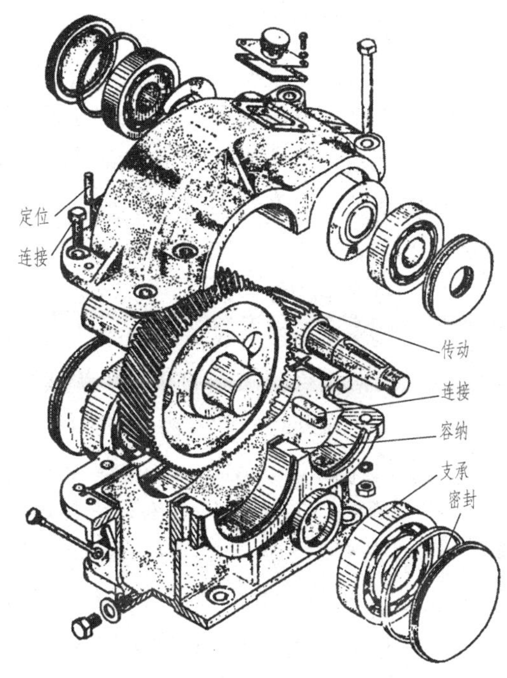

图 9-14　减速器的立体图

9.3.3　由装配图拆画零件图

1．拆图的概念

机器在设计过程中，通常是先画出装配图，确定其实现工作性能的主要结构，然后根据装配图来画零件图。由装配图拆画零件图，简称“拆图”。

2．拆图的方法和步骤

1）识读装配图。通过读装配图，了解装配体的名称、用途、工作原理，分析主要零件的结构及零件间的装配关系等。

2）分离零件。在装配图上，从明细栏中查出要分离零件的序号和名称，再根据序号指引线所指的位置，利用视图投影的对应关系，将要拆画零件的轮廓分离出来，补全被其他零件遮挡的图线，想象该零件的整体形状。

3）确定零件的视图表达方案。根据零件的结构特点，选择适当的表达方法，不能机械地照搬装配图的表达方法。

4）了解零件的结构形状并画出草图。

5）完整、正确、清晰地标注尺寸。

6）注写技术要求。

7）绘制零件工作图。

3．拆图注意事项

（1）确定表达方案

由于装配图的表达是从整个机器或部件的角度来考虑的，装配图表达的是装配关系，因此装配图的表达方案不一定适合每个零件的表达需要，零件在装配图中的表达并不是最佳的表达方案。被拆画零件的表达方案，应根据零件的结构、形状特点，按照零件图的视图选择原则进行重新考虑，不能简单地照搬装配图的视图选择方案。有的对原方案只需做适当调整或补充，有的则需重新确定。一般先将被拆画零件进行归类，可借鉴某类零件常规表达方案来确定。

（2）完善零件结构

对于装配图中没有表达清楚的某些零件的局部结构，在拆图时，应根据零件的作用并参考与其有装配连接关系的零件形状进行构思、完善；还要补充装配图中可能忽略的工艺结构，如倒角、倒圆、退刀槽、铸造圆角等。拆图时，这些结构必须补全，并加以标准化。

（3）尺寸标注要完整

1）装配图上注出的尺寸都是重要尺寸，可直接标注到零件图上。

2）在装配图上未注明的尺寸，可从装配图中量取，并按比例算出、取整数。由于尺寸是从装配图中量取的，有较大的误差，所以，确定尺寸时要注意不能与其他零件的尺寸发生干涉。对于配合尺寸，应标注公差带代号，或查表注出上、下极限偏差数值。

3）零件中标准结构的尺寸、与标准件直接配合的零件结构尺寸，应从有关标准中查出，然后标注。

4）需要计算的尺寸，如齿轮齿顶圆直径等，应依据模数、齿数计算出来并标注。

（4）技术要求

零件的尺寸公差、几何公差和表面粗糙度，要根据该零件在装配体中的作用和要求来确定。表面粗糙度值的选择原则：不参与配合表面，精度要求低，表面粗糙度值可大些；接触面与配合面的表面精度要求高，表面粗糙度值要低些；有密封、耐腐蚀、美观等要求的表面，表面粗糙度值也要低些。零件的其他技术要求，可用文字注写在“技术要求”标题下。

技术要求将直接影响零件的加工质量及制造成本，要两者兼顾，选择的原则：在满足零件功能要求的前提下，尽可能选低的技术要求。由于制订技术要求会涉及很多专业知识，初学者可参照同类产品的相应零件图用类比法来确定。

9.3.4 从装配图中拆画零件图实例

下面以图 9-15 所示的齿轮泵为例，拆画出泵体，并画出泵体的零件图。

泵体是齿轮泵部件中相对复杂的零件之一。拆画泵体零件应该在读懂装配图的基础上，按拆图的方法和步骤进行，还要了解拆图的注意事项。

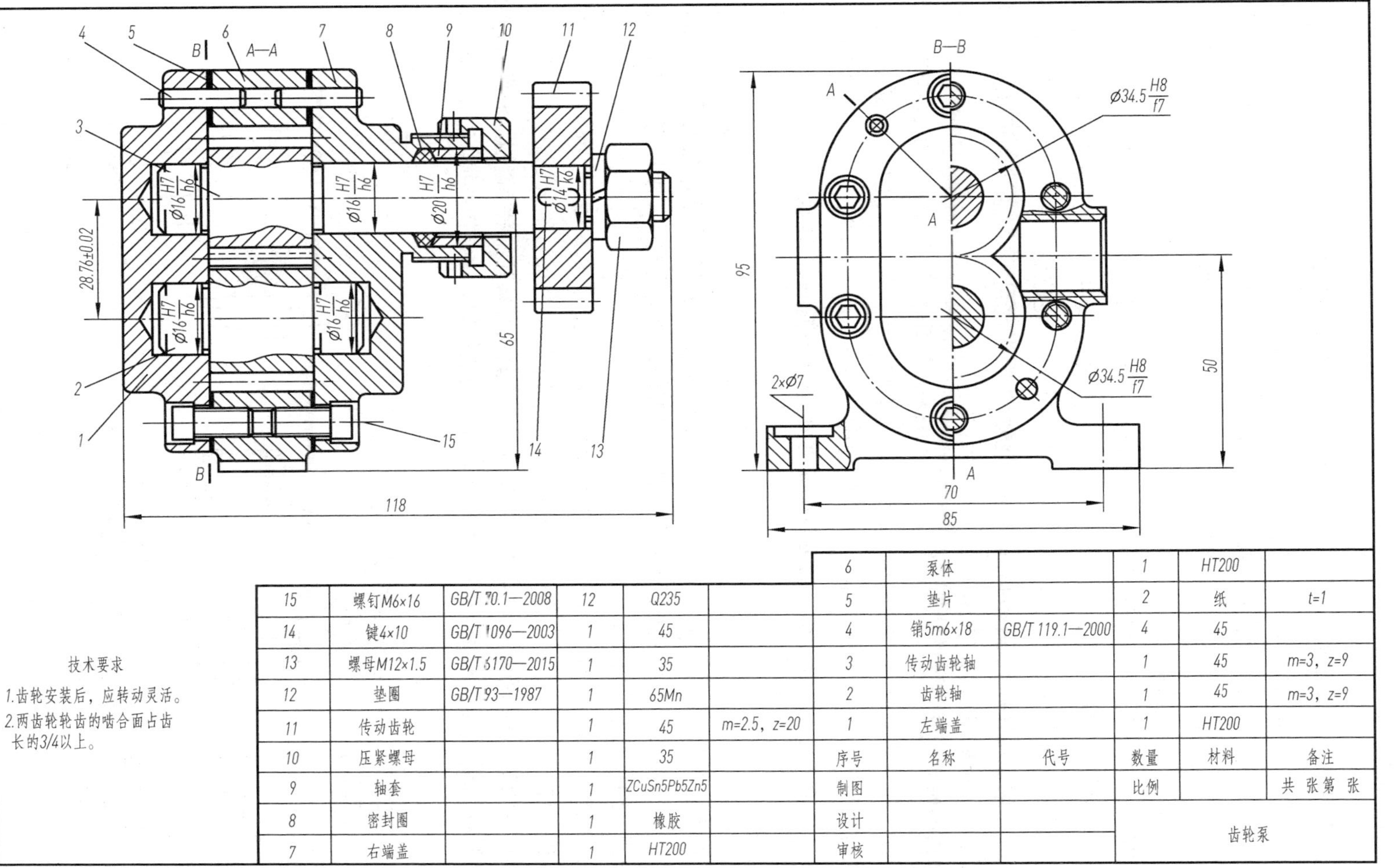

A—A
B—B
B
A
1
2
3
4
5
6
7
8
9
10
11
12
13
14
15
Ø16 H7/h6
Ø20 H7/h6
Ø14 H7/k6
28.76±0.02
65
118
Ø34.5 H8/f7
2×Ø7
95
70
85
50
技术要求
1.齿轮安装后，应转动灵活。
2.两齿轮轮齿的啮合面占齿长的3/4以上。
15 螺钉M6×16 GB/T 70.1—2008 12 Q235
14 键4×10 GB/T 1096—2003 1 45
13 螺母M12×1.5 GB/T 6170—2015 1 35
12 垫圈 GB/T 93—1987 1 65Mn
11 传动齿轮 1 45 m=2.5，z=20
10 压紧螺母 1 35
9 轴套 1 ZCuSn5Pb5Zn5
8 密封圈 1 橡胶
7 右端盖 1 HT200
6 泵体 1 HT200
5 垫片 2 纸 t=1
4 销5m6×18 GB/T 119.1—2000 4 45
3 传动齿轮轴 1 45 m=3，z=9
2 齿轮轴 1 45 m=3，z=9
1 左端盖 1 HT200
序号 名称 代号 数量 材料 备注
制图 比例 共 张第 张
设计
审核
齿轮泵

图 9-15 齿轮泵装配图

1．识读装配图

齿轮泵的工作原理和结构已在 9.3 节中讨论过，这里不再赘述。

1）视图表达。齿轮泵装配图用两个视图表达。主视图采用 *A—A* 全剖视图，表达了大部分零件间的装配、连接关系；左视图采用 *B—B* 半剖视图（拆卸画法），沿左端盖处的垫片与泵体结合面剖切，清楚地反映了齿轮的啮合情况和液压泵的外部形状，以及泵体与左、右端盖的连接方式；局部剖视图则表达了进油孔的结构。

2）装配关系。齿轮泵主体部分是泵体、左端盖、右端盖和一对啮合的齿轮。泵体 6 的内腔容纳一对齿轮，即齿轮轴 2 和传动齿轮轴 3。它们被装入泵体后，由左端盖 1、右端盖 7 支承这对齿轮轴的旋转运动。左、右端盖与泵体先用销 4 定位后，再用螺钉 15 将左、右端盖与泵体牢固地连接在一起。为防止传动齿轮轴伸出端、泵体与泵盖结合面漏油，分别用密封圈 8、轴套 9、压紧螺母 10 及垫片 5 加以密封。

传动齿轮轴 3 的动力来自传动齿轮 11。传动齿轮 11 通过键 14 联结带动传动齿轮轴 3 作旋转运动。其间的配合为ϕ14H7/k6，属于基孔制过渡配合。这种较紧的配合，定心较好。左、右端盖与齿轮轴的配合为 H7/h6，属于间隙配合。它采用了间隙配合中间隙最小的配合，保证齿轮轴在孔中既能转动，又可减小或避免齿轮轴的径向圆跳动。

2．分离零件

根据明细栏中的泵体名称，在装配图中找相应的序号，看其指引线所指的轮廓，即为泵体零件。因为同一零件的剖面线在各个视图上的方向、间隔均相等，所以可以将泵体在主、左视图上的对应轮廓找出来。

将销、螺钉、垫片及一对啮合的齿轮等简单零件看懂后，将其从图中“拆掉”，然后集中精力分析泵体。最后将泵体从装配图中分离出来，如图 9-16（a）所示。

值得注意的是，在装配图中，泵体主视图的可见轮廓线被螺钉、销等遮挡，分离出的图形是不完整的，需要补全。根据主、左视图，可以想象出泵体的整体结构形状，如图 9-16（b）所示。

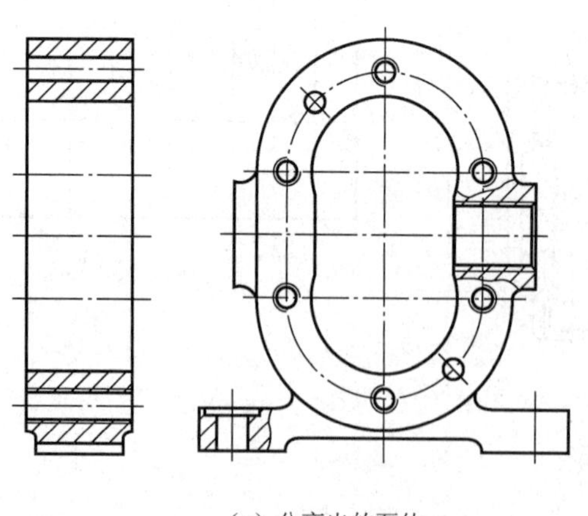

（a）分离出的泵体

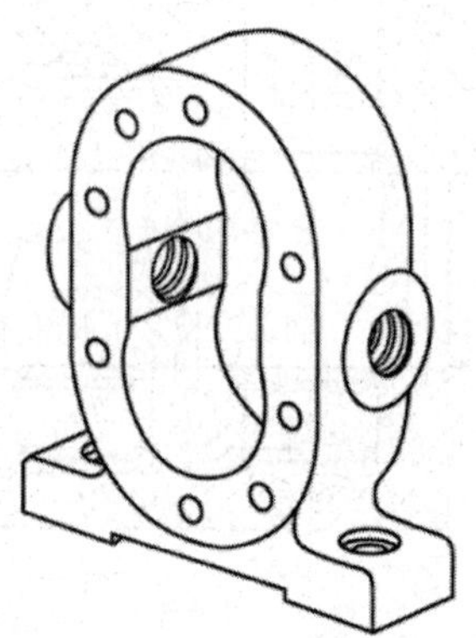

（b）泵体轴测图

图 9-16　拆画泵体

3．确定零件视图表达方案

微课：旋转剖

在装配图中，泵体的左视图反映了容纳一对齿轮的长圆形空腔，以及与空腔相通的进、出油孔，同时也反映了底座上沉孔的结构、形状及螺钉与销钉孔的分布情况。因此，画泵体零件图时，将这一方向作为主视图方向，而不是从装配图中简单照搬。主视图采用局部剖视图，左视图采用旋转剖视图，增加的局部仰视图 B 可将泵体内外结构形状表达完整。

4．完善零件的结构形状并画草图

按零件视图表达方案画出零件草图。补全被遮挡的轮廓线及装配图中省略未画的工艺结构，如铸造圆角、未注倒角等。

5．标注尺寸

装配图中已注出的尺寸，有的可直接抄注在零件图上，如一对啮合齿轮的中心距尺寸 28.76±0.02，进油口和出油口的管螺纹尺寸 G3/8、油孔中心高尺寸 50、底板上安装孔的定位尺寸 70 等。

装配图中的配合尺寸，在零件图上应注出相应公差带代号，或查表注出上、下极限偏差。例如，$\phi 34.5\text{H8/f7}$ 是一对啮合齿轮的齿顶圆与泵体空腔内壁的配合尺寸，在泵体零件图中应标注 $\phi 34.5\text{H8}$ 或 $\phi 34.5^{+0.039}_{\ 0}$。

装配图中未标注的尺寸，若与标准件装配有关，可参照装配图明细栏中相应标准件的尺寸。例如，泵体中与销、螺钉等标准件相配合的销孔、螺孔的尺寸，可根据明细栏中销 5m6×18、螺钉 M6×16 有关尺寸来定，销孔直径是 $\phi 5$，螺孔公称直径是 M6。某些标准结构，如沉孔、倒角等应查阅有关标准注出。其余按比例从装配图中量取，并加以圆整。

6．零件图上的技术要求

泵体前后端面要与端盖结合，且需要密封，表面粗糙度要求高，数值要小一些，故给出 *Ra*0.8；销孔要求与泵体同轴，泵体空腔孔也需要较高的精度要求，故给出 *Rz*0.8，其他表面属于不重要的接触面或非接触面，表面粗糙度值按常规给出 *Ra*6.3 或 *Ra*12.5。

尺寸公差、几何公差等技术要求，根据泵体与其他零件的关系来确定。其他的技术要求用文字注写在标题栏附近，具体尺寸如图 9-17 所示。

7．绘制零件工作图

根据零件草图，绘制零件工作图，如图 9-17 所示。

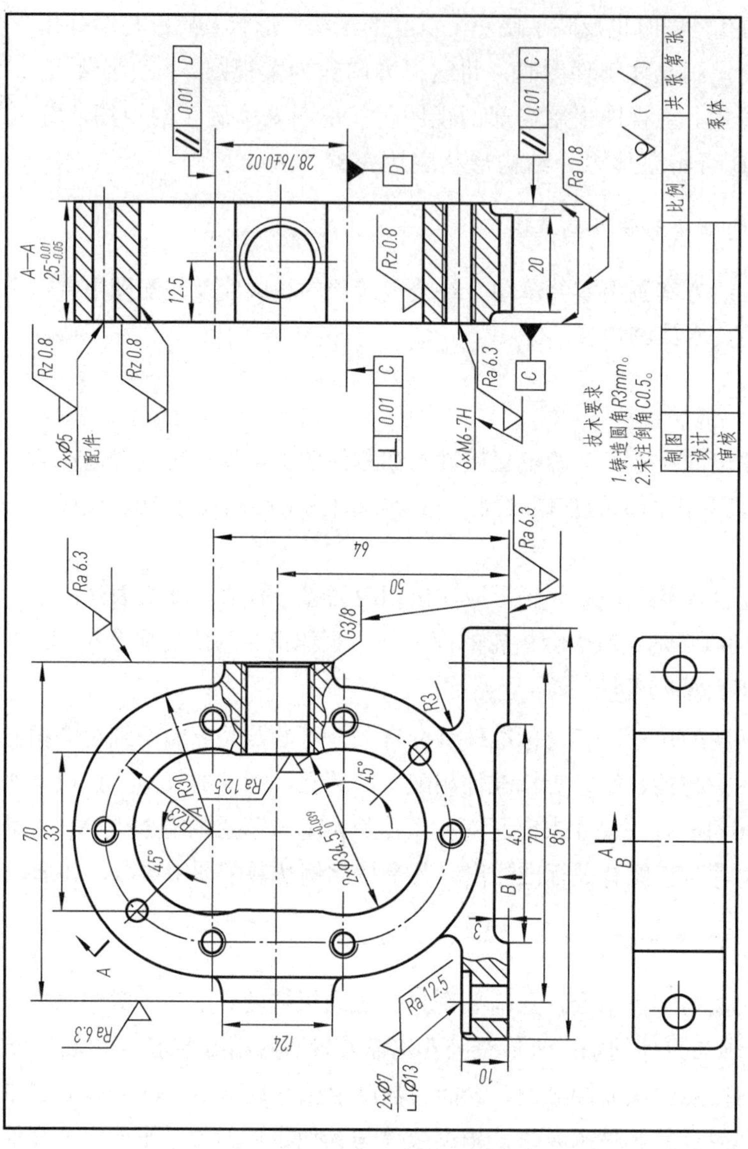

图 9-17 泵体零件图

10 单元 计算机绘图基础知识

◎ 单元导读

与手工绘图相比，AutoCAD 绘图速度更快、精度更高、而且便于个性化。AutoCAD 具有良好的用户界面，通过交互菜单或命令行方式便可以进行各种操作。它的多文档设计环境，让非计算机专业人员也能很快地学会使用。

◎ 知识目标

- ◆ 了解 AutoCAD 2018 的基本常识。
- ◆ 掌握 AutoCAD 2018 绘图界面及绘图环境。
- ◆ 掌握 AutoCAD 2018 基本操作方法及数据输入方法。

◎ 技能目标

- ◆ 熟练设置绘图环境。
- ◆ 熟练使用坐标系和坐标表示法。
- ◆ 熟练使用命令的输入方式、对象捕捉和对象选择的方法。
- ◆ 能准确绘制简单的图形。

◎ 思政目标

- ◆ 树立正确的学习观、价值观，自觉践行行业道德规范。
- ◆ 牢固树立质量第一、信誉第一的强烈意识。
- ◆ 遵规守纪，安全操作，爱护设备，钻研技术。
- ◆ 发扬一丝不苟、精益求精的工匠精神。

10.1 AutoCAD 2018 概述

AutoCAD 2018 中文版是 AutoDesk 公司发行的 AutoCAD 版本。为了保持软件的兼容性，AutoDesk 公司不仅保留了以前版本的诸多优点，如操作方便、绘图快捷等，同时在易用性和提高工作效率方面增加了许多新的功能和特性。

10.1.1 用户界面及菜单、对话框

1. 用户界面

AutoCAD 2018 的用户界面如图 10-1 所示。与其他的 Windows 应用程序相似，界面包括标题栏、菜单栏、工具栏、绘图窗口、命令行、状态栏等。如果是第一次启动 AutoCAD 2018 中文版，界面会简单很多，菜单栏和一些工具栏需要进行手动调整。

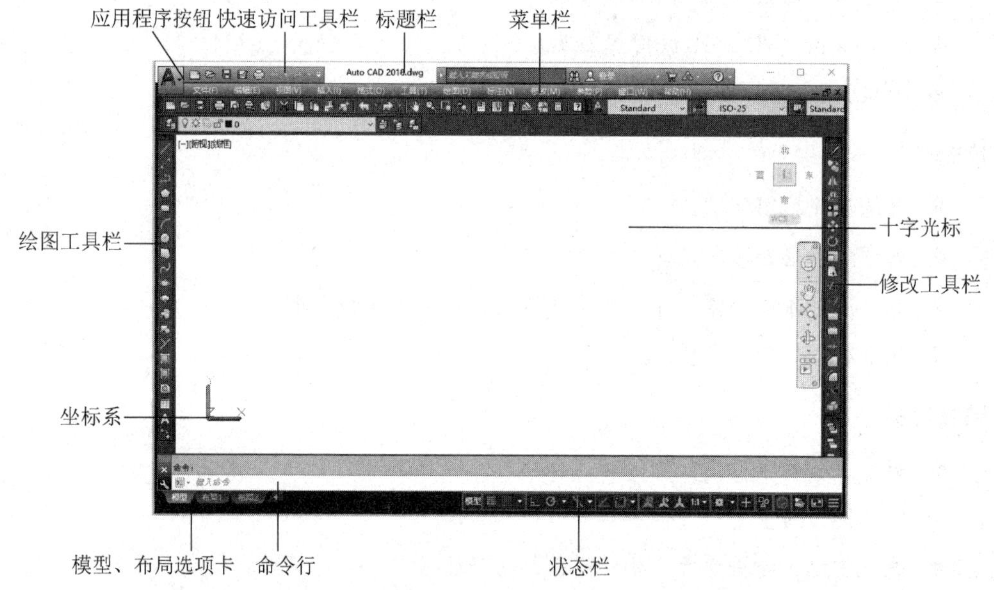

图 10-1　用户界面

（1）应用程序按钮

应用程序按钮位于 AutoCAD 2018 工作界面的左上角，单击按钮，弹出的下拉列表如图 10-2 所示，其中包括新建、打开、保存、另存为、输入、输出、发布、打印、图形实用工具、关闭等文档操作选项。通过输入、输出选项可以将其他格式文件输入 AutoCAD 2018 或将 AutoCAD 2018 图形文件转换为其他格式输出。下拉列表右下角有“选项”按钮，单击该按钮，弹出“选项”对话框，如图 10-3 所示，可以对 AutoCAD 2018 的系统选项进行设置。

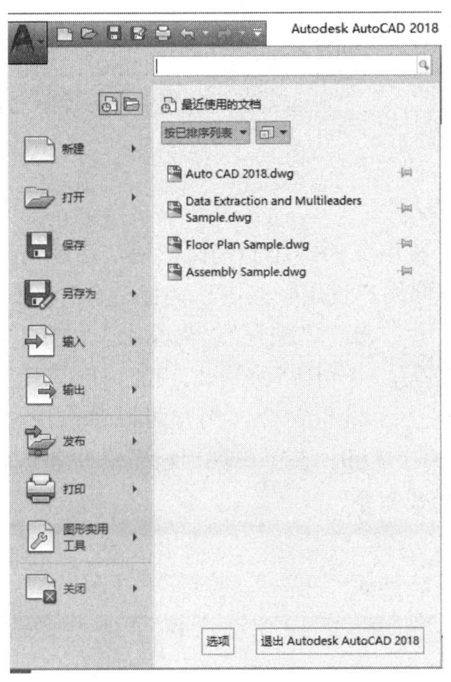

图 10-2　应用程序下拉列表

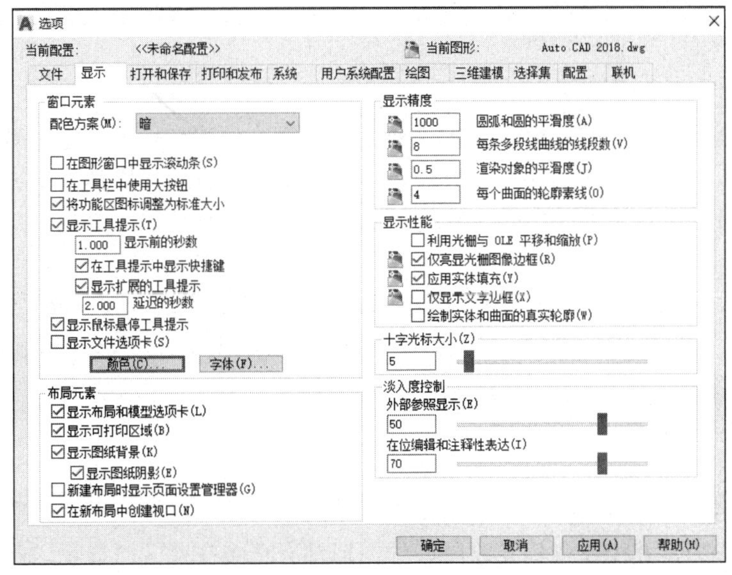

图 10-3　选项对话框

（2）标题栏

标题栏位于 AutoCAD 2018 工作界面的顶部，用于显示当前正在运行的应用程序的名称及其版本，即 AutoCAD 2018 及正在使用的模型文件的名称。标题栏右侧包含搜索框、登录用户名及窗口控制区等，如图 10-4 所示。在搜索框中输入需要查询的问题或需要帮助的内容，单击“搜索”按钮，可以获得提示帮助。单击“登录”按钮，可以登录 Autodesk Online 服务。单击“帮助”按钮，可弹出 CAD 的帮助文件。窗口控制区包括窗口“最大化”、“最小化”和“关闭”按钮，单击相关按钮，可完成对窗口的相应操作。

图 10-4　标题栏

（3）快速访问工具栏

快速访问工具栏包含了常用文档操作的快捷按钮，通过快速访问工具栏，可以快速使用工具，减少操作步骤，方便用户使用。其中默认包括 7 个快捷按钮，分别为“新建”“打开”“保存”“另存为”“打印”“放弃”“重做”按钮，如图 10-5 所示。快速访问工具栏还可以添加、删除、重新定位命令，用户可以单击快速访问工具栏右侧的下拉按钮，在弹出的“自定义快速访问工具栏”下拉列表中，根据需要进行选择，添加或删减命令。

图 10-5　快速访问工具栏

（4）菜单栏

菜单栏位于标题栏下方，包括“文件”“编辑”“视图”“插入”“格式”“工具”“绘图”“标注”“修改”“参数”“窗口”“帮助”12 个选项卡。菜单栏中包括了大多数 AutoCAD 2018 绘图命令。

在菜单中，选项后跟有小三角形符号的，表示选项下还有子菜单；选项后跟有“…”符号的，表示选择该选项会弹出对话框进行进一步的设置；选项呈现灰色，表示在当前状态下该选项不可用。

（5）工具栏

工具栏综合了 AutoCAD 2018 中的多种工具，可方便用户使用。它是显示位图式按钮行的控制条，其中位图式按钮用来执行命令。使用工具栏可简化操作，省去从菜单栏中逐级调用命令的烦琐过程。AutoCAD 2018 提供了 50 余种已命名的工具栏，用户可以根据需要进行调用。

AutoCAD 2018 默认状态下工具栏处于隐藏状态。可以在菜单栏中依次选择“工具”→“工具栏”→“AutoCAD”选项，在展开的子菜单中，根据需要选择相应的工具栏，如图 10-6 所示。除通过菜单栏命令的方法外，还可以在界面上任意工具栏上右击，在弹出的如图 10-6 所示的快捷菜单中进行操作。

（6）绘图区

绘图区是用户进行各项操作的主要工作区域及图形显示区域。用户绘图的主要工作都是在该区域完成的，其操作过程及绘制好的图形都会直接在此区域显示。此外，绘图区是无限大的，用户可根据需要通过缩放、平移等命令来观察图形。绘图区的左上角有 3 个控件：视口控件、视图控件和视觉样式控件。左下角显示默认情况下的坐标系图标，即世界坐标系，用户可通过右击，在弹出的快捷菜单中选择不同的坐标系。右上角显示 ViewCube 工具，便于用户切换视图方向。右侧显示“全导航控制盘”“平移”“范围缩放”“动态观察”“ShowMotion”5 个按钮，方便用户更好地观察图形。

（7）命令行

命令行是用户输入命令及系统显示信息的地方。

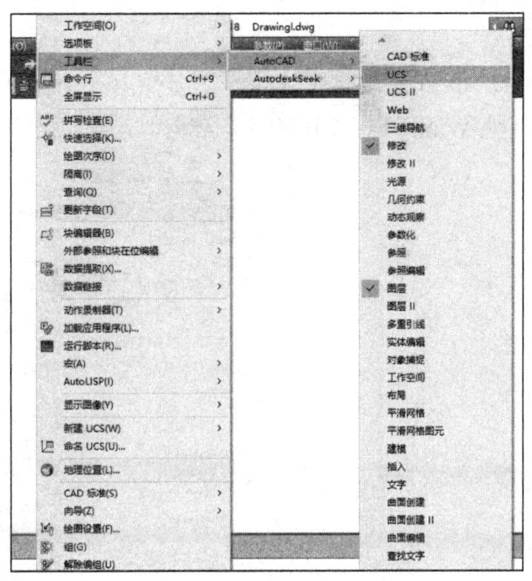

图 10-6　“工具栏”子菜单

（8）状态栏

状态栏位于系统的最底部，在此显示当前鼠标指针的位置，还有捕捉、栅格、正交、极轴、对象捕捉、对象追踪、DYN（动态输入）、线宽、模型等重要设置。排列的主要图标开关按钮如图 10-7 所示，分别是捕捉模式、栅格显示、正交模式、极轴追踪、对象捕捉、对象捕捉追踪、允许\禁止 UCS、动态输入、线宽、快捷特性等。它显示当前的绘图工作状态，当单击图标开关按钮，其呈现一定颜色时，表示此开关功能处于开启状态；呈现灰色时则开关处于关闭状态。

图 10-7　状态栏

2．菜单及对话框介绍

AutoCAD 2018 提供了多种输入方法，如菜单、工具栏等。绘图时，常要同时使用键盘和鼠标来进行输入。键盘通常用来输入命令和参数，工具栏中的命令通常用鼠标来操作。

（1）菜单

1）菜单栏。菜单栏默认处于隐藏状态。初次打开 AutoCAD 2018 软件，需选择快速访问工具栏中的“自定义快速访问工具栏”→“显示菜单栏”选项，菜单栏才会显示，如图 10-8 所示。

2）快捷菜单。在绘图、编辑、不做任何工作时，在绘图窗口右击，弹出与所使用命令有关的快捷菜单，如图 10-9 所示。

图 10-8　“自定义快速访问工具栏”下拉列表

（2）对话框

在 AutoCAD 2018 中，很多命令执行以后，都会弹出一个对话框，类似于图 10-10 所示。而对话框的操作与其他 Windows 应用程序非常相似，在此不再赘述。

图 10-9 快捷菜单

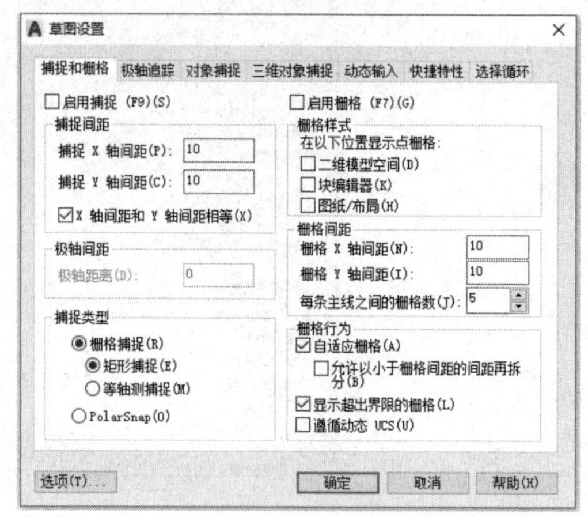

图 10-10 “草图设置”对话框

10.1.2 图形文件的管理

用户绘制的图形最终都是以文件的形式保存的，下面将对图形文件的操作做简单介绍。

1. 新建图形

可以通过以下几种方式来新建文件。

1）在命令行窗口中输入“NEW↙”。

2）选择“文件”→“新建”选项。

3）单击快速访问工具栏中的“新建”按钮。

4）使用 Ctrl+N 组合键。

执行以上操作后，弹出“选择样板”对话框，如图 10-11 所示。

图 10-11 “选择样板”对话框

2．打开已有图形

可以通过以下几种方式来打开文件。

1）在命令行窗口中输入“OPEN↙”。

2）选择“文件”→“打开”选项。

3）单击快速访问工具栏中的“打开”按钮。

4）使用 Ctrl+O 组合键。

执行以上操作后，弹出“选择文件”对话框，如图 10-12 所示。

图 10-12 “选择文件”对话框

3．保存文件

对图形进行绘制与修改后，应及时对图形文件进行保存。保存文件的方法如下。

（1）使用“保存”命令

可以通过以下几种方式来保存文件。

1）在命令行窗口中输入“SAVE↙”。

2）选择“文件”→“保存”选项。

3）单击快速访问工具栏中的“保存”按钮。

4）使用 Ctrl+S 组合键。

执行以上操作后，若之前已对文件进行命名操作，则系统自动保存文件。若没有命名，弹出“图形另存为”对话框，如图 10-13 所示。

（2）使用“另存为”命令

可以通过以下几种方式来另存文件。

1）在命令行窗口中输入“SAVEAS↙”。

2）选择“文件”→“另存为”选项。

3）单击快速访问工具栏中的“另存为”按钮。

执行以上操作后，弹出“图形另存为”对话框，用户可将文件重命名并保存。

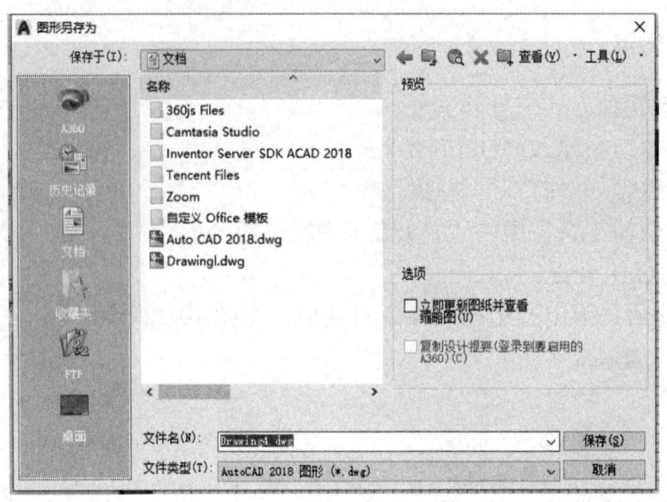

图 10-13 “图形另存为”对话框

4．退出 AutoCAD 2018

用户可通过如下几种方式退出 AutoCAD 2018。

1）直接单击 AutoCAD 2018 主窗口右上角的“关闭”按钮。

2）选择“文件”→“关闭”选项。

3）在命令行窗口中输入“EXIT↙”或“QUIT↙”。

当退出 AutoCAD 2018 时，当前的图形文件没有保存，则弹出提示对话框，提示用户在退出 AutoCAD 2018 前保存或放弃对图形所做的修改。

AutoCAD 2018 基本操作方式

10.2.1 AutoCAD 2018 命令

在 AutoCAD 系统中，所有功能都是通过执行命令来实现的。熟练地使用 AutoCAD 命令有助于提高绘图的效率和精度。AutoCAD 2018 提供了命令行窗口、下拉菜单和工具栏等多种命令输入方式，用户可以利用键盘、鼠标等输入设备以不同的方式输入命令。

1．命令行窗口

命令行窗口位于 AutoCAD 2018 绘图窗口的底部，用户利用键盘输入的命令、命令选项及相关信息都显示在该窗口中。在命令行窗口出现“命令:”提示符后，利用键盘输入 AutoCAD 2018 命令，并按 Enter 键确认，该命令立即被执行。

例如，要输入绘制直线命令（LINE），操作如下。

```
命令:LINE(或 L)↙
```

AutoCAD 提示：

```
命令:_line
指定第一点:
```

AutoCAD 2018 采取“实时交互”的命令执行方式，在绘图或图形编辑操作过程中，用户应特别注意动态提示或命令窗口中显示的文字，这些信息记录了 AutoCAD 与用户的交流过程。如果要了解更多的信息，可以打开如图 10-14 所示的“AutoCAD 文本窗口”窗口来阅读。默认情况下，“AutoCAD 文本窗口”窗口处于关闭状态，用户可以利用 F2 键打开或关闭它。

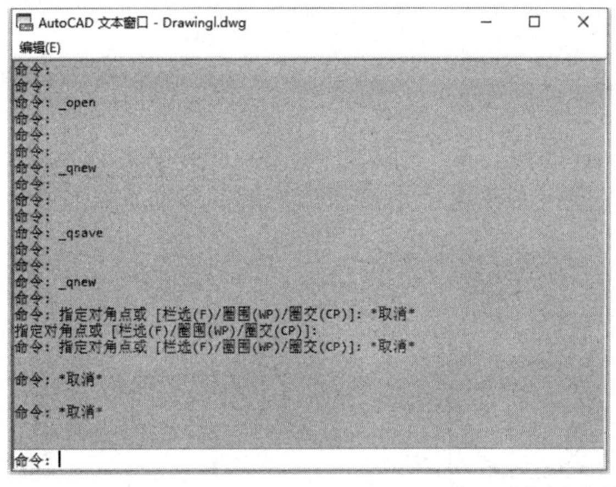

图 10-14　“AutoCAD 文本窗口”窗口

2．下拉菜单和工具栏

除键盘外，鼠标是最常用的输入设备。在 AutoCAD 2018 中，鼠标键是按照下述规定定义的。

左键：拾取键，用于拾取屏幕上的点、菜单命令选项或工具栏按钮等。

右键：确认键，相当于 Enter 键，在命令执行过程中右击，会弹出与当前操作相对应的快捷菜单，从中可选择需要的选项。

中键：中键是一个滑动滚轮，默认情况下，滚动滚轮可放大/缩小显示图形，按住拖动为实时平移图形。

移动鼠标，当鼠标指针移至下拉菜单选项或工具栏相应按钮上时，单击，相应的命令立即被执行。此时在命令行窗口会显示相应的命令及命令提示，与键盘输入命令的不同之处是此时在命令前会出现一下划线。

例如，选择“绘图”→“矩形”选项或在工具栏单击□按钮，输入绘制矩形命令。

10.2.2　图形对象的选择

在对图形进行编辑操作时，首先要确定编辑的对象，即在图形中选择若干图形对象构成选择集。输入一个图形编辑命令后，命令行窗口出现“选择对象”提示，这时可根据需要反复多次地进行选择，直至按 Enter 键结束选择，转入下一步操作。为了提高选择的速度和准确性，AutoCAD 提供了多种不同形式的选择对象方式，常用的选择方式有以下几种。

1. 直接选择对象

这是默认的选择对象方式，此时鼠标指针变为一个小方框（称拾取框），当鼠标指针在对象上滑过时，对象加粗突出显示，此时单击，则该对象被选中。重复上述操作，可依次选择多个对象。被选中的图形对象以虚线高亮显示，以区别于其他图形。利用该方式每次只能选择一个对象，且在图形密集的地方选择对象时，往往容易选错或多选。

如果在空白处单击，当向左侧拖动鼠标时为“窗口”选择方式，选择框为虚线，内部背景为绿色填充；当向右侧拖动鼠标时为“交叉”选择方式，选择框为实线，内部背景为蓝色填充。

2. 窗口（W）方式

当命令行窗口提示“选择对象”时，输入“W”，以窗口方式选择对象。通过鼠标指针给定一个矩形窗口，完全包含在这个矩形窗口内的图形对象被选中，如图 10-15 所示。

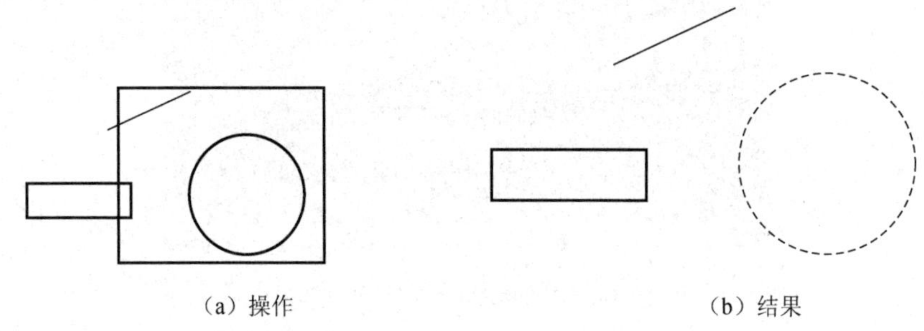

（a）操作　　（b）结果

图 10-15　窗口方式

3. 多边形窗口（WP）方式

当命令行窗口提示“选择对象”时，输入“WP”，以多边形窗口方式选择对象，完全包含在多边形窗口中的图形被选中。

4. 交叉窗口（C）方式

在交叉窗口方式下，所有位于矩形窗口之内或与窗口边界相交的对象都将被选中，如图 10-16 所示。

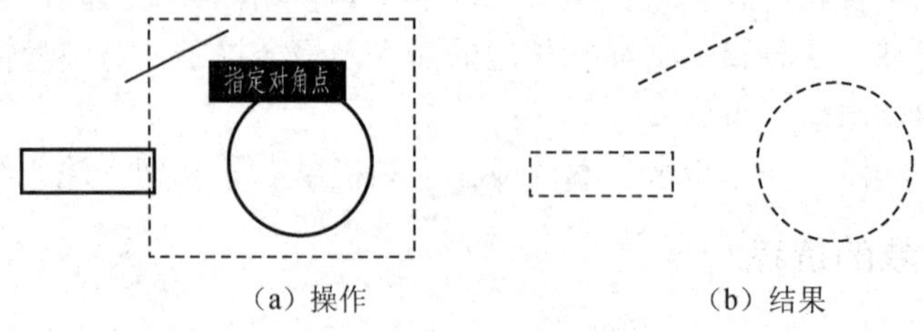

（a）操作　　（b）结果

图 10-16　交叉窗口方式

5．交叉多边形窗口（CP）方式

在交叉多边形窗口方式下，所有位于多边形窗口之内或与窗口边界相交的对象都将被选中。

6．全部（ALL）方式

在命令行窗口中输入“ALL”，可选择屏幕上的全部图形对象。

7．删除（R）与添加（A）方式

在命令行窗口中输入“R”进入删除方式。在删除（R）方式下可以从当前选择集中移出已选择的对象。在删除方式提示下，输入“A”则可继续向选择集中添加图形对象。

8．前一个（P）方式

在命令行窗口中输入“P”，将最近的一个选择集设置为当前选择集。

9．栏选（F）方式

当命令行窗口提示“选择对象”时，输入“F”，为栏选方式。此时，鼠标指针为十字形，绘制一条虚线，与虚线相交的元素全部被选中，如图 10-17 所示。

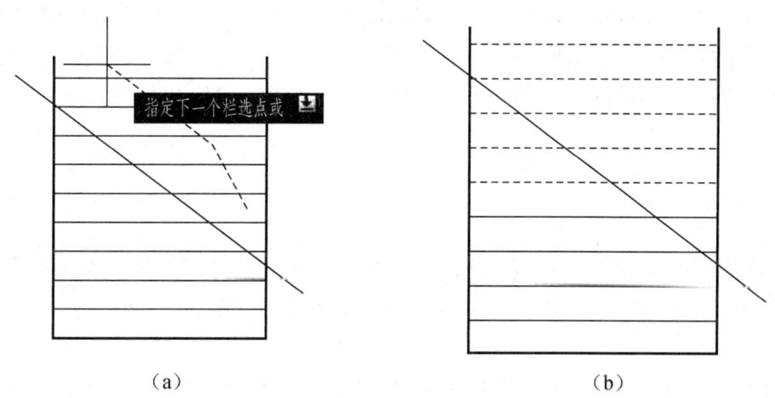

图 10-17　栏选方式

10．放弃（U）方式

在命令行窗口中输入“U”，取消最后的选择对象操作。

以上只是几种常用的选择对象方式，如果要了解所有选择对象方式，可在“选择对象：”提示下输入“？”，系统将显示如下提示信息：

需要点或窗口(W)/上一个(L)/窗交(C)/框(BOX)/全部(ALL)/栏选(F)/圈围 (WP)/圈交(CP)/编组(G)/添加(A)/删除(R)/多个(M)/前一个(P)/放弃(U)/自动 (AU)/单个(SI)

根据提示，用户可选择相应的选择对象方式。

10.3 数据输入

当启动一个 AutoCAD 2018 命令后，往往还需要提供执行此命令所需要的信息，包括点坐标、数值、角度、位移等。

10.3.1 AutoCAD 2018 的坐标系

要精确绘制工程图，必须以某个坐标系作为参照，下面主要介绍 AutoCAD 坐标系和点的坐标表示方法。

1．世界坐标系与用户坐标系

世界坐标系（world coordinate system，WCS），又称通用坐标系。AutoCAD 默认的世界坐标系中 *X* 轴正向水平向右，*Y* 轴正向垂直向上，*Z* 轴与屏幕垂直，正向由屏幕向外。

用户坐标系（user coordinate system，DCS），是一种相对坐标系。与世界坐标系不同，用户坐标系可选择任意一点为坐标原点，也可以任意方向为 *X* 轴正方向。用户可以根据绘图需要建立和调用用户坐标系。在绘图过程中，AutoCAD 通过坐标系图标显示当前坐标系统，如图 10-18 所示。

2．坐标的表示方法

在 AutoCAD 中，点的坐标可以使用绝对直角坐标、绝对极坐标、相对直角坐标和相对极坐标 4 种表示方法。在二维绘图中，可暂不考虑点的 *Z* 坐标。

（1）绝对直角坐标

绝对直角坐标是指当前点相对坐标原点的坐标值。如图 10-19 所示，点的绝对直角坐标为“17.2,24.6”。

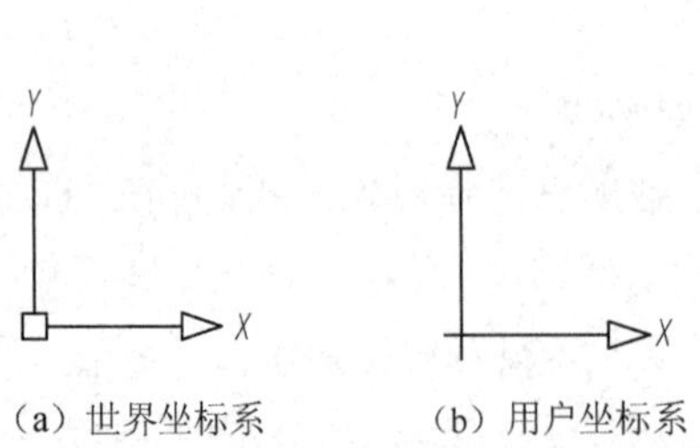

（a）世界坐标系　（b）用户坐标系

图 10-18　AutoCAD 的坐标系图标

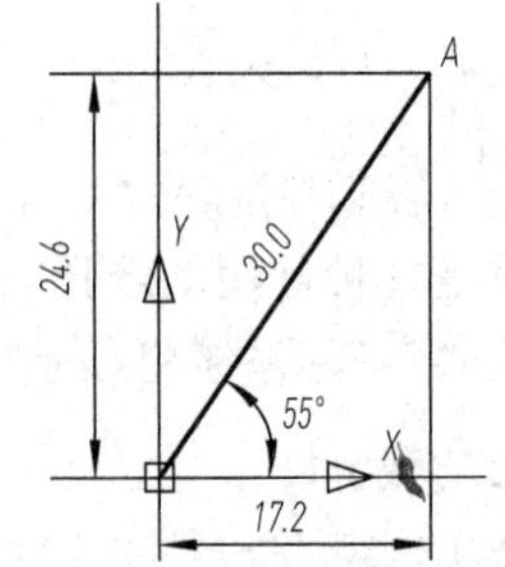

图 10-19　点的绝对直角坐标

（2）绝对极坐标

绝对极坐标用“距离<角度”表示。其中，距离为当前点相对坐标原点的距离，角度表示当前点和坐标原点连线与 *X* 轴正向的夹角。如图 10-19 所示，*A* 点的绝对极坐标可表示为“30.0<55”。

（3）相对直角坐标

相对直角坐标是指当前点相对于某一点的坐标的增量。相对直角坐标前加一符号“@”。例如，*A* 点的绝对直角坐标为“10,15”，*B* 点相对 *A* 点的相对直角坐标为“@5,-2”，则 B 点的绝对直角坐标为“15,13”。

（4）相对极坐标

相对极坐标用“@距离<角度”表示，如“@4.5<30”表示当前点到下一点的距离为 4.5，当前点与下一点的连线与 *X* 轴正向夹角为 30°。

3．综合举例说明

【例 10-1】使用上述 4 种坐标表示法，创建如图 10-20 所示的三角形 *ABC*。

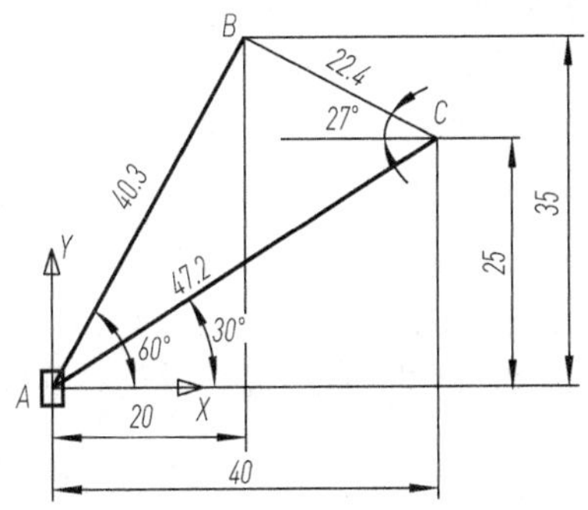

图 10-20　使用 4 种坐标表示法绘制三角形

解：绘图步骤分解如下。

方法 1：使用绝对直角坐标。

```
命令:_line
指定第一点:0,0↙                                //指定第一点为坐标原点 A
指定下一点或[放弃(U)]:20,35↙                   //输入 B 点的绝对直角坐标
指定下一点或[放弃(U)]:40,25↙                   //输入 C 点的绝对直角坐标
指定下一点或[闭合(C)/放弃(U)]:C↙               //闭合三角形
```

方法 2：使用绝对极坐标。

```
命令:_line
指定第一点:0,0↙                                //指定第一点为坐标原点 A
指定下一点或[放弃(U)]:40.3<60↙                 //输入 B 点的绝对极坐标
指定下一点或[放弃(U)]:47.2<30↙                 //输入 C 点的绝对极坐标
指定下一点或[闭合(C)/放弃(U)]:C↙               //闭合三角形
```

方法 3：使用相对直角坐标。

```
命令:_line
指定第一点:单击绘图区内一点                        //指定任意一点为直线的起点 A
指定下一点或[放弃(U)]:@20,35↙                     //输入 B 点的相对直角坐标
指定下一点或[放弃(U)]:@20,-10↙                    //输入 C 点的相对直角坐标
指定下一点或[闭合(C)/放弃(U)]:C↙                  //闭合三角形
```

方法 4：使用相对极坐标。

```
命令:_line
指定第一点:单击绘图区内一点                        //指定任意一点为直线的起点 A
指定下一点或[放弃(U)]:@40.3<60↙                   //输入 B 点的相对极坐标
指定下一点或[放弃(U)]:@22.4<-27↙                  //输入 C 点的相对极坐标
指定下一点或[闭合(C)/放弃(U)]:C↙                  //闭合三角形
```

10.3.2 AutoCAD 2018 辅助功能

在 AutoCAD 中，用户不仅可以通过输入点的坐标绘制图形，还可以使用系统提供的捕捉、栅格、正交、对象捕捉、极轴追踪、对象追踪、动态输入（DYN）等功能，快速、精确地绘制图形。

1. 捕捉与栅格功能

单击状态栏中的“捕捉”按钮，此时屏幕上的鼠标指针呈跳跃式移动，并总是被“吸附”在屏幕上的某些固定点上。如果此时启动栅格功能，则鼠标指针会在屏幕上的栅格点上，如图 10-21 所示。

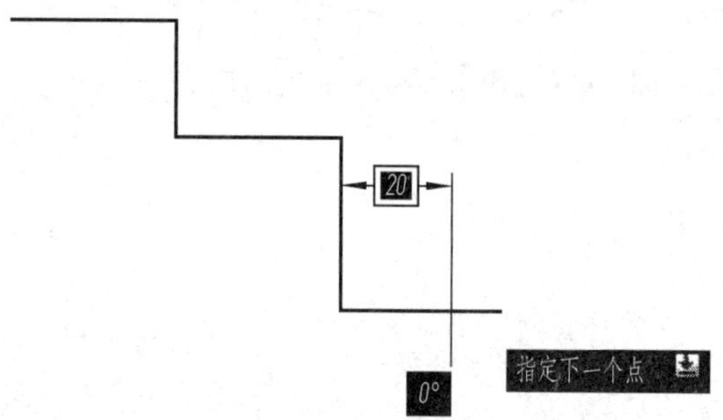

图 10-21　启动栅格和捕捉功能绘制图形

栅格和捕捉功能同时使用，可绘制比较规整的图形，如楼梯、棋盘等。捕捉间距与栅格间距可以设置为不同的值，但一般设置为相同的值。设置捕捉间距和栅格间距的方法如下。

在“捕捉”或“栅格”按钮上右击，在弹出的快捷菜单中选择“设置”选项。

选择“工具”→“草图设置”选项。

弹出如图 10-22 所示的“草图设置”对话框。在此对话框中，可以设置不同的捕捉间距值和栅格间距值。

图 10-22　“草图设置”对话框

2．正交功能

单击“正交”按钮，启动正交方式，此时如果为绘制直线命令状态，则屏幕上的鼠标指针只能水平或垂直移动，绘制水平和垂直线。这种方式为绘制水平和垂直线提供了方便。按 F8 键可快速启动或关闭正交方式。

3．极轴功能

使用极轴功能，可以方便快捷地绘制一定角度的直线。例如，我们要绘制一个有 30°角的直角三角形，可以打开“草图设置”对话框，选择“极轴追踪”选项卡，如图 10-23 所示。在“增量角”下拉列表中选择 30 或在文本框中输入需要的值，然后单击“确定”按钮。

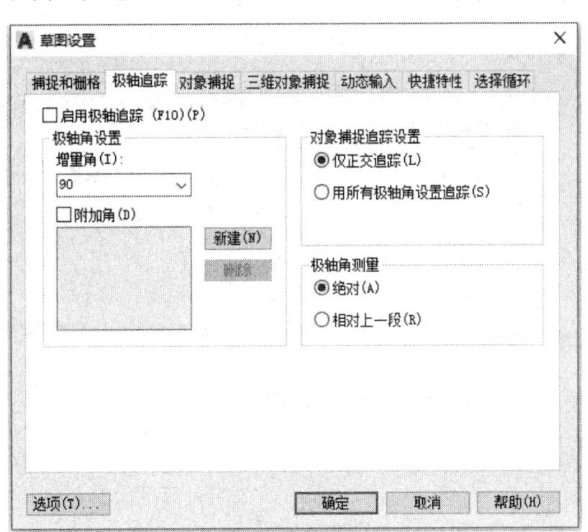

图 10-23　“极轴追踪”选项卡

“极轴追踪”选项卡中的各选项功能如下。

1）“启用极轴追踪”复选框：打开或关闭极轴追踪功能。按 F10 键可快速打开或关闭极轴追踪功能。

2）“增量角”下拉列表：用于选择极轴夹角的递增值。当极轴夹角为该值倍数时，都将显示辅助线。

3）“附加角”复选框：当“增量角”下拉列表中的角不能满足需要时，先选中该复选框，然后通过“新建”命令增加特殊的极轴夹角。

当启动了极轴追踪功能后，绘制直线时，当鼠标指针在 30° 位置附近或其整数倍位置附近时，会出现如图 10-24 所示的极轴角度值“30°”提示和沿线段方向上的蚂蚁线。

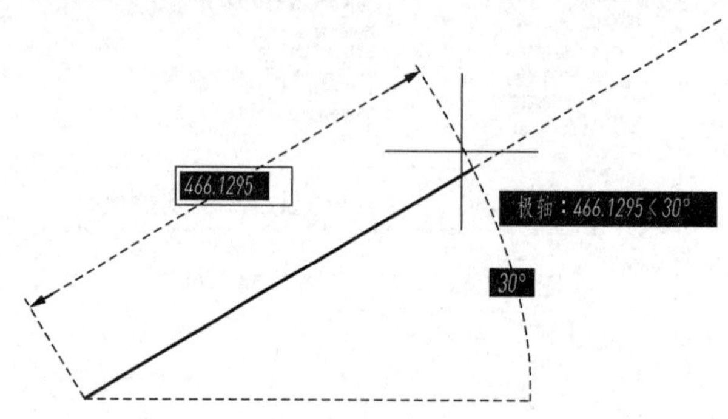

图 10-24　使用极轴追踪功能绘制图形

4．对象捕捉功能

使用对象捕捉功能可以在绘制和编辑图形时，捕捉对象上的特殊点，如端点、中点等。对象捕捉有两种使用方式：一种是自动对象捕捉，即在如图 10-25 所示的“对象捕捉模式”选项组中选中相应的点复选框，并选中“启用对象捕捉”复选框，相应的对象捕捉点就起作用；另一种是单点捕捉，使用一次后不再起作用。单点捕捉方式可通过“对象捕捉”工具栏中的“捕捉”按钮或“对象捕捉”快捷菜单来实现。

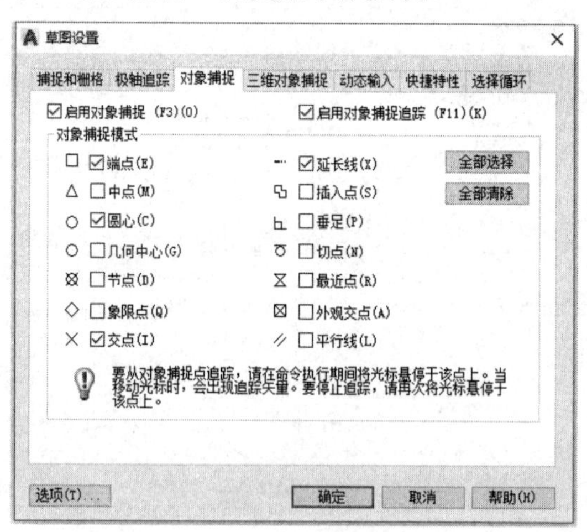

图 10-25　“对象捕捉”选项卡

（1）“对象捕捉”工具栏

“对象捕捉”工具栏如图 10-26 所示。在绘图过程中，当要求用户指定点时，单击该工具栏中相应的特征点按钮，再将鼠标指针移到要捕捉对象的特征点附近，即可捕捉所需要的点。

图 10-26　“对象捕捉”工具栏

（2）“对象捕捉”快捷菜单

当要求用户指定点时，按 Shift 键或 Ctrl 键，同时在绘图区任一点右击，弹出“对象捕捉”快捷菜单，如图 10-27 所示。利用该快捷菜单，用户可以选择相应的对象捕捉模式。在“对象捕捉”快捷菜单中，除“点过滤器”、“两点之间的中点”选项外，其余各选项都与“对象捕捉”工具栏中的模式相对应。“点过滤器”选项用于捕捉满足指定坐标条件的点，“两点之间的中点”选项用于捕捉选定的两点之间的中间点。

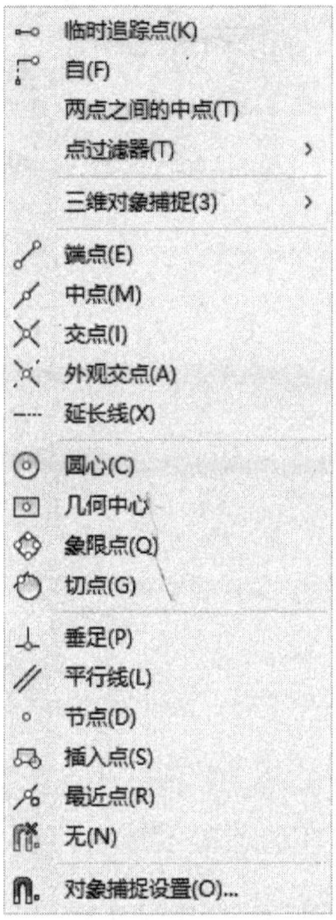

（3）“对象捕捉”关键字

不管当前对象捕捉模式如何，当命令提示要求用户指定点时，输入“对象捕捉”关键字，如 END、MID、QUA 等，即可直接给定对象捕捉模式。该模式常用于临时捕捉某一特征点，操作一次后即退出指定对象捕捉模式。

临时追踪点(K)
自(F)
两点之间的中点(T)
点过滤器(T)
三维对象捕捉(3)
端点(E)
中点(M)
交点(I)
外观交点(A)
延长线(X)
圆心(C)
几何中心
象限点(Q)
切点(G)
垂足(P)
平行线(L)
节点(D)
插入点(S)
最近点(R)
无(N)
对象捕捉设置(O)...

图 10-27　“对象捕捉”快捷菜单

AutoCAD 2018 提供了多种对象捕捉模式，简述如下。

1）端点捕捉（END），捕捉直线、曲线等对象的端点或捕捉多边形的最近一个角点。

2）中点捕捉（MID），捕捉直线、曲线等线段的中点。

3）交点捕捉（INT），捕捉不同图形对象的交点。

4）外观交点捕捉（APP），捕捉在三维空间中图形对象（不一定相交）的外观交点。

5）捕捉延长线（EXT），捕捉直线、圆弧、椭圆弧、多段线等图形延长线上的点。

6）捕捉圆心（CEN），捕捉圆、圆弧、椭圆、椭圆弧等图形的圆心。

7）捕捉象限点（QUA），捕捉圆、圆弧、椭圆、椭圆弧等图形相对于圆心 0°、90°、180°、270°处的点。

8）捕捉切点（TAN），捕捉圆、圆弧、椭圆、椭圆弧、多段线或样条曲线等图形的切点。

9）捕捉垂足（PER），绘制与已知直线、圆、圆弧、椭圆、椭圆弧、多段线或样条曲线等图形相垂直的直线。

10）捕捉平行线（PAR），用于捕捉已知直线的平行线。

5．对象追踪功能

对象追踪功能是利用已有图形对象上的捕捉点来捕捉其他特征点的又一种快捷作图方法。对象追踪功能常用于事先不知具体的追踪方向，但已知图形对象间的某种关系（如“正交”）的情况，常与极轴或对象捕捉功能同时使用。

6．动态输入功能

动态输入是 AutoCAD 2018 的功能，当单击状态栏中的“DYN”按钮时，在绘制图形时会给出长度和角度的提示。提示外观可在“草图设置”对话框的“动态输入”选项卡中设置，如图 10-28 所示。

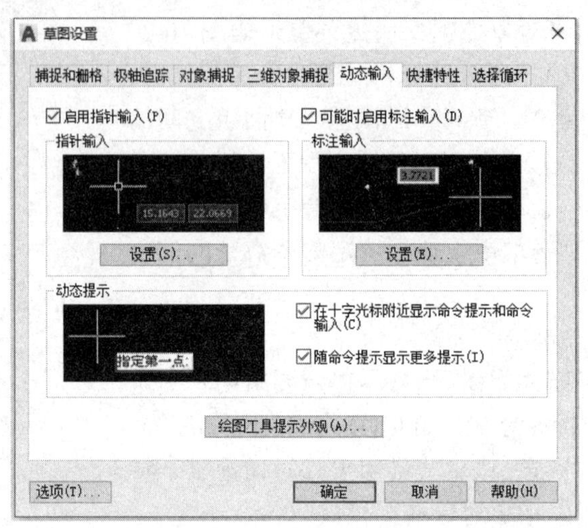

图 10-28　“动态输入”选项卡

在动态提示输入标注值时按 Tab 键，表示进入下一个输入，按向下键进入下一选项。

7．综合举例说明

【例 10-2】利用直线和圆命令，使用极轴追踪、对象捕捉、对象追踪功能绘制如图 10-29 所示的图形。

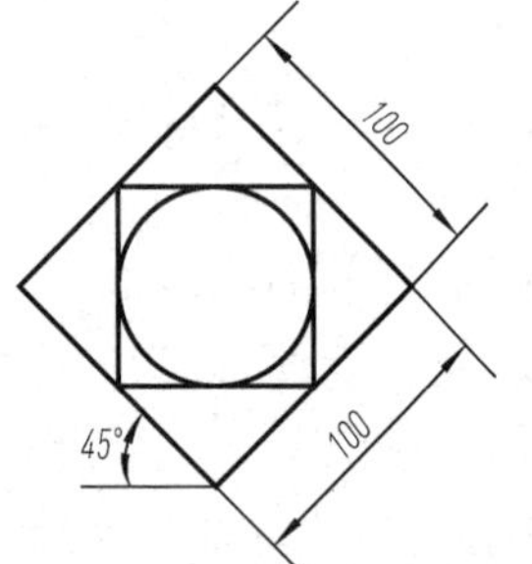

图 10-29　绘图实例 1

解：绘图步骤分解如下。

1）选择“工具”→“草图设置”选项，弹出“草图设置”对话框，在“对象捕捉”选项卡中，选中“端点”和“中点”两个复选框。在“极轴追踪”选项卡中设置“增量角”为 45°，然后单击“确定”按钮，即可启动极轴、对象捕捉和对象追踪功能。

2）绘制正方形。

在绘图工具栏中单击 ╱ 按钮。

选择“绘图”→“直线”选项。

在命令行窗口中输入“LINE（L）↙”。

AutoCAD 提示：

```
命令:_line
指定第一点:在屏幕上单击,确定第一点
指定下一点或[放弃(U)]:100 ↙              //鼠标指针向右上移动出现 45°极轴追踪
                                          //时,输入长度值
指定下一点或[放弃(U)]:100↙               //鼠标指针向右下移动出现 45°极轴追踪时,
```

//输入长度值,如图 10-30 所示

指定下一点或[闭合(C)/放弃(U)]:100↙

指定下一点或[闭合(C)/放弃(U)]:C↙　　　　//闭合图形

直接按 Enter 键，再次调用“直线”命令。

命令:_line

指定第一点:

指定下一点或[放弃(U)]:捕捉正方形右上边线的中点

指定下一点或[放弃(U)]:捕捉正方形右下边线的中点　　　//如图 10-31 所示

指定下一点或[闭合(C)/放弃(U)]:捕捉正方形左下边线的中点

指定下一点或[闭合(C)/放弃(U)]:捕捉正方形左上边线的中点

指定下一点或[闭合(C)/放弃(U)]:↙　　　　　　　　//按 Enter 键结束命令

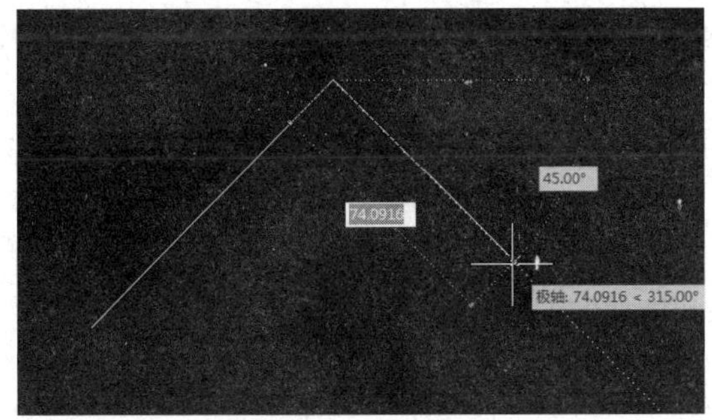

图 10-30　绘制外面的正方形

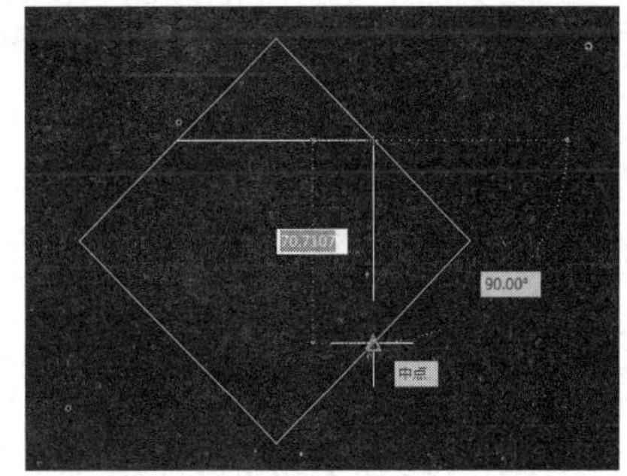

图 10-31　绘制内部的正方形

3）绘制圆。输入“圆”命令，AutoCAD 提示如下。

命令:_circle

指定圆的圆心或[三点(3P)/两点(2P)/相切、相切、半径(T)]:单击

//鼠标指针在内部小正方形左边中点划过出现中点标识后,移动至上边中点处

//出现标识后向下移动,出现如图 10-32(a)所示的追踪标记后单击

指定圆的半径或[直径(D)]<35.3553 >:向上移动鼠标指针,捕捉内部正方形边的中点,单击

//如图 10-32(b)所示

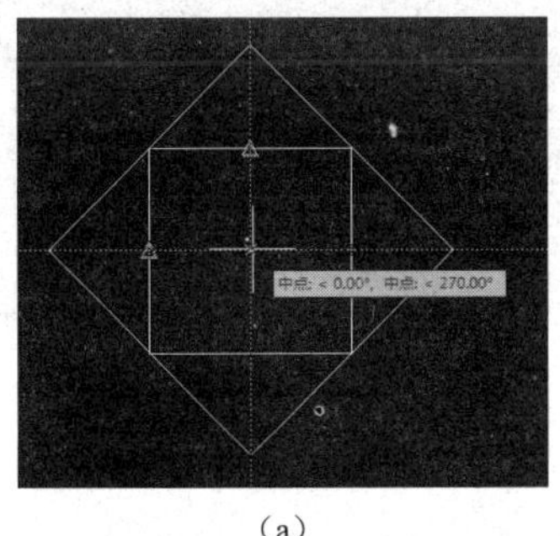

（a）

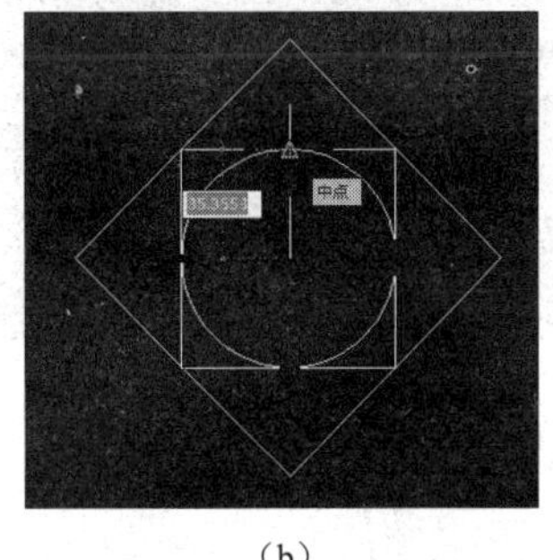

（b）

图 10-32　绘制圆

【例 10-3】绘制如图 10-33 所示的图形。

解：绘图步骤分解如下。

1）绘制圆。调用“圆”命令，绘制直径为 100 的圆（图 10-34）。

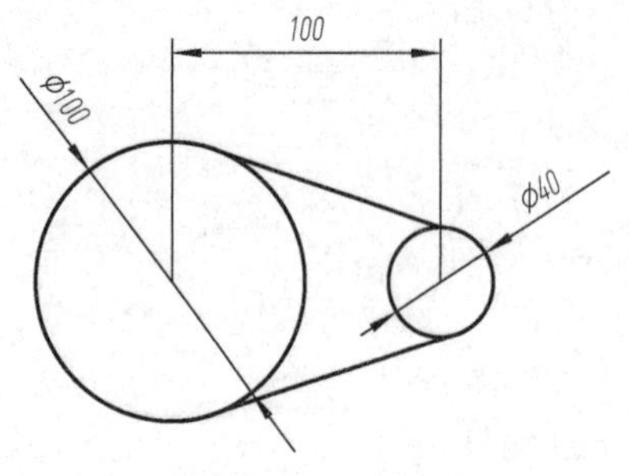

图 10-33　绘图实例 2

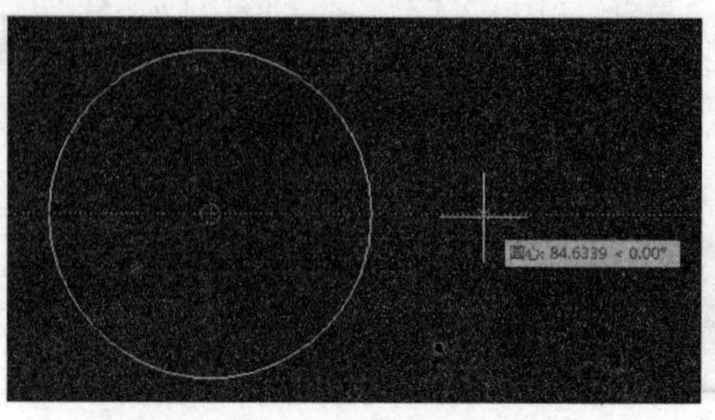

图 10-34　绘制直径为 100mm 的圆

```
命令:_circle
指定圆的圆心或[三点(3P)/两点(2P)/相切、相切、半径(T)]:  //在绘图区内任
                                                    //取一点作为圆心
指定圆的半径或[直径(D)] <20.0000> :50 ↙             //绘制直径为 100 的圆
直接按 Enter 键,再次调用"圆"命令:
命令:_circle
指定圆的圆心或[三点(3P)/两点(2P)/相切、相切、半径(T)]:100 ↙
                        //出现延伸直线时,如图 10-31 所示,输入 100
指定圆的半径或[直径(D)] <50.0000> :20↙               //给定圆半径
```

2）绘制切线。

```
命令:_line
指定第一点:(按住 Shift 键,右击,选择切点选项) _tan 到↙
                        //出现递延切点标记后单击,如图 10-35 (a)所示
指定下一点或[放弃(U)]:单击“对象捕捉”工具栏上“切点”按钮_tan 在小圆上出现递延切
点标记后单击               //绘制出上侧的切线
指定下一点或[放弃(U)]:↙    //按 Enter 键,结束命令如图 10-35(b)所示
```

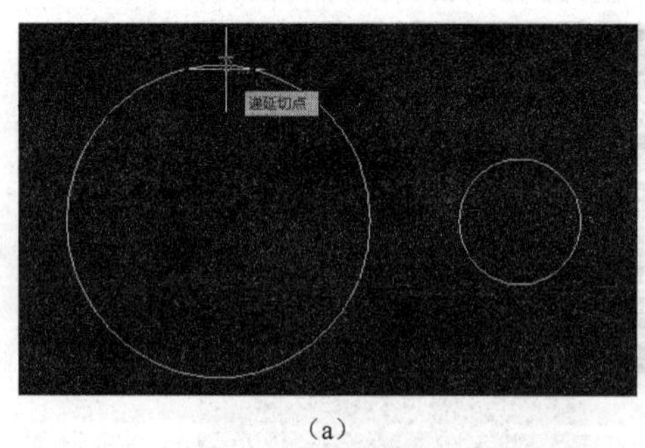

(a)

(b)

图 10-35　绘制切线

3）删除图形。当需要删除绘制的图形时，可调用“删除”命令删除对象。输入“ERASE”命令或选择“修改”→“删除”选项，或在工具栏中单击“删除”按钮，即可删除图形中

所选择的对象。

通常，当调用“删除”命令后，用户需要选择要删除的对象，然后按 Enter 或 Space 键结束对象选择，同时删除已选择的对象。

使用 OOPS 命令，可以恢复最后一次使用“删除”命令删除的对象。

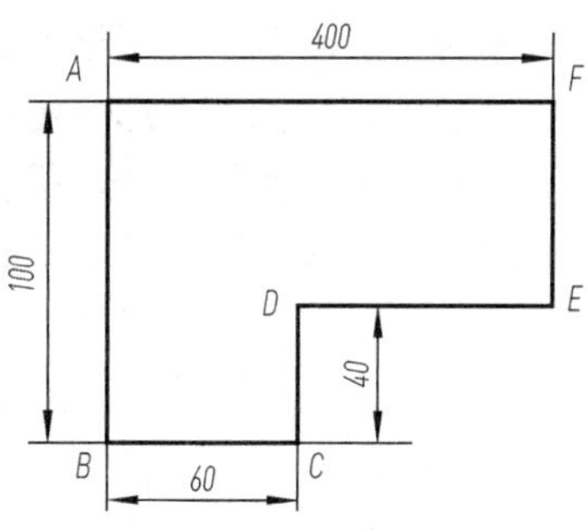

图 10-36 绘图实例 3

【例 10-4】利用正交模式绘制如图 10-36 所示的图形。

解：绘图步骤分解如下：

```
命令:_line                              //输入“直线”命令
指定第一点:单击一点 A                    //指定起始点 A 点
指定下一点或[放弃(U)]:100↙(打开正交模式)
                                        //沿垂直向下给定长度 100
指定下一点或[放弃(U)]:60↙                         //沿水平向右给定长度 60
指定下一点或[闭合(C)/放弃(U)]:40↙                 //沿垂直向上给定长度 40
指定下一点或[闭合(C)/放弃(U)]:80↙                 //沿水平向右给定长度 80
指定下一点或[闭合(C)/放弃(U)]:60↙                 //沿垂直向上给定长度 60
指定下一点或[闭合(C)/放弃(U)]:C↙                  //闭合
```

10.4 绘图环境

通常情况下，用户安装 AutoCAD 2018 后就可以在默认状态下绘制图形。但由于计算机所用外部设备不同，或为提高绘图效率等特殊要求，有时需要对绘图环境及系统参数做必要的设置和调整。

10.4.1 设置绘图环境

用户可以利用“选项”对话框，非常方便地设置系统参数选项。输入“OPTIONS”命令或选择“工具”→“选项”选项，弹出“选项”对话框，如图 10-37 所示。

该对话框包括“文件”“显示”“打开和保存”“打印和发布”“系统”“用户系统配置”“绘图”“三维建模”“选择集”“配置”等选项卡。

1.“显示”选项卡

“显示”选项卡包括“窗口元素”“显示精度”“布局元素”“显示性能”4 个选项组。

1）“窗口元素”选项组：用于设置是否显示绘图区的滚动条、绘图区的背景颜色和命令行窗口中的字体样式。

2）“显示精度”选项组：用于设置实体的显示精度，如圆和圆弧的平滑度、渲染实体对象的平滑度等，显示精度越高，对象越光滑，但生成图形时所需要的时间也越长。

3）“布局元素”选项组：用于设置在图纸空间打印图形时的打印格式。

4）“显示性能”选项组：用于设置光栅图像的显示方式、多段线的填充及控制三维实体的轮廓曲线是否以线框形式显示等。

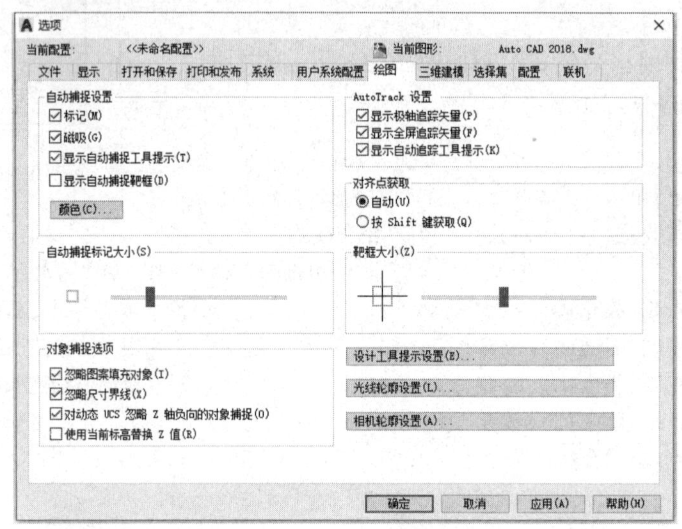

图 10-37 “选项”对话框

2．“打开和保存”选项卡

“打开和保存”选项卡用于设置 AutoCAD 2018 图形文件的版本格式、最近打开的文件数目及是否加载外部参照等。用户可在该选项卡的“文件安全措施”选项中设置自动存盘的时间间隔，以避免由于断电、死机等原因造成绘图数据的丢失。

3．“用户系统配置”选项卡

用户可以使用“用户系统配置”选项卡优化 AutoCAD 2018 的工作方式。

1）“Windows 标准”选项组：用户可以对右击进行定义，单击“自定义右键单击”按钮，在弹出的“自定义右键单击”对话框的“命令模式”选项组中选中“确认”单选按钮，以保证在执行命令时通过右击直接结束命令。

2）“默认比例列表”按钮用于设置各种常用绘图比例，以利于图形的输出操作。

4．“绘图”选项卡

在“绘图”选项卡中（图 10-37），用户可以设置对象自动捕捉、自动追踪功能及自动捕捉标记和靶框大小。

1）“自动捕捉设置”选项组。

① 标记：用于在绘图时以规定的样式显示各捕捉特征。

② 磁吸：捕捉框在捕捉目标点附近，鼠标指针会自动产生磁吸现象，快速完成准确捕捉。

2）“自动捕捉标记大小”：用于定义自动捕捉框的大小。在绘制比较小的图形时，使用较大的捕捉框会造成混乱。

3）“AutoTrack 设置”选项组：用于显示极轴追踪矢量、全屏追踪矢量、自动追踪工具栏提示。

4）“靶框大小”：靶框即执行绘图命令后十字光标上的小方框，显示的条件是选中“显示自动捕捉靶框”复选框。

5. “选择集”选项卡

“选择集”选项卡用于设置选择集模式、是否使用夹点编辑功能、编辑命令的拾取框和夹点大小。

10.4.2 绘图显示控制

用户在绘图时，受到屏幕大小的限制，以及绘图区域大小的影响，需要频繁地移动绘图区域。在 AutoCAD 2018 中，这个问题可由绘图显示控制来解决。

1. 视图缩放

把按照一定的比例、观察角度与位置显示的图形称为视图。作为专业的绘图软件，AutoCAD 2018 提供“缩放”命令来完成此项功能。该命令可以对视图进行放大或缩小，而对图形的实际尺寸不产生任何影响。放大时，就像手里拿着放大镜；缩小时，就像站在高处俯视。该命令对设计人员很有用。

使用以下方法之一可激活此项功能。

1）选择“视图”→“缩放”选项。

2）在命令行窗口中输入“ZOOM”或“Z”命令。

3）绘图时，右击，在弹出的快捷菜单中选择“缩放”选项。

4）右击“标准”工具栏中的“实时缩放”按钮，在弹出的快捷菜单中选择“缩放”选项，弹出“缩放”工具栏，从中进行选择。

2. 平移

“平移”命令用于移动视图，而不对视图进行缩放。使用以下方法之一可激活此项功能。

1）单击标准工具栏中的“平移”按钮。

2）选择“视图”→“平移”选项。

3）在命令行窗口中输入“PAN↙”。

4）绘图时，右击，在弹出的快捷菜单中选择“平移”选项。

平移分为两种：实时平移和定点平移。

11 单元 AutoCAD 2018 基本绘图

>>>>

◎ **单元导读**

AutoCAD 2018 基本绘图命令是计算机绘图的基础；一些特殊 AutoCAD 2018 命令的注意事项；还有相似的 AutoCAD 2018 命令的区别，学习这些将使你在 AutoCAD 2018 操作中更加得心应手，更加方便快捷。

◎ **知识目标**

◆ 掌握 AutoCAD 2018 基本绘图命令。

◆ 掌握 AutoCAD 2018 常用修改命令。

◆ 掌握 AutoCAD 2018 图层、文字、标注、图块等命令。

◆ 掌握 AutoCAD 2018 简单平面图形的绘图步骤及注法。

◎ **技能目标**

◆ 熟练使用 AutoCAD 2018 基本绘图及修改命令。

◆ 能按比例正确绘制出带有斜度、锥度、圆弧连接等简单的平面图形。

◆ 掌握 AutoCAD 2018 绘图的基本方法和技巧。

◎ **思政目标**

◆ 树立正确的学习观、价值观，自觉践行行业道德规范。

◆ 牢固树立质量第一、信誉第一的强烈意识。

◆ 遵规守纪，安全操作，爱护设备，钻研技术。

◆ 发扬一丝不苟、精益求精的工匠精神。

11.1 认识常用绘图工具

常用绘图命令可以通过绘图工具栏图标或绘图下拉列表输入，也可以使用键盘在命令行窗口中直接输入命令。

11.1.1　绘制点

在 AutoCAD 2018 中，可以绘制单个点或多个点，还可以在指定对象上绘制定距和定数等分点。

【例 11-1】绘制平面图形，如图 11-1 所示，其中 *B*、*C* 两点分别为直线 *AD* 的三等分点。

解：绘图步骤分解如下。

1）利用“绘制直线”命令，绘制△*ADE*，如图 11-2 所示。

2）将直线 *AD* 三等分。

选择“绘图”→“点”→“定数等分”选项。

在命令行窗口中输入“DIVIDE↙”。

AutoCAD 提示：

```
选择要定数等分的对象:单击直线 AD                  //选择目标
输入线段数目:3↙                                   //等分线段数为 3
```

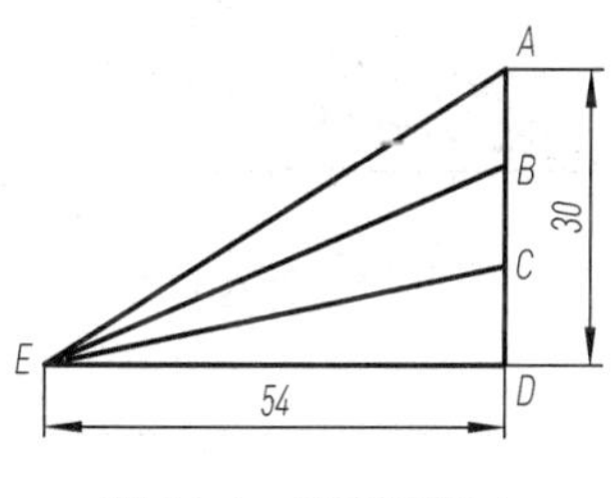

图 11-1　平面图形 1

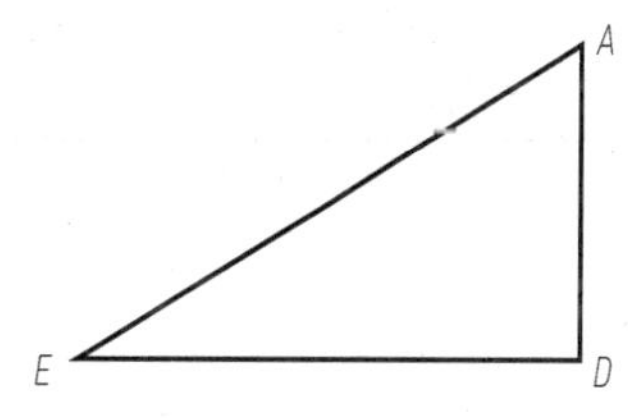

图 11-2　三角形

3）变换点的样式。

选择“格式”→“点样式”选项，弹出“点样式”对话框，如图 11-3 所示，选择除第一、第二种外的任意一种样式即可，图形变为如图 11-4 所示的形式。

4）连接 *EB* 和 *EC*，图形如图 11-5 所示。

输入直线命令。

AutoCAD 提示：

```
命令:_line
指定第一点:利用端点捕捉,找到 E 点                 //确定目标点 E
指定下一点:利用节点捕捉,找到 B 点                 //确定目标点 B
```

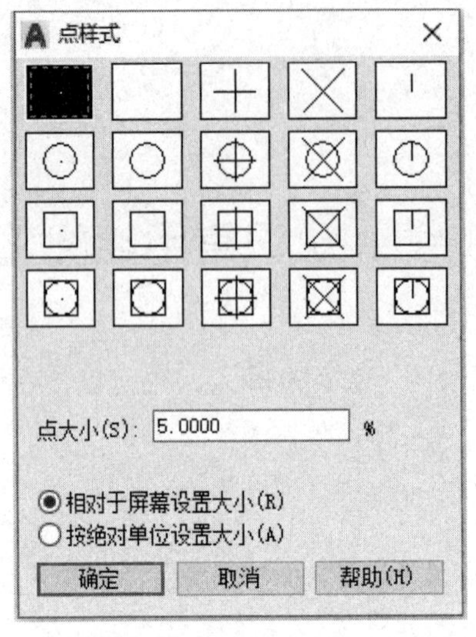

图 11-3 “点样式”对话框

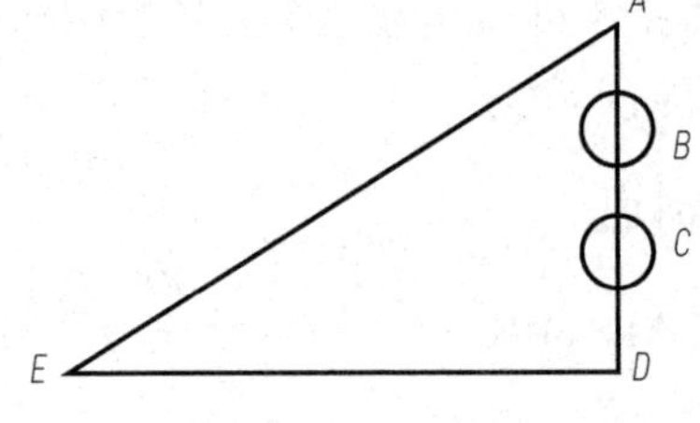

图 11-4 显示点的样式

同理绘出 *EC* 直线。

5）删除 *B*、*C* 两点，图形变为如图 11-6 所示的形式。

方法 1：将 *B*、*C* 两点选中，删除。

方法 2：将点样式恢复为原来的样式。

图形绘制完成。

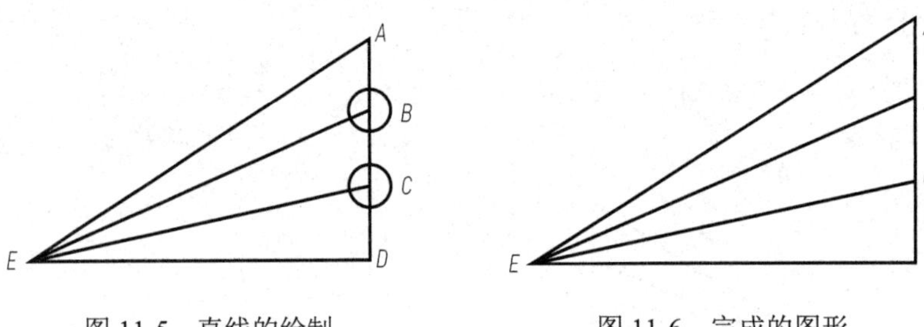

图 11-5 直线的绘制　　图 11-6 完成的图形

注意

1）点除可以用于等分线段外，还可以用于等分圆弧、圆、椭圆、椭圆弧、多段线和样条曲线。如图 11-7 所示为等分圆弧的情况。

2）点除可以用于定数等分外，还可以对直线或圆弧等进行定距等分，如图 11-8 所示。具体方法及步骤如下。

选择“绘图”→“点”→“定距等分”选项。

在命令行窗口中输入“MEASURE↙”。

AutoCAD 提示：

```
选择要定距等分的对象:选择图中长为 60 的直线          //选择目标,单击直线的左端
指定线段的长度或[块(B)]:25↙                          //等距线段长为 25
```

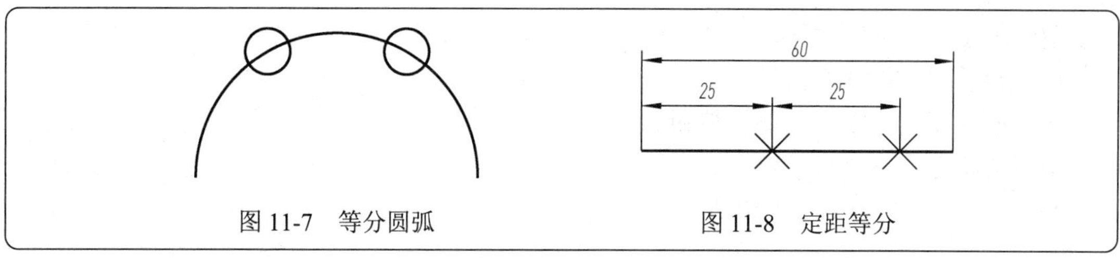

图 11-7　等分圆弧　　　图 11-8　定距等分

11.1.2　绘制圆、圆弧

1．绘制圆

绘制圆的方法有多种，其中最常见的绘制圆的方法是已知圆心、半径画圆和已知圆心、直径画圆，除此之外还有两点画圆、三点画圆，相切、相切、半径画圆与相切、相切、相切画圆等。

（1）圆的绘制方法

在菜单中有 6 种圆的绘制方式，如图 11-9 所示。

（2）命令选项

1）三点：指定圆周上的 3 个点画圆。

2）两点：指定两点作为圆的一条直径上的两点。

3）相切、相切、半径：圆的半径已知，绘制一个与两对象相切的圆。有时会有多个圆符合指定的条件。AutoCAD 以指定的半径绘制圆，其切点与选定点的距离最近。图 11-10 给出了 6 种绘制圆方式的示例。

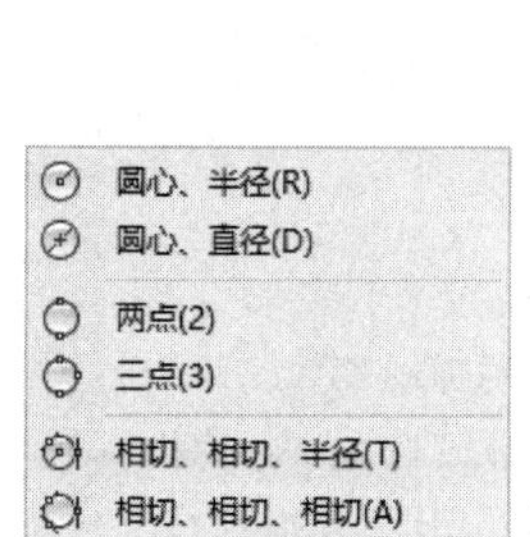

图 11-9　圆的 6 种绘制方式

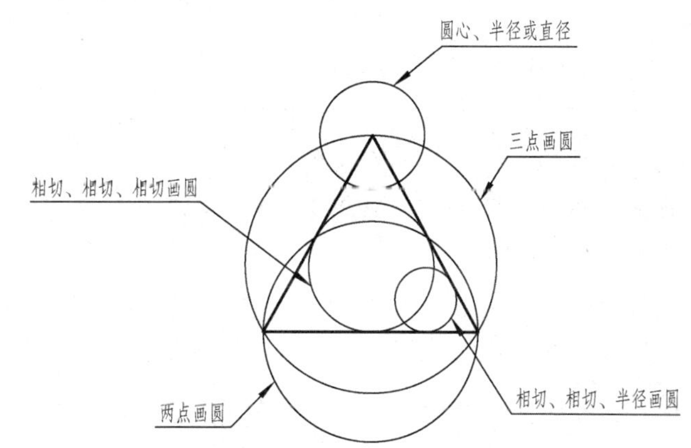

图 11-10　绘制圆的方式

2．绘制圆弧

绘制圆弧的方法与绘制圆的方法类似。

在菜单中有 11 种圆弧的绘制方式，如图 11-11 所示。

3．实例绘图

【例 11-2】绘制平面图形，如图 11-12 所示。

解：绘图步骤分解如下。

1）绘制直径为 40 的圆。

在绘图工具栏中单击“圆”按钮。

选择“绘图”→“圆”选项。

在命令行窗口中输入“CIRCLE↙”。

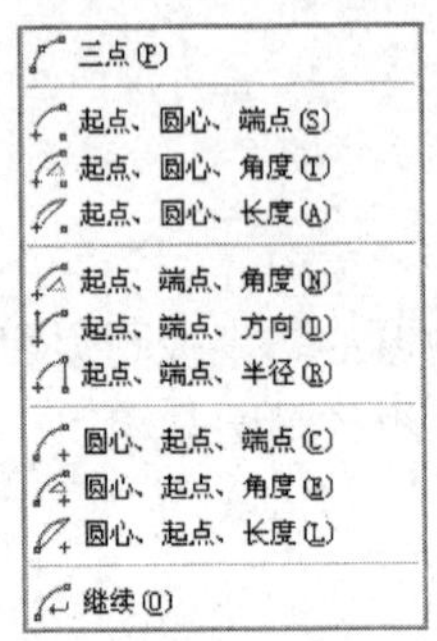

图 11-11　绘制圆弧的方式

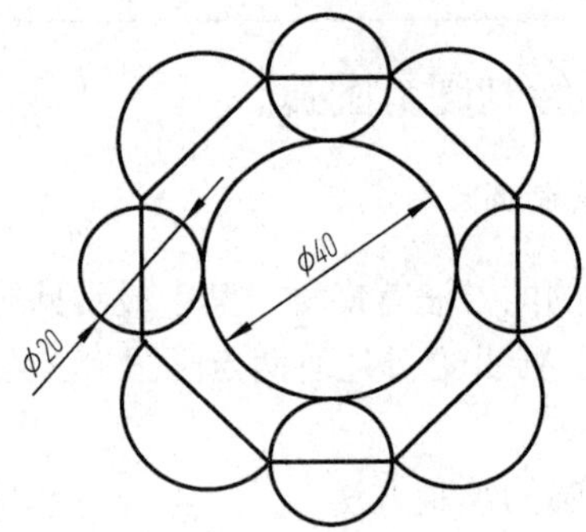

图 11-12　平面图形 2

AutoCAD 提示：

```
命令:_circle 指定圆的圆心或[三点(3P)/两点(2P)/相切、相切、半径(T)]
                                        //在绘图区内任取一点作为圆心
指定圆的半径或[直径(D)] <5,000 > :20↙    //输入半径值为 20
```

2）绘制直径为 20 的圆。方法与绘制直径为 40 的圆相同，圆心位置可在绘图区内任取一点。

3）利用“移动”命令移动小圆。

在修改工具栏中单击“平移”按钮。

选择“修改”→“移动”选项。

在命令行窗口中输入“MOVE（M）↙”。

AutoCAD 提示：

```
命令:_ move
选择对象:选择小圆                          //选择要移动的图形
选择对象:↙                                 //确定不选物体时按 Enter 键
指定基点或[位移(D)] <位移>:<对象捕捉 开>   //打开对象捕捉功能,捕捉到
                                           //小圆上的一个象限点
指定第二个点或 <使用第一个点作为位移>:     //移动鼠标指针捕捉到大圆上对应的象限点
```

经过以上步骤绘制的图形如图 11-13 所示。

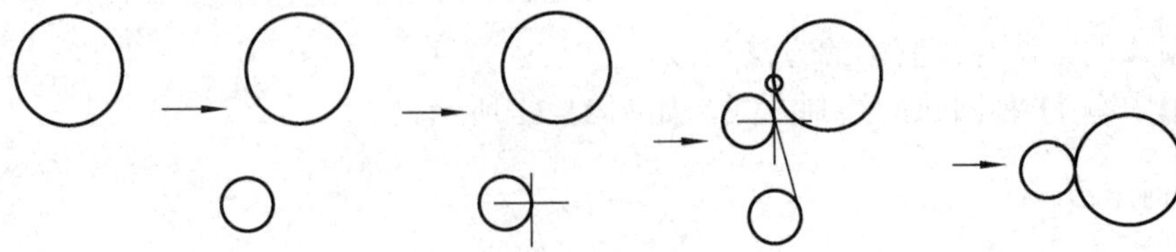

图 11-13　图形的平移

4）利用“镜像”命令绘制第二个小圆。

在修改工具栏中单击“镜像”按钮。

选择“修改”→“镜像”选项。

在命令行窗口中输入“MIRROR（MI）↙”。

AutoCAD 提示：

```
命令:_mirror
选择对象:选择小圆                                    //选择小圆
选择对象:↙                                          //确定不选物体时按 Enter 键
指定镜像线的第一点:指定镜像线的第二点:选择大圆上、下两个象限点
                                                    //此两点连线为镜像线
要删除源对象吗?[是(Y)/否(N)]<N>:↙                   //确定不删除物体时按 Enter 键
```

图形如图 11-14 所示。

5）利用“复制”命令绘制第三个小圆。

在修改工具栏中单击“复制”按钮。

选择“修改”→“复制”选项。

在命令行窗口中输入“COPY（CO）↙”。

AutoCAD 提示：

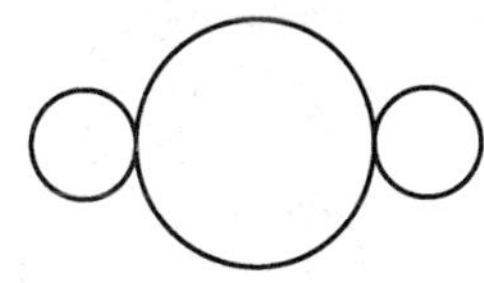

图 11-14　图形的镜像 1

```
命令:_copy
选择对象:选择左侧小圆                                //选择其中一个小圆
选择对象:                                            //确定不选物体时按 Enter 键
指定基点或[位移(D)] <位移 >:捕捉左侧小圆的上象限点
指定第二个点或 <使用第一个点作为位移 > :移动光标到大圆下象限点处
指定第二个点或[退出(E)/放弃(U)] <退出>:↙
```

图形如图 11-15 所示。利用“镜像”命令绘制第四个小圆，如图 11-16 所示。

6）绘制直线。利用“直线”命令及象限点捕捉功能绘制各段直线，如图 11-17 所示。

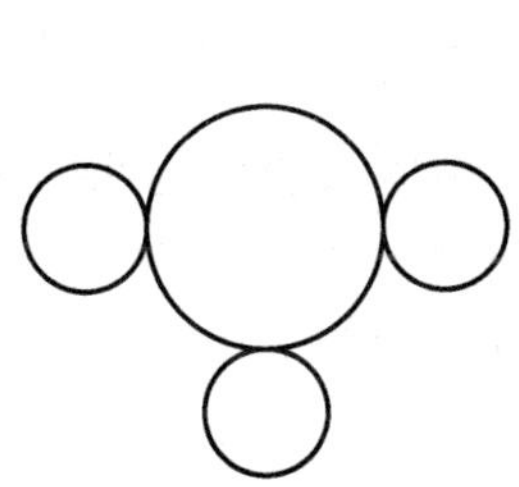

图 11-15　图形的复制

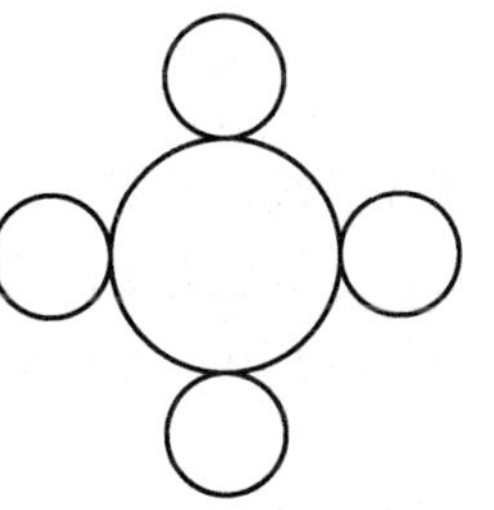

图 11-16　图形的镜像 2

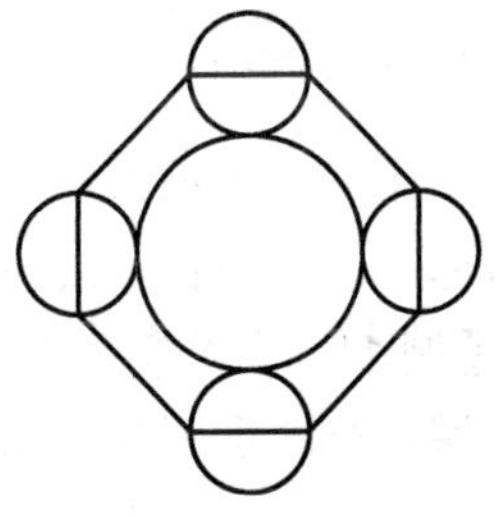

图 11-17　绘制直线

7）绘制第一段圆弧。利用“圆弧”命令绘制第一段圆弧，如图 11-18 所示。

在绘图工具栏中单击“圆弧”按钮。

选择“绘图”→“圆弧”选项。

在命令行窗口中输入“ARC（A）↙”。

AutoCAD 提示：

```
命令:_ arc
指定圆弧的起点或[圆心(C)]:<对象捕捉开>捕捉 A 点
                                            //A 点作为圆弧的起点
指定圆弧的第二个点或[圆心(C)/端点(E)]:C↙    //由于第二点未知,故可选择[ ]内的
                                            //圆心(C)或端点(E),本例选择圆心(C)
指定圆弧的圆心:捕捉直线 AB 的中点 O          //O 为所绘圆弧的圆心
指定圆弧的端点或[角度(A)/弦长(L)]:A↙        //由于此圆弧为顺时针绘制,若直接
                                            //选择端点,圆弧方向与已知不符,故
                                            //选择[ ]内的角度(A)
指定包含角:-180↙                            //当圆弧为顺时针绘制时,圆弧所
                                            //包含角度值为负值
```

8）绘制另外 3 段圆弧。利用“镜像”命令绘制另外 3 段圆弧，完成全图，如图 11-19 和图 11-20 所示。

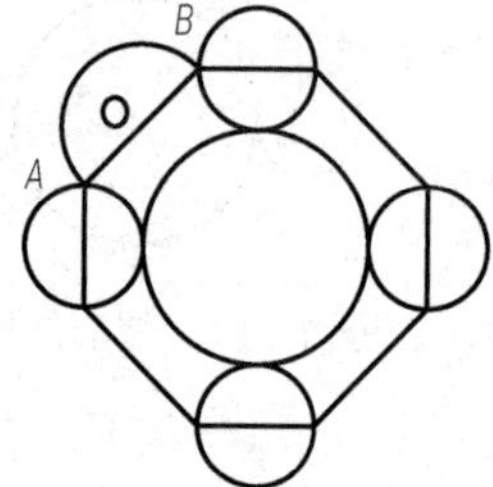

图 11-18　绘制圆弧

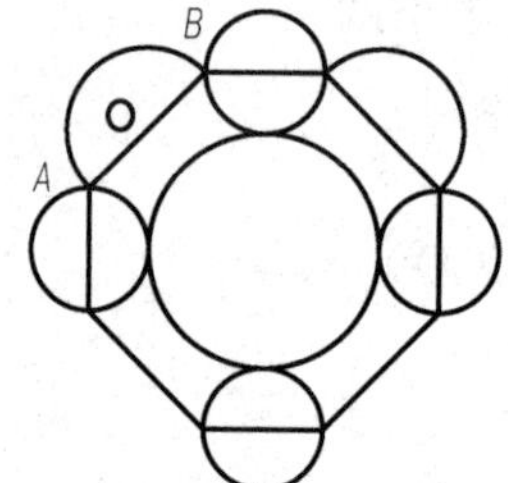

图 11-19　利用“镜像”命令绘制圆弧

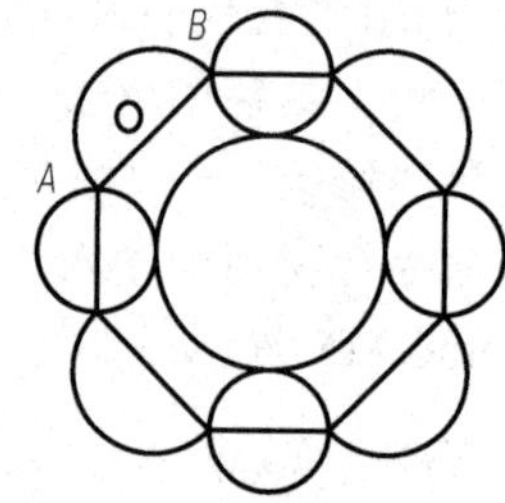

图 11-20　利用“镜像”命令绘制另外两段圆弧

11.1.3　绘制矩形与椭圆

矩形是使用较为频繁的图形之一，专用的矩形工具可使图形绘制较为简单。椭圆由定义其长度和宽度的两条轴决定，较长的称为长轴，较短的称为短轴。

1．绘制矩形

实质上，矩形是一种特殊的封闭多段线，它是一个图形对象。矩形工具不仅能绘制直角矩形，在命令行窗口中输入“圆角”参数也能绘制圆角矩形。

【例 11-3】绘制如图 11-21 所示的长为 20、高为 8 的直角矩形。

解：绘图步骤分解如下。

在绘图工具栏中单击“矩形”按钮。

选择“绘图”→“矩形”选项。

在命令行窗口中输入“RECTANG（REC）↙”。

AutoCAD 提示：

```
命令:_ rectang
指定第一个角点或[倒角(C)/标高(E)/圆角 (F)/厚度(T)/宽度(W)]:↙
                                    //单击确定左下方角点
```

```
指定另一个角点或[面积(A)/尺寸(D)/旋转(R)]:@20,8↙
                                    //输入右上方角点的相对坐标
```

2. 绘制椭圆

【例 11-4】如图 11-22 所示，已知椭圆的长轴和短轴的长度值，绘制椭圆。

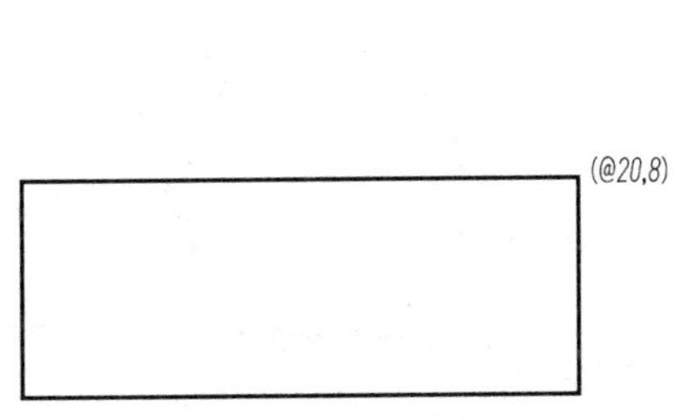

图 11-21　直角矩形

图 11-22　绘制椭圆

解：绘图步骤分解如下。

先绘制出如图 11-22 所示的矩形，再绘制椭圆。

在命令行窗口中输入“ELLIPSE”↙，AutoCAD 提示：

```
命令:_ellipse
指定椭圆的轴端点或[圆弧(A)/中心点(C)]:<对象捕捉 开>单击矩形底边的中心
                                    //此点为椭圆长轴的一个端点
指定轴的另一个端点:<正交 开>25↙       //打开正交模式,向下拖动鼠标指针,
                                    //输入长轴值 25
指定另一条半轴长度或[旋转(R)]:7.5↙   //将鼠标指针拖向左方或右方,输入短半轴
                                    //的长度值 7.5
```

图形绘制完成。

11.1.4　绘制正多边形、多段线、构造线和样条曲线

1. 绘制正多边形

绘制正多边形时，分为内接于圆和外切于圆两种。绘制的正多边形是一多段线，编辑时成为一个整体，可以通过“分解”命令使之分解成单个的线段。

【例 11-5】绘制如图 11-23 所示的内接于 *R*50 圆的正六边形，以及图 11-24 所示的外切于 *R*50 圆的正六边形。

解：绘图步骤分解如下。

1）绘制内接于圆的正六边形。

在绘图工具栏中单击“多边形”按钮。

选择“绘图”→“多边形”选项。

在命令行窗口中输入“POLYGON（POL）↙”。

AutoCAD 提示：

```
命令:_polygon
输入边的数目<4> :6↙                                  //多边形的边数为 6
指定正多边形的中心点或[边(E)]:0,0↙                   //中心点为原点
输入选项[内接于圆(I)/外切于圆(C)]<I>:↙               //按 Enter 键,默认内接于圆
指定圆的半径:50↙                                     //输入圆的半径 50
```

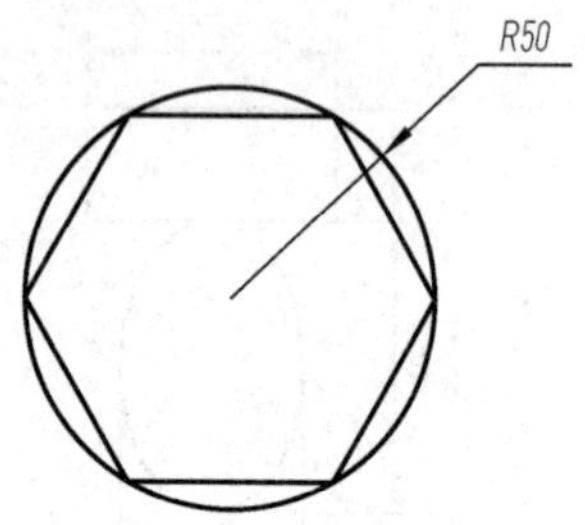

图 11-23 内接于圆的正多边形

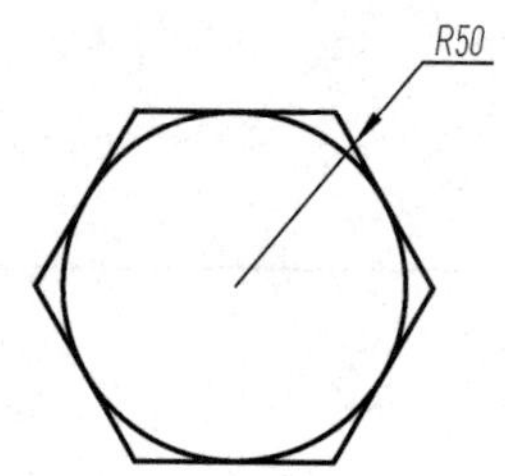

图 11-24 外切于圆的正多边形

2）绘制外切于圆的正六边形。

在绘图工具栏中单击“多边形”按钮。

选择“绘图”→“多边形”选项。

在命令行窗口中输入“POLYGON（POL）↙”。

AutoCAD 提示：

```
命令:_polygon
输入边的数目<6>:↙                             //取系统的默认值时,可直接按 Enter 键
指定正多边形的中心点或[边(E)]:0,0↙            //中心点为原点
输入选项[内接于圆(I)/外切于圆(C)] <I>:C↙      //选择外切于圆
指定圆的半径:50↙                              //圆的半径为 50
```

图形绘制完成。

2．绘制多段线

多段线是一条由多个直线段或曲线段组成的线，可以绘制出较复杂的图形。多段线构成的封闭图形可形成面域，也可拉伸为三维实体图形，所以多段线是非常重要的绘图工具。

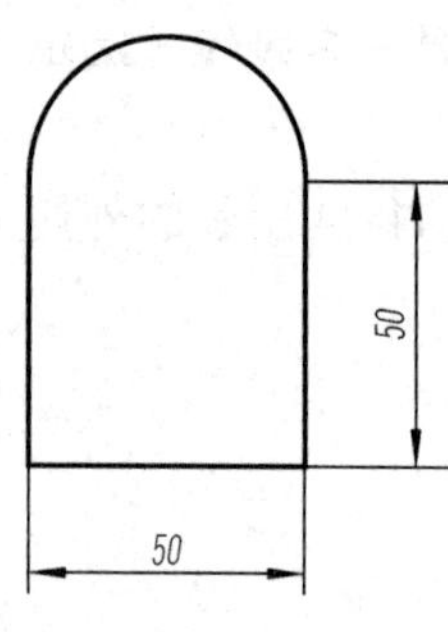

图 11-25 耳座轮廓

【例 11-6】如图 11-25 所示为机械零件中常见的耳座轮廓，由 3 段直线和一段圆弧组成。可以先绘制水平 X 方向的直线段，再绘制 Y 方向的直线段，然后绘制圆弧，最后封闭多段线。

解：绘图步骤分解如下。

可以使用以下方法之一绘制多段线。

在绘图工具栏中单击“多段线”按钮。

选择“绘图”→“多段线”选项。

在命令行窗口中输入“PLINE（PL）↙”。

AutoCAD 提示：

```
命令:_pline                    //此图是由直线和圆弧组成的,比较适合用多段线绘制
指定起点:                       //单击绘图区内任意一点,作为多段线的起点
当前线宽为 0.0000               //提示当前线的宽度为 0
指定下一个点或[圆弧(A)/半宽(H)/长度(L)/放弃(U)/宽度(W)]:@50,0↙
                               //X 方向的相对坐标为 50,0
指定下一个点或[圆弧(A)/闭合(C)半宽(H)/长度(L)/放弃(U)/宽度(W)]:@0,50↙
                               //Y 方向的相对坐标为 0,50
指定下一点或[圆弧(A)/闭合(C)/半宽(H)/长度(L)/放弃(U)/宽度(W)]:A↙
                               //转为画圆弧
指定圆弧的端点或[角度(A)/圆心(CE)/闭合(CL)/方向(D)/半宽(H)/直线(L)/半径(R)/第
二个点(S)/放弃(U)/宽度(W)]:CE↙                    //指定圆弧的圆心
指定圆弧的圆心:@-25,0↙                            //圆心相对坐标为-25,0
指定圆弧的端点或[角度(A)/长度(L)]:A↙                //选择输入圆弧角度
指定包含角:180↙                                   //输入圆弧包角 180°
指定圆弧的端点或[角度(A)/圆心(CE)/闭合(CL)/方向(D)/半宽(H)/直线(L)/半径(R)/第
二个点(S)/放弃(U)/宽度(W)]:L↙                     //转为画直线
指定下一个点或[圆弧(A)/闭合(C)/半宽(H)/长度(L)/放弃(U)/宽度(W)]:C↙
                                                  //闭合多段线
```

3．绘制构造线

构造线是通过某两点或通过一点并确定方向的向两个方向无限延长的直线，一般用于绘制辅助线，常用于绘制三视图。

【例 11-7】绘制如图 11-26 所示的图形。

解：绘图步骤分解如下。

1）绘制如图 11-27 所示的图形。

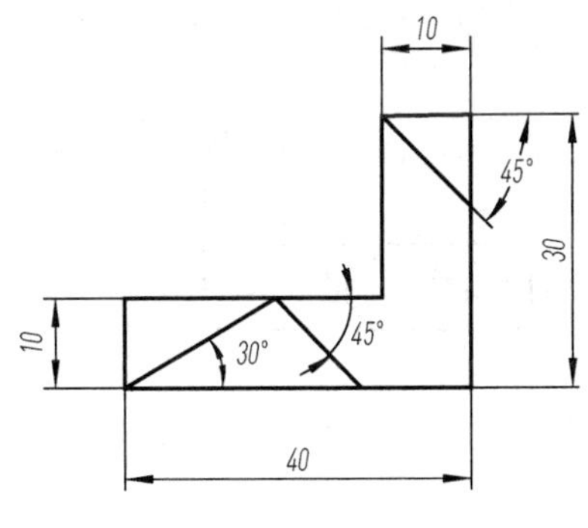

图 11-26　平面图形 3

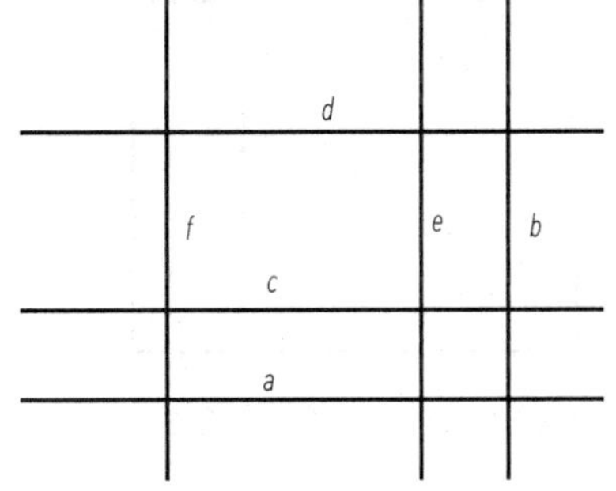

图 11-27　绘制构造线

① 绘制构造线 *a*、*c*、*d*。

在绘图工具栏中单击“构造线”按钮。

选择“绘图”→“构造线”选项。

在命令行窗口中输入“XLINE（XL）↙”。

AutoCAD 提示：

```
命令:_ xline
指定点或[水平(H)/垂直(V)/角度(A)/二等分(B)/偏移(O)]:H↙
指定点或[水平(H)/垂直(V)/角度(A)/二等分(B)/偏移(O)]:H ↙
                              //要画一条水平的构造线,因此选择此项
指定通过点:单击绘图区内一点    //得到构造线 a
指定通过点:↙   //按 Enter 键结束构造线的绘制(再次按 Enter 键重新输入构造线命令)
命令:_xline ↙
指定点或[水平(H)/|垂直(V)/角度(A)/二等分(B)/偏移(O)]:O ↙
                    //作与构造线 a 定距的线,选择此选项
指定偏移距离或[通过(T)] <通过>:10↙        //作与 a 相距 10 的另一条构造线
选择直线对象:选择线 a
指定向哪侧偏移:单击 a 线上方一点               //得到直线 c
选择直线对象:↙                                //按 Enter 键结束对象选择
```

同理，可得到与 *a* 平行的相距为 30 的构造线 *d*。

② 绘制构造线 *b*、*e*、*f*。

在命令行窗口中输入“XLINE↙”，AutoCAD 提示：

```
命令:_xline
指定点或[水平(H)/垂直(V)/角度(A)/二等分(B)/偏移(0)]:V ↙
                                          //绘制竖直的线 b,因此选择此项
指定通过点:单击绘图内一点                  //得到构造线 b
指定通过点:↙                              //按 Enter 键结束命令
```

同理利用“偏移”命令，可得到构造线 *e* 和 *f*。

2）利用“修剪”命令，完成由图 11-27 到图 11-28 的绘制。

3）利用“构造线”中的“角度（A）”命令绘制如图 11-29 所示的 *AB*。

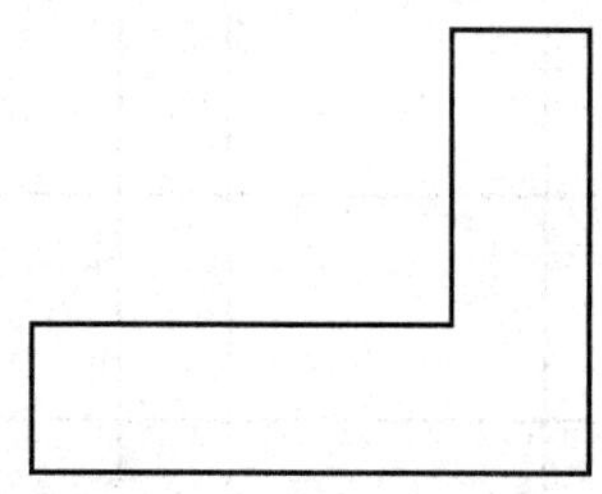

图 11-28　修剪后的图形

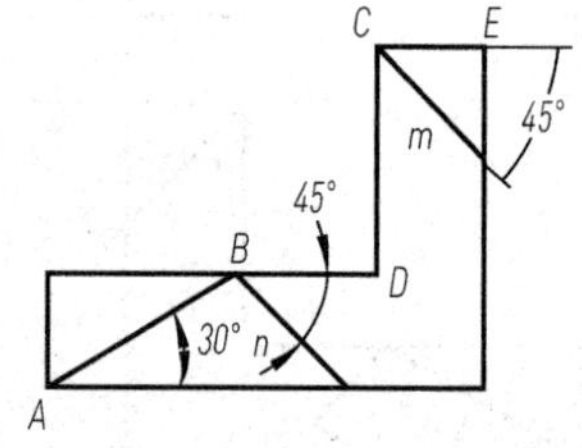

图 11-29　“角度”“偏移”命令的应用

在命令行窗口中输入“XLINE↙”，AutoCAD 提示：

```
命令:_ xline
指定点或[水平(H)/垂直(V)/角度(A)/二等分(B)/偏移(O)]: A↙
                                          //构造线的角度已知,因此选择此选项
输入构造线的角度(O)或[参照(R)]:30↙   //输入构造线与 X 轴正向的夹角
指定通过点: < 对象捕捉 开 > 捕捉 A 点
指定通过点:↙                              //结束构造线的绘制,按 Enter 键结束
```

对此构造线进行修剪，得到直线 *AB*。

4）利用“构造线”中的“二等分（B）”命令，绘制图 11-29 中的直线 *m*。

在命令行窗口中输入“XLINE↙”，AutoCAD 提示：

```
命令:_xline
指定点或[水平(H)/垂直(V)/角度(A)/二等分(B)/偏移(O)]:B↙
                                    //直线 m 是∠C 的平分线,因此选择此项
指定角的顶点:捕捉 C 点
指定角的起点:捕捉 D 点
指定角的端点:捕捉 E 点
指定角的端点:↙                       //按 Enter 键结束构造线的绘制
```

经过修剪得到直线 *m*。

5）利用“构造线”中的“偏移（O）”命令绘制图 11-29 中的直线 *n*。

在命令行窗口中输入“XLINE↙”，AutoCAD 提示：

```
命令:_xline
指定 A 或[水平(H)/垂直(V)/角度(A)/二等分(B)/偏移(O)] :O↙
指定偏移距离或[通过(T)] <通过> :T↙
                                    //直线 n 与直线 m 平行,且过点 B,因此选择此项
选择直线对象:单击直线 m
指定通过点:捕捉点 B
选择直线对象:↙                       //按 Enter 键结束构造线的绘制
```

经过修剪得到直线 *n*。

图形绘制完成。

4. 绘制样条曲线

样条曲线主要用于绘制机械图中的波浪线、截交线、相贯线，以及地理图中的地貌等。

【例 11-8】绘制如图 11-30 所示的图形。

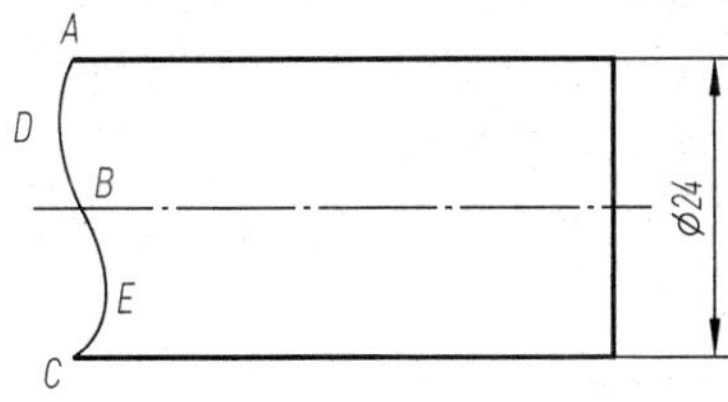

图 11-30　绘制样条曲线

解：绘图步骤分解如下。

例题中直线的绘制、点画线的绘制已在前面任务中已经介绍，不再赘述，这里主要讲解图中左侧曲线的绘制方法。

可以使用以下方法之一绘制样条曲线。

在绘图工具栏中单击“样条曲线”按钮。

选择“绘图”→“样条曲线”选项。

在命令行窗口中输入“SPLINE（SPL）↙”。

AutoCAD 提示：

```
命令：_spline
指定第一个点或[对象(O)]: <对象捕捉 开> 单击 A 点
                                                    //A 作为样条曲线的第一点
指定下一点:单击 D 附近的点
指定下一点或[闭合(C)/拟合公差(F)] <起点切向>:单击 E 附近的点
指定下一点或[闭合(C)/拟合公差(F)] <起点切向>:单击 C 点
指定下一点或[闭合(C)/拟合公差(F)] <起点切向> :↙   //按 Enter 键选择<起点切向>
指定起点切向:移动鼠标指针,改变曲线起点的切线方向      //使曲线形状达到令人满
                                                    //意的效果
指定端点切向:移动鼠标指针,改变曲线终点的切线方向      //使曲线形状达到令人满
                                                    //意的效果
```

图形绘制完成。

11.2 常用修改工具

AutoCAD 不仅可以很方便地绘制平面图形，还具有强大的图形编辑功能。图形编辑是指对已有图形对象进行移动、旋转、缩放、复制、删除、修剪及其他修改等操作。

11.2.1 分解、偏移和修剪

分解工具能将多段线分解成单一线段。绘图过程中经常要绘制一些平行线、同心圆等有一定距离要求的相似图形，AutoCAD 提供了一个非常便捷的工具——偏移工具。使用修剪工具，可以在图线相交处修剪掉不需要的线段。

【例 11-9】在图 11-22 的基础上绘制如图 11-31 所示的图形。

解：绘图步骤分解如下。

图形的绘制过程如图 11-32 所示。

1）绘制矩形。利用“矩形”命令，绘制长为 20、宽为 8 的矩形。

2）绘制椭圆。利用“椭圆”命令，绘制长轴为 25、短轴为 15 的椭圆。

3）将矩形分解。所绘制的矩形，系统将其作为一个整体来处理，要想修改其中某个元素，应先对矩形进行分解。

在修改工具栏中单击“分解”按钮。

选择“修改”→“分解”选项。

在命令行窗口中输入“EXPLODE↙”。

AutoCAD 提示：

```
命令：_explode
选择对象：选择矩形                              //选择要分解的图形
选择对象：↙                                    //按 Enter 键结束对象的选择
```

矩形被分解为 4 段直线。

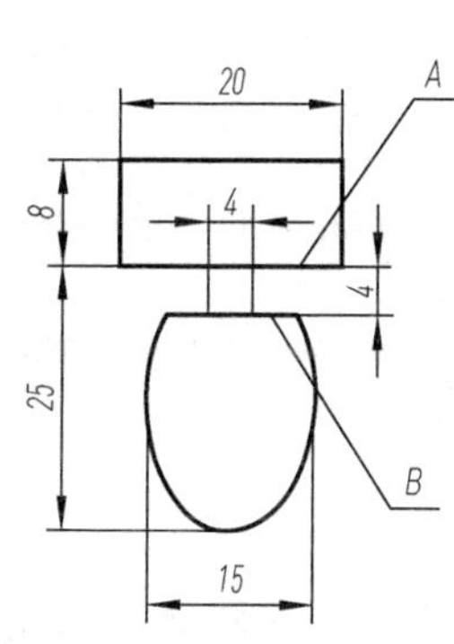

图 11-31　平面图形 4

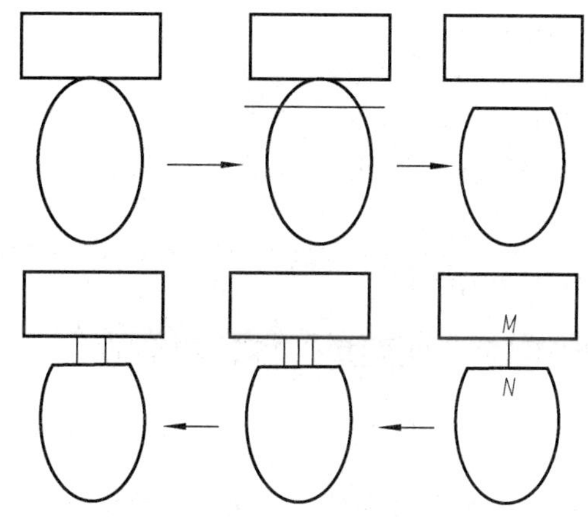

图 11-32　图形的绘制过程

4）利用“偏移”命令绘制直线。

在修改工具栏中单击“偏移”按钮。

选择“修改”→“偏移”选项。

在命令行窗口中输入“OFFSET（O）↙”。

AutoCAD 提示：

```
命令：_ offset
指定偏移距离或[通过(T)] <通过> :4↙              //输入两直线的距离
选择要偏移的对象或 <退出>:选择矩形的下边直线 4      //选择要平移的已知直线指定点以确定
偏移所在一侧:将鼠标指针移到直线的下方单击
                                                //指向直线偏移的方向
选择要偏移的对象或 <退出> :↙                      //按 Enter 键结束“偏移”命令
```

5）利用“修剪”命令修剪直线与圆弧。

在修改工具栏中单击“修剪”按钮。

选择“修改”→“修剪”选项。

在命令行窗口中输入“TRIM（TR）↙”。

AutoCAD 提示：

```
命令：_trim
当前设置:投影=UCS,边=无                          //提示当前设置
选择剪切边                                      //提示以下的选择为选择剪切边
选择对象<或全部选择 >:单击直线 B。找到 1 个        //直线作为修剪边界
选择对象:单击椭圆。找到 1 个,总计 2 个              //椭圆作为修剪边界
选择对象:↙                                      //按 Enter 键结束剪切线的选择
```

```
拾取要修剪的对象,或[投影(P)/边(E)/放弃(U)]:选择直线与椭圆被剪部分
                                        //最后按 Enter 键结束“修剪”命令
```

6）绘制直线 *MN*。利用“直线”命令绘制直线 *MN*。

7）利用“偏移”命令绘制与 *MN* 距离相等的两条直线。

AutoCAD 提示：

```
命令:_ offset
指定偏移距离或[通过(T)] <4,0000> :2↙
选择要偏移的对象或 <退出> :指定点以确定偏移所在一侧:选择 MN 并在 MN 的右侧单击
选择要偏移的对象或 <退出> :指定点以确定偏移所在一侧:选择 MN 并在 MN 的左侧单击
```

8）删除直线 *MN*。

完成图形的绘制。

11.2.2 倒角、倒圆角、旋转和缩放

1. 倒角与倒圆角

执行“倒角”命令时，若两个倒角距离不同，要注意两条线的选择顺序。“倒角”“倒圆角”命令中的距离值、圆角半径值，以及倒角、倒圆角模式总是默认上次输入的值，所以在执行该命令时，一定要先查看所给定的各项值是否正确，是否需要调整。

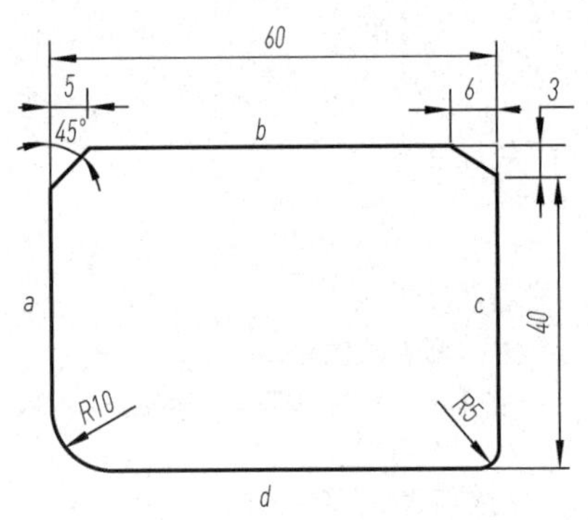

图 11-33　绘制倒角、倒圆角

【例 11-10】 绘制如图 11-33 所示的图形。

解：绘图步骤分解如下。

1）绘制矩形。

利用“直线”命令，绘制长为 60、宽为 40 的矩形。

2）对矩形进行倒角。

① 对矩形的左上角进行倒角。

在修改工具栏中单击“倒角”按钮。

选择“修改”→“倒角”选项。

在命令行窗口中输入“CHAMFER（CHA）↙”。

AutoCAD 提示：

```
命令:_ chamfer
(“修剪”模式)当前倒角距离 1 = 6.0000,距离 2 = 3.0000
                                        //提示当前所处的倒角模式及数值
选择第一条直线或[多段线(P)/距离(I))/角度(A)/修剪(T)/方式(E)/多个(M)]: A↙
                                        //选择角度方式输入倒角值
指定第一条直线的倒角长度<5.0000>:5↙      //第一条直线的倒角长度为 5
指定第一条直线的倒角角度<45>:↙           //倒角斜线与第一条直线的夹角为 45°
选择第一条直线或[多段线(P)/距离(D)/角度(A)/修剪(T)/方式(E)/多个(M)]: 选择直线 b
选择第二条直线:选择直线 a                 //完成倒角绘制
```

② 对矩形的右上角进行倒角。

执行“倒角”命令，操作同上步。

AutoCAD 提示：

```
命令:_ chamfer
("修剪"模式)当前倒角长度=5.0000,角度=45
                                        //提示当前所处的倒角模式及数值
选择第一条直线或[多段线(P)/距离(D)/角度(A)/修剪(T)/方式(E)/多个(M>]: T↙
                            //当前模式为"修剪"模式,根据图中尺寸,应对其进行修改
输入修剪模式选项[修剪(T)/不修剪(N)] <修剪>N↙ //更改修剪模式为不修剪
选择第一条直线或[多段线(P)/距离(D)/角度(A)/修剪(T)/方式(E)/多个(M)]:D↙
                                        //根据已知条件,选择距离方式输入距离
指定第一个倒角距离<6.0000 >:↙            //第一个倒角距离为 6,取系统默认值,直接按
                                        //Enter 键
指定第二个倒角距离<2.0000>:3↙            //第二个倒角距离为 3
选择第一条直线或[多段线(P)/距离(D)/角度(A)/修剪(T)/方式(F])/多个(M)]: 选择直线 b
选择第二条直线:选择直线 c                 //完成倒角绘制
```

3）对矩形进行倒圆角。

在修改工具栏中单击“圆角”按钮。

选择“修改”→“圆角”选项。

在命令行窗口中输入“FILLET（F）↙”。

① 对矩形的左下角进行倒圆角。

AutoCAD 提示：

```
命令:_fillet
当前设置:模式=不修剪,半径=5.0000//提示当前所处的倒角模式及倒角半径值
选择第一个对象或[多段线(P)/半径(R)/修剪(T)/多个(M)]:T↙
                                    //根据已知条件,需要修改倒角模式
输入修剪模式选项[修剪(T)/不修剪(N)] <不修剪> :T↙
                                    //根据已知条件,将倒角模式改成修剪模式
选择第一个对象或[多段线(P)/半径(R)/修剪(T)/多个(M)] :R↙
                                    //查看倒圆角的半径值
指定圆角半径<5.0000 >:10↙            //此时默认值为 5,重新输入半径值 10
选择第一个对象或[多段线(P)/半径(R)/修剪(T)/多个(M)]:选择直线 a
选择第二个对象:选择直线 d             //完成圆角绘制
```

② 对矩形的右下角进行倒圆角。

执行“圆角”命令，操作同上步。

AutoCAD 提示：

```
命令:_fillet
当前设置:模式=修剪,半径=10.0000        //提示当前所处的倒角模式及倒角半径值
选择第一个对象或[多段线(P)/半径(R)/修剪(T)/多个(M>]:T↙
//由当前设置可知模式为修剪模式,不满足已知条件,需对其进行修改
输入修剪模式选项[修剪(T)/不修剪(N)] <修剪>:N↙      //将模式改为不修剪模式
```

```
选择第一个对象或[多段线(P)/半径(R)/修剪(T)/多个(M)]:R↙
                                          //查看圆角半径值
指定圆角半径< 10.0000 > :5↙              //默认值为10,重新输入半径值 5
选择第一个对象或[多段线(P)/半径(R)/修剪(T)/多个(M)]:选择直线 c
选择第二个对象:选择直线 d                 //完成圆角绘制
```

图形绘制完成。

2. *旋转*

当使用角度旋转时，旋转角度有正负之分，逆时针为正值，顺时针为负值。使用参照旋转时，当出现最后一个提示“指定新角度:”时，可直接输入要转到的角度，X 轴正向为 0°。

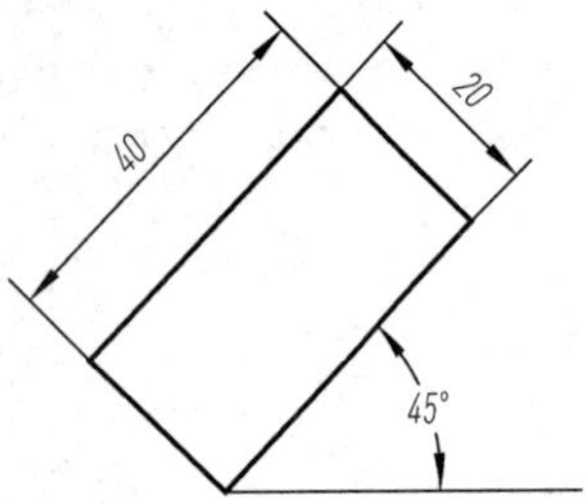

图 11-34　平面图形 5

【例 11-11】 绘制如图 11-34 所示的图形。

解：绘图步骤分解如下。

利用“矩形”命令，绘制长为 40、宽为 20 的矩形，如图 11-35（a）所示。

在修改工具栏中单击“旋转”按钮。

选择“修改”→“旋转”选项。

在命令行窗口中输入“ROTATE（RO）↙”。

AutoCAD 提示：

```
命令:_ rotate
UCS 当前的正角方向:ANGDIR=逆时针 ANGBASE=0   //提示当前相关设置
选择对象:选择刚绘制的矩形，图 11-35(a)
指定对角点:找到 4 个                       //选择要旋转的矩形
选择对象:↙                                 //按 Enter 键结束选择
指定基点:<对象捕捉 开> 捕捉矩形的 A 点      //指定旋转过程中保持不动的点
指定旋转角度或[复制(C)/参照(R)]:45↙        //图形绕 A 点逆时针旋转 45°
```

图形由图 11-35（a）变成图 11-35（b），完成图形的绘制。

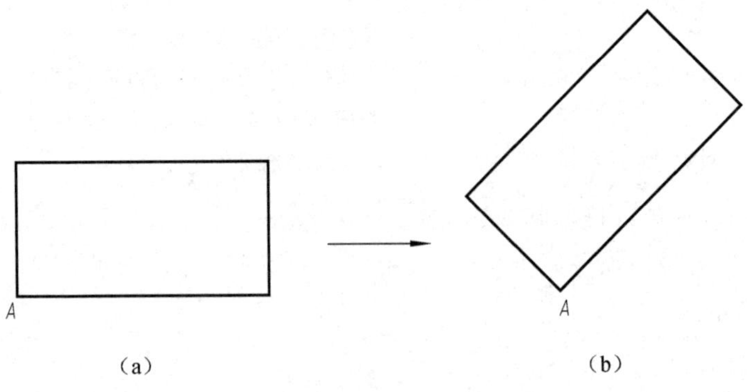

（a）　（b）

图 11-35　平面图形的旋转

3. 比例缩放

比例缩放真正改变了图形的大小，和图形显示中“缩放”（ZOOM）命令的缩放不同，ZOOM 命令只改变图形在屏幕上的显示大小，图形本身大小没有任何变化。采用比例因子缩放，当比例因子为 1 时，图形大小不变；小于 1 时，图形将缩小；大于 1 时，图形将会放大。

【例 11-12】 如图 11-36 所示，将图 11-36（a）所示的矩形放大 2 倍，变成图 11-36（b）大小的矩形，再将图 11-36（b）的矩形进行缩放，变为图 11-36（c）尺寸的矩形。在变换过程中，图形的长宽比保持不变。

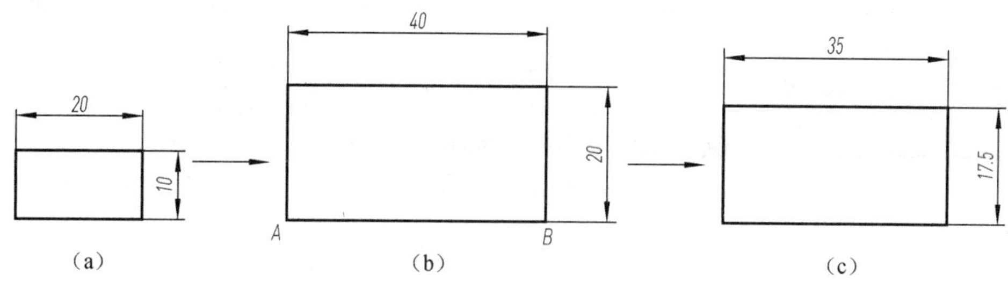

图 11-36　使用比例“缩放”命令进行绘图

解：绘图步骤分解如下。

1）绘制矩形。利用“矩形”命令，绘制长为 20、宽为 10 的矩形，如图 11-36（a）所示。

2）利用比例因子对矩形进行缩放。将图 11-36（a）变为图 11-36（b），可以使用以下方法中的任意一种。

在修改工具栏中单击“缩放”按钮。

选择“修改”→“缩放”选项。

在命令行窗口中输入“SCALE（SC）↙”。

AutoCAD 提示：

```
命令:_ scale
选择对象:选择矩形。找到 1 个
选择对象:↙                                  //按 Enter 键结束对象选择
指定基点:捕捉矩形上不动的点                  //此例可任意指定一点,如矩形的左下角点
指定比例因子或[复制(C)/参照(R)]:2↙          //输入比例因子
```

图形由图 11-36（a）变成图 11-36（b），完成图形的绘制。

3）利用参照对矩形进行缩放。将图 11-36（b）变为图 11-36（c），执行“缩放”命令，操作同上步。

AutoCAD 提示：

```
命令:_ scale
选择对象:选择矩形。找到 1 个                      //选择要进行缩放的矩形
选择对象:↙                                        //按 Enter 键结束对象选择
指定基点:捕捉矩形上点 A                            //捕捉缩放过程中不变的点
指定比例因子或[复制(C)/参照(R)] :R↙
```

```
//由于比例因子没有直接给出,但缩放后的实体长度已知,可选择“参照(R)”选项
指定参照长度 <1,0000>:捕捉 A 点
指定第二点:捕捉 B 点
指定新长度或[点(P)] <1.0000> :35↙ //根据已知条件,将直线 AB 的长度变修改为 35
```

图形由图 11-36（b）变为图 11-36（c），图形绘制完成。

11.2.3　打断、延伸和阵列

1．打断

打断工具能将一条线段打断成为两条线段，两个断点之间形成间断。若只需要将线段打断，而不形成间断，则可使用“打断于点”工具。

【例 11-13】 在图 11-37 中，上面一条直线段经过打断操作，形成下面的两条直线段。

图 11-37　打断了的直线

解：绘图步骤分解如下。

此过程利用“打断”命令来完成，可以使用以下方法中的任意一种。

在修改工具栏中单击“打断”按钮。

选择“修改”→“打断选项。

在命令行窗口中输入“BREAK（BR）↙”。

AutoCAD 提示：

```
命令:_ break                          //指定左边第一个打断点
指定第二个打断点或[第一点(F)]:        //指定右边第二个打断点
```

2．延伸

延伸可以使两条不相交的直线相接。

【例 11-14】 如图 11-38 所示为一条水平线和一条倾斜直线，为了使倾斜直线与水平直线相接，可以使用延伸工具，修改为如图 11-39 所示的结果。

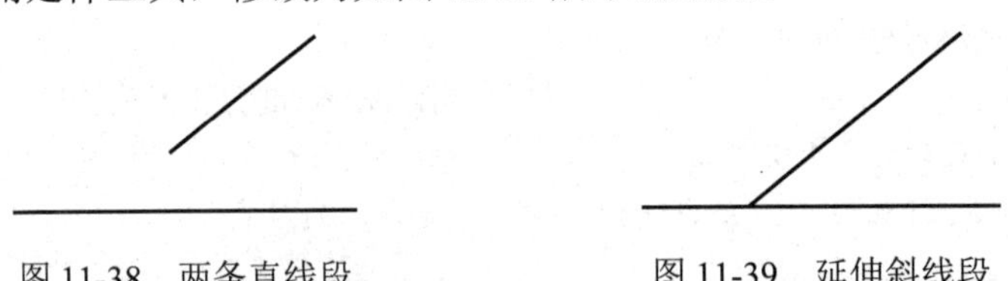

图 11-38　两条直线段　　　　图 11-39　延伸斜线段

解：绘图步骤分解如下。

此过程利用“延伸”命令来完成，可以使用以下方法中的任意一种。

在修改工具栏中单击“延伸”按钮。

选择“修改”→“延伸”选项。

在命令行窗口中输入“EXTEND（EX）↙”。

AutoCAD 提示：

```
命令:_extend
```

```
当前设置:投影=无,边=延伸                          //提示当前设置
选择边界的边                                      //提示选择作为延伸边界的边
选择对象或<全部选择>:找到 1 个                     //选择水平线
选择对象:↙                                        //按 Enter 键结束边界的选择
选择要延伸的对象,或按住 Shift 键选择要修剪的对象,或[栏选(F)/窗交(C)/投影(P)/边
(E)/放弃(U)]                                      //选择倾斜线
选择要延伸的对象,或按住 Shift 键选择要修剪的对象,或[栏选(F)/窗交(C)/投影(P)/边
(E)/放弃(U)]                                      //按 Enter 键结束“延伸”命令
```

3. 阵列

阵列分为矩形阵列和环形阵列两种。在绘图过程中，经常会遇到按一定规律分布的图形，如法兰盘一类零件中的孔。法兰盘的孔多数情况下是360°均布的，对于这样的图形，可以使用“环形阵列”来绘制图形。

【例 11-15】绘制平面图形，如图 11-40 所示。此图为一炉具的示意图，其中圆的半径为 80，直线的长度为 100，直线上距圆心近的点到圆心的距离为 25，行间距为 400，列间距为 420。

解：绘图步骤分解如下。

1）绘制其中一个基本平面图形，如图 11-40 中左下角的图形。

先利用“圆”命令、“直线”命令、对象捕捉追踪功能绘制如图 11-41 所示的图形，再利用“环形阵列”命令完成一个基本图形的绘制。

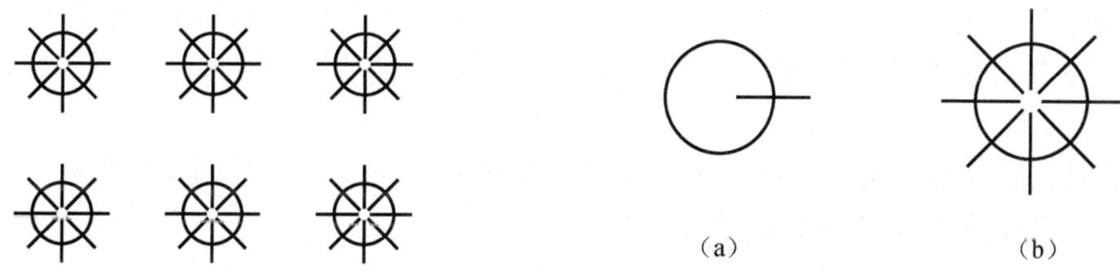

图 11-40　平面图形 6　　　　图 11-41　环形阵列

步骤如下：

① 启动“阵列”命令，选择下述方法中的任意一种。

在修改工具栏中单击“阵列”按钮。

选择“修改”→“阵列”选项。

在命令行窗口中输入“ARRAYCLASSIC↙”。

执行“阵列”命令时弹出“阵列”对话框，如图 11-42 所示。

② 阵列包括两种，此时选中“环形阵列”单选按钮，对话框变为如图 11-43 所示的形式。

③ 单击对话框中的“选择对象”按钮，则对话框在屏幕上消失，显示出图形等待选择要阵列的实体。

④ 选择图 11-41（a）中要阵列的直线，按 Enter 键结束对实体的选择，“阵列”对话框再次出现。

⑤ 单击对话框中的“拾取中心点”按钮，则对话框再一次在屏幕上消失，显示出图

形等待选择阵列的中心点。

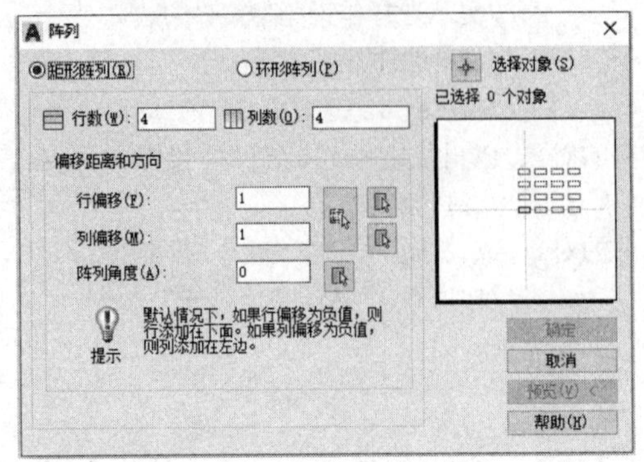

图 11-42 “阵列”对话框

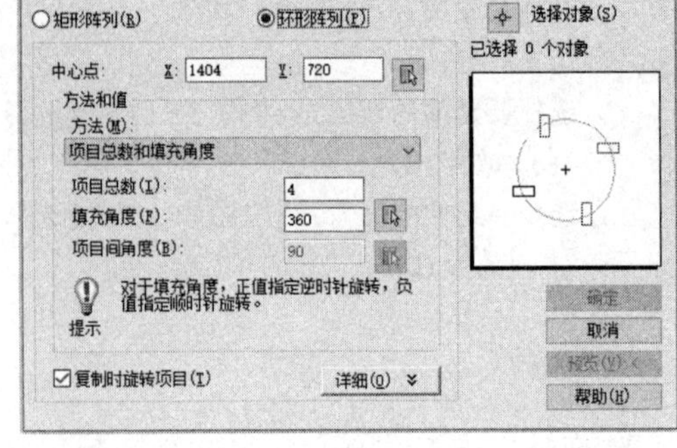

图 11-43 选中“环形阵列”单选按钮

⑥ 打开对象捕捉设置，捕捉圆的中心点，“阵列”对话框再次出现。

⑦ 根据题目要求，设置对话框中的参数，如图 11-44 所示。

⑧ 单击“预览”按钮，“阵列”对话框消失，显示出阵列的另一对话框，显示出图形可以预览。如果结果不对，可按 Esc 键返回再次打开“阵列”对话框，可以对参数做进一步的修改；如果结果正确，可右击接受，结束图形绘制，图形变为图 11-41（b）所示的形式。

2）绘制如图 11-40 所示的平面图形。

将上面所绘制的基本图形进行“矩形阵列”，可得到所要求的图形，步骤如下。

① 执行“阵列”命令，操作同上步，单击“阵列”对话框，如图 11-42 所示。

② 单击“选择对象”按钮，选择要做“矩形阵列”的基本图形，如图 11-41（b）所示。

③ 根据已知条件，对“阵列”对话框中的参数进行设置，如图 11-45 所示。

④ 单击“确定”按钮，完成图形的绘制。

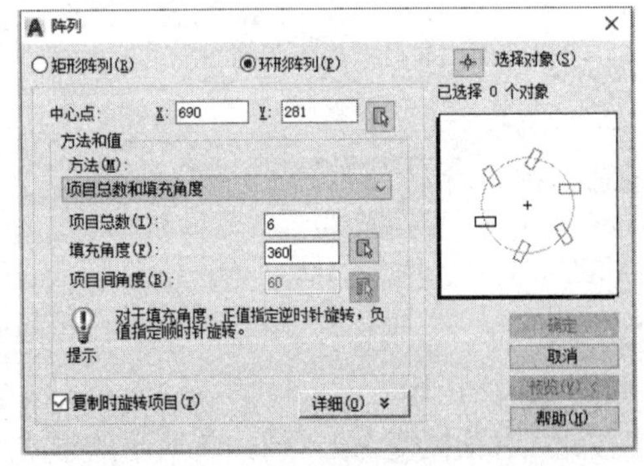

图 11-44 “环形阵列”参数的设置

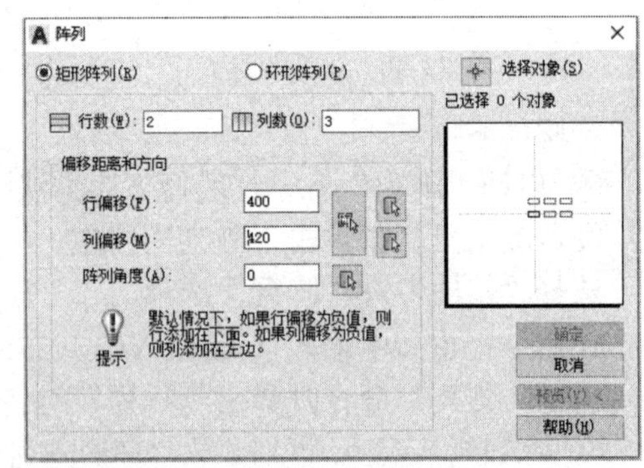

图 11-45 “矩形阵列”参数的设置

11.3 图层创建与设置

图层可以想象为没有厚度又完全对齐的若干张透明图纸的叠加。它们具有相同的坐标、图形界限及显示时的缩放倍数。一个图层具有自身的属性和状态。图层属性通常是指该图层所特有的线型、颜色、线宽等。而图层的状态则是指开与关、冻结与解冻、锁定与解锁状态等。同一图层上的图形元素具有相同的图层属性和状态。

11.3.1　图层创建

创建和设置图层主要是设置图层的属性和状态，以便更好地组织不同的图形信息。例如，将工程图样中各种不同的线型设置在不同的图层中，赋予不同的颜色，以增加图形的清晰度。将图形绘制与尺寸标注及文字注释分层进行，并利用图层状态控制各种图形信息是否显示、能否修改与输出等，给图形的编辑带来很大的方便。

创建和设置图层包括如下内容：创建新图层、设置图层颜色、设置图层线型及线宽和设置图层状态等。

默认情况下，AutoCAD 自动创建一个图层名为“0”的图层。要新建图层，其命令操作如下。

在图层工具栏中单击“图层”按钮。

选择“格式”→“图层”选项。

在命令行窗口中输入“LAYERS ↙”。

执行该命令，弹出“图层特性管理器”对话框，单击“新建”按钮，这时在图层列表中将出现一个名称为“图层 1”的新图层，如图 11-46 所示。用户可以输入新的图层名，如“轮廓线”，以表示建立一个名为“轮廓线”的新图层。

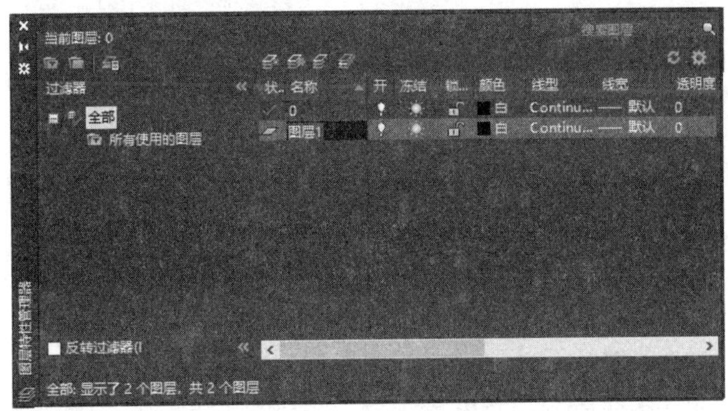

图 11-46　新建图层

11.3.2 图层设置

1. 设置图层颜色

为便于区分图形中的元素，要为新建图层设置不同的颜色。为此，可直接在“图层特性管理器”对话框中弹出图层列表中该图层所在行的颜色块，此时系统将弹出“选择颜色”对话框，如图 11-47 所示。单击所要选择的颜色如白色，再单击“确定”按钮即可。

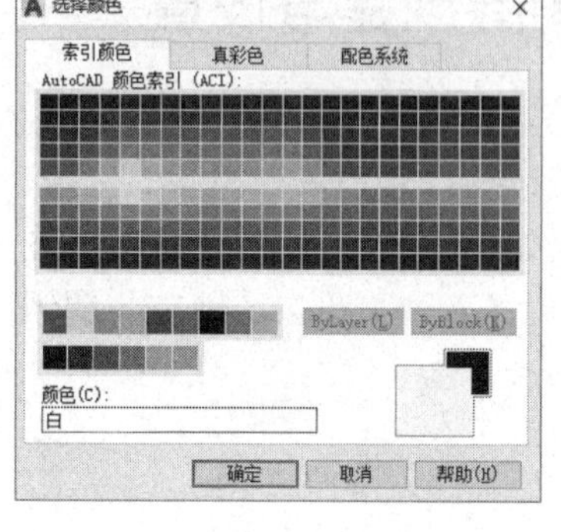

图 11-47 “选择颜色”对话框

2. 设置图层线型

线型用于区分图形中的不同元素，如用点画线绘制图形中的中心线、用虚线绘制图形中的不可见轮廓线等。默认情况下，图层的线型为 Continuous（连续线型），当线型改变后，再建立线型时将继承前一线型的特性。

要改变线型，可在图层列表中单击相应的线型名如“Continuous”，在弹出的“选择线型”对话框中选择线型，如 CENTER，即可选择点画线，如图 11-48 所示。

如果要使用虚线，而“已加载的线型”列表框中没有满意的线型，可单击“加载”按钮，弹出“加载或重载线型”对话框，从当前线型库中选择需要加载的线型（如 HIDDEN），如图 11-49 所示，单击“确定”按钮，则该线型即被加载到“选择线型”对话框中，再进行选择。如果要一次加载多种线型，在选择线型时可按 Shift 键或 Ctrl 键进行连续选择或多项选择。

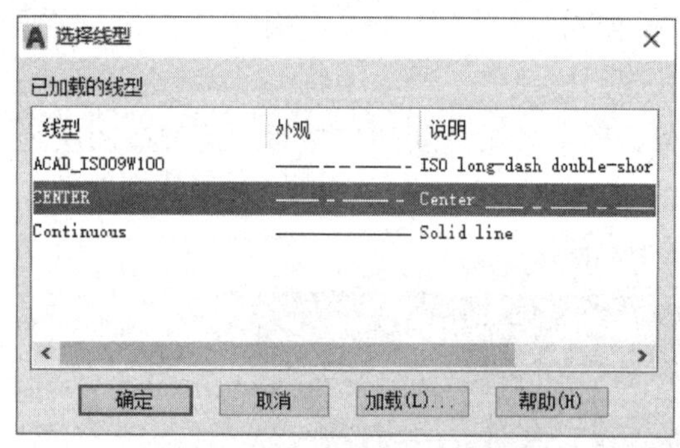

图 11-48 “选择线型”对话框

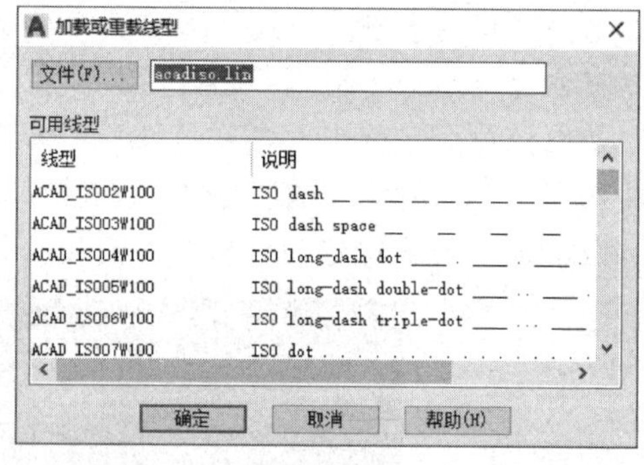

图 11-49 “加载或重载线型”对话框

3. 设置图层线宽

在工程图样中，为了使图形更加清晰，不同的线型其宽度是不同的，如机械制图中规定粗线型为细线型的 3 倍宽，因此要设置线宽数值。

设置线宽时，可直接在“图层特性管理器”对话框中单击图层列表中该图层所在行的“线宽”块下的“默认”，弹出“线宽”对话框，如图 11-50 所示。在“线宽”列表框中选择需要的线宽数值，单击“确定”按钮，完成线宽的设置。

此外，选择“格式”→“线宽”选项，弹出“线宽设置”对话框。如果选中“显示线宽”复选框，设置“默认”线宽为0.50mm，则系统将在屏幕上显示线宽设置效果。而调节“调整显示比例”滑块，还可以调整线宽显示效果。单击用户界面状态栏中的“线宽”按钮，也可以打开或关闭线宽的显示。

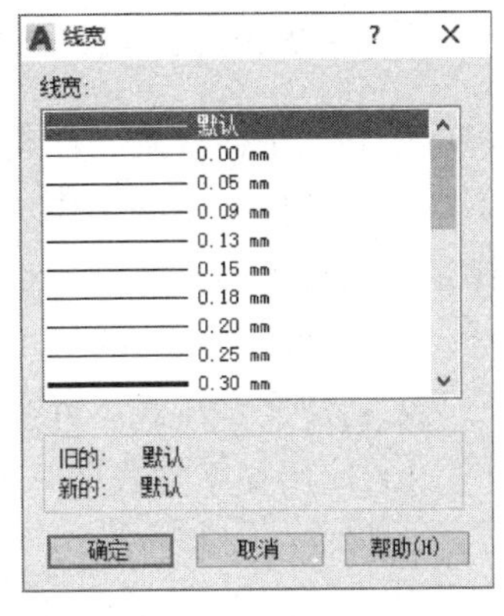

图 11-50　“线宽”对话框

4. 设置图层状态

在“图层特性管理器”对话框中单击特征图标，如打开/关闭、冻结/解冻、锁定/解锁等，可控制图层的状态。如图 11-51 所示，“中心线”层为打开、解冻、解锁状态；“轮廓线”层为关闭、冻结、加锁状态，此时“轮廓线”层上的元素将不再显示，也不能被编辑。

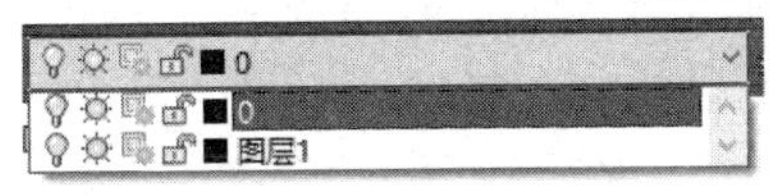

图 11-51　显示图层状态

（1）打开/关闭

图层打开时，可显示和编辑图层上的内容；图层关闭时，图层上的内容全部隐藏，且不可进行编辑和打印输出，但仍然参加图形的运算。

（2）冻结/解冻

冻结图层时，图层上的内容全部隐藏，且不可被编辑或打印，也不被重生成，从而减少复杂图形的重新生成时间。

（3）锁定/解锁

锁定图层时，图层上的内容仍然可见，并且能够捕捉或添加新对象，也能够打印，但不能被编辑。默认情况下，图层是解锁的。

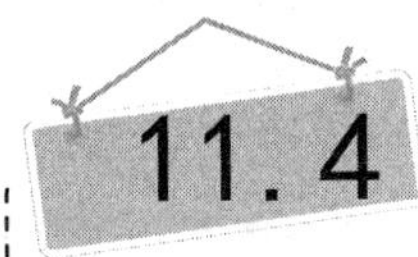

11.4 文字与尺寸标注工具

11.4.1　文字标注与编辑

文字与尺寸标注是设计制图中一项十分重要的工作。例如，机械工程图样中的技术要求、标题栏的注写，需要文字工具来完成。又如图样中各图形元素的位置和大小要靠尺寸来确定。AutoCAD 2010 提供了一套完善的文字与尺寸标注工具，使文字、尺寸标注和编辑更为方便和灵活。

1．创建和设置文字样式

设置文字样式是进行文字和尺寸标注的首要任务。在 AutoCAD 中，文字样式用于控制图形中所使用文字的字体、高度和宽度系数等。在一幅图形中可以定义多种文字样式，以满足不同对象的需要。

（1）创建文字样式

要创建文字样式，可按如下步骤进行操作。

1）使用如下方式之一可弹出“文字样式”对话框，如图 11-52 所示。

在样式工具栏中单击“文字样式”按钮。

选择“格式”→“文字样式”选项。

在命令行窗口中输入“STYLE↙”。

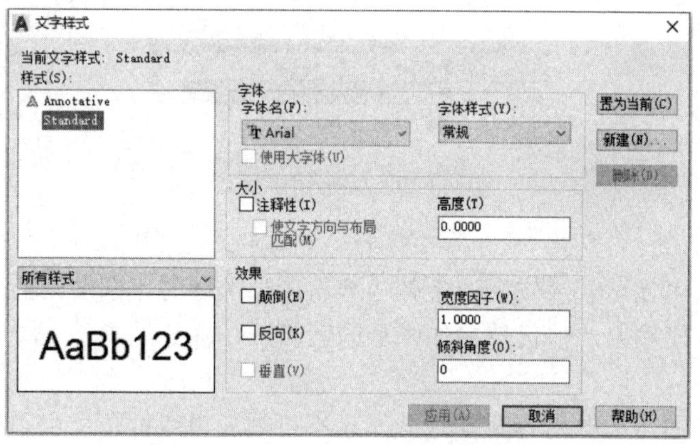

图 11-52　“文字样式”对话框

2）默认情况下，文字样式名为 Standard，字体为 txt.shx，高度为 0，宽度比例为 1。如果要生成新的文字样式，可在该对话框中单击“新建”按钮，弹出“新建文字样式”对话框，在“样式名”文本框中输入文字样式名称，如“标注 1”，如图 11-53 所示。

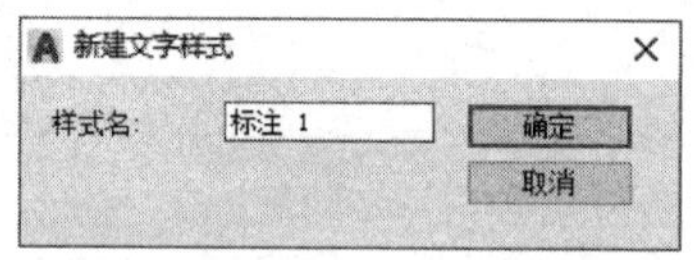

图 11-53　“新建文字样式”对话框

3）单击“确定”按钮，返回“文字样式”对话框。

4）在“字体”选项组中，设置字体名、字体样式和高度，如图 11-54 所示。

5）单击“应用”按钮，将对文字样式进行的设置应用于当前图形。

6）单击“关闭”按钮，完成样式设置。

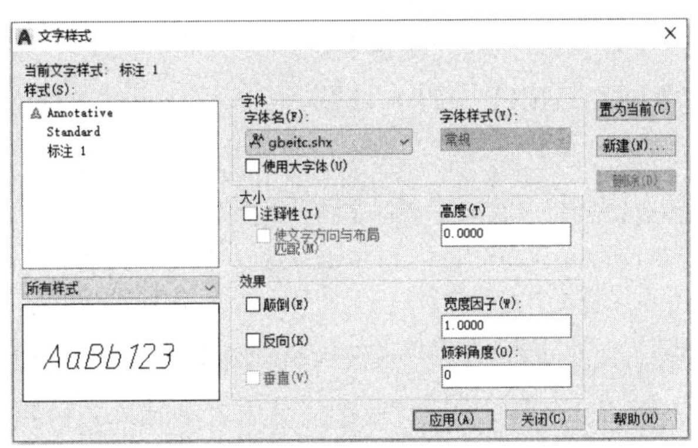

图 11-54　设置字体

（2）“文字样式”对话框中各选项的设置

1）“字体”选项组。

①“字体名”：用于选择字体，如选择“gbenor. shx”“仿宋_GB2312”字体等。

② 选中“使用大字体”复选框，可创建支持汉字等大字体的文字样式，此时“大字体”下拉列表被激活，从中选择大字体样式，用于指定大字体的格式，如汉字等亚洲型大字体，常用的大字体样式为 gbcbig.shx。

③“高度”：用于设置输入文字的高度。若设置为 0，输入文字时将提示指定文字高度。

2）“效果”选项组。设置字体的效果，如颠倒、反向、垂直等，如图 11-55（a）所示。

①“倾斜角度”：该选项与输入文字时“旋转角度”的区别在于，“倾斜角度”是指字符本身的倾斜度，“旋转角度”是指文字行的倾斜度，如图 11-56（b）所示。

②“宽度因子”：用于设置字体宽度。例如，将仿宋体改设为长仿宋体，其宽度比例应设置为 0.67。

③“颠倒”“反向”“垂直”效果可应用于已输入的文字，而“高度”“宽度因子”“倾斜角度”效果只能应用于新输入的文字。

3）重命名：选中文字样式右击，在弹出的快捷菜单中选择“重命名”选项，可弹出“重命名文字样式”对话框，重命名选中的文字样式。

4）“删除”按钮：单击该按钮，可删除指定的文字样式。

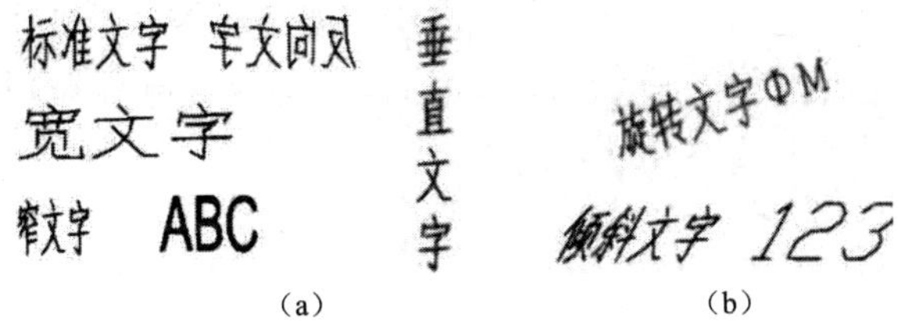

图 11-55　字体效果

2．输入和编辑文字

（1）输入单行文字

单行文字常用于标注文字、标题块文字等内容。注写单行文字的步骤如下。

选择“绘图”→“文字”→“单行文字”选项。

在命令行窗口中输入“DTEXT（DT）↙”。

AutoCAD 提示：

```
当前文字样式:Standard   当前文字高度:2.5000
指定文字的起点或[对正(J)/样式(S)]:单击一点 //在绘图区域中确定文字的起点
指定高度<2.5000>:输入字高数值                //输入文字高度
指定文字的旋转角度<0> :输入角度值             //输入文字旋转的角度
```

输入文字内容后，按 Enter 键换行。如果希望结束文字输入，可再次按 Enter 键。

（2）输入特殊符号

在输入文字时，用户除要输入汉字、英文字符外，还可能需要经常输入诸如“Φ、α、δ@”等特殊符号，此时可借助 Windows 操作系统提供的模拟键盘，其具体操作步骤如下：

1）常用直径符号Φ，可直接输入代号%%c；度数符号输入%%d；正负号输入%%p。其他符号按下面的方法输入。

2）选择某种汉字输入法，如“智能 *ABC*”，打开输入法提示条。

3）右击输入法提示条中的模拟键盘图标，打开模拟键盘列表，如图 11-56 所示。

4）在列表中选择某种模拟键盘，打开模拟键盘，单击要输入的符号即可，如图 11-57 所示。

PC 键盘	标点符号
✔ 希腊字母	数字序号
俄文字母	数学符号
注音符号	单位符号
拼　音	制表符
日文平假名	特殊符号
日文片假名	

图 11-56　模拟键盘列表

图 11-57　希腊字母的模拟键盘

（3）输入和编辑多行文字

使用多行文字可以创建较为复杂的文字说明，如图样的技术要求等。在 AutoCAD 中，多行文字的编辑是通过多行文字编辑器来完成的。多行文字编辑器相当于 Windows 的写字板，包括一个“文字格式”工具栏和一个文字输入编辑窗口，可以方便地对文字进行输入和编辑。

1）输入多行文字。

在绘图工具栏中单击“文字”按钮。

选择“绘图”→“文字”→“多行文字”选项。

在命令行窗口中输入“MTEXT（MT）↙”。

AutoCAD 提示：

```
当前文字样式:“Standard” 当前文字高度:2.5
指定第一角点:单击一点              //在绘图区中要注写文字处指定第一角点
```

指定对角点或[高度(H)/对正(J)/行距(U)/旋转(R)/样式(S)/宽度(W)]:

指定默认项“对角点”后，AutoCAD 将以两个点作为对角点所形成的矩形区域作为文字行的宽度并弹出“文字格式”工具栏及文字输入、编辑框，如图 11-58 所示。

图 11-58　“文字格式”工具栏及文字输入、编辑框

在“文字格式”工具栏中，可选择“样式”“字体”“文字高度”等，同时还可以对输入的文字进行加粗、倾斜、加下划线、加上划线、文字颜色等设置。可对段落设置不同的对齐方式。

2）在文字输入、编辑框中使用 Windows 文字输入法输入文字内容。

3）输入特殊文字和字符。

在文字输入、编辑框中右击，弹出快捷菜单，如图 11-59 所示。选择“符号”选项，弹出如图 11-60 所示的“符号”子菜单；或直接单击“文字格式”工具栏中的“符号”按钮@，可以弹出如图 11-60 所示的“符号”下拉列表。如果下拉表中给出的符号不能满足要求，选择“其他”选项，在弹出的对话框中利用字符映射进行操作。

全部选择(A)	Ctrl+A
剪切(T)	Ctrl+X
复制(C)	Ctrl+C
粘贴(P)	Ctrl+V
选择性粘贴	›
插入字段(L)...	Ctrl+F
符号(S)	›
输入文字(I)...	
段落对齐	›
段落...	
项目符号和列表	›
分栏	›
查找和替换...	Ctrl+R
改变大小写(H)	›
全部大写	
自动更正大写锁定	
字符集	›
合并段落(O)	
删除格式	›
背景遮罩(B)...	
编辑器设置	›
帮助	F1
取消	

图 11-59　多行文字编辑快捷菜单

度数(D)	%%d
正/负(P)	%%p
直径(I)	%%c
几乎相等	\U+2248
角度	\U+2220
边界线	\U+E100
中心线	\U+2104
差值	\U+0394
电相角	\U+0278
流线	\U+E101
恒等于	\U+2261
初始长度	\U+E200
界碑线	\U+E102
不相等	\U+2260
欧姆	\U+2126
欧米加	\U+03A9
地界线	\U+214A
下标 2	\U+2082
平方	\U+00B2
立方	\U+00B3
不间断空格(S)	Ctrl+Shift+Space
其他(O)...	

图 11-60　“符号”子菜单

3．文字标注实例

【例 11-16】绘制标题栏，填写标题栏中的文字。如图 11-61 所示，其中零件名“轴承座”使用 7 号字，“单位名称”使用 10 号字，并填满整个格，其余文字使用 5 号字。字体：所有汉字用长仿宋体，数字和字母使用 gbenor.shx 字体，并设置大字体 gbcbig.shx；根据需要设置合适的对齐方式。

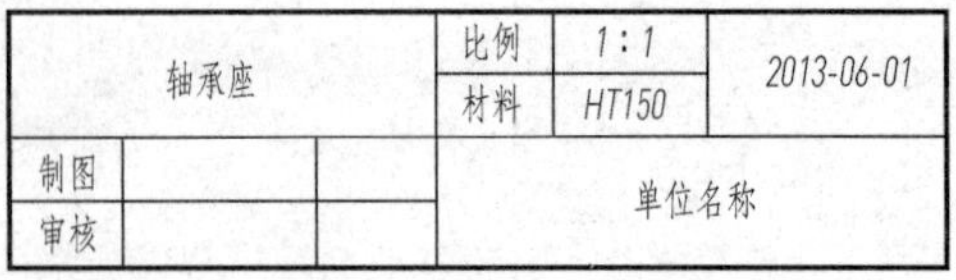

<table>
<tr><td colspan="3" rowspan="2">轴承座</td><td>比例</td><td>1:1</td><td rowspan="2">2013-06-01</td></tr>
<tr><td>材料</td><td>HT150</td></tr>
<tr><td>制图</td><td></td><td></td><td colspan="3" rowspan="2">单位名称</td></tr>
<tr><td>审核</td><td></td><td></td></tr>
</table>

图 11-61　文字标注实例

解：绘图步骤分解如下。

（1）创建图层

在“图层特性管理器”对话框中创建如下图层。

1）“粗实线”图层，颜色为黑色，线宽为 0.50mm，线型为 Continuous，其他不变。

2）“细实线”图层，颜色为黑色，线宽为默认，线型为 Continuous。

3）“文字”图层，颜色为黄色，线宽为默认，线型为 Continuous。

（2）绘制标题栏图线

使用“矩形”命令在“粗实线”图层绘制 120mm×32mm 的矩形。

使用“分解”命令将矩形断开，使用“偏移”命令复制标题栏的内部直线。再使用“修剪”命令修剪图线，最后将内部的图线调整到“细实线”图层，如图 11-62 所示。

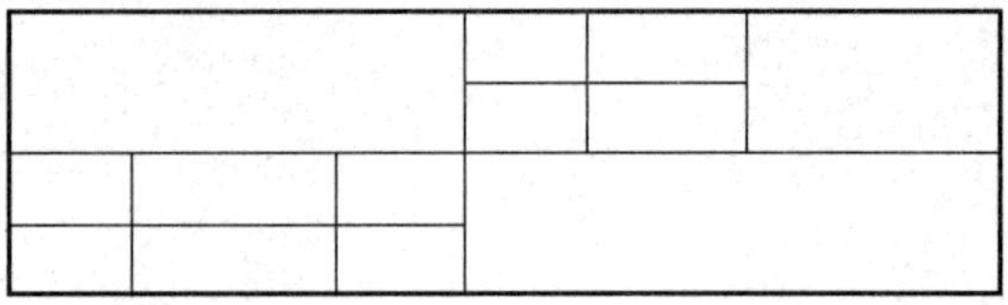

图 11-62　标题栏图框

（3）标注文字

1）设置文字样式。

选择“格式”→“文字样式”选项，在弹出的“文字样式”对话框中。建立以下两种文字样式。

样式名	字体	字高	宽度比例
汉字	仿宋_GB2312	0	0.67
GB	gbenor.shx（大字体为 gbcbig.shx）	0	1

2）填写图名文字“轴承座”。

Auto CAD 提示：

```
命令:_dt↙
TEXT
当前文字样式:汉字　当前文字高度:0.0000
指定文字的起点或[对正(J)/样式(S)]:J↙
输入选项
```

```
[对齐(A)/调整(F)/中心(C)/中间(M)/右(R)/左上(TL)/中上(TC)/右上(TR)/左中(ML)/
正中(MC)/右中(MR)/左下(BL)/中下(BC)/右下(BR)]:M↙
                              //在提示的快捷菜单选项中选择“中间(M)”选项
指定文字的中间点:              //在名称框的中间点单击
指定高度<0.0000 >:7    ↙      //给定文字高度
指定文字的旋转角度<0 > :↙     //选择默认旋转角度
```

然后输入“轴承座”3 个字，如图 11-63 所示，按两次 Enter 键，结束命令。

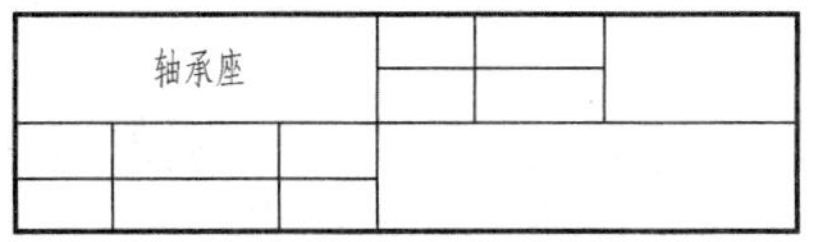

图 11-63　输入图名

“轴承座”3 个字之间有一个空格。若书写时没有加，则可双击“轴承座”文字，重新编辑，加上空格，否则文字太密，不协调。

3）填写文字“制图”“审核”“比例”“材料”。

在键盘输入“dt”，调用“单行文字”命令。

```
命令:_dt↙
TEXT
当前文字样式:汉字 当前文字高度:7.0000
指定文字的起点或[对正(J)/样式(S)] :         //在“制图”文字格左下角位置单击
指定高度<7.0000> :5↙                      //给定新的高度值
指定文字的旋转角度<0>:↙
```

输入“制图”两个字后按两次 Enter 键，结束命令，如图 11-64 所示。

轴承座					
制图					

图 11-64　输入“制图”两个字

当然也可以将光标置于其他格中，输入其他文字，这里介绍利用“复制”和“编辑”命令输入文字的方法，这样可以使输入的文字更加整齐。

调用“复制”命令，以“制图”所在格的左上角点为基准点，复制出文字，然后将各位置上的“制图”编辑成相应的文字。

4）填写比例值和材料名称。将“GB”文字样式设置为当前样式，填写比例为“1∶1”，材料为“HT150”。

当填写文字前忘记将当前样式设置为“GB”时，可以在运行命令的过程中，选择已有的文字样式。AutoCAD 提示：

```
命令：_dt↙
TEXT
当前文字样式：汉字 当前文字高度：5.0000
指定文字的起点或[对正(J)/样式(S)] ： S↙  //选择其他文字样式
输入样式名或[?] <汉字>:? ↙                //当记不清文字样式名时输入“?”号查询
输入要列出的文字样式<*>:↙
//按 Enter 键，列出所有文字样式，在窗口中查询到所需要的样式名后，在命令行中输入，
//然后继续编辑文字
```

在书写完文字后，如果认为文字样式不对，可使用前面介绍的方法进行文字样式的修改。

5）填写单位名称。填写单位名称时，由于文字较多，又不能写得太小，所以在填写时使用“调整”对正方式，结果如图 11-62 所示。

11.4.2 尺寸标注和编辑

以下围绕创建一个名为“GB-AX”的基本样式这一主题展开讨论，在这个基本样式中完全按照机械制图的绘图标准设置必要的参数，以确保能用于常用标注类型的尺寸标注，而其他如带有前后缀、水平放置等特殊要求的标注，只需在这个样式的基础上使用“样式替代”稍加修改即可。在将这个基本样式运用于具体的不同尺寸图形的标注时，还应结合所使用的图幅规格和比例来确定修改“标注特征比例”的值，以保证输出的图形和标注符合国家标准。

1. 新建标注样式

打开“标注样式管理器”对话框，如图 11-65 所示。

单击“新建”按钮，弹出“创建新标注样式”对话框。在“新样式名”文本框中输入新的样式名称如“GB-AX”，在“基础样式”下拉列表中选择默认基础样式为“ISO-25”，在“用于”下拉列表中选择“所有标注”选项，以应用于各种尺寸类型的标注，如图 11-66 所示。

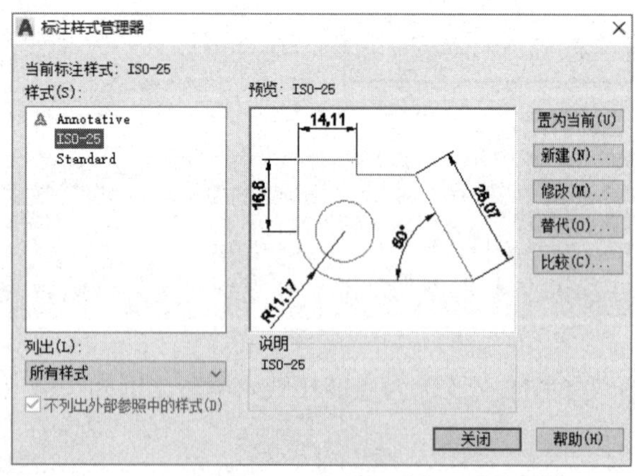

图 11-65 “标注样式管理器”对话框

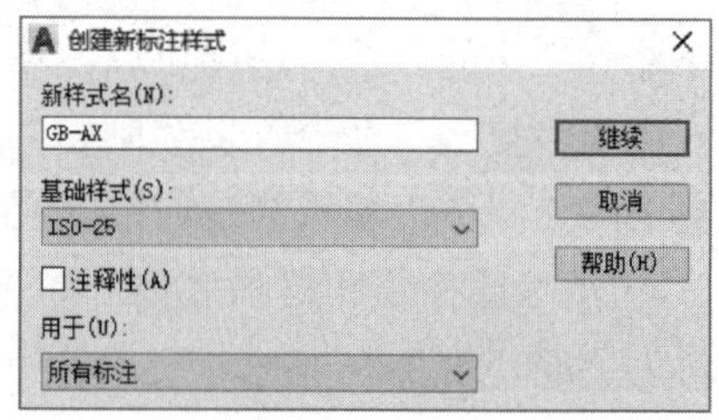

图 11-66 “创建新标注样式”对话框

单击“继续”按钮，弹出“新建标注样式：GB-AX”对话框，如图 11-67 所示。利用“线”“符号和箭头”“文字”“主单位”等 7 个选项卡可以设置标注样式的所有内容。

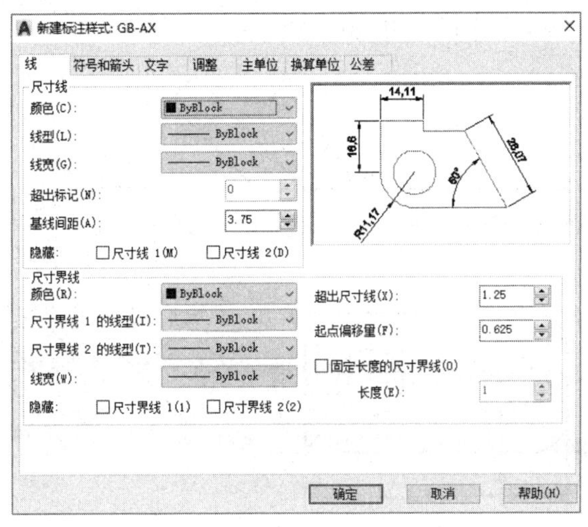

图 11-67　“新建标注样式：GB-AX”对话框

2．尺寸标注

尺寸标注命令是设置了标注样式后，进行标注时必须采用的，专用于标注的命令集合。下面在设置完成的基本样式——“GB-AX”中，有针对性地对若干图形实例进行标注，同时讲解尺寸标注命令的使用方法和技巧。

（1）线性标注

在标注图样中使用捕捉功能，指定两条尺寸界线的原点。

在标注工具栏中单击“线性”按钮。

选择“标注”→“线性”选项。

在命令行窗口中输入“DIMLINEAR↙”。

AutoCAD 提示：

```
指定第一条尺寸界线原点或 <选择对象>:捕捉交点        //指定第一条尺寸界线原点
指定第二条尺寸界线原点:捕捉交点                      //指定第二条尺寸界线原点
指定尺寸线位置或[多行文字(M)/文字(T)/角度(A)/水平(H)/垂直(V)/旋转 (R)]:单击一点
                                                     //指定尺寸线位置,标注文字=15
```

如图 11-68 所示，同样完成左侧尺寸 8 和 31 的标注。

（2）对齐标注

在标注工具栏中单击“对齐”按钮。

选择“标注”→“对齐”选项。

在命令行窗口中输入“DIMALIGNED↙”。

AutoCAD 提示：

```
指定第一条尺寸界线原点或 <选择对象>:捕捉交点            //指定第一条尺寸界线原点
指定第二条尺寸界线原点:捕捉交点                          //指定第二条尺寸界线原点
```

```
指定尺寸线位置或[多行文字(M)/文字(T)/角度(A)]:单击一点
                                          //指定尺寸线位置标注文字=20
```

其标注结果如图 11-68 所示的尺寸 20、27、35。

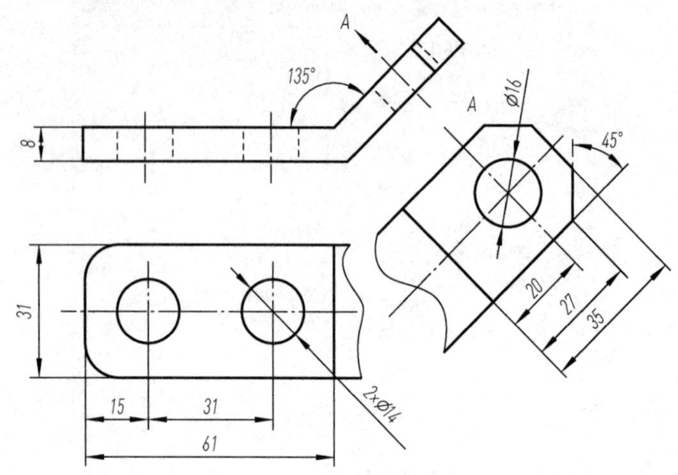

图 11-68　线性标注

（3）角度标注

使用角度标注可以测量圆和圆弧的角度、两条直线间的角度或三点间的角度。

在标注工具栏中单击“角度”按钮。

选择“标注”→“角度”选项。

在命令行窗口中输入“DIMANGULAR↙”。

标注图 11-68 中的角度 135°。

AutoCAD 提示：

```
选择圆弧、圆、直线或 <指定顶点 >:单击直线          //选择标注对象的一条A边
选择第二条直线:单击直线                          //选择另一条斜边
指定标注弧线位置或[多行文字(M)/文字(T)/角度(A)]:单击一点
                                               //确定标注位置 标注文字=135
```

结果如图 11-68 所示，使用同样的方法可以完成角度 45° 的标注。

（4）圆和圆弧的标注

在 AutoCAD 中，使用半径或直径标注，可以标注圆和圆弧的半径或直径，使用圆心标注可以标注圆和圆弧的圆心。

标注圆和圆弧的半径或直径时，AutoCAD 在标注文字前自动添加符号 *R*（半径）或 ϕ（直径）。

在标注工具栏中单击“半径”或“直径”按钮。

选择“标注”→“半径”或“标注”→“直径”选项。

在命令行窗口中输入“DIMRADIUS↙”或“DIMDIAMETER↙”。

AutoCAD 提示：

```
选择圆弧或圆:单击要标注的圆或圆弧                    //选择标注对象
```

指定尺寸线位置或[多行文字(M)/文字(T)/角度(A)]:单击某处
//选择尺寸线位置

结果如图 11-69 所示的尺寸 *R*15、*R*12、*R*10、*ϕ*5。

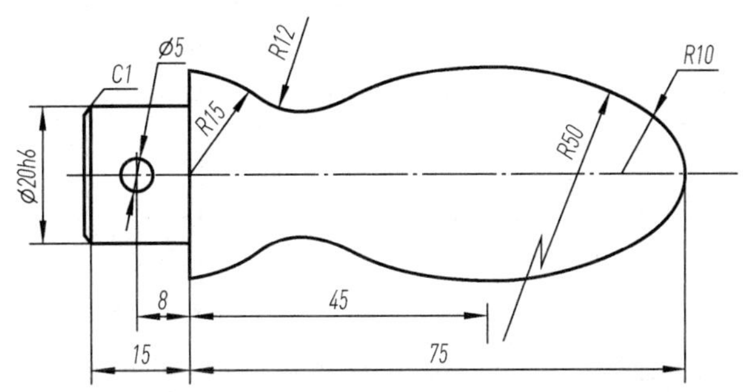

图 11-69　半径标注和直径标注

（5）尺寸公差标注

标注尺寸公差是为了有效控制零件的加工精度。许多零件图上需要标注极限偏差或公差带代号，它的标注形式是通过标注样式中的“公差格式”来设置的。

可以使用样式替代标注，也可以新建样式并用这个专用于公差标注的样式进行标注。打开“标准样式管理器”对话框，单击“新建”按钮，弹出“创建新标注样式”对话框。在“新样式名”文本框中输入新的样式名称为“GB-AX 公差 1”，在“基础样式”下拉列表中选择“ISO-25”，单击“继续”按钮，弹出“新建标注样式 GB-AX 公差 1”对话框，如图 11-70 所示。在“公差格式”选项组中设置“方式”为极限偏差，设置“精度”为 0.000，输入“上偏差”为-0.025、“下偏差”为 0.050、“高度比例”为 0.5，在“垂直位置”下拉列表中选择“中”选项。选择“主单位”选项卡，在“前缀”文本框中输入“%%c”，单击“确定”按钮后选择这个样式为当前样式。

图 11-70　新建公差的标注样式

利用“线性标注”命令标注尺寸，如图 11-71（a）所示。

使用相同的方法建立“GB-AX 公差 2”样式，不同的是要选中“公差”选项卡“消零”

选项组中的“后续”复选框，以将小数点后的零去掉，如图 11-72（b）所示。

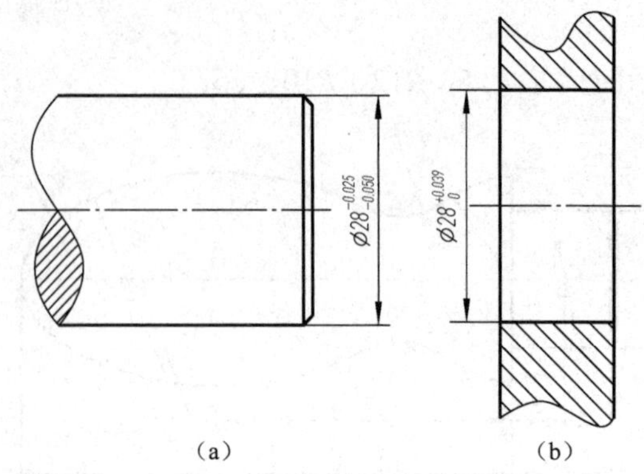

图 11-71　尺寸公差标注

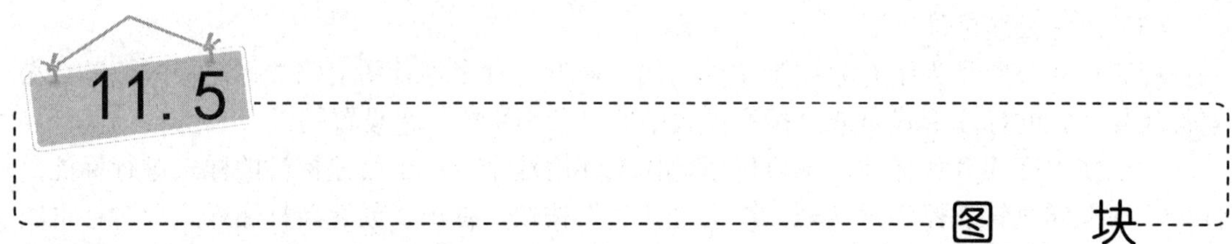

11.5 图块

在绘制工程图形时，常常有一些反复出现的图形结构，这些图形结构可以设置成图块，保存在文件中，在需要时调用，而且在调用时可以缩放、旋转，使用较复制灵活。例如，工程图中表面粗糙度的标注就是反复出现的相同结构，但实际使用中放置的位置与角度不同，使用图块功能就比较方便。

11.5.1　创建图块

使用图块前首先要创建图块。以表面粗糙度图块为例，首先绘制表面粗糙度符号，并标注数值，参考图 11-72，文字高度为 3.5，完整的表面粗糙度标注如图 11-73 所示。

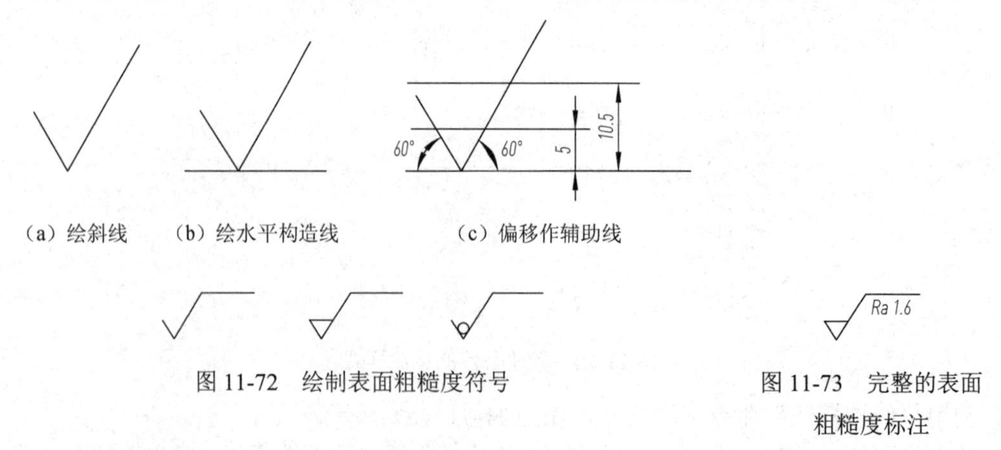

图 11-72　绘制表面粗糙度符号

图 11-73　完整的表面粗糙度标注

可以使用以下方法之一来创建图块。

在绘图工具栏中单击“创建块”按钮。

选择“绘图”→“块”→“创建”选项。

在命令行窗口中输入“BLOCK↙”或“BMAKE↙”或“B↙”。

具体操作过程如下：

使用上述方法中的任意一种方法，AutoCAD 会弹出“块定义”对话框，如图 11-74 所示。

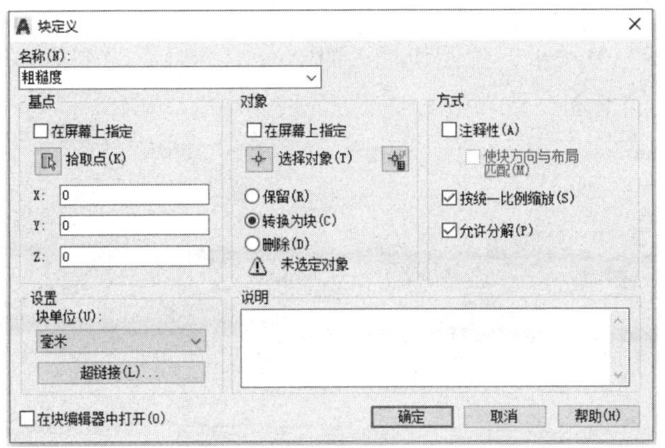

图 11-74　“块定义”对话框

1）在“名称”文本框中输入块的名称，如输入“粗糙度”。

单击下拉按钮，会弹出下拉列表，该下拉列表中显示了当前图形的所有图块。

2）单击“拾取点”按钮，“块定义”对话框消失，选择粗糙度符号下面的尖点后，“块定义”对话框再次出现。

理论上，用户可以任意选择一点作为插入点，但在实际操作中，建议用户选择实体的特征点作为插入点，如中心点、右下角等。

3）单击“选择对象”按钮，“块定义”对话框再次消失，选择整个粗糙度符号，结束选择后，“块定义”对话框再次出现。

单击“确定”按钮，完成块的创建。创建的图块以整体的形式存在与使用。

11.5.2　使用图块

打开事先绘制好的图形，插入“粗糙度”符号，以对图 11-75 所示的长方体的两个面进行表面粗糙度标注为例，进行图块调用。用户可以通过以下几种方法来启动“插入”对话框：

在绘图工具栏中单击“插入块”按钮。

选择“插入”→“块”选项。

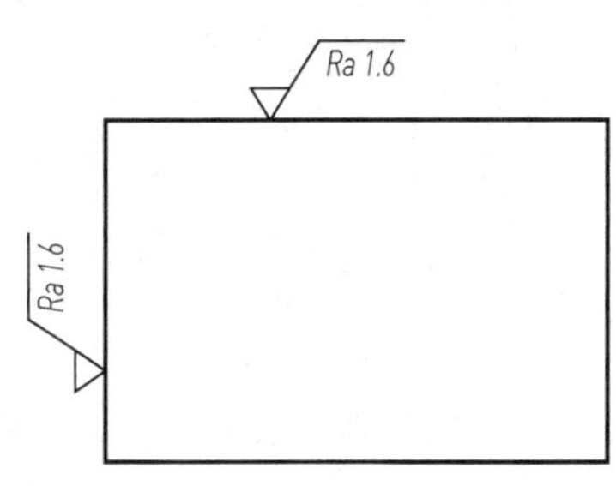

图 11-75　标注粗糙度

在命令行窗口中输入“INSERT↙”。

1）对上表面标注：在“插入”对话框中选择名称为“粗糙度”的图块，选择角度为 0°，因为不需要缩放，故缩放比例为 1，如图 11-76 所示。单击“确定”按钮，将块放置到图 11-76 所示图形的上表面。

2）对左侧表面标注：选择名称为“粗糙度”的图块，选择角度为 90°。插入后的结果如图 11-76 所示。以上是缩放比例统一为 1∶1 的标注，使用时比例可根据要求任意调整。

3）若选中“分解”复选框，则图块插入时会分解为独立的图形要素，以方便进一步编辑，如对表面粗糙度的值进行改写等。

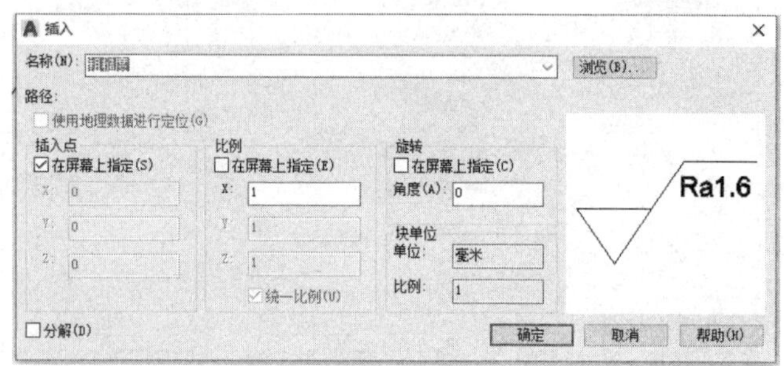

图 11-76　“插入”对话框

11.5.3　创建、使用带属性的块

1．创建带属性的块

有时创建的图块中的参数要根据需要输入，如图 11-74 所示创建的图块在使用时，若粗糙度值不为 *Ra*1.6，则只能分解图块后对数据进行修改。若将粗糙度值定义为图块属性，则每次使用图块时，系统会提示输入属性值。

创建带属性块的方法：在创建图块时，在“块定义”对话框中（图 11-74）将“名称”设置为“含属性粗糙度”，选中左下角的“在块编辑器中打开”复选框，单击“确定”按钮后进入块编辑器，如图 11-77 所示，定义的块图形如图 11-77 所示。

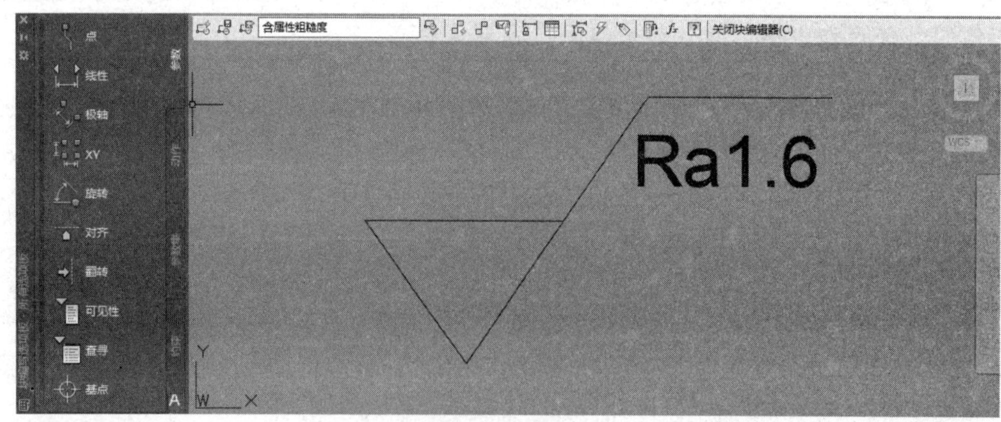

图 11-77　块编辑器

单击“属性定义”按钮，弹出“属性定义”对话框。输入属性的相关信息，如图 11-78 所示。

单击“确定”按钮退出后，可将标记 *Ra* 放置在屏幕的任意位置。

单击“关闭”按钮，一个“含属性粗糙度”的块即编辑完成。

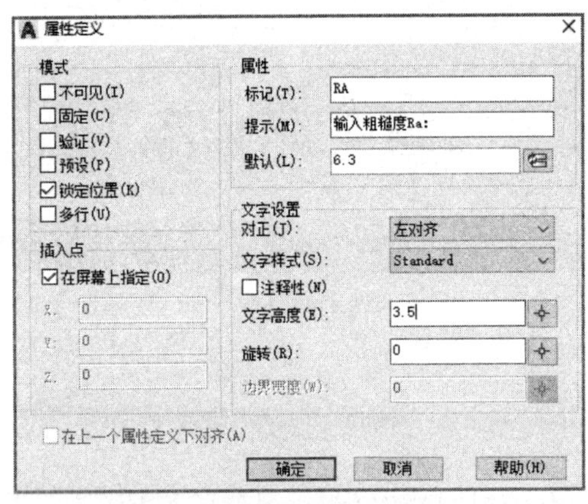

图 11-78　“属性定义”对话框

2．调用带属性的块

在调用前面编辑的“含属性粗糙度”图块时，使用插入块工具，打开图 11-76 所示的“插入”对话框，选择名称为“含属性粗糙度”的图块。注意不要选中左下角的“分解”复选框，单击“确定”按钮退出对话框后，根据命令行窗口中的提示进行操作。

```
命令:_insert
指定插入点或[基点(B)/比例(S)/X/Y/Z/旋转(R)]:        //在窗口中单击插入位置
输入属性值
输入粗糙度值 Ra:<6.3>:12.5                          //输入 12.5,按 Enter 键确认
```

完成命令后，便在图中插入了如图 11-79 所示的粗糙度标注。

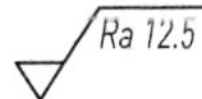

图 11-79　插入后的粗糙度标注

12 单元 绘制平面图形

>>>>

◎ **单元导读**

前面介绍了基本图形的绘制、图形编辑、图形填充等方法，本单元介绍如何应用相关命令有效完成复杂的平面图形。

◎ **知识目标**

- ◆ 掌握 AutoCAD 2018 绘制复杂平面图形的一般步骤和方法。
- ◆ 掌握 AutoCAD 2018 绘制三视图的一般步骤和方法。
- ◆ 掌握 AutoCAD 2018 绘制零件图的一般步骤和方法。
- ◆ 掌握 AutoCAD 2018 绘制装配图的一般步骤和方法。

◎ **技能目标**

- ◆ 能使用 AutoCAD 2018 熟练绘制复杂平面图形。
- ◆ 能使用 AutoCAD 2018 熟练绘制三视图。
- ◆ 能使用 AutoCAD 2018 熟练绘制零件图。
- ◆ 能使用 AutoCAD 2018 熟练绘制装配图。

◎ **思政目标**

- ◆ 树立正确的学习观、价值观，自觉践行行业道德规范。
- ◆ 牢固树立质量第一、信誉第一的强烈意识。
- ◆ 遵规守纪，安全操作，爱护设备，钻研技术。
- ◆ 发扬一丝不苟、精益求精的工匠精神。

12.1 绘制吊钩

绘制平面图形时，首先应该对图形进行线段分析和尺寸分析，根据定形尺寸和定位尺寸，判断出已知线段、中间线段和连接线段，按照先绘制已知线段、再绘制中间线段、后绘制连接线段的绘图顺序完成图形。

【例 12-1】绘制如图 12-1 所示的吊钩平面图形。

1．图形分析

要绘制该图形，应首先分析线段类型。

已知线段：钩柄部分的直线和钩子弯曲中心部分的 ϕ24、*R*29 圆弧。

中间线段：钩子尖部分的 *R*24、*R*14 圆弧。

连接线段：钩尖部分的圆弧 *R*2，钩柄部分过渡圆弧 *R*24、*R*36。

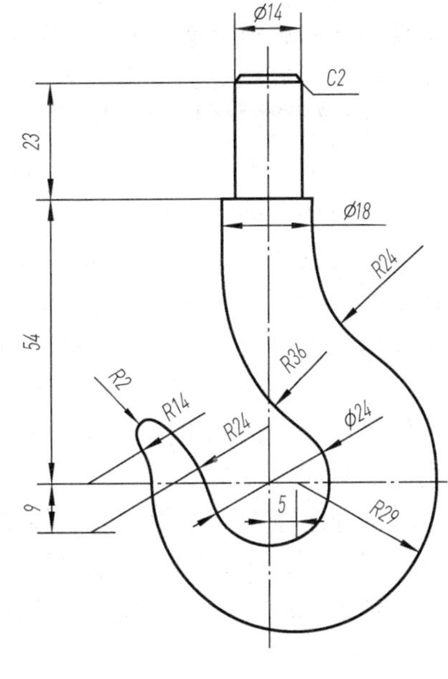

图 12-1　吊钩

2．设置绘图环境

设置绘图环境，包括图纸界限、图层（线型、颜色、线宽）等的设置。按图 12-1 所给的图形尺寸，图纸应设置为 A4（210×297），图层至少包括“中心线”图层、“轮廓线”图层、“尺寸线”图层（暂时不用，可不用设置）等。

本例中的绘图基准是图形的“中心线”图层，然后使用“圆”命令绘制出各个圆，再使用“修剪”命令完成图形。

3．绘图步骤分解

（1）新建一张图纸

按照该图形的尺寸，图纸大小应设置成 A4、竖放，因此图形界限设置为“210×297”。

（2）显示图形界限

单击“全部缩放”按钮，运行“图形缩放”中的“全部”选项。图形栅格的界限将填充当前视口。或者在命令行窗口输入“Z”，按 Enter 键，再输入“A”，按 Enter 键。

（3）设置对象捕捉

在状态栏的“对象捕捉”按钮上右击，在弹出的快捷菜单中选择“设置”选项，在弹出的“草图设置”对话框中，选中“交点”“切点”“圆心”“端点”复选框，并启用“对象捕捉”功能，然后单击“确定”按钮。

（4）设置图层

按照图形要求，打开“图形特性管理器”对话框，设置图层、颜色、线型和线宽，如表 12-1 所示。

表 12-1　图层、颜色、线型和线宽设置

图层名	颜色	线型	线宽
轮廓线	白色	Continuous	线宽为 0.50mm
中心线	红色	CENTER	线宽默认
尺寸线	品红	Continuous	线宽默认

（5）绘制中心线

1）选择图层。通过图层工具栏，将“中心线”图层设置为当前图层。单击图层工具栏中的“图层”下拉按钮，在弹出的下拉列表中选择“中心线”图层，则“中心线”图层为当前图层。

2）绘制垂直中心线 *AB* 和水平中心线 *CD*。启用“正交”功能，调用“直线”命令，在屏幕中上部单击，确定 *A* 点，绘制出垂直中心线 *AB*。

在合适的位置绘制出水平中心线 *CD*，如图 12-2 所示。

（6）绘制吊钩柄部直线

柄的上部直径为 14，下部直径为 18，可以通过将中心线向左右偏移的方法来获得轮廓线，两条钩子的水平端面线也可以使用偏移水平中心线的方法获得。

1）在编辑工具栏中单击“偏移”按钮，调用“偏移”命令，将直线 *AB* 分别向左、右各偏移 7 个单位和 9 个单位，获得直线 *JK*、*MN* 及 *QR*、*OP*；将 *CD* 向上偏移 54 个单位获得直线 *EF*，再将刚偏移所得的直线 *EF* 向上偏移 23 个单位，获得直线 *GH*。

2）在偏移的过程中，偏移所得到的直线均为点画线，因为偏移实质是一种特殊的复制，不但可以复制出元素的几何特征，还可以复制出元素的特性。因此要将复制出的图线改变到“轮廓线”图层上。

选择刚刚偏移所得到的直线 *JK*、*MN*、*QR*、*OP*、*EF*、*GH*，然后选择图层工具栏中的“图层”下拉列表中的“轮廓”图层，再按 Esc 键，完成图层的转换，结果如图 12-3 所示。也可以通过特性工具栏完成图层的转换。

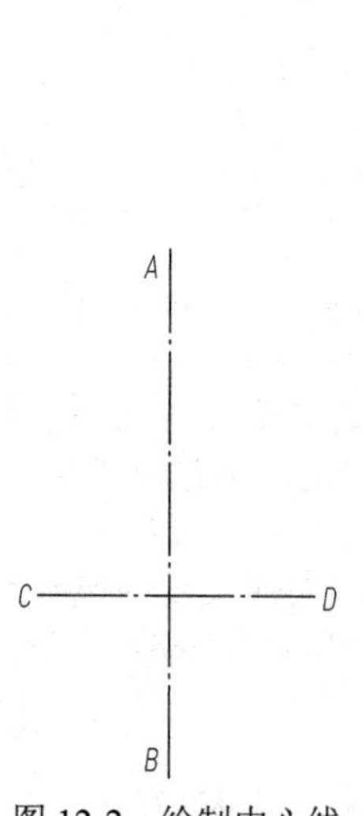

图 12-2　绘制中心线

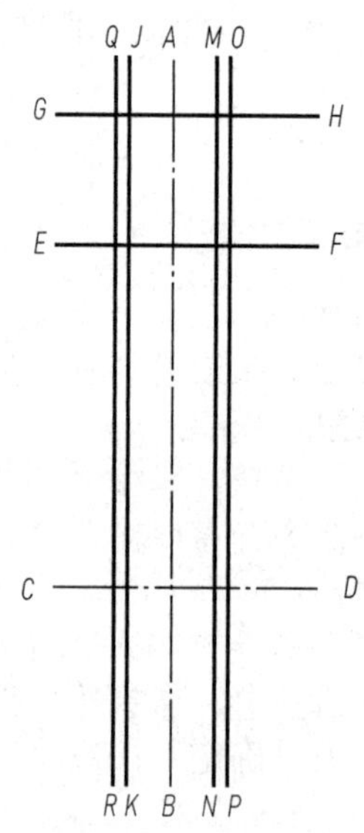

图 12-3　绘制吊钩柄

（7）修剪图线至正确长短

1）在修改工具栏中单击“倒角”按钮，调用“倒角”命令，设置当前倒角距离 1 和 2 的值均为 2 个单位，将直线 *GH* 与 *JK*、*MN* 倒 45° 角。再设置当前倒角距离 1 和 2 的值均为 0，将直线 *EF* 与 *QR*、*OP* 倒直角。完成的图形如图 12-4 所示。

2）在修改工具栏中单击“修剪”按钮，调用“修剪”命令，以 *EF* 为剪切边界，修剪掉 *JK* 和 *MN* 直线的下部。完成的图形如图 12-5 所示。

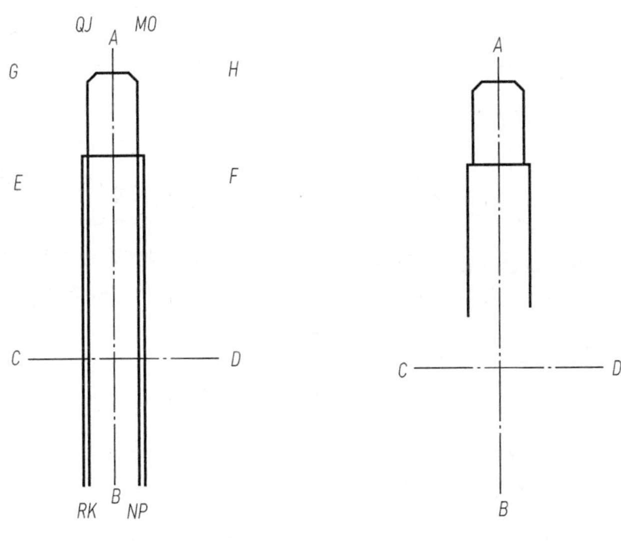

图 12-4　倒角修剪　　　　图 12-5　修剪、打断

3）调整线段的长短。在修改工具栏中单击“打断”按钮，调用“打断”命令，将 *QR*、*OP* 直线下部剪掉。也可以使用夹点编辑方法调整线段的长短。完成的图形如图 12-5 所示。

（8）绘制已知线段

1）将“轮廓线”图层作为当前图层，调用“直线”命令，启动“对象捕捉”功能，绘制直线 *ST*。

2）调用“圆”命令，以直线 *AB*、*CD* 的交点 O_1 为圆心，绘制直径为ϕ24 的已知圆。

3）确定半径为 *R*29 的圆的圆心。

调用“偏移”命令，将直线 *AB* 向右偏移 5 个单位，再将偏移后的直线调整到合适的长度，该直线与直线 *CD* 的交点为 O_2。

4）调用“圆”命令，以交点 O_2 为圆心，绘制半径为 *R*29 的圆。完成的图形如图 12-6 所示。

（9）绘制连接弧 *R*24 和 *R*36

在修改工具栏中单击“圆角”按钮，调用“圆角”命令，给定圆角半径为 *R*24，在直线 *OP* 上单击作为第一个对象；在半径为 *R*29 的圆的右上部单击，作为第二个对象，完成 *R*24 圆弧的连接。

同理以 *R*36 为半径，完成直线 *QR* 和直径为ϕ24 的圆的圆弧连接。结果如图 12-7 所示。

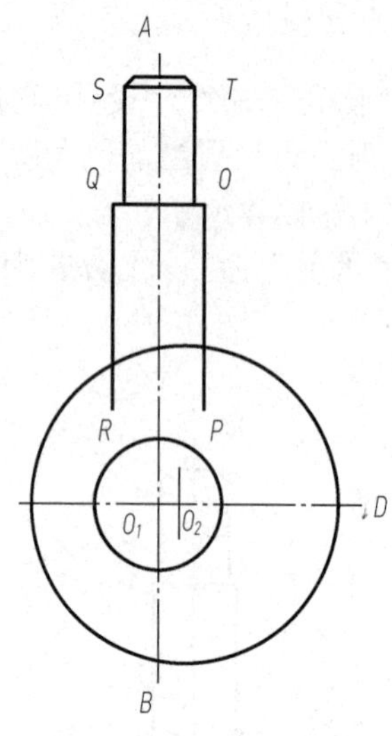

图 12-6 绘制已知圆

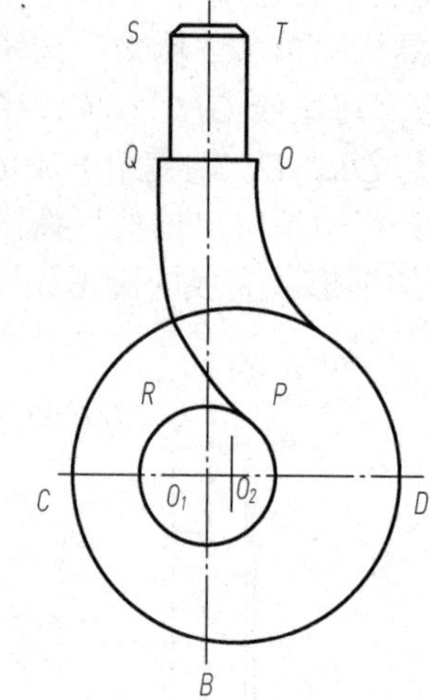

图 12-7 绘制连接弧

（10）绘制钩尖半径为 *R*24 的圆弧

因为 *R*24 圆弧的圆心纵坐标轨迹已知（距 *CD* 直线向下为 9 的直线上），另一坐标未知，所以属于中间圆弧。又因为该圆弧与直径为ϕ24 的圆相外切，所以可以使用外切原理求出圆心坐标轨迹。两圆心轨迹的交点即圆心点。

1）确定圆心。调用“偏移”命令，将 *CD* 直线向下偏移 9 个单位，得到直线 *XY*。

再调用“偏移”命令，将直径为ϕ24 的圆向外偏移 24 个单位，得到与ϕ24 圆相外切的圆的圆心轨迹。圆与直线 *XY* 的交点 O_3，为连接弧圆心。

2）绘制连接圆弧。调用“圆”命令，以 O_3 为圆心，绘制半径为 *R*24 的圆，结果如图 12-8 所示。

（11）绘制钩尖处半径为 *R*14 的圆弧

因为 *R*14 圆弧的圆心在直线 *CD* 上，另一坐标未知，所以该圆弧属于中间圆弧。又因为该圆弧与半径为 *R*29 的圆弧相外切，所以可以使用外切原理求出圆心坐标轨迹。同前面一样，两圆心轨迹的交点即是圆心点。

1）调用“偏移”命令，将直径为ϕ29 的圆向外偏移 14 个单位，得到与ϕ29 圆相外切的圆的圆心轨迹。该圆与直线 *CD* 的交点为连接弧圆心。

2）调用“圆”命令，以 O_4 为圆心，绘制半径为 *R*14 的圆，结果如图 12-9 所示。

（12）绘制钩尖处半径为 2 的圆弧

*R*2 圆弧与 *R*14 圆弧相外切，同时又与 *R*24 的圆弧相内切，因此可以使用“圆角”命令来绘制。

调用“圆角”命令，给出圆角半径为 2 个单位，在半径为 *R*14 的圆上右偏上的位置单击，作为第一个对象；在半径为 *R*24 的圆上右偏上的位置单击，作为第二个圆角对象，结果如图 12-10 所示的修订云线。

（13）编辑修剪图形

1）删除两个辅助圆。

2）修剪各圆和圆弧到合适的长短。

3）用夹点编辑或打断的方法调整中心线的长度，完成的图形如图 12-11 所示。

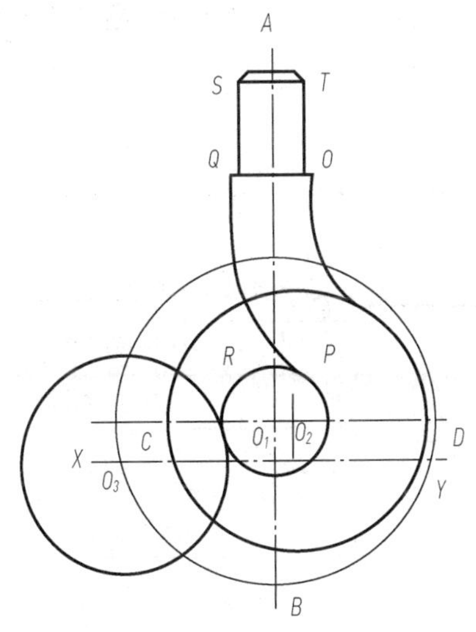

图 12-8　绘制连接弧 *R*24

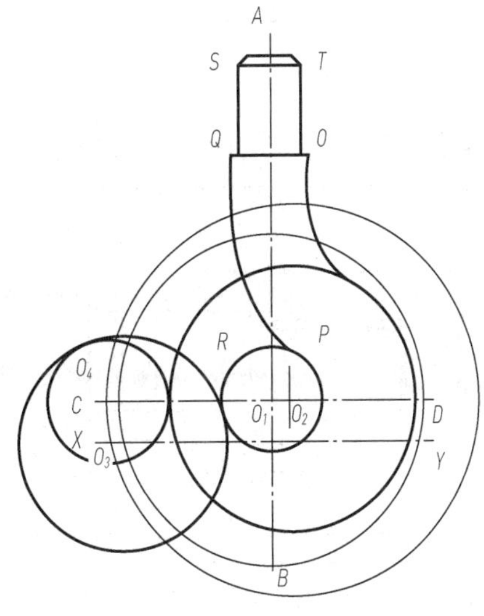

图 12-9　绘制连接弧 *R*14

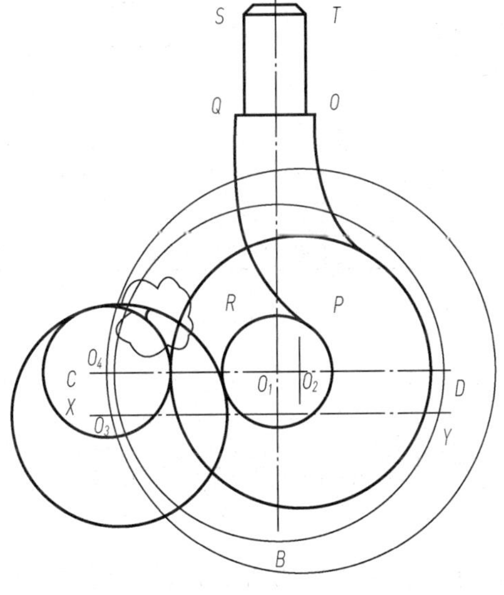

图 12-10　绘制 R2 连接弧

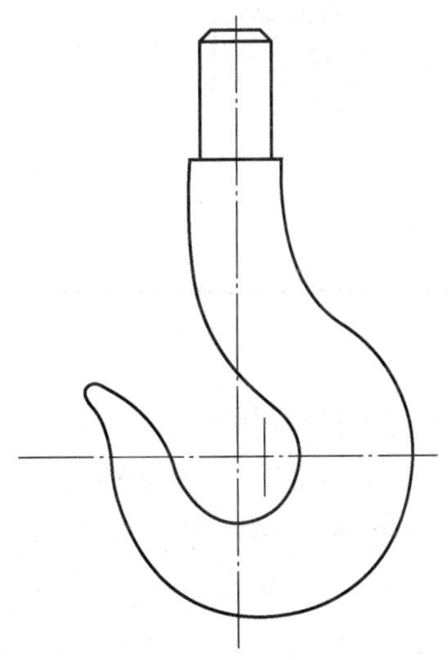

图 12-11　完成图

（14）保存图形

单击“保存”按钮，选择合适的位置，以“图 12-11”为文件名进行保存。

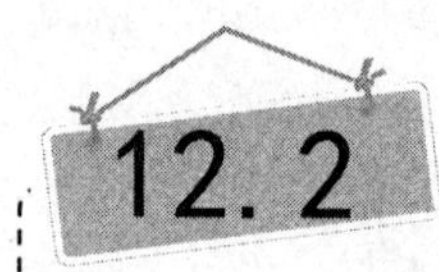

12.2 绘制零件图

【例 12-2】绘制如图 12-12 所示的轴零件图。

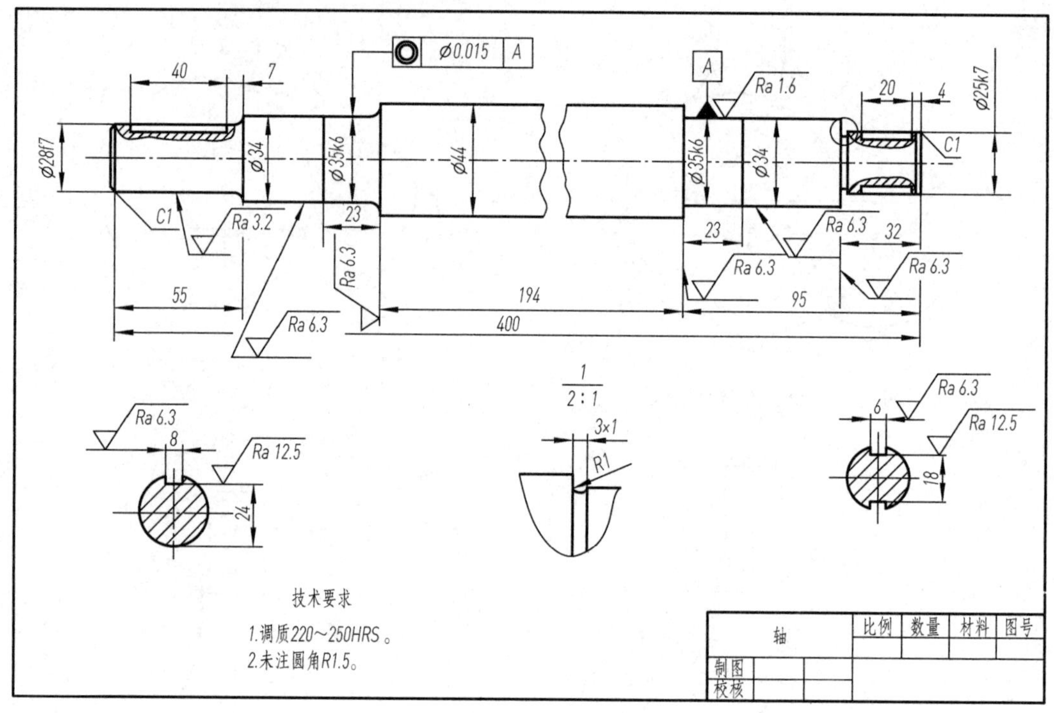

图 12-12　轴零件图

绘图步骤分解如下：

1）调用样板图，开始绘新图。

① 在绘制一幅新图之前应根据所绘图形的大小及个数，确定绘图比例和图纸尺寸，建立或调用符合机械制图国家标准的样板图。

本例选用 A3 图纸，绘图比例为 1∶1，可以打开前面建好的 A3 样板图进行绘制。

② 保存图形文件，文件名为“轴零件图”。

2）绘制图形。绘图前应先分析图形，设计好绘图顺序，合理布置图形；在绘图过程中要充分利用缩放、对象捕捉、极轴追踪等辅助绘图工具，并注意切换图层。

① 绘制主视图。轴的零件图具有一对称轴，且整个图形沿轴线方向排列，大部分线条与轴线平行或垂直。根据图形的这一特点，可先画出轴的上半部分，然后利用“镜像”命令复制出轴的下半部分。

利用“偏移”“修剪”等命令绘图。根据各段轴线的轴径和长度，平移轴线和左端面垂线，然后修剪多余线条绘制各轴段，如图 12-13（a）所示。也可以利用“矩形”命令，通过计算绘出各个矩形。

② 利用“倒角”命令绘制轴端倒角，利用“圆角”命令绘制轴肩圆角，如图 12-13（b）所示。

③ 绘制键槽。利用“样条曲线”命令绘制键槽局部剖面图的波浪线，并进行图案填充。然后利用“样条曲线”命令和“修剪”命令将轴断开，结果如图 12-13（c）所示。

④ 绘制键槽剖面图和轴肩局部视图，如图 12-13（d）所示。

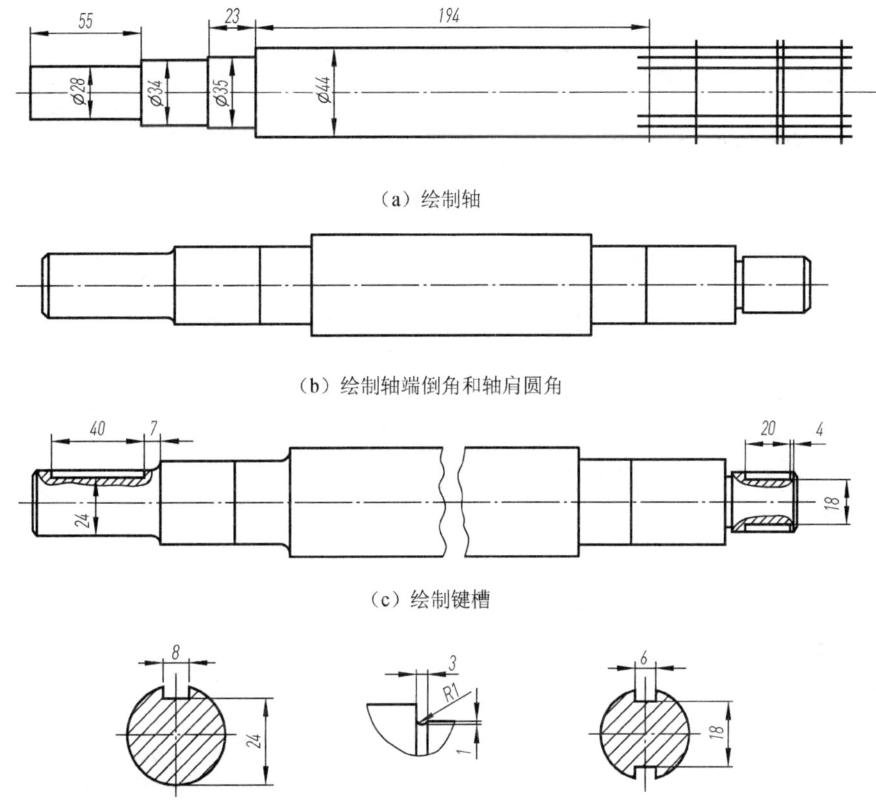

（a）绘制轴

（b）绘制轴端倒角和轴肩圆角

（c）绘制键槽

（d）绘制键槽剖面图和轴肩局部视图

图 12-13　绘制图形

⑤ 整理图形，修剪多余线条，将图形调整至合适位置。

3）标注尺寸和几何公差。标注尺寸见前文，在此仅以图中同轴度公差为例，说明几何公差的标注方法。

① 选择“标注”→“公差”选项后，弹出“形位公差”对话框，如图 12-14（a）所示。

② 单击“符号”按钮，在弹出的“特征符号”对话框中选择同轴度符号“◎”。

③ 单击“公差 1”的黑方框，显示“ϕ”符号，在中间文本框中输入公差值“0.015”。

④ 在“基准 1”的文本框中输入基准代号字母“A”。

⑤ 单击“确定”按钮，退出“形位公差”对话框。

⑥ 利用“快速引线”命令绘制指引线，结果如图 12-14（b）所示。

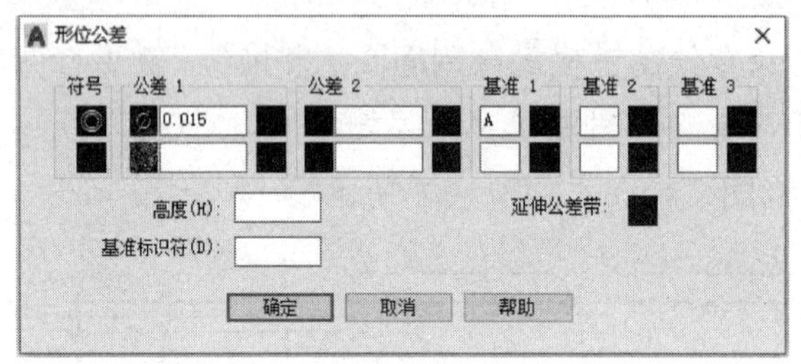

（a）“形位公差”对话框

（b）几何公差符号

图 12-14 “形位公差”对话框

① 利用“引线”命令可同时画出指引线并注出几何公差。

② 表面粗糙度及标题栏可直接利用建好的带属性的块来插入，插入时应注意块的大小和方向及相应的属性值。

4）书写标题栏、技术要求中的文字。

至此，轴零件图绘制完成。

12.3 绘制装配图

【例 12-3】绘制如图 12-15 所示的铣刀头装配图。

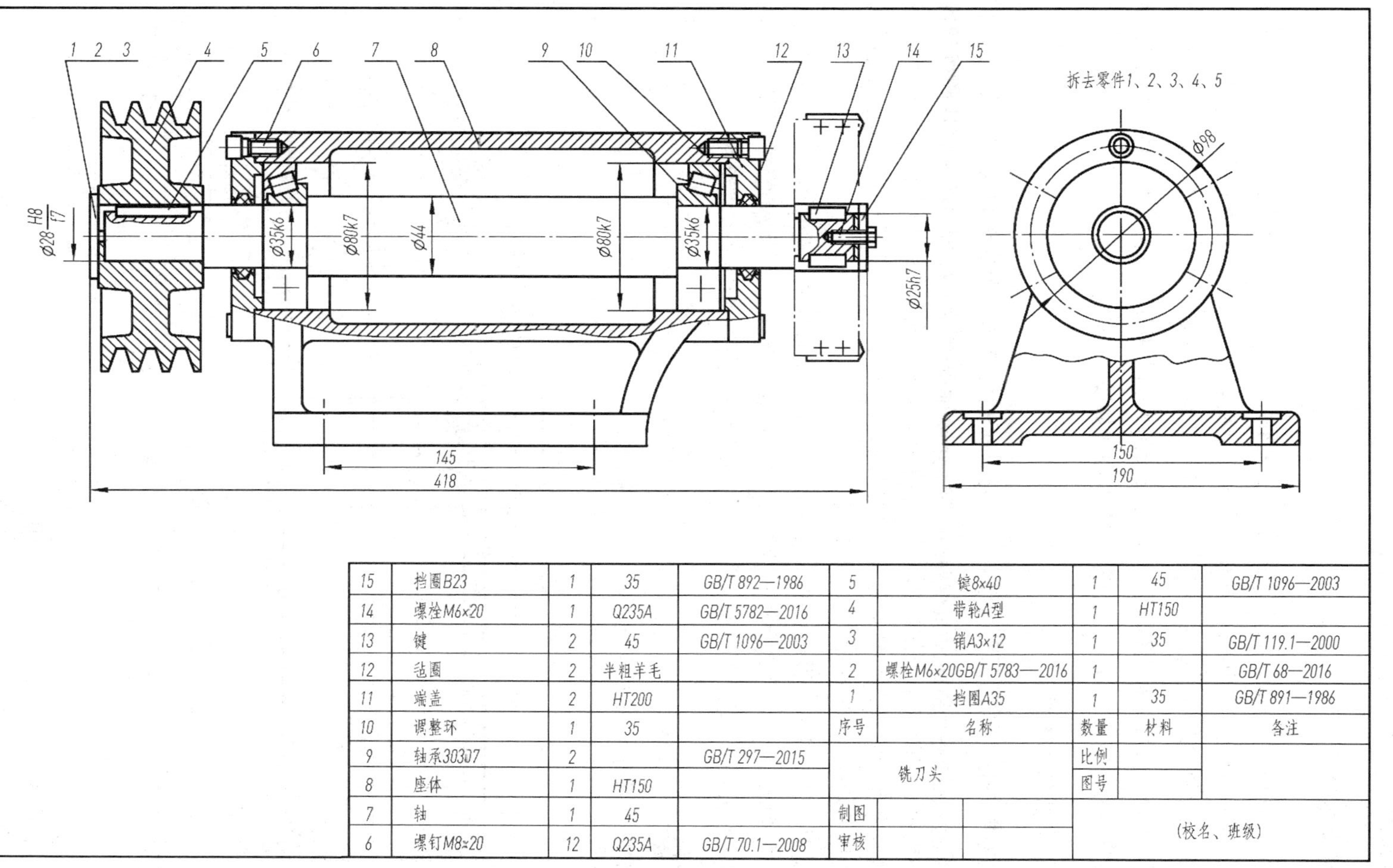

15	挡圈B23	1	35	GB/T 892—1986	5	键8×40	1	45	GB/T 1096—2003
14	螺栓M6×20	1	Q235A	GB/T 5782—2016	4	带轮A型	1	HT150	
13	键	2	45	GB/T 1096—2003	3	销A3×12	1	35	GB/T 119.1—2000
12	毡圈	2	半粗羊毛		2	螺栓M6×20GB/T 5783—2016	1		GB/T 68—2016
11	端盖	2	HT200		1	挡圈A35	1	35	GB/T 891—1986
10	调整环	1	35		序号	名称	数量	材料	备注
9	轴承30307	2		GB/T 297—2015	铣刀头		比例		
8	座体	1	HT150				图号		
7	轴	1	45		制图		(校名、班级)		
6	螺钉M8×20	12	Q235A	GB/T 70.1—2008	审核				

图 12-15 铣刀头装配图

绘图步骤分解如下：

1．绘制零件图

使用前面讲解的方法绘制铣刀头各零件的零件图，供以后绘制装配图调用。为保证绘制装配图时各零件之间的相对位置和装配关系，在创建图形时，要注意选择好插入基准点。

铣刀头整个装配体包括 15 个零件。其中，螺栓、轴承、挡圈等都是标准件，可根据规格、型号从用户建立的标准图形库中调用或按国家标准绘制。轴的零件图如图 12-12 所示，底座零件图如图 12-16 所示，其他零件的零件图如图 12-17 所示。

2．绘制装配图中图形

绘制装配图通常采用两种方法。一种是直接利用绘图及图形编辑命令，按手工绘图的步骤，结合对象捕捉、极轴追踪等辅助绘图工具绘制装配图。这种方法不但作图过程繁杂，而且容易出错，只能绘制一些比较简单的装配图。另外一种绘制装配图的方法是“拼装法”，即先绘出各零件的零件图，然后将各零件以图块的形式“拼装”在一起，构成装配图。下面介绍使用“拼装法”绘制铣刀头装配图。

1）选择“工具”→“设计中心”选项或单击标准工具栏的“设计中心”按钮，打开“设计中心”选项板，在文件列表中找到铣刀头零件图的存储位置，在内容区选择要插入的图形文件，如“座体.dwg”，将图形拖入绘图区空白处，则座体零件图便插入到绘图区。

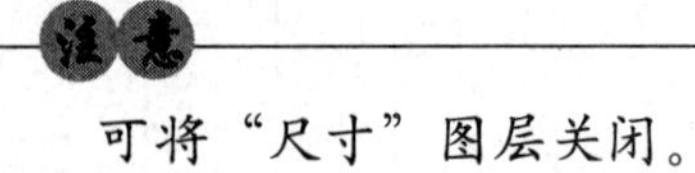
注意

可将“尺寸”图层关闭。

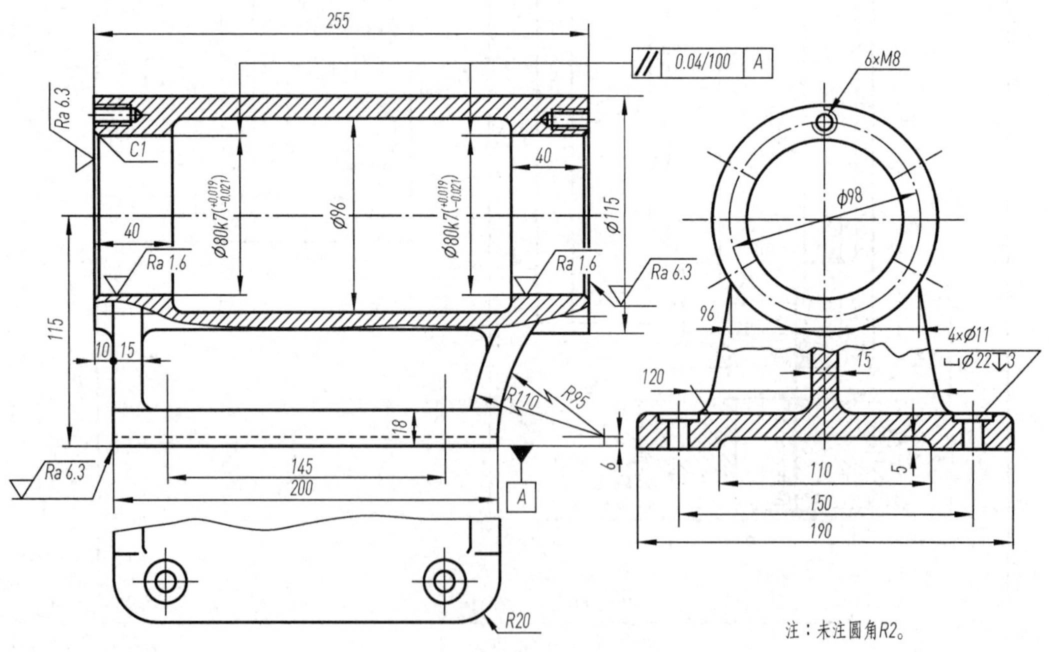

图 12-16　铣刀头底座零件图

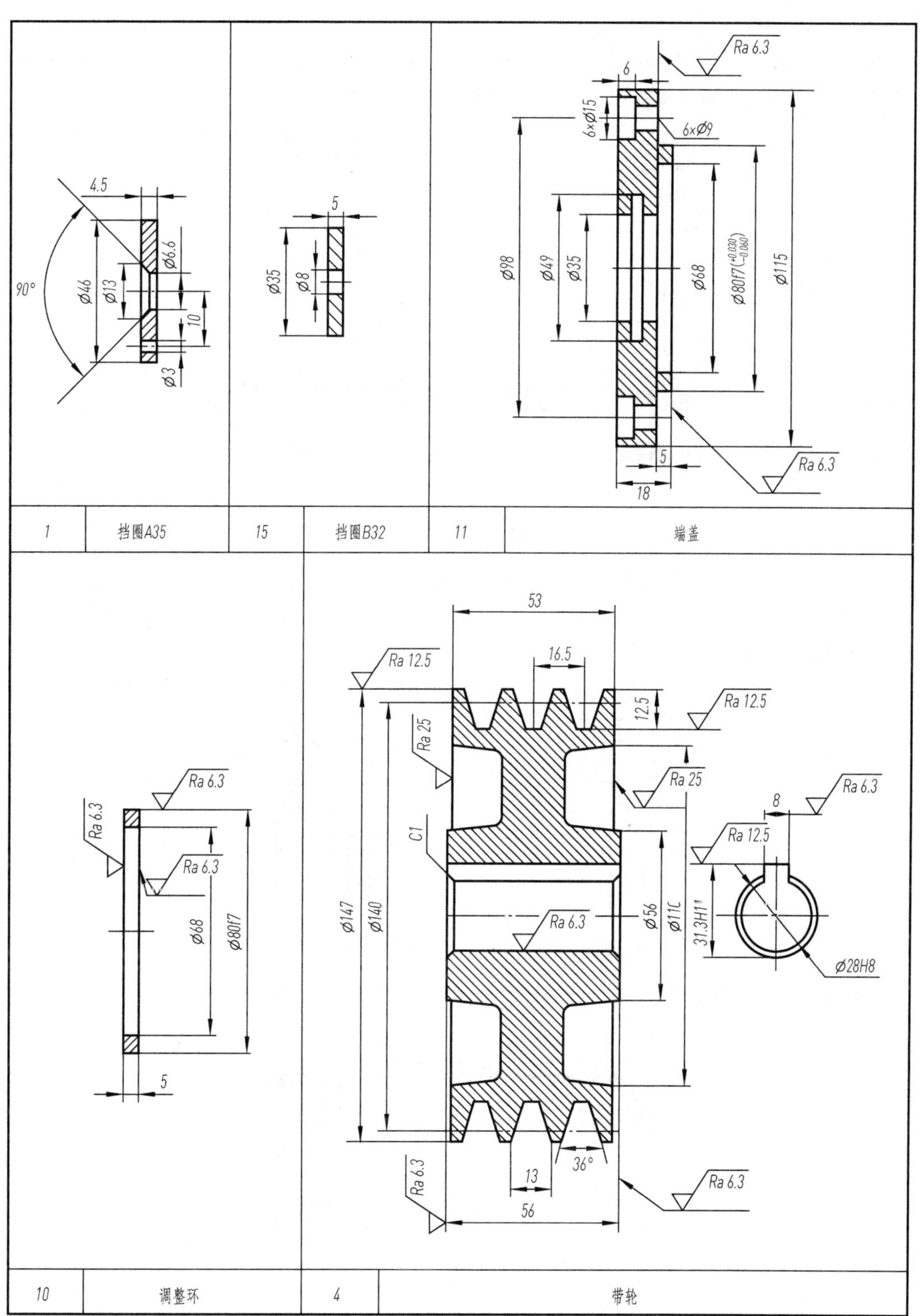

图 12-17　非标准零件的零件图

2）插入左端盖。使用同样的方法，以 *A* 点为基准点插入左端盖。为保证插入准确，应充分使用“缩放”命令和“对象捕捉”功能。将插入的图形块“分解”，利用“删除”和“修剪”命令删除或修剪多余线条。修改前后的图形如图 12-18 所示。

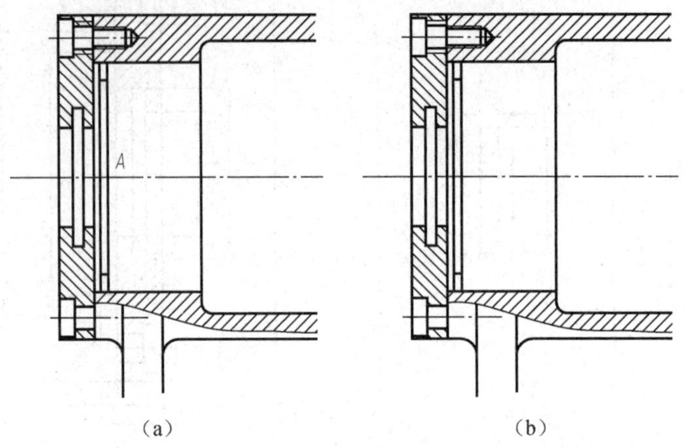

图 12-18　插入座体及左端盖

3）插入螺钉。如图 12-19 所示，以 *B* 点为基准点插入螺钉，删除、修剪多余线条。注意：相邻两零件的剖面线方向和间隔，以及螺纹连接等要符合制图标准中装配图的规定画法。可将螺钉建成动态块插入。

4）插入轴承。如图 12-20 所示，以 *C* 点为基准点插入左端轴承，并修改图形。

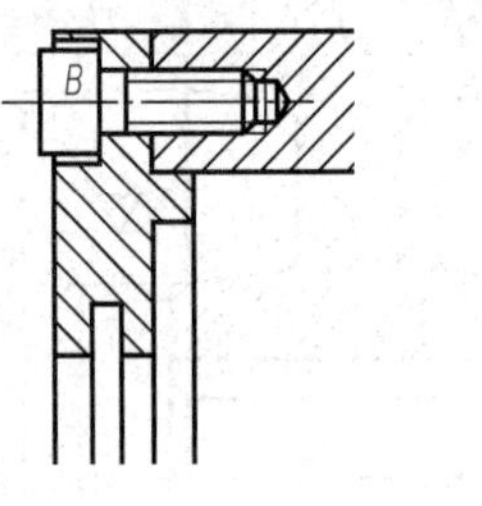

图 12-19　插入螺钉

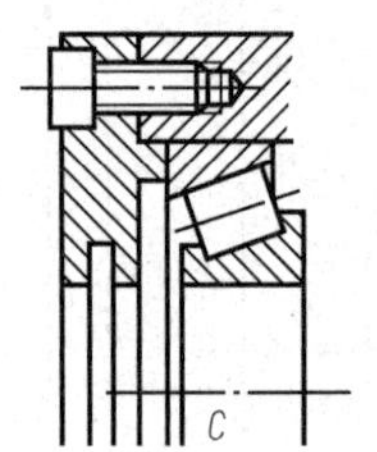

图 12-20　插入轴承

5）重复以上步骤，依次插入右端轴承、端盖和螺钉等，并修改图形，结果如图 12-21 所示。

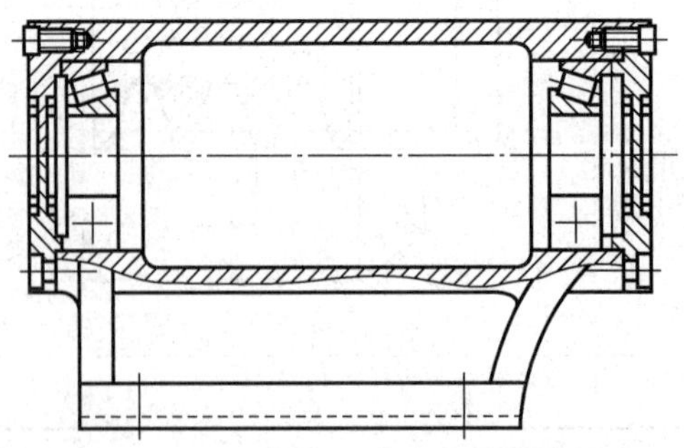

图 12-21　插入右端轴承、端盖和螺钉等

6）以 *D* 点为基准点插入轴，并绘制毡圈，修改后如图 12-22 所示。

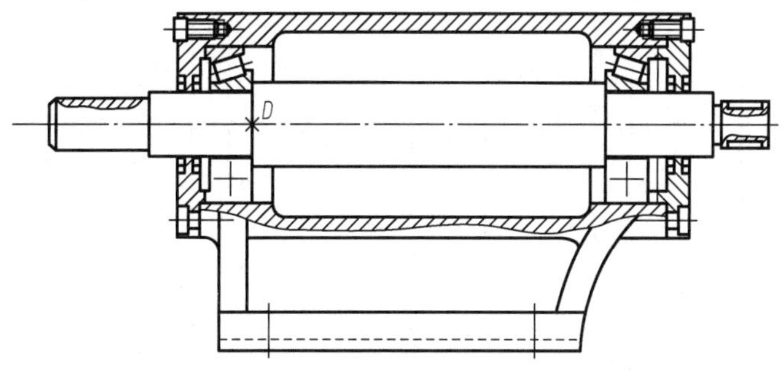

图 12-22 插入轴并绘制毡圈

7）以 E 点为基准点插入带轮、轴端挡圈及键，如图 12-23 所示。

前面已经建立了键的动态块文件，在此可以直接应用，方法如下：

在“设计中心”选项板中找到建好的键的动态块文件，添加到此装配图中。根据轴径调整键的高，由键槽长调整键的长度。

8）插入右端键，并绘制铣刀，插入轴端挡板等，如图 12-24 所示。

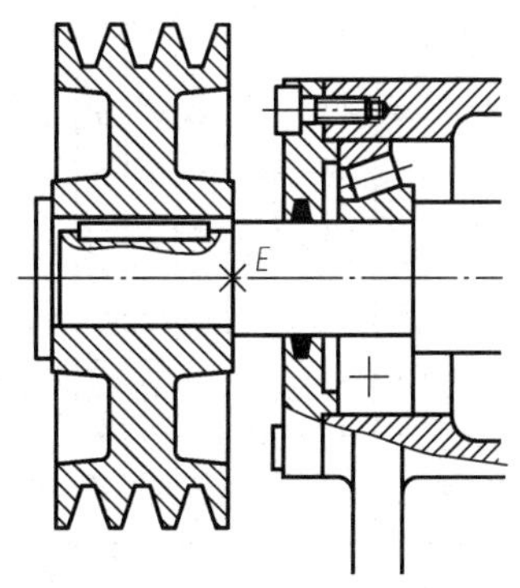

图 12-23 插入带轮、轴端挡圈及键

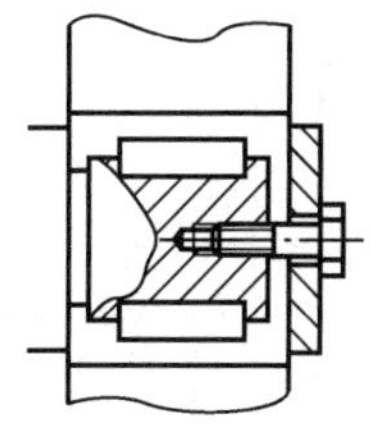

图 12-24 插入右端键、绘制铣刀并插入轴端挡板等

9）画毡圈并对图形局部进行修改。

3. 标注装配图尺寸

装配图的尺寸标注一般只标注性能、装配、安装和其他一些重要尺寸，如图 12-15 所示。

4. 编写序号

装配图中的所有零件都必须编写序号，其中相同的零件采用同样的序号，且只编写一次。装配图中的序号应与明细栏中的序号一致，如图 12-15 所示。

5. 插入标题栏和明细栏

插入标题栏并绘制明细栏，明细栏中的序号自下往上填写。

最后书写技术要求，填写标题栏，结果如图 12-15 所示。

至此，铣刀头装配图完成。

附录 1　极限与配合

附表 1-1　标准公差值（公称尺寸小于 3150mm）（摘自 GB/T 1800.2—2020）

公称尺寸/mm		标准公差等级																			
		IT01	IT0	IT1	IT2	IT3	IT4	IT5	IT6	IT7	IT8	IT9	IT10	IT11	IT12	IT13	IT14	IT15	IT16	IT17	IT18
大于	至	标准公差值																			
		μm													mm						
—	3	0.3	0.5	0.8	1.2	2	3	4	6	10	14	25	40	60	0.1	0.14	0.25	0.4	0.6	1	1.4
3	6	0.4	0.6	1	1.5	2.5	4	5	8	12	18	30	48	75	0.12	0.18	0.3	0.48	0.75	1.2	1.8
6	10	0.4	0.6	1	1.5	2.5	4	6	9	15	22	36	58	90	0.15	0.22	0.36	0.58	0.9	1.5	2.2
10	18	0.5	0.8	1.2	2	3	5	8	11	18	27	43	70	110	0.18	0.27	0.43	0.7	1.1	1.8	2.7
18	30	0.6	1	1.5	2.5	4	6	9	13	21	33	52	84	130	0.21	0.33	0.52	0.84	1.3	2.1	3.3
30	50	0.6	1	1.5	2.5	4	7	11	16	25	39	62	100	160	0.25	0.39	0.62	1	1.6	2.5	3.9
50	80	0.8	1.2	2	3	5	8	13	19	30	46	74	120	190	0.3	0.46	0.74	1.2	1.9	3	4.6
80	120	1	1.5	2.5	4	6	10	15	22	35	54	87	140	220	0.35	0.54	0.87	1.4	2.2	3.5	5.4
120	180	1.2	2	3.5	5	8	12	18	25	40	63	100	160	250	0.4	0.63	1	1.6	2.5	4	6.3
180	250	2	3	4.5	7	10	14	20	29	46	72	115	185	290	0.46	0.72	1.15	1.85	2.9	4.6	7.2
250	315	2.5	4	6	8	12	16	23	32	52	81	130	210	320	0.52	0.81	1.3	2.1	3.2	5.2	8.1
315	400	3	5	7	9	13	18	25	36	57	89	140	230	360	0.57	0.89	1.4	2.3	3.6	5.7	8.9
400	500	4	6	8	10	15	20	27	40	63	97	155	250	400	0.63	0.97	1.55	2.5	4	6.3	9.7
500	630			9	11	16	22	32	44	70	110	175	280	440	0.7	1.1	1.75	2.8	4.4	7	11
630	800			10	13	18	25	36	50	80	125	200	320	500	0.8	1.25	2	3.2	5	8	12.5
800	1000			11	15	21	28	40	56	90	140	230	360	560	0.9	1.4	2.3	3.6	5.6	9	14
1000	1250			13	18	24	33	47	66	105	165	260	420	660	1.05	1.65	2.6	4.2	6.6	10.5	16.5
1250	1600			15	21	29	39	55	78	125	195	310	500	780	1.25	1.95	3.1	5	7.8	12.5	19.5
1600	2000			18	25	35	46	65	92	150	230	370	600	920	1.5	2.3	3.7	6	9.2	15	23
2000	2500			22	30	41	55	78	110	175	280	440	700	1100	1.75	2.8	4.4	7	11	17.5	28
2500	3150			26	35	50	68	96	135	210	330	540	860	1350	2.1	3.3	5.4	8.6	13.5	21	33

附表 1-2 尺寸小于等于 500mm 的轴的基本偏差数值（摘自 GB/T 1800.2—2020）

公称尺寸/mm	基本偏差/μm																														
	上偏差 *es*												下偏差 *ei*																		
	a	b	c	cd	d	e	ef	f	fg	g	h	js	j			k		m	n	p	r	s	t	u	v	x	y	z	za	zb	zc
	所有公差等级												IT5 和 IT6	IT7	IT8	IT4～IT7	≤IT3 >IT7	所有公差等级													
≤3	-270	-140	-60	-34	-20	-14	-10	-6	-4	-2	0	偏差等于 $\pm\frac{IT}{2}$	-2	-4	-6	0	0	+2	+4	+6	+10	+14	—	+18	—	+20	—	+26	+32	+40	+60
>3～6	-270	-140	-70	-46	-30	-20	-14	-10	-6	-4	0		-2	-4	—	+1	0	+4	+8	+12	+15	+19	—	+23	—	+28	—	+35	+42	+50	+80
>6～10	-280	-150	-80	-56	-40	-25	-18	-13	-8	-5			-2	-5	—	+1	0	+6	+10	+15	+19	+23	—	+28	—	+34	—	+42	+52	+67	+97
>10～14	-290	-150	-95	—	-50	-32	—	-16	—	-6	0		-3	-6	—	+1	0	+7	+12	+18	+23	+28	—	+33	—	+40	—	+50	+64	+90	+130
>14～18																									+39	+45	—	+60	+77	+108	+150
>18～24	-300	-160	-110	—	-65	-40	—	-20	—	-7	0		-4	-8	—	+2	0	+8	+15	+22	+28	+35	—	+41	+47	+54	+63	+73	+98	+136	+188
>24～30																							+41	+48	+55	+64	+75	+88	+118	+160	+218
>30～40	-310	-170	-120	—	-80	-50	—	-25	—	-9	0		-5	-10	—	+2	0	+9	+17	+26	+34	+43	+48	+60	+68	+80	+94	+112	+148	+200	+274
>40～50	-320	-180	-130																				+54	+70	+81	+97	+114	+136	+180	+242	+325
>50～65	-340	-190	-140	—	-100	-60	—	-30	—	-10	0		-7	-12	—	+2	0	+11	+20	+32	+41	+53	+66	+87	+102	+122	+144	+172	+226	+300	+405
>65～80	-360	-200	-150																		+43	+59	+75	+102	+120	+146	+174	+210	+274	+360	+480
>80～100	-380	-220	-170	—	-120	-72	—	-36	—	-12	0		-9	-15	—	+3	0	+13	+23	+37	+51	+71	+91	+124	+146	+178	+214	+258	+335	+445	+585
>100～120	-410	-240	-180																		+54	+79	+104	+144	+172	+210	+256	+310	+400	+525	+690
>120～140	-460	-260	-200	—	-145	-85	—	-43	—	-14	0		-11	-18	—	+3	0	+15	+27	+43	+63	+92	+122	+170	+202	+248	+300	+365	+470	+620	+800
>140～160	-520	-280	-210																		+65	+100	+134	+190	+228	+280	+340	+415	+535	+700	+900
>160～180	-580	-310	-230																		+68	+108	+146	+210	+252	+310	+380	+465	+600	+780	+1000

续表

公称尺寸/mm	基本偏差/μm																															
	上偏差 *es*												下偏差 *ei*																			
	a	b	c	cd	d	e	ef	f	fg	g	h	js	j			k		m	n	p	r	s	t	u	v	x	y	z	za	zb	zc
	所有公差等级												IT5 和 IT6	IT7	IT8	4～7	≤IT3 >IT7	所有公差等级														
>180～200	-660	-340	-240									偏差等于 $\pm\frac{IT}{2}$									+77	+122	+166	+236	+284	+350	+425	+520	+670	+880	+1150
>200～225	-740	-380	-260	—	-170	-100	—	-50	—	-15	0		-13	-21	—	+3	0	+17	+31	+50	+80	+130	+180	+258	+310	+385	+470	+575	+740	+960	+1250
>225～250	-820	-420	-280																		+84	+140	+196	+284	+340	+425	+520	+640	+820	+1050	+1350
>250～280	-920	-480	-300	—	-190	-110	—	-56	—	-17	0		-16	-26	—	+4	0	+20	+34	+56	+94	+158	+218	+315	+385	+475	+580	+710	+920	+1200	+1550
>280～315	-1050	-540	-330																		+98	+170	+240	+350	+425	+525	+650	+790	+1000	+1300	+1700
>315～355	-1200	-600	-360	—	-210	-125	—	-62	—	-18	0		-18	-28	—	+4	0	+21	+37	+62	+108	+190	+268	+390	+475	+590	+730	+900	+1150	+1500	+1900
>355～400	-1350	-680	-400																		+114	+208	+294	+435	+530	+660	+820	+1000	+1300	+1650	+2100
>400～450	-1500	-760	-440	—	-230	-135	—	-68	—	-20	0		-20	-32	—	+5	0	+23	+40	+68	+126	+232	+330	+490	+595	+740	+920	+1100	+1450	+1850	+2400
>450～500	-1650	-840	-480																		+132	+252	+360	+540	+600	+820	+1000	+1250	+1600	+2100	+2600

注：① 公称尺寸小于 1mm 时，各级的 a 和 b 均不采用。

② js 的数值：对 IT7～IT11，若 IT 的数值（μm）为奇数，则取 js= $\pm(IT_n - 1)/2$ 。

附表 1-3　尺寸小于等于 500mm 的孔的基本偏差数值（摘自 GB/T 1800.2—2020）

公称尺寸/mm	基本偏差/μm																																		Δ/μm					
	下极限偏差 *EI*												上极限偏差 *ES*																											
	A	B	C	D	D	E	EF	F	FG	G	H	JS	J			K		M		N		P～ZC	P	R	S	T	U	V	X	Y	Z	ZA	ZB	ZC						
	所有的公差等级												6	7	8	≤8	>8	≤8	>8	≤8	>8	≤7	>7												3	4	5	6	7	8
≤3	+270	+140	+60	+34	+20	+14	+10	+6	+4	+2	+0	偏差等于 $\pm\frac{IT}{2}$	+2	+4	+6	0	—	—	-2	-4	4	在>7级的相应数值上增加一个Δ值	-6	-10	-14	—	-18	—	-20	—	-26	-32	-40	-60	0					
>3～6	+270	+140	+70	+46	+30	+20	+14	+10	+6	+4	0		+5	+6	+10	-1+Δ	—	-4+Δ	-4	-8+Δ	0		-12	-15	-19	—	-23	—	-28	—	-35	-42	-50	-80	1	2	1	3	4	6
>6～10	+280	+150	+80	+56	+40	+25	-18	+13	+8	+5	0		+5	+8	+12	-1+Δ	—	-6+Δ	-6	-10+Δ	0		-15	-19	-23	—	-28	—	-34	—	-42	-52	-67	-97	1	2	2	3	6	7
>10～14	+290	+150	+95	—	+50	+32	—	+16	—	+6	0		+6	+10	+15	-1+Δ	—	-7+Δ	-7	-12+Δ	0		-18	-23	-28	—	-33	—	-40	—	-50	-64	-90	-130	1	2	3	3	7	9
>14～18																												-39	-45	—	-60	-77	-108	-150						
>18～24	+300	+160	+110	—	+65	+40	—	+20	—	+7	0		+8	+12	+20	-2+Δ	—	-8+Δ	-8	-15+Δ	0		-22	-28	-35	—	-41	-47	-54	-63	-73	-98	-136	-188	2	2	3	4	8	12
>24～30																										-41	-48	-55	-64	-75	-88	-118	-160	-218						
>30～40	+310	+170	+120	—	+80	+50	—	+25	—	+9	0		+10	+14	+24	-2+Δ	—	-9+Δ	-9	-17+Δ	0		-26	-34	-43	-48	-60	-68	-80	-94	-112	-148	-200	-274	2	3	4	5	9	14
>40～50	+320	+180	+130																							-54	-70	-81	-97	-114	-136	-180	-242	-325						
>50～65	+340	+190	+140	—	+100	+60	—	+30	—	+10	0		+13	+18	+28	-2+Δ	—	-11+Δ	-11	-20+Δ	0		-32	-41	-53	-66	-87	-102	-122	-144	-172	-226	-300	-400	2	3	5	5	11	16
>65～80	+360																							-43	-59	-75	-102	-120	-146	-174	-210	-274	-360	-480						
>80～100	+380	+220	+170	—	+120	+72	—	+36	—	+12	0		+16	+22	+34	-3+Δ	—	-13+Δ	-13	-23+Δ	0		-37	-51	-71	-91	-124	-146	-178	-214	-258	-335	-445	-585	2	4	5	7	13	19
>100～120	+410																							-54	-79	-104	-144	-172	-210	-254	-310	-400	-525	-690						
>120～140	+460	+260	+200	—	+145	+85	—	+43	—	+14	0		+18	+26	+41	-3+Δ	—	-15+Δ	+15	-27+Δ	0		-43	-63	-92	-122	-170	-202	-248	-300	-365	-470	-620	-800	3	4	6	7	15	23
>140～160	+520	+280	+210																					-65	-100	-134	-190	-228	-280	-340	-415	-535	-700	-900						
>160～180	+580	+310	+230																					-68	-108	-146	-210	-252	-310	-380	-465	-600	-780	-1000						

续表

公称尺寸/mm	基本偏差/μm																																			Δ/μm					
	下偏极限差 *EI*												上极限偏差 *ES*																												
	A	B	C	D	D	E	EF	F	FG	G	H	JS	J			K		M		N		P~ZC	P	R	S	T	U	V	X	Y	Z	ZA	ZB	ZC						
	所有的公差等级												6	7	8	≤8	>8	≤8	>8	≤8	>8	≤7	>7												3	4	5	6	7	8
>180～200	+660	+340	+240									偏差等于$\pm\frac{IT}{2}$										在>7级的相应数值上增加一个Δ值		−77	−122	−166	−236	−284	−350	−425	−520	−670	−880	−1150						
>200～225	+740	+380	+260	—	+170	+100	—	+50	—	+15	0		+22	+30	+47	−4+Δ	—	−17+Δ	−17	−31+Δ	0		−50	−80	−130	−180	−258	−310	−385	−470	−575	−740	−960	−1250	3	4	6	9	17	26
>225～250	+820	+420	+280																					−84	−140	−196	−284	−340	−425	−520	−640	−820	−1050	−1350						
>250～280	+920	+480	+300	—	+190	+110	—	+56	—	+17	0		+25	+36	+55	−4+Δ	—	−20+Δ	−20	−34+Δ	0		−56	−94	−158	−218	−315	−385	−475	−580	−710	−920	−1200	−1550	4	4	7	9	20	29
>280～315	+1050	+540	+330																					−98	−170	−240	−350	−425	−525	−650	−790	−1000	−1300	−1700						
>315～355	+1200	+600	+360	—	+210	+125	—	+62	—	+18	0		+29	+39	+60	−4+Δ	—	−21+Δ	−21	−37+Δ	0		−62	−108	−190	−268	−390	−475	−590	−730	−900	−1150	−1500	−1900	4	5	7	11	21	32
>355～400	+1350	+680	+400																					−114	−208	−294	−435	−530	−660	−820	−1000	−1300	−1650	−2100						
>400～450	+1500	+760	+440	—	+230	+135	—	+68	—	+20	0		+33	+43	+66	−5+Δ	—	−23+Δ	−23	−40+Δ	0		−68	−126	−232	−330	−490	−595	−740	−920	−1100	−1450	−1850	−2400	5	5	7	13	23	34
>450～500	+1650	+840	+480																					−132	−252	−360	−540	−660	−820	−1000	−1250	−1600	−2100	−2600						

注：① 公称尺寸小于 1mm 时，各级的 A 和 B 及大于 8 级的 N 均不采用。

② JS 的数值：对 IT7～IT11，若 IT 的数值（μm）为奇数，则取 JS=$\pm\frac{IT-1}{2}$。

③ 特殊情况：当公称尺寸为 250～315mm 时，M6 的 *ES* 等于−9（不等于−11）。

附录 2　螺　　纹

附表 2-1　普通螺纹直径与螺距（摘自 GB/T 192、193、196—2003）（单位：mm）

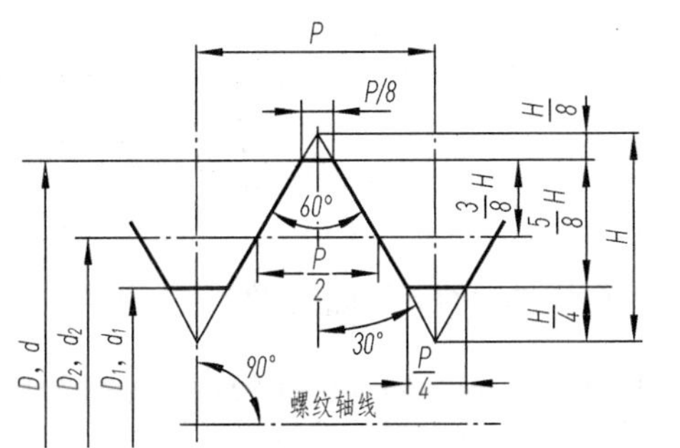

D——内螺纹大径

d——外螺纹大径

D_2——内螺纹中径

d_2——外螺纹中径

D_1——内螺纹小径

d_1——外螺纹小径

P——螺距

标记示例：

M10-6g（粗牙普通外螺纹，公称直径 d=10mm，右旋，中径及大径公差带代号均为 6g，中等旋合长度）

M10×1-6H-LH（细牙普通内螺纹，公称直径 D=10mm，螺距 P=1mm，左旋，中径及小径公差带代号均为 6H，中等旋合长度）

公称直径 D、d		螺距 P		粗牙中径 D_2、d_2	粗牙小径 D_1、d_1
第一系列	第二系列	粗牙	细牙		
4		0.7	0.5	3.545	3.242
5		0.8		4.480	4.134
6		1	0.75，(0.5)	5.350	4.917
8		1.25	1，0.75，(0.5)	7.188	6.647
10		1.5	1.25，1，0.75，(0.5)	9.026	8.376
12		1.75	1.5，(1.25)，1，(0.75)，(0.5)	10.863	10.106
	14	2	1.5，(1.25)，1，(0.75)，(0.5)	12.701	11.835
16			1.5，1，(0.75)，(0.5)	14.701	13.835
	18	2.5	2，1.5，1，(0.75)，(0.5)	16.376	15.294
20				18.376	17.294
	22			20.376	19.294
24		3	2，1.5，1，(0.75)	22.051	20.752
	27			25.051	23.752
30		3.5	(3)，2，1.5，1，(0.75)	27.727	26.211
	33		(3)，2，1.5，(1)，(0.75)	30.727	29.211
36		4	3，2，1.5，(1)	33.402	31.670

注：① 优先选用第一系列，第三系列未列入。

② 括号内的尺寸尽可能不用。

③ M14×1.25 仅用于火花塞。

附表 2-2　管螺纹

55°密封管螺纹（摘自 GB/T 7306.1—2000、GB/T 7306.2—2000）

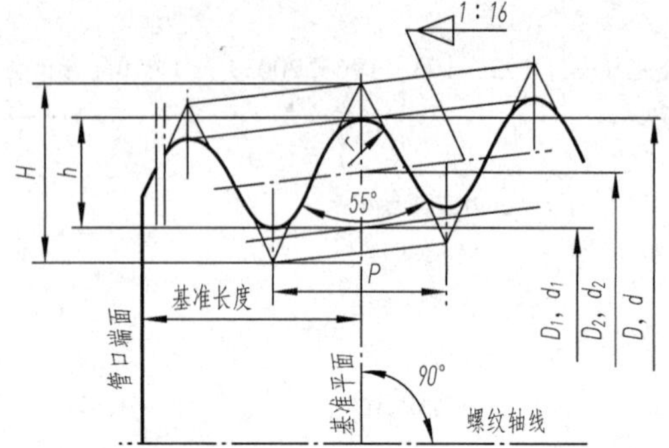

55°非密封管螺纹（摘自 GB/T 7307—2001）

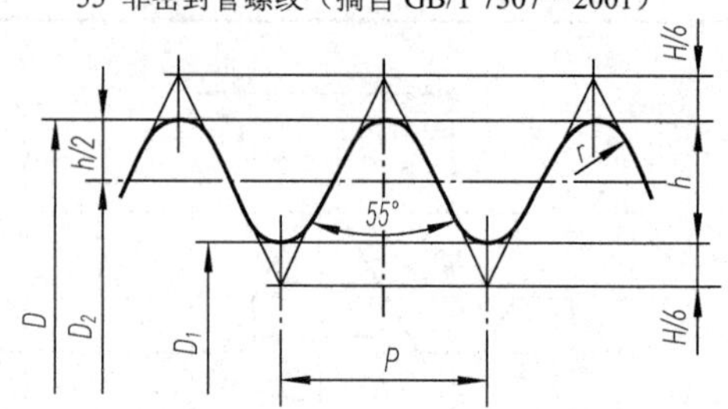

标记示例：

$R_1\frac{1}{2}$（尺寸代号 $1\frac{1}{2}$，右旋圆锥外螺纹）

$Rc1\frac{1}{4}LH$（尺寸代号 $1\frac{1}{4}$，左旋圆锥内螺纹）

Rp2（尺寸代号 2，右旋圆柱内螺纹）

标记示例：

$G1\frac{1}{2}LH$（尺寸代号 $1\frac{1}{2}$，左旋圆柱内螺纹）

$G1\frac{1}{4}A$（尺寸代号 $1\frac{1}{4}$，A 级右旋圆柱外螺纹）

G2B-LH（尺寸代号 2，B 级左旋圆柱外螺纹）

尺寸代号	基面上的直径（GB/T 7306.1—2000）基本直径（GB/T 7307—2000）			螺距 P/mm	牙高 h/mm	圆弧半径 r/mm	每 25.4mm 内的牙数 n	有效螺纹长度/mm（GB/T 7306.1—2000）	基准距离/mm（GB/T 7306.1—2000）
	大径 $d=D$/mm	中径 $d_2=D_2$/mm	小径 $d_1=D_1$/mm						
1/16	7.723	7.142	6.561	0.907	0.581	0.125	28	6.5	4.0
1/8	9.728	9.147	8.566						
1/4	13.157	12.301	11.445	1.337	0.856	0.184	19	9.7	6.0
3/8	16.662	15.806	14.950					10.1	6.4
1/2	20.955	19.793	18.631	1.814	1.162	0.249	14	13.2	8.2
3/4	26.441	25.279	24.117					14.5	9.5
1	33.249	31.770	30.291	2.309	1.479	0.317	11	16.8	10.4
$1\frac{1}{4}$	41.910	40.431	38.952					19.1	12.7
$1\frac{1}{2}$	47.803	46.324	44.845						
2	59.614	58.135	56.656					23.4	15.9
$2\frac{1}{2}$	75.184	73.705	72.226					26.7	17.5
3	87.884	86.405	84.926					29.8	20.6
4	113.030	111.551	110.072					35.8	25.4
5	138.430	136.951	135.472					40.1	28.6
6	163.830	162.351	160.872						

附表 2-3　梯形螺纹（摘自 GB/T 5796.1～5796.4—2005）

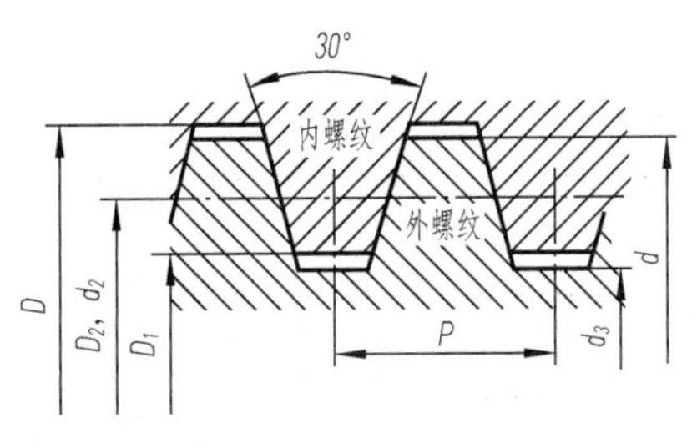

d——外螺纹大径（公称直径）

d_3——外螺纹小径

D——内螺纹大径

D_1——内螺纹小径

d_2——外螺纹中径

D_2——内螺纹中径

P——螺距

a_c——牙顶间隙

标记示例：

Tr40×7-7H（单线梯形内螺纹、公称直径 D=40mm、螺距 P=7mm、右旋、中径公差带代号为 7H、中等旋合长度）

Tr60×18（P9）-8e-L-LH（双线梯形外螺纹、公称直径 d=60mm、导程 P_h=18mm、螺距 P=9mm、左旋、公差带代号为 8e、长旋合长度）

梯形螺纹的公称尺寸

d 公称系列		螺距	中径	大径	小径		d 公称系列		螺距	中径	大径	小径	
第一系列	第二系列	P	$d_2=D_2$	D_4	d_3	D_1	第一系列	第二系列	P	$d_2=D_2$	D_4	d_3	D_1
8		1.5	7.25	8.3	6.2	6.5	32		6	29.0	33	25	26
	9	2	8.0	9.5	6.5	7		34		31.0	35	27	28
10			9.0	10.5	7.5	8	36			33.0	37	29	30
	11		10.0	11.5	8.5	9		38	7	34.5	39	30	31
12		3	10.5	12.5	8.5	9	40			36.5	41	32	33
	14		12.5	14.5	10.5	11		42		38.5	43	34	35
16		4	14.0	16.5	11.5	12	44			40.5	45	36	37
	18		16.0	18.5	13.5	14		46	8	42.0	47	37	38
20			18.0	20.5	15.5	16	48			44.0	49	39	40
	22	5	19.5	22.5	16.5	17		50		46.0	51	41	42
24			21.5	24.5	18.5	19	52			48.0	53	43	44
	26		23.5	26.5	20.5	21		55	9	50.5	56	45	46
28			25.5	28.5	22.5	23	60			55.5	61	50	51
	30	6	27	31	23	24		65	10	60	66	54	55

注：① 优先选用第一系列的直径。

② 表中所列的螺距直径，是优先选择的螺距及与之对应的直径。

附录 3　螺纹紧固件

附表 3-1　六角头螺栓　　（单位：mm）

六角头螺栓　C 级
（摘自 GB/T 5780—2016）

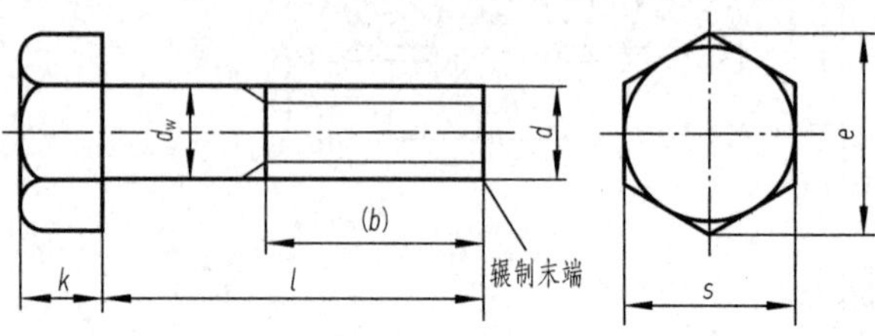

六角头螺栓　全螺纹　C 级
（摘自 GB/T 5781—2016）

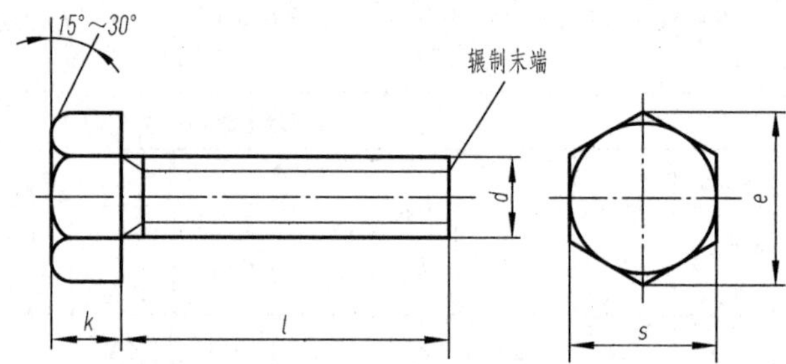

标记示例：

螺栓　GB/T 5780　M20×100（螺纹规格 d=M20、公称长度 l=100mm、性能等级为 4.8 级、不经表面处理、杆身半螺纹、C 级的六角头螺栓）

螺栓　GB/T 5781　M12×80（螺纹规格 d=M12、公称长度 l=80mm、性能等级为 4.8 级、不经表面处理、全螺纹、C 级的六角头螺栓）

螺纹规格 d		M5	M6	M8	M10	M12	M16	M20	M24	M30	M36	M42	M48
$b_{参考}$	l≤125	16	18	22	26	30	38	46	54	66	—	—	—
	125<l≤1200	22	24	28	32	36	44	52	60	72	84	96	108
	l>200	35	37	41	45	49	57	65	73	85	97	109	121
$k_{公称}$		3.5	4.0	5.3	6.4	7.5	10	12.5	15	18.7	22.5	26	30
s_{max}		8	10	13	16	18	24	30	36	46	55	65	75
e_{min}		8.63	10.89	14.2	17.59	19.85	26.17	32.95	39.55	50.85	60.79	71.3	82.6
d_{smax}		5.48	6.48	8.58	10.58	12.7	16.7	20.84	24.84	30.84	37.0	43.0	49.0
$l_{范围}$	GB/T 5780—2016	25～50	30～60	35～80	40～100	45～120	55～160	65～200	80～240	90～300	110～300	160～420	180～480
	GB/T 5781—2016	10～40	12～50	16～65	50～80	25～100	35～100	40～100	50～100	60～100	70～100	80～420	90～480
$l_{系列}$		10、12、16、20～50（5 进位）、(55)、60、(65)、70～160（10 进位）、180、220～500（20 进位）											

注：① 括号内的规格尽可能不用。

② 螺纹公差：8g（GB/T 5780—2016）；6g（GB/T 5781—2016）；性能等级为 4.6 级、4.8 级；产品等级为 C 级。

附表 3-2　六角螺母

（单位：mm）

Ⅰ型六角螺母（摘自 GB/T 6170—2015）Ⅰ型六角螺母　细牙（摘自 GB/T 6171—2016）六角螺母　C 级（摘自 GB/T 41—2016）

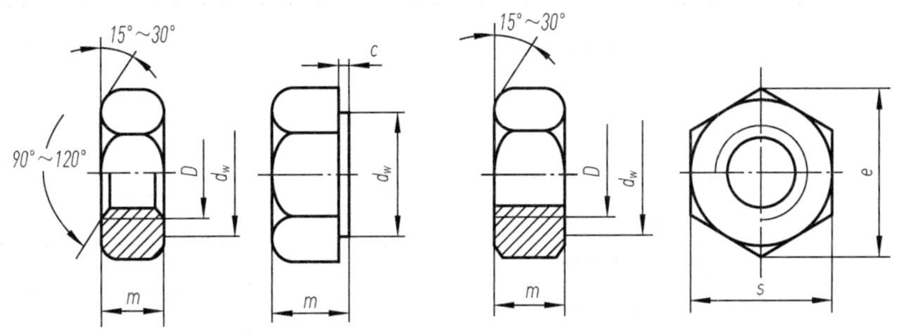

标记示例：

螺母　GB/T 41　M12（螺纹规格 D=M12、性能等级为 5 级、不经表面处理、C 级的Ⅰ型六角螺母）

螺母　GB/T 6171 M24×2（螺纹规格 D=M24、螺距 P=2、性能等级为 10 级、不经表面处理、B 级的Ⅰ型细牙六角螺母）

螺纹规格	D	M4	M5	M6	M8	M10	M12	M16	M20	M24	M30	M36	M42	M48
	$D×P$	—	—	—	M8×1	M10×1	M12×1.5	M16×1.5	M20×2	M24×2	M30×2	M36×3	M42×3	M48×3
c		0.4	0.5		0.6			0.8					1	
s_{max}		7	8	10	13	16	18	24	30	36	46	55	65	75
e_{min}	A、B 级	7.66	8.79	11.05	14.38	17.77	20.03	26.75	32.95	39.95	39.55	60.79	71.3	82.6
	C 级	—	8.63	10.89	14.2	17.59	19.85	26.17						
m_{max}	A、B 级	3.2	4.7	5.2	6.8	8.4	10.8	14.8	18	21.5	25.6	31	34	38
	C 级	—	5.6	6.4	7.9	9.5	12.2	15.9	19	22.3	26.4	31.9	34.9	38.9
d_{min}	A、B 级	5.9	6.9	8.9	11.63	14.63	16.63	22.49	27.7	33.25	42.75	51.11	59.95	69.45
	C 级		6.7	8.7	11.5	14.5	16.5	22		33.3	42.8	51.1	60.0	69.5

注：① P 为螺距。

② A 级用于 D≤16mm 的螺母；B 级用于 D>16mm 的螺母；C 级用于 D≥5mm 的螺母。

③ 螺纹公差：A、B 级为 6H，C 级为 7H。性能等级：A、B 级为 6、8、10 级，C 级为 4、5 级。

附表 3-3　平垫圈

（单位：mm）

平垫圈（GB/T 97.1—2002）

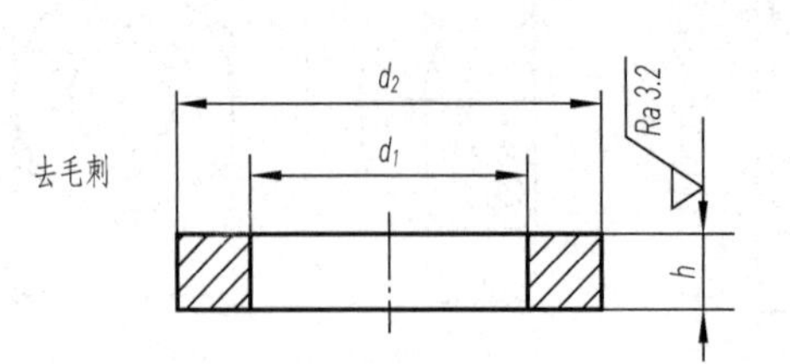

平垫圈倒角型 A 级（GB/T 97.2—2002）

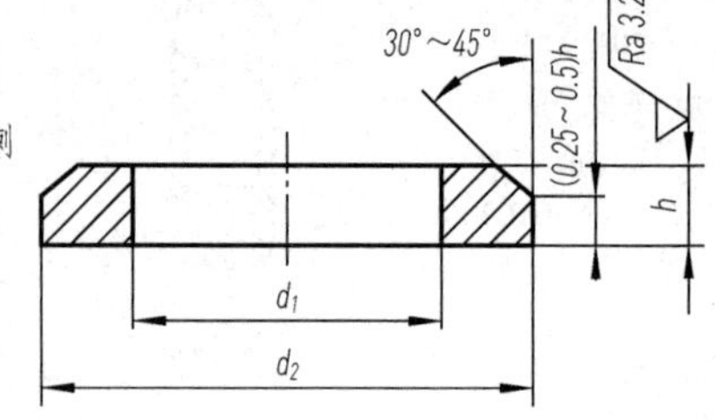

标记示例：

垫圈 GB/T 97.1 8（标准系列、公称规格 d=8mm，钢制性能等级为 200HV 级、不经表面处理产品等级为 A 级的平垫圈）

规格（螺纹大径）	2	2.5	3	4	5	6	8	10	12	16	20	24	30
d_1	2.2	2.7	3.2	4.3	5.3	6.4	8.4	10.5	13	17	21	25	31
d_2	5	6	7	9	10	12	16	20	24	30	37	44	56
h	0.3	0.5	0.5	0.8	1	1.6	1.6	2	2.5	3	3	4	4

注：① A 级适用于精装配系列，C 级适用于中等装配系列。

② C 级垫圈没有 Ra3.2μm 和去毛刺的要求。

③ GB/T 848—2002 主要用于圆柱头螺钉，其他用于标准的六角头螺栓、螺母和螺钉。

附表 3-4 标准型弹簧垫圈（摘自 GB/T 93—1987）和轻型弹簧垫圈（摘自 GB/T 859—1987）

（单位：mm）

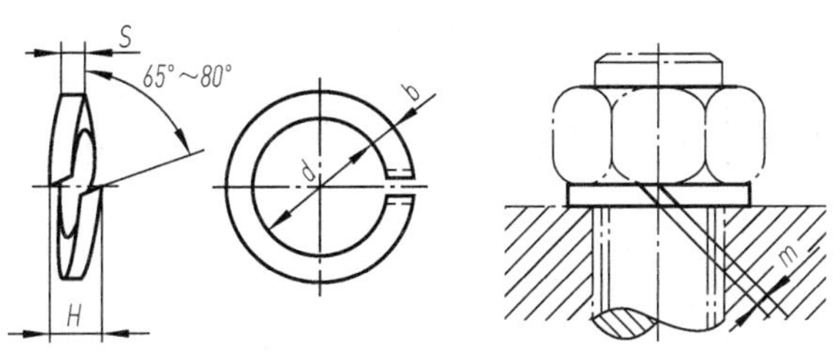

标记示例：

垫圈 GB/T 93 16（规格 16mm、材料为 65Mn、表面氧化的标准型弹簧垫圈）

垫圈 GB/T 859 16（规格 16mm、材料为 65Mn、表面氧化的轻型弹簧垫圈）

规格（螺纹大径）			2	2.5	3	4	5	6	8	10	12	16	20	24	30	36	42	48
d	min		2.1	2.6	3.1	4.1	5.1	6.1	8.1	10.2	12.2	16.2	20.2	24.5	30.5	36.5	42.5	48.5
	max		2.35	2.85	3.4	4.4	5.4	6.68	8.68	10.9	12.9	16.9	21.04	25.5	31.5	37.7	43.7	49.7
$S=b_{公称}$	GB/T 93—1987		0.5	0.65	0.8	1.1	1.3	1.6	2.1	2.6	3.1	4.1	5	6	7.5	9	10.5	12
$S_{公称}$	GB/T 859—1987		—	—	0.6	0.8	1.1	1.3	1.6	2	2.5	3.2	4	5	6	—	—	—
$b_{公称}$	GB/T 859—1987		—	—	1	1.2	1.5	2	2.5	3	3.5	4.5	5.5	7	9	—	—	—
H	GB/T 93—1987	min	1	1.3	1.6	2.2	2.6	3.2	4.2	5.2	6.2	8.2	10	12	15	18	21	24
		max	1.25	1.63	2	2.75	3.25	4	5.25	6.5	7.75	10.25	12.5	15	18.75	22.5	26.25	30
	GB/T 859—1987	min	—	—	1.2	1.6	2.2	2.6	3.2	4	5	6.4	8	10	12	—	—	—
		max	—	—	1.5	2	2.75	3.25	4	5	6.25	8	10	12.5	15	—	—	—
m	GB/T 93—1987		0.25	0.33	0.4	0.55	0.65	0.8	1.05	1.3	1.55	2.05	2.5	3	3.75	4.5	5.25	6
	GB/T 859—1987		—	—	0.3	0.4	0.55	0.65	0.8	1	1.25	1.6	2	2.5	3	—	—	—

附表 3-5 双头螺柱（摘自 GB/T 897、900—1988 和 GB 898、899—1988） （单位：mm）

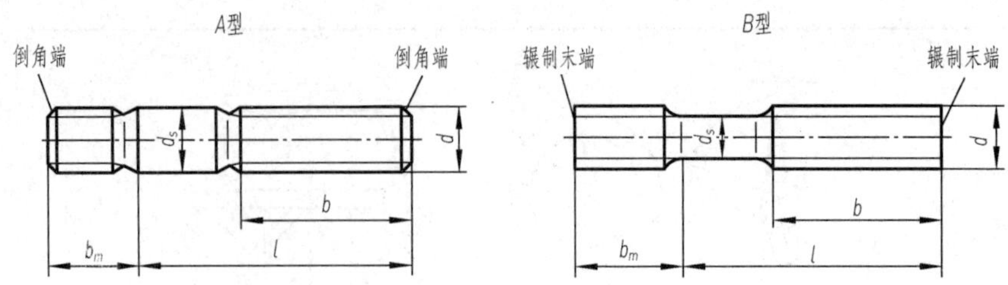

标记示例：

螺柱 GB/T 897 M10×50（两端均为粗牙普通螺纹，d=10mm，l=50mm、性能等级为 4.8 级、不经表面处理、B 型、$b_m=d$ 的双头螺柱）

螺柱 GB/T 897 A M10-M10×1×50（旋入机件一端为粗牙普通螺纹，旋螺母一端为螺距 P=1mm 的细牙普通螺纹，d=10mm、l=50mm，性能等级为 4.8 级、不经表面处理、A 型、$b_m=d$ 的双头螺柱）

螺柱规格	b_m（公称）				l/b
	$b_m=d$（GB/T 897—1988）	$b_m=1.25d$（GB 898—1988）	$b_m=1.5d$（GB 899—1988）	$b_m=2d$（GB/T 900—1988）	
M3	—	—	4.5	6	（16～20）/6、（25～40）/12
M4	—	—	6	8	（16～20）/8、（25～40）/14
M5	5	6	8	10	（16～20）/10、（25～50）/16
M6	6	8	10	12	20/10、（25～30）/14、（35～70）/18
M8	8	10	12	16	20/12、（25～30）/16、（35～90）/22
M10	10	12	15	20	25/14、（30～35）/16、（40～120）/26、130、32
M12	12	15	18	24	（25～30）/16、（35～40）/20、（45～120）/30、（130～180）/36
M16	16	20	24	32	（30～35）/20、（40～50）/30、（60～120）/38、（130～200）/44
M20	20	25	30	40	（35～40）/25、（45～60）/35、（70～120）/46、（130～200）/52
（M24）	24	30	36	48	（45～50）/30、（60～70）/45、（80～120）/54、（130～200）/60
（M30）	30	38	45	60	60/40、（70～90）/50、（100～120）/66、（130～200）/72、（210～250）/85
M36	36	45	54	72	70/45、（80～110）/60、120/78、（130～200）/84、（210～300）/97
M42	42	52	63	84	（70～80）/50、（90～110）/70、120/90、（130～200）/96、（210～300）/109
M48	48	60	72	96	（80～90）/60、（100～110）/80、120/102、（130～200）/108、（210～300）/121
$l_{系列}$	12、16、20、25、30、35、40、45、50、60、70、75、80、90、100～260（10 进位）、280、300				

注：① 尽量不用括号内的规格。

② $b_m=d$，一般用于钢对钢；$b_m=(1.25～1.5)d$，一般用于钢对铸铁；$b_m=2d$，一般用于钢对铝合金。

附表 3-6　盘头螺钉和沉头螺钉　（单位：mm）

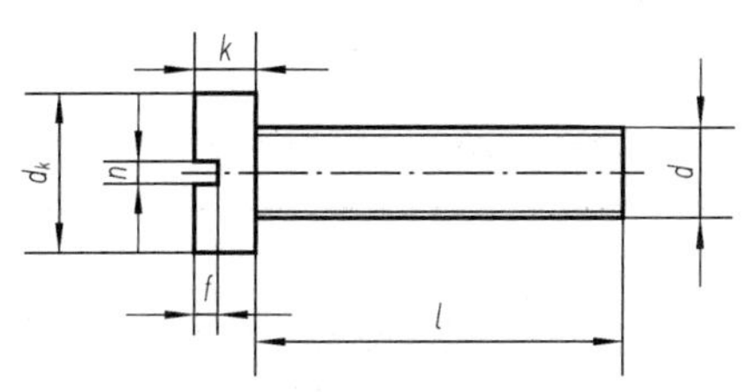

（a）开槽圆柱头螺钉（GB/T 65—2016）

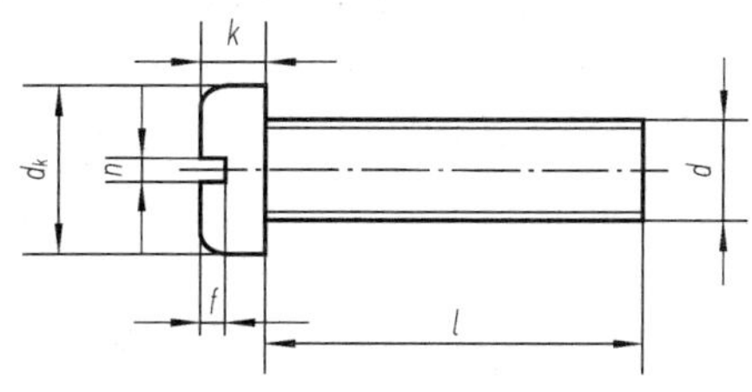

（b）开槽盘头螺钉（GB/T 67—2016）

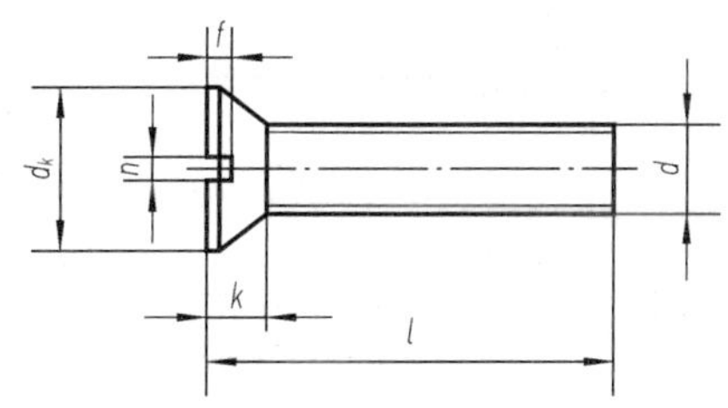

（c）开槽沉头螺钉（GB/T 68—2016）

标记示例：

螺钉　GB/T 67　M5×60

（螺纹规格 *d*=M5、*l*=60mm、性能等级为 4.8 级、不经表面处理的开槽盘头螺钉）

螺纹规格 d		M1.6	M2	M2.5	M3	（M3.5）	M4	M5	M6	M8	M10
n（公称）		0.4	0.5	0.6	0.8	1	1.2	1.2	1.6	2	2.5
GB/T 65	d_{kmax}	3	3.8	4.5	5.5	6	7	8.5	10	13	16
	k_{max}	1.1	1.4	1.8	2	2.4	2.6	3.3	3.9	5	6
	t_{min}	0.45	0.6	0.7	0.85	1	1.1	1.3	1.6	2	2.4
	$l_{范围}$	2～16	3～20	3～25	4～30	5～35	5～40	6～50	8～60	10～80	12～80
GB/T 67	d_{kmax}	3.2	4	5	5.6	7	8	9.5	12	16	20
	k_{max}	1	1.3	1.5	1.8	2.1	2.4	3	3.6	4.8	6
	t_{min}	0.35	0.5	0.6	0.7	0.8	1	1.2	1.4	1.9	2.4
	$l_{范围}$	2～16	2.5～20	3～25	4～30	5～35	5～40	6～50	8～60	10～80	12～80
GB/T 68	d_{kmax}	3	3.8	4.7	5.5	7.3	8.4	9.3	11.3	15.8	18.3
	k_{max}	1	1.2	1.5	1.65	2.35	2.7	2.7	3.3	4.65	5
	t_{min}	0.32	0.4	0.5	0.6	0.9	1	1.1	1.2	1.8	2
	$l_{范围}$	2.5～16	3～20	4～25	5～30	6～35	6～40	8～50	8～60	10～80	12～80
$l_{系列}$		2、2.5、3、4、5、6、8、10、12、(14)、16、20、25、30、35、40、45、50、(55)、60、(65)、70、(75)、80									

注：螺纹公差为 6g；性能等级为 4.8、5.8；产品等级为 A。

附录4 键 和 销

附表 4-1 平键及键槽各部分尺寸（摘自 GB/T 1095—2003、GB/T 1096—2003） （单位：mm）

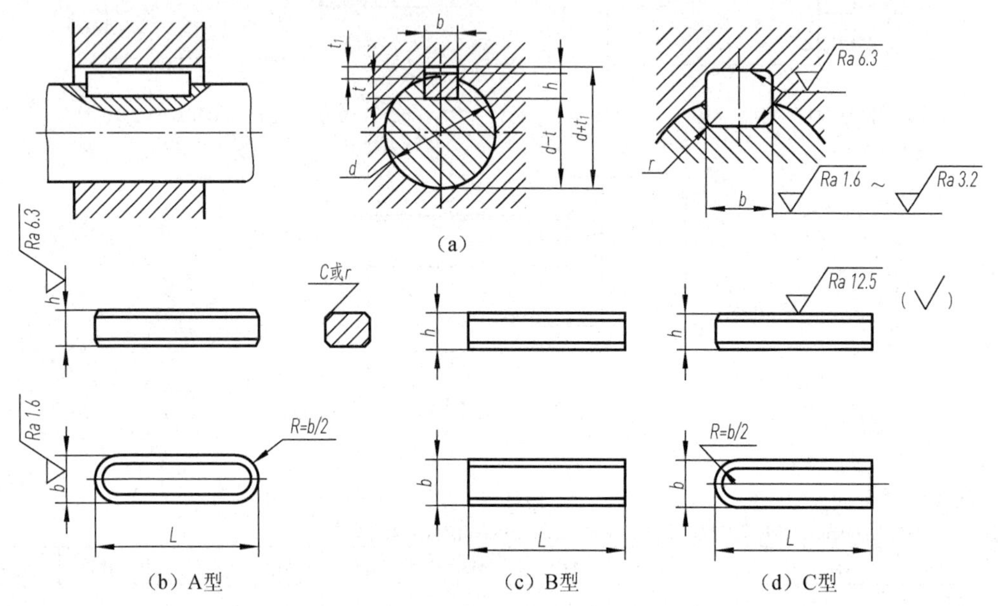

（a）

（b）A型 （c）B型 （d）C型

标记示例：

GB/T 1096 键 16×100（圆头普通平键，b=16mm、h=10mm、L=100mm）

GB/T 1096 键 B16×100（平头普通平键，b=16mm、h=10mm、L=100mm）

GB/T 1096 键 C16×100（单圆头普通平键，b=16mm、h=10mm、L=100mm）

轴	键		键槽											
公称直径 d	公称尺寸 $b×h$（h9）	长度 L（h11）	宽度 b						深度				半径 r	
			公称尺寸 b	极限偏差					轴 t		毂 t_1			
				较松键联结		一般键联结		较紧键联结	公称尺寸	极限偏差	公称尺寸	极限偏差		
				轴 H9	毂 D10	轴 N9	毂 JS9	轴和毂 P9					最大	最小
>10～12	4×4	8～45	4	+0.030 0	+0.078 +0.030	0 −0.030	±0.015	−0.012 −0.042	2.5	+0.1 0	1.8	+0.1 0	0.088	0.16
>12～17	5×5	10～56	5						3.0		2.3		0.16	0.25
>17～22	6×6	14～70	6						3.5		2.8			
>22～30	8×7	18～90	8	+0.036 0	+0.098 +0.040	0 −0.036	±0.018	−0.015 −0.051	4.0	+0.2 0	3.3	+0.2 0		
>30～38	10×8	22～110	10						5.0		3.3		0.25	0.40
>38～44	12×8	28～140	12	+0.043 0	+0.120 +0.050	0 −0.043	±0.022	−0.018 −0.061	5.0		3.3			
>44～50	14×9	36～160	14						5.5		3.8			
>50～58	16×10	45～180	16						6.0		4.3			
>58～65	18×n	50～200	18						7.0		4.4			

续表

<table>
<tr><td rowspan="4">轴
公称直径 d</td><td colspan="2">键</td><td colspan="11">键槽</td></tr>
<tr><td rowspan="3">公称尺寸 b×h（h9）</td><td rowspan="3">长度 L（h11）</td><td colspan="6">宽度 b</td><td colspan="4">深度</td><td rowspan="2" colspan="2">半径 r</td></tr>
<tr><td rowspan="2">公称尺寸 b</td><td colspan="5">极限偏差</td><td colspan="2">轴 t</td><td colspan="2">毂 t_1</td></tr>
<tr><td>较松键联结 轴 H9</td><td>较松键联结 毂 D10</td><td>一般键联结 轴 N9</td><td>一般键联结 毂 JS9</td><td>较紧键联结 轴和毂 P9</td><td>公称尺寸</td><td>极限偏差</td><td>公称尺寸</td><td>极限偏差</td><td>最大</td><td>最小</td></tr>
<tr><td>>65～75</td><td>20×12</td><td>56～220</td><td>20</td><td rowspan="4">+0.052
0</td><td rowspan="4">+0.149
+0.065</td><td rowspan="4">0
−0.052</td><td rowspan="4">±0.026</td><td rowspan="4">−0.022
−0.074</td><td>7.5</td><td rowspan="4">+0.2
0</td><td>4.9</td><td rowspan="4">+0.2
0</td><td rowspan="4">0.40</td><td rowspan="4">0.60</td></tr>
<tr><td>>75～85</td><td>22×14</td><td>63～250</td><td>22</td><td>9.0</td><td>5.4</td></tr>
<tr><td>>85～95</td><td>25×14</td><td>70～280</td><td>25</td><td>9.0</td><td>5.4</td></tr>
<tr><td>>95～100</td><td>28×16</td><td>80～320</td><td>28</td><td>10</td><td>6.4</td></tr>
</table>

注：①（$d-t$）和（$d+t_1$）两个组合尺寸的极限偏差，按相应的 t 和 t_1 的极限偏差选取，但（$d-t$）极限偏差应取负号（−）。

② L 系列：6～22（2 进位）、25、28、32、36、40、45、50、56、63、70、80、90、100、110、125、140、160、180、200、220、250、280、320、360、400、450、500。

③ 键 b 的极限偏差为 h9，键 h 的极限偏差为 h11，键长 L 的极限偏差为 h14。

附表 4-2 半圆键

（单位：mm）

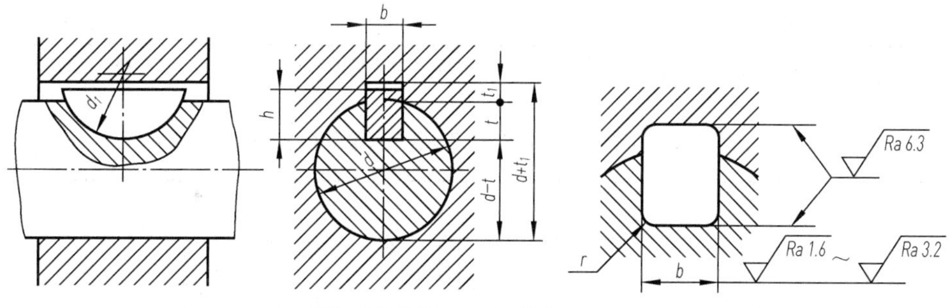

（a）半圆键键槽的剖面尺寸（摘自GB/T 1098—2003）

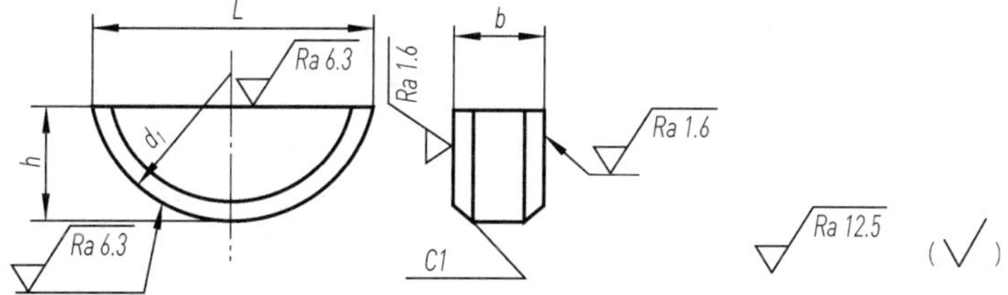

（b）普通型半圆键的形式和尺寸（摘自GB/T 1099.1—2003）

标记示例：

GB/T 1099.1 键 6×25（半圆键，b=6mm、h=10mm、d_1=25mm）

续表

轴径 d		键			键槽								
键传递转矩用	键定位用	公称尺寸	其他尺寸		槽宽 b			深度				半径	
		$6 \times h \times d_1$ (h9)(h11)(h12)			极限偏差			轴 r		毂 t_1			
			$L\approx$	e	一般键联结		较紧键联结	公称尺寸	极限偏差	公称尺寸	极限偏差	max	min
					轴 N9	毂 Js9	轴和毂 P9						
>8～10	>12～15	3×5×13	12.7	0.16～0.25	-0.004 -0.029	±0.0125	-0.006 -0.031	3.8	+0.2 0	1.4	+0.1 0	0.16	0.08
>10～12	>15～18	3×6.5×16	15.7					5.3				0.25	0.16
>12～14	>18～20	4×6.5×16		0.25～0.4	0 -0.030	±0.015	-0.012 -0.042	5		1.8			
>14～16	>20～22	4×7.5×19	18.6					6					
>16～18	>22～25	5×6.5×16	15.7					4.5		2.3			
>18～20	>25～28	5×7.5×19	18.6					5.5					
>20～22	>28～32	5×9×22	21.6					7	+0.3 0				
>22～25	>32～36	6×9×22						6.5		2.8			
>25～28	>36～40	6×10×25	24.5					7.5					
>28～32	40	8×11×28	27.4	0.4～0.6	0 -0.036	±0.018	-0.015 -0.051	8		3.3	+0.2 0		
>32～38	—	10×13×32	31.4					10				0.40	0.25

注：($d-t$) 和 ($d+t_1$) 两个组合尺寸的极限偏差，按相应的 t 和 t_1 的极限偏差选取，但 ($d-t$) 极限偏差应取负号（-）。

附表 4-3　圆柱销　不淬硬钢和奥氏体不锈钢（摘自 GB/T 119.1—2000）

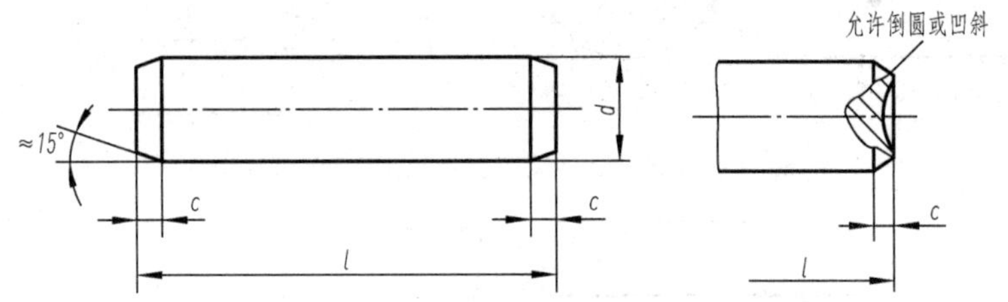

标记示例：

销　GB/T 119.1　6　m6×30（公称直径 d=6mm、公差为 m6、公称长度 l=30mm、材料为钢、不经淬火、不经表面处理的圆柱销）

d（公称）	2	3	4	5	6	8	10	12	16	20	25	30
c	0.35	0.5	0.63	0.8	1.2	1.6	2	2.5	3	3.5	4	5
$l_{范围}$	6～20	8～30	8～40	10～50	12～60	14～80	18～95	22～100	26～180	35～200	60～200	60～200
$l_{系列}$	2、3、4、5、6～32（按 2 递增）、35～100（按 5 递增）、120～≥200（按 20 递增）											

注：公称直径 d 的公差为 m6 和 h8。

附表 4-4 圆锥销（摘自 GB/T 117—2000）

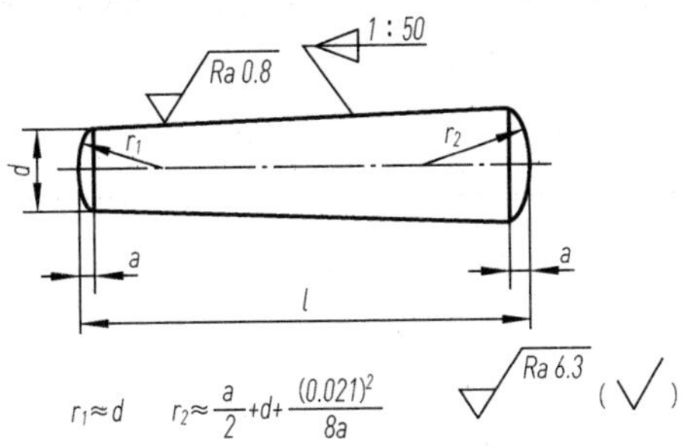

标记示例：

销 GB/T 117 10×60（公称直径 d=10mm、长度 l=60mm、材料为 35 钢、热处理硬度 HRC28～38、表面氧化处理的 A 型圆锥销）

d（公称）	2	2.5	3	4	5	6	8	10	12	16	20	25	30
a≈	0.25	0.3	0.4	0.5	0.63	0.8	1.0	1.2	1.6	2.0	2.5	3.0	4
$l_{范围}$	10～35	10～35	12～45	14～55	18～60	22～90	22～120	26～160	32～180	40～200	45～200	50～200	55～200
$l_{系列}$	2、3、4、5、6～32（按 2 递增）、35～100（按 5 递增）、120～≥200（按 20 递增）												

附录5　滚动轴承

附表 5-1　球轴承和圆锥滚子轴承

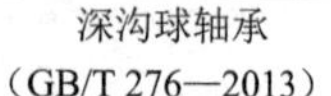

深沟球轴承
（GB/T 276—2013）

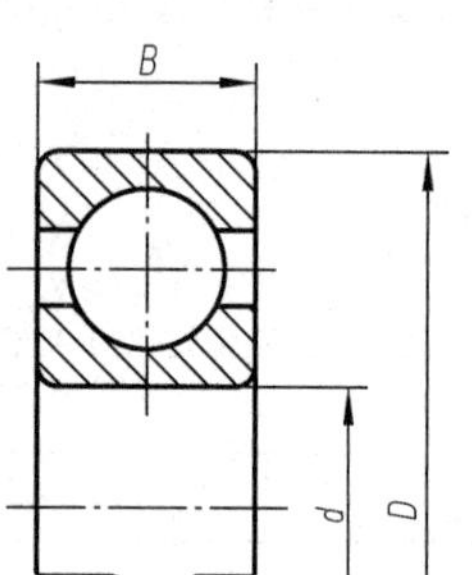

圆锥滚子轴承
（GB/T 297—2015）

推力球轴承
（GB/T 28697—2012）

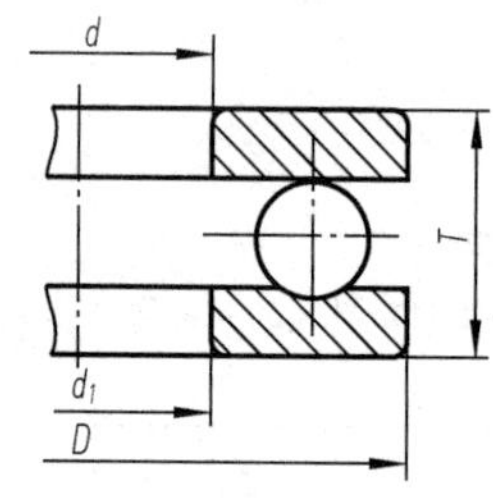

标记示例：
滚动轴承 6310 GB/T 276—2013

标记示例：
滚动轴承 30212 GB/T 297—2015

标记示例：
滚动轴承 51305 GB/T 28697—2012

轴承型号	尺寸/mm			轴承型号	尺寸/mm					轴承型号	尺寸/mm			
	d	D	B		d	D	B	C	T		d	D	T	d_1
尺寸系列［(0) 2］				尺寸系列［02］						尺寸系列［12］				
6202	15			30203	17	40	12	11	13.25	51202	15	32	12	17
6203	17			30204	20	47	14	12	15.25	51203	17	35	12	19
6204	20			30205	25	52	15	13	16.25	51204	20	40	14	22
6205	25			30206	30	62	16	14	17.25	51205	25	47	15	27
6206	30			30207	35	72	17	15	18.25	51206	30	52	16	32
6207	35			30208	40	80	18	16	19.75	51207	35	62	18	37
6208	40			30209	45	85	19	16	20.75	51208	40	68	19	42
6209	45			30210	50	90	20	17	21.75	51209	45	73	20	47
6210	50			30211	55	100	21	18	22.75	51210	50	78	22	52
6211	55			30212	60	110	22	19	23.75	51211	55	90	25	57
6212	60			30213	65	120	23	20	24.75	51212	60	95	26	62
尺寸系列［(0) 3］				尺寸系列［03］						尺寸系列［13］				
6302	15	42	13	30302	15	42	13	11	14.25	51304	20	47	18	22
6303	17	47	14	30303	17	47	14	12	15.25	51305	25	52	18	27
6304	20	52	15	30304	20	52	15	13	16.25	51306	30	60	21	32
6305	25	62	17	30305	25	62	17	15	18.25	51307	35	68	24	37
6306	30	72	19	30306	30	72	19	16	20.75	51308	40	78	26	42
6307	35	80	21	30307	35	80	21	18	22.75	51309	45	85	28	47
6308	40	90	23	30308	40	90	23	20	25.25	51310	50	95	31	52
6309	45	100	25	30309	45	100	25	22	27.25	51311	55	105	35	57
6310	50	110	27	30310	50	110	27	23	29.25	51312	60	110	35	62
6311	55	120	29	30311	55	120	29	25	31.50	51313	65	115	36	67
6312	60	130	31	30312	60	130	31	26	33.50	51314	70	125	40	72

注：圆括号中的尺寸系列代号在轴承代号中可以省略。

附录 6　零件的工艺结构

附表 6-1　倒圆和倒角（摘自 GB/T 6403.4—2008）　　（单位：mm）

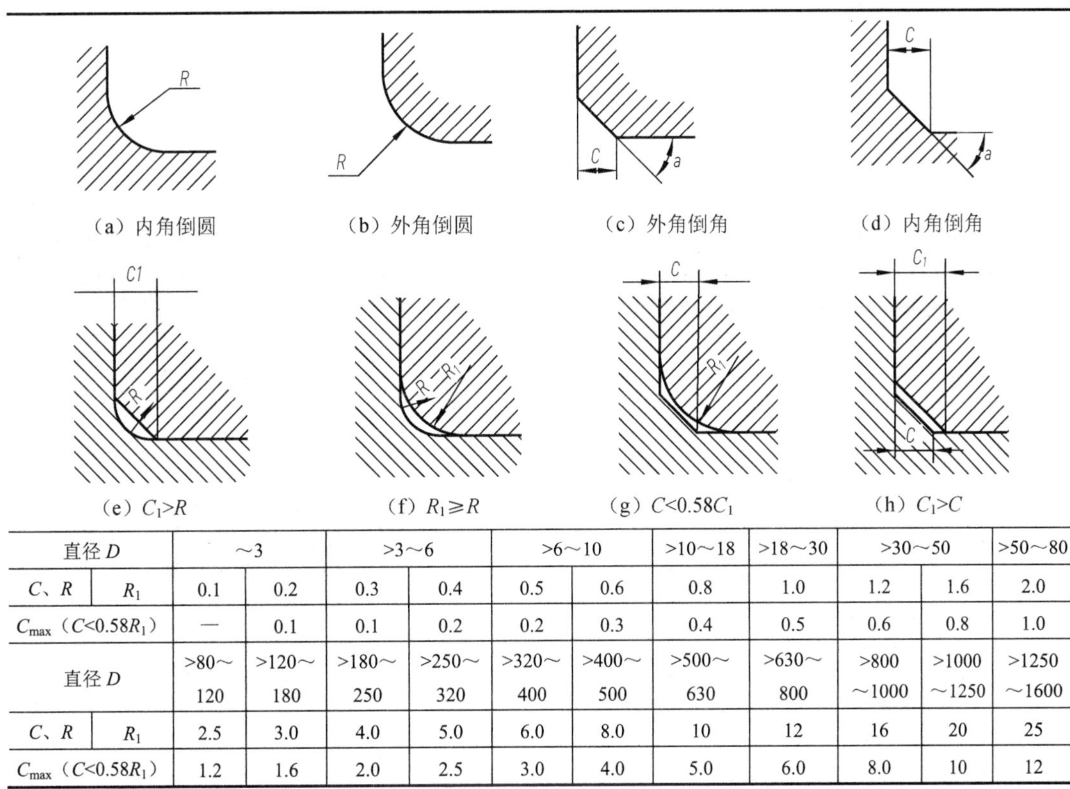

（a）内角倒圆　（b）外角倒圆　（c）外角倒角　（d）内角倒角

（e）$C_1>R$　（f）$R_1\geqslant R$　（g）$C<0.58C_1$　（h）$C_1>C$

直径 D		～3		>3～6		>6～10		>10～18	>18～30	>30～50		>50～80
C、R	R_1	0.1	0.2	0.3	0.4	0.5	0.6	0.8	1.0	1.2	1.6	2.0
C_{max}（$C<0.58R_1$）		—	0.1	0.1	0.2	0.2	0.3	0.4	0.5	0.6	0.8	1.0
直径 D		>80～120	>120～180	>180～250	>250～320	>320～400	>400～500	>500～630	>630～800	>800～1000	>1000～1250	>1250～1600
C、R	R_1	2.5	3.0	4.0	5.0	6.0	8.0	10	12	16	20	25
C_{max}（$C<0.58R_1$）		1.2	1.6	2.0	2.5	3.0	4.0	5.0	6.0	8.0	10	12

注：α一般采用 45°，也可采用 30°或 60°。

附表 6-2　回转面及端面砂轮越程槽（摘自 GB/T 6403.5—2008）　　（单位：mm）

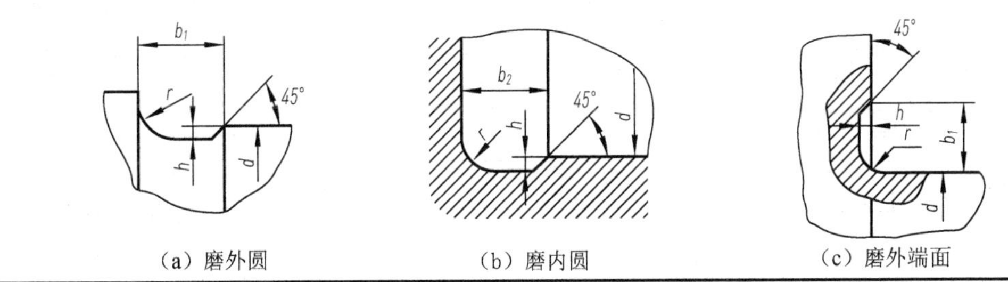

（a）磨外圆　（b）磨内圆　（c）磨外端面

续表

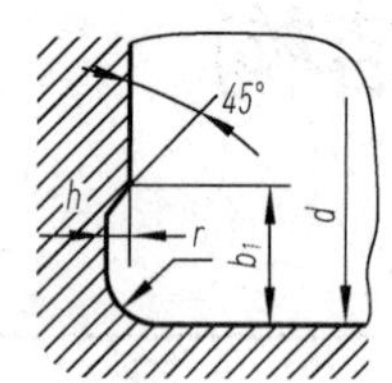

（d）磨内端面

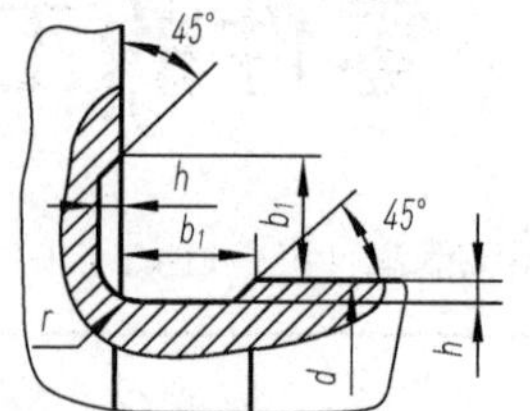

（e）磨外圆及端面

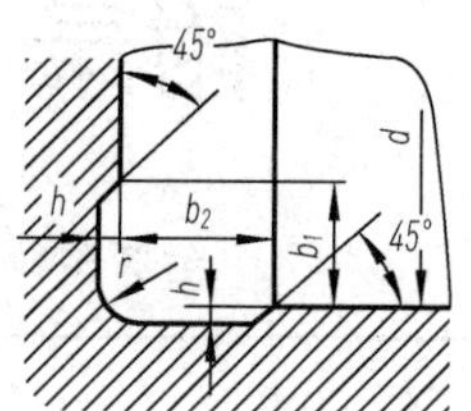

（f）磨内圆及端面

d	~10			>10~50		>50~100		>100	
b_1	0.6	1.0	1.6	2.0	3.0	4.0	5.0	8.0	10
b_2	2.0	3.0		4.0		5.0			
h	0.1	0.2		0.3	0.4		0.6	0.8	1.2
r	0.2	0.5		0.8	1.0		1.6	2.0	3.0

附表 6-3　普通螺纹退刀槽和倒角（摘自 GB/T 3—1997）　　（单位：mm）

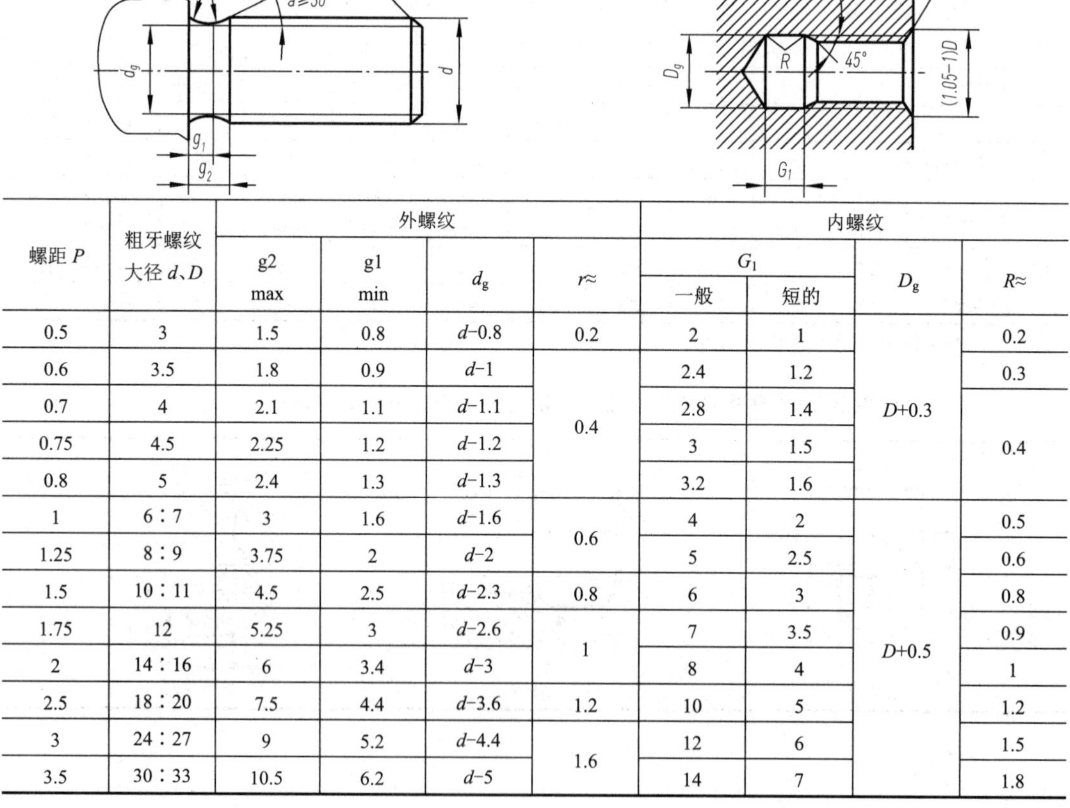

螺距 P	粗牙螺纹大径 d、D	外螺纹				内螺纹			
		g2 max	g1 min	d_g	r≈	G_1 一般	G_1 短的	D_g	R≈
0.5	3	1.5	0.8	d-0.8	0.2	2	1	D+0.3	0.2
0.6	3.5	1.8	0.9	d-1	0.4	2.4	1.2		0.3
0.7	4	2.1	1.1	d-1.1		2.8	1.4		0.4
0.75	4.5	2.25	1.2	d-1.2		3	1.5		
0.8	5	2.4	1.3	d-1.3		3.2	1.6		
1	6：7	3	1.6	d-1.6	0.6	4	2	D+0.5	0.5
1.25	8：9	3.75	2	d-2		5	2.5		0.6
1.5	10：11	4.5	2.5	d-2.3	0.8	6	3		0.8
1.75	12	5.25	3	d-2.6	1	7	3.5		0.9
2	14：16	6	3.4	d-3		8	4		1
2.5	18：20	7.5	4.4	d-3.6	1.2	10	5		1.2
3	24：27	9	5.2	d-4.4	1.6	12	6		1.5
3.5	30：33	10.5	6.2	d-5		14	7		1.8

续表

螺距 P	粗牙螺纹大径 d、D	外螺纹				内螺纹			
		g2 max	g1 min	d_g	$r\approx$	G_1		D_g	$R\approx$
4	36：39	12	7	d−5.7	2	16	8	D+0.5	2
4.5	42：45	13.5	8	d−6.4	2.5	18	9		2.2
5	48：52	15	9	d−7		20	10		2.5
5.5	56：60	17.5	11	d−7.7	3.2	22	11		2.8
6	64：68	18	11	d−8.3		24	12		3
参考值	—	≈3P	—	—	—	≈4P	≈2P	—	≈0.5P

注：① d、D 为螺纹公称直径代号。“短”退刀槽仅在结构受限制时采用。

② d_g 公差：d>3mm 时，为 h13；$d\leqslant$3mm 时，为 h12。D_g 公差为 H13。

附表 6-4 紧固件通孔（摘自 GB/T 5277—1985）及沉头座尺寸（摘自 GB/T 152.2—2014）（单位：mm）

螺纹规格			2	2.5	3	4	5	6	8	10	12	14	16	18	20
通孔直径	精装配		2.2	2.7	3.2	4.3	5.3	6.4	8.4	10.5	13	15	17	19	21
	中等装配		2.4	2.9	3.4	4.5	5.5	6.6	8.9	11	13.5	15.5	17.5	20	22
	粗装配		2.6	3.1	3.6	4.8	5.8	7	10	12	14.5	16.5	18.5	21	23
用于六角螺栓连接 t 刮平为止 GB/T 152.4—1988 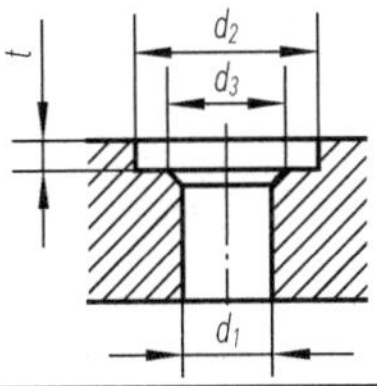		d_2	6	8	9	10	11	13	18	22	26	30	33	36	40
		d_3	—	—	—	—	—	—	—	—	16	18	20	22	24
		d_1	2.4	2.9	3.4	4.5	5.5	6.6	8.9	11	13.5	15.5	17.5	20	22
用于圆柱头螺钉连接 GB/T 152.3—1988 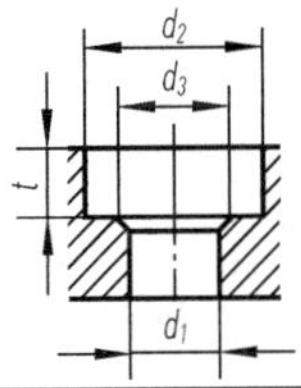	GB/T 70.1—2008	d_2	4.3	5.0	6.0	8.0	10	11	15	18	20	24	26	—	33
		t	2.3	2.9	3.4	4.6	5.7	6.8	9	11	13	15	17.5	—	21.5
		d_3	—	—	—	—	—	—	—	—	16	18	20	—	24
		d_1	2.4	2.9	3.4	4.5	5.5	6.6	8.9	11	13.5	15.5	17.5	—	22
	GB/T 65—2016 GB/T 67—2016	d_2	—	—	—	8.0	10	11	15	18	20	24	26	—	33
		t	—	—	—	3.2	4	4.7	6	7	8	9	10.5	—	12.5
		d_3	—	—	—	—	—	—	—	—	16	18	20	—	24
		d_1	—	—	—	4.5	5.5	6.6	8.9	11	13.5	15.5	17.5	—	22
用于沉头、半沉头螺钉连接 GB/T 152.2—2014 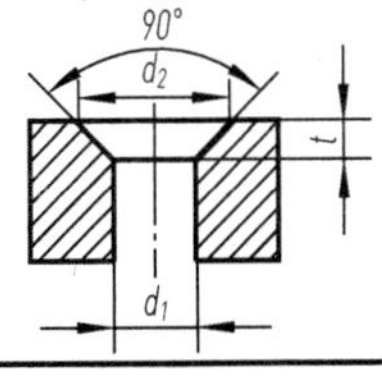		螺纹规格 d	1.6	2	2.5	3	3.5	4	5	6	8	10	—	—	—
		d_2	3.6	4.4	5.5	6.3	8.2	9.4	10.4	12.6	17.3	20	—	—	—
		t	0.95	1.05	1.35	1.55	2.25	2.55	2.58	3.13	4.18	4.65	—	—	—
		d_1	1.8	2.4	2.9	3.4	3.9	4.5	5.5	6.6	9	11	—	—	—

附表 6-5　滚花（摘自 GB/T 6403.3—2008）

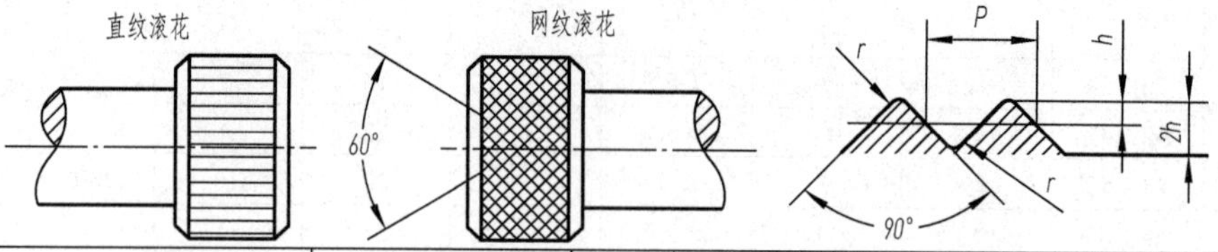

标记示例： 直纹 m=0.3GB/T 6403.3—2000 模数 m=0.3 直纹滚花 直纹 m=0.5GB/T 6403.3—2000 模数 m=0.5 网纹滚花	m（模数）	h	r	P（节距）
	0.2	0.132	0.06	0.628
	0.3	0.198	0.09	0.942
	0.4	0.264	0.12	1.257
	0.5	0.326	0.16	1.571

注：① 表中 $h=0.785m-0.414r$。

② 滚花前零件表面 Ra 值不得低于 12.5。

③ 滚花后零件外径略增大，增量 $\Delta=(0.8\sim1.6)m$。

参 考 文 献

柏洪武，包中碧，2015．机械制图[M]．北京：机械工业出版社．

方意琦，2017．AutoCAD 2018 中文版机械制图[M]．北京：科学出版社．

胡建生，2016．机械制图[M]．北京：机械工业出版社．

华红芳，孙燕华，2012．机械制图与零部件测绘[M]．北京：电子工业出版社．

金莹，程联社，2011．机械制图项目教程[M]．西安：西安电子科技大学出版社．

李学京，2008．机械制图国家标准应用指南[M]．北京：中国标准出版社．

田华，邢凤娟，2012．机械制图与计算机绘图[M]．北京：机械工业出版社．

朱辉，等，2013．画法几何及工程制图[M]．7 版．上海：上海科学技术出版社．